U0210554

国家科学技术学术著作出版基金资助出版

雷电天气系统原理和预报

郄秀书　张义军　张大林　银　燕
余　晔　陆高鹏　蒋如斌　　著

科学出版社

北京

内 容 简 介

本书以国家重点基础研究发展计划（973 计划）项目"雷电重大灾害天气系统的动力-微物理-电过程和成灾机理"研究成果为基础，围绕雷电天气系统的动力、微物理、起电和雷电过程及其相互作用，从六个方面进行了系统阐述，包括雷电天气系统探测技术及协同观测、雷电天气系统的动力过程与闪电活动、雷电天气系统的云微物理过程及其对电过程的影响、雷暴云内电荷分布及对闪电放电特征的影响、雷电发展传输的物理过程及其成灾机理，以及雷电观测资料同化及监测预警方法。

本书是中小尺度灾害性天气、大气探测和大气电学研究人员或研究生的必要参考书，也可作为从事强对流灾害预警预报业务和雷电灾害防护工程技术人员的重要参考。

审图号：GS 京（2023）0857 号

图书在版编目（CIP）数据

雷电天气系统原理和预报/郄秀书等著. —北京：科学出版社，2023.5
ISBN 978-7-03-073728-1

Ⅰ. ①雷… Ⅱ. ①郄… Ⅲ. ①雷–天气系统–天气预报②闪电–天气系统–天气预报 Ⅳ. ①P427.32

中国版本图书馆 CIP 数据核字（2022）第 206106 号

责任编辑：杨帅英 张立群 / 责任校对：郝甜甜
责任印制：吴兆东 / 封面设计：图阅社

科 学 出 版 社 出版
北京东黄城根北街 16 号
邮政编码：100717
http://www.sciencep.com

北京建宏印刷有限公司 印刷
科学出版社发行 各地新华书店经销

*

2023 年 5 月第 一 版 开本：787×1092 1/16
2023 年 5 月第一次印刷 印张：30 1/4
字数：715 000
定价：310.00 元
（如有印装质量问题，我社负责调换）

序 一

雷电天气系统产生剧烈大气放电现象，伴随的强对流天气具有突发性强、发展迅速和局地性等特征，常常造成严重人员伤亡和巨大财产损失。目前，在全球气候变化背景下，这类强对流天气事件愈加频繁、激烈，精准的雷电天气预警预报面临着严峻挑战。随着我国综合国力不断增强和人民生活水平不断提高，从公众到各级决策者对精准的雷电天气预报的需求越来越强烈，而国内外对此类天气系统的科学认知还比较薄弱。所以，这一问题成了雷电气象工作者攻坚克难的一项重大任务。

十余年来，随着大气探测高新技术的发展，尤其是多普勒双线偏振雷达和雷电探测技术的迅速发展，使得雷电天气系统的动力场、微物理结构、雷电和降水等物理量的同步观测成为可能。在雷电和中小尺度强对流天气监测和预报的国家重大需求牵引下，2013 年科技部支持启动了国家重点基础研究发展计划（973 计划）项目"雷电重大灾害天气系统的动力-微物理-电过程和成灾机理"。项目组建了一支来自中国科学院、中国气象局和多所大学，融合大气电学、中尺度气象学、云降水物理学、边界层物理学等学科交叉的研究团队，围绕雷电天气系统的动力、微物理和电过程及其相互作用和机理，雷电过程的发展传输特征、机制与成灾机理，雷电、雷达观测资料同化及雷电天气系统的预警预报方法等问题开展了系统研究，取得了若干重要进展。

《雷电天气系统原理和预报》一书全面总结了该项目在雷电天气系统基础科学和应用研究方面的最新成果。在基础科学层面，系统总结了不同类型雷电天气系统活动规律，增进了对雷电宏微观特征和物理机制的认识；在应用研究层面，详细介绍了高精度雷电全闪三维定位技术、雷暴云内三维电场和气象探空技术、雷电资料在数值天气预报中的同化方案、雷电天气系统的预报技术等。研究成果从整体上提升了对雷电和强对流灾害性天气的认知水平，也极大地推进了对灾害性强对流天气高时空分辨率的监测、预警、预报研究，并提高灾害防御能力。该书的内容体现了我国在该领域研究的最高水平，特别是在雷电物理与探测、雷暴云数值模拟、雷电资料同化方法和雷电天气系统的预警预报方法等方面的研究成果已跻身国际前列。项目组提出的协同观测方案和发现的若干新现象既更新了对中小尺度灾害性天气系统的传统探测方法和科学认知，也为该领域的研究方向提供了新视野、新方法，具有引领作用。

该书领衔作者郄秀书研究员是一位优秀的大气电学专家。2018 年以来，她作为国际大气电学委员会（ICAE）主席，为促进全球大气电学科学家的交流与合作，推动大气电学前沿研究和探测技术的发展，做了大量工作，促进了学科的发展。

该书站在学科前沿，集合了我国大气科学多学科研究者的智慧，系统总结了 973 计划项目的研究成果，内容丰富，结构严谨，条理清晰，融入了作者们的学术思想，对中小尺度灾害性天气的研究前沿做了充分的论述，是一本难得的优秀著作，可为从事大气物理学、气象学、大气探测等相关领域的科研和业务人员提供参考。

相信该书的出版将促进我国大气电学的发展和中小尺度灾害性天气预报水平的提高，并对进一步提升我国在该领域的国际地位起到积极作用。

秦大河

中国科学院院士

2023 年 4 月 11 日

于海南岛

序　二

　　雷暴天气系统是一种中小尺度高影响天气，短时强降水、冰雹、雷电、大风、龙卷风等多种强对流灾害现象常常相伴而生，具有成灾迅速、局地性强、破坏力大的特点。二十一世纪以来，随着电子技术的快速发展，特别是得益于天气雷达技术的进步和计算机数值模拟技术的发展与普及，对云和降水系统已经有了深入的了解，由此推动了中尺度气象学的长足进步。但是，雷暴天气系统中存在着复杂多变的动力、微物理、起电和放电等多种过程及其相互作用，对这些过程的综合探测和定量认识还存在很大困难，中小尺度雷电天气过程的准确预报仍然是世界性难题。

　　常规气象观测只能提供大尺度的气象信息，不能为中小尺度数值预报提供初始场，天气雷达能够提供常规气象探测无可比拟的时间和空间分辨率，是研究中小尺度天气系统的重要手段。多普勒双线偏振雷达具有识别云和降水粒子相态变化和观测风场结构的能力，可获取对流系统中的宏微观结构和动力场演化特征。雷电三维定位不仅可以探测强对流天气系统中的雷电频数，还能以高时空分辨率确定雷电在云内的发生发展过程，与多普勒双线偏振雷达结合有可能揭示雷电与云微物理、动力和降水之间的关系，从而提升对流性灾害天气的预报能力。国家重点基础研究发展计划（973 计划）项目"雷电重大灾害天气系统的动力-微物理-电过程和成灾机理"充分利用这些先进的探测手段，在雷暴天气系统研究方面取得了诸多原创性研究成果。

　　《雷电天气系统原理和预报》系统总结了该 973 计划项目在雷暴天气系统研究方面的最新成果。该书面向雷电灾害天气系统的前沿科学问题以及灾害防治的国家重大需求，详细介绍研究团队在京津冀大城市群区域建立的高精度雷电探测和三维定位网BLNET，以及研发的雷暴云内三维电场探空技术，并且基于这些先进技术和多普勒双线偏振雷达，充分利用气象业务观测网，在北京开展雷电灾害天气系统综合协同观测实验；详细探讨雷暴天气系统的动力、微物理和雷电过程以及它们之间的内在联系和相互影响；基于人工引发雷电实验和高塔雷电观测，研究雷电发展传输的详细物理机制和雷电成灾机理；发展雷电资料同化方案并实现在中尺度数值预报模式中的应用，显著改进强降水的短临预报；同时，实现雷电在中尺度数值预报模式中的参数化，建立雷电灾害天气的预警预报系统。

　　该书内容涉及大气探测、中小尺度动力学、大气电学、云降水物理学等大气科学多个学科的交叉研究，是对我国在雷暴天气系统研究方面最新成果的系统总结。该书特别关注雷电、雷达以及探空等探测技术的现代化及其协同观测，重视强对流天气系统中动力、微物理和雷电等多过程的相互作用。该书的出版是雷暴天气系统研究的里程碑，既为推动我国中小尺度气象学领域的多学科交叉研究奠定重要科学基础，也将为我国强对流灾害性天气的业务发展提供有益的启迪。

该书的领衔作者郄秀书研究员现任国际大气电学委员会主席，主要写作团队张大林教授、张义军教授、银燕教授等也都是在国际上各自领域有重要影响力的科学家，该书的作者还包括余晔研究员、陆高鹏教授、蒋如斌研究员等年轻科学家。该书的出版不仅将为我国灾害性天气的研究提供有益的参考，也将有助于提高我国在该领域的国际地位。

王会军

中国科学院院士、中国气象学会理事长

2023 年 3 月于南京

前　　言

　　雷电（也称闪电）天气系统是产生雷电的一类剧烈的中小尺度雷暴或强对流天气过程。这些过程不仅产生雷电造成雷击灾害，也伴随暴雨、冰雹、大风，甚至龙卷风等灾害性强天气现象，造成严重的财产损失和人员伤亡。随着社会和经济的发展，强对流灾害性天气的"定时、定点、定量"精细预报有着越来越强烈的社会需求。雷电天气系统发生的时空尺度小，局地性和突发性强，不仅涉及时间尺度在几十分钟至数小时、水平尺度在 20～200km 的中 β 尺度过程（如中尺度对流系统、飑线等）、2～20km 的中 γ 尺度（如雷暴单体），也涉及持续时间在分钟量级、秒量级甚至微秒量级，空间尺度小于 2km 的小尺度或微小尺度过程（如微物理过程、相变、电荷分离和雷电等），它们在不同的时空尺度上相互耦合、相互影响。目前雷暴云内的精细结构探测资料仍然十分匮乏，尤其缺乏对雷暴动力、微物理和雷电等多过程的同步完整测量，对其从初生到消亡整个生命史的多尺度、多过程及其与环境的复杂相互作用等很多问题尚未获得定量和清晰的认识，在中尺度预报模式中还不能进行很好的刻画，使得当前对雷电灾害天气系统的数值模拟能力和预警预报水平还很低。

　　在国家重点基础研究发展计划（973 计划）项目"雷电重大灾害天气系统的动力-微物理-电过程和成灾机理"的资助下，来自中国科学院大气物理研究所、中国气象科学研究院、南京信息工程大学、中国科学院寒区旱区环境与工程研究所、中国科学技术大学、兰州大学、成都信息工程大学、北京市城市气象研究所 8 家单位的 60 多位专家和研究生，对雷电重大灾害天气系统中的动力、微物理和电过程的相互作用与机理，雷电发生发展的物理机制和雷害机理，雷电资料在数值预报模式中的同化方法和雷电重大灾害天气系统的预警预报方法等方面开展了深入研究，旨在提升我国对雷电灾害和强对流天气的高时空分辨率监测能力，增强我国对雷电重大灾害天气系统的预警预报能力和防御应对能力。

　　项目设立了六个研究课题：①雷电灾害天气过程的探测系统综合集成及协同观测实验；②雷电重大灾害天气系统的动力过程及演变规律研究；③雷电重大灾害天气系统的云微物理过程及其对电过程的影响；④雷电重大灾害天气系统的云内电荷分布及放电始发机制研究；⑤雷电发展传输的物理过程及成灾机理研究；⑥特种观测资料同化及雷电重大灾害天气系统的监测预警方法研究。

　　经过四年多的研究，项目在京津冀大城市群区域建立了高精度雷电探测和定位网（BLNET），结合两部 X 波段双偏振多普勒雷达，开展了综合协同观测实验，获得了雷电灾害天气系统的综合观测数据集；研究了雷电重大灾害天气系统中动力、微物理和电过程的相互作用与机理；基于火箭-拖线技术开展的人工引雷实验以及雷击大城市高建筑物的观测实验，揭示了雷电发展传输和连接过程的一系列新现象和主要雷害机理；发展了基于云分析、4DVAR 和 Nudging 等多种方法的雷电资料同化方案，并实现了在中尺度数值预报模式中的同化应用，显著改进了强对流和暴雨预报；建立了雷电在中尺度数值预报模式中的参数化方案，研发了雷电灾害天气系统的预警预报系统。

本书对项目的主要研究成果进行了系统总结，与项目设立的 6 个研究课题相对应，全书共分 6 章，第 1 章主要介绍雷电天气系统探测技术及协同观测，第 2 章介绍雷电天气系统的动力过程与闪电活动，第 3 章介绍雷电天气系统云微物理过程及其对电过程的影响，第 4 章介绍雷暴云内电荷分布及对闪电放电过程，第 5 章介绍雷电发展传输的物理过程及其成灾机理，第 6 章介绍雷电观测资料同化及监测预警方法。书中既包含了中小尺度动力学、云降水物理学、雷电物理和气象学方面的科学研究，也涉及雷暴和雷电探测技术、强对流天气过程的高时空分辨率模拟、雷电天气系统的预警预报和雷电灾害防护等与防灾减灾密切相关的应用基础问题。

第 1 章由郄秀书、刘冬霞、肖辉、周筠珺、张鸿波、袁善锋、王东方撰写；苏德斌、段树、毕永恒、冯亮、田野、陈志雄、徐燕、徐文静等也参与了部分撰写工作。第 2 章由张大林、崔晓鹏、刘冬霞、周玉淑、夏茹娣、肖现、郑栋撰写；黎慧琦、张哲、吴凡、卢晶雨、孙萌宇等也参与了部分撰写工作。第 3 章由银燕、孙继明、肖辉、谭涌波、郭凤霞撰写；师正、赵鹏国、张军、邓玮、葛淼等也参与了部分撰写工作。第 4 章由余晔、张广庶、李亚珺、马明、祝宝友、王彦辉、赵阳撰写；孔祥贞、谭涌波、张鸿波、李江林、孙凌、林辉、刘妍秀等也参与了部分撰写工作。第 5 章由陆高鹏、吕伟涛、蒋如斌、张其林、陈绍东、孙竹玲、刘昆、樊艳峰等撰写；颜旭、李晓、刘明远、王志超、武斌等也参与了部分撰写工作。第 6 章由张义军、杨毅、袁铁、徐良韬、姚雯、肖现、陈志雄、张荣、王莹撰写。郄秀书对全书各章节内容进行了补充和修改，郄秀书、张义军、蒋如斌对全书进行了审阅和最后审定，王东方、蒋如斌对全书参考文献进行了整理和统一。此外，8 个项目承担单位的部分博士研究生和硕士研究生也参与了项目的外场观测实验或数值模拟实验，在此一并表示感谢！

探测技术的发展和数值模拟水平的提高，使我们对雷暴和雷电的认识也在不断深化，受作者的学识水平和时间的限制，不妥之处在所难免，敬请读者给予批评指正。

本书得到国家重点基础研究发展计划项目（2014CB441400）的资助。

作　者

2020 年 11 月于北京

目　　录

第1章 雷电天气系统探测技术及协同观测

雷电天气系统（通常称为"雷暴"）是指产生雷电（也称"闪电"）的一类强对流天气过程，通常伴随强降水、冰雹、大风、下击暴流，甚至龙卷风等，局地性和突发性强，是一种高影响灾害性天气事件。

以强烈的上升气流、下沉气流和水平风切变等为特征的动力过程，以各类水成物粒子增长和相变为特征的微物理过程，以起电和闪电为特征的电过程是雷暴天气系统中同时存在的几类重要过程，它们密切相关，相互影响。雷电作为雷暴系统的特征性过程，强烈地依赖于雷暴中的动力和微物理过程。动力过程尤其是上升气流是云内水汽输送、水成物粒子形成和增长的必要条件，水汽和水成物粒子相变引起的潜热释放又进一步促进了上升运动的发展。动力和微物理过程进一步通过云内各类水成物粒子，特别是冰相粒子之间的碰撞和相对运动等共同作用影响云内的起电过程，并促进荷电粒子的分离和不同电荷区域的形成。同时，起电和放电过程也通过电场力的改变和能量的释放等反过来影响云内的流场和微物理特征的演变。因此，对雷电天气系统的科学认识不仅要包括对其大尺度环境场，局地热、动力条件的认识，更应该包括雷暴系统本身的动力、微物理和电过程的认识，并充分认识雷暴生命史中这些多尺度、多过程的演变特征以及他们之间复杂的相互作用，这是揭示雷电重大灾害天气系统的生消和演变机理的重要基础，对提高雷电、雷暴和强对流天气灾害精细化短临预报也十分重要。

北京西邻太行山脉，北接燕山山脉，东南面向渤海，南部则为华北平原。这种西高东低、北高南低的特殊地形配置，以及独特的下垫面条件和大城市热岛效应，造成北京夏季常发生强烈的雷暴天气，带来局地暴雨、雷电、短时大风和冰雹等强对流天气灾害，也是实际业务工作中的难点（陈明轩和王迎春，2012；孙继松等，2013；Xiao et al.，2017）。为了解华北地区的雷暴天气系统，特别是北京地区致灾性雷暴的发生、发展和机理，国家重点基础研究发展计划（973 计划）项目"雷电重大灾害天气系统的动力-微物理-电过程和成灾机理"（简称"雷暴973"）在北京组织实施了为期五年的雷暴强对流天气系统的暖季协同综合观测实验（郄秀书等，2020）。本章主要介绍雷电的高时空分辨率测量技术、雷暴云电场探空技术、基于 X 波段多普勒双线偏振雷达的水成物粒子识别方法，以及以这些技术为基础开展的雷电天气系统协同观测，利用这些观测资料对北京地区几个代表性雷暴的闪电特征进行分析，并给出北京地区的闪电时空分布特征。在后面几章中将利用北京协同观测资料和已有历史资料在不同方面开展分析研究。

"雷暴973"项目在北京地区开展综合观测实验的同时，为了解高原特殊的雷暴云电荷结构和闪电特征，还在青海大通开展了观测实验，有关工作在第4章介绍。同时，项目还在山东滨州、广东从化开展人工引雷实验，并在广州和北京开展高塔或高建筑物雷电观测实验，以研究雷电的物理机制、影响及雷电灾害的防护等，有关的实验和研究结果将在第 5 章介绍。

需要说明的是，本书重在对"雷暴 973"项目取得的一些创新性成果进行总结，与闪电和雷暴电学有关的一些专业术语和基本知识，可以参见张义军等（2009）和郄秀书等（2013）。除特殊说明外，本书所用时间均为北京时间，高度基于黄海高程。

1.1 雷电全闪三维定位网

通常可以将闪电分为地闪和云闪两大类。发生于云体与大地之间的云对地的放电称为地闪；发生在雷暴云内正负电荷区之间、不同云之间以及云与空气之间等所有未击地的放电统称作云闪。平均而言，地闪占闪电总数的比例小于 1/3，而云闪则占 2/3 以上。

由于地闪对地面物体和人民生命财产的直接影响，国际上从 20 世纪 80 年代就开始发展地闪定位网（Krider et al.，1980），并不断发展完善，到 90 年代，包括北美和欧洲国家在内的大部分国家都已安装了区域性的地闪定位网，并以美国国家闪电网为代表（National Lightning Detection Network，NLDN）（Orville，1994；Cummins et al.，1998；Orville et al.，2001）。80 年代，中国科学院原兰州高原大气物理研究所（后更名为寒区旱区环境与工程研究所）就从美国 Arizona 大学进口了最早的三站闪电定位系统，并先后在甘肃和北京开展闪电定位观测研究（郄秀书等，1990；Yan et al.，1992；Qie et al.，1993）。90 年代末以来，我国电力、林业和气象部门都相继开始建设以地闪为探测对象的闪电定位网。目前中国气象局的全国闪电定位网（Advanced TOA and Direction system，ADTD）、国家电网广域闪电监测网（简称"电网地闪网"）实质上都是在此基础上发展的一种地闪定位网，可以对地闪发生时间和落地点位置进行定位，由于只对具有地闪回击特征的电磁波进行探测和定位，因此理论上不具有对云闪的探测能力。

由于自然界中的云闪次数远高于地闪，而且雷暴单体中第一个闪电通常总是云闪，可以更好地指示强对流天气的发生和发展，因此研发具有可同时探测云闪和地闪的全闪定位技术，不仅是雷电物理与雷暴云电荷结构研究的迫切需要，也是强对流天气灾害监测预警和一些重要场所（如航天发射场、油库等）雷电快速定位监测的国家重大需求。为对包括云闪和地闪在内的全闪放电过程进行探测和定位，"雷暴 973"项目发展了一套宽频段闪电定位网（Broadband Lightning NETwork，BLNET），并在北京布网观测，下面主要介绍其站网布局、测站设备、定位算法以及探测性能和评估等。

1.1.1 北京宽频段闪电定位网的布站和设备

为在雷暴尺度上研究闪电活动，2008 年开始，中国科学院大气物理研究所在北京建设宽频段闪电全闪三维定位系统，并在"雷暴 973"项目支持下建设完善，被称为北京宽频段闪电定位网。

闪电探测一般是被动接受闪电产生的电磁波信号，而京津冀大城区群区域具有十分复杂的电磁环境，例如，如广播、通信、测量、测试等无线电信号，对闪电探测常造成严重干扰，选择不受电磁环境干扰的测站十分困难，因此建设之初 BLNET 只有 7 个测站，主要传感器为低频（LF）快天线和慢天线闪电电场变化仪（分别简称为快天线、慢天线）以及大气平均电场仪（简称电场仪）。为减小无线电干扰的影响，经过长期测试和站址调整，并相继采用接地、降低增益、滤波等措施，在北京市气象局支持下，2013年 BLNET 扩充到 10 个测站（王宇等，2015；武智君等，2016a，2016b），主要传感器改为快天线、慢天线和其高频（VHF）闪电探测仪。2014 年又增加 5 个测站（Wang et al.，2016；Srivastava et al.，2017），并将部分测站的慢天线换为 LF 磁天线。

2015 年开始，共有 16 个测站和一个中心站稳定运行，基本形成了一个同时具有云闪和地闪定位能力，研究和业务相结合的局域性闪电三维定位网。多频段、多传感器的配置既是闪电物理研究的需要，也是期望通过多频段的配置尽量降低无线电背景干扰对闪电探测的影响。如图 1.1 所示，BLNET 的 16 个测站分别位于大气所（DQS）、大兴（DX）、房山（FS）、古将（GJ）、怀柔（HR）、密云（MY）、南苑（NY）、平谷（PG）、上旬子（SDZ）、三河（SH）、石景山（SJS）、顺义（SY）、通州（TZ）、香河（XH）、延庆（YQ）、真顺（ZS），大部分位于北京市各区县气象局或人工影响天气炮点，2 个探测子站 XH 和 SH 站位于河北省境内。探测网的覆盖范围大约为东西 110km，南北 120km，平均基线长度约 45km，属于短基线定位系统（注：极短基线：几十至几百米；短基线：几十公里；长基线：几百至上千公里），系统最远有效探测半径约 200km，可覆盖北京、天津及河北部分地区。

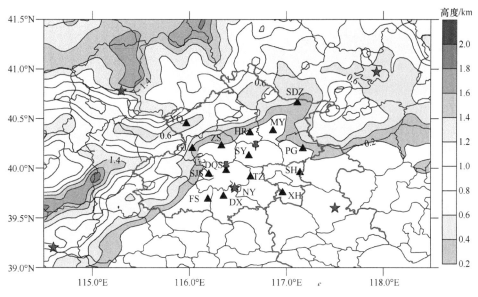

图 1.1　BLNET 测站和协同观测实验设备分布图

测站位置用黑色三角形标出，红色图钉代表 X 波段双线偏振雷达位置，一部位于中国科学院大气物理研究所楼顶，一部车载 X 波段双线偏振雷达位于顺义水上公园；红色星形代表北京市气象局 S 波段雷达，色标代表高度，单位：km

表 1.1 给出了 BLNET 各测站主要探测仪器的性能参数。四套仪器涵盖了云闪和地闪大部分放电过程的主要频段，可以反映不同的闪电放电过程。各测站利用授时精度优于 50ns 的 GPS 确定闪电电磁脉冲的到达时间。

表 1.1   BLNET 各测站主要探测仪器的性能参数

仪器	3-dB 带宽	信号采样率/MHz	预触发时间/ms	采集时间/s	时间常数
快天线	1.5kHz~2MHz	5	200	1	0.1ms
VHF 天线	69~75MHz	15	200	1	N.A.
LF 磁天线	3~300kHz	5	200	1	N.A.
慢天线	10Hz~1MHz	5	200	1	0.22s

    大气所站是观测主站，也是数据汇交和定位计算中心，数据存储和实时定位计算均在此进行。此外，在大气所还架设了大气平均电场仪和高速摄像、全视野视频拍摄光学设备，光学资料既可以用以雷电物理研究，也可以对 BLNET 的探测性能进行评估。BLNET 各测站可实现对所有闪电信号的高速同步观测及数据存储。快天线和磁天线的采样率为5MS/s，VHF 信号采样率 15MS/s，垂直分辨率 12bit，记录时间 1s，采用预触发方式，时间通常设为 200ms。BLNET 雷电实时定位以自动触发模式进行，根据噪声水平，合理设置各测站的触发阈值，当快天线信号超过所设阈值时，所有通道的信号一同被采集和记录。

1.1.2   BLNET 的定位算法和流程

    BLNET 采用到达不同测站时间差（TOA）的定位原理。如图 1.2 所示，假设 t 时刻，空间（x，y，z）处发生一闪电，放电过程产生电磁辐射信号，地面上 i 个测站（x_i，y_i，z_i）在 t_i 时刻接收到一个脉冲辐射信号，其中 $i=1,2,3,\cdots,n$，代表测站数，则可得到如下非线性方程组：

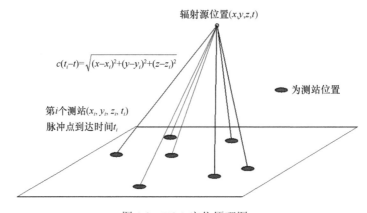

图 1.2   TOA 定位原理图

$$\begin{cases} c(t_1 - t) = \sqrt{(x-x_1)^2 + (y-y_1)^2 + (z-z_1)^2} \\ c(t_2 - t) = \sqrt{(x-x_2)^2 + (y-y_2)^2 + (z-z_2)^2} \\ \qquad\qquad\qquad \vdots \\ c(t_i - t) = \sqrt{(x-x_i)^2 + (y-y_i)^2 + (z-z_i)^2} \end{cases} \qquad (1.1)$$

式中，c 为电磁波在空气中的传播速度。该方程组中包含 4 个未知数（x，y，z，t）。理论上，利用 4 个测站测量闪电信号到达的时间 t_i，得到如上 4 个方程构成的非线性方程组，则可确定闪电发生的时间和位置。但由于存在测量误差以及电磁波在传播路径上的畸变等因素，实际上对闪电辐射源进行三维（3D）定位的测站数 n 应有冗余，通常 $n \geqslant 5$。

对上述方程组进行非线性最小二乘法拟合求解，使得拟合优度最小的一组解 (x, y, z, t)，即为闪电辐射源的三维空间位置和发生时间，其中：

$$x^2 = \sum_{i=1}^{N} \frac{\left(t_i^{\text{obs}} - t_i^{\text{fit}}\right)^2}{\left(\Delta t_{\text{rms}}^2\right)} \tag{1.2}$$

BLNET 采用无线通信领域的 Chan 和 Ho（1994）算法和常用的 Levenberg-Marquardt（LM）算法相结合的协同定位算法，前者为后者提供初值，后者通过多次迭代拟合得到最优解。通过和其他闪电定位算法比较，发现该协同定位算法能够更加快速有效地保证定位结果的收敛（Wang et al.，2016）。三维定位通常利用 5 站同步的数据进行定位计算。对发生在站网之外的闪电，一般可用的测站信号可能较少，如果有 3 站信号，可进行二维定位，但是在这种情况下，无法对定位结果进行最优估计，定位误差可能较大。

BLNET 对闪电辐射脉冲的定位流程分为脉冲寻峰，脉冲匹配和定位计算三步。对于 BLNET 各个站点记录的电场波形来说，一般采用 100μs 的时间窗口来搜寻最大幅值脉冲，得到高于噪声水平的离散脉冲的峰值时间。根据背景噪声的大小，应用动态阈值技术来决定每次寻峰时的阈值标准。脉冲类型识别技术可以将每个脉冲区分为云闪脉冲和正、负地闪脉冲。寻峰结束后，可以得到每一测站各脉冲的 GPS 时间以及脉冲类型。脉冲匹配过程则是以脉冲最早到达或信噪比较高的站点为基准站，对基准站中的脉冲依次与其余测站中满足"三角形"法则的所有脉冲分别进行匹配，即基准站的脉冲与所匹配脉冲的时间差必须小于闪电产生的电磁信号在相应两个测站间传播所需的时间差。

1.1.3　BLNET 的探测性能

BLNET 基于闪电（地闪和云闪）辐射的电磁脉冲到达不同测站的时间差进行定位。在射频频段，一次闪电放电过程可以产生多个，甚至成千上万个辐射脉冲，BLNET 可以对多测站同时接收到的系列闪电辐射脉冲进行闪电放电通道可分辨的三维动态定位，给出一次闪电过程放电通道的动态演变信息，包括每个脉冲的发生时间、位置、脉冲类型以及对通道放电电流强度（电流峰值）估计，同时还包括 x^2 大小以及参与定位的测站数，若是回击脉冲，则还包含回击的极性。对一次闪电能够定位出的辐射脉冲数目越多，对放电通道的描述越精细。

1. BLNET 的三维定位结果

BLNET 实时定位的数据源主要来自快天线探测到的闪电辐射脉冲，高时间分辨率的闪电放电过程成像（mapping）定位也可以利用甚高频和磁天线信号。由于快天线的闪电辐射脉冲容易识别，因此快天线信号是 BLNET 最常用的闪电辐射脉冲定位数据来源。下面首先给出基于快天线资料的闪电放电过程三维精细定位的结果，以说明 BLNET

对闪电放电过程的精细定位能力。

图 1.3 展示了 2017 年 7 月 14 日 15:30:52 发生的一次云闪过程，这是一次典型的正极性云闪过程，初始预击穿的负先导从大约 4km 的高度开始向上发展，达到 8km 高度转为水平发展，并且负先导在向上发展的过程中产生了多条分叉向不同方向传播。预击穿的脉冲波形初始为正极性，即双极性脉冲表现先正后负，对应着负先导的向上发展。

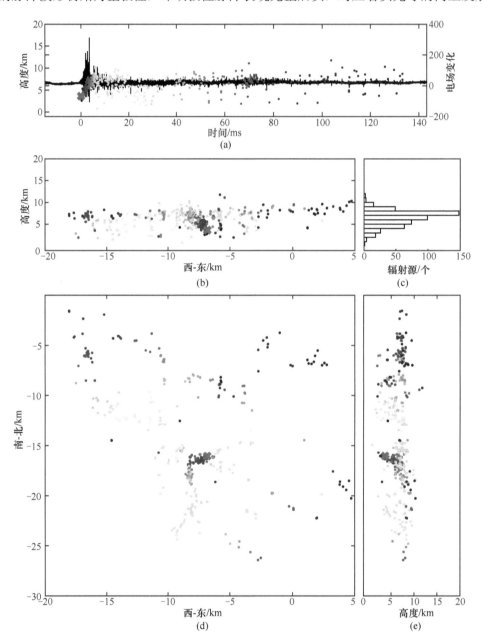

图 1.3　2017 年 7 月 14 日 15:30:52 的一次云闪放电过程的辐射源三维定位结果

（a）闪电辐射源高度（彩色点）、快电场变化（黑色曲线）随时间的变化；（b）表示辐射源在东西方向上的立面投影；（c）辐射源发生数目随高度的分布；（d）辐射源在平面的投影；（e）辐射源在南北方向上的立面投影

颜色从蓝到红表示时间从开始到结束，"✖"表示第一个定位获取的辐射源位置

初始击穿发生于上部正电荷区和其下方负电荷区之间，并且更靠近负电荷区。云闪的预击穿过程之后，负先导转为水平发展，产生的辐射强度明显减弱。在整个闪电的放电过程中，正先导发展没有呈现出连续的先导通道，说明初始双向先导的正极性端在连续发展过程中的辐射强度较弱。

闪电通道熄灭会出现重新击穿的现象，尤其是正先导，这也是自然闪电与实验室长间隙放电的重要区别之一。图 1.4 给出了发生在 2017 年 7 月 13 日 16:04:53 的一次

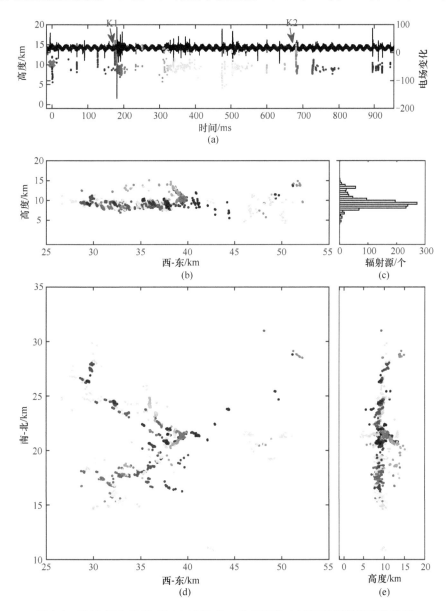

图 1.4　2017 年 7 月 13 日 16:04:53 的一次云闪放电过程的辐射源定位结果

（a）闪电辐射源高度（彩色点）、快电场变化（黑色曲线）随时间的变化；（b）表示辐射源在东西方向上的立面投影；
（c）辐射源发生数目随高度的分布；（d）辐射源在平面的投影；（e）辐射源在南北方向上的立面投影
颜色从蓝到红表示时间从开始到结束，"✖"表示第一个定位获取的辐射源位置

云闪过程，这次过程出现了多次沿已有通道的重新电离过程，这是云闪后期容易出现的典型过程。起始阶段在 10km 高度有向下发展的先导过程，极性应为负，之后出现两次从 13km 及更高的高度向下发展到达始发位置的 K 过程，K 过程继续发展，抵达 9km 高度处的前期已建立的负先导通道网络。在 K 过程抵达负先导通道之后，负先导通道得到了不同程度的发展。根据放电特点判断，9km 左右高度对应云中正电荷层，13km 左右对应云中负电荷层。

图 1.5 给出了 2017 年 7 月 14 日 18:35:25 一次单回击负地闪的定位结果，辐射源起始于较高高度，约 7.1km，但持续时间相对较短，约 175ms，随后通道向地面偏南方向发展，闪电始发约 37ms 后通道短暂停止，此时向南发展的闪电通道长度约为 4km，约 12ms 后通道重新激发，负先导开始快速垂直向下发展，随后产生接地产生负回击。回击后约 90ms，在 4～8km 内探测到零星云内放电过程。

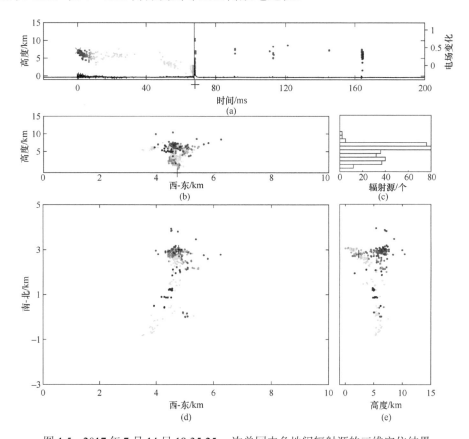

图 1.5 2017 年 7 月 14 日 18:35:25 一次单回击负地闪辐射源的三维定位结果
(a) 闪电辐射源高度（彩色点）、快电场变化（黑色曲线）随时间的变化；(b) 表示辐射源在东西方向上的立面投影；(c) 辐射源发生数目随高度的分布；(d) 辐射源在平面的投影；(e) 辐射源在南北方向上的立面投影
"×"对应负地闪回击时刻；"×"表示第一个定位获取的辐射源位置；颜色从蓝到红表示时间从开始到结束，全书同

对正地闪放电通道的三维精细定位结果可以参看第 1.5.4 节图 1.48。

以上定位结果表明，BLNET 对于闪电起始击穿空气的双向先导的负先导通道以及在通道熄灭后发生反冲先导、K 过程等快速的重新击穿过程都有很好的定位效果，为揭示闪电先导通道在云内的发展过程提供了手段。结合 BLNET 的慢天线及 VHF 天线资料，可以获得闪电放电过程产生的地面电场变化和不同频段辐射特征。

需要指出的是，由于北京闪电定位网的大部分测站位于北京城区，为降低无线电背景干扰影响，尽管采用了滤波、接地等措施，部分测站仍然处于较高的噪声水平，只有较强的闪电辐射才具有较好的信噪比，因此在干扰较大的测站，只有强的辐射脉冲被检测出来，测站参与定位的数据质量和效率较低。这种高噪声测站越多，一次闪电定位出的有效脉冲数就越少，从而影响定位效果。

2. 闪电辐射脉冲的类型识别

根据闪电的放电特征，BLNET 将所探测到的脉冲识别为三类：云闪（IC）脉冲、正地闪（PCG）脉冲和负地闪（NCG）脉冲。

地闪回击产生的电磁辐射场信号具有明显的特征，如图 1.6 所示，回击产生的电磁场波形具有从 0 到峰值的快速上升沿和相对较慢地从峰值回到 0 附近的下降沿。为了从探测资料中识别出地闪信号，在 BLNET 观测到的闪电电磁信号基础上，首先统计分析了正、负地闪回击电场波形的多个特征参数，包括：10%～90%上升时间、下降时间、半峰值宽度、过零时间和负反冲深度等（黎勋等，2017），参照已有的地闪定位网的波形识别方法（Krider et al.，1980）和统计得到的地闪回击波形特征参数，设计了地闪回击的识别标准，所用参数如图 1.6 所示，定义如下：

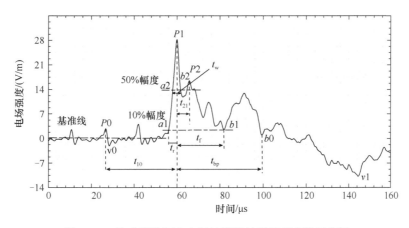

图 1.6　一次典型的回击电场波形及波形特征参数示意图

（1）上升沿时间 t_r：$t_r = t_{P1} - t_{a1}$，为脉冲上升沿的 10%幅度位置 $a1$ 点到脉冲峰值点 $P1$ 的时间差。

（2）下降沿时间 t_f：$t_f = t_{b1} - t_{P1}$，为脉冲峰值点 $P1$ 到脉冲下降沿 10%幅度位置 $b1$ 的时间差。

（3）脉冲宽度 t_w：$t_w = t_{b2} - t_{a2}$，为脉冲上升沿 50%幅度位置 $a2$ 到下降沿 50%幅度位置 $b2$ 的时间差。

（4）回击脉冲的峰值点 $P1$ 与回击前同一极性的小脉冲的峰值点 $P0$ 间的时间间隔 t_{10}：$t_{10} = t_{P1} - t_{P0}$。

（5）回击脉冲的峰值点 $P1$ 与次峰点 $P2$ 间的时间间隔 t_{21}：$t_{21}=t_{P2}-t_{P1}$。

（6）次峰电场强度 E_{P2} 与回击脉冲电场强度 E_{P1} 间的比值 R_{21}：

$$R_{21} = \frac{E_{P2} - E_{baseline}}{E_{P1} - E_{baseline}}$$

（7）回击前同一极性的小脉冲的电场强度 E_{P0} 与回击脉冲电场强度 E_{P1} 间的比值 R_{01}：

$$R_{01} = \frac{E_{P0} - E_{baseline}}{E_{P1} - E_{baseline}}$$

（8）回击前最大波形波动幅度与回击脉冲峰峰值之比 R_{ab}：

$$R_{ab} = \frac{E_{P0} - E_{v0}}{E_{P1} - E_{v1}}$$

（9）回击脉冲峰峰值与所在数据最大值与最小值之差的比值 R_m：

$$R_m = \frac{E_{P1} - E_{v1}}{E_{max} - E_{min}}$$

在所分析的数据窗口内，有时波形的最大值和最小值并不一定是回击脉冲的最大值和最小值。

（10）回击脉冲负向峰值和正向峰值之比 R_b：

$$R_b = \frac{E_{baseline} - E_{v1}}{E_{P1} - E_{baseline}}$$

（11）波形最大值与回击脉冲峰-峰值的比值 R_f：当回击前最大脉冲的前半周期峰值为正时，$R_f = \dfrac{E_{max}}{E_{P1} - E_{v1}}$；当回击前最大脉冲的前半周期峰值为负，$R_f = \dfrac{E_{min}}{E_{v1} - E_{P1}}$。

（12）回击脉冲波峰后的信号持续时间 t_{bp}：$t_{bp}=t_{b0}-t_{P1}$。

回击脉冲波形的特点是上升快，持续时间在 10μs 左右，而下降缓慢，大多为几十微秒。t_r、t_f、t_w 反映了脉冲的上升与下降特征，是回击脉冲区别于云闪脉冲的主要参数。这里采用 10%到峰值的上升时间代替 10%～90%的上升时间。通常选取 1ms 的时间窗口进行一次脉冲的识别。地闪的首次回击一般会有一个甚至多个明显的次峰，而有时回击之后无明显的次峰或次峰的幅值会大于回击的峰值，所以与次峰相关的参数 t_{21} 和 R_{21} 并不是必要条件；当次峰强度较大时，限定次峰的幅值不能超过回击脉冲峰值的 15%。t_{10}、R_{01} 和 R_{ab} 描述了回击前的较强脉冲与回击脉冲间的相关性。R_b 反映了回击脉冲的正、负双向强度特征，对于 50km 以外的负回击来说，首次回击和继后回击的快电场以辐射场为主，绝大多数的电场波形过冲较为明显，R_b 值较大。t_{bp} 类似于过零时间。以上各参数的选取根据实际探测的回击脉冲波形进行适当调整来提高识别准确率。

因为每次回击过程的距离远近不同，所处的噪声水平也不同，所以实际探测的回击电场波形可能比较复杂，上述选取的特征参数仅是一种近似地描述波形的方法，因而不能完全准确地识别出每个回击脉冲。基于人工识别，发现在噪声干扰较小的真顺站，正、负回击的准确率均在 90%以上，而对干扰较大的房山站，自动识别算法对回击识别率不到 70%，平均而言，负回击的平均正确识别率约为 79.6%，正回击的平均识别率约 82.7%，略高于负回击。

实际上，由于脉冲类型自动识别算法有自身的局限性，仅凭借波形的特征来识别回击脉冲的方法并不适合一些奇特的波形。此外，对于距离较远的回击脉冲，受传播衰减等影响，波形特征会弱化，一些较强的近距离闪电会引起波形饱和，这些因素都将影响回击波形的正确识别，所以识别正确率不可能达到 100%。人工识别的优势在于准确率较高，但容易漏掉脉冲且效率不高。利用最近兴起的人工神经网络算法，有可能达到甚至超过人工识别回击脉冲的准确率，而且能高效运行，应该是解决该问题的一个有效方法。

影响时差法定位精度的因素是多方面的，主要有：噪声的干扰水平，GPS 精度，探测仪自身的动态范围、带宽和采样率，以及峰值点搜寻的准确度，不同求解算法的精度等。一般干扰噪声是指站点周围环境中较强的电磁信号，如广播、通信等无线电信号通过接收天线耦合到雷电电磁辐射探测仪中。另外，还有一种常见且容易被忽视的因素是由于探测器动态范围限制而引起的脉冲信号饱和。当云闪或地闪的发生位置距探测站点非常近时，其放电过程产生高强度的电磁辐射，超过探测仪器的测量上限，导致信号脉冲出现饱和现象。BLNET 各站点于 2015 年更换了新的高灵敏度快天线，可以探测到更多弱的放电过程，同时也容易产生饱和脉冲，从而影响峰值的寻找，需要被剔除。

3. 回击电流峰值的估算

参照已有闪电定位网对地闪通道中回击峰值电流强度的估算方法，BLENT 利用 Uman 等（1970）提出的传输线模式对闪电回击电流进行估算。在回击传输线模式假定下，回击电流 I_p 的幅值与探测仪测量得到的电场峰值强度 E_p 和回击电流的传播速度 v 遵循如下表达式：

$$I_p = \frac{2\pi\varepsilon_0 c^2 D}{v} E_p \tag{1.3}$$

式中，D 是探测仪到地闪回击接地点间的水平距离，单位 m；c 为光速，单位 m/s；ε_0 是真空介电常数，一般假设回击电流在通道内的传播速度 v 为定值。式（1.3）的使用条件主要有：①回击通道需平直且垂直于地面；②假设地面光滑且电导率无限大；③回击产生的电磁场以辐射场分量为主，即不适用于距离探测仪器很近的回击。实际上这些条件是不可能理想满足的，且回击电流在通道内的传播速度不能确切获得，特别是在实际情况中，BLNET 的 16 个测站所处的地理环境不同，受环境影响的电场畸变系数也不尽相同，这些都会影响峰值电流的计算。因此这一公式只能用于对闪电回击峰值电流的大致估算。

为了对 BLNET 估算的电流峰值进行检验和订正，2016 年 7 月开始在位于 BLNET 网内的大气所 325m 铁塔上安装闪电电流测量设备。但由于每年闪电击中大塔的概率很低，而且经常闪击在大塔上部的侧面平台支架上，加上大部分大塔闪电仅有连续电流过程，而无回击电流过程（Jiang et al.，2014；Yuan et al.，2017），所以目前尚无可用的电流资料对 BLNET 的回击峰值电流进行评估。

4. BLNET 的三维实时定位和地面投影显示

为满足北京及周边地区雷电活动和强对流业务化实时监测的需要，在 BLNET 已有布局和定位算法的基础上，建立了一套基于快天线的闪电实时定位和显示系统。基于各站宽带网络及 4G 移动网络，以大气所测站为中心，建立了 BLNET 专属 FTP 远程监控、数据传输系统，覆盖 BLNET 的 16 个站点，实现了将闪电信号峰值数据的远程实时传输至 FTP 服务器，并能够对各站本地数据进行有效的远程监控和分类管理。各测站采用快天线触发的方式进行多通道闪电数据的同步采集。由于闪电信号数据量巨大，原始采集数据的实时完全回传难以实现，因此，实时定位模式中，在各站进行闪电信号本地快速寻峰，在保留有用信息的基础上，最大程度降低回传数据量，提高同步数据回传效率。中心站首先对回传数据进行预处理并分析脉冲间的时间同步性，然后进行三维实时定位和保存，其实时显示有两种方式：常用方式是每 2min 给出一幅闪电脉冲实时定位的地面投影二维平面显示图；第二种选择是在谷歌地图上实时叠加每次辐射源的三维位置，从而实现了对北京闪电活动的实时监测。

图 1.7 为 2017 年 8 月 16 日 14:56 和 15:04 两个时刻 BLNET 的三维实时定位的平面显示图与相应时刻中国天气网的雷达回波对比，可以看出，闪电的发生位置与雷达强回波具有很好的对应。实时定位显示图中给出了从当前定位时刻到 1h 前的所有闪电辐射源脉冲的定位结果，将其识别分为云闪 IC 脉冲、正地闪 PCG 脉冲和负地闪 NCG 脉冲 3 种。1h 内的闪电定位结果以 10min 的时间间隔用不同颜色进行区分，红色代表当前 10min 的闪电脉冲位置，图中左上角同时显示了近 10min 内定位到的各类型辐射源脉冲总数。

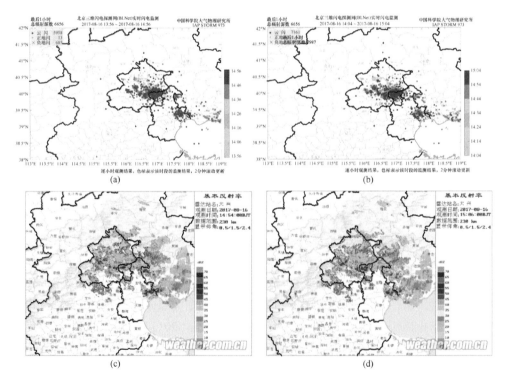

图 1.7　2017 年 8 月 16 日两个时刻 BLNET 三维实时定位结果的平面显示 [（a）（b）]
与相应时刻的雷达回波 [（c）（d）]

（a）13:36～14:56 BLNET 闪电定位结果；（b）14:04～15:04 BLNET 三维实时定位结果；（c）14:56 雷达回波；
（d）15:04 雷达回波

BLNET 除了对北京地区的闪电活动有较好的探测能力外,对发生于天津、河北的闪电活动也有一定的定位能力,但随着距离增大,探测到的闪电主要是放电较强的地闪,例如,在河北唐山和秦皇岛探测到的主要是正地闪,图中用"×"表示。实际上 BLNET 对天津及河北中部有较好的探测能力,对山东北部、山西东部和内蒙古南部发生的一些较强的地闪也有一定的探测能力。

1.1.4　BLNET 的探测效率和定位误差

闪电定位网的探测效率(DE)、定位误差和误探率是评估闪电定位系统性能的三个关键技术指标。闪电或地闪回击的探测效率定义为定位系统探测到的闪电数或回击数与真实发生的闪电数或回击数之比。定位误差定义为定位结果偏离实际闪电发生位置的距离。误探率指探测系统探测到的非闪电信号(或干扰信号)所占的比例。由于 BLNET 采用 4 站以上同步探测信号进行定位,基本可以剔除干扰信号,误探率很低。为了对 BLNET 探测性能有一个全面了解,首先对在目前探测子站布局下的定位结果进行理论估计,然后对闪电定位结果与"真值"进行对比,以了解 BLNET 的实际运行效果。

1. 蒙特卡洛模拟结果

首先利用蒙特卡洛模拟检验在当前 16 测站布网下 BLNET 的理论定位误差。在笛卡儿坐标系下,模拟域为以大气所站为中心的 150km×150km 范围内,网格为 3km×3km。假设时间测量误差服从高斯分布,其均值为 0,设闪电辐射源高度为 10km、5km 或 0km,标准差 Δt 分别取 0.4μs、0.6μs、0.8μs 和 1.0μs,模拟结果发现,随着 Δt 的增大,辐射源水平和高度定位误差均增大,且高度定位误差大于水平定位误差,水平定位误差随辐射源高度变化不大。当 Δt =0.4μs 时,BLNET 站网内水平定位误差小于 200m,在以大气所站为中心的 150km×150km 的大部分区域内,二维定位误差小于 1km(图 1.8),

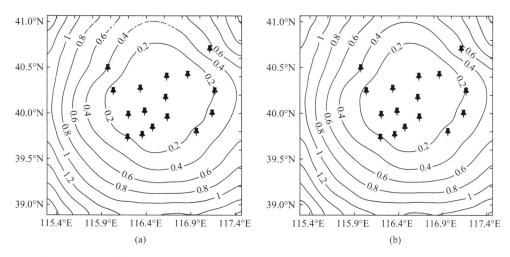

图 1.8　时间误差 Δt =0.4μs 时的 BLNET 理论水平定位误差(模拟范围 150km×150km)

(a)高度 5km;(b)高度 10km

图中黑钉子代表 BLNET 测站,等值线为定位误差(单位:km)

高度定位误差小于600m。需要指出的是，这里假定16个测站均同步接收到闪电信号，实际上很难保证16个测站均探测到同一闪电辐射脉冲，因此BLNET实际定位误差可能大于此定位误差。

2. 基于高塔闪电的 BLNET 定位误差

为了对BLNET的实际定位误差进行评估，2016年在大气所楼顶安装了一台光学全方位雷电监测系统，用于拍摄视野内的地闪活动，遗憾的是目前仅有击中大气所325m气象铁塔的10多个闪电个例，所拍摄到的其他地闪均无法判断是否击中标志性建筑。基于大气所325m气象铁塔闪电得到的BLNET地闪回击的水平定位精度分布范围为50.0～250.7m。下面对其中一次铁塔闪电过程进行分析：

2016年5月11日22:27:45一次负地闪击中325m气象塔，BLNET共有6个测站有效同步探测到此过程。图1.9给出了6站同步的1ms快电场波形，并给出了各站0采样点对应的时刻。从快天线电场波形可以看出，由于6个测站都较远，对此高塔闪电没有探测到回击前明显的梯级过程，回击之后也无探测到连续电流过程。利用6站同步的快电场数据，对此高塔闪电进行三维定位，结果显示与高塔间的水平距离为52.9m，定位高度为490m，考虑到塔高325m，定位到的回击连接高度在塔顶上方165m，这个高度是合理的。

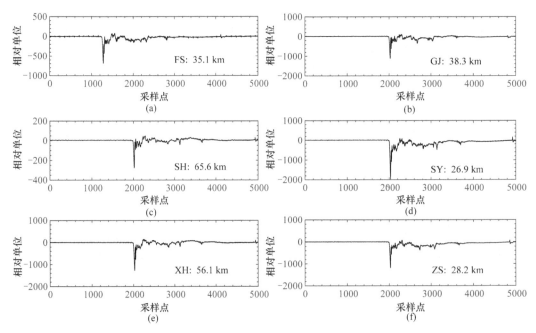

图1.9　6个测站同步记录到的击中高塔的一次负回击的快天线电场波形
（a）FS站；（b）GJ站；（c）SH站；（d）SY站；（e）XH站；（f）ZS站

利用此高塔闪电的回击脉冲也进行了三站定位精度的检验。从同步的6站测量中随机挑选出3站，即对三站定位结果进行测试，这种方式共有20种组合，分别计算不同组合的水平定位结果与高塔间的水平距离，发现大部分组合的定位误差均在100m以内，甚至（FS，GJ，SY）组合的定位误差仅 27m，但最大定位误差为 1063.7m。整体三站定位的平均定位误差为 249.7m，说明 BLNET 的三站定位算法也在合理的范围之内。Wang 等（2016）给出了 2014 年的一次高塔闪电的定位结果，当时共有 5 个观测站同步记录到这次闪电，但是其中距离铁塔 900m 的大气所测站资料饱和。利用剩余 4 个测站对这次高塔闪电的回击进行定位的水平定位误差约为 250m。

需要指出，铁塔闪电定位结果仅能验证 BLNET 对铁塔附近区域的地闪定位误差，还远不能说明 BLNET 网内整体的探测性能。不同地区和不同的测站组合方式都会不同程度影响定位精度。对 BLNET 的定位精度和性能的评估还需要更多的实际闪电资料对比。

3. 基于闪电"真值"的 BLNET 探测效率

传统上对闪电的研究常以一次闪电为单位，而 BLNET 给出的是一次闪电中所发生的众多辐射源的三维位置。为了与传统意义上的闪电概念一致，需要首先确定哪些定位结果来自于同一个闪电，即所谓的"聚类归闪"处理。另外，对 BLENT 探测效率的评估还需要知道在探测范围内到底发生了多少次闪电，即闪电真值的确定。

BLNET 辐射源定位结果的"聚类归闪"标准：经过大量模拟和不同聚类方法的对比，发现下列两种方法对 BLNET 辐射源聚类为一次闪电都有比较好的效果：

第一种方法，将一次辐射脉冲前后发生时间小于 400ms，且水平距离小于 15km，总持续时间不超过 1.5s 的辐射源认为是同一个闪电。具体如下：步骤一，将距首个脉冲 15km 范围内且发生时间差不超过 400ms 的辐射脉冲归为一组；步骤二，去除孤点，目的是去除只包含一个孤立脉冲的闪电；步骤三，把剩余每个脉冲组中的第一个脉冲作为聚类参考，重复聚类步骤一，同时保证总时长小于 1.5s。

第二种方法，辐射源聚类为一次闪电的距离、时间标准分别为 10km、1s，即将距首个脉冲 10km 范围内且发生时间差不超过 1s 的辐射脉冲归为同一个闪电，再把上次聚类之后剩余脉冲中的第一个脉冲作为聚类参考，以此往复。

聚类归闪之后，判断闪电的类型：如果该次闪电全为云闪脉冲，则定为云闪；如果包含正或负地闪回击脉冲，则定为正地闪或负地闪。对于云闪，将第一个（或者选择最强一个）辐射源发生的时间、位置等信息作为该云闪的信息；地闪则以首次回击的定位结果来代表。

对大空间尺度的雷暴系统，第一种方法比较合适。实际上对于基于闪电辐射脉冲定位的"聚类归闪"问题仍然是一个具有挑战性的问题。由于不同闪电在时间和空间上都有很大的变化，因此无论采用哪种标准进行聚类，都很难适用于所有闪电，即使对同一次雷暴中的闪电进行聚类归闪也会有一定的偏差，因此通过研究选择更合适的方法仍然是需要的。在之前的研究中，BLNET 也曾用 10km 和 500ms 为标准，以及 10km 和 1s 为标准两种方法（Srivastava et al.，2017）。

国际上对闪电定位网的探测效率评估常以光学系统拍摄到的闪电、高塔闪电等作为闪电"真值"。由于光学观测视野有限，在北京得到的闪电个例较少，不足以对 BLNET 的探测效率进行评估。这里采用了一种基于快天线探测信号的"自评估"方法，对

BLNET 探测效率的评估（Srivastava et al.，2017）。考虑到 BLNET 各测站快天线探测的高灵敏度和几乎为零的记录时间，假定快天线可以探测到测站周围接近 100%的闪电活动，所以选取 BLNET 各测站的快天线波形为参考。考虑到快天线常接收到一些非闪电的干扰信号，因此选取至少两站快天线同步记录的闪电事件作为闪电次数的"真值"，如果仅有一个测站记录到某事件则考虑为干扰或者为远距离的闪电信号而被排除。另外，如果有 3 个或 3 个以上测站探测到闪电，且有两站均识别为地闪，那么此闪电事件被当作地闪"真值"。类似地，至少有两站探测到的相似的云闪脉冲则被认定为云闪"真值"。

选取 2015 年和 2016 年共 5 次雷暴过程的快天线闪电数据，通过人工识别的方式统计出真值样本，然后找出真值相应时刻的闪电定位结果，利用式（1.4）和式（1.5）分别计算出不同雷暴过程下 BLNET 的探测效率，结果如表 1.2 所示。可以看出，地形条件和雷暴个例对探测效率都有影响，其中 2015 年 7 月 17 日的定位效果最好，2015 年的平均探测效率小于 2016 年。BLNET 对总闪的探测效率为 93.2%，对云闪的探测效率为 97.4%，而对地闪的探测效率仅为 73.9%。

$$DE_{IC} = \frac{Number\ of\ IC_{BLNET}}{Number\ of\ IC_{fastantenna}} \qquad (1.4)$$

$$DE_{CG} = \frac{Number\ of\ CG_{BLNET}}{Number\ of\ CG_{fastanna}} \qquad (1.5)$$

表 1.2　两站快天线同步信号为真值的 BLNET 不同类型闪电的探测效率

日期	快天线真值		BLNET		探测效率/%		
	CG	IC	CG	IC	IC DE	CG DE	Total
2015-07-15	172	491	110	470	95.7	63.9	87.5
2015-07-17	1713	3324	1507	3303	99.4	87.9	95.5
2015-08-07	1767	12657	1071	12437	98.3	60.6	93.6
2016-05-11	352	1706	275	1521	89.2	78.1	87.3
2016-08-28	76	238	54	209	87.8	71.1	83.6
合计	4080	18416	3017	17940	97.4	73.9	93.2

可以看到，基于这种算法，给出的地闪识别较低，可能有两种原因：一是波形识别方法还有待改进，二是与所采用的评估方法有关，比如发生在较远处的强地闪可能仅被 BLNET 外围的两站探测到，无法给出定位结果，从而造成所使用的地闪真值偏大，导致对地闪探测效率评估结果略偏低。因此，这种致密型探测网的探测效率受远距离雷暴发展和移动方向的影响比较大。

Srivastava 等（2017）利用 2015 年 6 月到 9 月的 26 个不同雷暴天气过程中至少两站同步的快天线的地闪事件和 BLNET 的地闪探测结果分别作为真值，也分别评估了 ADTD 和全球闪电网（WWLLN）同期的在北京地区的相对探测效率。此时间段内，BLNET、ADTD 和 WWLLN 分别探测到 27407、13548 和 4623 次地闪。以 BLNET 的两站快天线同时记录作为真值，ADTD 和 WWLLN 在北京地区地闪的探测效率大约分别为 36.5%和 12.4%。以 BLNET 定位结果作为真值，ADTD 和 WWLLN 在北京地闪的探测效率分别为 49.4%和 16.8%。

1.1.5 基于雷达回波对 BLNET 实时定位结果的评估

将 BLNET 的全闪三维实时定位结果平面显示叠加在天气雷达回波图上，可以大致评估 BLNET 的实时定位结果，并判断闪电对强对流的指示能力。BLNET 实时三维定位包括每个辐射源脉冲的发生时刻、经度、纬度、高度、类型（是否地闪回击），强度（峰值电流估计）、若是地闪回击，则包含极性（+、−）。

挑选北京市范围内四次强雷暴过程的 6min 内全闪（地闪+云闪）的水平定位结果与相应时刻北京观象台的 S 波段雷达数据进行叠加，如图 1.10 所示。2015 年 7 月 27 日 17:42，一较强的天气系统从北京西北方向入境，在 20:00 左右于北京市上空发展成为一个飑线系统，导致了暴雨、闪电、冰雹和大风等灾害性天气的发生。20:39~20:45 该飑线系统处于强盛期，产生了大量闪电 [图 1.10（a）]。这一时段 BLNET 在北京范围内探测到生云闪 2200 多次，负地闪 83 次，正地闪仅 5 次。大部分云闪脉冲均发生在≥40dBZ 的强对流区域内，少部分地闪（包括正地闪和负地闪）则发生在回波强度为 20~35dBZ 的区域内。2015 年 8 月 7 日 19:30~19:36，北京市中部出现一个飑线系统，其位置与 7 月 27 日的飑线位置接近，但强度相对较弱。从全闪定位结果与雷达回波的叠加图可以看出，此飑线系统产生的闪电仍以云闪为主 [图 1.10（b）]，且大多数闪电以带状形式集中在≥40dBZ 的强回波区。弱回波区内几乎都是一些零星的云闪过程。

图 1.10（c）给出了 2016 年 6 月 10 日北京地区突发性多次降雹的雷暴过程全闪定位结果与雷达回波的叠加。虽然闪电频次低于前面的飑线系统，但几乎所有的闪电都发生在各单体的强回波中心区。仅有一个正地闪产生在低于 10dBZ 的弱对流区内。图 1.10（d）是 2016 年 9 月 11 日凌晨 2 点半位于北京市东部的一个超级单体。该雷暴系统产生的地闪比例较高，6min 内就有 153 次地闪。大多数闪电依然发生在强回波区，在强回波区的外围（或者称为过渡区）产生了少量云闪和正、负地闪，甚至定位到在天津界内的几个强地闪。

1.2 雷暴云电场-气象综合探空技术

雷暴云内的电荷分布与雷暴云内动力-微物理过程密切相关，也决定着雷电的发生与发展，因此对它的探测与认识，不仅是雷电研究的需要，也有助于对雷暴云内动力—微物理—电过程相互作用关系和物理机制的理解。雷暴云内的电场探空由于是原位（in situ）观测，因此是获取雷电灾害天气系统中的电荷分布与结构最直接和最有效的探测方式。这种方式通过在雷暴条件下，对雷暴云内电场进行直接钻云探测，获得探空路径上的电场廓线，再利用泊松方程对探空路径上的电荷分布进行反演（Marshall et al.，1991；赵中阔等，2009）。

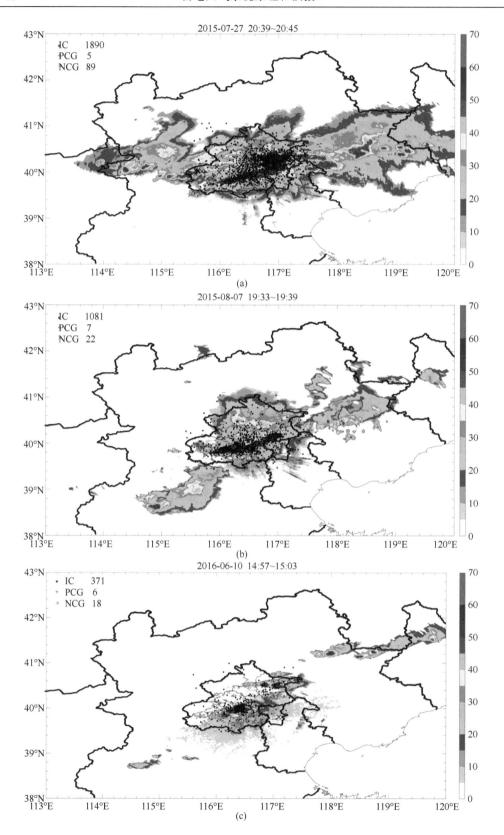

(a)

(b)

(c)

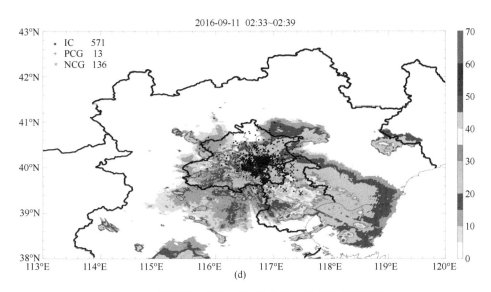

图 1.10　四次强雷暴云 BLNET 全闪三维定位平面显示
与对应时刻 S 波段雷达组合反射率（单位：dBZ）叠加
（a）2015 年 7 月 27 日飑线系统；（b）2015 年 8 月 7 日飑线系统；
（c）2016 年 6 月 10 日雹暴；（d）2016 年 9 月 11 日超级单体

为了获取雷暴云内比较完整的电荷分布，"雷暴 973"项目在美国 Mississippi 大学 T. C. Marshall 教授的帮助下，对他们之前使用的双球三维电场探空仪（Marshall et al.，1991，1995a，1995b；Stolzenburg et al.，1998a，1998b，1998c）进行改进，自主研制了新型的雷暴云双球三维电场探空技术。基于此技术，对雷暴云内进行钻云电场探空实验，来定量确定雷暴云内电荷分布的垂直结构；同时也利用闪电辐射源定位系统对云内闪电放电通道进行高分辨率的三维定位，确定与放电有关的云内正、负电荷区域的空间分布（见第 4 章）。利用两者结合可以相对完整的确定雷暴云中的电荷分布。下面对雷暴云双球三维电场探空技术进行详细介绍。

1.2.1　静电感应及双金属球电场探空的原理

双金属球结构几何示意如图 1.11 所示。双金属球在外界电场的作用下，通过静电感应使得两个金属球分别带有等量异号的感应电荷。为了实现由电荷感应测量雷暴云电场，需要确定电荷感应量与环境电场的关系。Davis（1964）解决了两导体球在均匀外电场中的带电问题，问题归结为求解电势在双球坐标系下的 Laplace 方程边值问题，再根据电场在空气—球面界面的法向跃变计算导体球面的电荷密度，最后积分得到导体球的感应电荷，在均匀电场中双金属球感应电荷与外界电场的计算关系式为

$$Q_1 = 2\varepsilon E_0 a^2 \cos\phi \left[S_1(\mu_2) + S_1(0) \right] \tag{1.6}$$

$$Q_2 = 2\varepsilon E_0 a^2 \cos\phi \left[S_1(\mu_1) + S_1(0) \right] \tag{1.7}$$

其中，ε 为空气的介电常数；E_0 为大气电场强度（单位：kV/m）；ϕ 为 E_0 矢量与两球球心连线的夹角。

双金属球结构几何示意图（图 1.11）中：$R_{i(1,2)}$ 为两球的半径，D_i 为球心到两球之间中心点的距离。$a = \sqrt{D_1^2 - R_1^2} = \sqrt{D_2^2 - R_2^2}$ 为双球尺度因子，$\mu_1 = \ln\left(\dfrac{D_1 + a}{R_1}\right)$，$\mu_2 = \ln\left(\dfrac{D_2 + a}{R_2}\right)$ 为球面的双球的尺度坐标。S_1 为一级数函数，其一般表达式为

$$S_m(\xi) = \sum_{n=0}^{\infty} \frac{(2n+1)^m \, \mathrm{e}^{(2n+1)\xi}}{\mathrm{e}^{(2n+1)(\mu_1+\mu_2)} - 1} \quad m = 0,1,2,\cdots \tag{1.8}$$

双金属球探空仪选用两个几何尺寸完全相同、对称放置的金属铝球。两球的结构参数 $R_1 = R_2 = R = 7.50\text{cm}$，$D_1 = D_2 = D = 8.8\text{cm}$，进而可得 $Q = 1.1315 \times 10^{-12} E_0\cos(\phi)$。设 $E' = E_0\cos(\phi)$（大气电场在两球球心连线方向的分量），$k = 1.1315 \times 10^{-12}$（$Q$-$E$ 的转换系数值），因此有 $Q = kE'$，金属球感应电荷量与大气电场在两球球心连线方向的分量呈线性关系（Marshall et al.，1995b）。

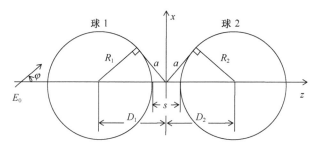

图 1.11　双金属球结构几何示意图

1.2.2　双金属球电场探空仪的设计和探空系统集成

在静电场中放置一导体，导体表面就会产生感应电荷。通常大气电场在秒量级上的变化比较缓慢，在一定时间内可认为是常数，因此在导体表面产生的感应电荷保持不变，没有电流通过测量电路，不能进行大气电场测量。为了定量探测"准常数"大气电场，采用旋转传感器的方式来改变双金属球上的感应电荷量，使得有电流通过放大电路而进行测量。

探空电场测量电路原理如图 1.12 所示，金属球 1 作为感应天线连接到运算放大器的输入端，金属球 2 作为地。RC 负反馈放大电路的电阻 R 和电容 C 跨接于运算放大器的输入和输出端。在外界电场 E_0 的作用下感应球上会产生感应电荷。当双金属球旋转时，两球球心连线方向的电场分量发生变化，感应电荷量变化而产生的感应电流 i 将流过积分电路中的 R 和 C，于是有：

$$i + \frac{V}{R} + C\frac{\mathrm{d}V}{\mathrm{d}T} = 0 \tag{1.9}$$

式中，$i = \dfrac{\mathrm{d}Q}{\mathrm{d}t}$，由上节可知 $Q = kE'$，因此有 $i = k\dfrac{\mathrm{d}E'}{\mathrm{d}t}$，将其带入式（1.9），计算可得输出电压 V：

$$V = -\frac{k}{C}E'$$

（1.10）

运算放大器的输出电压 V 与大气电场 E_0 在两球球心连线方向的分量 E' 呈线性关系。实验中选用 $C=0.1nF$，则探空电场和输出电压的关系为 1V 代表 88.38kV/m；放大电路响应时间为 0.1s。由于尚无条件进行探空系统标定实验，这里主要分析电荷层的分布高度和厚度，不涉及电荷密度分布，因此直接使用理论转换系数不影响分析结果。

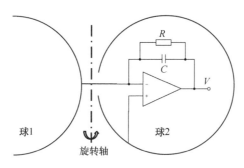

图 1.12　双金属球电场探空仪放大电路工作原理

电场探空仪的硬件构成如图 1.13 所示，其核心部件是内部包含有放大电路、单片机和通信电路的双金属铝球，利用特氟龙连接件绝缘两个金属球。此外，探空系统还包含：环氧树脂管（长 1.2m）、直流减速电机、锂电池、菱形泡沫、轴承等。环氧管两端利用电木管和铝连接件安装轴承，轴承外端套内径略大的环氧管；利用防水尼龙绳连接两端套装的短环氧管，并与探空系统其他部分连接（使用 8 字环，图 1.13 上侧箭头处），防水尼龙绳可以有效防止因绳子上雨滴冻结带电而影响双金属球的实际测量；尼龙绳与水平环氧管的夹角为 65°，较大的仰角和间距可以减小连接绳对双金属球测量的影响。双

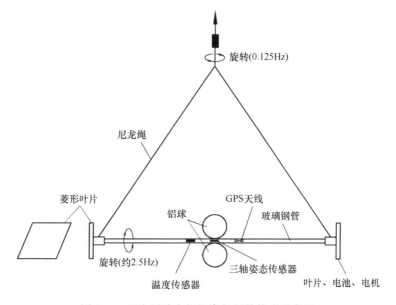

图 1.13　双金属球电场探空仪硬件构成示意图

金属球电场探空仪在竖直平面和水平面上同时旋转。竖直平面内的旋转，采用直流减速电机来实现，转速约为 150 r/min。水平面上的旋转主要依靠探空仪两端安装的菱形泡沫；垂直气流作用于菱形泡沫上，产生旋转力矩，进而实现探空仪在水平面上的旋转，频率约为 0.125Hz。菱形泡沫棱角圆滑处理，减小雨天尖端起电的可能性。

为了测量大气电场的三维分量，在测量双金属球感应电荷量的同时，同步测量出静电场探空仪的三维姿态，包括双金属球的相对上下和水平环氧管的方位角。采用电子罗盘传感器，测量三轴磁场和三轴重力加速度。传感器安装于作为"地"的铝球内部铜支架近环氧管侧；其 X 轴沿水平环氧管，指向电机一侧；Z 轴位于水平平面内，垂直于 X 轴向上，如图 1.13 所示。

静电场探空仪内部电路由双金属球、电场放大电路、A/D 芯片、电子罗盘传感器、编码和信号发射机构成，所有模块通过一个单片机平台实现。探空仪内部结构示意图如图 1.14 所示。电场放大电路输出为模拟信号，输出范围±5V，经 AD 转换后连接单片机，电场 E 采样率为 32Hz。电子罗盘输出为数字信号，Y 向重力加速度 G 采样率为 8Hz，X 向磁场 M 采样率为 4Hz。电场和磁场数据同步采集，每秒数据采集完成后，经编码芯片后变为 BELL202 协议信号，再经由通信模块实时回传至地面。发射天线采用两个金属铝球，两铝球组成一个双锥天线，通信频率为 425MHz 左右。

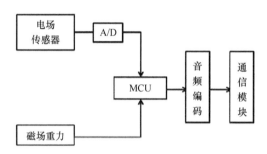

图 1.14 双金属球电场探空仪内部结构示意图

除了探空仪外，静电场探空系统还包括两套常规气象探空仪（型号：Imet-1 和 TK-1）、降落伞、切断装置、探空气球，所有模块使用防水尼龙绳连接。除气球外所有器件配重约 2kg。探空系统构成框架如图 1.15 所示。探空气球、TK-1 探空仪、Imet-1 探空仪的间距为 4m，Imet-1 探空仪与最下方的静电场探空仪间距为 8m，较大的间距可以减小气球对电场测量的影响。常规气象探空仪提供 GPS 和探空路径上的温度、相对湿度、垂直运动速度、水平运动速度和方向等数据。探空系统由 2kg 橡胶气球携带，平均净上升速度为 5~6m/s，使用降落伞保证探空系统落地时下降速度不高于 5 m/s。

地面接收系统如图 1.15 所示，共包含有 3 套接收系统，分别对应静电场探空仪、Imet-1、TK-1，其中静电场探空仪的接收系统自行研制，包括有一部中心频率 425MHz、增益为 10dB 的八目天线，带通滤波器、信号放大器、接收机和解码模块；接收系统与探空仪发射端配套使用，野外测试表明自行研制的地面接收系统可以正常、稳定工作。常规气象探空仪使用各自原装的接收系统。通过串口读取和保存数据，采用自主编写软件进行探空数据保存、处理和显示。

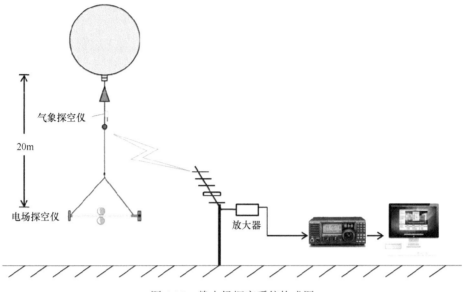

图 1.15　静电场探空系统构成图

1.2.3　探空数据分析方法

电场探空仪的电压输出 V 与大气电场在两球球心连线方向的分量 E' 呈线性关系。静电场探空仪在竖直平面和水平平面上同时旋转；当探空仪旋转至 $E'=E_z$ 状态时，探空仪测量结果为垂直电场的真实值；当 $E'=E_x$ 或 $E'=E_y$ 时，同理。基于探空仪测量数据中的特征点，可解算出探空轨迹上的三维静电场分量。

基于垂直电场探空数据，利用高斯定理的一维近似，可以得到雷暴云内探空路径上的电荷密度垂直分布特征：

$$\rho = \varepsilon \frac{\partial E_z}{\partial z} \tag{1.11}$$

其中，z 为高度；ρ 为云内电荷密度；ε 为大气介电常数（8.85×10^{-12} F/m）。Stolzenburg 等（1994）利用观测实验和模拟说明了高斯定理一维近似的合理性。

1.2.4　雷暴云电场-气象综合探空实验及分析

$$\Phi_{\mathrm{DP\_10gates}}^{\mathrm{error}}(a) = \sum_{i=0}^{10} \left| \Phi_{\mathrm{DP}}^{\mathrm{cal}}(r_i;a) - \Phi_{\mathrm{DP}}(r_i) \right| \tag{1.12}$$

$$\Delta\Phi_{\mathrm{DP\_10gates}}(a) = \Phi_{\mathrm{DP}}(G_{i+10}) - \Phi_{\mathrm{DP}}(G_i) \tag{1.13}$$

雷暴云电场探空系统完成一系列室内测试后，在山东人工引雷实验基地（SHATLE，山东滨州沾化县久山村，渤海湾附近）进行了外场探空实验。2016～2018 年夏季，在不同类型雷暴中共进行了 8 次探空实验。并获取到同步电场 E、温度 T、相对湿度 RH 和探空系统位置等数据。下面就 2016 年 8 月 19 日一次雷暴的探空数据为例进行分析。

1. 雷暴云电场探空介绍

2016年8月19日发生于华北平原地区的雷暴为一次典型的中尺度对流系统(MCS)，始发于探空站点西北侧；自西北向东南方向移动，并逐渐到达测站上空［图1.16（a）］。雷暴整体生命周期为18日19:00至19日14:00。其中19日4:30释放探空系统，并成功获取同步静电场、气象探空数据；部分数据因断电缺测，有效数据时间段为4:30～5:21（对应探空系统上升阶段）和5:52～6:24（下降阶段）。WWLLN所记录的闪电发生频数随时间变化特征如图1.16（d）所示，可以发现闪电频数呈单峰分布，最大频数出现在6:00附近。在探空前期及探空阶段（4:30～6:30），闪电的频数逐渐增大。对比雷达和闪电定位等数据，可以判定探空期间，雷暴正处于发展成熟阶段。这里主要分析探空上升阶段的数据。

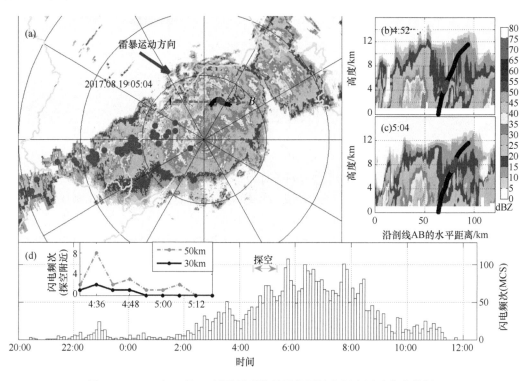

图1.16　2016年8月19日雷暴系统的雷达回波和闪电活动分布特征

（a）2016年8月19日雷暴系统的雷达组合反射率，紫色"+"为探空测站位置，红色箭头指示雷暴运动方向；黑色曲线为上升阶段探空轨迹，红色曲线为当前雷达时刻附近的探空位置，红色散点为5:01～5:07时刻WWLLN定位的闪电。（b）（c）沿图（a）中粉色直线的天气雷达剖面图。（d）WWLLN探测的闪电频数随时间变化特征，子图为探空系统附近一定距离内（30km和50km）的闪电频数

2. 探空轨迹及气象探空数据

图1.17（a）为探空温度的高度变化曲线，近地面温度（T）为28℃，随着高度增大呈近似线性变化，每公里温度降低5.8℃。雷暴云电荷结构通常与一定的温度层结有关，本次雷暴探空区域内0℃对应高度为6.0km（4:58），−10℃对应7.5km（5:03），−20℃对应9.5km（5:17）。图1.17（b）为相对湿度（RH）的变化曲线，随高度先增

大后减小，其中 5.5～7.0km 处的相对湿度近 100%；由于探空前期持续下雨，低处的相对湿度比较大，最小也有 90%（近地面）。如图 1.17（c），探空系统的垂直运动速度在 2.8～5.7m/s 之间变化（采用 10%～90%百分位点对应值，以避免奇异点引起的误差），随高度增大而略微增大，高于 8.7km 之后垂直速度则缓慢减小，平均值为-4.1m/s。图 1.17（d）（e）为探空系统的水平风速和风向，与探空运动轨迹相对应，水平风向由东北方向逐渐转为东南方向；水平速度随高度增大也逐渐增大，最大高度 11.5km 处的水平速度高达 23m/s。对比天气雷达和气象探空数据发现，探空系统与雷暴运动方向相同，较大的水平风速也使得探空系统自西向东移动很大距离。

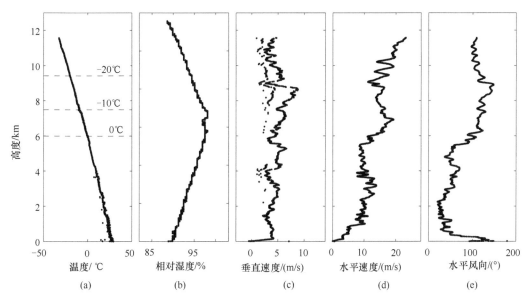

图 1.17　2016 年 8 月 19 日探空上升阶段气象要素探空数据
（a）温度；（b）相对湿度；（c）垂直速度；（d）水平速度；（e）水平风向

3. 与天气雷达回波的对比

S 波段天气雷达的体扫周期为 6min，在探空系统上升期间，共有 9 组同步天气雷达数据，其中 5:04 时的雷达图如图 1.16 所示。沿探空轨迹垂直 A-B 方向做剖面［图 1.16（a）粉色虚线处］，对应雷达剖面如图 1.16（b）（c）所示，可以看出，在上升阶段探空系统与雷暴运动方向一致，始终处于该雷暴层云区域<35dBZ 的弱回波区域中。雷暴云最大发展高度约 16km，探空所处区域回波顶高稍偏低。

闪电的发生位置及频次与雷暴云内的电荷结构具有密切的关系，通常大部分闪电发生于雷暴云强对流区，对应雷达回波；而在回波较弱的层云区域，闪电则较少发生。以探空系统为中心，统计一定范围（30km 和 50km）内 WWLLN 所记录的闪电发生频次随时间的变化，如图 1.16（d）所示。在探空系统 50km 范围内，WWLLN 记录到的闪电极少，最大频次仅有 8flash/(6min)，且随时间变化呈较小趋势。对比探空系统 30km 范围内的闪电频次与同时段该雷暴全部闪电数和天气雷达回波强度，发现探空系统附近的闪电活动少，这也从侧面反映了探空区域雷暴云内的对流活动很弱，云内起放电过程也很弱。

4. 探空电场及云内电荷结构

原始电场探空数据包含平滑波形（雷暴电场）和突变点（闪电或噪点）；由于闪电时间尺度很小（一般短于秒量级），对雷暴平均电场的影响可以忽略，因此首先对原始数据进行平滑处理，去除突变点。根据前面分析可知，探空系统的电压输出与外界电场呈线性关系，因此探空曲线的外包络线即为电场廓线幅值，垂直电场分析结果如图 1.18 灰色曲线所示。在获知电场幅值的同时，利用 Z 向重力加速度来反映两个铝球的相对上下（正或负），进而获知电场的极性。结合电场廓线的幅值和极性，计算出真实电场廓线，如图 1.18 黑色曲线所示。

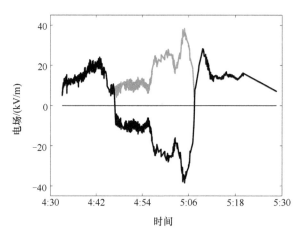

图 1.18　上升阶段的垂直探空电场随时间变化曲线
黑（灰）色代表真实电场幅值

基于电场探空和气象要素综合探空数据，计算得出电场 E、温度 T、相对湿度 RH、上升速度 Ascend Rate 随高度 H 的变化曲线，如图 1.19（a）所示。地面至 3km 处，电场为正值，最大值为 24 kV/m；3～9km 之间电场均为负值，电场变化范围为 –8～ –38kV/m，中间存在变化；之后电场再次转变为正值，9.5km 处达最大值约 28 kV/m；再往上电场逐渐变小，并趋于平稳。

利用高斯定理的一维近似，计算该雷暴云内电荷密度的垂直分布，如图 1.19（b）所示，参照 Stonlzenburg 等（1994）筛选标准，剔除薄或电荷密度很小的电荷层。结果表明：层云区域呈复杂的多层电荷结构。在雷暴云内存在 6 个正负极性交替的电荷区，其中 0℃附近有一个负电荷区；主正电荷区的高度范围为 8.2～9.5km，密度为 0.46nC/m³，对应温度 –14～ –20℃左右；主负电荷区高度范围为 7.4～8.2km，密度约 –0.25nC/m³，对应温度范围为 –10～ –14℃，最上方为负极性屏蔽层，6～8km 之间存在一对正、负电荷层。云外有一对正、负电荷层。探空结果表明雷暴云内存在一定的起电过程，但较弱；对比同步闪电数据发现探空区域内基本没有闪电发生。

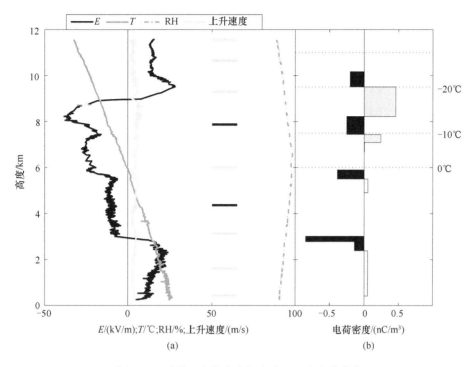

图 1.19　雷暴云内探空电场廓线及云内电荷分布

(a) 2016 年 8 月 19 日探空上升阶段电场 E、温度 T、相对湿度 RH、上升速度 Ascend Rate 随高度 H 的变化曲线，黑色短实线为雷达时刻探空系统高度；(b) 基于高斯定理一维近似估算的电荷"层分布"（灰正黑负）

1.3　X 波段多普勒双线偏振雷达和多探测系统协同观测

雷暴天气系统不仅涉及水平尺度在 20～200km 的中 β 尺度过程（如 MCS、飑线等），也涉及 2～20km 的中 γ 尺度过程（如雷暴单体）。在单体尺度上，还存在热动力过程、微物理过程、起电过程和闪电放电过程，涉及的时间尺度从数小时、分钟量级、秒量级甚至小于微秒量级，空间尺度从 2km 以下的小尺度甚至到微小尺度过程（如微物理过程、电荷分离和空气击穿等）。对这些过程的充分认识不仅依赖于高时空分辨率的探测手段，也需要多种先进观测手段的综合协同观测实验。

1.3.1　雷电天气系统协同观测实验基地和观测设备

"雷暴 973"注重雷电重大灾害天气系统的过程和机理研究，充分考虑其所具有的动力、热力、微物理、雷电等多过程的复杂相互作用，选取具有良好实验条件和观测基础、雷电灾害天气系统频发的京津冀地区为代表区域，建立了探测实验基地；希望通过多探测设备协同观测实验，获取对典型雷电灾害天气过程演化特征的实际认识，揭示多过程、多尺度相互作用和成灾机理，促进雷电和雷达非常规观测资料在数值模式中的同化应用。

协同观测实验利用闪电全闪三维定位系统 BLNET、2 部 X 波段多普勒双线偏振雷达、4 台雨滴谱仪以及雷暴云综合探空系统等，构成雷电灾害天气系统的综合探测网络（图 1.1），对京津冀地区的夏季雷电灾害天气系统进行全天候连续协同观测和资料收集。X 波段双线偏振多普勒雷达既可以观测到雷暴云的动力过程，还能对其内部的微物理过程进行反演；探空资料采用北京气象局观象台的加密探空。由于北京空域限制，雷暴云电场探空在山东滨州沾化县境内开展。另外，"雷暴 973" 协同观测还充分利用了中国气象局建立完善的多普勒天气雷达网、地面自动气象站网等中尺度探测网，以及卫星资料等，通过多种资料的融合集成，最终形成京津冀典型雷电灾害天气系统的综合数据集。

"雷暴 973" 协同观测整体上是 BLNET 与两部 X 波段双线偏振雷达的同步观测，实际上是利用 BLNET 闪电定位资料，对两部雷达进行观测指导。两部 X 波段雷达具备观测方案可控，且可以进行 PPI、RHI 和扇形等多种扫描方式，对雷暴云进行灵活探测。北京市气象局的 S 波段雷达为业务化运行，基于其探测距离远，地物遮挡少，基本不存在衰减等优点，协调观测实验利用 S 波段雷达进行观测预警及后期研究的数据验证和分析。

两部 X 波段多普勒双线偏振雷达分别位于中国科学院大气物理研究所楼顶（位置固定，简称 IAP-LAGEO 雷达）、顺义水上公园（中国科学院大气物理研究所 LACS 车载雷达）。相对于固定 IAP-LAGEO 雷达，车载雷达位于其 47° 方位角，距离 35km。相对于车载雷达，固定雷达位于其 227°。接下来介绍多传感器协同观测的决策和协调。

1.3.2　多探测设备的协同加强观测

多探测设备协同加强观测的运行流程如图 1.20 所示，主要包括根据业务 S 波段雷达的预警判断是否开机，根据 BLNET 定位结果的闪电密集位置（BLNET 定位结果）确定主、从雷达，两部 X 波段雷达实时沟通，对雷暴过程进行 PPI 体扫和 RHI 立体扫描。

步骤一，预警开机。采用自动预警开机的方式提醒观测人员雷暴过程来临，设备进入观测模式。设计预警开机软件，实时调用北京市气象局 S 波段雷达反射率，根据图中反射率的强度和位置，自动判断是否需要开机，如果满足设定的阈值，则向观测人员发送观测指令，观测人员和设备进入观测状态。同时，通过 FTP 方式，将观测指令发给 BLNET 数据中心，数据中心发送相应指令到各观测站点，观测站点接收到指令后，开启自动观测模式，数据中心开始接收数据，进行实时三维定位。

步骤二，开启 X 波段雷达，雷达在接收到雷电定位网给出的观测区域指令时，自动执行立体 PPI 扫描方式，获得一组体扫数据，雷达数据中心调用体扫数据，根据层状云和对流云识别算法，对降水过程进行初步的判断，识别层云降水过程、对流性降水过程、单体和飑线过程。具体识别算法如图 1.21 所示。

根据获得的层云降水过程和对流性降水过程判断结果，制定不同的扫描策略：原则是层云降雨，30min 做一次立体 RHI 扫描；对流性降雨将根据对流云发展状况，多执行立体 RHI 和扇形扫描，最大程度获取雷暴云的发展变化。判断云的识别结果后，再进行重点区域识别。

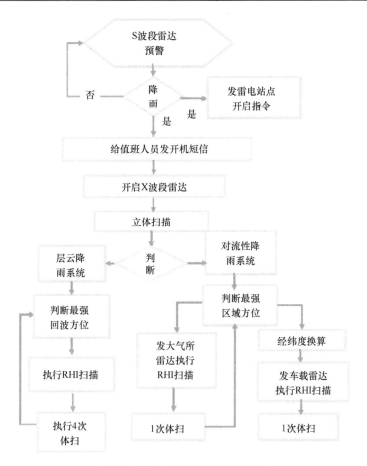

图 1.20 协同自适应观测流程图

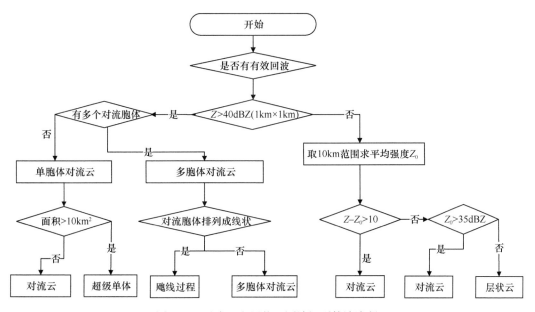

图 1.21 对流云和层状云回波识别算法流程

据 IAP—LAGEO 固定 X 波段雷达首次体扫探测结果，依据回波最大强度区域、回波平均最大强度区域，回波面积最大区域，回波最大强度变化区域等识别算法，识别 X 波段雷达的最佳观测区域，并进行同步观测（图 1.22）。判别确定重点观测区域（AOI）的位置参数；选取后续的扫描策略，再根据天气变化和观测需求，改变和优化扫描策略，形成一个闭环系统，最终实现动态调整的探测能力。将重点区域位置信息通过经纬度转换模块进行坐标转换后，发送给顺义水上公园的车载雷达，两部雷达针对同一单体进行同步观测。由于属于不同的厂家产品，暂时只能手动执行相关观测操作。

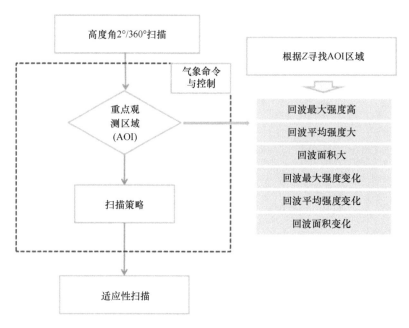

图 1.22　协同自适应观测流程框图

步骤三，BLNET 资料的应用。BLNET 能够准实时地对雷暴云中发生的闪电进行定位，根据定位结果（参见图 1.10），判断雷暴发生的核心区域，将雷电发生较多区域的经纬度发给 X 波段双线偏振雷达，X 波段雷达根据其提供信息，着重对该区域进行 RHI 或者扇形扫描，最大程度提高该区域重点区域的探测效率。根据 BLNET 提供的闪电经纬度，如果在两部雷达的共同观测区域内，则从不同的角度对该区域进行扫描，获得数据。

协同观测期间，两部 X 波段双线偏振雷达同时配合 BLNET 的实时定位，实现了对同一云体在同一时刻的协同观测，获得了包括闪电、双线偏振雷达、雨滴谱等的综合探测资料，可以对雷暴云内部的动力结构、粒子分布以及与闪电活动的关系有更清楚的认知。图 1.23 为两部 X 波段双线偏振雷达对 2015 年 6 月 26 日雷暴过程协同观测的个例。在两部多普勒双线偏振雷达的配合下，采取同一时刻针对同一云体做 RHI 立体扫描可以得到雷暴强回波区域内不同角度的探测数据，能够更全面、细致地刻画雷暴的整体结构，以及更加清晰的内部动力结构和粒子分布特征，将大大提高对闪电活动和雷暴结构关系的认识。

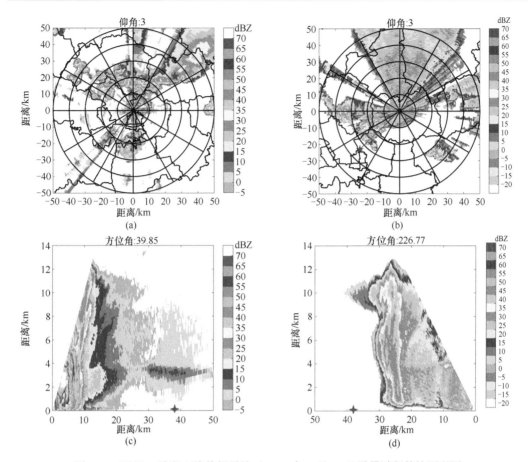

图 1.23　两部 X 波段双线偏振雷达对 2015 年 6 月 26 日雷暴过程的协同观测
（a）（c）IAP—LAGEO 雷达；（b）（d）顺义 LACS 雷达；（a）（b）为两部雷达的 PPI 扫描显示，（c）（d）对同一单体的同
步垂直扫描结果红五星（十字）（代表另一部雷达所在的位置）

1.4　基于 X 波段双线偏振雷达的衰减订正和水凝物粒子反演

与常规多普勒天气雷达相比，双线偏振雷达能够（同时或交替）发射和接收水平和垂直偏振状态的电磁波。因此，双线偏振雷达不但能获得探测目标对这两种不同偏振电磁波后向散射信号的强度和相位信息（水平反射率因子 Z_H、垂直反射率因子 Z_V、径向平均速度 V 和谱宽 W），而且能得到探测目标相对两种不同偏振电磁波后向散射信号的强度和相位的差异信息（差分反射率 Z_{DR}、差分传播相移 $\varPhi_{DP}$、差分传播相移率 K_{DP}、共极化相关系数 ρ_{HV}、线性退极化比 L_{DR} 等）。双线偏振雷达参数对水凝物粒子的类型、形状、尺寸以及下落姿态都很敏感，通过双线偏振雷达不同探测量得到的信息可以对雷暴云内的水凝物粒子进行有效识别。

由于雷达站周围环境噪声、信号衰减（尤其是 X 波段）等原因都会使雷达获取到的探测资料质量下降，所以，在应用雷达偏振量进行降水粒子相态识别前，应对雷达资料进行相应的质量控制。下面对 X 波段双线偏振雷达数据处理中使用的几种资料预处理方法进行说明，并介绍 X 波段双线偏振雷达的降水粒子识别方案，以及结合地面观测资料对冰雹识别结果的检验评估。

1.4.1 X 波段双线偏振雷达资料的去噪和衰减订正

利用 X 波段双线偏振雷达探测到的 4 种偏振量（Z_H、Z_{DR}、K_{DP}、ρ_{HV}）结合模糊逻辑算法可以对降水系统进行水成物粒子识别。其中，Z_H（Z_{DR}）的衰减十分明显，采用滑动自适应约束算法进行衰减订正，该方法基于自适应约束订正算法并对其进一步改进优化。K_{DP} 的质量控制是通过对共极化差分相移（Ψ_C）滤波达到的，采取综合小波去噪方法对 Ψ_C 进行滤波处理，该方法优于滑动平均、中值滤波、卡尔曼滤波、小波去噪以及 FIR 迭代滤波等方法。

1. 差分传播相移滤波

K_{DP} 是差分传播相移 Φ_{DP} 的径向距离廓线平均趋势的斜率，而实际探测过程中，雷达探测到的共极化差分相移 Ψ_C 包含了差分传播相移 Φ_{DP} 和差分后向散射相移 δ（Muller，1984）：

$$\psi = \arg\left(\left\langle S_{vv} S_{hh}^* \right\rangle\right) + 2\left(k_h^r - k_v^i\right) r = \delta + \Phi_{DP} \tag{1.14}$$

式中，arg 为取幅角；* 为取共轭；S_{vv} 为垂直散射幅度；S_{hh} 为水平散射幅度；k_h 为水平传播常数；k_v 为垂直传播常数；上标 r 和 i 分别为实部和虚部，尖角括号 "$\langle \ \rangle$" 为整体平均；δ 为差分后向散射相移（短波长雷达在探测较大水成物粒子时由于非瑞利散射导致 δ 的产生）；Φ_{DP} 为差分传播相移。

K_{DP} 通过有限差分估算（Hubbert and Bringi，1995）：

$$K_{DP} = \frac{\Phi_{DP}(r_2) - \Phi_{DP}(r_1)}{2(r_2 - r_1)} \tag{1.15}$$

式中，r_1、r_2 为径向距离。实际雷达探测中原始 Ψ_C 受环境噪声（包括系统噪声、随机波动以及杂波等）和 δ 影响严重，尤其是在短波长雷达中，大尺寸粒子造成显著的 δ。由于环境噪声和 δ 的存在，使得由 Ψ_C 近似估算的 Φ_{DP} 存在误差，进而对 K_{DP} 的估算造成严重的干扰，所以对 Ψ_C 进行滤波处理是很有必要的。国外对于 C 波段以及 X 波段的双线偏振雷达 Ψ_C 资料滤波处理主要应用 Hubbert 和 Bringi（1995）提出的 FIR 迭代滤波方法（Park et al.，2005，2015；Chang et al.，2014）。国内何宇翔等（2009）引进卡尔曼滤波对 Ψ_C 资料进行滤波处理，杜牧云等（2012a，2012b）利用信噪比和 ρ_{HV} 将回波信号分为较好、较差和差，并根据不同需求进行处理，形成了一套 Ψ_C 资料分类处理方法。Hu 和 Liu（2014）利用小波去噪对 C 波段双线偏振雷达探测的台风和飑线两种降水系统的 Ψ_C 资料进行滤波处理，并与滑动平均、中值滤波、卡尔曼滤波以及 FIR 迭代滤波等滤波方法对比，指出利用小波滤波在有效平滑原始 Ψ_C 径向距离廓线的同时，能较好地保留原始 Ψ_C 径向距离廓线平均趋势和细节特征，对于杂波识别以及定位降水大值区有很好的作用。基于此，这里提出一种综合小波去噪滤波方法，其算法流程如图 1.24 所示。

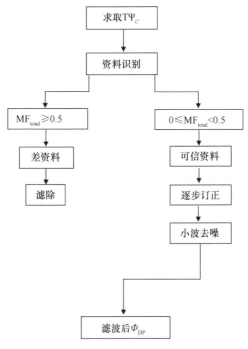

图 1.24　综合小波去噪算法流程

对 Ψ_C 求取径向距离库增量（$T\Psi_C$），以此表征 Ψ_C 距离库单元的波动量，利用模糊逻辑方法对波动量进行识别，从而识别出 δ 和环境噪声引起的波动量。$T\Psi_C$ 计算公式如下：

$$T\Psi_C = \Psi_{C_{i+1}} - \Psi_{C_i} \tag{1.16}$$

式中，i 为径向距离库数。综合前人对于 Ψ_C 径向增量的统计研究，建立了基于不对称梯形函数的特征参量 $T\Psi_C$ 的隶属函数模糊基。其中，不对称梯形函数：

$$\text{MF}(x, x_1, x_2, x_3, x_4) = \begin{cases} 0 & x < x_1 \\ \dfrac{x - x_1}{x_2 - x_1} & x_1 \leqslant x \leqslant x_2 \\ \dfrac{x_4 - x}{x_4 - x_3} & x_3 \leqslant x \leqslant x_4 \\ 0 & x_4 < x \end{cases} \tag{1.17}$$

隶属函数值采用等权重求和集成，阈值定义为 0.5，$\text{MF}_{\text{total}} \geqslant 0.5$ 的 Ψ_C 资料为差资料（表示 Ψ_C 径向距离库增量超出±1.5°，受 δ 和噪声污染），$0 < \text{MF}_{\text{total}} < 0.5$ 的 Ψ_C 资料为一般资料（表示 Ψ_C 径向距离库增量在±1.5°内，有可能存在轻微的 δ 和噪声污染），$\text{MF}_{\text{total}} = 0$ 的 Ψ_C 资料为较好资料（表示 Ψ_C 径向距离库增量在±1°内，可认为不存在 δ 和噪声污染）。比较水平反射率因子 Z_H 与可信资料 Ψ_C，如果 Z_H 不为零，Ψ_C 出现零值，则判定为误差零值，并用向前相邻的可信资料 Ψ_C（一般资料和较好资料作为可信资料）代替；如果两者都为零，则判定为合理零值，并保留判定为合理零值的 Ψ_C。

采用 Daubechies 小波函数对经过逐步订正法步骤后的 Ψ_C 进行 5 层分解，将每层信号均分解为高频分量和低频分量；保留分解出的低频分量，对分解出的高频分量使用软阈值法进行降噪处理；将最后一层低频分量和每层经过降噪处理后的高频分量进行重构，得到数据 Φ_{DP}。

将综合小波去噪与中值滤波、滑动平均、卡尔曼滤波、FIR 迭代滤波等方法进行比较，如图 1.25 所示。首先根据 Ψ_C 的大致理论波动范围（～±2°/Gate），可以得出 K_{DP} 的理论边界阈值（～±7°/km），由图 1.25 中可见，这 5 种方法中都存在超出 K_{DP} 理论阈值的情况，其中，中值滤波方法求得的 K_{DP} 效果最差，不可取；滑动平均方法求得的 K_{DP} 溢出值也较严重；卡尔曼滤波方法在保留原始细节方面最为突出，但是其平滑程度较差，溢出情况也较明显；FIR 迭代滤波虽然在平滑效果方面最优，但存在过度平滑情况，导致原始细节信号丢失，并且其边界异常值明显；综合小波去噪方法在这 5 种方法中表现最为优异，K_{DP} 溢出值较少，边界效应最弱，平滑程度也较优，而且保留了较多的原始细节信号。因此，综合小波去噪方法在对 K_{DP} 的质量控制方面优于其他几种方法。

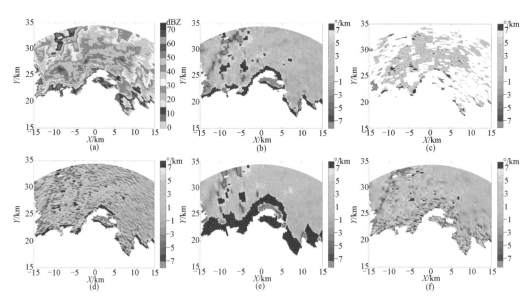

图 1.25　2017 年 8 月 5 日 19:39 的 Z_H（a），以及通过五种滤波方法后求得的 K_{DP}
（a）Z_H；（b）滑动平均；（c）中值滤波；（d）卡尔曼滤波；（e）FIR 迭代滤波；（f）综合小波去噪

2. 衰减订正

X 波段电磁波穿过雨区存在严重的衰减，因此对 Z_H（Z_{DR}）的衰减订正必不可少。目前双线偏振雷达资料的衰减订正方法主要分为以下几类：K_{DP} 订正法、ZPHI 订正法，以及自适应约束算法。其中，自适应约束算法较好地避免了外在因素的影响，通过雷达参数本身的不断调整，得到关于 A_H～K_{DP}、A_{DP}～K_{DP} 的最佳系数，因此优于前两种订正算法。毕永恒等（2012）选择并改进了自适应约束算法，订正效果显著，并且对较大范围降雨的情况可以明显提高降水的估测精度。Feng 等（2016）针对 X 波段双线偏振雷达的衰减订正问题，结合 Kim 等（2010）订正算法，对 Bringi 等（2001）提出的自适应衰减订正算法进一步改进，提出了一种高分辨率滑动自适应衰减订正算法，获得了高分辨率的衰减订正参数，提高了订正分辨率和订正效果。

对自适应订正算法进一步改进优化，提出了滑动自适应订正算法。该算法以每 10 个距离库为一个区间长度，采用滑动窗口的处理方法。经过对自适应订正算法的改进后：

$$\Phi_{DP\_10gates}^{error}(a) = \sum_{i=0}^{10} \left| \Phi_{DP}^{cal}(r_i;a) - \Phi_{DP}(r_i) \right| \tag{1.18}$$

$$\Delta\Phi_{DP\_10gates}(a) = \Phi_{DP}(G_{i+10}) - \Phi_{DP}(G_i) \tag{1.19}$$

滑动自适应方法订正系数 α 的分辨率与雷达库长（0.15km）一致，提高了距离分辨率，使订正结果更为精细，如图 1.26 所示。此外，滑动自适应订正算法不需寻找每条径的初始和终止相位，避免了由此带来误差导致的订正结果不准确。

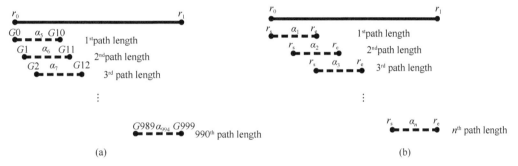

图 1.26　订正算法示意图

（a）滑动自适应订正算法；（b）Kim 订正算法。假定 α_i（$i=0\sim4$）和 α_j（$j=995\sim999$）等于 0

对 2015 年观测的强对流云、积层混合云和层状云三种不同降水类型的 X 波段双线偏振雷达数据进行衰减订正。通过与 X 波段雷达反射率理论值（由 S 波段雷达反射率计算得到）对比分析发现，滑动自适应订正算法能够对 X 波段双线偏振雷达反射率及差分反射率的雨区衰减进行有效订正，订正结果与 X 波段雷达反射率理论值较为一致；该算法对强对流云的订正效果优于 Kim 等（2010）订正算法，而对积层混合云和层状云的订正效果与 Kim 等（2010）算法的订正效果相当。这可能是由于积层混合云和层状云整体的差分传播相移率 K_{DP} 较小，而对流云整体的 K_{DP} 较大，导致两种算法对积层混合云和层状云的订正效果差异小，而对强对流云的订正效果差异大（图 1.27）。通过对三种不

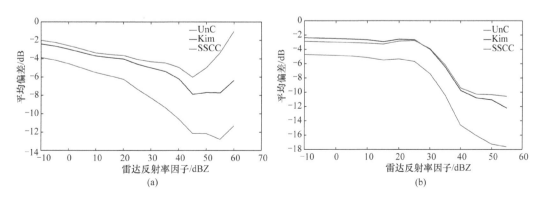

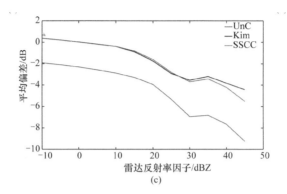

图 1.27　订正雷达反射率平均偏差

（a）订正后对流云雷达反射率平均偏差；（b）订正后积层混合云雷达反射率平均偏差；
（c）订正后层状云雷达反射率平均偏差

同降水类型的回波资料进行验证，滑动自适应订正算法具有较好的普适性（Feng et al.，2016）。

利用滑动自适应订正算法对 2015 年 8 月 7 日的一次飑线过程进行衰减订正，效果如图 1.28 所示，强降水使雷达强回波远端 Z_{DR} 出现了衰减，订正后原来由于强对流回波衰减引起的 Z_{DR} 明显改善，表明对 Z_{DR} 的订正是有效且正确的。

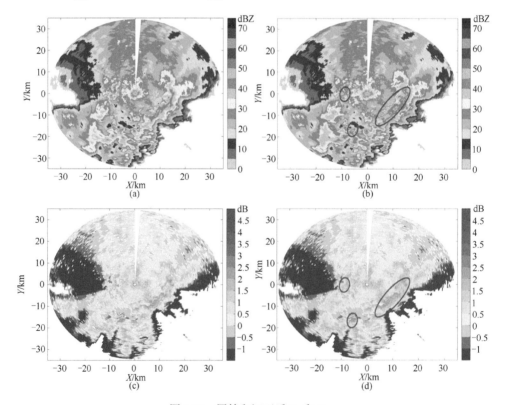

图 1.28　原始和订正后 Z_H 和 Z_{DR}

（a）原始 Z_H；（b）订正后 Z_H；（c）原始 Z_{DR}；（d）订正后 Z_{DR}
红色椭圆圈内表示订正明显区域

1.4.2　基于 X 波段双线偏振雷达的水成物粒子识别

双线偏振雷达技术自问世以来，国内外已就云中各类粒子分类开展了大量研究，主要采用的识别算法有决策树识别法、经典的统计判决识别法、神经网络或者模糊逻辑识别法等。由于云中水凝物粒子特性较为复杂，不同水凝物粒子对应的雷达偏振参数信息并不是绝对排斥，而是存在某种程度的重叠，所以基于"刚性"边界条件和布尔逻辑的决策树识别法不太适合水凝物粒子分类识别。此外，决策树识别法还要求所用数据不允许存在测量误差，这在实际中难以达到。统计判决识别法是另一种可以解决水凝物分类问题的方法，但是基于不同水凝物的统计模型却很难建立。与前两种方法相比，模糊逻辑算法用简单的逻辑规则描述所感兴趣的系统，因此，模糊逻辑识别法更适合水凝物粒子分类识别。

1. 对水凝物粒子分类识别的模糊逻辑算法

雷达反射率 Z_H、差分反射率 Z_{DR}、差分传播相移率 K_{DP}、相关系数 ρ_{HV}、垂直温度廓线 T、纹理参数 SD（Z_H）和 SD（ϕ_{DP}）作为输入参数。垂直温度廓线 T 可选用与雷达探测时段最接近的探空数据或者直接采用数值天气预报模式输出的温度产品。雷达反射率 Z_H 相对于差分传播相移 ϕ_{DP} 来说，单位距离内变化较小，因此，分别用 1km 和 2km 范围（Park et al.，2009；Snyder et al.，2010）定义 Z_H 的方差 SD（Z_H）和 ϕ_{DP} 的方差 SD（ϕ_{DP}）：

$$SD(Z_H) = \sqrt{\frac{\sum\limits_{1km}[Z_H - \text{mean}(Z_H)]^2}{n_Z}} \tag{1.20}$$

$$SD(\phi_{DP}) = \sqrt{\frac{\sum\limits_{2km}[\phi_{DP} - \text{mean}(\phi_{DP})]^2}{n_\phi}} \tag{1.21}$$

在式（1.17）和式（1.18）中，mean（Z_H）和 mean（ϕ_{DP}）分别是 1km Z_H 和 2km ϕ_{DP} 的平均值，n_Z 和 n_ϕ 分别代表 1km Z_H 和 2km ϕ_{DP} 的距离库数。将梯形函数作为模糊逻辑算法的隶属度函数 [$T(x)$]，表达式如下：

$$T(x, X_1, X_2, X_3, X_4) = \begin{cases} 0, & x < X_1 \\ \dfrac{x - X_1}{X_2 - X_1}, & X_1 \leqslant x < X_2 \\ 1, & X_2 \leqslant x < X_3 \\ \dfrac{X_4 - x}{X_4 - X_3}, & X_3 \leqslant x < X_4 \\ 0, & x \geqslant X_4 \end{cases} \tag{1.22}$$

每个输入参数和输出水凝物粒子相态类型分别对应不同的隶属度函数 T_{ij}，其中，i 为第 i 个输入参数，j 为第 j 个输出粒子相态类型。确定每个隶属度函数中参数 X_1、X_2、X_3 和 X_4 是模糊逻辑算法判断水凝物粒子相态类型的关键。

根据前人所用雷达偏振参数特征（Zrnić et al.，2001；Park et al.，2009；Snyder et al.，2010；Dolan and Rutledge，2009），制定了 X 波段双线偏振雷达不同水凝物粒子雷达参数的取值范围，同时增加了水凝物粒子存在的温度区间，并应用到模糊逻辑分类识别算法当中，基于式（1.20）对水凝物粒子进行分类识别：

$$S_i = \frac{\sum\limits_{j=1}^{10} W_{ij} P^{(i)}(V_j)}{\sum\limits_{j=1}^{10} W_{ij}} \tag{1.23}$$

式中，S_i 为各类水凝物粒子最大集成值，$P^{(i)}(V_j)$ 代表隶属度函数，i 为输出水凝物粒子类型，j 为输入雷达参数类型，W_{ij} 是权重系数。经过模糊化的各输入参数进行规则推理、聚合和退模糊，使 S_i 最大的第 i 类即为识别的水凝物粒子类型。识别的水凝物粒子类型为毛毛雨（DR）、雨（RA）、冰晶（CR）、聚合物（AG）、低密度霰（LDG）、高密度霰（HDG）、雨夹雹（RH）7 种。非气象回波识别为地物杂波（GC）。由于冰雹的米散射效应导致 X 波段雷达对较大冰雹的识别存在问题，不过对于小冰雹的识别是可行的，引入 LK_{DP}（当 $K_{DP}>10^{-3}$ deg/km 时，$LK_{DP}=10\log(K_{DP})$）。4 种偏振参量 $[Z_H$、Z_{DR}、K_{DP}（LK_{DP}）、$\rho_{HV}]$ 对应的隶属函数参数设置和环境温度设置分别列于表 1.3 和表 1.4。

表 1.3　隶属函数参数设置

参数	水凝物类型	x_1	x_2	x_3	x_4
	GC/AP	15	20	70	80
	DZ	−27	−27	31	31
	RN	25	25	59	59
	CR	−25	−25	19	19
Z_H	AG	−1	−1	33	33
	LDG	24	24	44	44
	HDG	32	32	54	54
	RH	40	45	65	70
	GC/AP	−4	−2	1	2
	DZ	0.0	0.0	0.9	0.9
	RN	0.1	0.1	5.6	5.6
	CR	0.6	0.6	5.8	5.8
Z_{DR}	AG	0.0	0.0	1.4	1.4
	LDG	−0.7	−0.7	1.3	1.3
	HDG	−1.3	−1.3	3.7	3.7
	RH	−1.0	0.0	$A1$	$A1+0.5$
LK_{DP}	GC/AP	−30	−25	10	20
	RH	−10	−4	$B1$	$B1+1$
	DZ	0.0	0.0	0.06	0.06
K_{DP}	RN	0.0	0.0	25.5	25.5
	CR	0.0	0.0	0.3	0.3

续表

参数	水凝物类型	x_1	x_2	x_3	x_4
K_{DP}	AG	0.0	0.0	0.4	0.4
	LDG	−1.4	−1.4	2.8	2.8
	HDG	−2.5	−2.5	7.6	7.6
ρ_{HV}	GC/AP	0.5	0.6	0.9	0.95
	DZ	0.985	0.985	1	1
	RN	0.98	0.98	1	1
	CR	0.97	0.97	1	1
	AG	0.978	0.978	1	1
	LDG	0.985	0.985	1	1
	HDG	0.965	0.965	1	1
	RH	0.8	0.85	0.95	1.0
SD（Z_H）	GC/AP	2	6	15	20
SD（ϕ_{DP}）	GC/AP	20	30	50	60

注：$A1=3.2\times10^{-5}Z_H^3-0.0017Z_H^2+0.042Z_H-0.39$，$B1=0.7Z_H-42$

表 1.4　环境温度 T

粒子类型	温度/℃
DZ	>0
CR	−40，−10
AG	−15，5
LDG	−20，−10
HDG	−5，5

2. 水凝物粒子分类识别算法的检验

2017 年 8 月 5 日，受南下冷空气影响，北京出现强烈的雷阵雨天气，局部出现降雹，对这次天气过程的详细描述参见 1.5.2 节。怀柔站人工记录资料显示，当日 19:55～20:00 时出现冰雹。冰雹最大直径为 12mm，最大重量为 1g。在 19:41～20:00 时段内，位于北京顺义的车载雷达有连续的 PPI（仰角 4°）及 RHI（方位角 339°、341°）资料。根据大兴气象台当日 20:00 时探空显示 0℃、−10℃、−20℃和−30℃层高度分别约为 4.4km、6km、8km 和 9.8km。

采用模糊逻辑算法对该降雹过程进行水成物粒子识别。由图 1.29 可以看出，此次飑线过程表现为从西北向经怀柔地面观测站向东南移动，其中飑线主体（≥45dBZ）在 19:46～19:58 这期间处于怀柔站上空，可能造成降雹，对此时间段 PPI 做粒子识别，示于图 1.30（a）～（i），可以看出在 19:51～19:56 时怀柔站上空 2km 内存在冰雹粒子，直到 19:58 时冰雹粒子消失，这与怀柔地面站的冰雹记录时间（19:55～20:00）接近，只是因为此时的冰雹粒子距离地面大约 1.5km 导致时间稍微有所提前。由于冰雹粒子下降时间不确定，这里采取一个理想化的简单方法估计冰雹粒子下降时间。假设 19:58 时刚好是冰雹粒子在 1.5km 高度层上的截止时间，那么与地面记录的 20:00 时截止时间差 2min，可以看作是冰雹粒子从 1.5km 高度层的下降时间，因此粒子识别结果的冰雹降落到怀柔站地面的时间应为 19:53～20:00，起始时间与地面记录结果稍微有所差异，是合理的（19:51 虽然在怀柔站上空 2km 附近出现了冰雹粒子，但并未达到地面，直到 19:53 时才降落到怀柔站）。在此过程中对于冰雹粒子的识别与地面观测站的记录结果基本一致，表明模糊逻辑算法对冰雹粒子的识别表现优异。

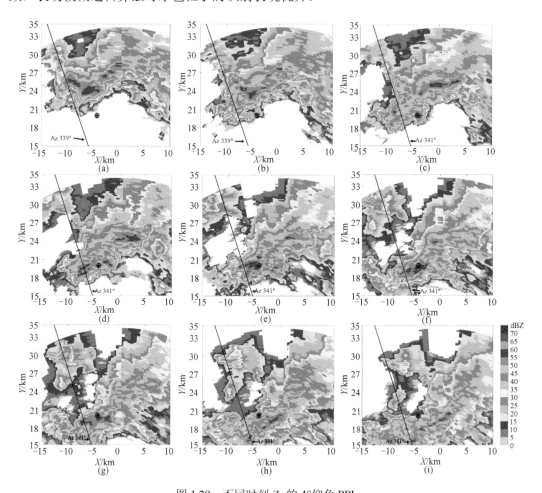

图 1.29　不同时刻 Z_H 的 4°仰角 PPI

（a）19:41，（b）19:44，（c）19:46，（d）19:49，（e）19:51，（f）19:53，（g）19:56，（h）19:58，（i）20:00

黑线表示后 1min 的 RHI 方位角径向，⊕表示怀柔站

下面从水平和垂直方向上讨论其他水成物粒子的分布合理性，水平方向上：图 1.30（a）～（f）中可以看出，水成物粒子主要以 DZ 和 RN 为主，只有少量固体粒子存在于飑线核心区域以及远离雷达区域，这是由于此时该层的飑线系统高度低于 0℃层以下，大量固态粒子都已经融化或是正在融化。垂直方向上：从图 1.30（g）～（i）可以看出，CR 粒子主要位于 6～12km 高度，主体在−20℃（8km 高度）以上，AG 在 4～8km 高度，LDG 处于 6～11.4km 高度，HDG 基本位于 3～9.4km 高度，DZ 几乎都在 0℃层以下，

少量位于−20℃层以上的是尺寸小于 RN 的过冷液滴，RN 主体在 0℃层以下，0℃层以上部分是系统中上层的过冷却液滴。从水成物粒子识别结果来看，其水平及垂直方向上分布特征与前人研究相近（Dolan and Rutledge，2009；杨军等，2011；周筠珺等，2016），符合基本的云微物理理论模型，表明该方法的粒子识别结果是合理的。

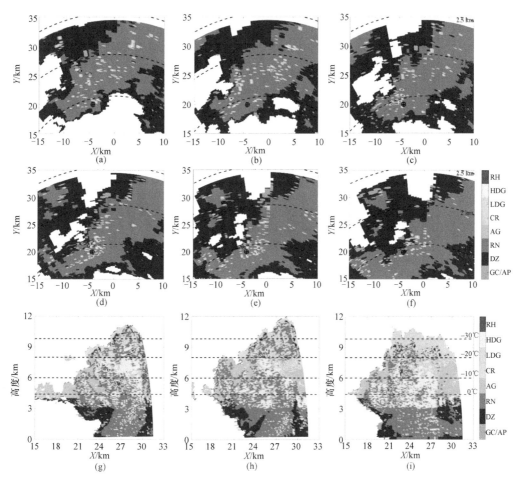

图 1.30　PPI 仰角（4°）的粒子识别结果和 RHI 方位角（339°）粒子识别结果

水平方向：（a）19:46，（b）19:49，（c）19:51，（d）19:53，（e）19:56，（f）19:58；

垂直方向：（g）19:38，（h）19:40，（i）19:43

黑色虚线表示环境温度层结高度，■代表怀柔站

1.5　典型雷暴系统生消演变过程的雷电
及对应的雷达回波特征

典型的强雷暴系统常以 MCS、飑线、超级单体以及局地多单体雷暴群等形式出现。强雷暴系统中热动力过程发展强盛，随着冰相粒子的生成，在混合相态区域将发生强烈的起电，进而产生闪电。基于 BLNET 和多普勒双线偏振雷达的综合协同观测资料，可以揭示强雷暴系统的闪电、结构、流场和微物理等特征，进一步研究可以揭示他们之间的相互

关系。本章利用协同观测资料对一些典型雷暴生消演变过程的闪电特征及对应的雷达回波进行分析，以了解强雷暴系统中闪电活动的一些普遍规律，详细研究将在后面几章展开。

1.5.1 北京地区的雷暴天气系统类型

"雷暴 973"项目通过 2014～2018 年的协同观测，获得了 5 年夏季北京地区雷暴系统的主要特征。统计发现 60%雷暴在西部山脚生成，在冷池和低层暖湿气流的相互作用下，雷暴在移动过程中逐渐发展，形成强雷暴天气系统。

表 1.5 列出了 2014～2018 年所观测到的 156 次强雷暴天气过程的统计情况，观测获得了包括闪电辐射源三维定位、X 波段多普勒双线偏振雷达，以及 S 波段多普勒天气雷达、地面降水、风廓线等综合观测资料数据集。根据雷达回波特征将这些强雷暴天气过程划分为 5 种类型，包括对流单体、多单体雷暴群、飑线、MCS 以及超级单体过程。通过统计发现，多单体雷暴群所发生的比例最高，达到 30%，对流单体雷暴占 25%，飑线过程 18%，其他 MCS 过程占 22%。雷暴类型和发生频次随年际变化而有很大不同，主要与当年的大尺度环流背景场有关。2015 年观测到的雷暴数量最多，为 44 次，主要以多单体雷暴群和对流单体为主。2018 年发生的雷暴最少，仅有 22 次，主要以单体形式出现。2014 年发生的影响范围大、持续时间长的飑线过程为这几年之最，占所有飑线发生总数目的 50%。2017 和 2018 年发生的飑线过程都仅有一次，绝大部分是弱雷暴系统。

表 1.5 2014～2018 年协同观测期间雷暴个例分类

年份	单体	多单体雷暴群	飑线	MCS	超级单体	合计
2014	5	4	13	7	3	32
2015	13	19	6	4	2	44
2016	10	10	8	11	3	42
2017	11	13	1	12	1	38
2018	8	6	1	7	0	22
总计	47	52	29	41	9	178

1.5.2 飑线系统中闪电与雷达回波特征

飑线也称线状 MCS，通常由若干排列成行的雷暴单体或雷暴群所组成的风向、风速发生突变的狭窄的强对流天气，是北京最强的一类雷电天气系统。飑线除了产生强烈的闪电活动外，还常伴随强降水、大风、冰雹等。一般来说，闪电主要集中在线状对流区域的强回波内，而层云降水区域内闪电发生次数较少。

图 1.31 给出了四种不同形态飑线个例中某一时刻闪电与雷达回波叠加。闪电分布与飑线强回波有很好的一致性。虽然这些飑线系统在分布形态上各不相同，但其共同特征都表现为对流云区的闪电最多，过渡区域内也分布着大量闪电，而在后部的层云降水区域内仅有零星的闪电。

下面结合 2015 年 8 月 7 日一次典型强飑线过程（简称 20150807 飑线）来具体说明闪电的分布特征。

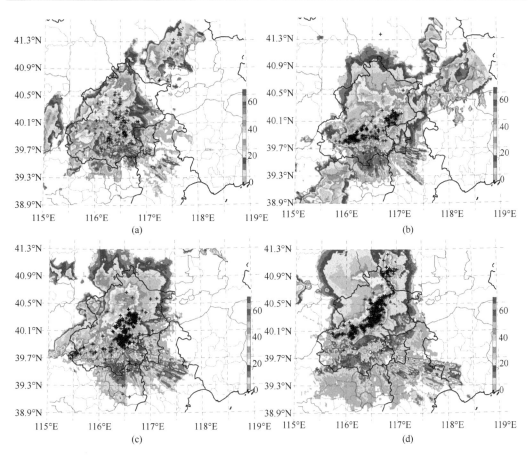

图 1.31　典型飑线过程中雷达回波与闪电活动的叠加
（a）2015-07-07；（b）2015-08-07；（c）2016-07-27；（d）2017-07-07
"+"为前后 3min 内闪电辐射源

1. 20150807 飑线的天气形势

这次飑线过程是观测期间最强的一次雷电灾害天气系统之一，影响了北京大部分地区，不仅产生大量的闪电，也伴随暴雨、冰雹和大风，朝阳区气象站点的冰雹最大直径 15mm，重 1g。从天气形势上看（图 1.32），8:00 时 500hPa 东北冷涡活动，高空槽从低涡中心延伸到河套平原一带，低涡西南侧有一个冷中心位于蒙古国境内，槽后的西北气流经过该冷中心，带来强烈的冷平流侵袭内蒙古中部，而北京处在槽前较低位置，西风气流较为平直，冷平流较弱；850hPa 上，台风"苏罗迪"带来的暖湿气流沿着太行山向东北方向侵入北京地区，形成明显的湿舌，北京地区比湿明显增大（达到 11g/kg），这股西南气流和东北低涡后部干冷的西北气流在北京北部汇合。

8:00 探空图上低层 1000～850hPa 维持西南气流，850hPa 附近存在明显的逆温稳定层结（图 1.33），西南气流带来的水汽不断积聚，导致 850hPa 以下露点温度差很小，相对湿度很大，地面比湿为 18g/kg 左右，水汽充沛，LCL 为 988hPa，高度较低，CAPE 值达到 2232J/kg，此时 CIN 很小（-6J/kg），700hPa 附近风速不变，风向随高度逆转，表明有弱冷平流活动，干冷空气侵入，使得 600～400hPa 之间露点温度差明显增大，

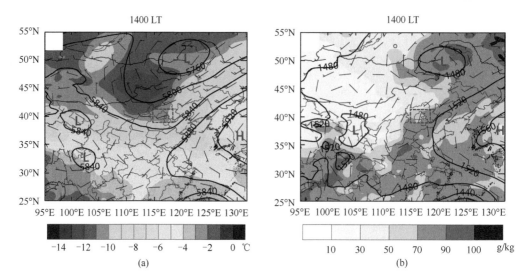

图 1.32　2015 年 8 月 7 日 8 时 500hPa 和 850hPa 等位势高度线

（a）500hPa 等位势高度线（黑色实线，单位：gpm）和温度（填色，单位：℃）；（b）850hPa 等位势高度线（黑色实线，
单位：gpm）、比湿（填色，单位：g/kg）和风矢量（箭头，单位：m/s）

图中的"H"和"L"分别表示高压中心和低压中心

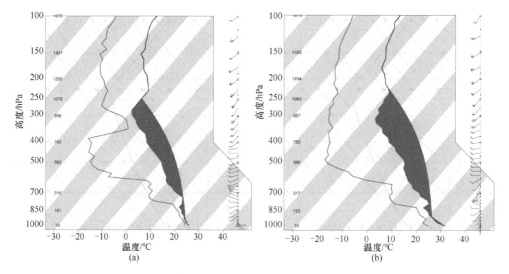

图 1.33　北京南苑观象台 2015 年 8 月 7 日探空廓线

（a）8:00；（b）14:00

红色和蓝色阴影分别为 CAPE 和 CIN，单位：J/kg；黑线和蓝线分别为温度（露点温度）廓线，单位：℃

中高层大气偏干，平衡高度位于 250hPa，接近 11km，容易产生深对流。14:00，低层水汽条件依然十分充足，而 300hPa 附近气层明显变干，中高层大气偏干的趋势更为显著；低层大气受太阳短波辐射加热明显升温，相对湿度有所降低，但是比湿保持不变，逆温层结依然存在，但高度有所降低，逆温层自下向上，风向呈现先顺转再逆转的变化，表明这一高度附近风切变较大，逆温层结以下依然为一湿层，LCL 接近 900hPa，平衡高度接近 200hPa（12km 左右），CAPE 值达到 3317J/kg，CIN 依然很小。综合来看，低层台风水汽的输入和高层低涡后部弱的冷平流入侵造成了北京上空存在上干下湿的结构，

逆温层结维持时间较长，不稳定能量在逆温层结的作用下不断聚集，大气的不稳定性逐步增强，触发了此次飑线过程。

2. 20150807 飑线整个生命史期间的闪电活动

图 1.34 给出了此次飑线系统整个生命史期间不同类型闪电频数随时间的演变。16:00 开始探测到闪电，但频数较低，闪电主要由位于北京西北边界的雷暴云产生，北京区域内还未探测到明显的对流活动。随着西北侧山区的雷暴云向东南方向移动进入平原，受其底部冷池出流影响，多个孤立的 γ 中尺度对流降水单体开始在北京西北部和城区不断触发并迅速发展，单体间发生合并，对流系统的组织性不断增强，与此相对应，17:00～19:30 时段内闪电频数增加，并且在 19:06 达到峰值，总闪频数最大达 248flash/min。19:30 飑线在北京东南边境上形成后，系统内闪电活动开始逐渐减弱，频数持续下降，20:00 闪电频数为 38flash/min 左右。从整个系统的闪电频数和雷达回波来看，可以将其大致分为三个阶段：发展阶段（16:00～17:36），闪电频数整体低于 80flash/min，地闪数量缓慢上升，探测到的地闪以负地闪为主。增强阶段（17:36～19:48），闪电频数快速增长阶段，尤其在 19:00 时开始，闪电频数 30min 内增长将近一倍，地闪数量继续增加并随后稳定在 15flash/min 左右，负地闪的比例持续上升达到 90%；19:30 飑线发展旺盛阶段，正地闪最大比例为 30%左右。减弱阶段（19:48～22:00），闪电频数不断降低，20:00 以后随着系统整体逐渐消亡，地闪数量也持续下降，直到 22:00 左右系统结束。总体上看，此次飑线过程在成熟阶段内闪电活跃以云闪为主，地闪活动则主要是负极性，正地闪比例在发展阶段及减弱阶段后期高于增强阶段。

在飑线系统的发展、增强以及减弱阶段，闪电活动也呈现出明显的阶段性变化。图 1.35（a）为飑线发展阶段闪电与云顶亮温及 30dBZ 雷达回波的叠加。由图可见，此时东北-西南向的大云系向北京南部延伸出两个小冷云云团，中心亮温均达到–50℃。从图中 30dBZ 雷达回波位置可见，此时产生的对流系统分散且对流较弱，闪电活动主要由北京西北及中部的两个雷暴云系产生，其中西北部雷暴云系中产生了大量的正地闪，且发生位置与–60℃亮温边缘相吻合，此时飑线系统尚处于发展阶段，在北京城区表现为比较分散的单体，闪电位于城区中心的两个冷云团之间的亮温梯度较大的区域内。闪电主要以云闪为主，且主要分布在 30dBZ 雷达组合反射率区域内。

飑线成熟阶段［图 1.35（b）（c）］，原西北部冷云团向南发展，覆盖北京中部及北部地区，–60℃冷云核范围明显扩大。此时飑线进一步发展，30dBZ 雷达回波面积增大，主要分布于冷云核南部的亮温大梯度区内。闪电主要分布在被冷云覆盖的 30dBZ 雷达回波范围内，以云闪为主，主要分布在云顶亮温大梯度区内，小部分位于–60℃冷云核边缘，绝大多数正地闪发生位置与冷云核（–60℃）南部边缘 30dBZ 强回波区相重合。19:00 时，冷云云团进一步向南发展，随着北京南部地面西南风加强（地面自动气象站资料），两条强回波带（30dBZ）之间发展形成云桥，使得两条回波带合并成飑线。整个系统绝大部分被–40℃冷云所覆盖，大部分云闪发生在低于该温度范围内，地闪主要发生在 30dBZ 雷达回波区与冷云核南部亮温大梯度重合的区域，正地闪则主要发生在–60℃亮温南部边缘。

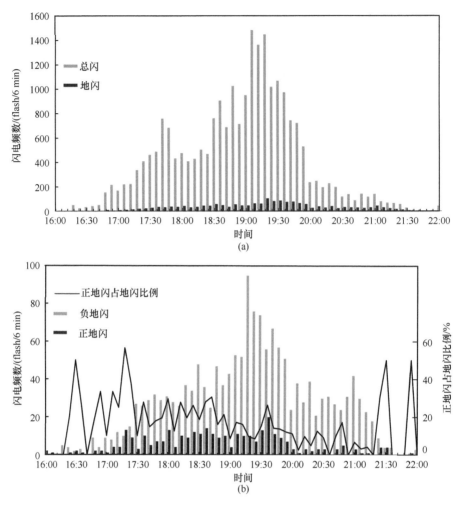

图 1.34　20150807 飑线不同类型闪电频数随时间的演变

（a）总闪和地闪频数的时间演变；（b）正、负地闪频数的时间演变及正地闪与总地闪的比例

飑线减弱阶段［图 1.35（d）］，冷云云团向东南移动过程中，–60℃冷云核面积有所减小。此时，–60℃冷云区与 30dBZ 雷达回波区域相重合，云闪及地闪活动均有所减弱，绝大多数云闪发生在–50℃冷云内，地闪仍发生在 30dBZ 雷达回波区与冷云核南部大亮温梯度重合的区域，正地闪则发生在–60℃亮温南部边缘。之后，冷云继续向南移动过程中逐渐减弱，云顶亮温升高，–60℃冷云区消失，闪电明显减少，主要分布在南部 30dBZ 回波区。

在此次飑线系统的发展初期，16:12 北京中部对流触发，对流单体在北京中部逐渐发展，从雷达回波图上可以看到［图 1.36（a）］，16:30 北京中部的强回波向东北、向南以及向西延伸，回波强度增大。17:36 强回波范围进一步扩大，在此期间，闪电活动随着系统发展不断增多［图 1.36（b）］，地闪主要集中在强回波区，闪电辐射源发生在对流系统强回波区及对流单体之间的区域。18:24 北京西南方向上一股暖湿的南风吹来，使得北京西部的单体合并后增强，在其南端不断有新单体生成并入母体，使西侧单体不断向南延伸，形成一条带状回波［图 1.36（c）］。18:42 原断裂开的东部单体和南部单体

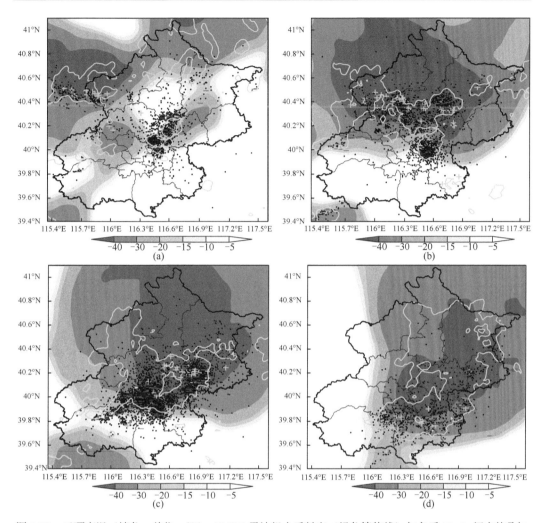

图 1.35　云顶亮温（填色，单位：℃）、30dBZ 雷达组合反射率（绿色等值线）与之后 15min 闪电的叠加
（a）17:00；（b）18:00；（c）19:00；（d）20:00
"."为云闪；"+"为正地闪；"−"为负地闪

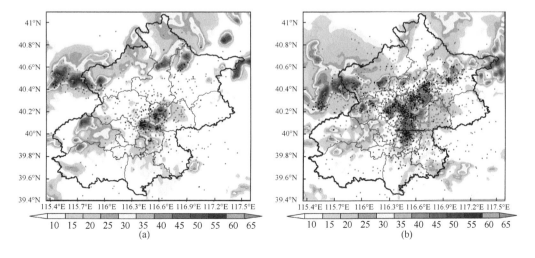

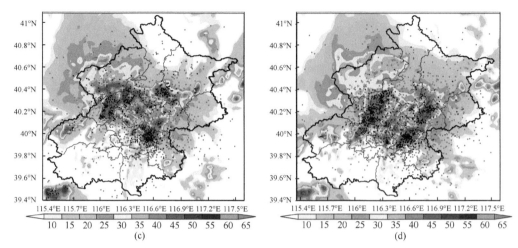

图 1.36　雷达组合反射率（填色，单位：dBZ）与之后 6min 内的闪电叠加

(a) 16:30；(b) 17:36；(c) 18:24；(d) 18:42

"·" 为云闪；"+" 为正地闪；"-" 为负地闪

逐渐合并，形成另一条回波带 [图 1.36 (d)]。这两条回波带之间有单体不断产生并发展，但新生的单体没有明显闪电活动。这一阶段内闪电主要集中在两条回波带内。

19:00 北京南部地面西南风增强，回波带之间的单体发展构成桥梁使得两条回波带合并成线状强对流 [图 1.37 (a)]，原先没有明显闪电活动的连接处出现了闪电爆发现象，线状强回波后部的层云区域内闪电较少。飑线系统整体向东南方向移动，在其西南端不断有单体新生，线状强回波逐渐延伸，闪电活动也不断向西南方向扩展，而北京中部的单体逐渐衰弱成层云降水，闪电较少。随着飑线系统的发展和移动，闪电活动呈现带状分布，负地闪集中在强回波区，正地闪除发生在强回波区外，在过渡区域内也有发生。对比 19:00 和 19:30 [图 1.37 (b)] 两个时刻的雷达回波剖面及辐射源分布可以看出，19:00 随着对流合并，对流结构密实，前部由于持续的入流形成明显的悬垂回波结构，宽广的上升气流区支撑系统内软雹和冰晶的生成和维持，大于 45dBZ 回波强度发展至 11km [图 1.38 (a)]，系统闪电频数逐渐达到峰值，探测到的辐射源主要分布在系统前部线状对流区内，而系统后部层云区辐射源数量相对较少；19:30 系统主体逐渐下降到 0℃ 以下，飑线后部迅速衰减成层云区，剖面图上能明显看出层云区亮带[图 1.38 (b)]，辐射源数量明显减少，辐射源分布明显向后部层云降水区倾斜，因此推断闪电电荷源由对流云区经过渡区传送到层云区域。19:48 之后飑线断裂 [图 1.37 (c)]，断裂开的西段回波由于南风入流而继续维持，产生了较多负地闪。而在回波断裂处闪电很少。20:30 [图 1.37 (d)]，北京处在飑线后部层云区内，在东南边界上还有残余的分散对流，探测到的闪电主要是由北京东南部的强回波区域产生的负地闪。

图 1.38 给出了沿图 1.37 (a)(b) 中线段所示剖线两侧 ±5km 范围内 6min 探测到的辐射源。可以看出单体强度增大，强回波向高层扩展。根据 20:00 南苑观象台探空资料显示，0℃、−10℃ 和 −20℃ 高度分别为 4.5km、6km 和 7.5km。19:00，单体明显成熟，55dBZ 回波发展到 7km，突破−10℃ 高度，50dBZ 回波超过至 8km，到达−20℃ 高度，辐射源主要集中在对流核内。19:30 对流明显减弱，50dBZ 回波降低到 6km 以下，但闪电依然很活跃。

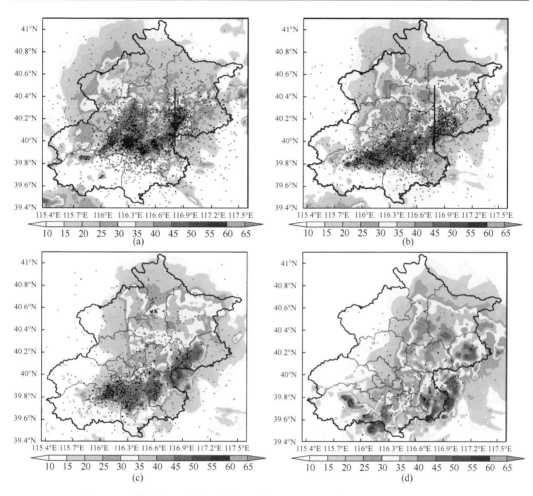

图 1.37 雷达组合反射率（填色，单位：dBZ）与之后 6min 内的闪电叠加

（a）19:00；（b）19:30；（c）19:48；（d）20:30

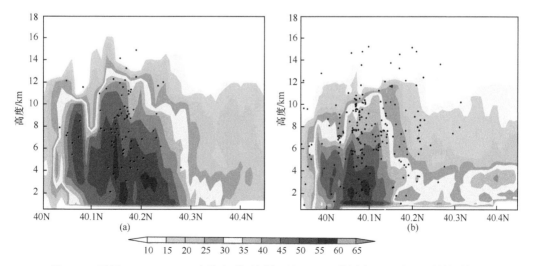

图 1.38 沿图 1.37（a）（b）中线段所示剖线两侧±5km 范围内 6min 探测到的辐射源

（a）19:00；（b）19:30

3. 不同对流区域的闪电活动特征

　　飑线系统内不同区域内流场和降水特征不同，对应的闪电活动也有很大差异，参考 Lang 和 Rutledge（2008）提出的不同对流区域识别方法，基于雷达基本反射率，将 −10℃ 温度层上大于 30dBZ 的区域划分为对流降水云区，将对流云区外 10km 内划为过渡区，其余部分则为层降水云区，根据此分区结果分析不同对流降水区域的闪电活动特征。如图 1.39 所示，无论云闪还是地闪，均主要分布在对流云区，过渡区次之，层云区最少。对流云区的闪电频数随对流发展的变化最剧烈，受系统发展的影响最大，这也说明了对流云区是云内的主要起电区域。过渡区是粒子从对流云区到层云区的传送区域，受对流云区动力与微物理活动的影响较大，过渡区云闪频数随对流发展也呈现出一定的变化，但变化程度远不如对流云区明显。层云区的闪电活动较弱，随着对流发展并未呈现出明显的变化。图 1.39（c）为单位对流区域面积的闪电数量，即飑线不同区域内的闪电数量除以对应的对流区域面积而得，以此来衡量该区域产生闪电的能力。可以看出对流云区的放电能力远远强于层云区和过渡区。图 1.39（d）是整个飑线

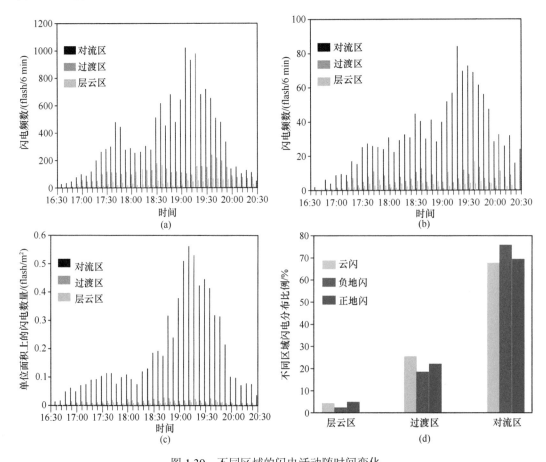

图 1.39　不同区域的闪电活动随时间变化

（a）云闪；（b）地闪；（c）不同区域内单位面积的闪电数量（单位：flash/m²）；
（d）整个过程中不同类型闪电在不同区域的分布比例

过程中不同区域不同类型闪电的分布比例，95%的闪电分布在对流降水云区与过渡区，层云区很少。

为了说明飑线不同区域放电过程在垂直方向上的差异，下面进一步分析辐射源在不同区域内的演变，根据正、负先导辐射特征的差异，分析不同区域电荷结构的演变过程。图 1.40 是此次飑线过程对流云区、过渡区和层云区的辐射源高度分布以及 0℃层以上及以下强回波体积的变化。可以看出辐射源集中分布在对流云区，辐射源活跃期持续了近4h。辐射源主要集中在 5～9km 高度上，对应于 0～−30℃混合相态层内，高度变化明显：发展和增强阶段，辐射源中心高度缓慢升高；减弱阶段，辐射源中心高度明显下降。17:42辐射源开始出现第一个活跃期，0℃层上、下的强回波（>40dBZ）体积均在增长，对应北京中部的单体发展成熟；18:00 左右辐射源出现一个寂静期，此时 40dBZ 回波体积有所下降。18:24 辐射源开始出现第二次活跃期，0℃层以上强回波体积开始增加，并在18:36 及 18:48 达到峰值，对应对流单体逐渐合并，辐射源数目持续增长。19:06辐射源再次活跃，经过对流合并后形成有组织的飑线系统，对应 0℃层以下强回波体积出现短时间的稳定。19:18 开始，合并后的飑线系统发展旺盛，7km 高度上出现辐射源强中心，中心值超过 220 flash/6 min。19:30 开始，辐射源集中区逐渐下降，对流云逐渐转为层云，随飑线系统的快速移出并消散，辐射源数量快速减少，辐射源中心高度也快速下降。考虑到闪电负先导产生的辐射远强于正先导（参见第 4 章），即辐射源密集区域对

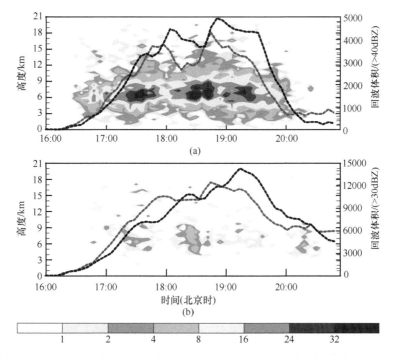

图 1.40　20150807 飑线过程对流云区、过渡区和层云区的辐射源高度分布以及
0℃层以上及以下强回波体积的变化

(a) 对流云区；(b) 过渡区和层云区的闪电辐射源高度随时间变化（单位：flash/6 min）
(a) 中红色（黑色）点划线为 0℃层以上（以下）>40dBZ 的回波体积；(b) 中红色（黑色）点划线为 0℃层以上（以下）
>30dBZ 的回波体积（单位：m³）

应于负先导在云内正电荷区域传播，则可推断飑线对流区中部为正电荷区（Liu et al., 2013；刘冬霞等，2013）。辐射源在垂直方向上分别向上、下延伸，可初步判断在正电荷区上、下均存在一负电荷区。

过渡区和层云区的辐射源相对较少，说明此区域的内部对流和起电活动较弱。在17:42、18:36 及 19:36 出现三个辐射源活跃期，和对流云区辐射源活跃时期基本一致。特别是在 19:30 开始，此时对流云区辐射源活动已经开始减弱，而过渡区和层云区内有较多的辐射源，这也说明辐射源向后部层云区倾斜，闪电电荷源由对流云区经过渡区传送到层云区域。整个飑线过程该区域辐射源高度变化不大，主要集中在 6～8km 高度，并且以辐射源数量集中区域为中心。

1.5.3 超级单体雷暴系统的闪电与雷达回波特征

多单体雷暴群通常由局地发展起来的多个对流单体组成，往往多个单体同时形成，且发展迅速，常伴随短时强降雨、破坏性大风、冰雹、闪电和龙卷风等灾害性天气事件。但因其尺度小，突发性强，并与环境场存在多尺度非线性相互作用，其准确预报有很大的难度。五年协同观测期间，对流单体及多单体雷暴群的比例占到了雷暴发生频率的60%。多单体雷暴群中闪电活动强烈，但不同的对流单体中闪电活动存在明显差异，有的对流单体内闪电活跃，呈快速增加爆发的趋势，有的单体中闪电活动则较为"平静"，闪电的类型和频数也明显不同。下面结合 2017 年 8 月 11 日一次超级单体天气过程（20170811 超级单体）进行分析（Chen et al.，2020）。

这次超级单体过程引发强降雨，并伴有冰雹、6～8 级短时大风以及强烈的闪电活动，城区和东部地区雨量 10～30mm，局地超过 100mm，北京市及部分区县气象局相继发布了雷电黄色及冰雹黄色预警。从图 1.41 的天气形势上看，8:00 时 500hPa 中高纬地区存在较强的蒙古低涡，北京地区上空以冷涡南部盛行的偏西气流为主，冷涡西部的偏北气流和槽后的西北气流带来北方中层的干冷空气。低层 850hPa 西南低空急流活跃，有湿舌覆盖，西南气流将暖湿空气输送至干冷空气下方，在北京地区形成了明显的不稳定层结，为此次对流发展提供了很好的动力和热力条件。

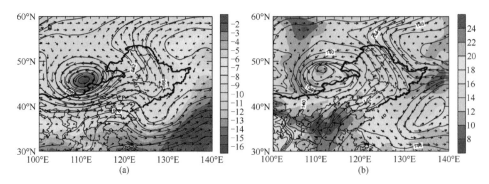

图 1.41   2017 年 8 月 11 日 8:00 不同等高线（黑线，单位：gpm）和
温度（填色，单位℃）以及风矢量（箭头，单位：m/s）
（a）500hPa；（b）850hPa

从 8:00 探空廓线可看出，水平风从低到高层出现顺转趋势，存在强的水平风垂直切变；800hPa 以上，温度露点差大，水汽含量低；800hPa 以下，温度露点差小，水汽丰富，上干下湿，形成不稳定层结；低层有明显逆温层，有利于不稳定能量的累积，CAPE 高达 3937J/kg，是触发强对流天气的有利环境条件。

1. 雷达回波与闪电活动特征

图 1.42 给出这次多单体过程中几个不同时刻的雷达反射率和后 6min 的总闪叠加。18:48 北京城区开始出现对流单体，6min 后雷暴快速发展起来，并有闪电发生。多个单体在向东北方向移动的过程中不断合并、增强，闪电不断增多，随后 19:00，对流单体范围逐渐增大，闪电主要集中出现在强对流回波区域内。19:36，多个对流单体发展连接到一起，影响范围进一步增大，形成超级单体，强回波区域分布在雷暴移动的后部，20:00 发展为东北-西南走向强回波，强度大于 50dBZ，闪电数目也快速增加，且主要集中在强对流回波区域内。20:30 回波继续向东北方向移动，中心强度>60dBZ，闪电主要分布在>45dBZ 的强回波区，闪电数保持在较高水平；20:54 系统逐渐东移，闪电依旧密集地分布在各个对流单体内，超级单体移动前方为层云区域。随回波的进一步移动，北部的回波 21:00 与主体发生断裂，向北移出北京地区；21:48 大兴区有多个新单体生成并快速发展，22:00 南部新生单体中心强度达 45dBZ，并向东北-西南走向的强单体移动，22:30 大部分单体中主要为负地闪，但也有对流单体中以正地闪为主。22:54 超级单体主体

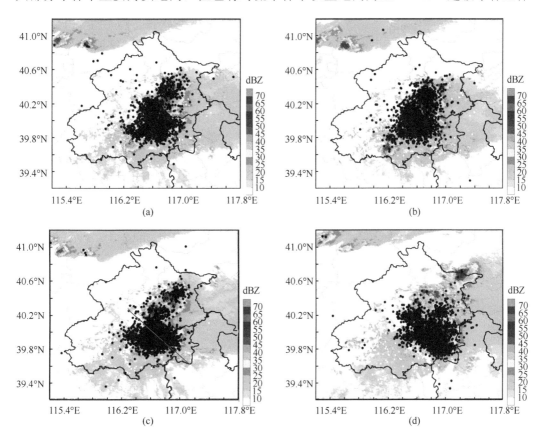

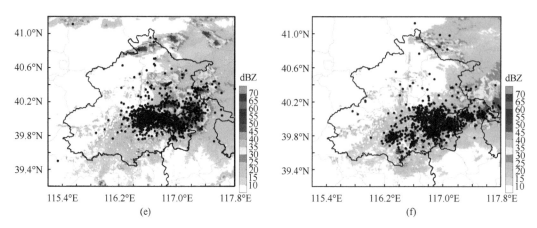

图 1.42　不同时刻的雷达组合反射率（填色，单位：dBZ）与之后 6min 内的闪电（·）叠加
(a) 19:48；(b) 20:00；(c) 20:12；(d) 20:48；(e) 21:36；(f) 22:42

逐渐移出北京范围，但在南部依旧有对流单体不断生成，地闪依然以负地闪为主，但正地闪数量开始增加。23:00 演变为东北-西南方向的多单体，闪电数目再次迅速增加，各单体的中心强度达 45dBZ。此后虽然不断有老的单体消亡，新的单体生成，雷暴总体处于减弱和消亡状态，至次日凌晨 4:00 结束。

　　图 1.43 为 21:18 时沿图 1.42（c）线段所示方向做剖面，将闪电辐射源叠加，此时雷达回波的垂直剖面显示有三个独立的对流单体，雷达回波顶高和闪电辐射源均达到了 15km 高度处，闪电辐射源分布在 2～15km 高度范围。位于水平 15km 处最左侧的对流单体已处于消亡阶段，强回波下部与地面分裂，大于 45dBZ 的强回波区逐渐消亡，此时对流单体内闪电较少，主要位于强对流上部弱回波区域（<40dBZ）。而位于水平 40km 处的对流单体正处于最旺盛阶段，单体中心强回波最大值达到 65dBZ，云顶达到 15km 高度，闪电辐射源发生于强回波梯度大的区域内且辐射源主要分布在大于 30dBZ 的回波区域内，此外在云砧处也有密集的闪电辐射源分布，强烈的上升气流将电荷区抬升到较高的位置，放电也主要集中在 5～10km 高度处。水平 30km 处的对流单体处于开始发展

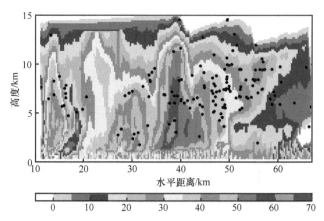

图 1.43　沿图 1.42（c）线段所示方向做垂直剖面（填色，单位：dBZ）
与 1min 内闪电辐射源（黑色"·"）的叠加

的阶段，对流单体中强回波区域范围逐渐增大，并不断向上垂直发展。闪电辐射源脉冲出现在强回波区域内，此时雷暴对流单体处于发展阶段，还没有达到较高的高度，电荷区整体高度较低强度较弱，闪电放电的位置偏低。

2. 闪电活动的演变特征

图 1.44 为此次超级单体的闪电频数演变，整个超级单体生命期内闪电活动主要以云闪为主，伴随新单体的出现呈现多峰值分布，峰值出现在 11:54、12:30、13:12 及 14:42，总闪频数依次为 630flash/min、836flash/min、647flash/min 和 374flash/min，其中云闪占绝大部分，大部分时段云闪占 80% 以上。整个过程中正地闪占比超过 15%（图 1.44b），在 20:30 和 15:00 左右正地闪比例出现明显增加。

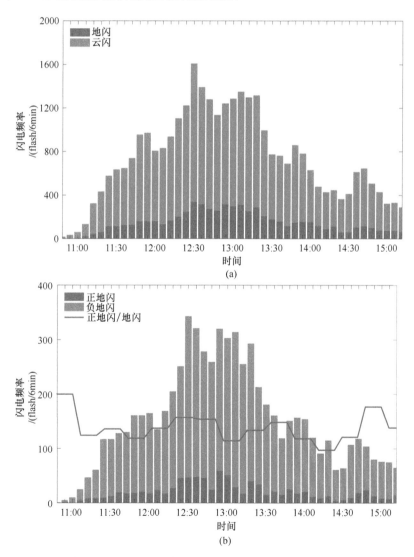

图 1.44　20170811 超级单体的闪电频数随时间的演变

（a）总闪；（b）地闪

1.5.4　MCS 过程中闪电与雷达回波特征研究

2017 年 7 月 7 日，一次 MCS 强对流天气系统影响了北京及周边地区。京津冀地区受低涡影响，伴随着西南气流水汽支持，导致大气层结不稳定度增大，形成了强对流天气系统。雷暴进入北京之前形成了多个强对流单体，局部雷达回波大于 60dBZ，自西北向东南移动，在有利的气象条件下很快形成强飑线，弓形结构明显，并横扫北京，雷暴持续时间 2h 以上，伴随着冰雹、闪电和阵性大风。

1. MCS 雷暴系统中闪电时空分布特征

图 1.45 给出了这次 MCS 雷暴过程整个生命史的总闪、地闪和正地闪频数随时间的演变，云闪占总闪的 72%，地闪占 28%，其中正地闪偏少，仅占总地闪的约 5.3%。由图可知，20:36 以后，闪电频数增加很快，于 20:54 达到次峰值，闪电频数约为898flash/6min，随后闪电活动略微减弱，但很快又活跃起来，于 21:12 达到最大值，总闪频数为 927flash/6min，随后闪电活动逐渐减弱。总体上，这次雷暴过程地闪和总闪变化趋势一致，但是正地闪占地闪比例在雷暴减弱阶段高于雷暴增强阶段。

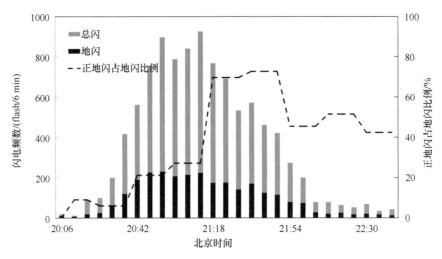

图 1.45　总闪、地闪和正地闪占地闪比例的演变特征

图 1.46 给出了闪电辐射源密度随高度分布以及对应不同强度雷达回波面积随时间的变化，整个过程的辐射源高度主要集中在 3～12km 之间，其中辐射源高密度区集中在5～9km，最大辐射源密度达到 24 pulse/(3300m³×6min)。20:20 开始，辐射源密度开始逐渐增大，20:20～21:42 期间，5～9km 高度处出现了辐射源密度的高值区，最大辐射源密度达 24 pulse/(3300m³×6min)。

图 1.47 给出了这次雷暴过程四个时段闪电辐射源和雷达回波剖面的叠加，图中红线是剖面的起始和结束位置。由图可知，雷暴初始发展阶段（20:30），闪电辐射源比较少，只有少量的辐射源在对流区。随着雷暴发展成熟，闪电辐射源不断增多，且集中在

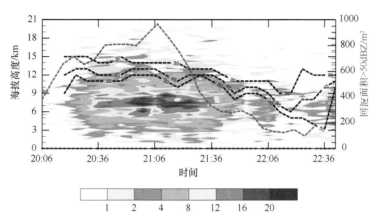

图 1.46　辐射源密度［色标，单位：pulse/(3300m³×6min)］和雷达回波顶高（黑线：30dBZ，45dBZ 和 50dBZ）及大于 50dBZ 回波面积（红线，单位：m²）随时间的变化

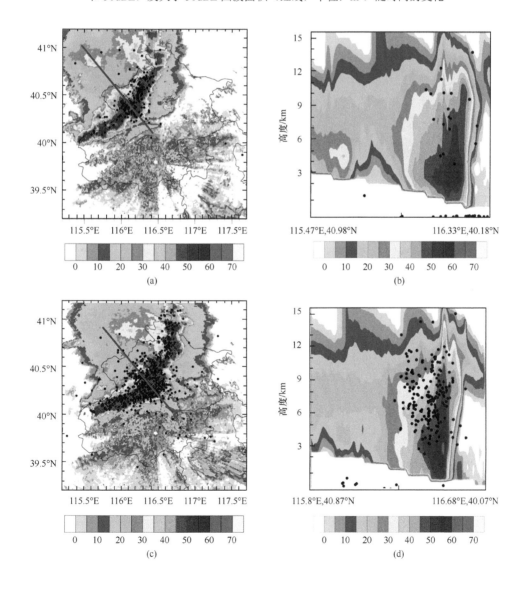

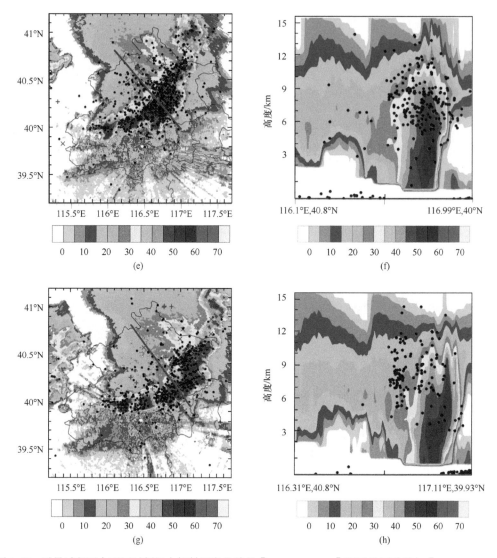

图 1.47　雷暴过程四个不同时刻闪电辐射源定位结果［(a)(c)(e)(g)］和雷达回波叠加［(b)(d)(f)(h)］
(a)(b) 20:30；(c)(d) 20:54；(e)(f) 21:24；(g)(h) 21:48
图中黑点代表辐射源，色标是同步的雷达组合反射率因子（单位：dBZ）

回波强度为大于 45dBZ 的对流塔区（20:54 和 21:24）。雷暴的消散阶段（21:48），辐射源开始减少，高度有所下降，虽然有辐射源出现在强回波区，但是大部分辐射源出现在层云区。通过不同时刻的闪电辐射源定位结果和雷达回波的对比发现，闪电辐射源和雷达强回波区具有很好的一致性。

2. 闪电放电过程三维精细定位成像与雷达回波

BLNET 不仅可以对整个雷暴过程的闪电辐射脉冲进行实时三维定位，而且如 1.1.3 节所述，也可以事后对单次闪电放电进行精细定位，图 1.48 给出了发生在 2017 年 7 月 7 日 23:25:08 的一次正地闪放电通道精细定位的三维时空演变。这次正地闪只有一次回击，持续时间约 680ms，发生在距离探测网络中心西南约 16km 处。根据雷达回波，这个时段属于雷暴消散阶段。此次闪电过程共定位到 1320 个辐射源，起始放电表现出明显预击穿过程，对应闪电辐射源的始发位置位于距地面约 5.4km 的高度，然后通道向上发展，根据电场变化判断，为负极性的先导通道，发展到约 10km 后，放电通道出现分叉，其中一个分叉朝测站西北方向发展，另一个沿着地表方向发展，对应放电较弱的正极性通道。闪电起始 292ms 后，电场变化表现为正回击波形，回击点的位置距闪电起始位置的水平距离约为 11.7km。回击峰值后探测到从地面向上发展的辐射源，对应于回击电流自下而上的传播，回击后云内放电强烈，持续时间约 380ms，辐射源水平分布范围较广，整个放电过程辐射源高度主要集中在 3.7～9.6km。

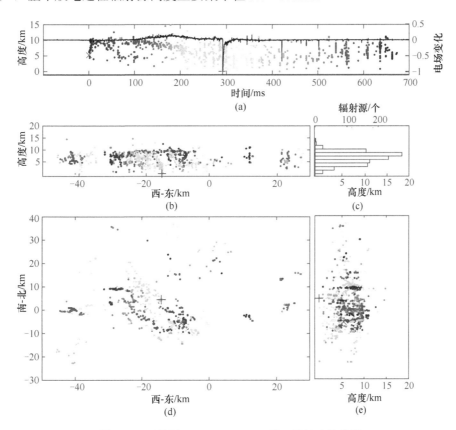

图 1.48 正地闪 20170707232508 的三维放电结构图

（a）闪电辐射源高度随时间的变化；（b）表示辐射源在东西方向上的立面投影；（c）辐射源发生数目随高度的分布；
（d）辐射源在平面的投影；（e）辐射源在南北方向上的立面投影
图中紫色的"×"代表辐射源的始发高度，黑色的"+"代表正地闪的回击时刻

图 1.49 和图 1.50 分别给出了这次正地闪预击穿过程定位结果、正地闪辐射源和雷达回波剖面的叠加。正地闪的辐射源从雷暴云强对流区始发，初始击穿的负先导垂直向上发展；然后转为水平后倾斜向层云区发展，正地闪的回击点位于层云区。这个例子很好地说明了发生在层云区的正地闪，起始过程可以发生在对流区，通过水平发展的负先导通道到达层云区，负先导通道在层云区的大范围发展会中和大量的云中正电荷，有利

于地面高建筑上行闪电以及"红色精灵"等中高层瞬态发光现象的发生（Jiang et al.，2014； Yuan et al.，2017；王志超等，2015；Yang et al.，2018a，2018b）。

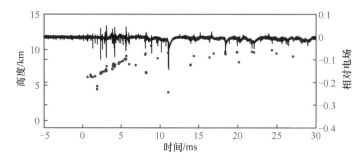

图 1.49　正地闪预击穿过程的电场波形（实线）和辐射脉冲定位结果（·）

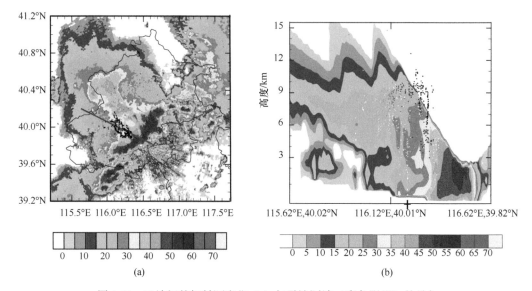

(a)　　　　　　　　　　　　　　　　　　(b)

图 1.50　正地闪的辐射源定位（·）与雷达回波（彩色阴影）的叠加
（a）正地闪辐射源与雷达回波的水平叠加；（b）正地闪辐射源与雷达回波剖面的叠加
红线是雷达回波剖面的方向，底下的色标是雷达回波强度（单位:dBZ）

从上面分析可以看出，BLNET 的三维全闪定位结果和相应的 S 波段雷达回波有很好的一致性，包括地闪和云闪在内的全闪闪电辐射脉冲绝大多数都发生在≥40dBZ 强回波区域，此区域内上升气流强，对流活动旺盛，是云中冰晶、霰和雹等带电粒子集中的区域，也是雷暴云内起电活动最频繁的区域。

1.6　北京地区的闪电时空分布特征

2015～2018 年，BLNET 共观测到约 45 万次闪电，但仍不足以在气候尺度上了解北京地区的雷电时空分布特征。为了反映北京地区的雷电时空分布，将北京市气象局的SAFIR3000 雷电定位系统在 2005～2007 年期间所获得的全闪定位数据也合并使用分析，在此期间内 SAFIR3000 运行情况良好（Liu et al.，2011，2013；Zheng et al.，2009，2010）。

本节分析中，采用前后发生时间小于 400ms 且水平距离小于 15km，总持续时间不超过 1.5s 的辐射源归为同一个闪电，并以最强的一个辐射源定位结果作为该次闪电的定位结果，如果一个闪电的辐射源既包括地闪脉冲，又包括云闪脉冲，则以地闪定位结果作为本次闪电定位结果。另外，考虑到一些云闪有可能被识别为正地闪，因此参考 Cummins 等（1998），将峰值电流小于 10kA 的视作云闪处理。为了避免网络外闪电探测效率不均匀对结果的影响，这里选择（115°~118°E，39°~41.3°N）的区域进行分析，在此区域内，可认为 BLNET 闪电探测效率基本相同。

1.6.1　雷暴和闪电的月分布特征

如前文所述，影响北京地区的雷暴过程形式多样，可能是单体形式，也可能由同时段不同区域发生的多个对流单体组成，也有可能是影响范围超百公里的飑线雷暴，不同强度的雷暴产生闪电的能力不同，通常发展强盛、强对流面积较大的雷暴系统可以产生更多的闪电，因此，一次雷暴产生闪电的多少可以在一定程度上反映雷暴的强弱。不同强度的雷暴对闪电时空分布特征的贡献不同。因此，为了解北京闪电时空分布以及不同强度雷暴的闪电活动对所有雷暴的贡献，根据一次雷暴过程产生的总闪次数，并参考雷达回波和发生时间，将时间和空间上明显分开的雷暴看作不同的雷暴，从而将雷暴过程分成 3 个强度等级，分别是弱雷暴（闪电数≤1000 次）、强雷暴（1000 次<闪电数≤10000 次）和超强雷暴（闪电数>10000 次）。据此将所探测到的雷暴过程进行分类统计，弱雷暴、强雷暴和超强雷暴分别占所有雷暴的 60%、35% 和 5%。

雷暴过程中虽然以弱雷暴过程次数最多，但产生的闪电（总闪、地闪和正地闪）数量占总对应闪电类型的比例均最少（不超过 7%）。强雷暴和超强雷暴对所有雷暴闪电总量贡献最大，特别是超强雷暴，虽然次数最少，仅有 21 次，不到强雷暴次数的 1/7，但是其总闪、地闪和正地闪占所有雷暴闪电的约 1/3 以上，说明超强雷暴产生闪电的效率

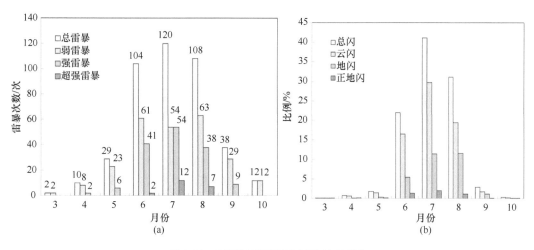

图 1.51　雷暴过程和闪电活动的月变化

（a）雷暴过程；（b）闪电活动

很高（王东方等，2020）。图 1.51 表示不同强度等级（超强雷暴、强雷暴和弱雷暴）雷暴过程以及不同类型闪电的月变化。雷暴和闪电峰值主要出现在夏季，雷暴过程最早出现在 3 月底（28 日、29 日），最晚出现在 10 月下旬（25 日），雷暴开始月和结束月均发生弱雷暴，而强雷暴主要出现在 4～9 月，超强雷暴多出现在 6～8 月，以 7 月最多（57%）。夏季 6～8 月雷暴次数最多，同时也出现了最多的闪电，其中 7 月是雷暴次数和闪电次数最多的月份。尽管 6 月和 8 月的弱雷暴、强雷暴次数相差不大，但是由于 8 月的超强雷暴比 6 月多 5 次，导致所有雷暴闪电比例比 6 月多约 10%。由于超强雷暴和强雷暴产生了大量的闪电，它们的月变化特征直接决定了闪电的月变化特征。所有闪电中，以云闪 IC 为主，约占总闪的约 75%，CG 只占约 25%，CG 中约 13% 是正地闪。总闪、云闪、地闪和正地闪主要集中在每年的 6～8 月。

1.6.2　闪电密度时空分布特征

利用 2km×2km 的网格将所有闪电（总闪）、地闪、正地闪分别进行统计，经过插值得到各类闪电密度的空间分布。图 1.52 是所有雷暴和三个不同强度等级雷暴的总闪密度空间分布。由图可见，所有雷暴的年均总闪密度的高值区主要集中在北京东南部的平坦平原，以西部、北部的中起伏山地和倾斜平原为边界，其中年均总闪密度最大值约 15.4flash/(km²·a)，平均值约为 1.9flash/(km²·a)，大于 8flash/(km²·a)的闪电高值区中心基本分布在海拔 200m 等高线以下的平坦平原地带，而闪电密度大于 12flash/(km²·a)高值区中心主要集中在三个区域，分别是北京主城区、昌平东部和顺义东部。

超强雷暴、强雷暴以及弱雷暴总闪年均密度高值区空间分布有明显的差异。强雷暴活动中总闪密度极大值主要分布在昌平东部、顺义中东部其邻近平谷和三河的交界处以及海淀区，强雷暴的总闪密度最大值约为 7.0flash/(km²·a)。强雷暴过程总闪密度的高值区和地形特征密切相关。平谷属于山地地形，其北部、东南部和南部三面都是起伏山地，西南是平原，形成朝向顺义的"V"形地形，类似喇叭口状，顺义的中东部刚好位于这种喇叭口状地形的入口处，这种特殊的地形对水汽有很好的阻滞和汇集作用。另外，当气流进入到喇叭口之后，因地形收缩，使气流辐合加强，而且其地势北高南低，气流产生抬升，容易形成局地环流；同样，昌平西部、北部和西南部的地形与平谷周边的地形类似，地势相对较高，属于起伏山地，东部是平坦平原；而海淀西南侧也是一个小的喇叭口地形。因此，造成顺义中东部、昌平东部以及海淀区形成闪电密度高值中心。相对而言，超强雷暴高值区位置更偏南，与所有雷暴的总闪密度极大值区域最为一致，其闪电密度高值区几乎覆盖了北京主城区绝大多数区域，以朝阳区为中心，形成了包括昌平东南部、顺义西南部以及通州西北部的高值区，总闪密度最大值约 8.9flash/(km²·a)。由图 1.52（d）可见，相对超强雷暴和强雷暴，弱雷暴的闪电密度很小，最大值约为 1.4flash/(km²·a)，而且明显的高值中心很少，零星分布在北部山区。总之，从不同强度雷暴的空间分布可见，超强雷暴和强雷暴共同决定了闪电的总体时空分布走势，其中强雷暴与地形关系密切。

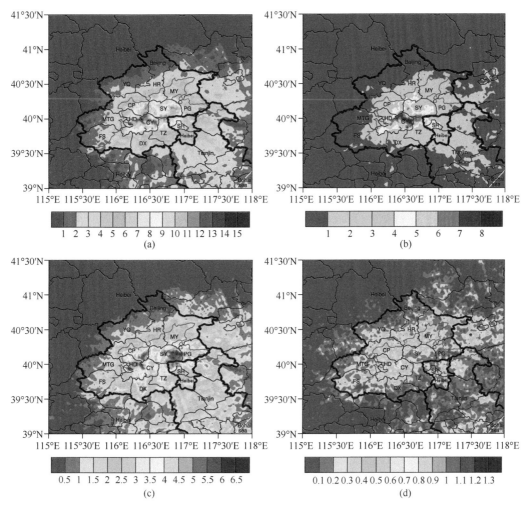

图 1.52　年均闪电（总闪）密度空间分布

（a）所有雷暴；（b）超强雷暴；（c）强雷暴；（d）弱雷暴

色标：年均闪电密度，单位：flash/(km²·a)；图中红线为海拔 200m 等高线

HR：怀柔，YQ：延庆，CP：昌平，MY：密云，PG：平谷，SY：顺义，HD：海淀，CY：朝阳，SH：三河，TZ：通州，
DX：大兴，FS：房山，MTG：门头沟，Beijing：北京，Hebei：河北，Bohai：渤海，Tianjin：天津，全书同

地闪是雷暴云中电荷直接释放到地面的放电过程，对人畜、高建筑以及电子产品可造成直接或者间接的影响，因此，图 1.53 给出了年均地闪密度空间分布。虽然地闪密度的高值区覆盖范围、年均地闪密度大小相对总闪高值区小很多，但是所有雷暴的地闪高值区与总闪密度高值区分布总趋势基本一致，而地闪密度高值区位置相对总闪密度高值区更偏东或偏南。最大年均地闪密度约为 4.8flash/(km²·a)，平均值约为 0.6flash/(km²·a)。

与总闪和地闪相比，正地闪高值区的分布相对零散，主要分布在雷暴传播的下游（图 1.54），如与三河的交界处、天津北部地区以及北京最南端的大兴和房山，密度量级更小，所有雷暴的年均正闪电密度最大值约为 0.7flash/(km²·a)，平均值约为 0.1flash/(km²·a)，其中大于 0.5flash/(km²·a)的高值区主要分布在顺义，通州和三河的交界处，以及天津北部于桥水库西侧。

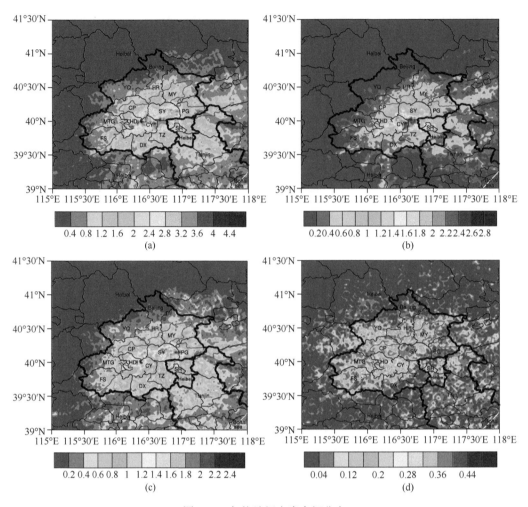

图 1.53　年均地闪密度空间分布

（a）所有雷暴；（b）超强雷暴；（c）强雷暴；（d）弱雷暴

色标：年均闪电密度，单位：flash/(km²·a)，图中红线为海拔 200m 等高线

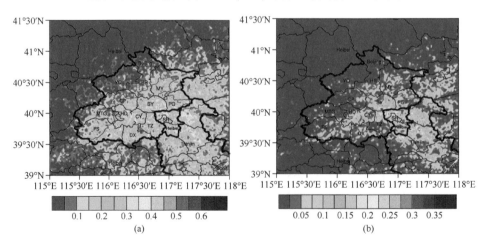

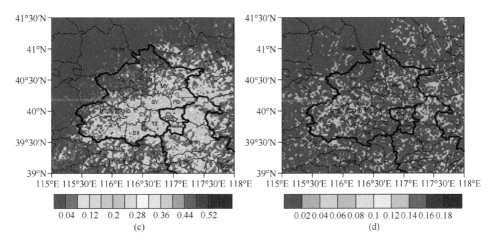

图 1.54 年均正地闪密度空间分布

（a）所有雷暴；（b）超强雷暴；（c）强雷暴；（d）弱雷暴

色标：年均闪电密度，单位：flash/(km²·a)，图中红线为海拔 200m 等高线

1.6.3 闪电的日变化特征

总体而言，所有雷暴闪电活动的活跃时段主要集中在午后至午夜（图 1.55），闪电活动的次峰值出现在傍晚 17:00，主峰值出现在晚上 19:00。超强雷暴和弱雷暴昼夜反差较大，超强雷暴的闪电活动主要集中在晚上，约占超强雷暴总闪的 67%，而弱雷暴主要闪电活动则集中在白天。超强雷暴晚上前半夜闪电活动非常频繁，午后 15:00 左右闪电活动开始逐渐增强，总闪在傍晚 17:00 首次出现次峰值，18:00 出现一个弱的回落，而后迅速增加，夜晚 20:30 再次出现主峰值，而后闪电活动开始减弱，但强闪电活动一直持续至午夜，次日凌晨 1:00 以后，闪电活动迅速减弱。与之相反，弱雷暴最频繁的时段出现在白天，闪电活动在午后出现陡增，开始增强的时间比超强雷暴早，14:00 左右闪电活动明显增强，于 17:30 出现主峰值，入夜以后闪电活动明显减弱。虽然整体上强雷暴昼夜反差没有超强雷暴和弱雷暴对比那么明显，但是最频繁闪电活动时段仍出现在晚

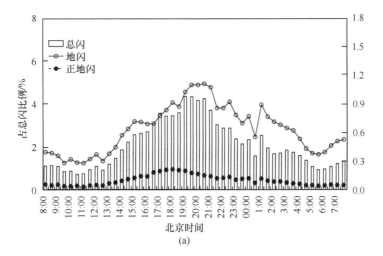

(a)

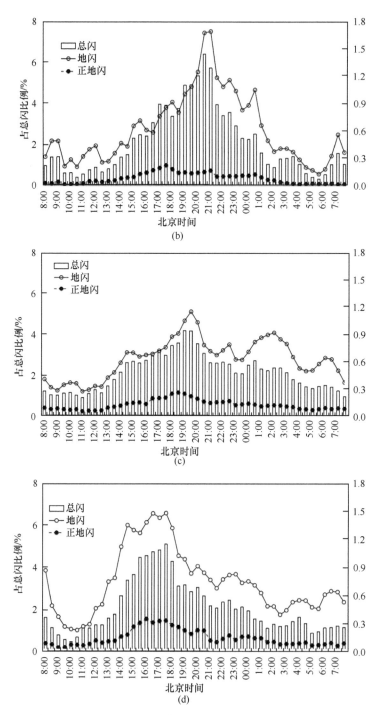

图 1.55 总雷暴、超强雷暴、强雷暴和弱雷暴的总闪、地闪以及正地闪的日变化

左纵坐标：总闪；右纵坐标：地闪和正地闪

（a）总雷暴；（b）超强雷暴；（c）强雷暴；（d）弱雷暴

上，约占强雷暴总闪的 65%，但主峰值比超强雷暴早约 1.5h（19:00）。因此，整体雷暴晚上的闪电活动主要受超强雷暴和强雷暴影响，三种类型雷暴对所有雷暴午后至傍晚闪

电活动有不同程度的影响，但以弱雷暴的贡献最大。

从总趋势来看，地闪与总闪日变化趋势类似，总闪活动频繁的时段也是地闪的活跃期，但是地闪主峰值与总闪主峰值存在相位差。超强雷暴地闪白天的次峰值滞后总闪次峰约 1h，晚上的地闪主峰值滞后总闪主峰值约 0.5h。强雷暴地闪的白天次峰值和总闪出现时间一致（约 14:30），但比超强雷暴出现早，地闪晚上的主峰值比总闪主峰值滞后约 0.5h。超强雷暴和强雷暴共同的特点是午夜至次日凌晨还有 2 个地闪活动的次峰值，表明雷暴强度稍微减弱时地闪比例有所增强。与总闪变化趋势一样，弱雷暴的主峰值和次峰值均出现在午后至傍晚时段，次峰值出现在午后 15:00，两个主峰值分别出现在 16:30 和 17:30，午后 11:00 以后，地闪增加很快。正地闪的次数很少，变化趋势上看只有一个明显的主峰值，强雷暴和弱雷暴正地闪的主峰值出现在总闪主峰值之前，超强雷暴正地闪主峰值出现在总闪首次次峰值之后（17:30）。

北京地区产生闪电的雷暴主要是过境并增强的强雷暴，局地生成的雷暴较少，说明经过中午太阳辐射对低层空气的加热以及充足的水汽供给使得大多过境雷暴在15:00左右开始增强。总闪数在 19:00 后达到峰值，表明此时过境的强雷暴处于成熟期。21:00 之后雷暴活动开始减弱，次日凌晨总闪数和负地闪数又达到峰值。这一峰值与强雷暴的发展相关，过境北京的飑线往往在此时段是强盛期，产生了较多的降水以及大量的云闪和负地闪。凌晨 4:00 之后，总闪数急剧下降，表明这期间的雷暴发生频次少、强度弱。

根据北京及周边的地形特点，将海拔低于 100m 区域定义为平原，高于 400m 的区域定义为山区，100~400m 之间的区域定义为山麓。图 1.56 给出了这三类不同下垫面条件下总闪和地闪的日变化特征。由图可知，无论是总闪还是地闪，平原地区闪电活动的日变化主峰值时间均比山区地区滞后约 1.5h，比山麓地区晚 0.5h。山区闪电日变化的主峰值和次峰值均出现在白天，而平原地区闪电日变化的主峰值出现在晚上，次峰值出现在傍晚。结合北京的地形特点可知，大部分雷暴的传播方向是从西部、西北往东或东南方向传播。午后，随着太阳辐射加热山地南坡的低层大气，容易产生对流系统，相对平原地区，山区地区闪电活动很快达到峰值（18:00），之后闪电活动迅速下降。闪电活动在山区产生后传播到山麓，最后到达平原地区。平原地区闪电活动日变化峰值之后的下降趋势相对较缓，可一直持续至次日凌晨。

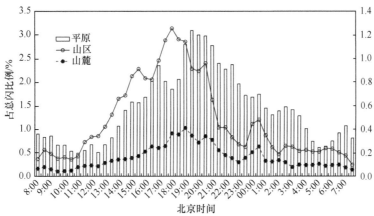

(a)

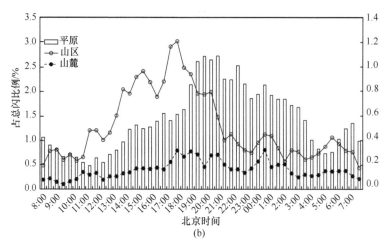

图 1.56 不同下垫面条件的闪电日变化
(a) 总闪;(b) 地闪
左边纵坐标:平原;右边纵坐标:山区、山麓

雷暴之所以在城市中心发展和增强,可能与北京的城市热岛效应对过境雷暴的加强有关(Zhang,2020;Yu et al.,2017;Liang et al.,2018),城市与郊区下垫面的热力差异容易形成城市中尺度风场辐合线,造成空气的强烈上升运动和能量、水汽的聚集,使得城市上空对流明显增强(徐燕等,2018;王华和孙继松,2008)。另外,城市污染可以提高云凝结核(CCN)的浓度,也可能导致云内的微物理过程发生变化,从而影响云内的起电和闪电(孙萌宇等,2020)。

1.6.4 城市高建筑物的周围闪电活动

近几十年来,随着北京城市化进程的加速,城区高大建筑物越来越多,高建筑物的密集程度也不断增加,甚至出现了区域性的城市高建筑群。目前北京已建成的最高地标建筑的高度达到了 528m,其他高度大于 200m 的建筑物约有几十座。100~200m 之间的高建筑物不计其数。一般来说,上行闪电较少,但是随着城镇高建筑物的增多,在雷暴强电场和附近地闪的作用下,高建筑物顶部尖端上易激发上行先导,导致上行闪电发生(Jiang et al.,2014;Yuan et al.,2017;2019),下行闪电击中高建筑物的概率也相对增加。

下面挑选北京两类有代表性的地标高建筑物进行周围雷电密度分析,一类是孤立高建筑物,指高建筑物周围没有或者很少 100~200m 的高建筑物,如中央广播电视塔、中国科学院大气物理研究所气象铁塔、奥林匹克公园瞭望塔、中国锦等。另一类是城市高建筑群物群所在区域,例如,中国尊所在区域,位于中国高建筑集中区(CBD 核心商务区),拥有国贸三期 A 座和 B 座、北京财富金融中心等很多高层建筑,其中中国尊高 528m,是北京市最高的地标建筑。

考虑到 BLNET 探测时间较短,这里选择国家电网地闪网 2010~2018 年共 9 年的地闪资料,并参考 BLNET 资料,对北京地区城市典型高建筑物周围的地闪活动进行分析。由于闪电定位系统都有一定的定位误差,需要首先对定位结果进行误差修正。通过对地闪网和高速摄像系统同时观测到的 9 次高塔闪电回击比较发现，电网地闪定位误差平均值约 1532m（表 1.6）。由于水体上空极少发生地闪，因此，对地闪定位结果误差的修正除了考虑表 1.6 的实际定位误差，还考虑了高建筑物附近水域的相对位置和固定建筑物附近地闪的密集程度。

表 1.6　电网地闪网对高塔闪电的定位误差

日期	时间	类型	闪击位置		误差/m
			经度/(°)	纬度/(°)	
2016-05-11	14:27:45	−1	116.3712	39.9743	1649
2016-06-27	6:34:37	−1	116.3002	39.9181	1556
2016-06-27	6:38:14	−1	116.3002	39.9181	1274
2016-06-27	6:39:02	−1	116.3002	39.9181	2352
2016-06-27	6:41:42	−1	116.3230	39.9756	1942
2016-06-27	6:41:43	−1	116.3230	39.9756	1536
2016-06-27	6:43:54	−1	116.3230	39.9756	1281
2016-09-22	15:37:20	−1	116.3025	39.8859	1649
2017-08-12	4:04:04	−1	116.1352	39.9378	667
平均	—		—	—	1532

注：闪电类型：负回击脉冲（−1），正回击脉冲（1）

图 1.57 给出了中央广播电视塔照片及其 5km 区域内的年均地闪密度经向分布。中央广播电视塔 1994 年 9 月建成，高 386.5m，加避雷针总高 405m，坐落于北京市西三环中路西侧，东临玉渊潭和钓鱼台。地闪密度的峰值在高塔附近，最大年均地闪密度约为 25.2flash/(km²·a)，随着远离电视塔，年均地闪电密度呈下降趋势。第一个谷值距离塔约 1.0km，密度约 8.6flash/(km²·a)，随后闪电密度稍有增加，在距离塔 1.0～4.5km 的范围，闪电密度有小的波动，但最大密度小于 11.3flash/(km²·a)，之后开始回升，5km 范围内地闪年均密的平均值约为 11.1flash/(km²·a)。

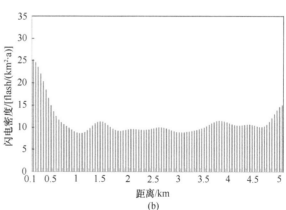

图 1.57　中央广播电视塔及周围地闪密度的经向变化

（a）中央广播电视塔；（b）周围地闪密度经向变化

中国科学院大气物理研究所 325m 气象铁塔位于北京市北三环马甸桥西北，主要用于大气边界层探测，可以获得 15 个不同高度层上的大气观测数据。距离铁塔 100m 范围内最大闪电密度约为 20.6flash/(km^2·a)（图 1.58）。距离中央广播电视塔最近的地闪密度谷值出现在约 1km，而距铁塔最近的闪电密度谷值出现在约 0.4km。对比中央广播电视塔和气象铁塔高，可以推断，孤立高建筑高度越高，对周围地闪的影响范围越大。

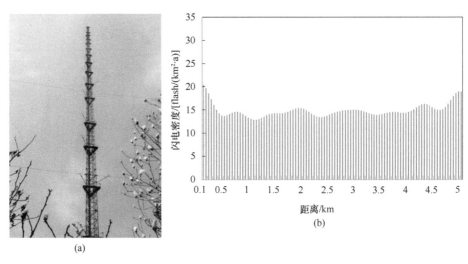

图 1.58　中国科学院大气物理研究所 325m 气象铁塔及周围地闪密度的经向变化
（a）中国科学院大气物理研究所 325m 气象铁塔；（b）周围地闪密度经向变化

奥林匹克公园（简称"奥园"）瞭望塔是世界上唯一由五个塔组成的瞭望塔，最高 265m，2014 年正式建成。以 2013 年为时间节点，对比分析奥园瞭望塔建成前后其周围地闪的变化情况。由图 1.59 可知，建成前后其周围 5km 范围内的地闪年均密度差异显著，建成后距离塔 100m 范围内的地闪年均密度比距离塔 1.5～5km 范围内增加了约 39%，距离塔最近的谷值地闪年均密度比距离塔 1.5～5km 范围内下降了约 30.6%。相对于建成前，奥园瞭望塔对其周围的地闪密度产生了显著影响。

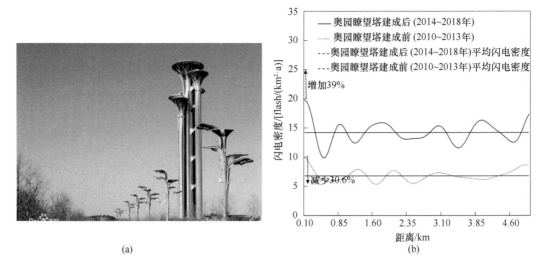

图 1.59　奥园瞭望塔及其建成前后周围的地闪密度变化
（a）奥园瞭望塔；（b）建成前后周围的地闪密度变化

中国尊位于北京商务中心核心区,是北京市最高地标建筑,2017 年 4 月 28 日"中国尊"施工至 104 层,高度达到 528m。以 2017 年为时间节点,2010~2016 年为建成前,2017 以后为建成后。由图 1.60 可知,建成前后其周围 5km 范围内的地闪年均密度差异显著,建成后距离中国尊 100m 范围内的地闪年均密度比距中国尊 1.5~5km 范围内增加约 59%,距中国尊最近的谷值地闪年均密度比距中国尊 1.5~5km 范围内了约 29.8%,相对于中国尊建成前,建成后其对周围的地闪活动也产生了显著影响。另外,对比奥园瞭望塔和中国尊,建成后的中国尊 100m 范围内的地闪密度增加的幅度(59%)远远大于奥园瞭望塔(39%)。

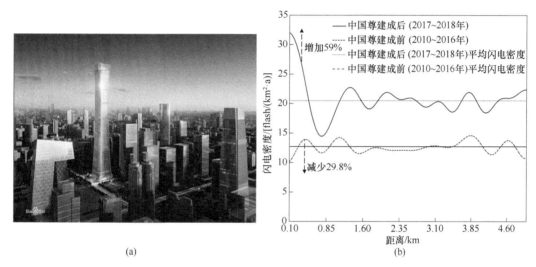

图 1.60　中国尊照片及其建成前后周围的地闪变化
(a)中国尊;(b)建成前后周围的地闪变化

以上给出了高建筑物对周围闪电的影响,其分析结果是否对其他高建筑物有普适性?图 1.61 给出了北京六个高度≥239m 的代表性建筑物周围半径 5km 区域内年均地闪密度的经向分布。由图可知,这 6 个高建筑物中最高的是中国尊,高 528m,最低的是北京电视塔,高 239m。地闪密度的最大值都集中在高建筑物附近 100m 的范围内,中国尊的年均闪电密度最大,约为 32.0flash/(km^2·a),其次是中央广播电视塔,约为 25.2flash/(km^2·a),北京电视塔的年均闪电密度最小,约为 16.7flash/(km^2·a)。随着远离高建筑物,地闪年均闪电密度开始下降,距离中央广播电视塔、大气所气象塔、奥园瞭望塔、中国锦及北京电视台最近的闪电密度谷值分别是 8.6flash/(km^2·a)、13.8flash/(km^2·a)、9.9flash/(km^2·a)、16.2flash/(km^2·a)和 12.0flash/(km^2·a),距离其中心分别是 1.0km、0.45km、0.5km、0.5km 和 0.55km。第一个谷值过后,中央广播电视塔和 325m 气象铁塔的闪电密度变化相对平缓,但是其他 3 个高建筑物的波动较大。可以大致认为建筑物高度越高,对周围闪电的影响越大,如 400m 以上的中央广播电视塔,第一个谷值距离其中心最远。高建筑物在 239~325m 之间的建筑物对周围区域的保护范围比 400m 以上的高建筑物约小一半,约小于 0.55km。

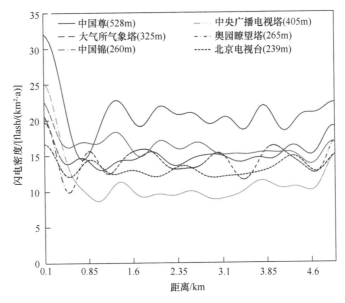

图 1.61　六个高度≥239m 的建筑物周围的年均地闪密度变化

1.6.5　北京地区的地闪回击特征

回击是地闪过程中最强的放电子过程,对应于雷暴云与大地之间的瞬间电荷转移,具有高温、大电流、高电压和强电磁辐射特征,是造成雷击灾害的主要闪电过程。一次地闪对地放电过程可包括一次或多次回击过程。本节根据 BLNET 探测到的地闪回击电场波形资料,选取 2014 年 5 次雷暴过程共计 1771 次地闪,统计其回击特征,其中包括负地闪 1467 次,正地闪 304 次。

考虑到有些回击可能会有多个接地点(Kong et al., 2009),会增大平均回击数,为便于比较,这里选取只具有一个接地点的回击。研究发现(黎勋等,2017),北京地区单次回击的负地闪占全部负地闪的比例为 24.2%,负地闪数随所包含的回击数的增加而减少,其中回击次数在 2~5 次的负地闪占 53.3%,回击次数在 10 次以上的负地闪只占6.1%,在北京观测到的一次负地闪的回击数最多可达 20 次,负地闪的平均回击次数为3.8 次。

表 1.7 列出了国内外不同地区负地闪回击次数的对比。从表中可以看出,北京地区的负地闪回击次数平均值与瑞典、中国内陆高原地区、巴西地区和安徽地区基本一致。不同地区的平均回击次数有所不同,可能是因为雷暴与雷暴之间存在差异,一些研究所使用的有限数据样本量也会对结果有一定的影响。

正地闪以单次回击为主,多回击正地闪相对来说较少发生,对 304 次正地闪进行分析发现,其中 91.1% 为单回击正地闪,26 次正地闪包含 2 次回击,1 次正地闪包含 4 次回击。304 次正地闪共包含 333 次回击,平均回击次数为 1.1(表 1.8)。北京地区的正地闪回击次数平均值跟大兴安岭地区的结果一致,但是比巴西地区的结果小,比美国的结果大。北京地区正地闪单回击比例与兰州、那曲、大兴安岭地区的结果比较接近。

表 1.7　不同地区负地闪回击次数的结果对比

作者	地区	闪电样本数	单回击比例/%	最大回击数	平均回击数
黎勋等，2017	北京	1467	24.2	20	3.8
Zhu B et al.，2015	合肥	1085	24.3	17	3.3
Zhu Y et al.，2015	佛罗里达	220	30.5	16	4.5
张义军等，2013	广州	570	28	14	—
Saba et al.，2006	巴西	233	20	16	3.8
郄秀书和余晔，2001	中国内陆高原	83	39.8	14	3.76
Heidler and Hopf，1998	德国	81	—	—	2.4
Cooray and Jayaratne，1994	瑞典	137	18	10	3.4
Rakov and Uman，1990	佛罗里达	76	17	18	4.6

表 1.8　不同地区正地闪回击次数和单回击比例的结果对比

作者	地区	正地闪样本数	单回击比例/%	最大回击数	平均回击次数
黎勋等，2017	北京	304	91.1	4	1.1
郄秀书等，1990	兰州	112	90.3	2	—
	北京	179	82.9	5	—
赵阳等，2004	那曲	45	91	4	—
Saba et al.，2010	巴西	103	81	3	1.2
Fleenor et al.，2009	美国	204	96	2	1.04
Qie et al.，2013	大兴安岭	185	94.6	3	1.1

多回击负地闪所包含的继后回击与前一次回击之间的时间间隔分布呈明显的对数正态分布（黎勋等，2017），对应的几何平均值为 58.8ms，最大值为 792.0ms，仅有 2.6% 的回击间隔在 10ms 以下，有 43.6% 的回击间隔在 40～100ms 之间，约 24.9% 的回击间隔大于 100ms。北京的负地闪结果与德国、巴西、美国佛罗里达和我国合肥地区的观测结果一致（表 1.9）。

表 1.9　不同地区负地闪回击间隔的结果对比

作者	地区	继后回击样本数	回击间隔/ms				
			AM	GM	SD	Min	Max
黎勋等，2017	北京	4109	87.7	58.8	99	0.4	792
Cooray and Jayaratne，1994	瑞典	568	65	48	—	2.5	376
Heidler and Hopf，1998	德国	414	87	60	96	—	—
郄秀书和余晔，2001	甘肃	238	64.3	46.6	—	4.8	328.5
Saba et al.，2006	巴西	608	83	61	—	2	782
Zhu B et al.，2015	安徽	2525	80	62	—	—	—
Zhu Y et al.，2015	佛罗里达	780	80	53	—	0.1	552

注：AM、GM、SD、Min 和 Max 分别代表算术平均值、几何平均值、方差、最小值和最大值（下同）

由于正地闪数量少，多回击正地闪更少，导致对其回击间隔的研究较少。这里 304 次正地闪共产生 29 次多回击间隔样本，其算术平均值、几何平均值和方差分别为 160ms、

106ms 和 162ms，最小和最大回击间隔分别为 17ms 和 787ms。正地闪回击间隔几何平均值大约为负地闪（59ms）的 1.7 倍，Saba 等（2010）对奥地利、巴西和美国三地的统计结果为 1.5 倍。正地闪的回击间隔比负地闪大得多，这在一定程度上反映了正地闪多回击产生机制与负地闪的不同。

多回击负地闪通常是沿着梯级先导-首次回击建立的通道发展，但是罕见的多回击正地闪其后续的回击通道很有可能与首次回击通道完全不同。Yuan 等（2020）利用 BLNET 对 2017 年 8 月 11 日一次雷暴系统发展后期的一例三回击正地闪进行了三维高分辨率精细定位成像，基于闪电通道在云内动态发展演变的详细分析发现，正地闪先后产生的三次正回击过程具有完全不同的击地点，相邻回击之间的时间间隔为 85ms 和 222ms，不同击地点之间的水平距离在 4～8km。三次回击之间通过云内水平发展的负先导通道建立联系，回击点位置处于负先导正下方。之前，Kong 等（2008）和 Saba 等（2009）利用高速摄像都发现，正地闪先导-回击可能产生于云闪双向发展的下端正先导分支。这些研究结果揭示下行正先导可以从正在发展中的负先导通道相反端或者熄灭的负先导通道始发，最终接地形成正回击，表明正、负先导之间的相互联系和转化对于闪电发展传输和放电行为可产生重要影响。

初始峰值电场强度表征回击辐射强度，是雷电防护工程中必须考虑的重要参量之一，主要取决于回击通道中的放电电流，同时也与观测距离以及电磁波传播路径有关。对于回击辐射场而言，回击初始峰值电场强度随着距离的增加而减小。在已知距离的情况下，将不同回击的初始峰值电场强度归一化到 100km，可以定量比较不同距离上的闪电强度。由于 BLNET 测站所处的环境不同，如有的测站位于楼顶，有的位于地面。为定量获得回击的峰值电场强度，仅选取受环境影响较小的测站，同时为尽量减少地表对电磁波传播的影响（Zhang et al.，2012），取发生距离为 10～150km 内的闪电，包括负地闪 421 次，共包含继后回击 789 次，得到的归一化到 100km 的负地闪回击初始峰值电场强度几何平均值为 6.2 V/m，继后回击峰值电场强度几何平均值 4.2 V/m。平均而言，负地闪的首次回击峰值电场强度比继后回击峰值电场强度大 1.4 倍。详细结果如表 1.10 所示，北京结果介于 Master 等（1984）对美国佛罗里达和 Heildler 和 Hopf（1998）对德国的观测结果之间。

表 1.10　不同地区负地闪归一化到 100km 的回击初始峰值电场大小对比

作者	地区	首次回击				继后回击			
		样本数	峰值电场强度/(V/m)			样本数	峰值电场强度/(V/m)		
			AM	GM	SD		AM	GM	SD
黎勋等，2017	中国北京	421	7.2	6.2	4.1	789	5.0	4.2	3.4
Tiller et al.，1976	瑞典	75	9.9	—	6.8	163	5.7	—	4.5
Lin et al.，1979	KSC	51	6.7	—	3.8	83	5.0	—	2.2
	美国 Ocala	29	5.8	—	2.5	59	4.3	—	1.5
Master et al.，1984	美国佛罗里达	112	6.2	—	3.4	237	3.9	—	2.2
Heidler and Hopf，1998	德国	148	5.3	—	3.2	302	3.6	—	2.0
祝宝友等，2002	中国合肥	169	9.3	—	4.8	485	4.5	—	2.6

一般认为多次回击地闪中首次回击是最强的一次回击，但也有不少继后回击强度大于首次回击。对继后回击与首次回击强度比值的统计发现，73.1%的比值为 0.2～1。对 230 次多回击负地闪包含的 628 次回击分析比较发现，继后回击与首次回击峰值电场强度比值的算术平均值为 0.77，最大值可达 5.5 倍。部分继后回击强度大于首次回击，所占比例约为 23.5%，至少一次继后回击大于首次回击的负地闪占 32.9%，远远小于中国内陆高原地区，但和佛罗里达、瑞典和我国合肥地区结果一致（表 1.11）。

表 1.11　不同地区负地闪继后回击与首次回击强度的比值

作者	不同地区	闪电数	至少一次继后回击强度大于首次回击的闪电比例/%	强度大于首次回击的继后回击比例/%	继后回击数	继后回击与首次回击强度的比值 AM	继后回击与首次回击强度的比值 GM
黎勋等，2017	中国北京	230	32.9	23.5	628	0.77	0.60
Thottappillil et al.，1990	美国佛罗里达	46	33	13	199	—	0.42
Cooray and Jayaratne，1994	瑞典	276	24	15	314	0.63	0.51
郄秀书和余晔，2001	中国内陆高原	50	54	20.1	238	0.70	0.46
祝宝友等，2002	中国合肥	169	18	11	480	0.60	—
周筠珺等，2004	中国那曲	245	44	—	489	1.42	—
Nag et al.，2008	美国佛罗里达	176	23	21	239	0.75	0.58
	奥地利	81	49	32	247	0.87	0.64
	巴西	259	38	20	909	0.69	0.53
	瑞典	93	32	18	258	0.64	0.52
Zhu B et al.，2015	中国合肥	753	41.4	19.4	2525	0.68	0.52
许维伟等，2015	中国淮北	2653	34.8	19.7	10031	0.68	0.49

对发生在 10～150km 内的 70 次正地闪研究其归一化到 100km 的首次回击初始峰值电场，得到算术平均值为 11.2 V/m，几何平均值为 9.9 V/m，最大值为 24.6 V/m，最小为 1.3 V/m。正地闪的回击峰值电场强度比负地闪的回击电场强度约大 1.6 倍（表 1.12）。

表 1.12　不同地区正地闪归一化到 100km 的回击初始峰值电场大小对比

作者	地区	样本数	峰值电场强度/(V/m) AM	峰值电场强度/(V/m) GM	峰值电场强度/(V/m) SD
黎勋等，2017	中国北京	70	11.2	9.9	5.0
Cooray et al.，1982	瑞典	58	11.5	—	4.5
郄秀书等，1990	中国兰州	—	14.8	—	—
Heidler and Hopf，1998	德国	45	10.8	—	6.8
Cooray et al.，2004	丹麦	46	15.7	—	6.7
张阳等，2010	中国北京	117	13.7	—	8.7
Schumann et al.，2013	巴西	66	17.0	13.4	12.3

第 2 章 雷电天气系统的动力过程与闪电活动

雷暴重大灾害（如雷电、暴雨、大风等）通常产生于中尺度强对流天气系统。大尺度背景场、中尺度波动、地表过程以及地形等环境因子对强对流天气系统和雷电都有重要影响。这些环境因子不仅决定了雷暴灾害天气系统的发生和发展，也决定了雷暴云内部的微物理过程、起电过程和雷电的产生。本章重点探讨大尺度背景场，中尺度动力、热力过程以及地形等环境因子对雷暴灾害天气系统的触发、传播、雷暴单体的再生和组织化机制的影响，并理解雷暴尺度和区域尺度上雷电的时、空分布和尺度特征，探讨雷电与降水的关系。

本章首先使用云分辨尺度数值模拟和敏感性试验，研究北京城市热岛效应和动力影响对孤立雷暴的触发机制。然后利用北京协同观测资料分析雷暴在下山过程中增强或减弱的热力、动力机理；研究在冷涡背景下飑线不同发展阶段及不同区域的雷电活动特征，特别是对流单体合并过程中的闪电与雷达回波特征和风场的关系；探讨雹暴过程中闪电活动与雷暴结构和降雹之间的关系；使用云分辨数值模拟研究造成短时强降水的飑线雷暴系统及其结构的演变特征，研究飑线在下山过程中强度、云层厚度和地闪变化的原因。最后研究大尺度环境场对华北雷暴系统中的雷电和降水的影响，总结有利于华北雷暴系统的降水和雷电的大尺度环流背景和热力、动力参数，以及雷电与降水的超前或滞后关系。

2.1 孤立雷暴的对流触发机理

近年来，北京地区经常遭受时空尺度很小的雷暴灾害天气系统的袭击，不仅引发强烈的雷电活动，也产生短时强降水，造成城区内涝，这种中尺度雷暴系统引发的短时强降水的预报一直是气象业务的重点和难点问题。强降水的发生与多尺度（即从云微物理、对流尺度、中尺度到大尺度）的过程及其相互作用密切相关。本节将借助精细化观测分析和高分辨率数值模拟与敏感性试验，对发生在北京城区的一次典型的孤立对流触发机制展开研究，以期加深对暖季北京城区附近雷暴灾害天气系统中对流触发机理的认识和理解。

2.1.1 个例简介及天气背景场

所选择的个例发生于 2011 年 8 月 9 日，在北京海淀区附近引发强降水，并伴有强烈雷电活动，图 2.1（a）给出了这次过程的天气背景场特征。14:00，500hPa 高度场上，一个深槽从我国东北延伸至山东半岛，蒙古国和我国交界附近地区存在一个高压中心，冷中心位于北京西边约 500 km 处，北京受槽后弱西北气流影响；850 hPa 和近地面层上，从蒙古国东部延伸至北京北面的偏北风冷（低 θ_e）平流清晰可见；近地面高度层上的另一显著特征是：北京南部平原地区为高 θ_e 区，偏南风和东南风主导，偏南暖空气和偏北冷空气在北京北部边界附近形成热力边界。北京南郊观象台 8:00 获取的探空廓线显示 [图 2.1（b）]，925~850 hPa 为稳定层结，其上为一深厚干层；随着白天边界层的发展，14:00，1 km 以下的气温垂直递减率接近超绝热，于 850 hPa 形成一个逆温层，而 700 hPa 以上，从 8:00 到 14:00 的变化较小，CAPE 值增大，但仍有 CIN 存在；近地面的东南风随着高度顺转，850 hPa 出现西北风，700 hPa 为东北风，再往高层逆转为偏西风，指示低层存在暖平流，其上存在冷平流（强度较弱）。

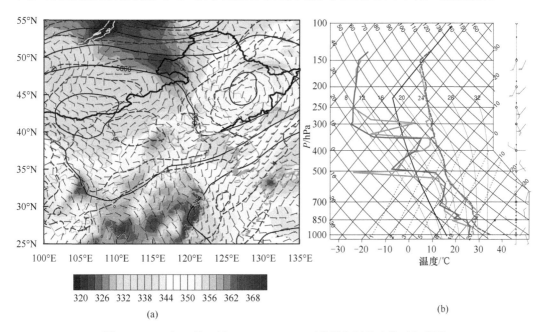

(a)

(b)

图 2.1　2011 年 8 月 9 日 14:00 ECMWF 再分析资料给出的天气背景

（a）500hPa 位势高度（黑色实线，20gpm 间隔），500hPa 温度（红色虚线，2℃间隔）近地面风和相当位温（θ_e，K，填色）；（b）北京南郊观象台 8:00（橙色）和 14:00（紫色）的探空曲线，其中实线为露点温度，虚线为温度

图 2.2 给出了雷达回波演变和降水量分布。14:00，北京西北面存在一中尺度雷暴系统（简称北面 MCS），并逐渐移近北京；16:00，一个相对孤立的雷暴突然在海淀-昌平交界附近触发 [图 2.2（a）]，雷达反射率超过 45 dBZ。而此时，北面 MCS 尚在延庆区域内，未下山，其出流边界也尚未到达海淀，此外，门头沟西面也存在一些对流回波；海淀孤立雷暴触发后，迅速向西南和东北方向发展，随后与西面门头沟对流回波连接起来，组织成一强对流带，在海淀、门头沟和房山等地引发强降水 [图 2.2（b）~（d）]。

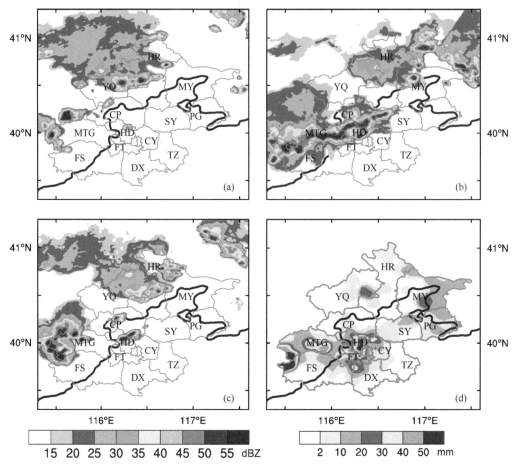

图 2.2 　2011 年 8 月 9 日雷暴过程雷达反射率和 16:00～19:00 的 3 小时累计降水量（mm）

（a）16:00；（b）17:12；（c）16:30；（d）16:00～19:00

HR：怀柔，MY：密云，YQ：延庆，CP：昌平，PG：平谷，SY：顺义，HD：海淀，MTG：门头沟，CY：朝阳，FT：
丰台，TZ：通州，FS：房山，DX：大兴，全书同；紫色等值线为 200m 等高线

　　图 2.3 给出了北京区域自动站观测的近地面温度和流场。14:00，北京地区近地面盛行偏南风，朝阳西北部为东南风，昌平山谷地形处为东南进谷风，海淀-昌平-朝阳交界附近存在近地面高温、高湿（高 θ_e）中心，气温达 34℃，比湿达 22g/kg，θ_e 超过 374 K，偏南风和东南风在该处形成的辐合、高 θ_e 中心、充分发展的混合层以及条件性不稳定等有利于局地对流的发生，城市下垫面以及昌平区向东南开口的山谷地形可能对东南风以及辐合区的形成有影响；15:00 左右，由近地面温度场及风场分布可以看到，北面 MCS 开始进入北京，受其影响，局地近地面气温低于 24℃，比湿低于 12g/kg，θ_e 低于 340 K，温度（θ_e）大梯度窄带的演变指示冷池出流边界逐渐向南移动，具有低温（低 θ_e）特征的出流逐渐扩展，同时，偏北下坡风开始在出流边界前出现，平原地区的偏南风则逐步南撤，而在门头沟和房山地区，由于西面雷暴系统尚未进入北京，仍以进谷风为主；16:00 前，南北气流在海淀北部交汇，形成局地辐合区。海淀孤立雷暴是在远离北面 MCS 冷池出流边界的地方触发的，并非北面 MCS 直接作用的结果。

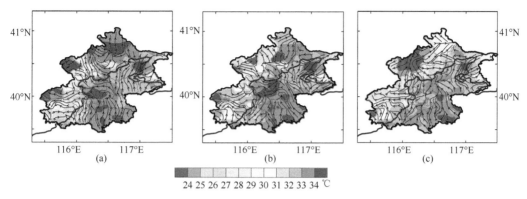

图 2.3　自动站观测的近地面温度（℃，填色）和流场
(a) 14:00；(b) 15:00；(c) 16:00

以上观测分析揭示出，此次孤立雷暴触发过程中，大尺度准地转条件不利于组织性对流的发生，而局地条件（如低层不稳定、高温高湿空气以及近地面辐合区等）有利于局地对流的发展。但观测分析尚不能解释以下问题：出流边界前的偏北风是怎样形成的？什么因素促成了孤立对流触发地点附近持续的近地面强辐合？何种因素决定了孤立对流触发的时间和地点？

2.1.2　云分辨尺度模拟研究

为了回答上述疑问，利用 WRF 模式针对此次孤立雷暴触发过程开展高分辨率数值模拟，并进一步展开机理分析。数值模拟采用 2 层嵌套（水平分辨率分别为 4km 和 1.333 km），垂直 50 层；两重嵌套网格均从 2011 年 8 月 9 日 8:00 开始积分，共积分 11h；利用欧洲中心分辨率为 0.25° 的再分析资料形成模式的初始场和边界条件；模拟采用以下物理过程参数化方案：RRTM 长波辐射方案（Mlawer et al.，1997），Dudhia 短波辐射方案（Dudhia，1989），Morrison 双参数微物理方案（Morrison et al.，2009），YSU 边界层方案（Hong et al.，2006），Noah 陆面方案（Chen and Dudhia，2001），两个模拟区域均不使用积云参数化方案；在模拟时段 8:00～13:00 中，借助 nudging 方法，利用区域自动站观测的近地面温度、湿度、风场等信息改善初始阶段的模式气象场。

利用观测数据对模拟结果的验证显示，模式很好地重现了北面 MCS 和门头沟西面的对流活动，更重要的是，模式清晰再现了海淀孤立雷暴的触发过程，触发时间（16:00）和位置与实况基本一致，且模拟的孤立雷暴触发后，同样逐渐向西南和东北方向发展，并最终与西面的对流回波连成一片；此外，模式还成功模拟了近地面气象场特征，特别是海淀-昌平-朝阳交界附近的高 θ_e 空气聚集区；模拟结果清晰呈现了北京城区明显的热岛效应，城区近地面气温高达 34℃，与观测一致；14:00，模拟的北京地区近地面以偏南风为主，朝阳西北部为东南风，昌平山谷地形处为入谷东南风，海淀-昌平-朝阳交界附近存在近地面局地辐合区，东南风和南风的局地辐合有利于为对流触发输送高 θ_e 空气；模拟的北京西面的 MCS 逐渐移入北京，同时伴随出流向东南扩展，逐渐南撤的偏南风和逐渐向东南扩展的偏北风在海淀-昌平-朝阳交界附近强烈辐合；值得注意的是，与偏南风形成辐合的偏北气流位于高 θ_e 区，处于冷池出流边界前（Li et al.，2017a）。由上述模拟验证结果可见，高分辨率模拟数据可用于进一步深入分析此次对流触发的机制。

利用分辨率为 1.333 km 的第二层模拟区域模拟数据，深入分析造成海淀孤立雷暴触发的物理过程。图 2.4 为经过对流触发位置的南北向剖面。当边界层顶浅云在雷暴触发位置上空刚刚形成时，低层辐合和上升运动均较弱，但能看到低层约 600 m 处为暖区（高 θ_e），混合层有所发展，对流触发位置最初浅云的形成与城市热岛效应影响下边界层的发展有关，而与北面 MCS 无关；边界层顶浅云形成过程中的潜热释放有助于加强辐合，而随着北面 MCS 及其伴随的冷池和中高压进入北京区域，偏北风逐渐向近地面发展，并且于 16:00 延伸到对流触发位置，显著加强与偏南风的辐合，触发海淀对流。

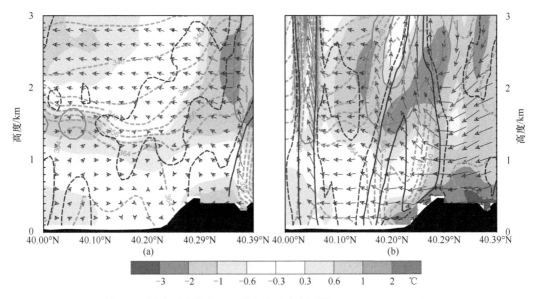

图 2.4 经过对流触发位置的南北垂直剖面图（Li et al.，2017a）

(a) 15:18；(b) 16:00

温度扰动（℃，填色），相当位温（θ_e，浅灰色虚线，间隔为 4K），云水（绿色实线，从 0.05g/kg 开始每隔 1g/kg 标示），散度（紫色虚线指示$-10^{-4}\,s^{-1}$，紫色实线指示$-10^{-3}\,s^{-1}$），以及投影到该剖面的风（箭头，垂直速度乘以 5 以便能更清晰地显示垂直运动）。黑色阴影是地形

综上所述，此次孤立对流触发过程受以下关键因素影响：城市热岛效应影响下，白天边界层充分发展，有助于边界层顶浅云形成，中心城区下风方向偏南风和东南风形成的局地辐合同样对云的发展十分重要，城市效应以及昌平区向东南开口的山谷地形可能对局地辐合的形成有影响，但这样的辐合尚不足以突破稳定层结；北面 MCS 造成的冷池和中高压驱使冷池出流边界前出现偏北风，南压至海淀北面，并与偏南风强烈辐合，形成强上升气流突破稳定层，孤立对流最终爆发。

2.1.3 对流触发机理的敏感性试验分析

上述分析表明，城市效应、地形形态和城区北面 MCS 对此次孤立对流触发应该有重要作用。下面借助敏感性试验，进一步深入揭示各影响因素的精细化作用机理。上述试验模拟方案中使用了 nudging 方法，以改善模拟的初始条件，这使得模式自由积分的时间实际从 13:00 开始，即约在海淀对流触发前 3h 开始，但 3 小时对于检验对流触发过程对以上各因素作用的敏感性太短，因此，不能直接使用上述模拟作为对照试验（CNTL），需要重新设计 CNTL 试验，在 CNTL 试验中，除了不采用 nudging 方法之外，其余模式试验方案设置均与 2.1.2 小节的模拟试验一致，即，模式自由积分时间从 8:00 开始。

CNTL 试验仍能较好地模拟海淀孤立对流触发的位置和时间（图 2.5），但和实况及 2.1.2 小节的模拟试验相比，对流出现的位置偏南，同时，触发时间提前约 18min；CNTL 试验亦能较好地重现北面与西面 MCS 的移动和发展、近地面风场演变，以及边界层和初始浅云的发展等。北面 MCS 产生的冷池约 14:42 进入北京地区，于 15:42 到达 200m 地形等高线附近，在冷池出流边界前，高 θ_e 区亦有偏北气流出现，随后与海淀附近的偏南风和东南风强烈辐合，促使对流触发。

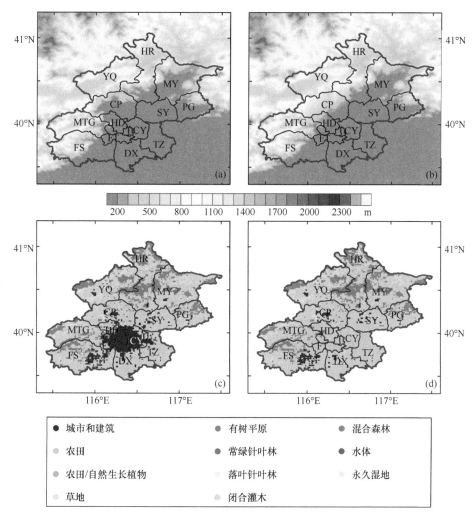

图 2.5　北京区域的 CNTL 试验

（a）地形；（b）NVAL 试验中的地形；（c）下垫面类型；（d）NCUA 试验中的下垫面类型

在保持其他模式设置与 CNTL 试验相同的基础上，分别修改与城市效应、地形、北面 MCS 相关的模式因子，开展多组敏感性试验，探讨不同因素对对流触发过程的影响（Li et al.，2017b）。在检验城市下垫面对海淀孤立对流触发影响的试验（NCUA 试验）中，将北京城区的城市类型下垫面替换为农田类型［图 2.5（d）］，使得北京城区的下垫面粗糙度变小，水分蒸发变多等，从而改变地面能量平衡；在检验昌平处山谷地形影响的试验（NVAL 试验）中，将山谷处地形高度从平原边界处的约 200m 向西北逐渐抬高至与西面和北面山峰相近的高度，从而使得该山谷地形被填充［图 2.5（b）］；为了探讨北面 MCS 相关的冷池出流对对流触发的影响，设计了一系列敏感性试验，在北面 MCS 距离北京不同位置时，关掉蒸发冷却项，探讨冷池强度和位置对海淀孤立对流触发的影响程度，本小节给出其中两个敏感性试验结果为代表进行分析：第一个敏感性试验（NEVP1 试验）于 13:42 关掉蒸发冷却项，此时北面 MCS 尚远离北京，距离延庆西北边界约 30km；第二个敏感性试验（NEVP2 试验）于 14:42 关掉蒸发冷却项，此时，北面 MCS 已到达延庆西北边界附近。

下面对比分析对照实验和各敏感性试验结果。NCUA 试验模拟的北京城区近地面流场与 CNTL 试验显著不同。城区东部未出现如 CNTL 试验的东南风或偏东风，仅在城区西部有部分东南风进入昌平山谷，而城区东部基本均为偏南风，这使得海淀北部未出现如 CNTL 试验的明显辐合区［图 2.6（a）］；经过对流触发位置的垂直剖面显示，在 CNTL 试验中，混合层高度可发展到约 1.8km，而在 NCUA 试验中，由于缺少城市热岛效应以及低层辐合，混合层高度仅发展到约 1.2km，因此，边界层顶浅云的形成也比 CNTL 试验晚，至 15:42，云仍较浅薄，对流未能发展起来图［图 2.6（d）（e）］，16:00 后，直到北面 MCS 对应的冷池出流边界到达海淀北部附近时，其动力抬升作用才触发对流；该试验表明，偏南风和东南风在对流触发位置的辐合对浅云的形成和孤立对流的触发十分重要，而城市下垫面的存在是东南风及辐合形成的主要原因，且对边界层的发展也起着不可忽视的重要作用；稍后阶段，NCUA 试验中未出现位于高 θ_e 区的偏北气流，这与之前的猜测一致，即，冷池出流边界前的偏北气流并不完全由北面 MCS 造成，而与边界层顶浅云形成过程中潜热释放导致的辐合气流亦有关，这是城市下垫面对对流触发的间接影响。

NVAL 试验中，昌平处向东南开口的山谷地形被改变（填充），对比 14:42 时 CNTL 和 NVAL 试验的流场（此时，除延庆西北部的小部分区域外，北面 MCS 出流尚未对北京其他地区造成明显影响）可见，CNTL 试验中，城区近地面风更倾向于流向昌平山谷［图 2.7（a）］，因此，向东南开口的山谷地形对城区东南风的形成也具有一定作用，但其影响程度比城市效应要小；分析 NVAL 试验稍后阶段的流场发现，山谷地形还对偏北气流的发展有作用，15:24（此时，北面 MCS 的出流已影响到昌平），NVAL 试验中冷池出流边界前仍主要上坡偏南气流主导，与 CNTL 试验中的下坡偏北气流不同，由于冷池出流边界前的偏北气流比 CNTL 试验弱，到达海淀北部的时间也更晚，这使得孤立对流触发位置南北气流的辐合未能迅速得到加强，因此，即使已有边界层顶浅云形成，NVAL 试验中海淀对流也未能在 15:42 爆发［图 2.7（d）］，直到 16:00，冷池出流到达对流触发位置，孤立对流才最终触发。

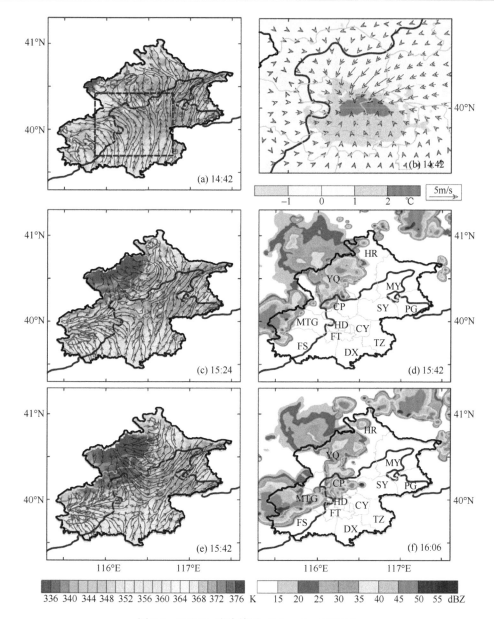

图 2.6 NCUA 试验结果 (Li et al., 2017b)

(a) (c) (e) 2m 相当位温 (θ_e, K, 填色) 和 10m 流场

(a) 中红色虚线方框指示图 (b) 所展示的范围; (b) CNTL 和 NCUA 试验的 2m 温度和 10m 风场的差值 (CNTL-NCUA);
(d) (f) NCUA 试验模拟雷达反射率

北面 MCS 的存在对此次对流触发过程至关重要。NEVP1 试验于 13:42 时关掉模式中的蒸发冷却项，此时，北面 MCS 尚远离北京区域，其冷池出流尚未对北京西北山区造成影响，15:42，西北山区仍以东南风、南风、西南风等进谷风为主，说明北面 MCS 的冷池对于偏北气流的出现十分重要，由于缺少经过昌平山谷的偏北气流，造成低层辐合较弱，海淀对流未能发展，这也证明，仅靠城市效应造成的低层辐合不足以使上升气流突破稳定层结进而触发对流；NEVP2 试验于 14:42 时关掉模式蒸发冷却项，此时，北面 MCS

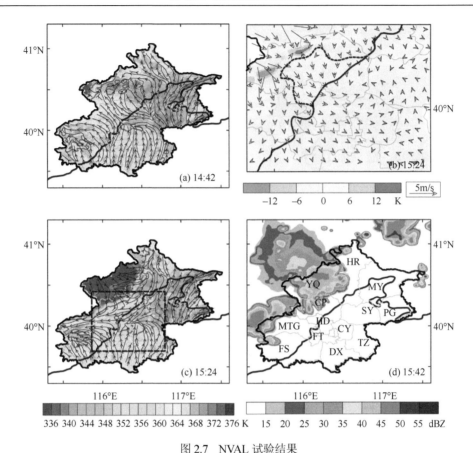

图 2.7　NVAL 试验结果

（a）（c）2m 相当位温（θ_e，K，填色）和 10m 流场；（c）中红色虚线方框指示图（b）所展示的范围；（b）CNTL 和 NVAL 试验
的 2m 相当位温和 10m 风场的差值（CNTL-NVAL），紫色实线和虚线分别指示 NVAL 和 CNTL 试验中的 200m 地形等高线；
（d）NVAL 试验模拟的雷达反射率

已到达延庆边界，虽然冷池及出流强度均比 CNTL 试验偏弱，但比 NEVP1 试验偏强，可在延庆、昌平等地造成显著影响，昌平山谷处出现明显偏北气流，伴随偏北气流加强，对流触发位置附近辐合逐渐增强，海淀对流随后发展起来，但较 CNTL 试验稍晚。这两个敏感性试验证明，在北面 MCS 造成的冷池影响下，通过昌平山谷的偏北气流对于海淀对流的触发十分重要，其决定了对流能否在出流边界到达前得到触发，以及触发的具体时间。

　　以上敏感性试验进一步证实了 2.1.2 小节分析中提及的城市效应、地形形态、北面 MCS 对海淀孤立对流触发的作用机制，进一步阐明了各个因素的影响程度。城市下垫面热力和动力效应造成的局地辐合为海淀孤立对流的触发提供了有利的环境条件，有助于边界层顶初始浅云的形成；北面 MCS 的冷池加强了偏北气流，在局地山谷地形配合下，冷池出流边界前的偏北气流迅速发展延伸至海淀北面，与偏南风形成强烈辐合，触发局地对流。

2.2　弱天气背景下北京地区雷暴下山的增强机理

　　北京地区西高东低、北高南低的特殊地形配置，夏季常有雷暴在北京西北部或东北部山区生成，受高空引导气流影响向东南或西南传播。在一定天气条件下，雷暴能顺利传播至山下平原地区并增强，但有时雷暴只在山区"徘徊"，不能及时增强并传播至平原地区，甚至在下山前衰减并迅速消亡。因此，对雷暴是否能够增强传播至北京城区的预报，一直是北京地区临近、短时预报的重点和难点。Wilson 等（2010）和 Chen 等（2014）发现北京地区长时间的偏南气流是导致雷暴能够传播下山的关键，局地的热、动力分布同样对对流雷暴的位置有重要影响（He and Zhang，2010；Miao et al.，2011）。

为从气候学角度认识系统性雷暴下山增强的机制，本节挑选了弱天气背景条件下的 26 次雷暴灾害天气系统个例（Xiao et al.，2017，2019），它们在西北山区触发，其中 18 次从山上向山下传播过程中增强，并在平原地区形成系统性雷暴（飑线），8 次下山消亡，通过对比分析，回答如下两个关键问题：①雷暴灾害天气系统雷暴下山增强的特征；②有利于雷电灾害天气系统增强的环境热、动力场特征。这两类个例均没有强天气背景（如强西南深槽等）强迫，可以更加突出局地的地形配置，以及热、动力分布对雷暴结构的影响和作用。

2.2.1　资料与个例挑选

本节所用资料包括北京周边的 6 部新一代天气雷达（北京、天津、石家庄和秦皇岛 4 部 S 波段天气雷达，以及张北、承德 2 部 C 波段天气雷达、自动观测站资料和雷达变分同化系统（VDRAS）的再分析资料（Sun and Crook，1997，1998，2001；Sun et al.，2010；陈明轩等，2012，2016）。VDRAS 模式模拟中心设定在（39.5836°N，116.1802°E），模拟范围设置为 450km×450km，水平方向模式网格数为 150×150，水平分辨率为 3km。

VDRAS 利用 4DVAR 技术对多普勒雷达资料进行同化分析，即在一个包括暖云参数化方案的三维云尺度模式基础上，实现雷达非观测量即三维热力和动力特征的反演分析，其优势在于不仅能提供准确动力、热力场，还有一定的预报时效。VDRAS 经过大量本地化改进后，在北京市气象局的实际业务运行中向预报员提供与雷暴生消发展有关的低层动力场和热力场。在 VDRAS 模式中，预报变量为三维风场、液态水潜热温度、雨水混合比和总液态水含量。而水汽混合比、云水混合比、扰动温度和扰动气压均由预报变量诊断得到。

挑选 2008～2013 年的 18 个由西北山区触发，并从山上向山下传播增强为系统性雷暴的个例。选定 2013 年 6 月 15 日至 9 月 15 日作为"暖季"进行对比。选择这一时间段的原因在于，大多数系统性雷暴发生在这四个月内，同时选择同期的 8 个下山消亡个例作为对比组。挑选这些个例的条件主要如下：

（1）没有强天气背景（比如北到南的深厚大槽、深厚涡等强迫），以避免强水汽输送对雷暴发生、发展的重要作用。

（2）当雷暴主体越过北京西北部山脊时，定义雷暴最大的组合反射率因子超过 35dBZ（Wilson et al.，2010），小于 90 个格点（km）。定义强雷暴的最大组合反射率因子超过 45dBZ（Mather et al.，1976），小于 30 个格点（km）。

（3）当雷暴越过京津冀地区山脊之后，其超过 35dBZ 的格点超过 100（km）以及最大回波强度超过 55dBZ，选定为系统性个例。此外，在平原地区超过 35dBZ 的雷达回波形成了 3∶1 的系统性形态。

条件（2）和条件（3）主要用于挑选下山后明显增加的个例。系统性和下山消亡雷暴的共同特征是在中高层没有明显的天气背景强迫。因此无论雷暴能否下山增强在中层或高层总有相近的天气背景，所以天气背景对雷暴在下山过程中的强度变化不能起决定性的作用。

2.2.2　下山增强的统计特征

首先计算在整个下山增强过程中整体的强降水分布。将计算区域内格点上最大反射率因子≥40dBZ 的回波设定为强雷暴（一次），统计所有的强雷暴，则可得到雷暴发生频数（Parker and Knievel，2005；Chen et al.，2012）。根据 6 部新一代天气雷达的组合反射率得到北京及周边地区的雷暴分布图（图 2.8）。从总分布上看，雷暴下山有三个主要的降水中心，一是分布在北京的南部，二是在西部山边和北部山边并延伸至平原地区，三是在天津的中部城区。雷暴下山的主要传播路径为西北至西方向和西至东南走向，下面介绍雷暴传播的特征：

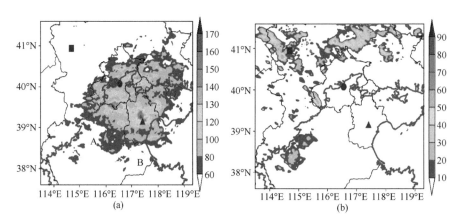

图 2.8　雷暴下山加强和消亡（≥40dBZ）的频数总分布（阴影）

（a）下山加强；（b）下山消亡

橙色线指示 200m 地形等值线，图中■、●、▲分别代表张家口、北京和天津

为更清晰地说明雷暴从山上到山下的演变特征，设定 0 时刻为雷暴主体经过北京西部山脊开始向平原传播的时刻，则负时刻代表系统在山上传播，而正时刻代表在平原传播。取–4 至 +4 时刻用来代表雷暴由山上向平原地区的整个传播过程，一般而言，9h 已经能够涵盖一次雷暴的整个降水过程。将系统从山上至平原地区分为 3 个阶段，一是从 –4 时至 –2 时，设定为雷暴在山区传播过程，定义为阶段 1。二是从 –1 时至 +1 时，设定为雷暴由山上向山下传播的过程，定义为阶段 2。三为 +2 时至 +4 时，设定为雷暴在平原传播的过程，定义为阶段 3。三个阶段的降水分布见图 2.9，在第一个阶段，系统性降水高频区分布在张家口附近，与地形图相比明显看出，虽然整体上降水分布比较分散，但是与地形的走势基本一致。因此可以推测，山地的热力加热和地形抬升是形成山上雷暴的主要原因，而下山消亡的雷暴降水主要分布在北京山区。

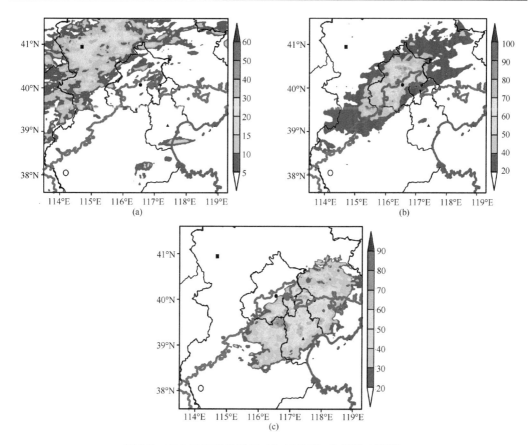

图 2.9　下山的系统性雷暴（≥40dBZ）分布图（阴影）

（a）第一阶段（-4，-3，-2）；（b）第二阶段（-1，0，+1）；（c）第三阶段（2，3，4）

橙色线指示 200m 地形等值线，蓝色线是海岸线

第二个阶段，系统性降水沿东南和东方向由山区向平原传播，在山脚附近，分布着强降水中心。系统性雷暴的主体掠过北京向北部和南部分叉延伸。而在最后一个阶段，系统性降水在东北、西南走向上传播。而系统性掠过北京之后，南端沿东南走向继续传播至天津。下面将重点放在南部雷暴的传播趋势上，利用 VDRAS 的反演资料详细说明形成这些现象的原因。

2.2.3　下山增强与消亡雷暴的环境场

为定量分析什么样的环境热、动力条件有利于雷暴传播下山。利用 VDRAS 系统的再分析资料，对比分析了北京和天津区域内的热、动力特征。利用 200m 等值线区分山地和平原地区，然后计算系统性雷暴、暖季和不能下山雷暴对应的山地、平原地区的热、动力随雷暴下山时间推移的平均演变趋势。同样设定 0 时刻为主体雷暴经过图中白色等值线的时刻，分别计算 CAPE、CIN、水平风垂直切变（Shear）和边界层平均风速（分别利用平原 925hPa 风速和山地等距地高度的水平风速代替）。VDRAS 反演出的 CAPE、CIN 和 Shear 与实际探空相比具有较高的精度，其中 CAPE、CIN 误差平均低于 5%，Shear 误差为 0.5m/s 左右，能够较好地反映实际的热、动力特征（Xiao et al.，2017）。作为对比，同样统计了 2013 年一年的暖季资料平均作为背景暖季平均状态（暖季平均）。

　　研究发现，在雷暴事件中，系统性降水和雷暴不下山（即消亡）事件的 CAPE 均明显大于暖季平均。在山区，雷暴的 CAPE 均大于雷暴不下山个例。平原地区的 CAPE 均明显大于山区。值得注意的是，系统性雷暴的平原 CAPE 在初期明显上升，在下山前达到最高值。而对于雷暴下山过程中平均 CIN 的演变，暖季平均状态在山区和平原地区的 CIN 明显大于雷暴日，其中系统性雷暴的 CIN 明显小于雷暴下山消亡日。在平原和山地地区，系统性雷暴下山的 CIN 略大于非系统性雷暴。雷暴不下山的 CIN 则与暖季相当，甚至略大于暖季平均状态，不利于雷暴下山。雷暴无论下山或不下山均有较好的热力条件（CAPE），但能否冲破 CIN 将对雷暴传播起关键作用。此外，下山后的雷暴形态与 CAPE 成正相关。

　　0～6km 风切变随雷暴下山的演变说明，在雷暴下山前，系统性雷暴平原地区具有明显的强切变，切变强度超过 16m/s，随着雷暴下山的过程逐渐下降。而在下山消亡中，山区的风切变反而大于平原地区，而且平原地区的风切变在整个过程中最低，这也是雷暴不能顺利传播下山的原因。

　　从边界层风场随雷暴下山的演变来看，对系统性雷暴下山，平原地区具有较强的偏南气流输送，风场方向为偏南风，平原地区风速在 3.5m/s 左右，山区边界层风速在 4.5m/s 左右，为西南气流。而非系统性雷暴，边界层风速同样强过暖季风速，强度在 2～3m/s 之间，方向与雷暴下山相近，山区风速较小，与暖季平均较近。而在雷暴消亡个例中，边界层风速与暖季平均状态相当，平原风速小于 1m/s，也无明显系统性特征。总之，在山区，系统性雷暴下山具有较强的气流输送，为偏西气流。而非系统性下山和雷暴消亡，均没有较强的气流。三者的平原风方向都为偏东南气流，但强度有差别。以上说明较强的山区西风输送是系统性雷暴在山区比较有组织性的原因，而雷暴传播至平原地区后，雷暴能否维持与较强的边界层偏南输送有关，最后下山形态组织性与风场强度成正比。

　　综上所述，对于系统性雷暴下山的降水而言，平原和山地地区的强 CAPE、低 CIN、平原地区较强的 Shear 是山区形成较强雷暴并能顺利传播下山的关键因素。雷暴不能下山时，具有高 CAPE 和弱切变特征，即使具有较强的 CAPE 也很难超过 CIN 以形成较强的雷暴。当然，虽然不同的平均热、动力因素会影响山区雷暴的传播结果（即是否下山）和下山后达到的最强形态，但仍需要精细的研究来说明热、动力条件如何影响雷暴的传播过程和路径，此外雷暴自身与环境场的相互作用如何影响雷暴传播过程也是一个值得研究的问题。

2.2.4　下山增强与消亡雷暴的中尺度特征

　　上节讨论了山区和平原的平均热、动力条件对雷暴传播的影响，但其大尺度的热、动力特征并不能说明局地对流雷暴分布的原因和机理。为了更清晰地解释局地热、动力结构对雷暴结构分布的影响，下面进一步分析雷暴下山事件中的热、动力结构，重点研究中小尺度热、动力特征对系统性雷暴、非系统性雷暴以及不能下山雷暴传播路径的影响机理，利用最低层（250m）的热、动力分布来代表不同的热、动力环境。图 2.10 分别给出系统性雷暴下山和雷暴下山消亡个例的逐小时平均扰动温度分布（时间分别为 −2、0、+2 雷暴传播时），平均风场叠加于其上。扰动温度通过以下方法计算：首先将模式每一层格点上的温度插值至同一高度上，取得其平均温度，然后利用每个格点的温度值减去该平均温度。

在雷暴下山前的 −2 时，北京平原地区存在明显的冷空气堆，系统性雷暴下山和非系统性雷暴下山的区别仅仅在于冷空气堆的强度不同。而在雷暴不能下山的情况，整体平原地区没有明显冷空气堆的存在。从风场来看，雷暴下山过程都伴有较强的平原地区偏南气流。而在雷暴下山消亡中，整体风速较弱。此外，北京平原地区还存在由渤海湾上来的偏东南气流，部分与海风锋有关，即由渤海湾较冷的环境形成。此后，随着时间的推移，渤海湾降温加剧，海风锋不断向北京城区推移。在雷暴不能下山过程中，由海风锋组成的偏东南气流，仅能推至天津城区（红色三角附近）。在山上，底层的热动力结

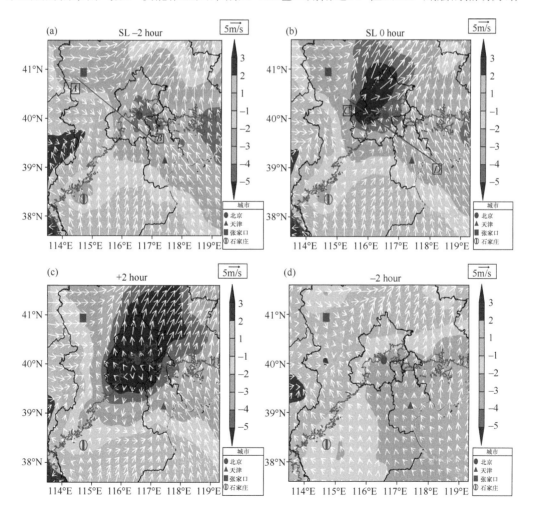

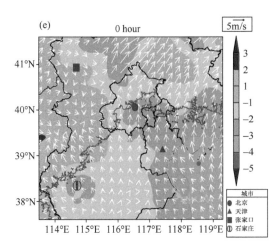

图 2.10　250m 高度的平均扰动温度（色块：℃）

其中 –2（a），0（c）和 +2（e）为系统性雷暴下山增强日的雷暴时；（b）（d）是雷暴消亡日

箭头为平均风场，红色线是 200m 地形等值线，紫色线是海岸线（本节下同）

构也有很大不同。系统性雷暴下山，张家口以西有明显的强西风。受系统性雷暴下山更加频发和增强的影响，冷池附近存在强冷空气下沉出流，在山上兴盛偏西风的作用下，加剧了原有西风输送。同时在山区冷池和平原冷池间，西风与爬山气流汇合形成强辐合，加上冷池阻碍作用影响，偏西风和爬山气流在冷池间发生了转向，山区冷池之间偏南处和平原冷池之间强辐合产生，导致雷暴在山区传播路径上发展增强。而雷暴下山消散日 –2 时，山区热动力条件分布相似，但冷池强度较弱，特别是在山区无强西风，仅有弱爬山气流，且平原地区没有足够的冷池，因此传播路径上不能形成明显风场转向与辐合，这也是不能在山区形成较强雷暴的原因。

　　两小时后的 0 时，系统性雷暴下山的山区冷池和平原冷池合并，加强了冷池的强度，因此在北京平原地区形成强冷池。强冷池的出流与环境南风、东南风的配合，特别是偏南段的出流和环境偏南风的汇合所形成的强辐合上升条件是形成雷暴在平原（北京地区南部）加强的重要原因。而对雷暴不能下山而言，虽然冷池增强并向北移动，但不足以形成新的雷暴。在雷暴下山的 +2 时，对系统性雷暴下山，随着系统性雷暴的增强，强出流的存在与入流的配合将强辐合区推至天津城区一带，也就导致第三个阶段雷暴降水在天津的分布。

　　为了更加清晰地表明冷池等局地热、动力结构对雷暴下山作用的影响，说明雷暴降水传播的本质，统计系统性雷暴下山冷池出现的频率，在这里冷池定义为扰动温度低于 –3°。图 2.11 是系统性雷暴下山的冷池叠加环境风场分布，由图可见，在系统性雷暴下山，在 –2 时，正如上文分析一致，受山上冷池作用和平原冷池的阻碍作用以及西风输送的影响，在下山传播路径上冷池之间，形成了明显的较大频率的辐合带，这导致雷暴的增强。而在平原地区，受冷池的阻碍作用，在北京地区的南部形成了较高频率的辐合中心。

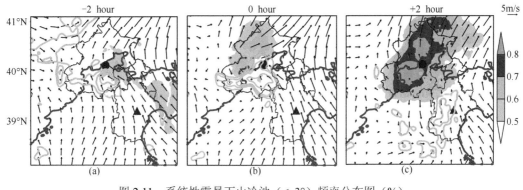

图 2.11　系统性雷暴下山冷池（<−3°）频率分布图（%）

(a) −2 时；(b) 0 时；(c) +2 时

箭头为叠加平均风场

　　随着时间的推移，在−1 时至 0 时，系统性雷暴下山情况在山上的辐合有所减弱，但是在其位于偏南下风坡的辐合逐渐与在北京地区南部的辐合场并合，在北京地区南部形成较强的辐合。这也说明了雷暴在南端增强的原因。而+2 时，正如上文分析的一致，系统性雷暴下山在雷暴出流和较强切变的配合下，强辐合区移动至天津与北京、河北交界处。这也就对应着图中第三个阶段雷暴降水的分布。

　　图 2.12 是水汽和相对湿度的分布和随时间演变，就系统性雷暴下山而言，从−2 时起，对比冷池的位置可知，由于冷池和山地的阻碍作用，在北京南部聚集了较多的水汽。随着时间的推移，至 0 时，北京地区南部的水汽增加，逐渐控制了北京南部和天津大部。到+2 时，高水汽含量位置对应着天津中部和部分河北地区，解释了降水能够传播至此处的原因。

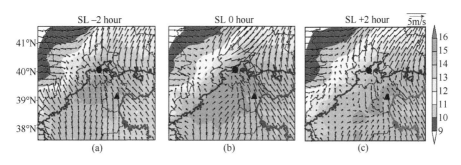

图 2.12　50m 高度的水汽比湿（g/kg）

其中−2（a），0（b）和+2（c）为系统性雷暴下山增强日的雷暴时；

箭头为平均风场，红色线是 200m 地形等值线，紫色线是海岸线

　　为更加清晰地说明垂直运动、环境风场和冷池的相互作用对激发出新降水的作用，图 2.13 和图 2.14 给出了分别沿图 2.10 中 AB 和 CD 线段的逐小时垂直剖面图。对系统性雷暴下山而言，从−2 时起，能够清晰地看出北部和南部存在冷池，冷池之间存在较强的垂直上升运动，受两个冷池逐渐靠近的挤压和地形抬升作用的共同影响，上升运动不断增强，形成了强雷暴主体。随着冷池合并加强，强雷暴主体前方的最大上升速度从 4m/s 上升超过 6m/s，且范围也有所增加。而在冷池南侧，在环境南风和冷池抬

升作用下，形成了一定的上升速度区。随着雷暴在山区的发展，对流运动加剧，雷暴后端产生了强下沉气流。强下沉冷出流导致冷池不断增强的同时，也与冷池前沿的入流配合，加剧了下山路径上的辐合运动，形成雷暴增强的正循环，有利于雷暴在山区的增强。

到 0 时，随着系统雷暴下山，冷池增强，强中心（−5℃）超过 1.3km。随着冷池增强和雷暴活动的增加，在后端山区西风入流的配合下，由西北向东南形成了系统性的雷暴强下沉气流。值得注意的是，下沉气流和地形的陡峭程度呈正相关，说明地形对下沉气流有一定的加强作用。结合上文对北京城区南部的暖舌位置分析（冷池阻碍了偏南入流气流的传播，导致暖舌带来的不稳定能量在冷池边缘累积），随下沉气流加强，冷空气与暖舌在冷池边缘交汇，形成强上升气流区，中心强度超过 5m/s，进而形成降水中心，这也是北京南部形成雷暴增强的原因。

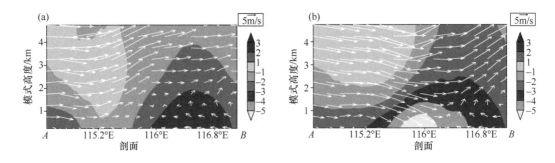

图 2.13 系统性雷暴下山沿图 2.10 中 AB 剖面随时间变化图
（a）−2 时；（b）0 时
箭头为风场，彩色阴影为扰动温度（单位：℃）

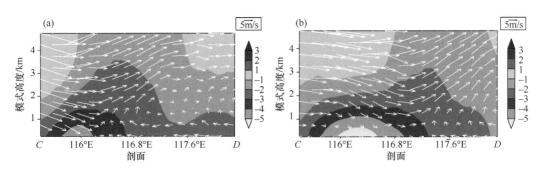

图 2.14 系统性雷暴下山沿图 2.10 中 CD 线段的剖面
（a）0 时；（b）+2 时
箭头为风场，彩色阴影为扰动温度（单位：℃）

综上所述，系统性雷暴下山，是山区、平原冷池挤压形成强辐合中心，因而增强原有对流，在环境西风的配合下，形成系统性的下沉气流，从而增强平原冷池强度。系统性强下沉出流在冷池边缘暖舌的配合下，在强冷池南侧形成较强上升气流区，导致雷暴在此处加强。而形态组织为系统性，也和后端有组织的下沉气流有关（RIJ 结构，系统性雷暴典型特征）。与之相似的是当雷暴下山后出流在海风锋和暖热入流作用下导致雷暴在天津二次增强。

根据上文所述，绘制雷暴下山增强的概念模型，如图 2.15 所示。平均扰动温度、湿度和风场分布特别是冷池的位置分析表明，对系统性雷暴下山，由于山区热、动力条件较为充分因此形成较强降水，受降水降温冷却等作用的影响，在北京地区山区和平原之间形成冷池；而在平原地区由于山区热、动力条件的不同，同样形成冷池结构，两个冷池之间的挤压作用下，在冷池之间雷暴传播路径上形成了强辐合抬升，加强了山区的雷暴结构；当雷暴下山时两个冷池合并为一个强冷池。强冷池结构延续至北京地区南部，北京城区呈现冷岛特征，固定南方暖舌位置在冷池边缘，就在冷池边缘暖舌、环境强西风的配合作用下，使雷暴在北京南部增强。而在雷暴下山后，系统性雷暴下山的出流方向与东南海风锋入流方向相交，因而形成了在天津的第二次降水中心。

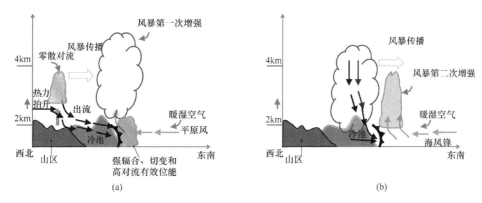

图 2.15　雷暴下山增强的概念模型图（Xiao et al.，2019）
（a）对应于飑线系统的下山增强；（b）对应于非系统性多单体雷暴

2.3　两次飑线系统的闪电特征与动力场的关系

飑线是最典型的雷电灾害天气系统之一，前部对流线拖带后部大范围层云降水区的飑线系统最具代表性。飑线系统存在明显的阶段性演变特征，其物理结构、动力场结构和雷电活动特征都相对较为复杂。本节将利用"雷暴 973"项目在夏季协同观测获得的北京雷电总闪三维定位资料、多普勒天气雷达以及北京自动气象站资料，针对 2015 年 7 月 27 日及 2017 年 8 月 8 日两次飑线系统（分别简称为 20150727 飑线、20170808 飑线）的不同发展阶段及不同区域的雷电活动特征进行分析，并讨论飑线系统中雷电活动及其与动力场之间的关系，特别是对流单体合并过程中的风场变化和水汽分布。

2.3.1　两次飑线过程简介

1. 20150727 飑线过程

20150727 飑线是北京近年来发生的最强烈的雷电灾害天气系统之一。飑线整体自北京西北向东南方向移动，整个过程持续约 6h，全市大部分地区出现大到暴雨，局地降水量超过 100mm，达到暴雨甚至大暴雨级别，并伴有冰雹、6 级以上短时大风以及强烈的闪电活动。

当天 8:00 天气形势上表明，在 500hPa 上高纬度地区为两槽一脊型，东北地区有一个强气流辐合带，200hPa 有高空急流与之相配合。20:00 时，副高加强发展，西伸北移，北京地区的风速加强，飑线系统发展。在低层 850hPa，东北地区北部有一冷涡与高层冷涡相配合，结合温度场来看，500hPa 冷中心与低压中心重合，东北冷涡活动，上暖下冷，聚集不稳定能量。北京地区处于高空冷涡底部偏西北气流中，较偏西地区有弱冷平流活动，而 700hPa 和 850hPa 自南向北有持续的偏西南气流向北京上空输送。地面图上可看出低层水汽丰富，湿舌覆盖北京，西南气流将暖湿空气输送至干冷空气下方，形成不稳定层结。

北京南苑观象台 14:00 探空廓线显示，低层风呈顺时针旋转，由偏南风转为西南风到 700hPa 转为偏西风，形成明显风切变；800hPa 以上，温度露点差较大，水汽含量较低；800hPa 以下，温度露点差较小，水汽较为丰富，上干下湿，形成不稳定层结；低层有明显逆温层，有利于不稳定能量在低层累积，CAPE 高达 3438J/kg，CIN 为 20J/kg，这种条件下极易于强对流天气的触发。

图 2.16 给出了 20150727 飑线过程每 6min 的闪电频数随时间的演变，包括云闪和正、负地闪。闪电资料采用 BLNET 全闪三维定位资料，并参考第一章所述"聚类归闪"方法，将一次辐射脉冲前后发生时间小于 400ms，且水平距离小于 15km，总持续时间不超过 1.5s 的辐射源认为是同一个次闪电。如果该次闪电全为云闪脉冲，则为云闪，并将第一个脉冲发生的时间、位置等信息作为该云闪的信息；如果包含正或负地闪回击脉冲，则定为正地闪或负地闪，以首次回击结果来代表。可以看出此次飑线闪电活动以云闪为主，总闪和云闪都呈单峰分布，峰值出现在 20:18 左右，总闪频数峰值 2234flash/6min。地闪频数较云闪低一个数量级，以负地闪为主，负地闪比正地闪频数高一个量级。在飑线消散阶段，闪电频数显著降低，正地闪比例 PCG/CG 显著增加。

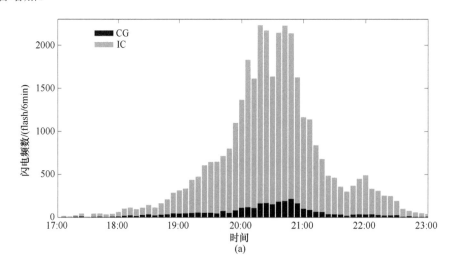

(a)

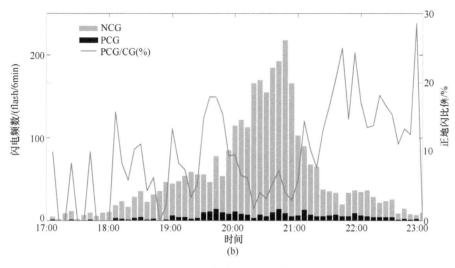

图 2.16　20150727 飑线过程闪电频数随时间的演变
(a) 云闪、地闪；(b) 正、负地闪及正地闪比例

这次飑线过程由北京西北部和北部山区发展而来。大约 18:00 开始，西部的雷暴单体开始向北京境内移动，并逐渐发展，北部单体向东南偏东方向移动，速度较慢。图 2.17 给出了这次飑线过程 4 个时刻的雷达组合反射率和总闪叠加图，19:24，位于北京西部和北部的单体相互靠近 [图 2.17 (a)]，两侧单体之间不断有单体新生，闪电活动不断增多，主要分布在 >45dBZ 的强回波区，正地闪数量较少，分布在强回波的边缘。19:54，西部和北部两部分单体开始合并 [图 2.17 (b)]，快速发展的西部雷暴云与之前北部移速较慢的雷暴云合并形成线状对流，逐步形成东北-西南走向的飑线形态，闪电数量迅速增加。20:18 飑线形态稳定 [图 2.17 (c)]，东北-西南走向覆盖北京区域，此时总闪活动达到峰值；20:42 出现弓状回波，负地闪密集分布在弓状回波内，正地闪分布在弓状回波的后部边缘，此时闪电频数出现第二个峰值。飑线形态维持 1h 后，21:06 开始断裂成东西两段 [图 2.17 (d)]，回波结构松散，负地闪明显减少，正地闪集中分布在东北段的强回波边缘，21:42 东北段移出北京并迅速减弱，而西南段回波则较长时间维持在北京南部，此时闪电频数显著降低，正地闪频数首次超过负地闪，分布在后部大范围的层云区。对比图 2.17 雷达组合反射率和图2.16 闪电演变可发现，当东北和西南段对流开始合并时（19:54）开始出现总闪频数的迅速增加。

2. 20170808 飑线过程

20170808 飑线也是北京地区发生的一次强烈的天气过程，初始多单体呈东北—西南排列，并自西北向东南移动，在北京境内单体合并发展，在北京中部区域发展成熟，形成飑线系统。此次飑线系统伴随着较强的闪电活动、强降水以及大风等天气，此次飑线过程持续大概 6h。从 8:00 时的天气形势上可知，500hPa 冷涡活动，低涡西南侧蒙古国境内有一冷中心，北京地区冷平流较弱；850hPa 北京北部有一切变线，附近有一较弱辐

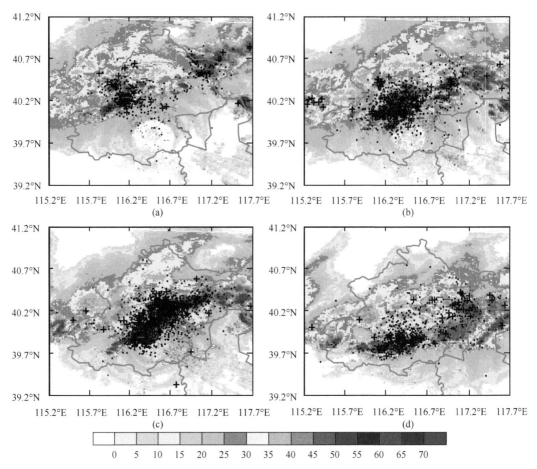

图 2.17　20150727 飑线过程不同时刻的组合反射率（dBZ）与 6min 内的闪电分布
（a）19:24；（b）19:54；（c）20:18；（d）21:06
黑色"+"为正地闪；蓝色"−"为负地闪；黑色"·"为云闪

合区，西北侧有弱冷平流侵入。8:00 时探空图表明中层大气处于较湿状态，900hPa 与 950hPa 之间有逆温层，且低层温度露点差较大，CAPE 值为 1425J/kg，相对较小，低层有弱的风切变。总体来说这次过程产生于较弱的天气背景下。

　　图 2.18 给出了此次飑线过程的闪电频数随时间的演变。18:00 起 BLNET 开始探测到闪电，但频数较低。19:00～19:40 经历了第一个闪电活跃期，但频数较低，约 100flash/6min。20:54 开始闪电开始活跃，闪电频数在 22:18 达到峰值 650 flash/6min。之后，闪电频数逐渐减弱，至 24:00 基本探测不到闪电活动。

　　BLNET 在 18:00 探测到闪电，雷达也开始在北京东北部、西南边界、西北方向上探测到雷暴单体。之后多个小单体不断发展，并从不同方向移入北京，从 19:30 雷达回波上看 [图 2.19（a）]，北京东北部的单体发展演变成两个单体，北京境内的几个单体均不断发展，西部也有强单体发展起来，导致此时闪电活动在前期出现一个相对小的峰值。随后北京境内的单体快速减弱至消散，20:06 北京中部已经消散的单体再次活跃起来 [图 2.19（b）]，同时北京西部的对流开始移入并发展成熟，两部分对流合并，随后形成

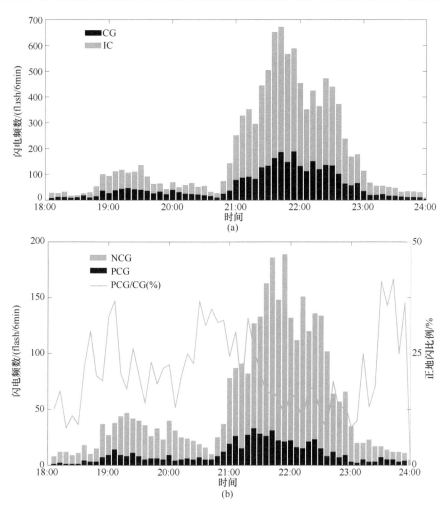

图 2.18　20170808 飑线过程闪电频数随时间的演变
（a）云闪、地闪；（b）正负地闪及正地闪比例

线状对流，此时闪电处于快速增长阶段。随着对流向东南方向移动发展成熟，闪电频数 21:48 达到峰值 [图 2.19（c）]，此时东北部有单体新生，22:12 飑线对流结构明显松散 [图 2.19（d）]，系统减弱，闪电活动也快速减弱，而此时东北部新生的单体快速发展成熟，与飑线主体发生合并，闪电频数在 22:18 达到一个次峰值（图 2.18），随后系统逐渐移出北京，强度减弱，至 24:00 北京境内过程结束。

　　根据闪电和雷达回波特征，可将此过程分为四个阶段：①单体此消彼长阶段（18:00～20:36）：单体的生命史较短，多个孤立单体此消彼长，闪电频数较低；②第一次合并过程（20:42～21:48）：两部分对流在 21:06 合并形成线状对流，闪电频数快速增加至峰值；③第二次合并阶段（21:54～22:36）：有减弱趋势的对流主体与局地小单体合并，对流再次增强，闪电再次活跃，达到次峰值；④减弱阶段：系统逐渐减弱消散。正地闪比例在第一阶段和第四阶段超过 35%。

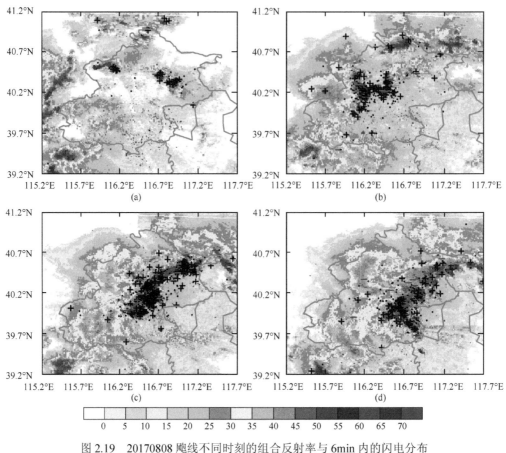

图 2.19　20170808 飑线不同时刻的组合反射率与 6min 内的闪电分布

（a）19:30；（b）20:06；（c）21:48；（d）22:12

黑色"+"为正地闪；蓝色"−"为负地闪；黑色"·"为云闪

2.3.2　前部对流线和尾部层云区的闪电特征

飑线前部对流区和后部层云区的生消演变、移动速度都不同，热动力过程及微物理特征也有很大差别，因此不同对流区域的闪电活动特征也有差异。为分析飑线内不同对流区域的闪电活动特征，利用徐燕等（2018）的方法，将飑线系统区分为对流区，过渡区和层状云区，即基于雷达基本反射率因子，将−10℃温度层上大于 30dBZ 的区域划分为对流云区，将对流云区 10km 外划为过渡区，其余部分则为层状云区（Lang and Rutledge，2008）。根据基本反射率分区后的结果存在一个圆形的体扫盲区，用组合反射率进行弥补，将大于 30dBZ 的区域作为对流区。Petersen 等（1996）观测发现，如果−10℃层上未出现大于 30dBZ 的回波，那么雷暴基本上就不会发生闪电活动。所以基于这种分区方法能清晰地将对流区从层云回波中挑选出来。

1. 20150727 飑线过程

将飑线系统区分为对流区、过渡区和层状云，统计不同对流区域内不同闪电类型随时间的变化情况,如图 2.20 所示,可以发现,93%的闪电分布在对流区和过渡区,即距对流线 10km 范围内。无论云闪还是地闪,均主要分布在对流区,过渡区次之,层云区较少。对流区的闪电频数随对流发展的变化最剧烈,受系统发展的影响最大,说明对流区是云内的主要起电区域。过渡区是冰相粒子从对流区到层状云区的传送区,受对流区动力与微物理活动的影响较大,过渡区云闪频数随对流发展也呈现一定的变化,但变化程度远不如对流区明显。层云区的闪电活动较弱,随对流发展并未呈现出明显变化。

图 2.20(c)单位对流区域面积闪电数,由不同对流区域内的闪电数除以对应的对流区域面积而得,以此来衡量该区域的产生闪电的能力,可以看出对流区的放电能力远强于层云区和过渡区,并随对流发展表现出剧烈的变化,过渡区和层云区变化则较为平缓。图 2.20(d)给出了整个过程不同类型的闪电在不同对流区域所占的比例,相对于负地闪和云闪,正地闪更容易发生在过渡区和层云区内。

下面进一步利用 BLNET 的三维闪电定位资料来分析不同区域的辐射源分布特征。为避免探测效率的影响,这里选取探测效率较高且相对均一的北京中心区域(39.8°～40.5°N,115.8°～116.8°E)进行分析,以 6min 为间隔,统计每隔 0.5km 高度上的辐射源个数。图 2.21 给出了对流区、过渡区和层云区的辐射源高度分布以及不同反射率最大回波顶高和回波面积的变化分布。整体上辐射源集中分布在对流云区,初始阶段辐射源主要发生在中间高度(5～12km),19:30 以后辐射源开始明显增多,对应于闪电活动快速增加的对流合并阶段,且辐射源高度分布范围较前期有所扩展,19:48～20:00

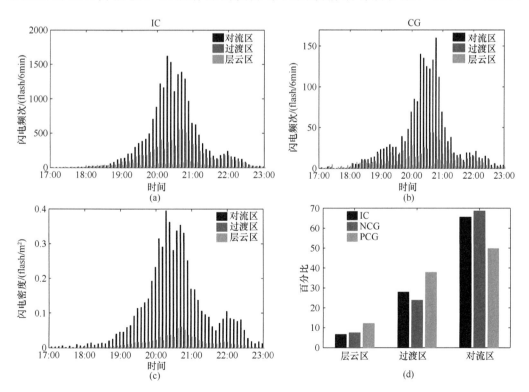

图 2.20　20150727 飑线过程不同区域的闪电活动随时间变化

(a)云闪;(b)地闪;(c)不同区域单位面积的总闪数量;(d)整个过程中不同类型闪电在不同区域的分布比例

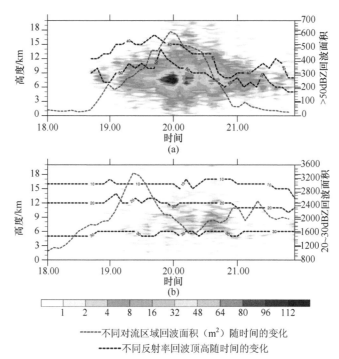

图 2.21　20150727 飑线不同对流区的辐射源密度廓线随时间变化（徐燕等，2018）

（a）对流区；（b）过渡区和层状云区

是辐射源密度最大的时段，最大值出现在 7km 左右（−20～−10℃层），此时辐射源密度垂直分布范围也扩展到最大（2～17km），说明此时雷暴云内的对流活动最为旺盛。之后辐射源数量减少，20:18 左右辐射源再次活跃，高度较前期有所降低，分布范围也明显缩小；20:42 辐射源活动再次增强，此时反射率上出现弓状回波，对应图 2.18 中的闪电频数出现次峰。40dBZ 和 50dBZ 的回波顶高经历了先增加后降低的变化，回波顶高峰值超前于辐射源峰值 10～20min。选取对流区>50dBZ 的回波面积进行分析，发现其与辐射源的变化一致。过渡区和层云区的辐射源较少，各个强度的回波顶高基本无变化，说明此区域的对流和起电活动较弱，20～30dBZ 回波面积在 19:20 左右出现峰值，30min 后层云区辐射源出现一个相对活跃期，后期对流逐渐减弱，过渡区和层云区面积增加，层云区辐射源数量增加。

　　根据辐射源密度廓线，选取密度较大的时刻分析闪电与飑线对流结构的关系。图 2.22 为 19:42 时的组合反射率及对应的雷达回波剖面，最大反射率为 60dBZ，发展高度为 7km（−10℃），55dBZ 发展高度 10km（−25℃），50dBZ 的回波高度达 12km（−40℃ 以上），系统发展强盛。可以看出辐射源主要分布在对流区及过渡区，沿着对流线从对流区向后部过渡区层云区倾斜分布，层云区辐射源极少，飑线后部的 4～5km 高度处可以看出明显的亮带，而亮带内无明显闪电活动，因此推测层云区的闪电主要来源于对流区，原位起电过程较弱（徐燕等，2018）。

2. 20170808 飑线过程

　　图 2.23 给出了这次飑线过程不同对流区的闪电特征。与 20150727 飑线过程类似，云闪和地闪均主要分布在对流云区，过渡区次之，层状云区最少，97%的闪电分布在对

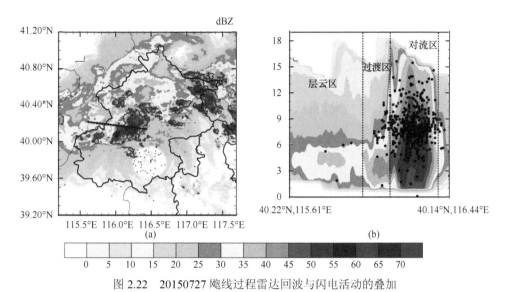

图 2.22　20150727 飑线过程雷达回波与闪电活动的叠加

（a）19:42 雷达组合反射率，蓝色等值线为对流云区；（b）沿（a）中黑色点划线所做的剖面及剖线前后 10km 范围内 6min 内的辐射源叠加图（下同，徐燕等，2018）

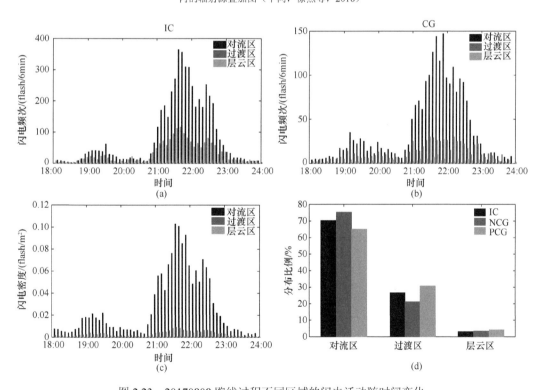

图 2.23　20170808 飑线过程不同区域的闪电活动随时间变化

（a）云闪；（b）地闪；（c）不同区域单位面积的总闪数量；（d）整个过程中不同类型闪电在不同区域的分布比例

流区和过渡区。从图 2.23（c）的单位对流区域面积的闪电数量来看，对流区的放电能力最大值为 0.1flash/6min，低于 20150727 飑线的 0.40flash/6min，说明不同飑线过程的强弱以及产生闪电的能力有明显差别，在客观判断一类天气系统的强弱时，可以用单位区域强回波面积上的闪电数量作为参考标准。

图 2.24 给出了此次飑线过程对流区、过渡区和层云区的辐射源高度随时间演变以及 0℃层以上及以下回波体积的变化。与 20150727 飑线类似，辐射源主要分布在对流区，过渡区和层云区较少。对流区辐射源在 18:00～20:36 间处于相对安静阶段，对应的上文分析的独立单体此消彼长阶段，辐射源高度经过了先增高后降低的阶段，整体上该阶段辐射源少且高度不稳定。20:12 开始，对流区 0℃层附近大于 40dBZ 的回波体积均快速达到一个高值后降低，也是由北京西北部的单体快速发展成熟随后减弱导致；20:24 随着大范围对流开始发展起来，系统内维持较强的上升气流，0℃层附近大于 40dBZ 强回波体积均开始增加，辐射源数量也开始增多；尤其在 21:06 对流合并后，辐射源快速增加。21:24～21:54 辐射源最为活跃，0℃层以上大于 40dBZ 的回波体积在 21:18 达到峰值，随后开始减小，而 0℃层以下大于 40dBZ 的回波体积持续增大，说明此时系统内上升气流有减弱趋势，21:54 系统内的辐射源数量减少，高度也有所降低；22:12 随着对流第二次合并，0℃层以上大于 40dBZ 回波体积开始回升，说明系统内上升气流在增加，对应辐射源再次活跃起来；22:54，0℃

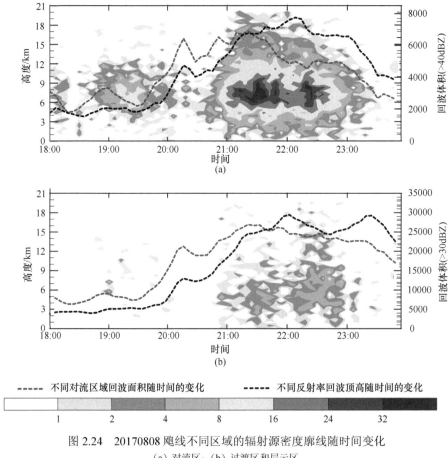

图 2.24　20170808 飑线不同区域的辐射源密度廓线随时间变化

（a）对流区；（b）过渡区和层云区

层附近的强回波（>40dBZ）体积均在减小，说明垂直气流减弱，系统重心逐渐降至 0℃ 层以下，并逐渐转为层状云。随着飑线系统消散，辐射源数量快速减少，高度也迅速降低。

过渡区和层云区的闪电辐射源整体上较少［图 2.24（b）］。18:00～20:00，0℃ 层附近>30dBZ 的回波体积均很小。随着对流发展合并成大范围对流，在移动方向的后方衰减成层云区，范围扩大，强回波体积增加；随整个对流系统的减弱，层云区的强回波体积也减小；23:00 左右，对流区处于消散阶段，层云区 0℃ 层以上>30dBZ 的回波体积减弱，而 0℃ 层以下>30dBZ 的回波体积开始增加，可能与亮带的形成有关，Wang 等（2016）认为 3～6km 高度上反射率大于 30dBZ 的区域特征与亮带特征一致，而层云区的正地闪多发生在这个区域，因此推测 23:30 之后层云区表现出了亮带的特征，但此时的层云区辐射源却没有明显增加。

2.3.3　对流单体的合并过程及闪电特征

1. 20150727 飑线过程

从前面给出的雷达组合反射率（图 2.17）可以清楚地看出，西部和北部对流带交界处有新生单体生成，19:54 对流开始靠近。对两部分对流云交界处的雷达回波做剖面，如图 2.25 所示，可以看出两部分对流相互靠近、发展最后合并的过程。

Gauthier 等（2010）将对流单体定义为组合反射率≥30dBZ 的连续区域，所以这里以大于 30dBZ 的回波边缘相接触确定为合并开始。19:48 时闪电辐射源较少，主要分布在两侧；19:54 大于 30dBZ 的回波外围已合并在一起，根据定义确定此时对流合并开始，但仍可看出三个独立的强对流中心，单体高度较前一时刻有所发展，辐射源数量有所增加；20:00 时 45dBZ 的回波完成合并，西侧单体在 4km 高度处伸出回波脚，中间单体减弱并向东侧倾斜，50dBZ 回波高度位于 6～7km；20:06 对流单体进一步发展靠近，50dBZ 回波高度达到 10km 且范围扩大，中间单体被两侧对流进一步吞噬减弱，辐射源分布在大于 40dBZ 的区域，集中在 5～9km 高度层；20:12 强回波中心开始连接到一起，50dBZ 回波高度高达 12km，辐射源数量增加，分布高度扩展（4～10km）；20:18 强对流中心完全合并，对流结构密实，此时辐射源高度整体抬升。

2. 20170808 飑线过程

根据雷达组合反射率分析，本次过程发生了两次明显的对流合并现象，21:00 左右发生第一次合并过程，22:12 左右第二次合并时系统正好移至南苑雷达站附近，雷达探测存在盲区，所以这里主要分析第一次合并过程。21:00 左右的组合反射率上显示东、西两部分对流在北京西北部相互靠近，发生本次过程第一次合并，沿着两部分对流移动方向固定一条剖线（40.27°N，115.83°E；40.19°N，116.57°E）做剖面，并叠加剖线左右 10km 的辐射源，如图 2.26 所示。20:54，沿着剖线位置是两个孤立的发展旺盛的单体，西侧单体 55dBZ 高度发展到 6km（–10℃），东侧单体发展到 8km（–20℃层以上），单体发展旺盛，单体内部辐射源相对较少；21:00，两部分单体均向剖线右侧移动，但西侧

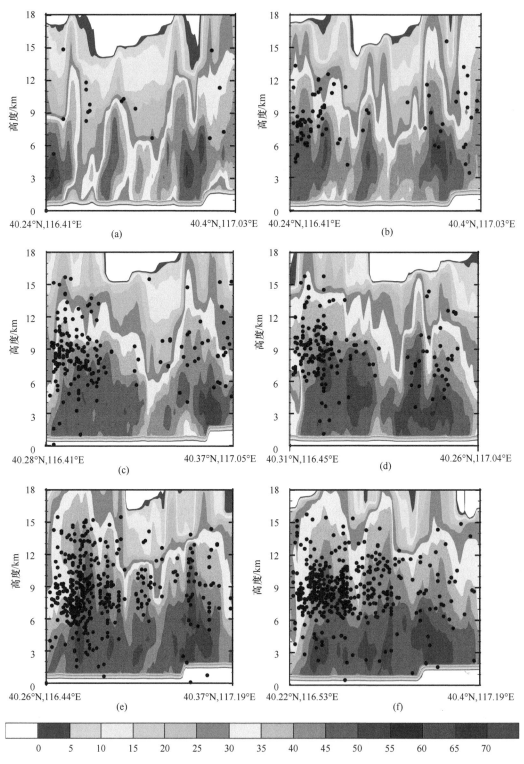

图 2.25　20150727 飑线过程对流合并过程中雷达回波剖面演变图
及剖线 10km 范围内的 6min 内辐射源分布
（a）19:48；（b）19:54；（c）20:00；（d）20:06；（e）20:12；（f）20:18

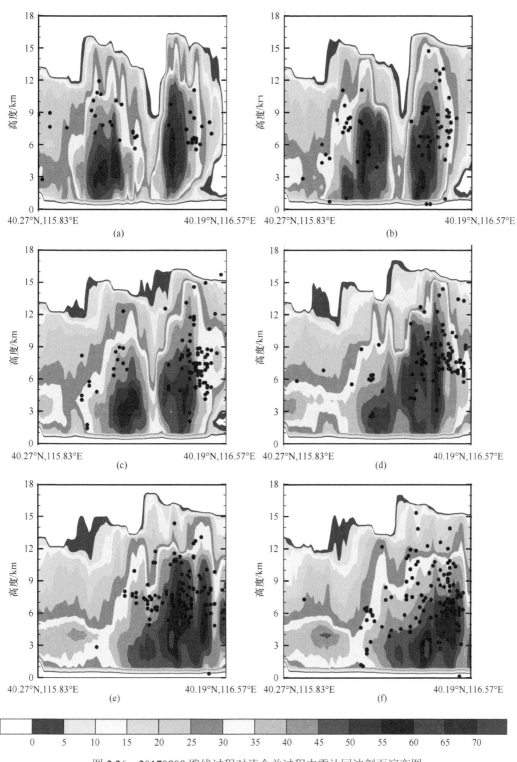

图 2.26　20170808 飑线过程对流合并过程中雷达回波剖面演变图
及剖线 10km 范围内的 6min 内辐射源分布

（a）20:54；（b）21:00；（c）21:06；（d）21:12；（e）21:18；（f）21:24

单体移动速度较快，二者距离变小，且强度接近，辐射源数量较前一时刻明显增多，辐射源主要分布在>40dBZ 的强回波区域。

至 21:06，大于 30dBZ 的回波连在一起，即对流开始合并，分布在东侧单体内的辐射源较多，且部分辐射源在东侧单体移动方向的前方，西部单体大于 50dBZ 回波高度从前一时刻的 8km 下降到 6km，辐射源也较前一时刻减少，主要分布在强回波的后方；21:12，>45dBZ 的强回波已经合并，系统较增强，>55dBZ 回波强度回升到 9km。合并后对流明显加强，移动方向后部出现层云区，辐射源主要分布在前部对流区，沿着对流线向后部层云区倾斜；21:18～21:24，对流继续向前移动发展，对流结构更加密实，中心出现大于 60dBZ 的强回波核，辐射源数量明显增多，主要集中在前部的对流旺盛区，高度整体抬升，移动方向的后方对流衰减成层云区，4km（0℃）处有明显的亮带，亮带内无辐射源。

此次飑线过程发生了两次合并现象，根据反射率确定的合并时间分别为 21:06 和 22:06，对应的合并区域分别为（40°～40.5°N，116.1°～116.6°E）和（39.5°～40°N，116.4°～117.1°E），合并区域的闪电频数变化如图 2.27 所示，两次合并期间的闪电频数均在开始合并后 18min 达到峰值。

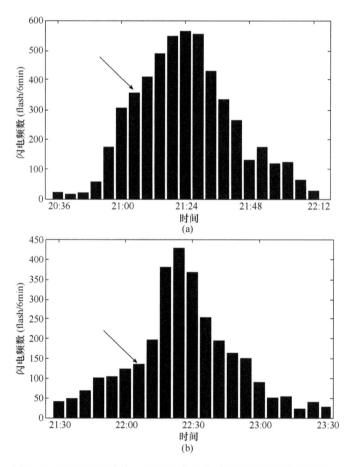

图 2.27　20170808 飑线的两次对流合并过程对应的闪电频数变化

箭头指向为合并时刻

（a）21:06；（b）22:06

2.3.4　闪电活动与动力场结构的关系

1. 20150727 飑线过程

利用 VDRAS 对 20150727 飑线过程的热、动力结构进行反演。首先利用反演的雷达反射率与实测进行对比，验证了 VDRAS 在本次个例中反演效果的可靠性（徐燕等，2018）。选取对流合并区域（40°～40.5°N，116.5°～117°E），计算范围内的闪电频数、垂直积分液态含水量（VIL）、0℃层以上大于 40dBZ 的回波体积和平均上升气流速度，如图 2.28 所示，可以看出，随着对流相互靠近，VIL 持续增加，20:00 时 VIL 达到峰值 40kg/m³，随后稳定在 30～40kg/m³ 之间；20:42 之后开始明显降低。合并区域的闪电频数在 20:30 达到峰值，滞后于 VIL 峰值 30min。随对流合并，上升气流速度持续增加，20:30 达最大值，持续 15min 后开始减弱。合并区域 0℃层以上大于 40dBZ 回波体积与闪电的变化趋势基本一致，达到峰值时刻也接近。最大 VIL 和平均上升速度达到极值的时间都早于强回波体积和闪电频数，说明云中液态水与上升气流在合并过程中均增强，从而保证大量水汽被抬升至较低温度区，为冰相粒子的形成和起电提供了条件，同时更多的凝结潜热释放也增强了对流，有利于闪电的发生。

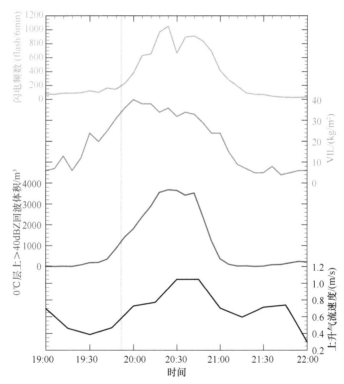

图 2.28　对流合并区（40°～40.5°N，116.5°～117°E）闪电频数、VIL 最大值、0℃层上大于 40dBZ 回波体积及 0℃层以上上升气流速度平均值的时间变化
灰色竖线表示开始合并

值得注意的是 VIL 达到峰值的时间早于上升气流速度，说明对流合并导致大量水汽

的首先集中，随后上升运动得到发展。从宏观上来看，合并过程中大量水汽和能量的集中造成云内浮力进一步增加。另外，对流发展的阻力来自于挟卷作用和形状阻力，二者均随云体半径增大而减小，云体合并成更大的云体时，对流发展阻力也会减小。从 19:45 对流合并前低层的水平风场和散度场（图 2.29）上可以发现，两个对流单体相接的区域为大范围的辐合区，雷暴云后部都为明显的辐散区，推动对流相互靠近；从对应的剖面图可看出对流区低层辐合、高层辐散的配置，垂直气流扰动较大，0～4km 有明显的垂直风切变，对流区前部为弱上升气流，后部开始出现弱下沉气流，闪电集中分布在上升气流较强的区域，垂直风切变也较大，小部分闪电分布在对流线后部开始出现下沉气流的区域。

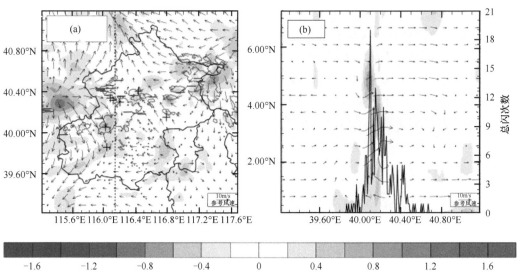

图 2.29　19:45 的水平风场和散度场（彩色填色图，正值为辐合，量级 $10^{-3}s^{-1}$）与 6min 内地闪的叠加

绿色等值线为对流区

（a）低层 150m；（b）沿图（a）黑色点划线的剖面及剖线前后 0.1°范围内的 6min 总闪分布

20:15 对流单体完成合并，形成有组织的飑线系统，低层对流区的辐合较合并前明显增加（图 2.30），地闪主要分布在对流区，与之对应的剖面图上可以看出，对流区表现为强烈的大范围的上升运动，上升气流较合并前明显加强，范围也增大，此时整个系统闪电数量明显增加，剖面图上可以看出闪电集中分布在对流区（39.8°～40.1°N），且上升气流越强的区域闪电越多。

2. 20170808 飑线过程

图 2.31 为利用 VDRAS 反演的对流合并前 20:54 的低层 150m 处的水平风场、散度场以及对应的剖面图。此时强对流区还未合并，对流单体移动的前方区域为大范围的辐合区，雷暴云后部分别为明显的辐散区，推动对流相互靠近；从剖面图可以看出对流区低层辐合高层辐散的配置，垂直气流扰动较大，对流区为弱的上升气流，后部开始出现弱的下沉气流，闪电集中分布在上升气流区。

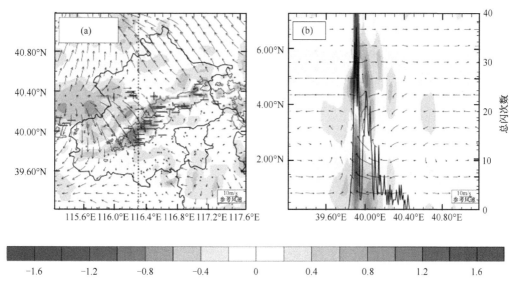

图 2.30　20:15 时的水平风场和散度场（彩色填色图，正值为辐合，量级 $10^{-3}s^{-1}$）
与 6min 内地闪的叠加

（a）低层 150m；（b）沿（a）图黑色点划线的剖面及剖线前后 0.1°范围内的 6min 总闪分布
绿色等值线为对流区

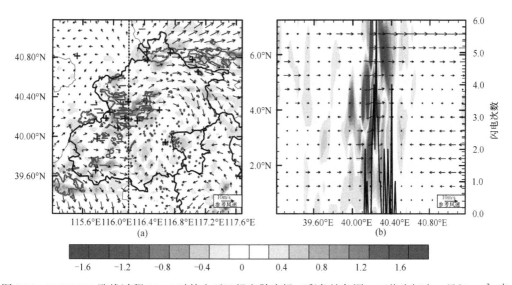

图 2.31　20170808 飑线过程 20:54 时的水平风场和散度场（彩色填色图，正值为辐合，量级 $10^{-3}/s^{-1}$）
与 6min 内地闪的叠加

（a）低层 150m；（b）沿（a）图黑色点划线的剖面及剖面前后 0.1°范围内的 6min 总闪分布
绿色等值线为对流区

　　21:18 时，对流单体已经完成合并（图 2.32），形成有组织的飑线系统，低层对流区的辐合量较合并前明显增加，地闪主要分布在对流区，与之对应的剖面图上可以看出对流区表现为强烈的大范围的上升运动，0～4km 有明显的垂直风切变，上升气流较合并前明显加强，上升区范围变大，此时整个系统闪电活动非常活跃，闪电数量明显增加，剖面图上可以看出闪电集中分布在对流区（40.04°～40.35°N），且上升气流越强的区域闪电越多。

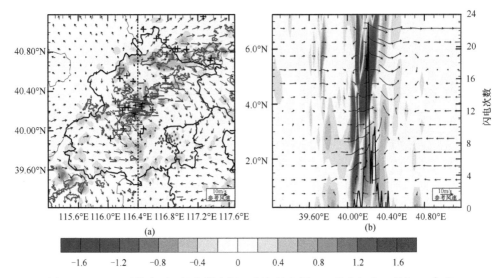

图 2.32 21:18 时的水平风场和散度场（彩色填色图，正值为辐合，量级 $10^{-3}s^{-1}$）
与 6min 内地闪的叠加

（a）低层 150m；（b）沿（a）图黑色点划线的剖面及剖面前后 0.1°范围内的 6min 总闪分布
绿色等值线为对流区

综合以上分析，对流合并后系统内上升气流的强度和范围较合并前显著增强，总闪活动增加，主要分布在强上升气流且垂直风切变比较大的区域。对流合并聚集的丰富水汽被强上升气流输送到高空温度较低的区域，导致大量冰相粒子产生，同时粒子间的碰撞概率也大大增加，从而导致对流合并后闪电增多。根据 MacGorman 等（2005）提出的"电荷抬升机制"，强上升气流将云中的主负电荷区抬升到较高位置，从而缩短了与高层正电荷区的距离，有利于云闪的发生，所以总闪频数显著增加，闪电主要分布在强上升气流区。如下节所述，存在强上升气流、风切变的区域有利于"电荷包"形成，导致小尺度闪电频繁发生。

2.4 雹暴的闪电活动与雷暴结构和降雹的关系

雹暴是我国常见的一种强对流天气现象，持续时间短，但来势猛、强度大，并伴随气温骤降、大风、强降水等阵发性灾害天气过程，具有很大的破坏力。雹暴的闪电活动十分活跃，对强对流以及灾害性天气的出现可能具有指示和预警意义。本节以北京和天津雹暴为重点研究对象，同时结合其他地区的一些雹暴过程，研究雹暴闪电活动的特征，并探讨闪电与雷暴结构和降雹之间的关系。

2.4.1 雹暴过程的地闪比例、地闪极性等特征

研究筛选了北京和天津地区 2005～2009 年共 16 次雹暴过程进行分析。使用资料包括 SAFIR3000 系统的三维闪电探测数据、ADTD 地闪探测资料、位于天津塘沽和北京的两部 S 波段多普勒天气雷达观测资料（如图 2.33 所示），以及北京探空资料等。SAFIR3000

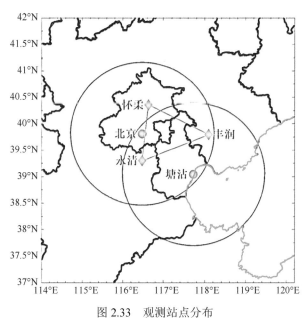

图 2.33　观测站点分布

◇：为北京地区 SAFIR3000 三维闪电定位系统，○：为多普勒雷达测站；圆形区域表征雷达 150km 探测范围

在 110～118MHz 频段内采用干涉法进行闪电定位,结合低频传感器(LF,300Hz～3MHz)识别地闪。在站网内部和附近，其定位精度优于 500m，探测效率可达 95%以上。选择雹暴过程所对应探空数据的原则是：以雷暴过程的起始时刻为准，选择雹暴过程起始时刻之前的探空数据。

依据气象部门提供的降雹信息，在组合雷达反射率图上确定产生降雹的雷暴主体；以雷暴主体强反射率值（根据雹暴的不同，选择 55dBZ 或 45dBZ 的阈值）的平均位置为中心，确定一个半径为 20km 的圆域，要求雷暴整体位于此圆形区域内，且 SAFIR3000 闪电辐射源观测数据在该区域内连续分布，分析位于此圆域范围内的雹暴及其对应的闪电活动。

对北京和天津 16 次雹暴过程的地闪比例、地闪极性等特征进行统计,结果如图 2.34 所示。雹暴过程具有活跃的总闪（云闪和地闪）活动，16 次雹暴过程每小时总闪频数的均值为 1403flash/h，明显高于普通雷暴。但雹暴过程中地闪占总闪比例相对偏低。16 次雹暴过程的地闪比例平均值仅为 4.43%，且地闪比例均低于 15%；其中 11 个个例的地闪比例低于 5%，占个例总数约 69%。作为对比，中纬度地区的地闪占总闪的比例通常在约 20%～30%左右（Mackerras,1998）。MacGorman 等（1989）提出"抬升电荷机制"（elevated charge mechanism），认为强风暴中强上升气流把中部主负电荷层推到较高的高度，使得主负电荷区与地面的距离加大，造成了地闪减少；而由于负电荷区和上部正电荷区的距离减小，使得云闪更容易在它们之间发生。Wang C 等（2017）提供了另外一种观点，认为强对流雷暴中，电荷结构可能呈现小电荷区交错分布的形态，电荷区范围内难以形成高电势，不利于地闪的发生。

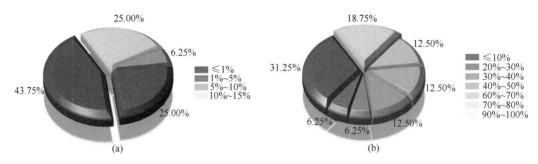

图 2.34　雹暴样本在不同地闪比例（a）和不同正地闪比例（b）区间的比例分布

雹暴过程中正地闪比例较一般雷暴高，16 次过程的平均正地闪比例为 50.48%。图 2.34（b）显示 7 次雹暴过程中正地闪比例高于 50%，占总体样本的约 44%，其中 1 次雹暴过程的正地闪比例高达 100%。一般雷暴过程中正地闪比例通常在 10%左右（Rudlosky and Fuelberg，2010；Zheng et al.，2010；Liu et al.，2011；Yang et al.，2015b）。另外，在 16 次雹暴过程中也存在 4 次过程正地闪比例小于 10%，与普通雷暴的正地闪比例接近。灾害性雷暴较高的正地闪比例可能与反极性电荷结构有关。灾害性雷暴具有强烈的对流运动和充足的水汽供应，在混合相态区域较高的液态含水量，有利于霰粒子获得正电荷，形成了上负-中正-下负的反极性电荷结构，有利于正地闪的产生（MacGorman et al.，2005；Rust et al.，2005；Wiens et al.，2005；郑栋等，2010；Zheng and MacGorman，2016）。

2.4.2　闪电活动与雷暴结构和降雹的关系

1. 闪电活动与雷暴结构空间对应关系

北京和天津 16 次雹暴个例中，选取闪电信息较为完整且辐射源较多的 6 次个例，绘制降雹开始时 2km 高度层上雷达回波与闪电辐射源密度和降雹位置之间的空间对应图，结果见图 2.35。图中自移动方向开始沿逆时针方向，依次对应为第一、二、三、四象限。可以发现，除图 2.35（c）个例外，其他个例中最大闪电辐射源密度（闪电活跃区）都出现在第四象限，也就是沿雹暴移动方向、降雹核心区前侧偏右的位置。

降雹核心区并非闪电最活跃区域的现象在地闪活动上也有体现。图 2.36 给出了广东一例雹暴个例中雷达反射率剖面与地闪分布的叠加图。闪电资料由广东电力地闪定位系统提供（Zheng et al.，2016），雷达数据来自广州番禺 S 波段雷达（王晨曦等，2014）。该雹暴于 2011 年 4 月 17 日 0 时左右在广西境内形成，1:30 移入广东省肇庆市封开县；随后 6 小时内，雹暴向东偏南方向移动，影响了广东省广州、佛山、云浮等市，期间，云浮市都杨镇记录到最大阵风为 44.3m/s（14 级），最大冰雹直径达 5cm。从图中可以看到回波悬垂结构，与强上升气流有关，右侧强反射率从高层倾斜触地，地面附近对应降雹。在降雹阶段，对应接地强回波区的位置附近地闪活动很少，而在降雹结束后，对应位置的地闪活动显著增强，说明降雹区的地闪不活跃。另外一个特点是在上升气流区的位置（大致对应有界弱回波区）地闪活动也相对较少。

近年来，除闪电频次、极性、类型等特征外，随着三维闪电精细化探测技术的发展，

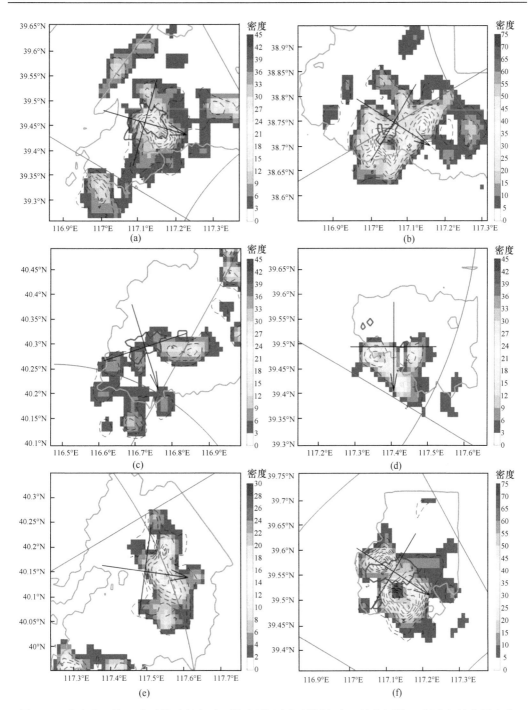

图 2.35　北京和天津 6 次雹暴过程降雹开始时刻闪电辐射源密度（填色区域），闪电初始位置密度（黑色虚线等值线），2km 高度雷达反射率廓线分布图

（a）2005 年 7 月 9 日天津雹暴；（b）2006 年 7 月 5 日天津雹暴；（c）2007 年 7 月 10 日北京雹暴；（d）2009 年 4 月 13 日天津雹暴；（e）2009 年 6 月 27 日天津雹暴；（f）2007 年 7 月 10 日天津雹暴

外侧橙色实线为 30dBZ 反射率，内侧红色实线为 60dBZ 反射率。30dBZ 廓线存在部分接近直线的边界，主要是由雹暴单体区域选择所引起。图中添加雹暴单体局地坐标系，其中心位置代表降雹核心区，箭头方向表示雹暴的移动方向。背景灰色实线为雷达径向射线以及间隔 50km 的距离线

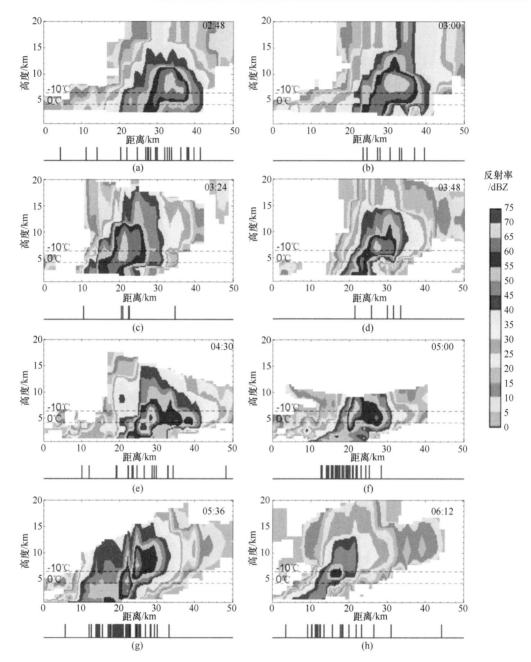

图 2.36 广东一次雹暴过程雷达反射率垂直剖面及地闪分布图（王晨曦等，2014）

（a）～（e）降雹阶段；（f）～（h）降雹后再活跃阶段

图中剖面的宽度均为 50km，穿越降雹区和主上升气流区；下方每条竖线表示一次地闪接地位置，蓝色表示负地闪，红色表示正地闪

闪电三维通道延展特征也日益受到关注（Bruning and MacGorman，2013；Calhoun et al.，2013；Zheng and MacGorman，2016）。下面通过对一次发生在美国新墨西哥州的降雹过程，进一步研究雹暴中的闪电通道空间延展尺度（简称闪电空间尺度）及其与雹暴结构的关系。该过程于 2004 年 10 月 5 日 1641UTC 起始于美国新墨西哥州西南部，自西南向东

北方向移动,冰雹尺寸 0.88~3.00 英尺[①]。闪电数据来源于 Lightning Mapping Array(LMA)系统。LMA 系统的中心频率 63MHz,带宽为 6MHz,探测网内部水平定位误差 6~12m,垂直定位误差 20~30m(Thomas et al.,2004)。LMA 可以提供具有通道描述能力的三维闪电探测数据(MacGorman et al.,2008;Zheng and MacGorman,2016);雷达资料来自新墨西哥州阿尔伯克基市 KABX 雷达。通过双线性插值将雷达反射率数据插值到水平分辨率 0.4km、垂直分辨率 0.5km 的直角坐标系下。在闪电数据与雷达数据结合分析时,取雷达体扫时段(5 分 14 秒)内所有闪电个例的平均闪电通道空间扩展尺度与该时段雷达数据匹配。关于该过程的详细介绍及其相关分析可参见 Zhang Z 等(2017)。

闪电空间尺度使用凸壳面积来表征,它是指在二维平面上包含所有闪电辐射源的具有最小面积的多边形的面积(Zheng and MacGorman,2016)。图 2.37 展示了该次雹暴平均闪电凸壳面积随雹暴演变的特征,为对比分析,闪电频次和相关雷达回波参量的时间变化也在图中显示。可以看到,平均闪电凸壳面积整体呈现先减小,再增大的趋势。与闪电频次对比,可以发现,两者呈现明显的反向对应关系。对应平均闪电凸壳面积最大的四个时次(1806UTC、1834UTC、1854UTC、1930UTC),闪电频次均处于谷值,而闪电活动最活跃的阶段,平均闪电凸壳面积处于最小值的阶段。结合 50dBZ 回波顶高的变化(定性反映对流强度的变化)可以看到,在闪电活动频次整体上与其正相关的情况下,平均闪电凸壳面积与其负相关。这意味着雷暴强度越强、闪电活动倾向于越强,但闪电空间尺度却倾向于越小。通过对闪电频次与平均闪电凸壳面积时间变化的相关性分析,发现两者的反相关关系可以用幂函数关系描述,相关系数到达-0.87。

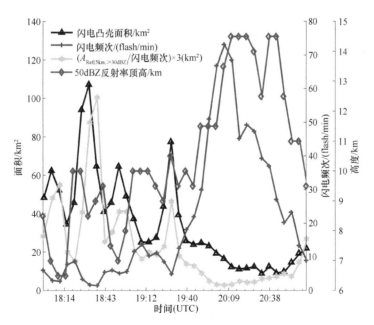

图 2.37　闪电凸壳面积、闪电频次、5km 反射率大于 30dBZ 回波面积与闪电频次的商 $A_{\mathrm{Ref}(5km,>30dBZ)}$(为了便于与闪电凸壳面积对比,原数值扩大三倍)、50dBZ 回波顶高在雷暴演变过程中的变化(Zhang Z et al.,2017)
统计的时间间隔对应雷达体扫间隔 5 分 14 秒

[①] 1 英尺=0.3048m

研究还发现，在空间上，闪电凸壳面积与对流强度和闪电活动强度也存在反向对应关系，如图 2.38 所示。可以看到，闪电起始密度（由闪电起始点算出）和闪电穿越密度（空间有闪电通道通过就计算为一次闪电）的大值中心总是表现出相互接近甚至重合的

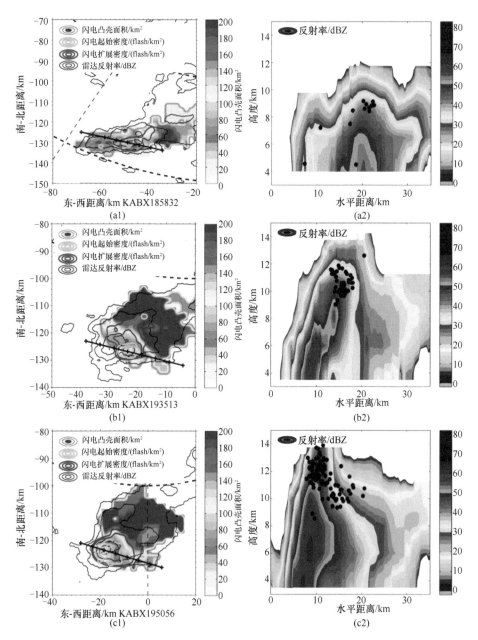

图 2.38　超级单体三个连续体扫时次闪电凸壳面积的水平分布和雷暴的水平及垂直结构（Zhang Z et al.，2017）

（a1）（b1）（c1）的彩色底图表示平均闪电凸壳面积，黑色曲线对应底层雷达反射率廓线（由外到内分别对应 10dBZ、30dBZ、50dBZ 和 60dBZ），绿色曲线表示闪电起始密度（由外到内的值为 0.5flash/km²、3flash/km² 和 5flash/km²），红色曲线对应闪电扩展密度（由外到内的值为 1.5flash/km²、3flash/km²、10flash/km² 和 20flash/km²），黑色直线显示了右侧雷达垂直剖面图的水平位置。（a2）（b2）（c2）展示了雷达垂直剖面与闪电初始位置的叠加

特点，而且它们的大值区位置总是对应平均闪电凸壳面积的小值区。此外，闪电起始密度和闪电穿越密度的大值中心在大多数时候与低层强反射率中心具有水平对应关系，但在超级单体具有较为明显钩状回波特征时 [图 2.38（b1）]，位置出现了偏离。参考其垂直剖面图 [图 2.38（b2）] 可以看到，1935UTC 的强反射率柱相比其他几个分析时次具有明显的倾斜特征。同时可以发现，在所有分析时次中，闪电起始主要出现在强反射率柱上部最大反射率小于 50dBZ 的区域，随着强反射率柱的高度变化而变化。

为更直观地认识闪电空间尺度与闪电穿越密度之间的关系，对上述两个参量在 2km×2km 格点下进行水平空间相关性分析，发现幂函数关系能够更好地表征两者的反向相关性。在 38 个分析时次内，19 个时次的负相关系数绝对值大于 0.5，占比 50%。研究还发现，两者的反向相关性与 50dBZ 回波顶高在时间变化上具有正向对应，也即雹暴的对流特征越强，两者的空间反向相关性越显著。

闪电空间尺度与雹暴结构的关系可能与动力条件对电荷分布形态的影响有关。闪电空间尺度在超级单体对流较强的时段或者对流区附近相对较小，而在对流较弱的时段或者距离对流区较远的前侧云砧区相对较大，这可能是由于在强烈垂直气流和湍流作用下，云内很难形成大区域的电荷区，相反，各异种电荷区主要以密集分布的小电荷区的形态存在。在这种情况下，异种电荷区之间更容易产生闪电放电，但闪电通道传播距离却受到了小电荷区的限制，因此表现为较为活跃的闪电起始以及闪电活动密度，但是闪电空间尺度却较小。在对流相对较弱的时段或区域，更倾向于形成具有分层特征的较大尺度电荷区，在这种电荷分布形态下，闪电起始相对较少，但通过上述电荷区的闪电空间尺度相对较大。类似这样的发现或研究还可参考 Bruning 和 MacGorman（2013）、Calhoun 等（2013）、Zheng 和 MacGorman（2016）、Zheng 等（2016）。

2. 闪电活动和降雹

通过对北京和天津 16 例雹暴过程总闪活动随时间演变的分析，发现在地面出现降雹以前，总闪电活动通常倾向于呈现较为显著的增长，并形成峰值，地面降雹通常出现在总闪峰值形成之后。这种闪电在达到峰值前突然增加的现象被称为"闪电突变"（Williams et al.，1999），先前的一些研究表明闪电突变对于灾害性雷暴的发生具有提前预警的效果（Williams et al.，1999；冯桂力等，2001；Gatlin and Goodman，2010；Yao et al.，2013）。这种闪电突变的现象能够通过闪电突变算法予以识别，Schultz 等（2009）认为 2σ 算法能够较好地获得闪电突变的信号，具有更为明显的预警价值。

参考前人的研究工作，在北京和天津雹暴的分析中引入 2σ 算法（Gatlin and Goodman，2010）获取闪电突变信号。图 2.39 是利用 2σ 算法，获取两次个例闪电突变信号的示例。图 2.39（a）中出现了三次总闪频次突变（对应频次快速增加），对应时刻分别为 9:00UTC、9:04UTC 和 9:28UTC，分别超前降雹出现时间分别为 54min、50min 和 26min。图 2.39（b）中仅出现一次总闪突变信号，对应时刻为 12:32UTC，超前降雹发生时间为 4min。在 16 次雹暴个例中共有 10 次个例提取到闪点突变信号，占总体样本的约 63%；其中 7 次过程中的闪电突变信号超前于降雹出现，占总体样本的约 44%，在有闪电突变信号出现现象的样本中占 70%。

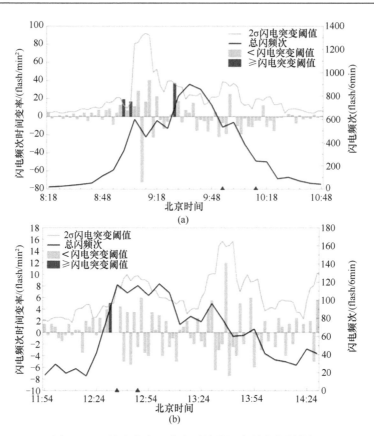

（a）

（b）

图 2.39　天津和北京两次降雹的总闪电频次突增特征

（a）天津；（b）北京

黑色实线表示总闪的时间演变，橘黄色实线表示当前时刻的 2σ 突变阈值，浅蓝色柱状图表示当前时刻的总闪数目低于 2σ
突变阈值，红色柱状图表示当前时刻的总闪数目高于 2σ 突变阈值，横坐标上的三角形标识的阶段为降雹阶段

　　分析中还发现，冰雹的直径与正地闪比例之间可能存在正相关关系。选取 16 次过程中有明确冰雹直径记录的 9 次过程，对比分析了这 9 次过程中正地闪比例与最大冰雹直径之间的对应关系（图 2.40），发现正地闪比例与最大冰雹直径之间存在一定的正相关，具有较高正地闪比例的雹暴，其冰雹直径倾向于越大；反之，正地闪比例低，冰雹

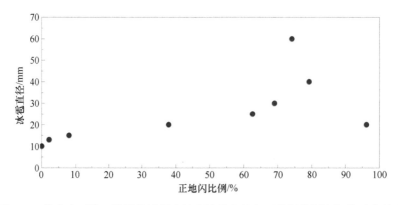

图 2.40　北京和天津 9 次雹暴过程中最大冰雹直径与正地闪比例之间的对应关系

直径倾向于较小。这一结论与姚雯等人对北京地区雹暴过程的统计结论一致（Yao et al.，2013）。

2.4.3　部分雹暴过程中的两次闪电活跃阶段

郑栋等（2010）在一次北京雹暴的分析中发现其闪电活动有两次峰值，第一次与降雹过程对应，第二次则出现在降雹结束之后。2.4.2 节中谈到的广东雹暴过程也有这样的特征（王晨曦等，2014）。在北京和天津 16 例雹暴过程中，分析发现其中有 10 例雹暴，其闪电活动具有两次峰值，或两个活跃阶段。其中 5 例，降雹结束后对应的闪电活跃阶段峰值还大于与降雹相关联的闪电活动峰值。从 5 例个例中选择 2 例进行分析，它们在第二次活跃闪电活动的成因上可能体现了两种不同的机制。

两个降雹单体都发生于北京时间 2007 年 7 月 10 日，出现在同一个系统的不同地方，对应降雹事件分别发生于北京顺义地区和天津蓟县。当日，北京市顺义地区张镇、杨镇等 5 镇 76 村遭受冰雹袭击，降雹过程起始于 22:00，持续大约 30min，冰雹最大直径达6cm。天津市蓟县降雹起始于 22:18，持续约 12min。

1. 闪电放电特征

图 2.41 显示了两次雹暴过程中闪电辐射源时空位置以及总闪和地闪频次等的演变特征。图 2.41（a）显示，北京雹暴过程整体表现出较频繁的总闪活动和较少的地闪活动，整个过程中地闪在总闪中的最大比例为 13.3%，平均为 0.91%。根据总闪活动频次的演变以及降雹的出现，北京雹暴过程可以被分为前后两个闪电活跃阶段，即降雹阶段（实际上闪电的峰值出现在降雹前）和降雹后闪电的再活跃阶段。降雹阶段前期，总闪电活动快速增强，在 13:48UTC 时刻达到一次峰值 392flash/6min，随后总闪电频次开始降低，并在 14:00UTC 左右观测到降雹。在降雹结束时间附近，总闪电频次下降到谷值，随后开始再次增加，进入第二个阶段，并在 14:54UTC 达到最大值 730flash/6min。可以看到，总闪电活动在第二个阶段要强于第一个阶段。地闪活动从雹暴开始发展到15:18UTC（第二个阶段总闪电活动快速增长结束附近）都为正极性，随后第二个阶段的闪电活跃阶段，负极性地闪却占据了主导地位。

闪电辐射源被用于辅助判断主要参与放电的正电荷区的高度，在正电荷区传播的闪电负极性通道在 VHF 频段倾向具有更大的辐射能，因此可以定位到最多的辐射点，闪电辐射点最为集中的高度可以被认为是正电荷核心区的位置（郑栋等，2010；Zheng et al.，2010）。从图2.41（a）可以看到，在北京雹暴初始阶段（12:36～13:18UTC），参与放电的主正电荷区从 6km 上升到 7km，对应温度层在-10～-20℃之间，雷暴具有灾害性雷暴中常见的反极性电荷结构特征，即中层为正电荷区。13:24～13:54UTC，缺少辐射源的高度信息。14:00～14:30UTC，参与放电的主正电荷区位于 13km 高度左右，这个时段正好对应降雹，推测是由于降雹的沉降作用导致下部的电荷区减弱，所以更多的放电在上部电荷区之间产生。降雹结束后，14:36～15:54UTC，参与放电的主正电荷区从 8km 左右高度持续上升到约 11km 高度，整体电荷结构表现出由反极性向正常极性过渡的特点。

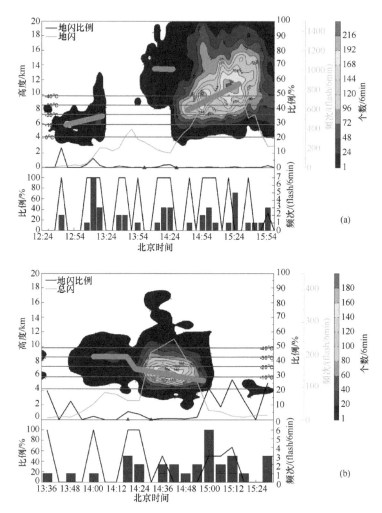

图 2.41　北京雹暴和天津雹暴的 SAFIR 辐射点频次随时间和高度的变化（彩图区域，单位：个），总闪电频次（绿色实线），地闪比例（黑色实线），正地闪比例（统计图区域的黑色实线，单位：%），正、负地闪频次（统计图区域的红色、蓝色柱状图）分布（Xu et al.，2016）

（a）北京；（b）天津

图中灰色粗实线为推测的主正电荷区中心位置

图 2.41（b）显示，天津雹暴过程的闪电活动同样具有两个阶段的发展特征。整个过程的地闪在总闪中的最大比例为 27.3%，平均为 2.1%。闪电活动在 14:06UTC 达到初始峰值 84flash/6min，在随后的闪电活动减弱过程中，地面观测到降雹，并持续减弱到降雹接近结束时。这一个阶段，正极性地闪占据主导地位，比例高达 87.5%，其中大部分时段只有正极性地闪发生。降雹结束后，闪电活动迅速增加并达到最大值 248flash/6min，此后闪电活动随着雷暴的消亡快速减弱。这一阶段的大部分时间地闪以负极性为主，正地闪的比例下降到 31.8%。

基于闪电辐射点的高度信息进一步推测，在第一个阶段，参与放电的主要正电荷区位于 8km 左右的高度，当降雹发生时，该电荷区高度明显下降，该趋势在降雹结束时减弱，此时参与放电的正电荷区的高度约为 7km。随后的第二次闪电活跃期，参与放电的正电荷区高度持续缓慢下降，在闪电峰值时段，其高度大概在 6～7km 之间。可见在天津雹暴整个过程中，雷暴的电荷结构都具有反极性结构的特点，即参与放电的主正电荷区位于雷暴中部附近。

对比可以发现，北京和天津雹暴过程呈现出类似的闪电活动特征，包括闪电的两次活跃阶段、对应两次活跃阶段的主导地闪极性特征，以及闪电频次变化与降雹的关系。但是，参与放电的主体电荷结构却具有显著的差异。Zhang 等（2006，2009）指出，地闪极性往往与导致地闪放电的两个电荷区中上部电荷区的极性相同，下部电荷区是上部电荷区对地放电的必要条件。从闪电的双向先导传播概念来说，在中部和下部电荷区之间起始的地闪，向下传播的先导具有与中部电荷区相同的极性，其穿过下部电荷区，在一定条件下发展到地面，从而形成地闪，因而地闪极性与中部电荷区极性相同。基于上述概念可以推测，北京雹暴中，在第一个阶段的闪电活动增强过程中，正极性地闪主要由中部正电荷区和下部负电荷区作用产生；在降雹阶段，正地闪则来自上部正电荷和中部负电荷的放电；而第二次活跃阶段的早期，当正极性地闪继续主导雷暴的阶段，地闪主要由高度正不断上升的正电荷区和下部负电荷区作用产生，随后的负极性地闪主导阶段，负地闪可能由中部的负电荷区和下部的正电荷区产生，此时图 2.41（a）中显示的正电荷区只贡献少数几次正地闪。对于天津雹暴，主正电荷区一直位于中层，且高度在中后期降低。第一个阶段中的正地闪应该由该正电荷区与下部负电荷区作用产生，而第二个阶段主导的负极性地闪很可能来自上部负电荷区和其下部不断下降高度的正电荷区的贡献。

2. 闪电活动与雷暴结构的演变

图 2.42 给出了雹暴各高度层 Z_{mean15}（雷暴单体区域内，各层反射率≥15dBZ 区域内反射率的平均值，反映该时刻雷暴的发展强度，也可反映云内冰相粒子的数量和分布）、Z_{max}（雷暴单体区域内，各层反射率的最大值，反映雷暴强核心所在位置）和 V_{40}（各等间隔高度层之间≥40dBZ 的回波体积，能够反映该时刻强回波核的分布情况，也可反映雷暴的空间大小和发展程度）随时间演变特征。

由图 2.42（a1）可见，北京雹暴过程降雹发生前，Z_{mean15} 廓线的上边界呈现快速增长的趋势，而在降雹发生时，开始呈现下降趋势，低层 4km 以下的平均反射率增大，可见降雹阶段低层大的冰相粒子明显增多。第二个闪电活跃阶段，Z_{mean15} 廓线的上边界缓慢增长，在 14:54～15:30UTC 这一时段基本保持不变，低层出现较大的平均反射率，对应强降水过程。能够发现，降雹前 Z_{mean15} 廓线的上边界明显高于第二个闪电活跃阶段。由图 2.42（a2）可见，北京雹暴 Z_{max} 与闪电活动在整体上表现出一定的对应关系，两个阶段内闪电活动的峰值分别与 Z_{max} 在垂直方向上的最大扩展相对应。由图 2.42（a3）可见，北京雹暴降雹出现前，各层的 V_{40} 都显著增大，从垂直方向上看，大于等于 40dBZ 的反射率体积在降雹前不断增大，意味着雷暴的快速增强，与此同时，V_{40} 的强中心不断向下发展，当强中心下降至最低点（3km 高度左右）时，降雹活动开

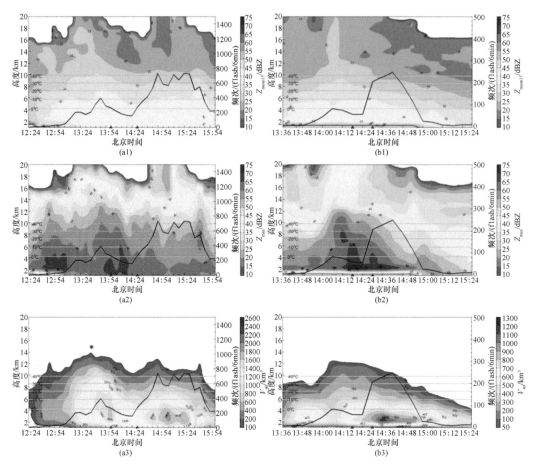

图 2.42　2007 年 7 月 10 日北京降雹和天津降雹 Z_{mean15}（单位：dBZ）、Z_{max}（单位：dBZ）、V_{40}（单位：km³）时间变化分布叠加总闪变化曲线（黑色实线）（Xu et al.，2016）
（a1）北京降雹 Z_{mean15}；（b1）天津降雹 Z_{mean15}；（a2）北京降雹 Z_{max}；（b2）天津降雹 Z_{max}；
（a3）北京降雹 V_{40}；（b3）天津降雹 V_{40}

始。降雹发生及以后，V_{40} 快速减弱。第二个闪电活跃阶段，V_{40} 再次增长，强中心始终维持在 3km 高度处。第二个闪电活跃阶段 V_{40} 的垂直扩展速度和所能达到的最大高度都明显小于降雹阶段。

图 2.42（b1）显示，天津雹暴 35dBZ 及其以上的廓线在 13:42～14:30UTC 这一阶段的变化不明显，但是，小于 35dBZ 的反射率廓线在降雹前呈现快速的增长，并在闪电活动峰值出现前后达到峰值。随后（14:36UTC 及以后）≤35dBZ 的廓线持续下降并一直持续到过程结束。由图 2.42（b2）可知，天津雹暴降雹发生前，Z_{max} 在垂直方向上迅速增加，随后，强中心不断倾斜下降，当强中心降至最低点时，降雹活动开始。第二次闪电活跃阶段，Z_{max} 并没有增强，但是低层的强中心仍然存在。图 2.42（b3）表明，在初次闪电峰值出现前，天津雹暴低层存在 V_{40} 强中心，随后减弱。降雹前，高层和低层的 V_{40} 同时增长。降雹后，低层的 V_{40} 继续维持且增强，而高层的 V_{40} 却开始下降。

由上述分析可以看到，北京雹暴和天津雹暴在结构发展演变方面具有明显的异同。

首先，在降雹出现前的阶段，两例雹暴都展现出较强的对流特征，整层反射率增强，说明云内粒子在整层显著增长。降雹发生后，由于降雹的拖曳作用以及云内粒子的沉降，动力过程明显减弱，各高度上反射率整体减弱。但北京雹暴和天津雹暴在降雹结束后的第二次闪电活跃阶段却表现出完全不同的发展特征。北京雹暴过程的第二次闪电活跃阶段明显出现了对流活动再次增强的特点，雷达反射率特征相比降雹结束时明显增强，但从反射率分析来看，该阶段的对流强度要弱于降雹前。天津雹暴却表现出对流活动持续减弱的特点，比如在中高层的雷达反射率参量值持续减小，Z_{mean15} 和 V_{40} 仅在低层有所保持。

为了解不同高度范围上雹暴的演变特征，进一步分析了 $V_{40\text{-Fup}}$（-15℃层高度以上大于 40dBZ 的反射率体积变率）和 $V_{40\text{-Fdown}}$（-15℃层高度以下大于 40dBZ 的反射率体积变率）；探空数据表明，该过程-15℃层对应高度约为 6.58km。如图 2.43（a）所示，北京雹暴在 13:48UTC 之前，$V_{40\text{-Fup}}$ 和 $V_{40\text{-Fdown}}$ 均为正值，说明雷暴迅速发展增强，相应地，总闪于 13:48UTC 达到峰值。13:48～14:00UTC，$V_{40\text{-Fup}}$ 降为负值，$V_{40\text{-Fdown}}$ 仍为正，说明冰雹粒子正在下降，对流活动受到抑制，14:00UTC 降雹出现。降雹阶段，$V_{40\text{-Fup}}$ 和 $V_{40\text{-Fdown}}$ 均为负值，意味着雹暴不断减弱，同时由于降雹作用，整层的冰相粒子减少，对应此阶段总闪活动也逐步减弱。降雹结束后（14:30～14:54UTC），$V_{40\text{-Fup}}$ 和 $V_{40\text{-Fdown}}$ 又再次增加并表现为正值，显然雷暴再次发展增强，对应闪电活动的再次增强，并在 14:54UTC 形成一个临时峰值。15:00～15:24UTC，$V_{40\text{-Fup}}$ 为小的负值，$V_{40\text{-Fdown}}$ 则在 0 线附近上下波动，表明-15℃温度层以上冰相物缓慢但持续减弱，而-15℃温度层以下的冰相粒子增减交替。这期间闪电活动呈现出震荡式发展，增长并不明显。15:30～16:00UTC，$V_{40\text{-Fup}}$ 和 $V_{40\text{-Fdown}}$ 的特征表明雷暴正在减弱，闪电活动随之急剧减少。

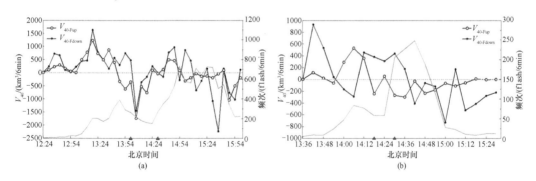

图 2.43　2007 年 7 月 10 日北京降雹、天津降雹 $V_{40\text{-Fup}}$ 和 $V_{40\text{-Fdown}}$（单位：km³/6min）的时间变化与总闪变化（灰色实线）（Xu et al.，2016）

(a) 北京降雹；(b) 天津降雹

由图 2.43（b）可见，天津雹暴降雹发生（1412UTC）前，$V_{40\text{-Fup}}$ 基本为正值，$V_{40\text{-Fdown}}$ 也以正值为主，雷暴处于快速增强阶段，闪电活动在 14:06UTC 达到降雹前的峰值。随后的分析时段内，$V_{40\text{-Fup}}$ 基本为负值，说明雷暴上部的冰相物逐渐减少，雷暴整体的动力强度呈现出减弱的趋势。但是，在 14:12～14:36UTC 期间，$V_{40\text{-Fdown}}$ 为正值，意味着雷暴中下部水成物粒子在快速增加，而这一阶段，雷暴的主正电荷区中心恰好位于-15℃

温度层附近，相比降雹时段出现了明显下降，足以证明这个阶段更为活跃的闪电活动来自于低层冰相过程增长的贡献，闪电活动也随后在 14:42UTC 达到峰值。14:42UTC 以后，V_{40-Fup} 和 $V_{40-Fdown}$ 都以负值为主，雷暴整体上都处于减弱阶段，闪电频次也迅速减少。

上述分析可以看到，雷暴过程的闪电频次变化与雹暴大于 40dBZ 反射率体积的变化率具有非常好的一致性，特别是在北京雹暴过程中的 V_{40-Fup} 能够很好地解释闪电频次的演变；而天津雹暴，在降雹阶段，V_{40-Fup} 与闪电频次有较好对应，而第二个阶段，$V_{40-Fdown}$ 与闪电频次关系更为紧密。从图 2.43 的分析中，可以进一步明确，北京雹暴过程对应闪电活动的两个活跃阶段，分别由雹暴对流活动的两次增强过程引起，而天津雹暴，对流活动在降雹开始后整体处于减弱过程中，在这种情况下却贡献了第二次更为活跃的闪电活动。此外，雹暴在降雹阶段之前具有更为快速的增长（更大正值 V_{40-Fup}），闪电活动的峰值出现在 V_{40-Fup} 快速增长并接近结束的时段，降雹却出现在 V_{40-Fup} 转变为负值且 $V_{40-Fdown}$ 迅速增加的时段，这能够作为降雹预警的一个指标。

3. 雹暴闪电活动两次活跃阶段成因探讨

基于上述分析，尝试对两例雹暴的宏观发展过程进行讨论。北京雹暴过程的最初阶段，动力过程强劲，大量水汽被输送到云内凝结形成液态水（冰雹形成的必要条件）。在大量过冷液态水条件下，依据非感应起电机制（Takahashi, 1978），混合相态区域的冰-冰回弹碰撞过程导致大冰粒子（如霰）带上正电荷，小冰粒子（如冰晶）带上负电荷，从而在中部形成正电荷区，并贡献正极性地闪放电。降雹时刻，下沉气流明显占据主导，导致雷暴整体急剧减弱，闪电活动也随之减弱。降雹后雷暴再次增强过程与一般雷暴过程类似，非感应起电机制下，霰带负电，冰晶带正电，在上升气流持续作用下，电荷区不断被抬升，正常电荷结构下，主正电荷区位于上部。

天津雹暴在降雹前的过程与北京雹暴类似，强对流和高液态含水量贡献了降雹前的反极性电荷结构。降雹发生时，中部正电荷区在下沉气流拖曳作用下下降明显，但其降雹过程和持续时间都弱于北京雹暴，中部正电荷区仍能够导致地闪活动的形成。更为重要的是，降雹结束后，对流活动持续减弱，但高度已经降低了的中低层正电荷区却呈现增强趋势。推测其可能原因如下：雷暴虽然减弱，但先前的过程在雷暴内留下大量较小尺度的冰粒子（相对于之前的冰雹而言），同时雷暴内还存在弱上升气流，虽不足以支撑雷暴在垂直结构上的更大发展，但一方面能够确保小冰粒子在中低层的维持和存在，另一方面，也可能对冰粒子在中低层的生成产生贡献。此时，冰粒子所处主要区域为 −15℃ 左右（云内温度应比该温度高），位于反转温度层以下，此时在冰-冰碰撞过程中霰获得正电荷，从而进一步增强了中部的正电荷区。

之前有关闪电频次与雷暴动力过程的相关研究通常都认为闪电活动的频次与雷暴的对流强度整体呈现出一致性。从宏观角度，这里的研究从两个方面展现了例外：①北京雹暴中，第二个阶段中对流活动弱于第一次，但闪电频次更强；②天津雹暴处于对流减弱阶段的闪电活动频次远大于第一个阶段。为什么对流更强的降雹阶段，闪电频次更不是最高的呢？从分析中可以看到，在对应雹暴过程的第一个阶段，对流非常强，雷暴在发展较短时间后就出现了降雹，这对于起电过程可能具有如下不利因素：首先，较短的时间不利于起电的持续发展和电荷的累积；其次过强的垂直运动（同时雷暴尺度都较小）不利于冰-冰碰撞的接触时间（较大的相对速度将会使得碰撞后很快回弹，且在强大气流作用下，冰相粒子难以在上升气流附近持续存在）；最后，冰雹增长过程消耗了大量的水汽，阻碍了较小尺度冰粒子的生成，而大雹粒子的数浓度较低，集成表面积较小，雹粒子携带电荷较少。而上述不利因素在适中的对流运动中影响相对较弱，或不存在，比如对应北京雹暴的第二次闪电活跃阶段。至于天津雹暴第二次闪电活跃阶段，则可能是在相对稳定的气流下，电荷的聚集所致。

2.5　一次强飑线系统的模拟及其结构的时空演变特征

由于受观测分辨率的限制，目前还无法得到具有动力－热力学一致、能分辨飑线内部三维结构的实测资料。为揭示飑线结构特征和发展机理，本节对发生在北京、天津和河北的一次飑线过程进行高时空分辨率的数值模拟分析，以加强对该地区飑线内部三维结构的认识及其动力学过程的理解。

2.5.1　强飑线过程简介

所选择的强飑线过程发生于 2013 年 7 月 31 日，在北京、天津和河北造成了短时强降水和强地闪。系统起始于 12:00 时左右，在呼和浩特市以东形成。初期仅有几个独立的对流单体，向东移动过程中不断发展；17:10 时飑线大部移入河北，对流单体连接形成线状对流；18:00 时飑线进入北京时突然加强，随后继续东移，于次日 1:00 时移出天津并逐步减弱。其下山加强过程与 2.2 节描述相似。

北京站 14:00 探空显示，北京地区处于一个有利于强对流发展的条件下，低层风呈顺时针旋转；0～3km 与 0～6km 水平风的垂直切变均约为 11m/s，对于强对流的发展为一适中的数值（Markowski and Richardson，2011）；CAPE 值较大，达到 2033J/kg；LCL 较低，为 864hPa，气块容易被强迫抬升至 LCL，因为潜热释放而产生不稳定而使得对流触发或发展。在这种有利于对流发生的条件，可能导致飑线进入北京前后得到发展和加强。欧洲中心的 ERA-Interim 再分析资料显示，高空有急流存在，但北京、天津和河北既不在急流入口区，也不在急流出口区，上空的辐散形势并不明显。500hPa 图上，我国北方大范围的地区处在天气尺度低槽的控制下，北京、天津和河北处于槽前大范围西南偏西气流控制下，没有明显的冷平流输送，等高线分布较为均匀。700hPa 图上，蒙古高原有一温带气旋。短波槽基本保持静止，该槽从甘肃以北一直延伸到云南南部，槽前有一支强西南风气流把暖湿空气往华北一带输送。850hPa 存在暖平流向华北输送，副高西北部有一小脊发展，华北地区气压梯度增加。按照丁一汇等（1982）对中国飑线发生条件的研究，这种环流型虽然属于"槽前型"，但在飑线发生过程中低槽在逐渐减弱。本次飑线触发于该温带气旋的东南部冷暖空气交汇区域。

此次飑线触发及发展过程中，虽然低层有暖平流向北京、天津和河北地区输送，但中高层的天气尺度系统稳定少变，没有明显的冷平流和辐散气流配置，属于弱天气背景强迫下的飑线的发生发展过程。弱天气背景下的强雷暴的触发和发展，较强天气背景强迫的雷暴系统的研究和预报更具有挑战性。

根据 ADTD 观测的地闪数据，总结出本次飑线发展演变过程中的地闪特征见表 2.1。地闪出现极大值的时间比飑线成熟时间提前了 2~3h 左右；随着飑线发展，正地闪频率增加，地闪活动高值区位于飑线南部。

表 2.1　地闪频率及次数

时间	总地闪 /(flash/h)	正地闪 /(flash/h)	负地闪 /(flash/h)	正地闪频率/%	南段地闪 /(flash/h)	北段地闪 /(flash/h)
15:00	1089	90	999	8.19	633	456
16:00	1445	89	1356	6.16	938	507
17:00	1954	104	1850	5.32	836	1118
18:00	1714	263	1451	15.34	974	740
19:00	1180	219	961	18.55	739	441
20:00	818	138	680	16.87	645	173
21:00	456	116	340	25.44	275	181
22:00	169	41	128	24.26	57	112
23:00	106	18	88	16.98	67	39

2.5.2　模拟设计与验证

模拟采用 WRF 模式，网格分辨率为 3km 嵌套 1km，微物理过程采用 Morrison 方案，边界层方案采用 ACM2（Pleim）方案。模式初始时刻为 2013 年 7 月 31 日 8:00，积分 24h。下面用实况资料和 3km 分辨率区域模拟结果作比较。

首先，通过对华北多普勒雷达组合反射率对比发现，本次飑线过程起始于 31 日 12:00 左右 [图 2.44（a）（d）]，雷达反射率呈东北—西南走向的带状分布。大部位于山西省以北至内蒙古自治区内，后部为层状云区。层状云区中前部有几个孤立的对流单体，呈线状排列。模拟飑线触发时刻比实况稍晚，起始位置和组合反射率大小和实况基本一致，对流单体的分布与实况相比较为分散。18:00 左右飑线前沿进入北京境内 [图 2.44（c）（f）]，飑线呈东北-西南走向，层状云区范围较小。随后的发展过程，模拟的飑线形态和位置也都与实况基本吻合。

实况累计降水量分析可见，在对流触发之后，降水强度逐渐增加，成为一条带状降水区。从 15:00 [图 2.45（a）] 的小时累计降水量可以看出，雨带呈东北-西南走向，雨带中存在有两个主要的降水中心。1h 最大降水量已经达到 20mm 左右，属于短时强降水。模拟的雨带走向和位置 [图 2.45（c）] 与实况比较一致，实况降水中心的位置在模拟中也有相应的降水中心对应，强度与实况接近。18:00 时 [图 2.45（b）]，雨带大部分已经进入河北省，1h 降水量最大值在 10~15mm 左右。模拟 1h 累计降水量分布特

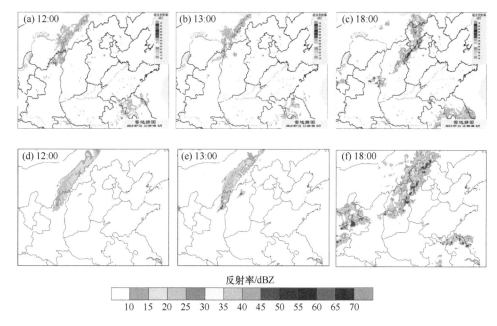

图 2.44　观测（a）～（c）和模拟（d）～（f）的雷达组合反射率

征［图 2.45（d）］与实况也较为接近，但强度比实况偏强。21:00 时，雨带移入北京境并加强，对北京城区产生了较大影响。降水中心 1h 累计降水量超过 25mm，最大降水中心有 3 个，分别位于北京东北部边界，北京南部边界与河北交界处以及石家庄附近，其中北京东北面的降水中心降水强度较弱，而其他两个强度较强。模拟的雨带位置比实况偏西，量级基本一致，也模拟出雨带上的三个降水中心（图略）。23:00 时，实况雨带明显缩减，强度开始减弱，一小时最大降水量为 15mm 左右，模拟也基本再现了这一特征（图略）。总体而言，降水特征的模拟在飑线组织化的前期再现相对较差，而在飑线成熟时期和消亡时期对实况的表现较好。

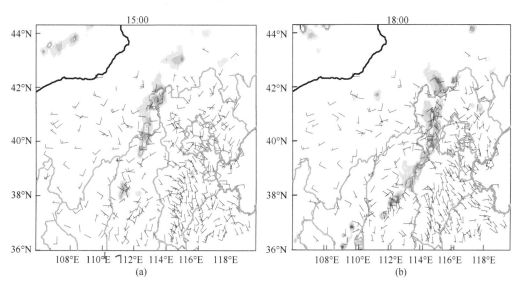

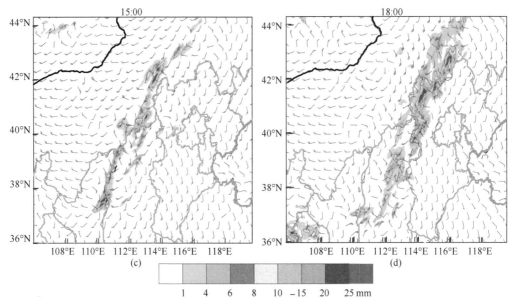

图 2.45　观测〔(a)(b)〕与模拟〔(c)(d)〕的一小时（1h）累计降水量和地面风场

2.5.3　飑线系统的三维结构

　　本次飑线的中尺度气压场呈"低－高－低"的结构分布，即在成熟阶段存在位于层状云后部的尾低压，位于对流云区后方的中高压以及位于飑线前方的飑前低压（图 2.46），中高压在飑线形成不久之后即出现（15:00）。最初出现中高压的位置位于飑线中部的对流云区，后来随着飑线的继续发展，在北部和南部对流较强的区域也出现了中高压。尾低压在飑线接近成熟时出现（19:00），位于层状云区后方，强度较弱。在飑线成熟时期（20:00），飑线的"低高低"结构呈现不对称分布，中高压有两个，强度较强的一个位于飑线北部对流云区后方，另一个位于飑线中部偏南的层状云区后方，强度较弱。中高压中有气流辐散向外流出。尾低压位于飑线中部偏南的对流云区后方，强度较弱。飑前低压位于飑线前南部，强度较强，范围也较宽广。这些中β尺度的地面气压扰动结构与 Zhang 等（1989），Zhang 和 Gao（1989）模拟的美国一次飑线系统相似。

　　图 2.47 为飑线在成熟时期（19:00～20:00）的雷达反射率、相当位温和风暴相对风速的垂直剖面图，风暴相对风速为环境风速减去风暴移速。本次飑线过程在成熟时期恰好经历了一次下坡过程，飑线从太行山山脉移动到华北平原。19:00 和 20:00 的雷达反射率均表现为飑线前部为一带状高值区（雷达反射率高于 40dBZ），这里是对流发展的区域，从地面一直上升到 300hPa 以上。在反射率高值区之后，为一片广阔的反射率低值区（小于 40dBZ），此处为层状云区。相对风暴的气流从飑线前方低层流入，在对流云区前部上升，把飑线前方低层高相当位温的气流带入飑线。随后分为两支，偏小的一支从对流云区上方高层翻转流出，并在飑线前方高层形成云砧。主要部分在穿过对流云区后，先稍微下沉，再分为两支，一支继续上升，从飑线尾部高层流出，形成后方高层

的云砧区；另一支下沉，与飑线后方入流在层状云区中层与后方入流汇合，随后继续下沉从飑线尾部近地面层流出。本次飑线过程在成熟时期的一个显著特点是有一支强劲的后方入流（Zhang and Gao，1989）。这支后方入流在约 19:00 时出现，入流最大处位于

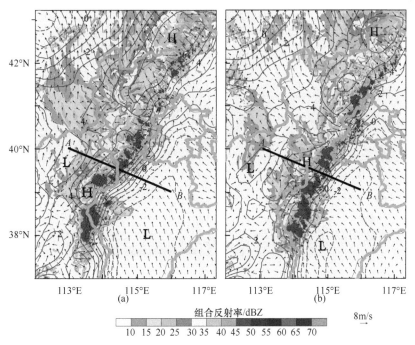

图 2.46　模式模拟雷达组合反射率（彩色填图，单位：dBZ）、海平面扰动气压
（蓝色等值线，间隔 1hPa）以及地面风场（黑色矢量箭头）

（a）19:00；（b）20:00

图中的"H"和"L"分别表示高压中心和低压中心

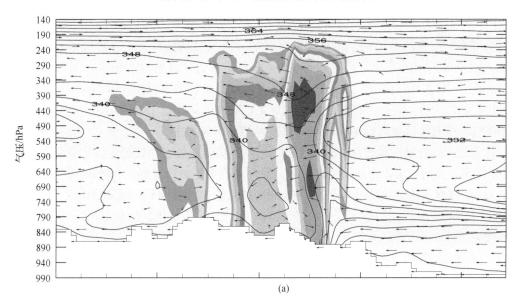

(a)

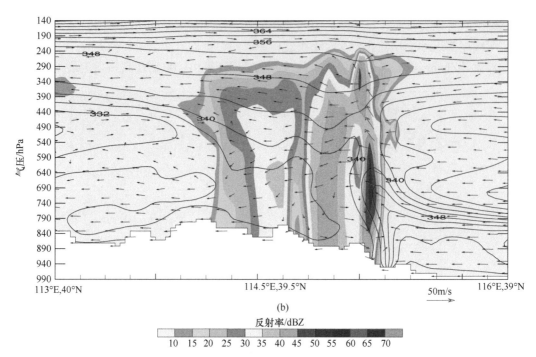

图 2.47　沿图 2.46 中 AB 实线的模拟雷达反射率（彩色阴影）、相当位温（黑色线）及相对风矢量（黑色箭头，其中垂直速度放大了 5 倍）剖面

(a) 19:00；(b) 20:00

对流层中层约 500hPa 处，在此时后方入流并没有能侵入到飑线的层状云区。随着飑线继续发展成熟，后方入流范围扩大，强度增强，20:00 最大入流高度也在 500hPa 附近，但后方入流已经可以到达飑线的层状云区，在入流的同时逐渐下沉至 700hPa 附近，并与前方入流的一支汇合后，继续下沉，大部分从飑线后部低层流出，一小部分向飑线前方流出，在近地面形成辐散气流。

　　模拟探空图也清楚反映了本次飑线过程的一些风温场的特征。在飑线成熟时期的 20:00，对飑线的剖面进行了若干个垂直探空分析［剖面位置见图 2.46（b）中 AB 所示的黑实线］。图 2.48（a）和 2.48（b）分别表示飑线前和飑线对流云区的探空图。可以看出它们的最大特点是处于较大的不稳定区。CAPE 值均超过了 2000J/kg。此外，飑线前和飑线对流云区风垂直切不大，低层以南风和西南风为主。

　　对流云区后方是层状云区［图 2.48（c）］，层状云区处于比较稳定的大气层结中，CAPE 较小，风切较大，近地面为西北风，风向随高度逆时针旋转，700hPa 以上为偏西南风为主。层状云区温度露点差较小，600hPa 以上基本接近饱和。尾流低压区［图 2.48（d）］位于层状云区后方，由后方入流下沉增温形成，尾流低压区的低层风向切变很大，在地面到 850hPa 附近风向转变达 180°，同时，探空曲线呈"洋葱型"结构（Zipser，1977），即在地表是个冷湿的区域，地表以上的低层为一暖干区域，在 700hPa 以上，空气再度接近饱和。这是因为在尾流低压区，后方入流下沉的绝热增温作用超过了

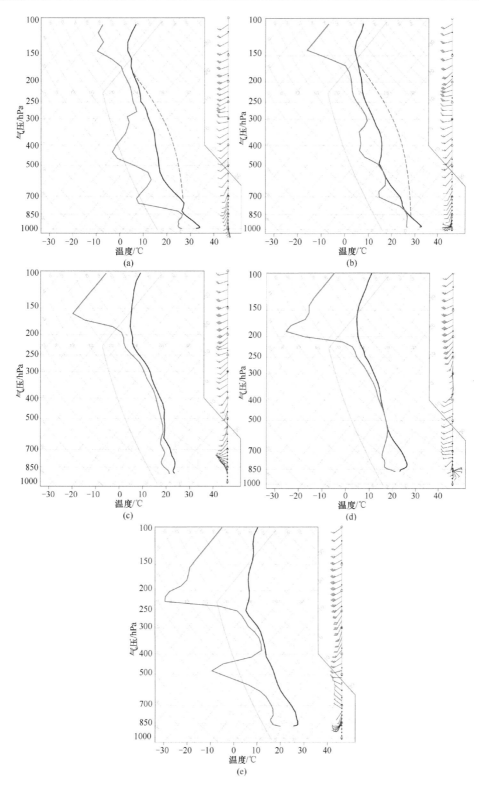

图 2.48　沿图 2.46 中 AB 线段所示飑线不同位置处的模拟探空曲线

（a）对流云区前方；（b）对流云区；（c）层状云区；（d）尾流低压区；（e）尾流低压区后方

降水蒸发带来的冷却作用，在离地面 800m 左右形成了一个暖干层。图 2.48（e）是尾流低压区后方的探空曲线。其最显著的特点是在对流层中层 400～500hPa 之间有一干层，其与飑线过程的后方入流相联系，强劲的后方入流把飑线后方的干空气带入飑线中，并逐渐下沉。

2.5.4　飑线系统中冰相粒子与地闪的关系

一般来说，−20～0℃层被认为是主要的"起电层"（Lynn and Yair，2010），闪电活动与该层次中的冰相粒子有密切关系。图 2.49 展示了几个时次模拟的−20～0℃平均冰相粒子混合比与地闪的分布状况。可以看出，冰相粒子在飑线形成时期含量较少，在飑

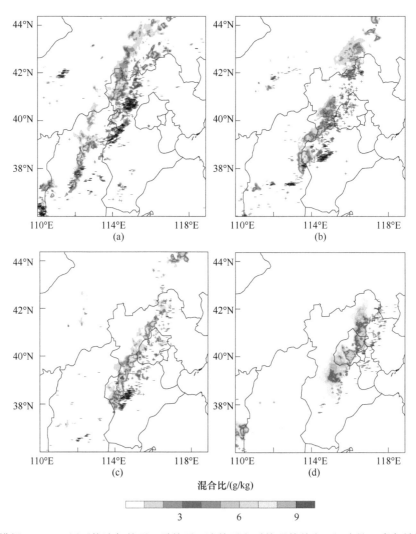

图 2.49　模拟−20～0℃层平均冰相粒子（霰粒子、冰粒子和雪粒子的总和）混合比（彩色填图，单位：g/kg）与实况地闪（黑色"−"与红色"+"分别表示负、正地闪）分布
（a）17:00；（b）19:00；（c）20:00；（d）22:00

线发展时期的 17:00，冰相粒子分布范围较广，含量超过 0.7g/kg。在飑线成熟的 20:00，冰相粒子混合比高值区超过 0.8g/kg，分布范围较集中于飑线对流云区。而在飑线开始消散的 22:00，冰相粒子混合比剧烈降低。因此，"起电层"中的冰相粒子混合比可一定程度上解释地闪活动极值比飑线成熟时间提前的现象：在本次飑线过程中，冰相粒子混合比在飑线成熟前已经达到较高值，而在飑线成熟不久后便开始下降，这可能导致地闪活动极值比飑线成熟时间提前。冰相粒子混合比高值区的位置也可以解释飑线地闪活动主要分布于北段或者南端的原因。在飑线地闪活动北段较多的 17:00 和 20:00，冰相粒子混合比高值区也位于飑线北段。而在地闪活动集中于南段的 19:00 和 20:00，冰相粒子混合比高值区位于飑线南段。

本次过程大部分时间对流在飑线南段比北段强烈，气流在发展较强烈的对流单体中抬升强烈，产生较多冰相粒子，导致大部分时间内南段产生的地闪比北段要多。此外，随着飑线发展，正地闪比例增加。由于正地闪容易发生在云底高度更高、暖云厚度更小的环境下（Carey and Buffalo，2007），因此，暖云厚度是控制地闪极性的重要因素。本次飑线过程经历了从太行山脉到华北平原的下山过程，随着飑线发展，上升气流把云底抬升得更高，同时减少了暖云的厚度，可能是导致本次飑线过程正地闪比例逐渐增加的原因。

2.6　雷暴系统中闪电与降水的关系以及环境场的影响

闪电与降水是雷暴中经常同时发生的两种典型天气现象，它们之间具有紧密而复杂的联系。本节首先通过使用北京地区暖季（5～9 月）自动站观测的逐 5min 降水资料和 SAFIR3000 总闪资料来研究闪电与短时降水的关系，然后通过使用 2008～2013 年中国气象局的 ADTD 地闪资料，探讨大尺度环境场对华北 MCS 的地闪频次和降水率的影响。

2.6.1　暖季闪电活动与短时降水事件的关系

短时降水事件在北京暖季降水中处主导地位，预报能力急需提高。为便于研究雷暴闪电和降水的关系，将短时降水事件分为若干等级，以细化揭示北京地区暖季闪电活动与短时降水事件的关系。

1. 数据和方法

所用闪电数据来自北京气象局 2007～2009 年的 SAFIR3000 闪电定位系统和北京区域自动站观测网，鉴于北京区域自动站观测网覆盖范围大于 SAFIR3000 闪电监测系统的有效探测范围，因此，只有距离 SAFIR3000 探测网中心 100 km 最佳探测范围内的区域自动站被选用进行研究。所选区域内自动站站点数量从 2006 年的 78 个增加到 2007 年的 118 个。降水数据经过了严格质量控制，包括内部一致性检验、历史极值检验和时间一致性检验等（王国荣和王令，2013）。

利用逐 5 min 降水监测数据，从站点角度定义短时降水事件。根据王国荣和王令（2013）提出的方法，当某站点 5min 降水量≥0.1 mm，且随后 1h 的累计降水量大于等于 5mm，则认为一次短时降水事件开始，开始时刻记作 T_{start}，随后历遍 5min 降水数据，当 1h 累计降水<5mm 时，此次短时降水事件结束，并将此时刻记作结束时刻 T_{end}，据此，短时降水事件的持续时间定义为 $T_{sus}=T_{end}-T_{start}$。基于 T_{start} 之后逐 5 min 累积的 1h 降水量大小，短时降水事件可以分为 6 个等级（表 2.2），而一次短时强降水事件定义为 T_{start}之后小时降水量≥20mm 的事件。统计期间内，共选出 2925 次短时降水事件，其中，弱和中等强度短时降水事件以及短时强降水事件分别为 1443（5～10mm/h）、928（10～20mm/h）和 554（≥20mm/h）次。

表 2.2   不同强度等级短时降水事件的数量和占比（Wu et al.，2017）

小时雨强/(mm/h)	弱	中	强				总计
	（5，10）	（10，20）	（20，30）	（30，40）	（40，50）	（50，+∞）	
短时降水事件数	1443	928	323	127	55	49	2925
比例/%	49.3	31.7	11.0	4.3	1.9	1.8	100.0

为了分析闪电活动与短时降水事件的相关关系，参考前人做法，站点周边一定半径范围内的闪电通常按与降水记录相同的时间间隔进行统计，5min 累计的地闪和总闪数目必须按照一定半径范围统计到站点上。以往研究表明，闪电与降水在半径为 6～30km时可以取得较高的相关系数（Barnolas et al.，2008；Iordanidou et al.，2016；Koutroulis et al.，2012；Michaelides et al.，2010），但由于以往相关研究很少使用分钟级降水监测数据，必须重新选取最佳半径，在半径 2～30km 范围内取 2km 间隔以及在 30～60 km范围内取 5km 间隔开展测试分析，当所有 2925 次短时降水事件平均的闪电与降水相关系数达最大时，该半径取为最佳半径。

为计算短时降水事件中闪电与降水的相关系数，首先计算各事件中闪电频数与降水量各自的均值和峰值，进而计算所有 2925 次短时降水事件中闪电与降水之间均值（峰值）的相关系数，进一步，将闪电频数的均值和峰值分成不同档来检验平均（峰值）降水率与平均（峰值）闪电率的相关关系，类似地，平均降水率也分成不同档来分析地闪或总闪率随降水率的变化。考虑短时降水事件持续时间（T_{sus}）之外的闪电对闪电与降水相关关系的影响，将时间窗口从 T_{sus} 扩展到其前后 5～60min（间隔 5min）进一步检验两者相关关系。为了弄清短时降水事件中闪电与降水的时间滞后关系，计算滞相关系数（即闪电与降水序列在时间上超前或滞后的相关系数），计算区间选择从−60～60min，间隔 5 min，得到的最高滞相关系数用来评估闪电与降水之间可以达到的最佳相关性（Wu et al.，2017）。关于相关性强弱，采用 Evans（1996）建议的标准，使用皮尔逊相关系数（R）进行分析；而为了确定结果的可靠性，对单个相关系数或相关系数均值之差开展假设检验，方法如下：

对相关系数的假设检验即对两个变量之间是否存在线性相关性进行检验。在零假设为两者之间没有线性相关性的前提下，检验统计量可表示为

$$t_0 = \sqrt{n-2}\,\frac{R}{\sqrt{1-R^2}} \tag{2.1}$$

式中，遵循自由度为 $n{-}2$（n 为样本量）的学生分布（t 分布）（Siegert et al.，2017），在假设两变量之间存在线性相关性前提下，进行置信水平为 α 的双边检测。因此，零假设在 α 水平下被拒绝的条件是：统计量 t_0 大于 t 分布下（$1{-}\alpha/2$）分位数或小于（$\alpha/2$）分位数。

为检验总闪与降水之间的相关系数是否高于地闪与降水之间的相关系数，将对两个相关系数均值之差进行假设检验。如 Wilks（2006）中所述，对两样本均值的假设检验方法是，选取统计样本为 $\varDelta=R_{ay}-R_{by}$，则样本均值为

$$\overline{\varDelta} = \frac{1}{n}\sum_{i=1}^{n}\varDelta_i = \overline{R}_{ay} - \overline{R}_{by} \tag{2.2}$$

在零假设 $\mu_{\varDelta}{=}0$ 前提下（即两均值之间无显著差异），检验统计量定义为

$$z = \frac{\overline{\varDelta} - \mu_{\varDelta}}{\left(s_{\varDelta}^2/n\right)^{1/2}} \tag{2.3}$$

式中，$s_{\varDelta}^2$ 为 $\varDelta$ 的样本方差，样本足够大时遵循标准高斯分布。因为两类相关系数之间可能存在序列相关性，在式（2.3）中的样本量需替换为有效样本量，可用以下公式估计

$$n' \cong n\,\frac{1-\rho_1}{1+\rho_1} \tag{2.4}$$

式中，ρ_1 是 R_{ay} 与 R_{by} 之间的相关系数。

2. 不同强度等级短时降水事件中的闪电和降水

首先确定降水站点闪电频数统计的最佳半径，一般来说，平均相关系数越高，所测试的半径表现越好。统计结果表明，当半径取为 10km 时，无论对地闪与降水还是总闪与降水的相关系数来说均是最佳半径（图略），当半径由 10km 递减时，因为越来越少的闪电用来计算闪电与降水相关系数，平均相关系数迅速减小，与之形成对比的是，当半径从 10km 递增时，因为越来越多的无关闪电纳入到相关系数的计算中，平均相关系数逐渐减小。因此，将距站点 10km 作为最佳半径进行闪电与降水关系的统计。

首先，分析所有 2925 次短时降水事件中闪电与降水间的相关性。从图 2.50（a）（c）可以看到，平均地闪频数和平均总闪频数均与平均降水率成正比关系，相关系数分别约为 0.47 和 0.46，对相关系数的统计假设检验表明，在置信水平 $\alpha{=}0.05$ 时，统计量 t_0 分别为 28.62 和 28.37，超过 t 分布下自由度为 2923 的 97.5 分位数值 1.96，因此，零假设中地闪或总闪与降水之间没有线性相关性被拒绝，地闪或总闪与降水在置信水平为 5% 时显著相关；图 2.50 中还可看出，降水量越大的短时降水事件中的平均闪电频数与平均降水率相关性越好，相反，降水量越小的短时降水事件中的两者相关性越差，平均闪电频数的起伏越大，也越偏离线性拟合线。类似地，峰值地闪和总闪频数与峰值降水率也呈现正比关系，相关系数分别约为 0.38 和 0.40，并且通过置信水平 5% 的假设检验 [图 2.50（b）（d）]。为更清楚地看出闪电与降水之间的相关关系，分别将闪电和

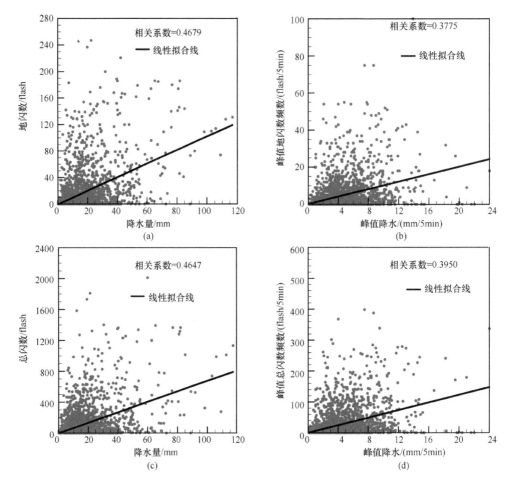

图 2.50　短时降水事件中地闪数和总闪数随降水量变化的散点图；
峰值地闪频数和峰值总闪频数随峰值降水变化的散点图（Wu et al.，2017）
（a）地闪数；（b）峰值地闪频数；（c）总闪数；（d）峰值总闪频数

降水进行分档，然后分析不同档之间的变化趋势，以往研究表明，闪电与降水的关系常受闪电与降水序列时间上偏移的影响（Koutroulis et al.，2012；Soula and Chauzy，2000），因此，基于分档方法在下文中将讨论闪电与降水关系随不同统计时间窗口的变化。

　　依据平均闪电率，将所有短时降水事件分为不同档，计算不同档平均降水率中值，结果如图 2.51（a）（c）所示，平均降水率中值与平均地闪率中值之间存在强正相关性（$R=0.74$），其与平均总闪中值间的相关系数更高（$R=0.82$），所有相关性均通过置信水平 5%的假设检验，由图中值分布可以看出最低平均闪电率档位的平均降水率明显偏离线性拟合线，表明将平均降水率太小的短时降水事件加入相关分析中是不合适的，因为低降水率通常发生在层状云中，而闪电通常发生在降水率高的对流云中（Petersen and Rutledge，1998）。类似地，依据峰值闪电率，将所有峰值降水率分档，并计算不同档峰值降水率的中值，同样看到两者中值之间存在强正相关，峰值降水与峰值地闪和总闪的相关系数分别高达约 0.79 和 0.92,且都通过置信水平 5%的显著性检验[图 2.51（b）（d）]。分析还表明，总闪比地闪与降水的相关性更好。

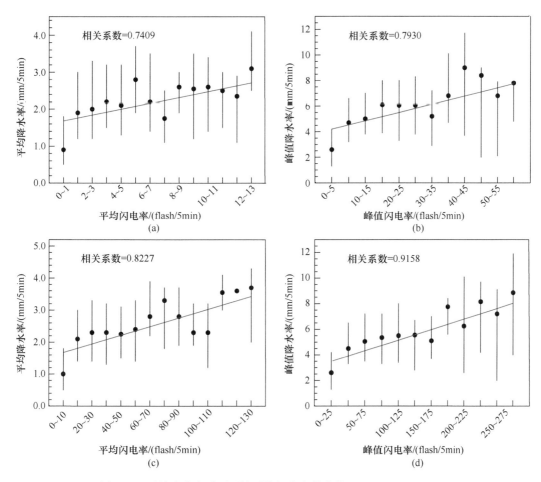

图 2.51　平均降水率随不同档平均闪电率的变化（Wu et al.，2017）

（a）平均地闪，（c）平均总闪，散点表示平均降水率中值，须表示降水率上下四分位数。（b）（d）峰值降水率
随峰值闪电率变化

　　以上讨论的短时降水事件中平均和峰值闪电率都是在 T_{sus} 中计算的，但是闪电活动还常发生在 T_{sus} 之前或之后，闪电和降水序列在时间上可能有所偏移（Koutroulis et al.，2012；Soula and Chauzy，2000），当考虑比 T_{sus} 更宽的时间窗口来计算平均或峰值闪电率时，可能得到更高相关系数。因此，以下检验 T_{sus} 前、后 5～60 min 时间窗口中闪电与降水的相关性，使用与以上分析相同的方法，计算时间窗口扩展后平均（峰值）闪电率中值与平均（峰值）降水率中值之间的相关系数（图 2.52），结果显示，闪电与降水之间的相关系数随时间窗口取值而变化（所有相关系数都通过置信水平 5% 的假设检验），平均地闪率与平均降水率之间的相关系数有两个主要峰值，第一个峰值位于时间窗口 5 min，第二个位于 20 min 时，而在 10 min 处为谷值，大于 20 min 后，它们的相关系数基本保持不变。同样，平均总闪率与平均降水率之间的相关系数也有类似变化规律，也存在两个峰值和一个谷值，不同之处在于第二个峰值出现在 35 min。相关系数随时间窗口显著变化表明，在 T_{sus} 前、后存在可观的闪电数量，更高的相关系数主要是因为时间窗口加宽之后，能够包含更多相关闪电用于计算。例如，当有与短时降水有关的

额外闪电出现在 T_{sus} 前后 5 min 时，短时降水事件可被归入比用 T_{sus} 计算更高的闪电率档位。由于时间窗口导致的新分档现象称为"再分组过程"。

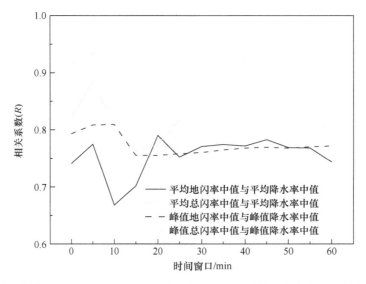

图 2.52 平均降水率中值与平均地闪（总闪）率中值之间的相关系数和峰值降水率中值与峰值地闪（总闪）率中值之间的相关系数随时间窗口 0～60min 的变化（Wu et al.，2017）

通过分析图 2.52 可以看到闪电常发生在 T_{sus} 之外的时段，并且考虑额外闪电数之后重新分档计算相关系数可以得到更好的相关性。平均地闪（总闪）率与平均降水率相关系数的两个峰值表明一些短时降水事件的闪电活动主要发生在时间窗口 5min 内，另一些则发生在更宽的时间窗口 25（35）min 内，且总闪可提供比地闪更宽的时间窗口，意味着总闪比地闪更能够指导短时降水事件的临近预报；类似结论同样可以在峰值闪电率与峰值降水率之间关系分析中得到，但相关系数仅存在单峰值（5～10min），短时降水事件的峰值闪电率主要出现在 T_{sus} 以及前后 10min 内。

相关系数随时间窗口的变化显示出短时降水事件中的闪电活动较降水有明显时间偏移，一种可能的解释是：云滴从带电云中落到地面需要时间（Piepgrass et al.，1982）。为进一步认识时间序列偏移对闪电与降水相关性的细化影响，对不同强度短时降水事件进行分析，图 2.53（a）是根据平均地闪率再分组的短时降水事件所占比例，当时间窗口为 5min 时，再分组短时降水事件最多，时间窗口为 10～20min 时，短时降水事件占比出现第二个峰值，虽然降水率大于 40mm/h 的短时降水事件在时间窗口约等于 35min 时有另一峰值，但因为所占百分比很小（表 2.2），对平均地闪率与平均闪电率的相关性变化影响也很小。除此之外，短时强降水事件（≥20mm/h）常有一主峰和一次峰出现在时间窗口 15～35min 内，表明短时强降水事件可以被此区间的闪电预报出来。类似地，依据平均总闪率再分组后，大多数短时降水事件亦在 5min 窗口占比最高，且短时强降水事件在 15～35min 窗口内有一到两个峰值 ［图 2.53（b）］，这些结论与平均总闪率与平均降水率相关系数随时间窗口的变化一致（图 2.52），表明总闪与降水的第二个峰值主要由短时强降水事件的再分组过程所导致；而且，在短时强降水事件中（如≥30mm/h）

可以在更宽的时间窗口（45～50min）找到相关的总闪数，再次表明了总闪比地闪更具有预报短时强降水的潜力。

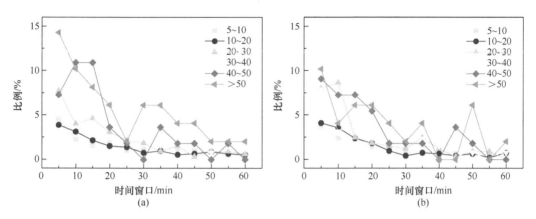

图 2.53　不同强度等级短时降水事件中再分组时间所占比例随时间窗口的变化（Wu et al.，2017）
（a）地闪；（b）总闪

下面讨论不同强度短时降水事件中峰值闪电的时间偏移。如图 2.54（a）（c）所示，将近 80% 的短时降水事件可在 T_{sus} 内找到峰值地闪率，当时间窗口扩展到 15min 时，该

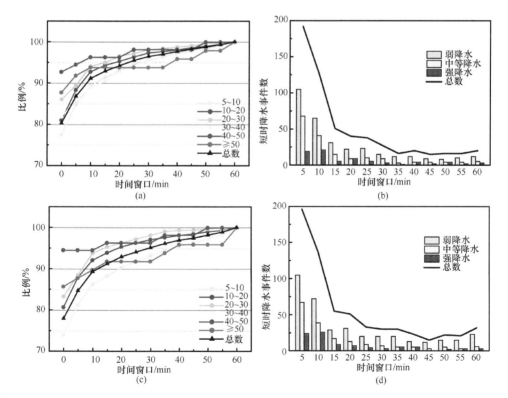

图 2.54　不同强度等级的短时降水事件在时间窗口为 0～60min 内能够得到其峰值（Wu et al.，2017）
（a）地闪和（c）总闪率的比例；"再分组"的短时降水事件数量，分别进入更高
（b）峰值地闪档位和（d）峰值总闪档位
柱状图表示不同强度等级的"再分组"短时降水事件，黑色实线表示总的"再分组"事件数量

比例接近 90%。之后，比例缓慢增长（Wu et al.，2017）；T_{sus} 之外的峰值地闪率主要发生在弱短时降水事件中，而 T_{sus} 之中的峰值地闪率主要发生在短时强降水事件中。和峰值地闪率相比，峰值总闪率在 T_{sus} 中的比例对于各强度的短时降水事件均相对低，表明后者比前者更容易在 T_{sus} 之外找到，由于考虑了云闪，总闪率更高，更多的短时降水事件的峰值闪电率可在 T_{sus} 之外出现，峰值闪电率出现在 T_{sus} 之外时，短时强降水事件可能发生再分组，从而使原低档位上升至高档位，峰值闪电率与峰值降水率的相关系数发生变化，从图 2.54（b）可看出，再分组的短时降水事件主要发生在时间窗口 10min 以内，表明峰值闪电率主要发生在 T_{sus} 及前后 10min 内，一般而言，弱或中等强度短时降水事件更易发现再分组现象，这与图 2.54（a）（c）的结论一致。在时间窗口 5min 和 10min 内快速增长达到峰值闪电率的短时降水事件百分比［图 2.54（a）（c）］和众多再分组事件［图 2.54（b）（d）］，可用来解释图 2.52 中峰值闪电率与峰值降水率相关系数的变化。

将短时降水事件的平均降水率分为不同档，如图 2.55 所示。分析可见，弱闪电活动与弱降水率和长持续时间相伴（如平均降水率为 0.5mm/5min 的短时降水事件持续 60min 左右），该结果意味着缓和且持续的层状云降水通常很少产生闪电，随着平均降水率增强以及持续时间缩短，层状云降水逐渐转换为对流云降水，闪电率也快速增长，平均降水率增长至 2.5mm/5min 时，持续时间减少至约 30min，但闪电率还在不断增加，意味着降水主要类型已由层状云降水转化为对流云降水，平均降水率 2.5mm/5min 可作为使用逐 5min 降水数据区分层状云降水和对流云降水的阈值指标；随着降水率增加至 4.5mm/5min，短时降水事件的持续时间增长至另一个峰值，而闪电率仍在不断增长直至降水率达 6.5mm/5min，表明对流性降水不断增强；而随着降水率进一步增长至 7.0mm/5min，闪电率和持续时间都出现明显降低，表明在一些极端短时强降水事件中，闪电活动可能没有预想那么活跃，这与 Cui 等（2015）研究云微物理收支时得到的结论相一致，一些极端降水可能主要由暖云微物理过程主导（如雨水和云水间的碰并过程

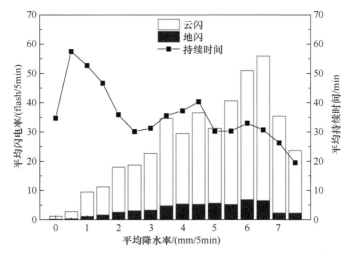

图 2.55 平均地闪率、平均云闪率和平均持续时间随平均降水率的变化

等），而非冰相微物理过程主导（如霰粒子融化等），这个结论同样与 Xia 等（2015）的统计结果一致，他们发现一些夜间发生的短时强降水事件由于缺乏足够的 CAPE，往往伴随很弱的地闪活动。

降水与总闪、降水与地闪之间的时间滞后相关性如图 2.56 和图 2.57 所示。很明显，所有时间滞后相关系数的均值基本均呈正态分布，中心位于滞后时间 0 处；降水与地闪之间的滞相关系数随降水强度的增强而增大，例如，平均滞相关系数从降水强度为 5～10mm/h 事件的 0.12 增长至 ≥50mm/h 事件的 0.50（图 2.58）；在任何强度的短时降水事件中，滞相关系数都随滞后时间增加而迅速降低，并当滞后时间在 ±20～±35min 以外时，从弱至强的短时降水事件的平均滞相关系数变为负值；有趣的是，对于降水强度在 5～30mm/h 的短时降水事件，当闪电超前降水 5min 时，地闪与降水的相关系数达最高，但这种关系并未在强度更高的短时降水事件中出现。总闪与降水的滞相关系数比地闪更高（图 2.56），平均滞相关系数更高、分布更集中，所有短时降水事件均呈现出闪电超前降水 5min 的现象，再次表明，总闪比地闪在预报短时强降水事件发生上更有潜力。

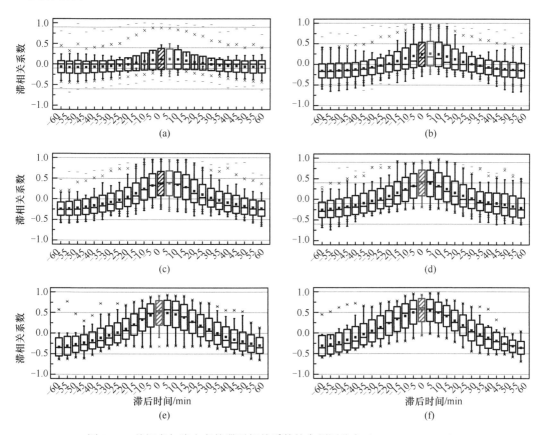

图 2.56　总闪率与降水率的滞后相关系数的盒须图分布（Wu et al.，2017）
(a) 5～10mm/h；(b) 10～20mm/h；(c) 20～30mm/h；(d) 30～40mm/h；(e) 40～50mm/h；(f)≥50mm/h
阴影盒表示滞后时间为 0 时的相关系数，灰色盒表示均值最大的相关系数

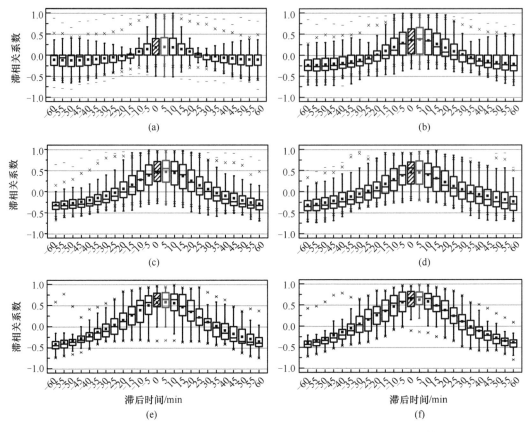

图 2.57 同图 2.56，但为地闪率与降水率在–60～60min 的滞相关系数

(a) 5～10mm/h；(b) 10～20mm/h；(c) 20～30mm/h；(d) 30～40mm/h；(e) 40～50mm/h；(f) ≥50mm/h

为了定量地描述滞后时间对滞相关系数的影响，图 2.58（a）（b）显示了在不同滞后时间短时降水事件达到最佳滞后相关性的比例。可以看到，滞后时间在 ±25 min 时，超过 80% 的短时降水事件可以达到最高滞相关系数，其中，闪电超前、滞后和闪电与降水同时发生的短时降水事件比例如图 2.58（c）（d）所示，可见：①约 55% 的短时降水事件中闪电超前于降水；②约 30% 的短时降水事件中闪电滞后于降水；③闪电与降水同时发生的短时降水事件占约 15%。

为探寻大多数短时降水事件中闪电与降水相关系数能达到的最大值，图 2.59 给出了 –25～25 min 内（占所有短时降水事件的约 80%）最高相关系数的盒须图。可以看到，当闪电事件序列移动至 ±25 min 内时，绝大多数短时降水事件可以达到其闪电与降水的高相关系数（0.6～0.8），有些事件甚至可达非常高的相关系数（>0.8）。值得注意的是，短时强降水事件中的闪电与降水相关系数（尤其是使用总闪）要比弱事件中的相关系数更高，此外，在短时强降水事件中，闪电超前于降水的相关系数要高于闪电滞后于降水的相关系数。

不同强度等级的短时降水事件中的闪电与降水相关系数的差别可从表 2.3 中更清楚地看出，最弱短时降水事件中，地闪（总闪）与降水相关系数 $R=0.32$（0.40），且其中 50%（40%）以上的事件没有地闪（总闪）发生，中等强度短时降水事件中，总闪与降水之间相关系数可达 $R=0.62$，高于地闪与降水的相关系数，未发生总闪的事件比例同样比未发生地闪的比例更低；值得一提的是，短时强降水事件中，闪电与降水之间相关性最强，地闪（总闪）与降水之间的相关系数可达 0.66（0.73），且极少短时强降水事件未伴随闪电发生。表 2.3 还表明，总闪与降水间的相关系数高于地闪与降水间的相关系数，

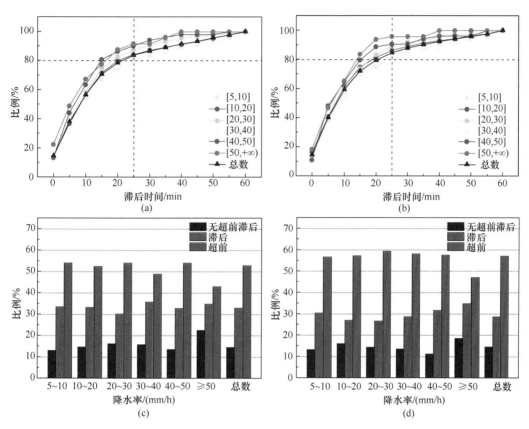

图 2.58　（a）地闪与降水和（b）总闪与降水在滞后时间为 5～60min 时能够达到最高滞相关系数的短时降水事件比例（Wu 等，2017）。（c）地闪和（d）总闪超前（右蓝色柱状图）、滞后（中间红色柱状图）于降水以及和降水同时发生（左黑色柱状图）的比例

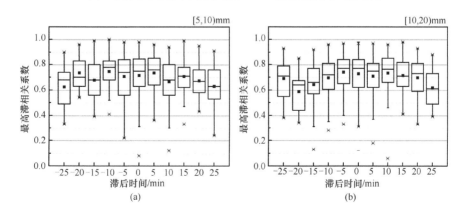

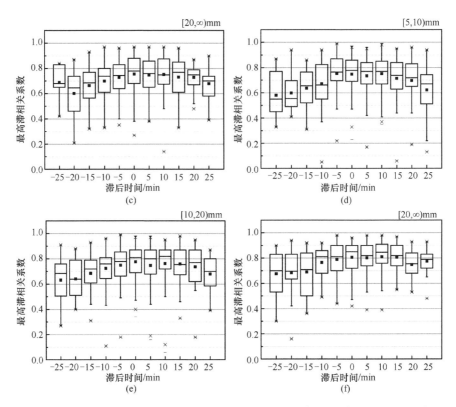

图 2.59　短时降水事件在滞后时间为–25～25min 时能够达到的最高相关系数的盒须图分布（Wu et al.，2017）

（a）（b）（c）分别表示弱、中、强短时降水事件中地闪与降水相关系数分布；（d）（e）（f）同（a）（b）（c），不过是对于总闪与降水的相关系数

表 2.3　地闪和总闪与降水平均最高相关系数

强度	短时降水事件数	R_{max}（CG）	R_{max}（total）	z	P_0（CG）	P_0（total）
弱	1443	0.32	0.40	4.50	52.32	41.51
中	928	0.52	0.62	5.34	23.81	14.12
强	554	0.66	0.73	4.43	7.04	4.15

注：检验统计量 z，没有地闪或总闪短时降水事件比例，分别记作 P_0（CG）和 P_0（total）

这两类相关系数平均值差异通过了置信度为 5%的假设检验，总闪和地闪与降水的相关关系差异显著，前者高于后者。基于上述结果，Wu 等（2018）建立了基于闪电观测的短时降水事件的临近预报方法。

2.6.2　环境场对雷暴系统闪电和降水活动的影响

为研究环境场对 MCS 类雷暴系统闪电和降水的影响，首先基于卫星资料识别华北地区发生的 MCS，探讨闪电频次和降水强度的特征。这里根据以下条件选取 MCS：冷云区云顶亮温 TBB≤–52℃的区域大于 30000km²，最大尺度需达到 50000km²；且连续三小时达到此尺度要求；第一次和最后一次达到尺度要求分别视为 MCS 的形成和终止时间。需要注意的是，由于 MCS 在达到冷云顶尺度要求之前，已有对流发生，所以 MCS 的形成时刻并不代表对流的初生时刻，同样终止时刻并不代表对流完全消散。另外，Yang 等（2015a）发现中国 80% 的 MCS 都可归为线状 MCS，因此这里将线状对流系统都纳入了研究。

根据上述定义，识别出 2008～2013 年 6～8 月出现在华北地区的 MCS 共 60 个。图 2.60 给出了这 60 个 MCS 生命史平均的对流性降水率（为了剔除层状降水，只考虑大于 2.5mm/h 的降水记录）和地闪频次的散点分布。以所有 MCS 平均降水率和地闪频次为阈值，将 MCS 分成强对流性降水多地闪（HRHL，20 例）、强对流性降水少地闪（HRLL，14 例）、弱对流性降水多地闪（LRHL，6 例）和弱对流性降水少地闪（LRLL，20 例）四类 MCS。其中，LRHL MCS 发生的频次最低，可能是因为在水汽较为缺乏的环境场中 MCS 更倾向在产生弱降水的同时闪电也少，正因为此，LRLL MCS 占到了总数的 1/3。需要说明的是，由于没有大范围长时间的全闪资料，这里采用了地闪观测资料开展研究。

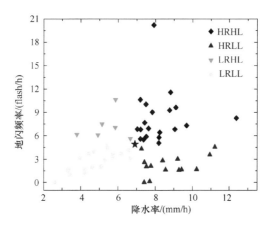

图 2.60　2008～2013 年 6～8 月华北地区 60 个 MCS 生命史的平均地闪频次（flash/h）和降水率
（mm/h）

"★"表示 60 个 MCS 的平均降水率和地闪频次

图 2.61 给出了四类 MCS 的分布和移动路径。HRHL 和 HRLL MCS 主要分布在太行山东侧的平原地区，与夏季西南暖湿气流输送到这里有关（He and Zhang，2010）。LRLL MCS 主要分布在北部和西北部山区，这可能与山区午后太阳加热有关。另外，HRHL MCS 有接近一半的个例在形成阶段位于西部山区边缘，这类系统的触发可能也与太阳加热引起的潜在不稳定有关。与 He 和 Zhang（2010）的结果类似，大部分 MCS 有向东移动的趋势，但其中一些 MCS 由于分裂和合并而表现出不同的移动方向。MCS 在时间上的分布也有一些典型的特征，如有多个同类型的 MCS 连续发生的现象；大多数 MCS 形成于午后，不过 HRHL MCS 可形成于一天中的任何时段，HRLL MCS 在夜间也有较高的形成概率，绝大多数 LRLL MCS 均形成于午后。LRLL MCS 在 6 月最为活跃，HRLL MCS 在 7 月最多，而 HRHL MCS 在 8 月达到峰值，说明气候背景对华北地区 MCS 地闪频次和降水强弱有一定的影响。

图 2.62 给出了 HRHL MCS 形成阶段的合成环流场。200hPa 上，华北位于高空急流的南侧，并且华北上空有异常辐散场分布，有利于上升运动；500hPa 上，华北位于高空

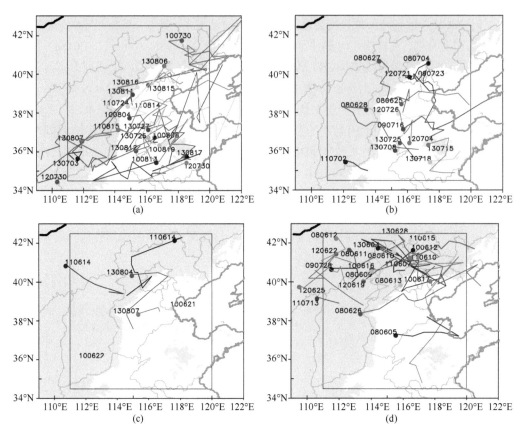

图 2.61　四类 MCS 的移动路径，以最冷云顶位置为标识（Xia et al.，2018）

（a）HRHL；（b）HRLL；（c）LRHL；（d）LRLL

灰色区域表示 250m 高度的地形区；红色方框代表研究的关键区；编号为 YYMMDD

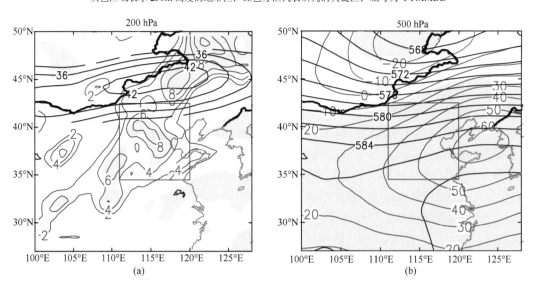

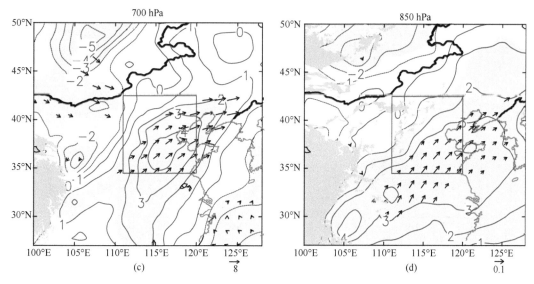

图 2.62　HRHL MCS 形成期间合成环流场（Xia et al.，2018）

（a）200hPa 散度异常场（蓝色等值线，单位：$10^{-5}\mathrm{s}^{-1}$）；黑色等值线代表通过 95%信度 t 检验的水平风速场；（b）500hPa 位势高度场（黑色等值线，单位：10gpm）和 500hPa 位势高度场异常（蓝色等值线，单位：gpm）；（c）700hPa 经向风速异常场（蓝色等值线，单位：m/s），箭头表示通过 95%信度 t 检验的水平风场；（d）850hPa 温度异常场（蓝色等值线，单位：K），箭头表示通过 95%信度 t 检验的水汽通量矢量［单位：kg·m/(kg·s)］
蓝色阴影代表各层异常场通过 95%信度 t 检验的区域，红色方框代表华北区域，异常场的参考态为 2008～2013 年 6～8 月平均场。西面的深灰色阴影表示地形

槽前，在高空槽的西北和东南方向分别存在负的和正的位势高度场异常。华北位于异常强的西太平洋副热带高压的西北侧，高压脊西伸到了 115°E，这种环流配置使得华北不仅受到准地转抬升的作用，还有利于暖湿气流沿着副热带高压西侧向华北输送。副热带高压的分布与季节变化一致，即在 HRHL MCS 多发的 7～8 月，副热带高压北抬，季风也推进到了华北地区。700hPa 上异常偏北风和偏南风在华北地区交汇，以及对流层低层的假相当位温梯度带说明有锋面存在。850hPa 上西南向水汽通量矢量的分布以及相对应区域温度的正异常，表明暖湿气流向华北的输送。相对应的，在华北地区的对流层低层有潜在不稳定层分布，拥有较高的假相当位温的气流从南海向北输送。

比较而言，HRLL MCS 的环流特征（图 2.63）与 HRHL MCS 类似，但在具体的异常强度上要偏弱。例如，500hPa 的高空槽槽区未见显著负的位势高度场异常，西太平洋副热带高压位势高度场正异常也偏弱，并且其位置也相对偏南，相应的，700hPa 上异常偏南风的位置也偏南一些。对比这两类 MCS 的热动力参数发现，它们在 CAPE，CIN 和可降水量（PW）上都存在显著差异（表 2.4 和图 2.64）。HRLL MCS 环境场中 CAPE 值偏小，预示着相对弱一些的对流，这与华北地区低层大气潜在不稳定性弱于 HRHL MCS 一致。

LRLL MCS 的合成环流场（图 2.65）与 HRHL 和 HRLL MCS 有明显差异。有利于的高低空系统，如南支槽和副热带高压等，均是有利于华南地区发生强天气过程。而华北地区主要受高空脊的影响，水汽输送条件也欠佳。850hPa 上，在华北的山区可见温度正异常，而 LRLL MCS 也主要分布在山区，因此这种温度异常预示着太阳加热引起的局地热力不稳定对该类过程的重要作用。LRLL 和 HRHL 或 HRLL MCS 的热动力参数

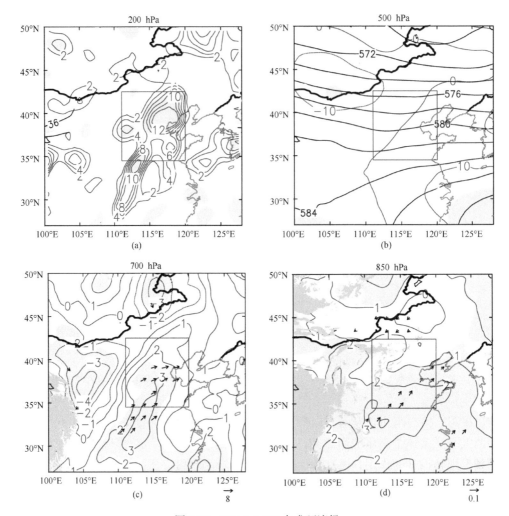

图 2.63　HRLL MCS 合成环流场

（a）200hPa 散度异常场（蓝色等值线，单位：$10^{-5}s^{-1}$）；黑色等值线代表通过 95%信度 t 检验的水平风速场；（b）500hPa
位势高度场（黑色等值线，单位：10gpm）和 500hPa 位势高度场异常场（蓝色等值线，单位：gpm）；（c）700hPa 经向风
速异常场（蓝色等值线，单位：m/s），箭头表示通过 95%信度 t 检验的水平风；（d）850hPa 温度异常场（蓝色等值线，
单位：K），箭头表示通过 95%信度 t 检验的水汽通量矢量［单位：kg·m/(kg·s)］
蓝色阴影代表各层异常场通过 95%信度 t 检验的区域，红色方框代表华北区域，异常场的参考态为 2008～2013 年 6～8 月
平均场。西面的深灰色阴影表示地形

表 2.4　图 2.64 中热动力学参量在每组 MCS 之间差异的显著性检验

组 参数	HRHL HRLL	HRHL LRLL	HRLL LRLL	LRHL HRHL	LRHL HRLL	LRHL LRLL
SBCAPE	T/95%	W/95%	W/95%	W/X	W/X	W/X
MUCAPE	T/95%	W/95%	W/95%	T/90%	T/X	W/95%
CIN	T/95%	T/95%	T/90%	T/X	T/X	T/X
LI	W/X	W/95%	T/95%	W/X	W/X	W/X
PW	T/95%	W/95%	W/95%	T/95%	T/95%	W/X

注："T"和"W"分别表示检验方法为 t 检验和 Wilcoxon-Mann-Whitney 检验。只对 0.05 和 0.1 两个信度区间进行检
验。"X"表示被检验的两类 MCS 在某个特征参量上在 0.1 信度区间上差异不显著

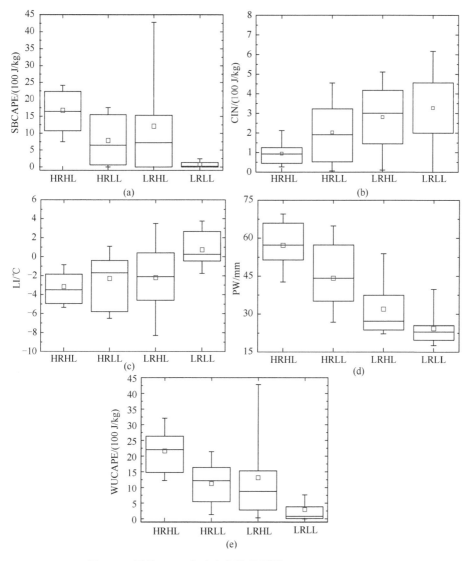

图 2.64　四类 MCS 热动力参数胡须图（Xia et al.，2018）

（a）基于地面的 CAPE（SBCAPE，100J/kg）；（b）对流抑制（CIN，100J/kg）；（c）抬升指数（LI，℃）；
（d）可降水量（PW，mm）；（e）最不稳定 CAPE（MUCAPE，100J/kg）

之间存在显著差异（图 2.64 和表 2.4），LRLL 的参数值相比于 HRHL 或 HRLL MCS
都要更不利于对流的发生。由于 LRHL MCS 个例较少，其合成环流场相对气候态有
显著差异的区域较少。将其热动力参数与 LRLL MCS 对比可见，除了最不稳定 CAPE
（MUCAPE）具有显著性差异外，其他均不显著，更加说明 CAPE 对于地闪活动的重
要意义。

　　通过对四类 MCS 进行高中低空环流场合成发现，伴有强降水的 MCS 发生在高层辐
散、中层槽的准地转强迫和低层西南风水汽输送的环境下；而伴有弱降水和少地闪的
MCS 主要缘于山区日间辐射加热的局地不稳定，这一结论与 MCS 的空间分布特征也相
对应。HRHL MCS 发生在高 CAPE 和 PW 的环境中，LRLL MCS 反之。LRHL MCS 易

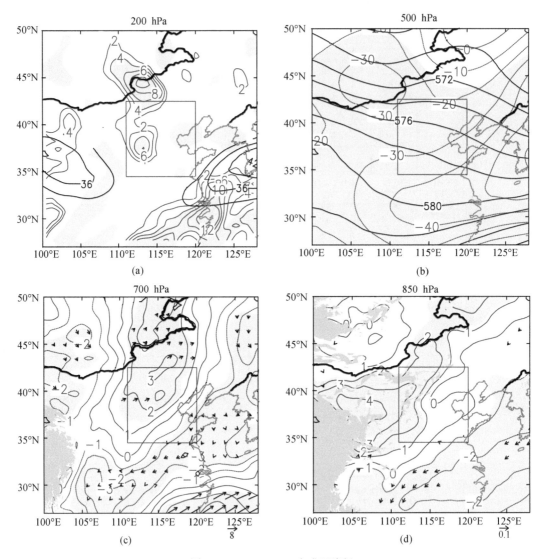

图 2.65　LRLL MCS 合成环流场

（a）200hPa 散度异常场（蓝色等值线，单位：$10^{-5}s^{-1}$）；黑色等值线代表通过 95%信度 t 检验的水平风速场；（b）500hPa 位势高度场（黑色等值线，单位：10gpm）和 500hPa 位势高度场异常场（蓝色等值线，单位：gpm）；（c）700hPa 经向风速异常场（蓝色等值线，单位：m/s），箭头表示通过 95%信度 t 检验的水平风场；（d）850hPa 温度异常场（蓝色等值线，单位：K），箭头表示通过 95%信度 t 检验的水汽通量矢量［单位：kg·m/(kg·s)］
蓝色阴影代表各层异常场通过 95%信度 t 检验的区域，红色方框代表华北区域，异常场的参考态为 2008~2013 年 6~8 月平均场。西面的深灰色阴影表示地形

　　于发生在低 PW 高 CAPE 环境中。四类 MCS 的月分布与夏季风 7~8 月湿热空气的输送，即与季节变化紧密相关。综上可见，天气尺度环境场在一定程度上影响了 MCS 中的降水强弱和地闪频次。

第 3 章 雷电天气系统的云微物理过程及其对电过程的影响

雷暴云内水凝物粒子的相互作用引起电荷转移,最终导致雷暴云内发生起电放电过程。不同雷暴云以及同一雷暴云发展的不同阶段,其微物理特征都有明显的差异。水凝物粒子的相态、大小以及增长过程等影响粒子间碰撞时的电荷转移,进而影响雷暴云内的起电和雷电活动。气溶胶粒子通过影响云的形成及其微物理过程改变雷暴的电活动特征。本章着重研究雷电天气系统中的微物理过程如何影响电荷转移以及起电放电,首先,通过双偏振雷达探测分析,给出典型雷电灾害天气系统中不同相态水凝物,特别是冰相粒子的形成、演变和时空分布特征;其次,基于对流云中微物理结构的观测事实,结合云物理学基本理论和最新研究成果,建立和完善适用于我国雷暴云微物理过程的参数化方案;然后,通过讨论雷电灾害天气系统中水凝物粒子的分布与起电区域的时空演变特征及对应关系,探讨云微物理过程对雷电生成的影响,以及不同雷电灾害天气系统中的优势起电机制;最后,探讨大气气溶胶如何通过改变雷暴云微物理结构来影响起电和放电过程。

3.1 雷电天气系统微物理结构和演变特征的雷达探测研究

与常规多普勒天气雷达相比,双线偏振雷达能够获得雷电天气系统中水凝物粒子的类型、形状、尺寸以及下落姿态等信息,具有识别云中水凝物粒子相态和类型的能力。本节在第 1.4 节介绍的 X 波段双偏振雷达探测资料衰减订正和水凝物粒子识别的基础上,给出冰雹云、飑线和雷暴单体等几种典型雷电灾害天气系统不同相态水凝物的时空分布和演变特征。

3.1.1 一次飑线冰雹云过程中不同云区降水粒子的演变特征

2015 年 8 月 7 日北京经历了一次由局地对流发展起来的降雹过程,即 1.5.2 节所述的 20150807 飑线过程,其前部为产生冰雹的线状对流区域,后部为层云降水区。降雹期间最大回波强度超过 60 dBZ,当日 20:00 的探空曲线显示 0℃层高度大约在 4 km。经数据质量控制与衰减订正后,各雷达参数如图 3.1 所示。

图 3.2 为基于模糊逻辑算法对 20150807 飑线 17:37:42 观测的 PPI 水凝物粒子(图 3.1)的分类结果。雷达本站 10km 范围内主要以小雨、中雨为主,东部及东南部回波边缘区域有毛毛雨产生。10km 以外本站西部及西北部区域主要以大雨为主,回波较强区域

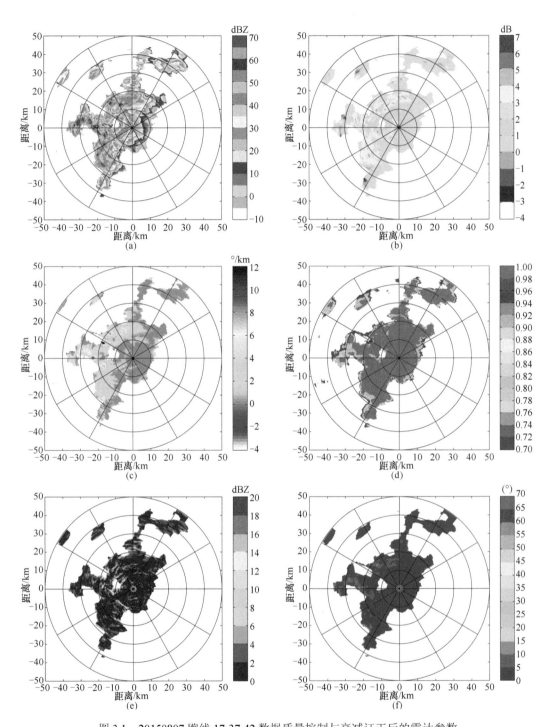

图 3.1　20150807 飑线 17:37:42 数据质量控制与衰减订正后的雷达参数

（a）订正后 Z_H（dBZ）；（b）订正后 Z_{DR}（dB）；（c）重构 K_{DP}（°/km）；（d）ρ_{HV}；（e）SD（Z_H）（dBZ）；（f）SD（ϕ_{DP}）（°）

本章图中雷达偏振参数单位与此图相同，观测仰角：5°；最大显示半径：50 km

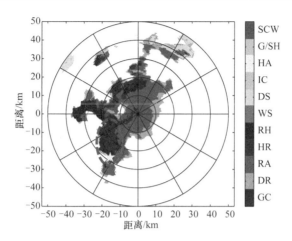

图 3.2　基于模糊逻辑算法对 20150807 飑线 17:37:42 的水凝物粒子分类结果

SCW 为过冷水；G/SH 为霰/小雹；HA 为冰雹；IC 为冰晶；DS 为干雪；WS 为湿雪；RH 为雨夹雹；HR 为大雨；RA 为雨；
DR 为毛毛雨；GC 为地物回波。观测仰角：5°；最大显示半径：50km

伴有雨夹雹。其中，图 3.2 红色虚线椭圆内对应的雷达回波强度已达到 50dBZ 以上 [图 3.1 (a)]，而相关系数相对较小 [图 3.1 (d)]，说明该区域可能存在混合相态的水凝物粒子，分类结果识别出该区域为雨夹雹。红色虚线对应区域是北京市朝阳区，根据朝阳区 54433 气象站点 [图 3.2 黄色五角星处（116.5008°E，39.9525°N）] 2015 年 8 月 7 日的降雹记录，最大冰雹直径为 15mm，重 1g，识别结果与地面观测记录一致，表明各种水凝物粒子对应雷达参数取值范围合理，模糊逻辑相态识别算法能合理识别水凝物粒子类型及分布。随着观测距离增大，在距离本站 40km 左右达到融化层高层，该区域出现了湿雪和干雪，虽然没有空中直接测量作比对，但是，这个结果与对流云的基本观测事实一致。此外，由于观测仰角较高，该个例未出现地物杂波。

对 20150807 飑线降雹过程发展后期（20:14:19）的一次 RHI 扫描观测进行水凝物粒子相态识别分析（图 3.3）发现，该过程后期减弱为混合型降水，距离雷达较近区域是典型的层状云降水，具有明显的 0℃ 层亮带。图 3.3 中 Z_H、K_{DP} 和 ρ_{HV} 都具有明显的融化层特征，特别是 Z_H 和 ρ_{HV} 更加明显，0℃ 层高度在 4km 左右。图 3.3 (d) 中在层状云的纯雨区和纯冰雪晶区 ρ_{HV} 接近于 1，而在混合相态粒子区域 ρ_{HV} 则比较小，这些特征与 Vivekanandan 等（1999）的研究结果一致。在距离雷达 35～45km 处出现强对流回波，从图 3.3 (a) 可看出，该对流回波包含两个对流单体，对流更强的单体最大反射率强度达到了 60dBZ 以上，强度大于 40dBZ 的对流回波高度发展到了 8km，融化层位于 4km 左右，可以从明显的回波亮带看出。

图 3.4 是基于模糊逻辑算法对上述 RHI 扫描观测的水凝物粒子的分类结果。可清楚地看出，层云降水区域（距离 0～32km）的水凝物粒子高度分为明显的三层结构：7～8km 以上为冰晶层，零度层（约 4km 高度）至 7～8km 的中间层为冰雪晶和过冷云水混合层（包括融化层），在融化层之下的下层（也称为暖层）主要由液态降水组成。图 3.4 中层状云区各种降水粒子分类结果反映了层状云降水粒子相态垂直分布结构，与顾震潮（1980）提出的降水层状云三层模型较为一致。

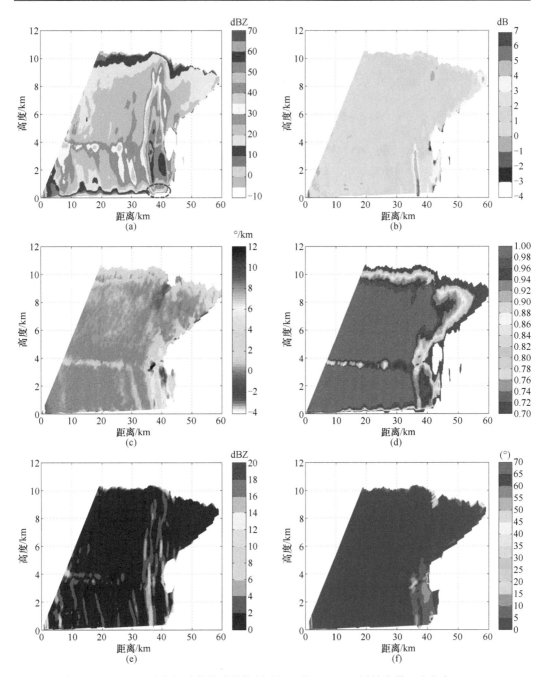

图 3.3　20150807 飑线经过数据质量控制及订正的 20:14:19 雷达参数（方位角 148°）
（a）订正后 Z_H；（b）订正后 Z_{DR}；（c）重构 K_{DP}；（d）ρ_{HV}；（e）SD（Z_H）；（f）SD（ϕ_{DP}）

从图 3.4 中还注意到，在强对流云区，霰粒子主要集中在 6～8km 高度层，而冰雹出现高度则低于霰/小雹粒子的高度，并向下延伸到暖层，融化为雨夹雹，直至完全融化形成大雨滴。强对流云的下部（图 3.4 红色虚线区域），由于雷达波束部分受到阻挡的原因，此区域雷达参数均有所减小 [图 3.3（a）红色虚线区域]，使其识别为小雨或中雨，而实际上应该为大雨。在 20:00 雷达观测区域内的雷达回波明显减弱，并逐渐转为积层混合云降水,强回波区主体已移出北京城区。此时,对流中心上升气流明显减弱,不足以将雨滴抬升到0℃层之上形成过冷雨水。袁敏等(2017)通过统计飞机积冰报告并结合CloudSat星载雷达数据,发现在层状云中飞机积冰主要发生在-20~0℃范围的云层内,并在-15~-10℃温度范围的云层里飞机积冰概率最大,这些结果对应的温度范围与图3.4给出的温度范围基本一致。另外还发现,飞机在对流云中积冰发生在低于0℃的较大温度范围内。飞机积冰是由于云中或降水中的过冷水碰到机体发生冻结的现象,因此,这个现象的出现也表明云中存在过冷水,相应地可以用飞机积冰对应的云层温度来指示过冷水出现的区域。对于对流云中过冷水出现的温度范围,Rosenfeld等(2006)通过飞机穿云观测发现,高含量的液态水可以出现在强冰雹云的上升气流区内,并在-38℃温度区还存在高达$4g/m^3$的过冷水含量。Zhu S等(2015)通过分析三架飞机对河北张家口地区积层混合云的同步观测,发现云中存在较强的冰晶淞附及聚合过程,而云中大量过冷水的存在是这两种冰相过程发生的基础。这些观测结果在一定程度上说明本研究反演获得的过冷水出现在层状云中较大的温度范围是合理的。

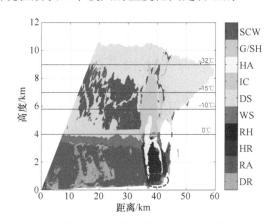

图3.4 20150807 飑线 20:14:19 的水凝物粒子分类结果(方位角148°)

在距离雷达32~60km的区域为强对流云降水区[图3.3(a),图3.4]。在强对流云区中自高层往下,随着温度的增加,水凝物粒子依次为冰晶(IC)-干雪(DS)-霰/小雹(G/SH)-大雹(HA)-雨夹雹(RH),并在强对流云区的下部出现大雨(HR),在融化层附近的强对流区边缘,出现湿雪(WS),而在融化层之下出现了雨夹雹(RH)(图3.4),对应区域的ρ_{HV}明显小于周围区域[图3.3(b)],而强对流区的边缘则出现了大雨(HR)。由于该强对流中心是由两个还未完全合并的对流单体组成[图3.3(a),这两个强对流云的中心分别位于35km和40km距离处],云中对流较强的单体冰雹伸展更高(图3.4中识别出的冰雹HA从1.0km一直伸展到5.5km高度,位于35km距离处),而对流较弱的单体冰雹发展低一些(图3.4识别出的冰雹HA从1.2km一直伸展到4km高度,位于40km距离处),在这两个单体中间则出现了雨夹雹。

为更好认识层状云和对流云中各偏振参数的垂直分布特征,图3.5给出了距离雷达0~32km及32~60km两个区域雷达偏振参数在不同高度上的统计平均,其中,32~60km区域为强对流云降水区,0~32km区域为层状云降水区。强对流云区的Z_H、Z_{DR}和K_{DP}

值在各高度上都大于层状云区，而 ρ_{HV} 值却比层状云区小，说明在强对流云下部存在尺度较大的降水粒子，导致反射率因子较大，而降水粒子尺度越大往往形变越明显，因此 Z_{DR} 和 K_{DP} 也越大。在零度层（约 4km）高度之下的融化层里，两区的雷达参数 Z_H、Z_{DR} 和 K_{DP} 随高度降低都有不同程度的增大 [图 3.5（a）（b）（c）]，而相关系数 ρ_{HV} 却明显减小 [图 3.5（b）]。这是由于在融化层里不同类型水凝物粒子（如液态水滴、不同融化程度的冰雪晶，甚至霰、雹粒子等）并存，因动力（流场）、热力和表面张力等作用不同导致的粒子形状多变、出现翻滚等现象，都会使 ρ_{HV} 减小（张培昌等，2001；Chandrasekar et al.，2013；Kumjian et al.，2012）。此外，从图 3.5（b）（c）还可看到，在强对流云和层状云顶部附近，Z_{DR} 和 K_{DP} 均出现局部极大值 [图 3.5（b）（c）上部虚线圈区域]，Zrnić 等（2001）认为这可能是由于天线旁瓣在 H 路和 V 路存在一定程度的不匹配造成的。

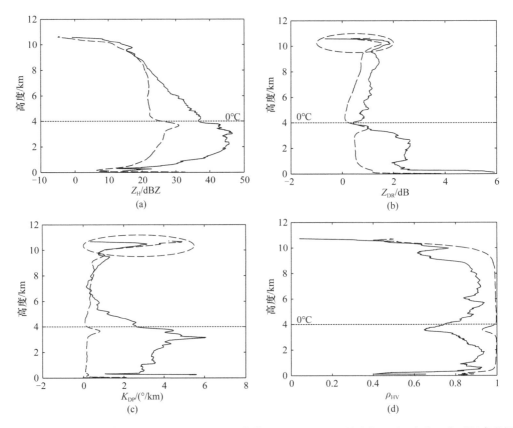

图 3.5　各雷达偏振参数在 0～32km 层状云区（虚线）及 32～60km 强对流云区（实线）水平距离范围的垂直统计平均

(a) 订正后 Z_H；(b) 订正后 Z_{DR}；(c) 重构 K_{DP}；(d) ρ_{HV}

3.1.2　一次多单体雷电天气过程过冷水垂直分布特征

下面以 2016 年 9 月 14 日发生的一次多单体雷电天气系统（简称 20160914 多单体）

为例，基于 X 波段双线偏振雷达观测和对水凝物粒子的识别信息，分析不同发展阶段对流云中过冷水的垂直分布和演变特征。

图 3.6 给出了 20160914 多单体 20:04:25 的 X 波段雷达参数的 RHI 图像，从图中的回波结构 [图 3.6（a）] 可以看出，该云体由三个处于不同发展阶段的单体组成，其中，位于 40km 附近最右边的单体已经处于消散阶段，位于 36km 处的中间单体正

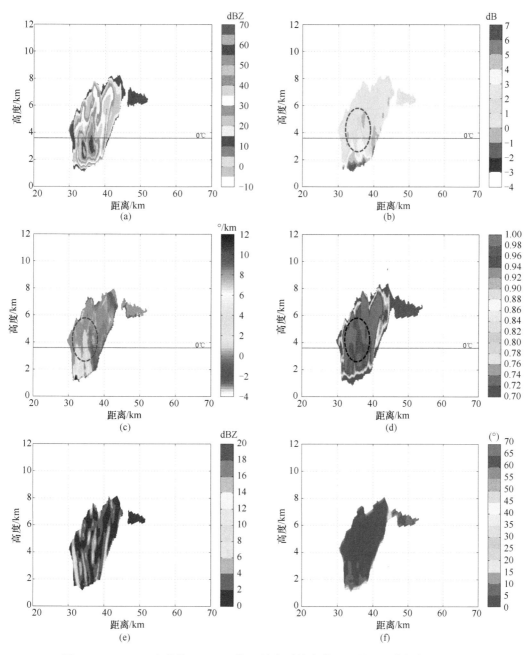

图 3.6　20160914 多单体 20:04:25 的 X 波段雷达参数 RHI 显示（方位角：92°）

（a）订正后 Z_H；（b）订正后 Z_{DR}；（c）重构 K_{DP}；（d）ρ_{HV}；（e）SD（Z_H）；（f）SD（ϕ_{DP}）

处于发展阶段，而位于 33km 处的最左侧单体正处于初生阶段。该时刻观测得到的最明显特征是处于初生和发展阶段的两个单体在高空出现了不同程度的 Z_{DR} 柱和 K_{DP} 柱[在图 3.6（b）（c）虚线圈标区]，而图 3.6（d）中对应虚线圈定区域出现了 Kumjian 等（2012）定义的"ρ_{HV} 洞"，此时的融化层高度在 3.6km 左右。Z_{DR} 柱和 K_{DP} 柱的出现表明对流云中存在强烈的上升气流[见图 3.7（a）所示的径向速度正值]。探空数据表明在 6～10km 高度存在较强的高空风，风向为西风，最大风速达 21m/s。受此影响，图 3.7（a）中对流云体上部出现了较强的西风，与探空数据吻合。强烈的上升气流将暖区的液态水滴抬升到融化层之上形成过冷云雨水，因此，在图 3.7（b）水凝物粒子分类结果中，对应区域的粒子被识别为过冷水[SCW，见图 3.7（b）红色虚线区域]。由此推断，该个例过冷水滴冻结形成的冻滴和霰粒子是雹胚及其增长的主要来源[见图 3.7（b）中冰雹 HA 区]。

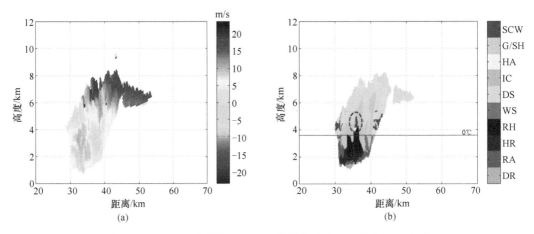

图 3.7　20160914 多单体 20:04:25 的径向速度 V（单位：m/s）和
水凝物粒子分类结果（方位角：92°）
（a）径向速度；（b）水凝物粒子分类结果

3.1.3　一次单体雷暴云过程水凝物粒子时空分布与演变特征

下面以一次雷暴单体过程为例分析水凝物粒子水平和垂直方向空间分布及演变，以更直观地了解雷暴单体发展过程中各个阶段水凝物粒子的分布及演变。为此，从发展、成熟、消散 3 个阶段各取某些时刻的回波强度及其水凝物粒子识别结果进行分析。

1. 发展阶段水凝物粒子空间分布和时间演变特征

图 3.8 展示了 2015 年 6 月 26 日雷暴单体（简称 20150626 雷暴单体）发展阶段的反射率因子及相应时刻水凝物粒子的水平和垂直分布。图 3.8（a）显示 21:41 时在距雷达中心 0～60km，方位角 135°～215°处有大范围强度为 20～35dBZ 的回波区，而在距雷达 65～85km，方位角 210°～240°之间，中心高度约为 3.7km 处，出现 3 个大于 40dBZ 的强反射率因子回波区，即雷暴单体 A、B、C，其中单体 A 最大回波强度可达 40dBZ 以上且探测到的演变过程相对完整，而单体 B 和 C 最大回波强度为 35～40dBZ，因此

将雷暴单体 A 作为研究对象（本节下文所提雷暴单体均为单体 A）。图 3.8（b）为该区域对应的水凝物粒子，在方位角 135°～215°、距雷达中心 0～65km 的云区为毛毛雨围绕的雨滴区，而单体由湿雪包围雨滴，其中心回波强度大于 40dBZ 处还夹杂极少量的霰粒子。

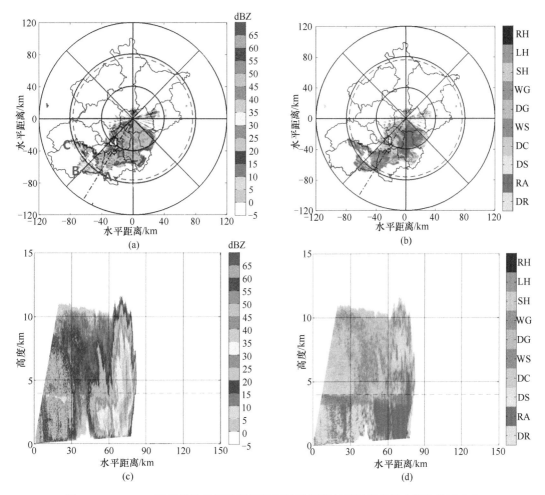

图 3.8　20150626 雷暴单体发展阶段雷达回波强度和对应时刻分类水凝物粒子分布

(a) PPI 回波强度（21:41，仰角 3°）；(b) PPI 水成物分类（21:41，仰角 3°）；(c) RHI 回波强度（21:39，方位角 212°）；

(d) RHI 水凝物分类（21:39，方位角 212°）

（a）（b）中实线距离圈的间隔为 40km；（c）（d）是（a）（b）中点划线方位的 RHI 图，虚线代表 0℃层高度

图 3.8（c）（d）为 21:39 时沿图 3.8（a）（b）中 212°点划线方向的 RHI 图。图 3.8（c）显示 0～60km 处为层状云，高度 3.5～4km 处有 30dBZ 以上的平直强回波带—零度层亮带，与环境温度的 0℃层高度吻合，而 60km 以外为雷暴单体，30dBZ 以上强回波区距雷达 60～80km，可达 9km 高；图 3.8（d）显示对应的水凝物粒子在 0～50km，层状云 0℃层以下主要为毛毛雨，0℃层左右存在一个冰相粒子和液态粒子共存、湿雪居多的过渡带，而 50～60km 下层的雨滴与图 3.8（b）中虚线经过 50～60km 雨区吻合，距雷达 60～80km 的雷暴单体中上层是干冰晶、湿雪和干雪等，0℃层以上有极微量的

霰粒子，0℃层存在以湿雪为主的过渡带，其下部为雨滴和少量毛毛雨。通过与同时间雷达径向速度场分布（图略）比较发现，此时单体后部0℃层附近存在风场辐合上升，受上升气流作用，液滴在0℃层以上通过Bergeron作用形成较大冰晶粒子，这些粒子少量下落，通过碰并和凇附作用在中层5km处形成霰粒子，但由于此时0℃层以上过冷水很少，凇附作用不显著，霰粒子极少；此外中层的干雪、冰晶粒子下落至0℃层以下融化，形成湿雪粒子为主的融化层，直至全部转变为液态粒子——雨滴和毛毛雨。

2. 成熟阶段水凝物粒子空间分布和时间演变特征

图3.9展示了20150626雷暴单体成熟阶段的反射率因子及相应时刻水凝物粒子的水平分布。22:15时，靠近雷达的层状云强度减弱，范围缩小，而雷暴单体持续发展并向东南方向移动至208°左右，距雷达80～100km，其中心高度约为5km，中心强度增至45dBZ以上［图3.9（a）］；图3.9（b）显示40dBZ以上反射率因子对应的水凝物粒子仍为雨滴，中心大于45dBZ处明夹杂着大量的霰粒子。22:17时，强回波区距雷达80～100km处，最高可达10km，高度3～6km处有45dBZ以上回波出现［图3.9（c）］；图3.9（d）显示对应上层仍为干冰晶和雪，中层5～8km高度雨滴减少、霰粒子增多，与PPI图一致。此时，单体下层后部的辐合区向上延伸，而前部存在辐散，下沉气流增强，冰晶等受下沉气流影响开始大量下落，并发生聚并增长形成雪花，这些冰相粒子在5～8km处碰并收集过冷水滴形成霰粒子，大量消耗0℃层以上液态粒子和冰晶。22:28时（图略），雷暴单体30dBZ以上强回波区位于90～105km，最高可达10km，50dBZ以上大值中心出现在3～6km处，有雹粒子存在，中层3～8km霰粒子和干雪明显增多，雨滴高度则进一步下降至0℃层附近。此时，单体前部辐散区向下延伸，下沉气流增强，使上层的冰晶粒子不断通过碰并和凇附过程收集过冷水，在中层生成霰粒子，此外过冷水滴在上升与下沉气流中碰并也促成霰粒子生成。22:37时，30dBZ以上强回波区在距雷达90～115km处，最高仍维持在10km，45dBZ以上回波高度下降至2～7km，对应中层霰粒子范围有所减少而干雪增多，雨滴集中在下部，0℃层附近仍有雨夹雹。此时，单体前部辐散明显，下沉气流继续增强，由于中层过冷水的大量消耗，霰粒子减少。

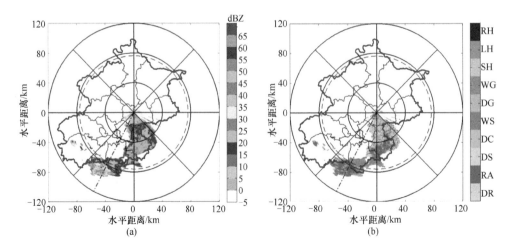

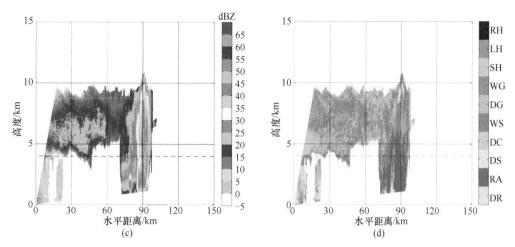

图 3.9　20150626 雷暴单体成熟阶段雷达回波强度和对应时刻分类水凝物粒子分布
(a) PPI 回波强度（22:15，仰角 3°）；(b) PPI 水成物分类（22:15，仰角 3°）；
(c) RHI 回波强度（22:17，方位角 208°）；(d) RHI 水成物分类（22:17，方位角 208°）
(a)(b) 中实线距离圈的间隔为 40km；(c)(d) 是 (a)(b) 中点划线方位的 RHI 图，虚线代表 0℃层高度

整个成熟阶段，雷暴单体持续南移，回波大值区位于 80~110km 范围内，中心值超过 45dBZ，局部 50dBZ 以上。云顶出现冲锋突，呈现一个梭形，单体内的中上部 3~8km 有大量霰粒子，对应中层液态粒子明显减少，推测为过冷水滴在冰晶粒子上冻结或碰并而形成霰粒子。22:28 时，高度 3~6km 有霾粒子生成。5km 处干雪开始生成并随逐渐增多，3km 以下有大量雨滴，存在明显分层，即中上部为固态大粒子，下部液态居多，表明上升气流仍起主导作用。

3. 消散阶段水凝物粒子空间分布和时间演变特征

图 3.10 展示了 20150626 雷暴单体消散阶段的反射率因子及相应时刻水凝物粒子的水平和垂直分布特征。22:48 时，雷暴单体继续向东南移动至方位角 206°［图 3.10（a）(b)］，距雷达 100~110km，中心高度约为 5.7km，雷暴中心回波强度减小为 40dBZ 左右，对应时刻水成物粒子识别图中雷暴单体雨滴区基本消失，单体由雪和冰晶包围着霰粒子。22:47 时，30dBZ 以上强回波区距雷达 95~115km，高度降低至 9km 处［图 3.10（c）(d)］；中心仍大于 45dBZ，但大值区范围减小；对应中部有霰粒子，但高度明显降低。此时，下层前部存在明显的辐散区，受下沉气流影响，顶部开始出现塌陷［图 3.11（a）］。由于过冷水不足和下沉气流影响 7km 左右霰粒子减少明显。22:54 时，雷暴单体外移，强回波区范围减小，最大回波强度约为 35dBZ，对应区域只有微量的霰粒子混合在大量的湿雪、干雪和冰晶里面，强回波区范围明显缩小、高度减至 8.5km，中心强度低于 40dBZ。图 3.11（b）显示下层辐合上升区完全消失，0℃层全为负速度区，此时几乎没有霰粒子生成，干雪、湿雪、雨滴等混杂在一起，下层雨区范围缩小。该时段，下沉气流对雷暴单体宏观和微观特征影响明显，顶部塌陷，单体 0℃层以上各粒子混合，由于缺少过冷水和冰晶，不再有霰粒子生成。

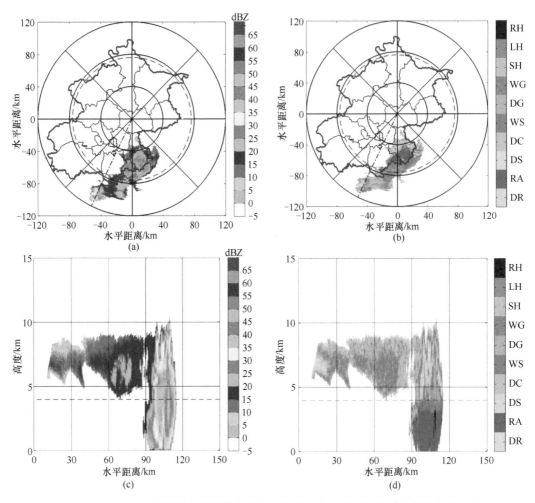

图 3.10　20150626 雷暴单体消散阶段雷达回波强度和对应时刻分类水凝物粒子分布
（a）PPI 回波强度（22:48，仰角 3°）；（b）PPI 粒子分类（22:48，仰角 3°）；
（c）RHI 回波强度（22:47，方位角 206°）；（d）RHI 粒子分类（22:47，方位角 206°）
（a）（b）中实线距离圈的间隔为 40km；（c）（d）是（a）（b）中点划线方位的 RHI 图，虚线代表 0℃层高度

综上所述，20150626 雷暴单体发展至消散过程共持续约 1h20min，单体向东南移动约 25km。此过程中，单体垂直结构在成熟阶段出现冲锋突，在消散阶段塌陷及云内水凝物分布状况体现了该过程中先是上升气流主导，到消散阶段则逐渐变为下沉气流起主要作用，与普通单体雷暴发展的 3 个阶段特点吻合。而雷暴单体发展过程水凝物粒子的水平方向演变呈现如下特征：发展阶段液态粒子最多；而成熟阶段则是固态粒子，主要特点是霰粒子明显增多；消散阶段雨区消亡。此外，霰粒子在 Z_H 大于 40dBZ 时就可能生成，但是综合其他几个偏振参量的观测，在成熟阶段仍是生成最多的，另两个阶段很少。霰粒子的生成往往伴随液态粒子减少，多存在于单体中上部，这是由于霰粒子的形成要求云中有充足的液态水和相对低的温度。

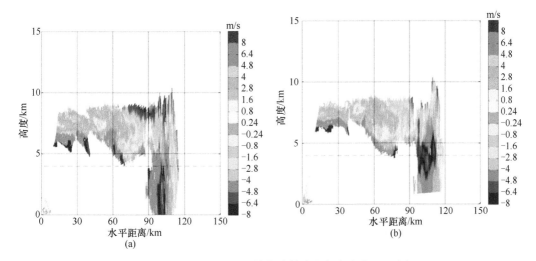

图 3.11　20150626 雷暴单体消散阶段径向速度 RHI 图

（a）时间：22:47，方位角：206°；（b）时间：22:56，方位角：206°

4. 雷暴单体水凝物粒子演变概念模型

图 3.12 给出了基于径向速度粒子分布情况建立的雷暴单体发展、成熟和消散阶段的微物理过程概念模型。

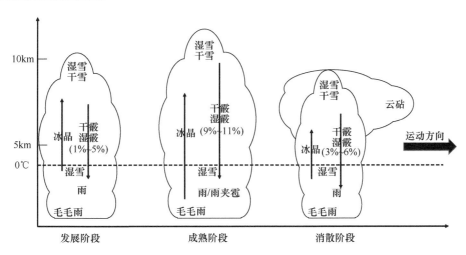

图 3.12　雷暴单体发展、成熟和消散阶段微物理模型

其中上、下箭头长短分别表示上升、下沉速度的相对大小

发展阶段：0℃层以下暖云过程明显，主要是液滴通过暖云过程碰并增长后下落；少量液滴可通过单体后部辐合上升到达 0℃层以上，0℃层以上为冷云过程，单体后部中层初始冰晶等粒子上升，通过冰晶效应扩散凝华增长，然后在单体中前部下落发生聚并和弱的淞附作用，形成雪和少量霰粒子。如 20150626 雷暴单体个例中霰粒子等冷云过程产物仅占 1%左右。

成熟阶段：雷暴单体后部的上升运动区向云底延伸，范围至 1～7km，使暖云、冷云过程增强，0℃层下的液滴碰并增长更加显著，毛毛雨减少，雨滴增多，并且强雷暴云和冰雹云在此阶段还有较多雨夹雹和湿霰；更多液滴在后部的正垂直速度区跨越 0℃层在中层形成过冷水或凝结成初始冰晶，二者的消耗使单体中前部下沉区内冰晶的聚并作用和凇附作用增强，形成大量雪和霰。20150626 雷暴单体个例即反映了上述过程，0℃层以上雨滴减少 6%，冰晶减少 5%；干霰、湿霰共增加约 8%，干雪、湿雪共增加 2%，减量与增量基本持平即雨滴、冰晶消耗生成雪和霰。也有其他个例分析表明，在该阶段，霰粒子分布范围明显扩大，可达 10km 以上，且中上层霰粒子最多可达 10%，相对发展阶段占比较多约 5%，或在 0℃层以下会出现大量雨夹雹，并可能导致降雹。

消散阶段：0℃层附近的上升区明显减弱，后期完全为下沉区，阻隔了下层液态粒子跨越零度层，使 0℃层以上冷云过程减弱，霰粒子减少；0℃层附近少量雹；0℃层以下粒子碰并增长减弱，雨滴含量减少，毛毛雨含量增加，意味着暖云过程也明显减弱。此外消散阶段，单体的单体中部存在较为明显的辐散，下沉气流一直延伸至雷暴底部。

3.2　雷暴云微物理过程的参数化方案改进及数值模拟

目前数值模式对雷暴云微物理过程的处理方法有两种：分档算法和总体参数化算法。分档算法是将水凝物粒子按照大小分为许多区间（档），在每个区间中模拟粒子的生长过程。该方法对于水凝物粒子微物理过程的描述较为精细准确，但是计算量大。总体参数化算法是给定粒子谱分布，通过计算粒子谱分布中的参数来模拟粒子的生长过程。总体参数化方案的优点是计算量小，但是对于水凝物粒子微物理过程的描述较为粗糙。随着考虑的参数个数的增加，参数化方案对于粒子微物理演变过程的描述越来越准确。假设粒子谱服从伽马分布：

$$f(r) = N_0 r^{\alpha-1} e^{-\beta r} \tag{3.1}$$

对于液滴和球形冰晶粒子，根据粒子谱参数的个数可分为单参数方案、双参数方案和三参数方案（表 3.1）；对于非球形冰晶粒子，由于需要考虑形状参数 ξ，因此可分为双参数方案、三参数方案和四参数方案（表 3.2）。

表 3.1　总体参数化方案的分类（液滴/球形冰晶粒子）

参数	α	N_0	β	ξ
单参数方案	固定	固定	变化	固定
双参数方案	固定	变化	变化	固定
三参数方案	变化	变化	变化	固定

注：α、N_0 和 β 分别为粒子谱的谱形参数、截距参数和斜率参数；ξ 为冰晶粒子形状参数

表 3.2　总体参数化方案的分类（非球形冰晶粒子）

参数	α	N_0	β	ξ
双参数方案	固定	固定	变化	变化
三参数方案	固定	变化	变化	变化
四参数方案	变化	变化	变化	变化

注：参数释义同表 3.1

3.2.1　非球形冰晶粒子增长的参数化改进及数值模拟

由于实际环境中，冰晶粒子多呈非球形，因此对其生长过程的模拟较为复杂。然而冰晶粒子在雷暴云微物理过程以及气候变化中扮演着非常重要的角色，对雷暴闪电的形成也有着重要的作用。非感应起电是雷暴起电中主要的起电机制，冰晶粒子与霰粒子碰撞会导致电荷分离。因此，冰晶的浓度、大小、下落末速度对雷暴闪电的形成都有很重要的影响，但是冰晶不像云滴一样可以近似为球形，冰晶粒子具有复杂多变的形状，如片状、柱状、辐枝状、柱帽状、空心状等，并且在相同条件下不同的冰晶形状会产生不同的凝华增长率、下落末速度、碰撞效率、光学散射性质以及不同的融化效率等。准确模拟冰晶粒子在成云降水过程中的演变不仅有助于理解云降水物理过程，而且有助于提高模式对云和降水的模拟效果。

在早期的云微物理方案中，将冰晶近似看成球形，这与真实的冰晶形状相差较远，针对冰晶形状有关的微物理过程的模拟会造成较大的误差。因此，一些学者开始考虑将冰晶的非球形形状加入模式。在考虑冰晶形状的模式中，关于晶面和棱面轴长的变化有以下两种解决方案：第一种方案是通过冰晶的质量-尺度幂次关系来进行冰晶形状和演变过程的模拟，如 Mitchell 等（1990）、Meyers 等（1997）、Woods 等（2007）、Thompson 等（2008）、Morrison 和 Grabowski（2010）等。但是因为该方法在不同温度区域内所对应的冰晶形状具有不同的系数，并且由于其系数是特定观测环境下测得的，使得数据的使用范围具有很大的局限性。第二种方案是基于电容理论提出的模拟单个冰晶粒子凝华增长的理论模型（简称 CL94）（Chen and Lamb，1994a）。

1. 单个冰晶粒子的凝华增长对比试验

单个冰晶粒子凝华增长模式是由 Chen 和 Lamb（1994a）基于传统的冰晶粒子凝华增长理论发展起来的。该模式用于模拟固定环境条件下单个冰晶粒子的凝华增长过程，即在拉格朗日框架下，追踪单个冰晶粒子在不同的温湿环境下，各个参数的增长演变过程。该模式将冰晶视为椭球状，并主要用于模拟片状和柱状冰晶。CL94 的理论框架中主要由两个基本公式构成。第一个公式是基于电容模式得到的由水汽扩散导致的单个冰晶粒子质量增长率：

$$\frac{dm}{dt} = 4\pi C(a,c) f_v G_i (S_i - 1) \tag{3.2}$$

式中，f_v 是通风因子；G_i 是结合热力和水汽扩散过程的函数；S_i 为冰面饱和度；$C(a, c)$ 为静电电容函数，a，c 分别为主晶面和棱面的半轴长，该函数与冰晶形状有关。$C(a, c)$ 在不同冰晶形状下的表达公式为

$$柱状（c > a）：C = \frac{cs}{\ln[(1+\varepsilon)\phi]} \qquad \varepsilon = \sqrt{1 - \phi^{-2}} \tag{3.3}$$

$$片状（c < a）：C = \frac{a\varepsilon}{\sin^{-1}\varepsilon} \tag{3.4}$$

式中，ϕ 为冰晶纵横轴比，即冰晶的纵轴与横轴之比，$\phi=c/a$。当 $\phi>1$ 时，表示冰晶为柱状；当 $\phi<1$ 时，冰晶为片状；当 $\phi=1$ 时，则表示冰晶为球状冰晶。如同大多数云模式一样，冰晶的水汽扩散质量增长公式源于传统的电容模式计算公式，但一些学者（Sulia and Harrington，2011）指出，传统计算公式最大的限制就是计算冰晶凝华增长时假定冰晶具有恒定的纵横比，也就是说冰晶的纵横比在凝华增长过程中是不变的，即 c 轴与 a 轴的轴长之比不变。但在真实的冰晶凝华增长过程中，由于冰晶粒子晶面与棱面增长速度不同，随着时间冰晶粒子的纵横比会不断变化，因此 Chen 和 Lamb（1994a）提出"质量分布假设"解决冰晶增长过程中纵横比变化的问题：

$$\frac{\mathrm{d}c}{\mathrm{d}a} = \frac{\alpha_c}{\alpha_a}\phi = \Gamma(T)\phi \tag{3.5}$$

式中，$\mathrm{d}c/\mathrm{d}a$ 是指沿 c 与 a 轴方向的线性增长速率；α_a、α_c 分别为冰晶主晶面和棱面的质量凝华系数，即为水汽在 a 轴和 c 轴方向的凝华增长效率。在式（3.5）中，$\Gamma(T)$ 被称作冰晶的内在增长比，是冰晶主晶面与棱面的凝华系数比值，是一个只与温度相关的数值，由冰晶粒子不同晶型的表面动力学过程所决定。Chen 和 Lamb（1994b）将从不同观测实验得到的内在增长比拟合为一条适用于 CL94 理论框架的内在增长比曲线。虽然目前已经有一些学者利用不同的方法得出了不同的内在增长比（Hashino and Tripoli，2008），但这里仍采用 CL94 拟合得到的数据，因为，此数据已经被证明在 CL94 框架中可以较好地模拟出冰晶凝华增长过程中的形状变化。随着冰晶凝华增长，枝状、空心部分不断出现，温度、水汽密度等因素变化，冰晶密度也会随之发生变化，因此在模式中需要考虑加入冰晶的凝华密度来反映冰晶密度的变化。这里凝华密度为冰晶粒子凝华增长过程中质量增长部分的密度，采用的是 CL94 所给出的凝华密度公式，该公式是基于 Miller 和 Young（1979）观测数据而得出的经验公式。

对于单个冰晶粒子而言，成功准确模拟其在不同温湿环境下质量、轴长等变化是将冰晶形状因子嵌入云模式的基础。通过以上设定及公式，建立单个冰晶粒子的凝华增长模式，在一定环境条件下进行单个冰晶粒子的凝华增长试验。

冰晶粒子的形状会对碰撞、淞附、融化等过程产生影响。但由于冰晶粒子形状的复杂性，造成在模式中加入冰晶形状有很多困难。因此，为将冰晶形状因子加入到欧拉动力框架下的分档云模式中，先在一个只包含凝华过程的理想试验模型进行检验。该试验模型取自 Sun 等（2012）的云和气溶胶一维半分档模式，采用与原分档云模式相同的质量分档，即 130 个水凝物质量档，90 个气溶胶质量档，相对应的等球体半径范围分别为 $8.0\times10^{-3}\sim2.4\times10^4\mu m$ 和 $8.0\times10^{-3}\sim2.32\times10^2\mu m$。为描述冰晶粒子的数密度分布，用与质量的自然对数有关的数密度分布函数 $f_{\mathrm{ice}}(\ln m)$ 来表示，$f_{\mathrm{ice}}(\ln m)\,\mathrm{d}\ln m$ 则表示在 $\ln m$ 与 $\ln m+\mathrm{d}\ln m$ 之间单位体积的冰晶粒子数，$\mathrm{d}\ln m$ 取 $\ln2^{1/2}$。在质量维度上，用 $f_{\mathrm{ice}}(m_i)$ 代表 $f_{\mathrm{ice}}(\ln m)\,\mathrm{d}\ln m$，指水凝物质量档的档数，从 1 到 130，即 $m_{i+1}=2^{1/2}m_i$。在该模式中，为了追踪每个水凝物中的气溶胶，冰晶粒子的数密度设为 $f_{\mathrm{ice}}(\ln m,\ln m_{\mathrm{AP}})$，其中 m 为水凝物质量，m_{AP} 为气溶胶质量，原模式还对气溶胶进行了分类，此处暂不考虑。

为将冰晶粒子的形状加入试验模型中，增加表征冰晶形状的纵横比分档，也就是说，试验模型中冰晶粒子的数密度与冰晶质量、气溶胶质量以及纵横比大小有关，其表示式变为 f_{ice}（$\ln m$, $\ln m_{AP}$, $\log \phi$），其中 ϕ 表示冰晶粒子的纵横比维度。与选择 $\ln m$ 作为质量分档不同，在此选取 $\log \phi$ 作为纵横比维度的分档标准，这样可以在一定程度上保证模式的精度。同时，f_{ice}（$\log \phi$）$d\log \phi$ 表示在 $\log \phi$ 与 $\log \phi + d\log \phi$ 之间的单位体积的冰晶粒子数，但在纵横比维度上，用 f_{ice}（ϕ_i）表示 f_{ice}（$\log \phi$）$d\log \phi$。为评估纵横比分档数对模拟效果的影响，本试验设置两组不同的纵横比分档方案：方案一为 41 个纵横比分档，其中 $d\log \phi$ 取 $\log$（$9/8 \times 2^{1/2}$），即 $\phi_{i+1} = 9/8 \times 2^{1/2}\phi_i$；方案二为 73 个纵横比分档，$d\log \phi$ 取 $\log$（$11/12 \times 2^{1/2}$），即 $\phi_{i+1} = 11/12 \times 2^{1/2}\phi_i$，选择此取值可使两个方案的纵横比数值范围均在 $1 \times 10^{-4} \sim 1 \times 10^4$。而对于球状冰晶（$\phi=1$），在这两种分档方案中的纵横比档数分别为第 21 个档和第 37 个档，根据此档进行冰晶粒子形状的划分，第 1~20（或 1~36）档为片状冰晶，纵横比范围为 $1 \times 10^{-4} < \phi < 1$，而第 22~41（或 38~73）档为柱状冰晶，纵横比范围 $1 < \phi < 1 \times 10^4$。需要说明的是，由于取 $\log \phi$ 作为分档标准，因此无法做到第 21 个档和第 37 个档的纵横比等于 1，但这里已尽量使其接近于 1，其数值分别为 1.07 与 1.1，此处认为在一定范围内不影响冰晶粒子形状的模拟。

因为冰晶粒子形状因子的加入，需要考虑模式的数值算法问题。为解决冰晶粒子在质量与纵横比维度的粒子平流计算问题，Chen 和 Lamb（1994b）提出了一种拉格朗日-欧拉混合分档计算方法，在以往运用 CL94 理论添加冰晶粒子形状因子的分档云模式中，均采用此数值算法进行模拟，该算法无法运用到欧拉动力框架下的分档云模式中，因此这里采用与以往不同的数值算法进行冰晶粒子形状演变的模拟。

云和气溶胶一维半分档模式的数值算法为一维正定平流输送法，此算法无法进行冰晶粒子浓度在质量与纵横比维度的同时平流，因此该试验模式中数值算法选择欧拉 2D 正定平流输送法（MPDATA）的非振动解方案（Smolarkiewicz and Grabowski, 1990；Smolarkiewicz, 2006）。该方案基于通量修正传输方案（FCT），为求解平流方程使用迎风差分方案，并结合反扩散修正。MPDATA 具有近似二阶近似，在计算过程中，通过迭代方程一步步缩小隐式耗散。MPDATA 的基本平流方程为

$$\frac{d\Psi}{dt} = -\frac{\partial}{\partial x}(u\Psi) - \frac{\partial}{\partial y}(v\Psi) \tag{3.6}$$

式中，u 和 v 为 x 轴和 y 轴方向的流速；Ψ 为非负标量场。在理想试验模型中，u 和 v 即冰晶质量和纵横比的变化速率，Ψ 为冰晶粒子数浓度。模式中的平流方程为

$$\frac{df_{ice}(\ln m, \ln m_{AP}, \log \phi)}{dt} = \frac{\partial \left[f_{ice}(\ln m, \ln m_{AP}, \log \phi)\frac{d\ln m}{dt} \right]}{\partial \ln m} - \frac{\partial \left[f_{ice}(\ln m, \ln m_{AP}, \log \phi)\frac{d\log \phi}{dt} \right]}{\partial \log \phi}$$

$$\tag{3.7}$$

式中，f_{ice}（$\ln m$, $\ln m_{AP}$, $\log \phi$）为冰晶粒子的数密度。在计算平流过程中需要质量和纵横比随时间的变化速率，即 $d\ln m/dt$ 和 $d\log \phi/dt$，根据 Chen 和 Lamb（1994b）的理论，可根据水汽扩散凝华增长得到 $d\ln m/dt$，但需要对纵横比变化速率进行推导，根据纵横比与体积以及体积与质量之间的关系式：

$$\mathrm{d}\ln\phi = \frac{\Gamma(T)-1}{\Gamma(T)+2}\mathrm{d}\ln V \tag{3.8}$$

$$\mathrm{d}V = \frac{\mathrm{d}m}{\rho_{\mathrm{dep}}} \tag{3.9}$$

可推出冰晶粒子的纵横比变化速率与质量变化速率之间的关系式：

$$\mathrm{d}\ln\phi = \frac{\Gamma(T)-1}{\Gamma(T)+2}\frac{\rho}{\rho_{\mathrm{dep}}}\mathrm{d}\ln m \tag{3.10}$$

式中，$\Gamma(T)$ 为内在增长比；ρ_{dep} 为凝华密度；ρ 为冰晶整体密度。由于在该试验模式中考虑冰晶的凝华密度有一定难度，此处假设冰晶增长过程中密度不变，即凝华密度与冰晶的密度相同，这一缺点将在以后加入分档云模式时加以改进。

采用此数值算法不但可以解决模式中冰晶粒子的质量与纵横比演变的数值平流算法问题，同时使得在欧拉动力框架下，将冰晶形状因子直接耦合到分档云模式中，使得研究冰晶粒子形状因子有关的云微物理过程和动力过程成为可能。

单个冰晶粒子模型用于模拟冰晶粒子凝华增长过程时，只研究环境温度对于冰晶演变的影响。初始环境场条件为：液面饱和度为 1，气压为 1000hPa，初始冰晶粒子为球形。该模式时间步长为 1s，通过分别模拟环境场为–30～–1℃下冰晶粒子的凝华增长，研究冰晶的形状随着温度变化。并且已有研究表明初始粒子的半径对于冰晶增长有一定影响，因此对初始半径不同的冰晶粒子进行模拟对比，初始半径分别选择 1μm、5μm、10μm 和 20μm，而其他环境场条件相同。

图 3.13 表示不同初始半径的冰晶粒子在不同温度下凝华增长 10min 后的 a 轴与 c 轴轴长。前人所进行的冰晶凝华增长实验表明：–4～0℃、–21～–9℃为片状冰晶增长区，–9～–4℃、–30～–21℃为柱状冰晶增长区（Libbrecht，2005）。本模式模拟结果与冰晶实验数据相吻合，并且很好地模拟出冰晶形状随温度的变化规律。因为初始半径不同，模拟结果呈现出一定的规律：初始冰晶粒子半径越小，冰晶增长速率越快（Sheridan et al.，2009）；初始半径越小的冰晶粒子，越容易增长为极端形状，如在片状冰晶增长区，初始半径为 1μm 的粒子经过 10min 后，a 轴数值均比初始半径大的模拟结果大，c 轴数值均比其他初始半径大的模拟结果小，而在柱状冰晶增长区，则 c 轴的模拟结果也达到最大，a 轴的模拟结果反而最小；在–9℃与–21℃附近，虽然初始半径不同，但 a 轴与 c 轴的值大小相同，主要因为此时冰晶近乎球形增长。这与 Sulia 和 Harrington（2011）的模拟结果一致。

与 Takahashi 和 Fukuta（1988）及 Takahashi 等（1991）的风洞实验结果相比，单个冰晶粒子模式能够模拟出不同温度下冰晶轴长的演变。但在–9～–4℃内冰晶粒子的 c 轴轴长模拟结果偏高，同时 a 轴轴长模拟结果偏低，而–21～–9℃间的模拟结果更佳。并且由于在–30～–23℃中冰晶形状较为复杂，其晶型对于过饱和度的高低极为敏感，也缺乏风洞数据，因此无法对比。但整体而言，模式模拟的冰晶形状更偏向极端，也就说较风洞中冰晶形状而言，模拟结果的柱状（片状）的 c 轴（a 轴）轴长数值更大。

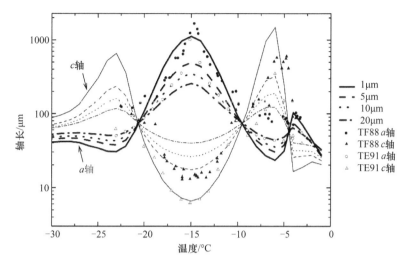

图 3.13　不同初始半径的冰晶粒子轴长模拟结果与风洞实验数据对比

曲线为模拟 10min 后的冰晶粒子轴长，初始半径依次是 1μm（实线）、5μm（折线）、10μm（点线）、20μm（点划线），其中粗黑色线为 a 轴，细灰色线为 c 轴。点图为风洞实验数据：实心黑点和实心三角分别为 Takahashi 和 Fukuta（1988）风洞试验中增长 10min 后 a 轴和 c 轴数据；空心黑色圈和空心三角分别为 Takahashi 等（1991）风洞实验中增长 10min 后 a 轴和 c 轴数据

　　图 3.14 显示了 10min 凝华增长后的单个冰晶粒子的质量模拟结果，单个冰晶质量的峰值出现在−15℃、−6℃和−23℃。粒子增长速率最快出现在−15℃下，以 1μm 粒子为初始粒子的模拟中，可看到 10min 的凝华增长后，冰晶粒子质量达到 8.4μg，与该温度下观测值十分接近。在−9℃以及−21℃下，单个冰晶粒子质量增长较慢，这与冰晶在此温度下近乎球形冰晶的增长特征有关，因为冰晶的不规则形状会使冰晶的凝华增长速率加快。与实验数据相对比，模式能够模拟出冰晶粒子质量在不同温度下的变化特征，但

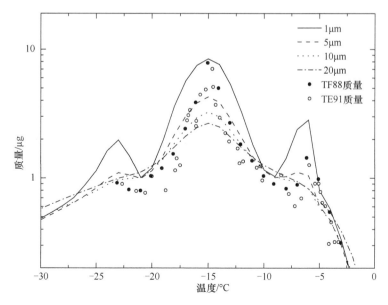

图 3.14　不同初始半径的冰晶粒子质量模拟结果与风洞实验结果对比

图中模拟结果是以初始半径依次为 1μm、5μm、10μm、20μm 的球状冰晶增长 10min 后冰晶质量变化图，点图为风洞实测数据：实心黑点为 Takahashi 和 Fukuta（1988）冰晶质量，空心黑圈为 Takahashi 等（1991）冰晶质量

是与轴长的模拟结果相同，在-4~-9℃下质量模拟结果偏大，在-9~-21℃下，模拟结果更接近于实验值。

纵横比是判断冰晶形状的重要依据，图 3.15 为纵横比的模拟结果与风洞实验的对比。单个冰晶粒子在-6℃、-15℃及-23℃温度下纵横比出现极值，这表征在此温度下冰晶粒子易出现极端形状。在-15℃时，单个冰晶粒子纵横比达到最低值，1μm 初始粒子经过 10min 的凝华增长后纵横比变为 0.006。-6℃时，纵横比达到最大值 82。模式所模拟的纵横比随温度的变化特征与观测数据整体趋势相似，抓住了冰晶随着温度的降低呈现片状—柱状—片状—柱状的增长趋势，但模拟结果比观测结果更易出现极端形状，如在柱状冰晶增长区，模拟结果偏大，而在片状冰晶增长区，模拟结果偏小。相对比而言，片状冰晶的模拟效果较好，与风洞数据结果相近，柱状冰晶的模拟结果偏大。

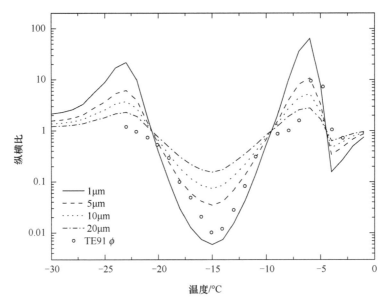

图 3.15　不同初始半径的冰晶粒子纵横比模拟结果与风洞实验结果对比

模拟结果为初始半径依次为 1μm、5μm、10μm、20μm 粒子增长 10min 后冰晶纵横比变化。

点图为风洞实测结果：空心黑圈为 Takahashi 等（1991）冰晶纵横比

2. 群粒子凝华增长对比试验

大量的观测以及实验数据表明，-15℃以及-6℃为典型的片状和柱状冰晶增长温度（Mitchell and Arnott，1994；Ryan et al.，1976；Pruppacher and Klett，1997），上述单个冰晶粒子的模拟结果与此一致。因此，在群粒子凝华增长试验中选取这两个温度进行对比试验，而将呈现等速球形增长温度-9℃作为对比参考温度。

试验模式为理想条件下一群冰晶粒子的凝华增长，并且因为只考虑了凝华增长过程，环境中的水汽是唯一提供冰晶粒子进行凝华增长的来源，所以模式所设环境中初始冰相过饱和度约为 37%。同时在初始条件下，根据云中实际情况，设定的群粒子总数浓度为 32 L^{-1}，图 3.16 为方案一中群粒子凝华增长试验的初始粒子分布情况，粒子半径分布范围为 0.07~4.5μm，相对应的质量范围为 2.05×10^{-9}~3.8×10^{-4}g，在纵横比方向，初始粒子均在第 21 个纵横比分档中，而方案二（图略）则是初始冰晶粒子均在第 37 个档中，即初始粒子均看为球形冰晶，两个方案中其他设定均相同。通过在试验模式中进行 10min 的凝华增长模拟，对比 10min 后两种方案的冰晶粒子的质量和纵横比的大小情况。

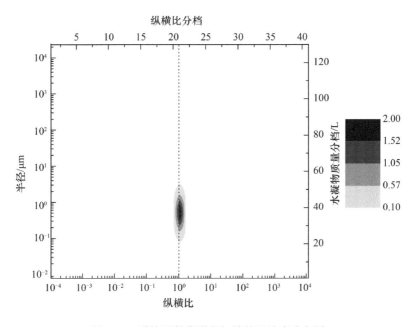

图 3.16　群粒子凝华增长初始粒子浓度分布图

图 3.17 是初始温度为–15℃，群粒子增长 10min 后粒子浓度分布。图 3.17（a）为分档方案一的模拟结果，可看出冰晶等效球体半径分布范围为 70～250μm，相对应的冰晶质量分布范围为 1.5～50μg，粒子浓度高值区的冰晶粒子质量约为 4.0μg，而冰晶粒子在

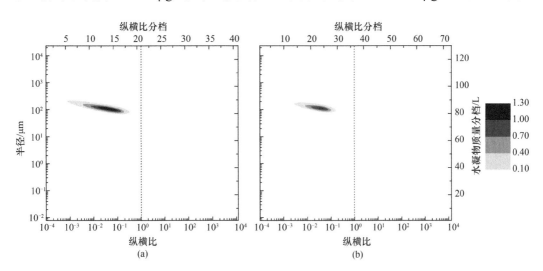

图 3.17　初始温度为–15℃时凝华增长 10min 后群粒子浓度分布图
（a）纵横比分档方案一的模拟结果；（b）纵横比分档方案二的模拟结果

纵横比方向的分布范围为0.001～0.3，大部分冰晶粒子的纵横比在0.02～0.06之间。方案二［图3.17（b）］中冰晶粒子的等效球体半径分布范围为70～200μm，相对应的冰晶质量分布范围为1.5～30μg，高值区粒子浓度最大为1.02 L⁻¹，冰晶粒子的纵横比分布范围为：0.003～0.2。可以看出，当纵横比划分为73个档时，冰晶粒子质量增长相对减小，高值区的粒子数浓度相对较低，且在纵横比方向的分布范围较小。

典型柱状冰晶增长温度是–6℃，因此初始温度为–6℃时冰晶凝华增长10min后（图3.18），冰晶粒子均呈柱状冰晶，甚至为针状冰晶。这是因为在过饱和条件下，大量观测以及数据结果表明，–6℃是冰晶增长为针状冰晶的典型温度。该温度下模拟结果与–15℃时结果相似：两种不同的纵横比分辨率会导致模拟结果有所差异。图3.18（a）为方案一的模拟结果，冰晶粒子等球体半径分布范围为60～200μm，纵横比大约在3～800之间，高值区粒子的纵横比范围为10～50。图3.18（b）为方案二的模拟结果：冰晶粒子等球体半径分布范围为70～150μm，纵横比在10～400之间，高值区粒子的纵横比范围为20～30。两种方案相比：方案一模拟的冰晶粒子纵横比、质量分布范围更广，高值区粒子数浓度更高。

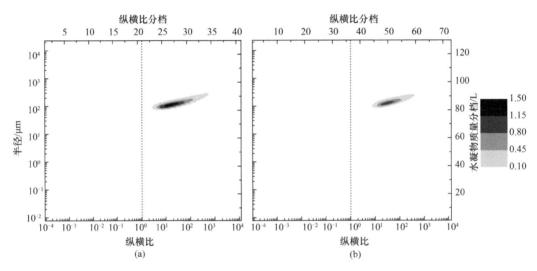

图3.18 初始温度为–6℃时凝华增长10min后群粒子浓度分布图
（a）纵横比分档方案一的模拟结果；（b）纵横比分档方案二的模拟结果

在单个冰晶粒子模式的模拟结果中可看到，与–15℃和–6℃相比，冰晶在–9℃下增长速率较慢。这是因为该温度为冰晶粒子片状与柱状的转换温度区域，冰晶粒子会倾向于球形增长，而凝华过程中，冰晶粒子的形状增长倾向对于冰晶粒子增长的速率会有一定影响。根据CL94内在增长比数据，–9℃时内在增长比为1.18，表明在该温度下冰晶粒子仍有向柱状增长的趋势。图3.19为初始温度为–9℃时，群粒子凝华增长10min后粒子浓度分布，与图3.17和图3.18相比，冰晶粒子的质量增长相差不多，但是纵横比有明显差异，大部分冰晶粒子近乎球形，方案一中纵横比范围为1～13，方案二的纵横比范围为1～10。两个方案相比，方案一的模拟结果中群粒子的分布范围也更广，高值区的数浓度更高。

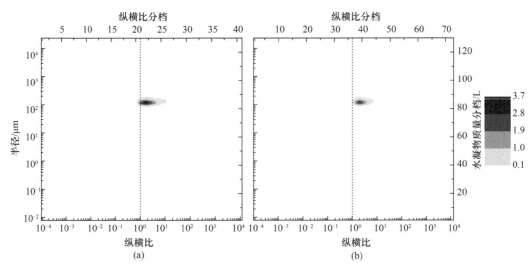

图 3.19　初始温度为–9℃时凝华增长 10min 后群粒子浓度分布图
（a）纵横比分档方案一的模拟结果；（b）纵横比分档方案二的模拟结果

CL94 理论中冰晶粒子形状与内在增长比的大小有关，而内在增长比仅与温度有关，单个冰晶粒子模式中仅考虑一个冰晶粒子的凝华增长，所以凝华潜热释放的影响可忽略不计，在一定温度下，内在增长比不会发生变化。但是在群粒子凝华增长试验模型中，一群冰晶粒子凝华增长会释放大量潜热，环境温度升高，内在增长比也会跟随温度的变化而变化，这会导致在凝华增长过程中，冰晶纵横比和质量的变化速率会随着时间改变。由于初始温度为–6℃的试验中温度变化最为显著，所以选择分析该温度下，不同增长时段的群粒子浓度变化作为个例说明。

在初始温度为–6℃的条件下，冰晶凝华增长 10min 后，环境温度上升 1.52℃，同时内在增长比改变了六次（图 3.20）。而在柱状冰晶增长区内，内在增长比降低会导致

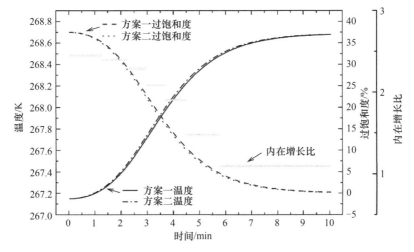

图 3.20　在–6℃下，增长 10min 内温度、过饱和度（冰相）、内在增长比随时间变化曲线
实线和点线分别为纵横比分为 41 个和 73 个档的方案模拟结果，
黑色细线为温度变化，黑色粗线为冰相过饱和度变化，黑色点线为方案二内在增长比变化

冰晶纵横比的增长速率变慢，同时 c 轴方向的增长减慢，a 轴方向的增长加快，但是整体上冰晶仍向柱状冰晶增长。图中还表示了两种分档方案的温度以及过饱和度的对比：方案二的温度上升得较高，同时水汽消耗也较大，但数值上两种方案差距不大。

3.2.2　非球形冰晶粒子凝华增长的四参数方案

冰晶粒子的非球形导致参数化方案对其生长过程的模拟较为复杂。Harrington 等（2013a，2013b）完善了 CL94 方案，并将该方法用于三参数云模式中。但是该三参数方案与液滴/球形冰晶粒子的双参数方案一样，存在诸多问题，Chen 和 Tsai（2016）也指出，在不考虑混合的气块中，采用冰晶粒子的三参数方案在模拟凝华增长过程中冰晶谱同样会变宽。基于此，Chen 和 Tsai（2016）对 CL94 进行了简化，并发展了一个四参数方案，通过理想试验发现对冰晶谱的模拟有较大的改进。在该四参数方案中，有四个预报量：M_0、M_2、M_3、M_Φ 分别为冰晶的总数浓度、总表面积（不包含 π）、总体积（不包含 $\pi/6$）和总的纵横比与球形等效直径三阶矩的乘积。通过该四个预报量诊断得到冰晶粒子谱参数及冰晶形状参数。Chen 和 Tsai（2016）把利用该四参数方案模拟得到的冰晶粒子谱、总体积和平均纵横比演变情况分别与非球形和球形冰晶粒子的分档方案、双参数方案进行了对比，发现四参数方案模拟结果与非球形冰晶粒子的分档方案非常接近。然而在四参数方案中粒子谱参数和冰晶形状参数均为诊断量，同时冰晶形状参数做了近似处理，这将会导致误差，并且时间步长越长误差越大。如果在模拟微物理过程时，把谱参数及冰晶形状参数作为预报量，而不是诊断量，精确计算冰晶形状参数，然后采用合适稳定的数值算法，将会降低模拟误差，进一步提高模式的预报准确性。为此，本研究通过冰晶粒子数浓度、冰晶球形等效半径一阶矩量、三阶矩量、总纵横比对数和总球形等效半径对数建立冰晶粒子凝华增长四参数方案。不同于以往的四参数方案，在该四参数方案中建立了粒子谱参数和冰晶粒子形状参数的预报方程：

$$\frac{d\alpha}{dt} = f(\alpha, \beta, \xi) \tag{3.11}$$

$$\frac{dN_0}{dt} = f(\alpha, \beta, \xi) \tag{3.12}$$

$$\frac{d\beta}{dt} = f(\alpha, \beta, \xi) \tag{3.13}$$

$$\frac{d\xi}{dt} = f(\alpha, \beta, \xi) \tag{3.14}$$

由于对于球形冰晶粒子，可以得到其凝华增长过程中粒子谱演变的解析解，因此首先对球形冰晶粒子的凝华增长过程进行了模拟，并且将模拟结果与解析解进行了对比（图 3.21），可以看出，该四参数方案模拟凝华增长过程得到的球形冰晶粒子谱演变与其解析解基本一致。因此对于球形冰晶粒子，该四参数方案能够准确地描述冰晶粒子的凝华增长过程。

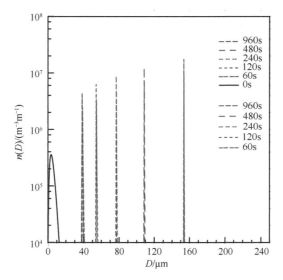

图 3.21　球形冰晶粒子谱演变

蓝色代表球形冰晶粒子，紫色代表解析解

图 3.22 为利用该四参数方案对非球形冰晶粒子凝华增长过程模拟得到的粒子谱演变，可以看出增长过程中非球形冰晶粒子比球形冰晶粒子增长快，这是因为非球形冰晶粒子凝华增长率更大。然而不管对于球形冰晶粒子还是非球形的冰晶粒子，该方案模拟结果均比 Chen 和 Tsai（2016）的模拟结果增长快。因此通过冰晶粒子数浓度、球形等效半径一阶矩、三阶矩、总纵横比对数和总球形等效半径对数推导得到谱形参数 α、截距参数 N_0、斜率参数 β、冰晶形状参数 ξ 的预报方程，从而建立非球形冰晶粒子的凝华增长四参数方案。利用该方案在模拟冰晶凝华增长过程时，采用合适稳定的数值算法，将会大大降低模拟误差。

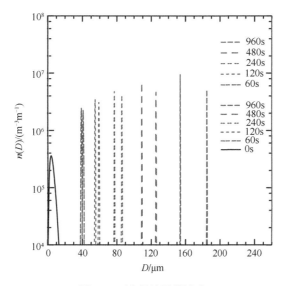

图 3.22　冰晶粒子谱演变

蓝色代表球形冰晶粒子，红色代表非球形冰晶粒子

3.3　雷电天气系统中水凝物粒子分布
与起电区域的时空演变特征

3.3.1　闪电与不同相态降水关系的数值模拟

闪电活动和对流降水都是雷暴云内动力和微物理过程共同作用的产物。国内外学者主要通过分析观测资料，着重对闪电和降水的时空关系和单次闪电表征的降水量（rainyields per flash，RPF）进行研究。为了探究影响两者关系的内在原因，本节通过数值模式模拟雷暴的发展演变以及降水情况，以期从机理上认识电活动特征与降水特征的时空分布关系。

模式初始场取自肖辉等（2002）在陕西省旬邑进行防雹试验期间于 1997 年 7 月 28 日 13:00 在旬邑太村施放的一次探空（图 3.23）。0℃层和−20℃层的相对高度为 3.8km 和 7.1km 左右，云底和云顶的相对高度为 0.9km 和 11.8km。10 km 以下的平均温度直减率为 0.72℃/100m，中低层大气湿度较大，高层小一些。近地层风随高度顺转（西南-西北）并增强，表明近地层为暖平流控制，5km 以上风随高度逆转（西北-西南-东北），为冷平流形势。根据探空计算，CAPE 为 860J/kg，该探空层结有利于中等强度雷暴的发展。

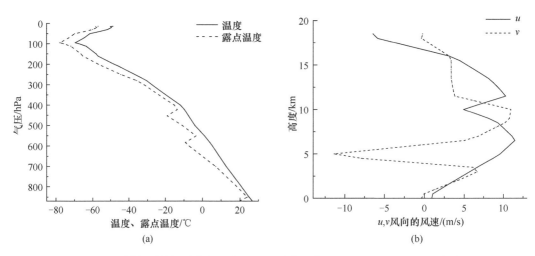

图 3.23　模拟所用初始大气温度（T）、露点温度（T_d）和风（u，v）的廓线
（a）大气温度、露点温度廓线；（b）风向、风速的廓线

模拟采用三维强风暴动力-电耦合数值模式（孔凡铀等，1990；孙安平，2002a，2002b；郭凤霞等，2007b，2010）。在模式中考虑了霰-冰晶、冰雹-冰晶、霰-雪和冰雹-雪之间的非感应碰撞，未考虑其他起电机制。为讨论不同强度的雷暴中闪电和降水的关系，本节设置了五组敏感性试验，扰动位温分别取 0.9℃、1.0℃、1.1℃、1.2℃和 1.3℃，不同扰动位温可以发展得到不同强度的雷暴。将扰动位温取 0.9℃的试验作为对照组（Test Control，简称 Test Con.），令扰动位温取 1.0～1.3℃的试验分别对应 Test1～4，模拟时间为 1 小时。

由表 3.3 可以看出，当扰动位温取 0.9℃时，由于对流太弱，没有产生放电，累积固液态降水量和最大降水强度也是五组敏感性试验中最小的。总闪次数在 Test2 中达到最大，然后逐渐减小，而累计降水量和最大降水强度则不断增加。地闪直到 Test3 才出现，而且数量非常少，因此主要讨论总闪和降水的关系。值得一提的是，Test3 和 Test4 的地闪均发生在 35～40min 之间。由此可见，闪电和固液态降水的关系复杂，两者并不是简单的线性关系。

表 3.3　敏感性试验组中的闪电次数、累计固液态降水量和最大固液态降水强度

试验组	扰动位温 $\Delta\theta_0$/℃	总闪次数	地闪次数	累计液态降水量/mm	最大液态降水强度/(mm/h)	累计固态降水量/mm	最大固态降水强度/(mm/h)
Test Con.	0.9	不放电	不放电	13.34	137.1	1.092	13.79
Test 1	1.0	22	0	17.55	153.7	2.355	25.07
Test 2	1.1	143	0	20.66	181.2	3.841	39.77
Test 3	1.2	93	7	21.44	191.5	4.871	52.54
Test 4	1.3	35	4	22.89	191.7	7.229	72.28

1. 闪电和降水的时间关系

已有研究表明，多数对流过程中，闪电峰值提前于降水峰值，而少数雷暴云的闪电峰值滞后降水峰值，或者两者关系不明显（见第 2 章）。但是这些研究中并没有区分固态降水和液态降水与闪电关系的差异。

图 3.24 给出了固液态降水强度与闪电次数的时间演变，由图可知，Test1～4 的液态和固态降水强度随时间的变化曲线虽然总体上很相似，呈现单峰值，但是开始时间和峰值时间均随着扰动位温的增大而不断提前。在同一试验组中，液态降水出现时间和峰值时间均提前于固态降水几分钟，液态降水在雷暴云的形成阶段就开始产生，而固态降水主要发生在雷暴云的成熟阶段和消散阶段。在 Test1～4 中，雷暴云的首次放电时间滞后于液态降水，滞后的时间在几分钟到十几分钟之间。在 Test1 和 Test2 中，闪电主要发生在液态降水峰值之后，即液态降水强度减弱时，而 Test3 和 Test4 的闪电在液态降水峰值前就已经产生，这说明在雷暴云发展的初期就已经具备放电的条件。在 Test1 和 Test2 中，固态降水也提前于闪电发生，但在 Test3 和 Test4 中，在固态降水还未出现之前 2～3min 或固态降水出现的同时，闪电开始发生，这说明在强对流下，上升气流将液滴输送到了更高的高度，使冰相粒子出现的时间提前，含水量也增大，云内的非感应起电过程强到了一定程度，使得云内达到放电条件的强电场出现时间提前。Test3 的地闪发生在固液态降水强度的上升期，而 Test4 的地闪则发生在固液态降水强度峰值之间。地闪分布位于强降水产生的时间段内，原因可能是因为剧烈的降水改变了地面电荷的分布情况，同时改变了模拟域中的强电场。

2. 单次闪电表征的降水量

目前对于单次闪电表征的降水量的处理方法主要有两种，一种是在区域尺度上计算降水总量和总闪（或地闪）次数之比（Petersen and Rutledge，1998），另一种是针对个例

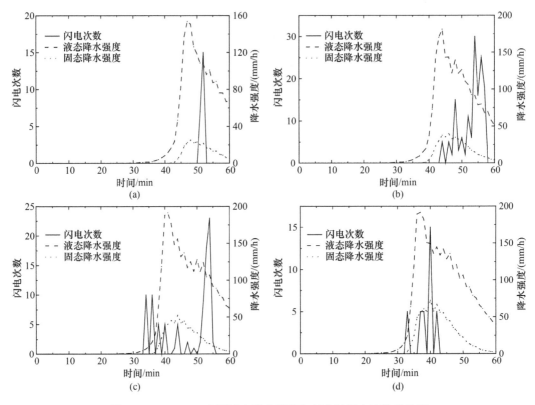

图 3.24　Test 1～4 中固液态降水强度与每分钟闪电次数的关系

雷暴，利用对流过程产生的降水总量和闪电次数进行计算（Pineda et al.，2007）。这两种方法得到的 RPF 值将直接取决于雷暴过程的降水量和闪电次数。针对模拟的雷暴过程，从产生闪电的时刻开始统计，利用总闪次数和总降水量计算整个对流过程的 RPF 值，记为 L_{RPF}；以每分钟为单位时间间隔，通过每分钟产生的固液态降水总量和闪电次数计算 RPF 值，并对固液态 RPF 值和每分钟闪电数进行线性拟合，分析固液态 RPF 和降水强度以及闪电次数之间的关系。由表 3.4 中可以看到，在 4 个敏感性试验中，L_{RPF} 分布范围为 $4.06×10^6～29.78×10^6$ kg/flash。根据目前国内外已有的研究，单次闪电的降水可从大陆型雷暴的 $1.0×10^7$ kg/flash 到海洋型雷暴的 $3.0×10^{10}$ kg/flash，相比之下 Test1～3 的 RPF 值较小，主要原因是采用闪电次数为总闪次数而非其他研究者采用的地闪数，而一次雷暴过程的总闪次数总是远大于地闪次数。由于模拟结果与观测结果得到的统计平均值存在一定差异，所以主要通过定性分析来讨论此次敏感性试验的每分钟 RPF 值。

表 3.4　Test1～4 的降水总量、总闪次数、L_{RPF} 及每分钟 RPF 最大值、最小值和平均值

试验组	降水总量 /10^6 kg	总闪次数	L_{RPF} /(10^6 kg/flash)	每分钟 RPF 最大值 /(10^6 kg/flash)	每分钟 RPF 最小值 /(10^6 kg/flash)	每分钟 RPF 平均值 /(10^6 kg/flash)
Test1	284.41	22	12.08	5.48	2.43	7.91
Test2	580.18	143	4.06	23.08	1.06	7.93
Test3	922.90	93	9.92	58.70	0.15	14.88
Test4	1042.33	35	29.78	12.04	0.37	6.03

每分钟 RPF 的最大值和最小值均出现在 Test3 中，但 Test3 的平均值是四组试验中最大的，而 Test1、Test2、Test4 的每分钟 RPF 平均值更为接近；结合图 3.24 可以说明，在 Test3 中，因为其闪电的时间分布范围较大且闪电主要集中在降水的开始阶段和减弱阶段，致使每分钟 RPF 分布范围和平均值均较大；Test1 的降水量和总闪次数最少，每分钟 RPF 的分布范围比较集中，但由于过少的闪电使得 L_{RPF} 较大；Test2 的闪电数最多，导致 L_{RPF} 值较小，每分钟 RPF 分布范围也较大，但平均值和 Test1 接近，说明 Test2 的闪电分布比较稳定；Test4 和 Test1 类似，由于闪电数较少，导致 L_{RPF} 较大，更多的降水量使其 L_{RPF} 稍大于 Test1，同时，闪电主要发生在降水强度较大的时刻。由于 L_{RPF} 值由降水总量和闪电数计算得到，而雷暴云中对流的不断增强将改变闪电和降水的特征，因此总闪 L_{RPF} 以及每分钟 RPF 值的大小和分布情况也将会发生改变。Test1～4 中，L_{RPF} 的平均值为 13.96×10^6 kg/flash，而每分钟 RPF 的平均值为 10.14×10^6 kg/flash，两者在数值上比较接近，由此可以说明，在一定程度上，每分钟 RPF 可以用来分析此次对流过程中闪电和降水的关系。

3. 固液态 RPF 和降水强度的关系

通过以上分析可知，首次放电时间落后于降水起始时间，闪电峰值同样落后于降水峰值，因此将固液态 RPF 的时间提前 3min，分析固液态 RPF 和降水强度的关系。

图 3.25 显示，当扰动位温相同时，固液态降水 RPF 的数值差别较大，相差达到一个量级，这是由于液态降水总量远大于固态降水；两者的曲线分布相似，由此表明，单位时间内固态降水和液态降水增加的速率相近；固液态 RPF 值达到峰值前后，固液态降水强度也达到最大。根据表 3.3 的分析可知，闪电和降水并不是同比增长，所以，当 RPF 值达到最大时，闪电次数减小，同样可以说明当降水强度最大时，并不是闪电最多的时刻。在对 RPF 值提前 3min 之后，对比 Test1～4 的固液态降水强度和 RPF 值分布曲线可知：液态 RPF 的峰值与液态降水强度的峰值基本同时产生，且液态 RPF 的主要分布区域同样集中在液态降水强度峰值之后，说明当液态降水强度达到峰值时，液态 RPF 在 3min 后才达到峰值，即在单位时间内产生的液态降水总量较小，或者闪电次数较大；除了 Test1 之外，固态 RPF 的峰值提前固态降水峰值 2～5min，分布区域在 Test1～3 中也主要集中在固态降水峰值前后，即固态降水强度达到峰值的时间段内，固态 RPF 也达到峰值，此时如果闪电次数较小，可以得到固态降水强度最大时并无剧烈的闪电活动，但一定产生了闪电，而闪电活动最剧烈时总是发生在最大固态降水强度前后，这点和图 3.24 结论一致；但 Test4 不同，由于 Test4 中闪电主要集中发生在固态降水强度峰值附近，说明 Test4 中的 RPF 达到峰值时，贡献更大的应该是固态降水总量，在固态降水强度达到峰值的时间内，产生了相当的固态降水，使得固态 RPF 值在提前了 3min 后完全位于固态降水强度峰值之前。

结合图 3.24 同样可以看到，每分钟 RPF 的峰值一开始随着垂直风速不断增加，而到了 Test4 则急剧减小，和总闪与垂直风速的关系相似。根据上述分析，固液态降水强度峰值随着垂直风速的增加，单位时间内的固液态降水总量也随之增加，与此同时，由于 Test4 的总闪次数较少，降水量却是最大的，但其每分钟固液态 RPF 峰值反而偏小，

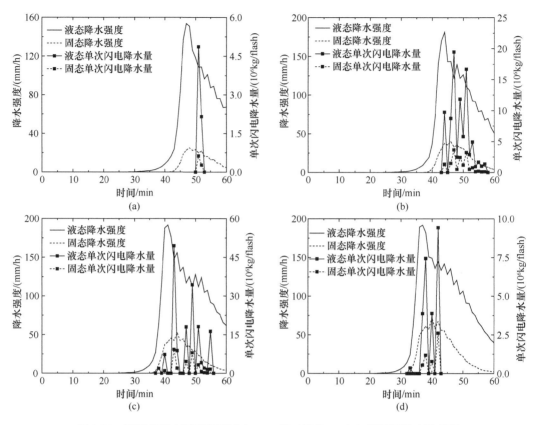

图 3.25　固液态降水强度和固液态 RPF 值（提前 3 min）随时间的变化情况
（a）Test1；（b）Test2；（c）Test3；（d）Test4

受到总闪次数变化以及时间点选取等原因的影响,最终导致固液态 RPF 峰值与垂直风速的关系为先增大后减小。

4. 固液态 RPF 和闪电次数的关系

图 3.26 给出了固液态 RPF 随闪电次数的分布情况。由图 3.26 可知,固液态 RPF 和闪电次数的拟合直线线性递减,在单位时间内闪电次数越多,闪电表征的降水量则越小,当 RPF 达到峰值时,闪电次数很少,这说明固液态降水量和闪电并不是同比增长,闪电次数的增加并不会产生降水的相应增加。根据以往的研究,具有更强闪电活动的雷暴,倾向于具有较小的 RPF（Rakov and Uman，2003）。当一个雷暴的闪电数目增加时,每次闪电对应的降水趋于减小（Williams et al.，1992）。闪电与降水在时空演变上不完全同步也是造成 RPF 值呈现较大变化的原因之一。两者的拟合回归方程分别为

$$y = \log_{10}R_{liquid} = 1.066 - 0.049x \tag{3.15}$$

$$y = \log_{10}R_{solid} = 0.471 - 0.059x \tag{3.16}$$

式中,R_{liquid} 和 R_{solid} 分别为单次闪电的液态 RPF 和固态 RPF,x 为闪电次数,其中液态 RPF 和闪电次数的线性相关系数为 0.38。而固态 RPF 和闪电次数的线性相关系数为 0.70,明显好于液态 RPF 和闪电次数的相关性。鉴于固态降水和闪电次数的相关性较好,可以对两者的关系进行更深入的研究,以期实现利用固态降水预报闪电。

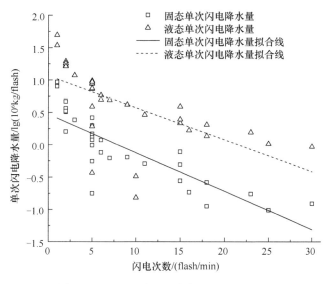

图 3.26　闪电次数和固液态 RPF 的相关图

3.3.2　电荷结构形成与粒子分布特征的模拟

闪电活动是雷暴的重要特征之一。通常云闪占大多数，地闪仅占少数，其中绝大多数地闪是负地闪，但在某些伴随着严重灾害天气的强雷暴内，正地闪的比例往往比较高。当强雷暴中有大量正地闪发生时，很大可能会产生严重的灾害天气（Reap and MacGorman，1989；冯桂力等，2007）。

为进一步认识强雷暴中正地闪偏多的原因，下面利用三维雷暴云动力-电耦合数值模式，模拟分析一次正地闪较多的强雷暴过程，分析正地闪发生需要的条件。选取发生在美国的一次强雷暴过程（Kuhlman et al.，2006；Wiens et al.，2005）。这次过程起初是多单体，2000 年 6 月 29 日 21:30UTC（世界时）至 6 月 30 日 1:15UTC 期间移经 STEPS 计划雷达观测网，在此期间强度增强，发展为超级单体，持续近 4h，期间 3h 内伴随有强降雹、一次龙卷风和强烈闪电活动，其中强降雹主要出现在雷暴成熟后期（23:20～00:20UTC），龙卷风发生在 23:28UTC。在整个过程中，以云闪为主，地闪集中发生在雷暴后期（23:20～1:00UTC），而且 90%的地闪都是正地闪。表 3.5 和图 3.27 给出了观测和模拟的闪电数及地闪占总闪的比例，可以看出，在模拟的 3h 中，云闪、正地闪、负地闪的数目和总体变化趋势均与实际观测结果较为一致。整体上，总闪发生率随着时间不断起伏变化，在最后 1h 达到峰值，地闪也集中发生在最后 1h。不同的是，模拟的总闪起伏变化更明显，共有四个峰值，分别是第 28min、93min、128min 和 163min，最大的峰值为第三个时刻。模拟得到的地闪发生时间更集中，分布在 120～140min 之间，即总闪最大峰值期间。观测和模拟中，正地闪均占总地闪的约 90%。虽然模拟总闪次数少于实测结果，但地闪随时间的变化趋势、地闪占总闪比例、正地闪占总地闪比例以及正地闪次数与实测结果比较接近。由此可认为，模拟结果可以较好地反映这次强雷暴过程。

表 3.5　观测的闪电数目和模拟的闪电数目对比

指标	总闪/flash	正地闪/flash	负地闪/flash	地闪占总闪比例/%	正地闪占总地闪比例/%
实际观测	10000	149	19	1.5	90
模式模拟	4697	109	9	2.5	92

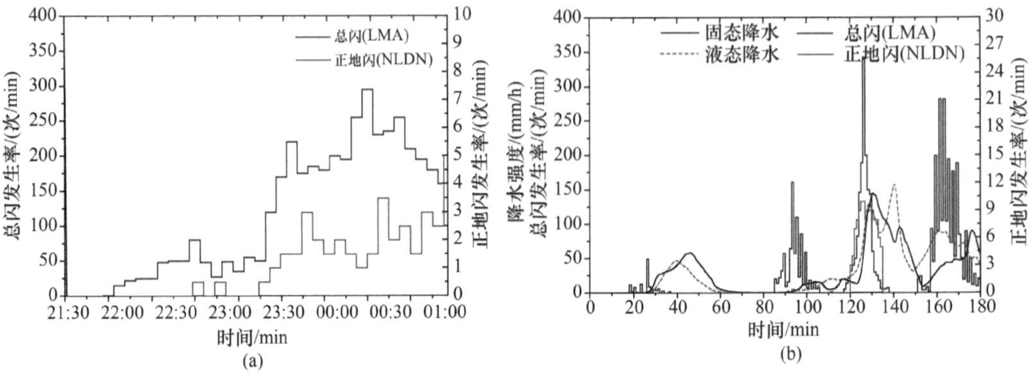

图 3.27　总闪和正地闪发生率随时间的变化
(a) 实测；(b) 模拟

1. 正、负先导的发展

图 3.28 给出了不同高度上的水平最大电荷密度随时间的分布，由图可见，在雷暴云发展的整个过程中，电荷结构基本上呈现出典型的三极性特征，即中部 6～10km（地面的海拔为 1.1km）为主负电荷区，上部 9～12km 为主正电荷区，下部 4～6km 为次正电荷区，其中下部的次正电荷区电荷密度及范围均较小，而云中部和上部电荷区域的电荷密度及范围较大，不同时刻各电荷区所对应的温度基本一致。由图 3.29 可见，正、负先导数密度在整体上随时间变化共有四个峰值，与总闪的峰值一致，大量的正、负先导集中发生在模拟的最后 1 h，即模拟雷暴的成熟及消散阶段。绝大多数先导没有接地，说明绝大多数闪电是云闪。大部分负先导和正先导分别集中在 9～13km 和 7～10km 处，特别是在 120～140min 时段内，正、负先导不仅具有其他三个时段的分布特征，而且在 4～8km 处出现了大量的负先导，在 1～7km 有大量的正先导。并且此时段有大量的先导接地，表明雷暴产生了较多的地闪。接地的正先导数密度远大于负先导，表明发生的地闪中绝大多数是正地闪。正地闪发生的初始高度在 4.5～6.5km（0～−15℃），中心在 5.5km（−10℃）。

根据 Wiens 等（2005）对该雷暴个例进行的闪电定位观测发现，雷暴发展的初始阶段（前 20 min），电荷结构比较简单，在中部 6～8km 处有负电荷区，其下部 4～5km 处有正电荷区，云顶部无明显的上部正电荷区。而后随着雷暴的发展，上升气流变强，上部 8～11km 出现了正电荷区，为三极性电荷结构。雷暴成熟期闪电频繁，电荷结构复杂，但总体上基本呈现出非垂直的反三极性特征，在雷暴云中部 5～9km 高度上是深厚的正电荷区，正地闪均起始于 5～9km，中心在 6.8km（−10℃），电荷结构模拟结果与观测结果较一致。

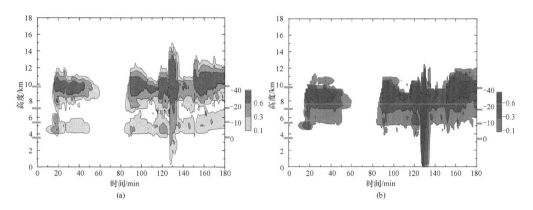

图 3.28　每个高度上的水平最大电荷密度随时间的分布（单位：nC/m³）
（a）正电荷密度；（b）负电荷密度
红色代表正电荷，蓝色代表负电荷

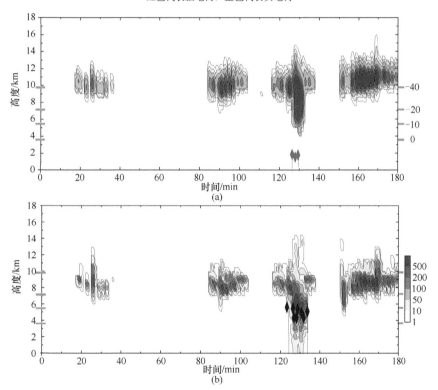

图 3.29　正、负先导数密度（每个高度上的水平最大值）的分布（单位：个）
（a）负先导；（b）正先导
◆代表正地闪发生的初始位置；◆代表负地闪发生的初始位置

2. 闪电类型与上升和下沉气流的关系

对比图 3.28～图 3.30 可见，总闪的峰值均对应着上升速度和上升速度体积（速度值大于 10m/s 的体积）的峰值。在 120～140min 期间，最大上升速度所在高度和持续时间与其他几个峰值没有明显区别，但上升速度体积却明显大于其他几个峰值时刻，说明此时段对流相对更强。此时，云闪出现了最大峰值，正地闪全部发生在这个时段。

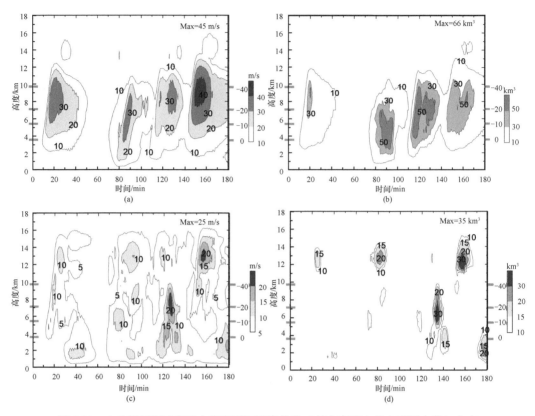

图 3.30　上升和下沉速度及上升和下沉速度体积（每个高度上的水平最大值）分布
（a）上升速度等值线；（b）w>10 m/s 的上升速度体积等值线；（c）下沉速度等值线；（d）w>10 m/s 的下沉速度体积等值线
Max 代表最大值，灰色短实线是温度

　　由图 3.30 可见，水平最大下沉速度和下沉速度的体积也有四个峰值，也对应着总闪的峰值时刻。闪电的第一个和第二个峰值时刻对应的下沉速度较弱，体积较小，而且都出现在较高层。第三个和第四个峰值时刻对应的下沉速度较强，体积较大。但第四个峰值中心所在高度较高，在雷暴云上部。而第三个峰值是唯一在中低层出现了强的下沉气流的时段，也是整个模拟过程中唯一产生正地闪和负地闪的时段。下沉气流的中心区域分布在 4～7km，与正地闪发生的初始高度一致。

　　以上的分析表明，闪电的发生需具备较强的上升气流，闪电频发于上升气流的急剧增加阶段。因为强的上升气流可以给雷暴提供充足的水汽，不仅可使水凝物粒子快速增长，也可增加相变潜热的释放，使云体发展具有更大的能量，强雷暴发展更加旺盛，增加起电所需的冰相粒子及大小冰粒子的互相碰撞概率，相应的起电和放电活动更剧烈。而地闪，尤其是正地闪的发生不仅需要更强的上升气流，还需要在较低的高度有强的下沉气流出现，此时往往对应着强雷暴成熟阶段的后期。已有观测也发现在正地闪主导地闪时刻，雷暴有更大的上升速度体积（MacGorman et al.，1989；Carey and Buffalo；2007；Lang et al.，2004），本节模拟结果与这些观测结论一致。

3. 正地闪与霰、雹粒子分布的关系

图 3.31 给出了此次过程霰粒子和雹粒子比含水量（每个高度上的水平最大值）的分布，由图可知，在整体上，霰粒子所在高度更高，分布范围大于雹粒子。霰粒子和雹粒子的比含水量及体积都呈现了四个峰值，与闪电频发的时刻，即上升速度的峰值时刻一致。在正地闪频发的时段，霰粒子和雹粒子的比含水量及体积都达到了最大值，分别分布在约 4～ 6km 和 3～5km 高度范围内。霰粒子的比含水量水平最大值及大值区域均大于雹粒子。由图 3.29 可知，正地闪发生的初始高度约为 4.5～6.5km 处，说明正地闪的出现与霰粒子和雹粒子的分布密切相关，尤其是霰粒子。这与 Kuhlman 等（2006）提出的正地闪的发生对应着霰粒子中心相一致。郭凤霞等（2015）模拟发现对普通单体而言，液态降水很强，但固态降水较弱。从图 3.31（b）可知，整个过程中固态降水强度与液态降水相当，正地闪频发时段正是固态降水最强时期，与强降雹伴随有高正地闪比例观测结果一致。

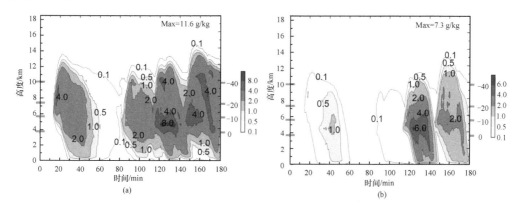

图 3.31　霰粒子和雹粒子比含水量（每个高度上的水平最大值）分布（单位：g/kg）
（a）霰粒子；（b）雹粒子；Max 代表最大值，灰色短实线代表温度

图 3.32 给出了此次过程模拟第 130min 时，在 X=36km 处霰、雹粒子电荷密度和相对应的比含水量的垂直分布，由图可见，正地闪频发时刻霰粒子分布高度高于雹粒子，且分布范围更广，相应的霰粒子电荷区域范围也比雹粒子的更广。从起电率和电荷密度可以看出，霰粒子对起电的贡献远大于雹粒子。处在上升气流区中的霰粒子和雹粒子电荷结构均为中正（约–25～0℃）上负（约–20℃以上），并且霰和雹粒子的比含水量中心均对应着各自的正荷电区中心，也是正地闪始发的位置。此时，在上升气流区上部有效液态水含量（ELWC）适中的情况下（在小于–20℃区域内，ELWC 大于 0.2g/kg，小于 1.1g/kg）冰晶和霰粒子通过非感应碰撞起电作用（Saunders et al.，1991），冰晶带正电荷（图略），霰粒子带负电荷。在–25～0℃区域内，由于 ELWC 大于非感应起电机制的有效液态水含量的阈值（在–10～0℃区域内，ELWC 大于 0.2g/kg；在–25～–10℃区域内，ELWC 大于–0.49～0.0664T，T 为温度），使霰、雹粒子在与小粒子（图略）碰撞分离后带正电荷，形成了云体内–25～0℃范围内强的正电荷区域。此时整个上升气流区中霰粒子和雹粒子的感应起电率基本为正（相应的冰晶为负），仅在云中部出现局部的负的感应起电率。

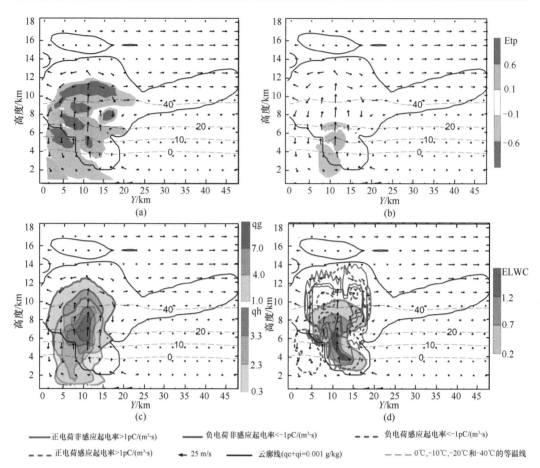

图 3.32 第 130min 时的 X=36km 剖面霰、雹粒子电荷密度和霰、雹粒子比含水量分布
（a）霰粒子电荷密度等值线图；（b）雹粒子电荷密度等值线图，单位：nC/m³；
（c）霰、雹粒子比含水量等值线图；（d）有效液态水含量及电荷起电率等值线图，单位：g/kg
图（c）中蓝色区域代表霰粒子，灰色区域代表雹粒子；图（d）中紫色区域代表有效液态水

　　而在下沉气流区中，除了近地面小范围弱的正电荷区外，霰粒子呈现出下负（>–20℃）、中正（–30～–20℃）和上负（<–30℃）的电荷结构，而雹粒子仅在底部出现了一个负电荷区。对于霰粒子，其上部的负电荷区和中部的正电荷区也主要是由于非感应起电机制和感应起电机制共同作用产生的，而霰和冰雹下层的负电荷区域主要是由于感应起电作用（此区域霰粒子和雹粒子不与冰晶共存）。此外，对比图 3.32（a）（c），可见，高层云体内（–20℃以上）带负电荷的霰粒子随强的下沉气流输送到了低层以及地面，同时也将少量的正电荷带到了近地面。因此，上层主负电荷的输送及下层的感应起电机制的共同作用，形成了下沉气流区中的低层强的负电荷区。对超级单体模拟也发现（Fierro et al.，2006；Kuhlman et al.，2006；Calhoun et al.，2014），在上升气流区，电荷产生以霰和冰晶之间的非感应起电主导，而在上升气流区周围（即下沉气流区），低层区域的电荷由感应起电机制主导。

　　综上所述，正地闪频发时段对应着固态降水最强时期，此时，霰粒子和雹粒子处于降落阶段，中心所在的区域较低，近地面的固态降水粒子带负电荷，主要是由于上层主

负电荷的向下输送及下层的感应起电机制共同作用形成的，其上部的固态降水粒子带正电荷，主要是由于非感应起电的作用导致。正地闪始发的位置对应着霰粒子比含水量中心位置。

4. 正地闪与电荷结构的关系

强雷暴中闪电的发生、发展与电荷结构之间有着密切的联系。图 3.33 给出了 4 个闪电频发时刻的电荷结构。在 30min、95min 和 165min 时，雷暴云有明显的上升气流区，而上升气流区中的电荷结构基本都呈现出典型的三极性，最下部是正电荷区（0～−10℃），依次往上是中部负电荷区（−10～−40℃）和上部正电荷区（<−40℃）。其中下部的正电荷区电荷密度及范围均较小，而云中部和上部的电荷密度及范围较大，不同时刻各电荷区所对应的温度范围基本一致。在 130min 时，不仅在云体中上部出现了更强

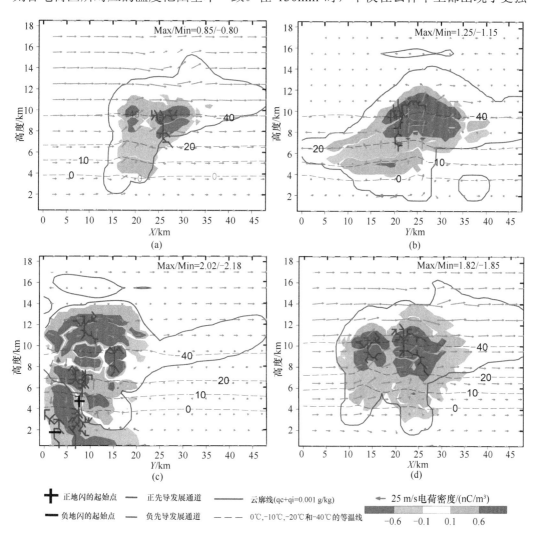

图 3.33　不同时刻电荷密度剖面分布

（a）第 30min 时 Y=27km 剖面；（b）第 95min 时 X=25km 剖面；（c）第 130min 时 X=36km 剖面；（d）第 165min 时 Y=24km 剖面，单位：nC/m³；Max 和 Min 分别代表该时刻最大、最小电荷密度；闪电发展通道均为该时刻的任意一次云闪或地闪

的上升气流，还在云中下部存在较强的下沉气流。由于此时的上升气流比其他三个时刻更强，所以各电荷区所在的高度均有所抬升。底部的次正电荷区抬升到了-20℃的高度，对应典型三极性电荷结构的中部负电荷区，电荷密度增强、范围增大。中部的负电荷区抬升到了-40℃以上的高度，对应典型三极性电荷结构的上部正电荷位置。上部的正电荷区被抬升到了更高的高度，厚度变薄，电荷密度减弱。此时，近地面分布着负电荷区，所以，此时上升气流区域电荷结构比其他三个时刻复杂，呈现出正、负交替的六层结构，云中上部分布着一些小范围的正、负口袋电荷，除了这些口袋电荷及云上部较薄的正电荷区外，整体的电荷结构基本呈现出反三极性特征。中低层出现强的下沉气流意味着大量的荷电水凝物粒子从云内降落，导致降水区域中的电荷区降落，出现在距地面更近的上空，为正、负地闪的发生提供了条件。因此，在下沉气流区中，电荷结构更复杂多变，基本上为正负交替的五层电荷区，近地面除了分布有很小范围的正电荷外，分布得更多的是范围较大的负电荷，但是，各电荷区所对应的温度范围与典型的三极性结构差异很大。

Stolzenburg 等（1998a，1998b，1998c）对 50 个不同类型雷暴的电场探空结果分析认为，上升气流区和上升气流区域周围的电荷结构存在一定的差异，上升气流区电荷结构为典型的三极性电荷结构加一个额外的顶部负屏蔽电荷层。随着上升气流增强，各电荷区的高度有所抬升；而在下沉气流区电荷结构比较复杂多变，有 6 个以上的电荷区存在。这些研究工作中所说的"上升气流区周围"其实就是指对流降水区中的下沉气流区。模式模拟结果与这些观测结果一致。

在云内只有明显上升气流的时刻，即第 30min、95min、165min，发生的闪电都为云闪，均发生于电荷密度较大的中部负电荷区和上部正电荷区之间，说明强上升气流还可以在一定程度上抬升各电荷区高度，利于云闪的发生，不利于地闪的发生。即使在第 30min 和 95min 时，主正和主负电荷堆相对于底部的次正电荷区有一定偏移，使电荷结构发生了倾斜，导致次正电荷区对下行正先导的阻碍作用减弱，但是下行的正先导仍不能发展至地面。在第 95min 时，云底部的次正电荷区相对较强，但由于其下部没有负电荷区存在，仍然不能始发正地闪。在第 165min 时，较低层虽然存在负电荷区，但由于底层的正、负电荷区离地面较远，且电荷密度较弱，之间的电场达不到击穿阈值，所以下行先导也未能发展到地面。

在第 130min 前后时段出现了大量的云闪和一些正、负地闪。由图 3.33（c）可见，云闪发生在云中部的负电荷区和上部的正电荷区之间，及云中上部的正、负口袋电荷区之间，前者通道延伸较后者长。此时，大量的正地闪发生在上升气流区中的中部深厚的正电荷区和下沉气流区中的近地面负电荷区之间，这是由于产生的下行正先导离地面更近，更容易发展到地面。由于这两个电荷区范围及电荷密度均较大，以致两者之间发生的正地闪有较长的通道延伸及较多的分叉结构。这与 Wiens 等（2005）的观测结果较一致。此外，云底部有强的负电荷区，在其下部有较弱的正电荷区，容易在正、负电荷区之间始发先导，由于下部正电荷区较弱，致使产生了很少的负地闪。模拟仅得到 19 次负地闪，起始高度均为 1.5～2km。在大多数的雷暴中，负地闪的产生是由于雷暴云中部的主负电荷区对地放电，而在这次强雷暴中，主负电荷区被上升气流抬升，导致在主负电荷与上部正电荷之间更容易发生云闪。

通过分析可见，在雷暴云的成熟阶段，通常情况下，上升气流区中的电荷结构呈现典型的三极性分布，其中下部的正电荷区电荷密度及范围均较小，而云中部和上部的电荷密度及范围较大，不同时刻各电荷区所对应的温度范围基本一致。电荷层的高度和上升气流的强度密切相关，当上升气流强到一定程度，各电荷区被抬升，呈现出反三极性结构。对流降水区中的下沉气流区的电荷结构更复杂，呈现出正、负交替的多层结构。因此，当云中下部出现强的下沉气流时，雷暴云的电荷结构会变得更复杂。

云闪的发生需具备较强的上升气流，绝大多数云闪发生在位置较高、电荷密度较大的主正、负电荷区之间。强上升气流可以在一定程度上抬升各电荷区高度，利于云闪的发生，不利于地闪的发生。正地闪的发生不仅需要更强的上升气流，还需要雷暴云低层有较强的下沉气流。由于强的下沉气流将上升气流区中上部带负电荷的霰粒子和冰雹向低层输送，以及下沉气流区中低层霰粒和冰雹的感应起电机制的共同作用，使得在低层出流区形成一个由带负电荷的霰粒子和冰雹形成的较强、范围较大的负电荷区，与上升气流区中层带正电荷的霰粒子和雹粒子形成的深厚正电荷区之间产生强电场，为正地闪的发生提供了条件。正地闪基本发生在固态降水强度最大，且达到一定强度时期。正地闪始发位置对应着霰粒子比含水量中心位置。频繁发生的正地闪对应着上升气流、雹粒子体积和总闪的快速增加阶段。因此，强雷暴中正地闪的发生预示着雷暴的强度更强，伴随的灾害更大。

3.3.3 龙卷风过程的闪电和电荷结构模拟

龙卷风是一类时间和空间尺度都非常小的雷电天气系统，通常发生于超级单体雷暴过程中，其剧烈旋转的狭窄空气柱平均直径约 100m，一般持续几到几十分钟，风速最高可达 140m/s，影响范围虽小，但破坏力极强。Fujita（1971）根据风力及破坏程度将龙卷风分为 F0～F5 共 6 个等级，之后 NOAA 在此基础上将龙卷风分为 EF0～EF5 6 个等级。

龙卷风分布全球，发生最频繁的是美国，其次是阿根廷和孟加拉国（https://www.nssl.noaa.gov/education/svrwx101/tornadoes）。美国平均每年发生 1000～2000 次龙卷风，发生率最高的地方在美国大平原地区（Brooks et al.，2003）。每年春季，来自落基山脉的干冷空气与来自墨西哥湾沿岸的暖湿空气相遇于此，具备强的环境风垂直切变、抬升条件和水汽条件，有利于超级单体的形成，因此这里被称为龙卷风走廊（Carlson et al.，1983；Kelly et al.，1978）。中国的龙卷风发生率较低，且 80%分布在东部地区，平原地区龙卷风发生率高于山区，主要集中在江淮、两湖平原、华南、东北和华北地区东南部等地形相对平坦的平原区域（Yao et al.，2015），江苏省是中国龙卷风多发地之一，1961～2010 年间，江苏共发生 EF3 级及以上龙卷风 9 次，EF2 级龙卷风 28 次（范雯杰和俞小鼎，2015）。

2016 年 6 月 23 日 14:30 左右，江苏盐城附近发生了 EF4 级龙卷风（简称 20160623 龙卷风），风力超过 17 级，最大风速 73～89 m/s，横扫阜宁县中南部，致多个乡镇受灾，大量民房、厂房和学校教室屋顶被掀或倒塌，部分道路交通受阻，水电通信等基础设施受损。截至 6 月 26 日，共 99 人死亡，800 多人受伤。下面首先介绍这次龙卷风发生前的天气背景特征，然后利用数值模式模拟讨论此次超级单体龙卷风过程中龙卷风、冰雹和闪电的特征及其之间的关系。

1. 20160623 龙卷风的天气背景特征

2016 年 6 月 23 日，黄淮地区温度高，湿度大，500hPa 高空有冷涡配合低槽东移南下，700hPa 和 850hPa 中低层有低涡切变东移，地面有气旋，后部有冷空气（图略）。低层有西南急流，中高层有西北急流，垂直方向存在强的风切变。

射阳县 8:00 的 CAPE 值为 495.59J/kg，抬升凝结高度（LCL）为 976.1m。水平风向从低到高出现顺转趋势，风速依次增大，存在强的垂直风切变。NCEP 6 小时再分析数据表明，14:00 盐城市的 CAPE 值达到了 1600J/kg，LCL 在 390m 左右，水平风存在顺时针的垂直风切变，满足 Moller 等（1990）提出的中纬度地区强降水超级单体发生的条件：中到强的热力不稳定，低 LCL 及强垂直风切变。低 LCL 和高 CAPE 为超级单体的发生提供了足够的能量，强的垂直风切变为超级单体的发展及组织化提供了条件。在地面强辐合气流触发下，13:00 左右在江苏省淮安市附近生成一超级单体，一路东移，致使江苏省盐城市阜宁县和射阳县发生大风、冰雹等局地强对流天气。14:30 左右在江苏省淮安市涟水县和盐城市阜宁县交界处生成 EF4 级龙卷风。

2. 美国国家强风暴实验室 WRF-Elec 模式介绍

为了解此次超级单体龙卷风过程中的微物理过程和电荷结构，讨论龙卷风、冰雹和闪电之间的关系，采用美国国家强风暴实验室（NSSL）发展的包含详细起电和放电参数化方案的 WRF 模式 WRF-Elec（Fierro et al.，2013）进行了详细的模拟。该模式是耦合了双参六类整体微物理方案的三维完全可压缩非静力模式，其中六类粒子分别是雨、云水、雪、云冰、雪、霰和雹，模式中加入了感应起电及五种非感应起电参数化方案。模拟区域采用三层嵌套（图 3.34），d01、d02、d03 的水平分辨率分别为 9km，3km 和 1km，水平网格数分别为 181×151，364×364 和 553×493，积分步长分别为 45s、15s 和 5s。垂直层数为 60 层，模式顶为 50hPa（高度约 20km）。模拟所采用的初始场为

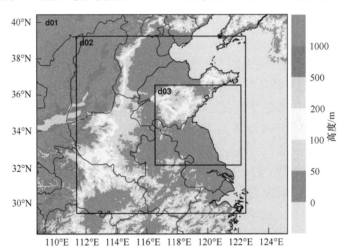

图 3.34　模拟区域及其高度分布

d01 为最外层区域，d02 为第二层区域，d03 为最内层嵌套区

NCEP 1°×1°FNL 6h 再分析资料。从 2016 年 6 月 22 日 18 时开始，到 2016 年 6 月 23 日 12 时共模拟 18h。模式中长波和短波辐射过程均为 RRTM 方案，近地面过程采用了 Monin-Obukhov 方案，陆面过程采用的是 Noah L 和 Surface Model，边界层过程采用的是 Yonsei University 方案，积云参数化采用了 Kain-Fritsch 方案（由于 d02 和 d03 区域分辨率足够大，能解析对流的发展，因此仅 d01 区域采用积云参数化方案）。

　　模拟采用霰-云滴弹性碰撞的感应起电参数化方案（Brooks and Saunders，1994）和冰晶-霰碰撞的非感应起电参数化方案（Brooks and Saunders，1994；Saunders and Peck，1998；Mansell et al.，2005），Mansell 等（2010）对微物理方案进行了详细描述。Mansell 等（2005）通过数值雷暴模拟揭示了五种非感应起电方案的起电过程，结果表明：基于淞附增长率（rime accretion rate）的两种方案对微物理条件更敏感，而且其产生的电荷结构更多样化。Fierro 等（2013）利用 SP98 方案（Saunders and Peck，1998）模拟了飑线和热带气旋，总体上，模拟的两个个例的闪电分布与观测呈现出一致性，而且模拟的热带气旋电荷结构和观测基本一致。基于上述原因，这里采用 SP98 方案。为了模拟出云闪和地闪，并且区分出正、负地闪，采用 MacGorman 等（2001）提出的放电参数化方案。

3. 20160623 龙卷风的冰雹和闪电活动

　　所用闪电资料来自于全国闪电定位网 ADTD 的地闪定位结果。图 3.35 观测（模拟）结果显示，从 13:30～15:00 共发生 124（139）次正地闪（PCG），75（0）次负地闪（NCG），以 PCG 为主，模拟发生了 2304 次云闪（IC）。13:30 负地闪率达到峰值，同时伴随少量 PCG，14:00 负地闪率下降为 0，此时冰雹开始发生，正地闪率出现跃增，10min 后达到峰值，且正地闪率峰值甚至达到 4.8flash/min，随后开始缓慢下降，PCG 主导时长超过 30min。正地闪率突变期间，NCG 也出现了一定的增加，并在 PCG 达到最大值的基本相同的时间达到最大，然后二者同时开始快速降低，变化趋势和正地闪率相似，负地闪率总体较弱（≤1flash/min）。在此期间，模拟地闪全部为 PCG，13:00～13:30 只有少量 PCG 发生，从 13:30 开始到 14:00 降雹出现，模拟的 PCG 开始跃增，14:00～14:45，观测和模拟的 PCG 下降趋势具有很好的一致性。

　　模拟的 IC 最初开始于 12:45 左右，此后处于快速上升阶段，并且与地闪频数同时达到峰值，随后开始快速下降，期间上升速度体积也在增加，并且几乎同时达到峰值，在地闪率和云闪率达到峰值前，下沉速度体积也开始增加，在上升速度体积达到峰值约 10min 后达到峰值（图 3.36）。从图 3.37（a）中可以看出，14:00 时，回波强度超过 60dBZ 的中心较低，对应着下沉气流区，表明有冰雹存在且在降落。图 3.37（b）表明，此时强上升气流中 0℃层附近是底部负电荷区，−15～−5℃层是电荷密度较强的正电荷区，上部是区域较大的负电荷区，其上为电荷密度较小的正电荷区，整体表现为一个反三极性电荷结构。此时，强回波区域旁边存在弱回波区，并且其上升气流较弱，与强上升气流区中的电荷分布相比，在弱上升气流区中，底部没有负极性的电荷区，其他电荷层的高度也有一定程度的下降，基本为三极性电荷结构，各电荷区电荷密度均较小。由于降水的影响导致底部正电荷区几乎触地。

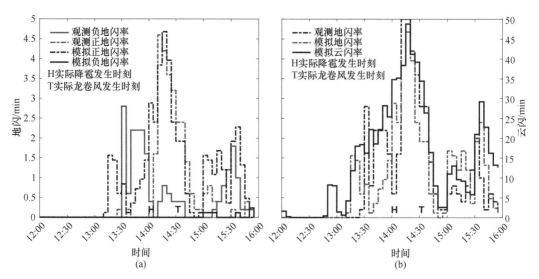

图 3.35 以龙卷风中心为圆心，50km 为半径的区域，12:00～16:00 时观测及模拟正负地闪率、观测和模拟总闪率及模拟云闪率

（a）观测和模拟正负地闪率；（b）观测和模拟总闪率及模拟云闪率

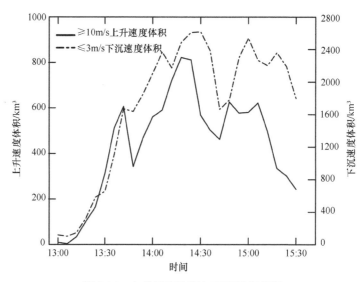

图 3.36 上升速度体积与下沉速度体积

如图 3.38 所示，在强上升气流区，霰粒子的混合比大，而冰晶的混合比更小。霰和冰晶所带电荷和霰的最大混合比所在的区域一致。所用的非感应起电参数化方案 SP 来自 Saunders 和 Peck（1998），当淞附增长率大于临界值时，霰和冰晶通过非感应碰撞分离后，霰带正电荷，冰晶带负电荷，否则霰带负电荷，冰晶带正电荷。淞附增长率等于有效液态水含量和霰与冰晶粒子相对速度的乘积。在强上升气流区，有更多的液态水被输送到更高的高度，高液水含量区域抬升，相应的有更大范围的高淞附增长率，所以，霰带正电荷的区域增大并向上延伸，从而形成了强对流区中部的强正电荷区。考虑了云滴和霰之间的感应碰撞起电，在感应起电机制的作用下，处在强对流区较低处的霰粒子

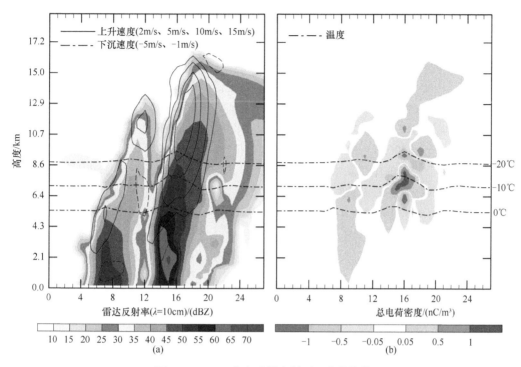

图 3.37　14:00 基本反射率剖面及电荷结构

（a）基本反射率剖面图，黑色实线/虚线等值线为上升（2m/s，5m/s，10m/s，15m/s）/下沉速度（−5m/s，−1m/s）；

（b）电荷结构黑色点划线为温度（0℃，−10℃，−20℃）

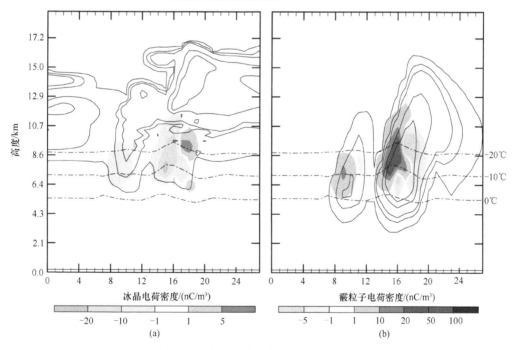

图 3.38　冰晶和霰的电荷密度及混合比

（a）冰晶；（b）霰

（a）中黑色实线表示冰晶混合比（0.01g/kg、0.05g/kg、0.1g/kg、0.5g/kg、1g/kg、1.5g/kg）；（b）中黑色实线表示霰混合比
（0.1g/kg、0.5g/kg、1g/kg、3g/kg、5g/kg），黑色点划线均为温度线（0℃，−10℃，−20℃）

通过与云滴碰撞分离而带负电荷，从而使强对流区底部出现了负电荷区，底部负电荷区的存在为 PCG 的发生提供了有利条件（Gilmore and Wicker，2002；Wiens et al.，2005；Guo et al.，2016）。模拟结果也显示此时这两个电荷区之间具有频繁的 PCG 触发，这是因为在上部正电荷区和具有弱负电荷密度的底部负电荷区之间具有强的电位差。Williams（2001）回顾了一些易于产生 PCG 的电荷结构的假说，其中包括了反偶极性和反三极性电荷结构。大量的观测也证实了反极性电荷结构的存在（Zhang et al.，2001；MacGorman et al.，2005）。此时，强正电荷区和其上部负电荷区之间也频繁触发云闪，但发生高度高于普通单体雷暴中云闪发生高度。云底部的负电荷区由于其下部没有和它极性相反的电荷区存在，无法对地放电，云上部的负电荷区由于距地面高度较高，也不易于对地放电，因此 14:00～14:40 期间（降雹开始时刻到龙卷风发生后 10min）几乎没有 NCG 发生。

冰雹发生后，对流仍维持在很强的强度，电荷层所在高度依然较高，反三极性电荷结构依然占主导，导致 PCG 仍然较频繁，说明强上升气流不仅抬升了各电荷区，并且使云内的冰相粒子增多，起电强烈，所以 IC 和 PCG 频繁发生。随着降雹的持续，下沉气流加强，PCG 和 IC 快速降低。

Gilmore 和 Wicker（2002）发现，当雷暴云中存在降低的固态降水中心（雷达反射率超过 60dBZ）时，容易发生 PCG。Reap 和 MacGorman（1989）观测也发现，PCG 频发时伴随有大冰雹的产生，模拟结果与之一致。这些结果表明：在强雷暴中，PCG 频发的时刻通常对应于对流很强，并伴随频繁的云闪和降雹，强雷暴中 PCG 的频发表明雷暴会伴随较大的灾害天气。

4. 20160623 龙卷风的闪电与龙卷风之间的关系

图 3.35 揭示出观测和模拟的正地闪率均出现了从 0 到峰值的迅速增加，而且在正地闪率达到峰值之后 10～15min、地闪率达到最小值之前发生了龙卷风。从冰雹产生到龙卷风发生期间，正地闪率与负地闪率的变化趋势基本一致，但是负地闪率小于正地闪率。在此期间，模拟和观测的正地闪率变化趋势及大小基本一致，但是模拟的负地闪率基本为 0［图 3.35（a）］。图 3.35（b）显示，龙卷风形成时观测和模拟的地闪率分别为 3flash/min 和 2flash/min，并且在龙卷风形成期间地闪率在逐渐降低，云闪率也在逐渐下降，并且在 20min 后发生了龙卷风。冰雹产生后 CG 和 IC 活动开始增强，但是在龙卷风形成前开始下降，这可能是由于强上升气流的作用将底部电荷区抬升导致。

在超级单体发展阶段，由于强上升气流的作用，暖湿空气被带到上层，导致粒子间有充足的碰撞，为霰粒子和雹粒子的形成提供了大量的胚胎粒子。随着粒子不断增大，开始下降，从而形成了下沉气流。图 3.36 显示出在龙卷风发生前上升速度体积达到最大值，10min 后发生了龙卷风，并且在龙卷风发生时下沉速度体积达到最大值，这表明龙卷风的发生可能需要强上升气流和下沉气流同时存在。15:00，下沉气流体积再次增加，但是并没有发生龙卷风，这可能是因为强下沉气流削弱了近地面涡度，而且弱的上升气流无法维持持续的旋转上升气流。

3.4　气溶胶对雷暴云起电和闪电活动的影响

随着人们对全球大气环境变化问题的关注，雷电活动与气溶胶之间的作用关系也成为大学电学研究领域的一个重要内容。气溶胶是指悬浮在气体中的固体和液体微粒与气体载体共同组成的多相体系，它不仅影响辐射平衡，降低能见度，同时通过作为云凝结核（CCN）和冰核（IN）改变云内的微物理过程（Twomey，1974；Albrecht，1989），而雷暴云的起电、放电过程又与雷暴云微物理过程密切相关，那么气溶胶与雷暴云闪电活动之间是否存在联系？研究表明，气溶胶浓度因素是产生闪电活动海陆差异的一个可能原因（Price and Rind，1992；Williams and Stanfill，2002）。受交通、工业、商业等因素影响，城市地区气溶胶含量高，闪电活动明显高于郊区（Westcott，1995；Orville et al.，2001；Steiger and Orville，2003）；森林大火释放的大量烟尘粒子有利于正地闪的发生（Lyons et al.，1998；Murray et al.，2000）。Kar 等（2009）发现 PM_{10} 和 SO_2 浓度与正地闪占总闪的比例呈负相关。最近的研究表明，在菲律宾以东的西太平洋地区，火山喷发期间闪电活动明显高于该地区夏季均值（Yuan et al.，2011）。可见，不同区域和不同类型的气溶胶对闪电活动的影响可能不同，而闪电活动受多因素如海拔、地表温度、相对湿度等的影响，使这个问题变得非常复杂。下面将分别阐述气溶胶与雷暴云动力、微物理、空间电荷结构、闪电活动之间的可能关系。

3.4.1　闪电活动与气溶胶光学厚度的关系

气溶胶光学厚度（AOD）与闪电密度（LIS 数据）间的相关性比较复杂，这两个变量又易受其他因素（如温度、相对湿度等）的影响，简单相关关系并不能真实反应 AOD 与闪电活动之间的相关性。因此将 AOD 与闪电密度设置为分析变量，而控制变量为地表温度与相对湿度，在此基础上进行偏相关分析。从夏季南京地区 AOD 与闪电密度的偏相关系数（图 3.39）可以看到，2002 年的偏相关系数有显著最小值，其值为–0.972；在 2007 年具有显著极大值，其值为–0.042。在 2007 年显著因子（0.424）大于偏相关系数的绝对值，相关性不显著，而其余年份显著因子均低于偏相关系数的绝对值，因此相关性显著。此外，2009 年偏相关系数的绝对值为 0.396，小于 0.4，因此表现为弱负相关性；2003～2005 年以及 2011 年偏相关系数绝对值大于 0.4 但小于 0.7，表现为中等负相关；2002、2006 及 2008 年偏相关系数绝对值均大于 0.7，表现为强负相关性。整体而言，夏季南京地区 AOD 与闪电密度之间均呈负相关。

为进一步研究气溶胶如何影响闪电活动，图 3.40 给出了夏季南京地区 AOD 与地表温度的散点图，二者呈明显的负相关。太阳辐射对地表的增温作用有利于提高边界层热力不稳定度，从而促进雷暴云形成，同时也有利于气溶胶垂直扩散。而当气溶胶含量较大时，气溶胶通过散射、反射和吸收入射辐射，影响太阳辐射收支平衡，降低地面温度，削弱对流活动发展（Rosenfeld et al.，2008；Yang et al.，2013）。另外，地面温度较低时，大气一般较稳定，不利于气溶胶扩散。因此，辐射效应是夏季南京地区 AOD 与闪电密度负相关性的主要原因。

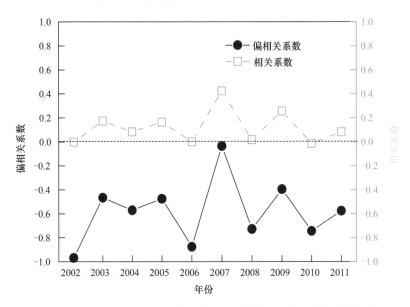

图 3.39　夏季南京地区 AOD 与闪电密度偏相关系数及相关系数年变化

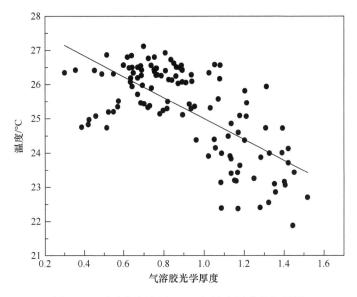

图 3.40　夏季南京地区 AOD 与地表温度的相关性

　　既然气溶胶的微物理效应能够改变闪电活动，那么气溶胶与地闪活动相关性如何？基于 2006～2011 年夏季南京地区 ADTD 闪电定位资料与 AOD 资料进行了对比分析。从图 3.41 中可以发现，正、负闪电频次随着 AOD 的增加呈减小趋势。这与 LIS 卫星资料统计的结果相似，地闪频次受气溶胶辐射效应影响而减弱。此外，正、负地闪频次的减小趋势却差异明显，正地闪频次散点拟合直线的斜率为-106.11；而负地闪为-3724.95，负地闪频次随 AOD 增加而减小趋势更为明显。

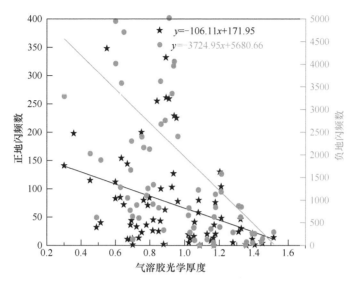

图 3.41　南京地区 AOD 与正、负地闪频次相关性的散点图（闪电频次代表月累计次数）

上述研究结果说明气溶胶对闪电活动影响显著。但受人类活动和气象条件因素影响，不同地区气溶胶含量差异显著，那么不同区域气溶胶对闪电活动的影响是否存在差异？为探讨此问题，选取中国两个受气溶胶影响不同的区域，研究多因素对闪电活动的作用并分析气溶胶浓度与闪电活动之间的相关性。区域 1 处于四川西部和青藏高原东部（28.5°～30.5°N，98.5°～102.5°E），该地区人为活动稀少，空气清洁，平均海拔 3000～4000m，属于高原山地亚热带季风气候；区域 2 处于四川盆地（28.5°～30.5°N，103.5°～107.5°E），近年来该地区经济发展迅速，空气污染较严重，平均海拔 200～750m，属于亚热带季风性湿润气候。

图 3.42 给出了区域 1 和区域 2 闪电密度、AOD、地面温度和相对湿度的平均值。区域 1 和区域 2 闪电密度年纪分布有较大的波动。区域 1 和区域 2 分别在 2006 和 2005 年达到最大值 0.036flash/(km²·d)，0.050flash/(km²·d)，平均值分别为 0.025flash/(km²·d)，0.039flash/(km²·d)，区域 2 的闪电密度是区域 1 的 1.56 倍。区域 1 的 AOD 相对低，AOD 值小于 0.2，区域 2 有较高的气溶胶浓度，AOD 值大于 0.5。区域 2 中 AOD 较大的原因可能是该地区人口基数大，近年来经济发展快速，人为排放的气溶胶较多，污染较严重。相对于闪电密度和 AOD，地面温度在区域 1 和区域 2 波动都较小，平均值分别为 11.17℃和 21.90℃，区域 2 比区域 1 高 10.73℃。然而，区域 1 和区域 2 相对湿度的平均值分别为 91.96% 和 88.98%。区域 1 相对湿度较大可能是该区域的地形导致的。

冰粒子光学厚度（IOT）在一定程度上可反映云中冰粒子浓度。图 3.43 分别展示了两个区域的 AOD 与 IOT，IOT 与闪电密度，AOD 与地面温度的相关性。区域 1 中 AOD 与 IOT（$R=0.96$，$P<0.0001$），IOT 与闪电密度（$R=0.82$，$P=0.0002$），AOD 与地面温度（$R=0.79$，$P=0.0005$）均呈现显著的正相关；区域 2 中 AOD 与 IOT（$R=-0.38$，$P=0.175$），AOD 与地面温度（$R=-0.29$，$P=0.31$）呈现弱的负相关，而 IOT 与闪电密度相关性不明显。气溶胶浓度增加，使得云滴数目增加，云中冰粒子含量增多，在非感应起电机制下

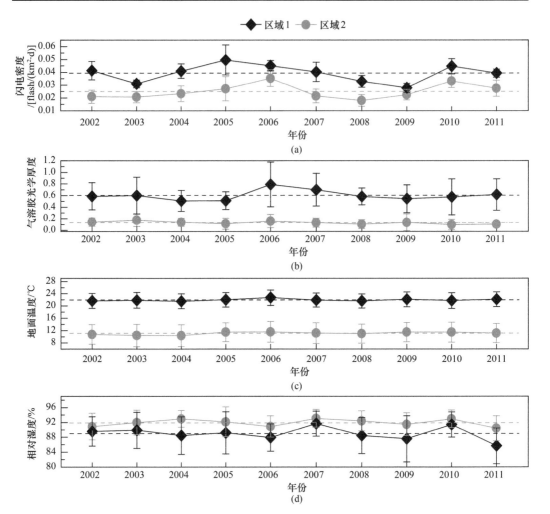

图3.42 区域1和区域2 2002~2011年夏季年平均闪电密度［flash/(km²·d)］、AOD（550nm）、地面温度（℃）及相对湿度（%）的年际分布

（a）夏季闪电密度时间序列；（b）夏季气溶胶光学厚度时间序列；（c）夏季地面温度时间序列；（d）夏季相对湿度时间序列
误差条表示标准偏差

产生较多的闪电活动（Mansell and Ziegler，2013；Zhao et al.，2015；Shi et al.，2015；Tan et al.，2017a，2017b）。气溶胶也可以作为冰核直接影响冰晶空间分布以及浓度大小，从而改变云中电荷结构分布以及闪电发生率（Gonçalves et al.，2012）。区域1中认为气溶胶可能通过微物理过程影响闪电活动，该区域空气较清洁，气溶胶浓度较低，随着气溶胶浓度的增加云滴数浓度增长，云中冰粒子含量增多，闪电活动增多；区域2中，认为气溶胶可能主要通过辐射效应影响闪电活动，该区域人口基数大，近年来经济发展迅速，空气污染严重，气溶胶浓度较大，随着气溶胶浓度的增加气溶胶通过阻止太阳辐射到达地面，减弱雷暴云强度，冰粒子含量随之减少，闪电活动减弱。

基于2015~2017年北京BLNET的总闪资料与35个地面自动空气质量监测站$PM_{2.5}$数据，对北京地区117次雷暴天气的研究也发现（孙萌宇等，2020），在污染背景下闪电峰值出现的时间（19:00）晚于清洁背景（15:00），且总闪百分比（~20%）可达清洁

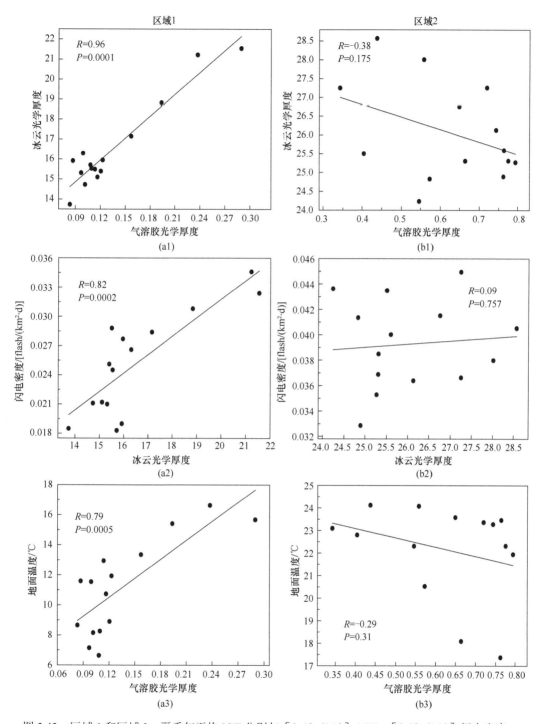

图 3.43　区域 1 和区域 2：夏季年平均 IOT 分别与 [（a1）（b1）] AOD、[（a2）（b2）] 闪电密度；
夏季年平均 AOD 与 [（a3）（b3）] 地面温度的散点图

R 为线性相关系数；P 为置信度

背景（～10%）的两倍。对雷暴前 1～4 小时的 $PM_{2.5}$ 浓度与时间窗（12:00～22:00LT）
内总闪数目的中位数进行相关分析，发现 $PM_{2.5}$ 浓度低于 130μg/m^3 时，$PM_{2.5}$ 与总闪数存在明显正相关；$PM_{2.5}$ 大于 150μg/m³ 时，总闪数随 $PM_{2.5}$ 浓度的增加呈减少趋势；当 $PM_{2.5}$ 浓度在 130～150μg/m³ 时，两者关系不明显。

总之，在气溶胶含量相对低的区域，闪电活动与气溶胶含量呈正相关。气溶胶可能通过微物理过程增加云滴数量，随之冰粒子含量增多，增强雷暴云活动，促进闪电活动的发生。气溶胶浓度高的地区，闪电活动与气溶胶含量呈负相关。气溶胶可能通过辐射效应，使到达地球表面的太阳辐射降低，地面温度降低，雷暴云强度减弱，使冰粒子含量减少，导致闪电活动减弱。

3.4.2　气溶胶对雷暴云微物理、起电过程及电荷结构的影响

气溶胶能够活化成为云滴，而由于火山喷发、森林火灾以及人类活动等的影响，气溶胶浓度的时空分布变化非常明显，那么这种变化是否会对雷暴云空间电荷结构产生影响？为此，本节采用一个 2D 雷暴云模式（Tan et al.，2007）并耦合气溶胶活化过程，通过改变气溶胶初始数浓度，使在一定过饱和度条件下大于其最小活化半径的气溶胶粒子全部转化为云滴，探讨其对雷暴云微物理过程的影响。

首先选择四次个例来模拟雷暴云的发展，四次个例的气溶胶初始浓度分别为 100cm⁻³、500cm⁻³、1000cm⁻³ 及 3000cm⁻³。模拟 27min 时雷暴云中云水含量达到最大值，由图 3.44 可知，此时四个个例中的云滴数浓度分别为 26.4cm⁻³、131.9cm⁻³、298.9cm⁻³ 及 896.6cm⁻³。而更多的云滴导致云水混合比逐渐增大，分别为 9.0g/kg，11.0g/kg，11.5g/kg 及 12.1g/kg，与此同时，云滴平均有效半径分别 45.7μm、34.5μm、26.2μm 和 19.4μm。由此可见，气溶胶浓度的增加会导致更多的小云滴产生，与观测及模式结果相似（Rosenfeld，2000；Khain et al.，2001；2004；Kaufman and Koren，2006），说明模拟结果的合理性。当气溶胶浓度增加时，更多的云滴在凝结过程中释放潜热，会导致上升气流速度加强。图 3.44 给出了四次个例中的最大上升气流速度，其值分别为 19.2m/s、23.4m/s、23.7m/s 及 24.6m/s。此外，云中的水汽含量也随着气溶胶浓度的提升而明显减少，因此云中过饱和度随着水汽的消耗而降低（图 3.44）。对比图 3.44（a）（c）（e）（f）还可发现，在 1000cm⁻³ 和 3000cm⁻³ 个例中，云滴的垂直分布更高。这是由于云滴的尺度小，被上升气流抬升至更高更冷的区域所造成的。

冰晶在不同的个例中首次出现的时间不同，初始气溶胶为 100cm⁻³ 个例中，冰晶在 27min 时首次出现，500cm⁻³ 个例中为 25min，而冰晶在 1000 与 3000cm⁻³ 个例中首次产生的时间为 24min。高气溶胶浓度下，冰晶更早出现要归因于更多的云水被强上升气流带到过冷区，因此有利于冰晶的核化和凝华增长。随后，冰晶迅速发展，大约在 34min 时其含量达到最大值。图 3.45 给出了四次个例中冰晶混合比的空间分布。当气溶胶从 100cm⁻³ 增长至 1000cm⁻³ 时，冰晶混合比 1.8g/kg 增加至 2.7g/kg。这主要由于 1000cm⁻³ 个例中云水含量相对高，上升气流速度强，过冷区更多的云水有助于冰晶核化及凇附增长。当气溶胶浓度增加至 3000cm⁻³ 时，更多云滴在凝结增长过程中需要吸收水汽，导致云中的水汽含量降低，从而限制了冰晶核化以及凝华增长，因此这种云水竞争导致了冰晶含量降低（2.1g/kg）。值得注意的是更多的云滴通过与冰晶碰并导致霰含量增加，而霰碰并直径大于

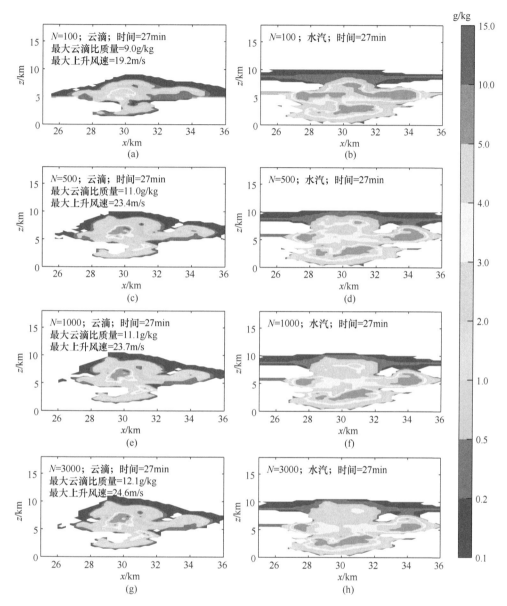

图 3.44 模拟 27min 时不同个例中云水含量（左列）和水汽含量（右列）的空间分布
初始气溶胶浓度分别为：（a）（b）100cm⁻³；（c）（d）500cm⁻³；（e）（f）1000cm⁻³；（g）（h）3000cm⁻³

24μm 的大云滴产生次生冰晶，因此气溶胶浓度越高，由于云滴尺度越小，从而导致次生冰晶含量变少。但是次生冰晶及云滴与冰晶碰并过程都是冰晶产生源中的小项，因此对于冰晶生长影响不是很大。此外，四次个例中冰晶的数浓度分别为 $0.3cm^{-3}$、$2.5cm^{-3}$、$3.2cm^{-3}$ 及 $5.1cm^{-3}$，因此不难推断出冰晶的尺度在高气溶胶浓度的个例中反而比较小。

冰晶与云滴碰并形成霰是霰首次出现的主要原因，并且在 29min 左右浓度达到峰值。如图 3.45（b）（d）（f）（h）所示，当气溶胶浓度从 $100cm^{-3}$ 增加至 $3000cm^{-3}$ 时，霰混合比逐渐增大，其最大值分别为 2.5g/kg、10.0g/kg、13.7g/kg 和 16.7g/kg。霰对云滴及雨滴的碰并收集是霰增长的主要原因。在对流发展旺盛阶段，由于高浓度气溶胶粒子会活化形成更多的小云滴，因此雨滴会受到抑制。因此不难理解，随着气溶胶浓度提高，霰混合比的提高主要归因于冰粒子对云滴的碰并收集。此外，随着气溶胶浓度增加，霰的数浓度以及混合比都在不断提高，因此霰的有效半径并没有明显的改变。

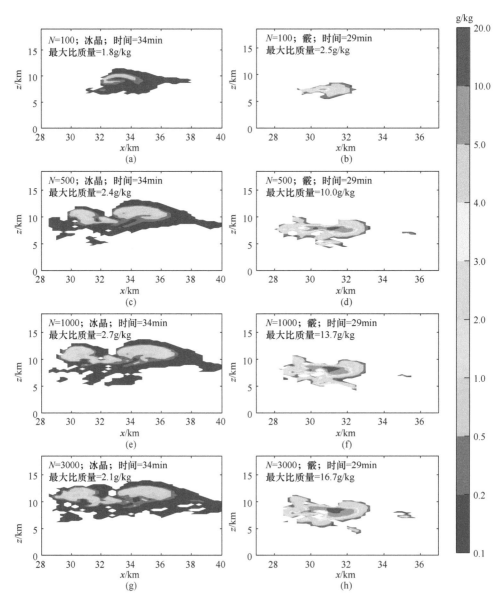

图 3.45　不同个例云中冰晶（左，34min）与霰（右，29min）冰水含量的空间分布

初始气溶胶浓度分别为：（a）（b）100cm⁻³；（c）（d）500cm⁻³；（e）（f）1000cm⁻³；（g）（h）3000cm⁻³

不同气溶胶初始浓度下雷暴云在 35min（首次放电之前时刻）时的电荷结构示于图 3.46 中。随着气溶胶浓度增加，雷暴云中电荷结构保持不变，始终为三极性结构，即云上部为正电荷堆（9km 高度以上），中部为主负电荷堆（5～9km 高度之间），底部存

在一个次正电荷堆（低于 5km 高度）。表 3.6 给出了四次个例中雷暴云内电荷量估计值，其中 ρ_{up}、ρ_{mn}、ρ_{lp} 分别为主正电荷堆、主负电荷堆、次正电荷堆平均电荷密度。随着气溶胶浓度的提高，云中平均电荷密度逐渐增加；当气溶胶浓度从 1000cm^{-3} 增加至 3000cm^{-3} 时，云中电荷密度开始减小。

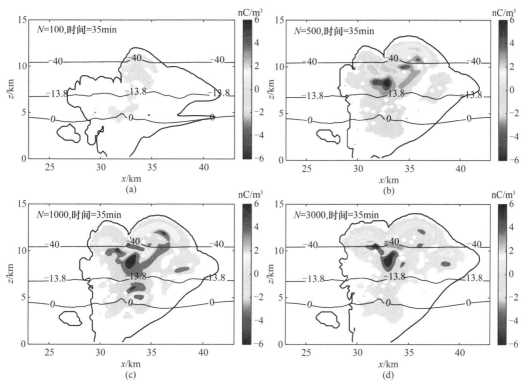

图 3.46　不同气溶胶初始浓度背景下空间电荷分布

（a）100cm^{-3}；（b）500cm^{-3}；（c）1000cm^{-3}；（d）3000cm^{-3}

水平横线代表等温线（0℃、−13.8℃和−40℃）；粗黑线代表雷暴云轮廓结构

表 3.6　雷暴云上部主正电荷堆平均电荷密度（ρ_{up}）、主负电荷堆平均电荷密度（ρ_{mn}）、次正电荷堆平均电荷密度（ρ_{lp}）

案例	$\rho_{up}/(nC/m^3)$	$\rho_{mn}/(nC/m^3)$	$\rho_{lp}/(nC/m^3)$
$N=100$	8.5×10^{-2}	-8.8×10^{-2}	7.6×10^{-3}
$N=500$	5.0×10^{-1}	-5.4×10^{-1}	5.9×10^{-2}
$N=1000$	6.7×10^{-1}	-6.6×10^{-1}	1.5×10^{-1}
$N=3000$	5.1×10^{-1}	-5.0×10^{-1}	5.2×10^{-2}

在非感应机制作用下，霰与冰晶粒子碰撞后获得负电荷，质量相对较轻的冰晶粒子携带正电荷，并在上升气流作用下到达云砧处形成正电荷区。如图 3.47（a）所示，冰晶获得正电荷分布在 9～13km 高度区间范围内，并在 10km 左右高度处电荷密度达到极大值。四次个例下极值分别为 3.5nC/m^3（$N=100$）、4.9nC/m^3（$N=500$）、9.9nC/m^3（$N=1000$）和 7.1nC/m^3（$N=3000$）。冰晶获得的电荷量与冰晶和霰粒子的浓度以及直径

呈正相关。当气溶胶浓度增加时，冰晶的直径减小会降低它们之间碰撞后的荷电率。相对而言，冰晶以及霰粒子浓度对非感应荷电量影响更大。气溶胶浓度为 $1000cm^{-3}$ 时，冰晶浓度最大，并且携带正电荷量最大。雷暴云中部负电荷区主要由霰和云滴贡献。在非感应起电机制作用下，霰携带负电荷受重力沉降影响大致分布在 7～10km 高度范围内 [图 3.47（b）]。另外，由于电场方向在 7km 高度处发生反转 [图 3.47（d）]，因此在感应起电机制作用下，在 6～10km 高度范围内，霰携带负电荷，而在大约 3～6km 高度范围内，霰携带正电荷。与此同时，云滴在 7～12km 高度范围内获得正电荷，在 4～7km 范围内携带负电荷。因此雷暴云中部主负电荷区主要由霰以及云滴携带不同极性的电荷叠加而形成。更高水成物粒子浓度以及更强电场强度环境，会导致感应起电更为强烈。当气溶胶浓度增加时，云滴、霰粒子的浓度以及垂直电场强度增加明显，促使云滴以及霰粒子的荷电量不断提高 [图 3.47（b）（c）（d）]，并最终导致中部主负电荷堆电荷量不断增大。

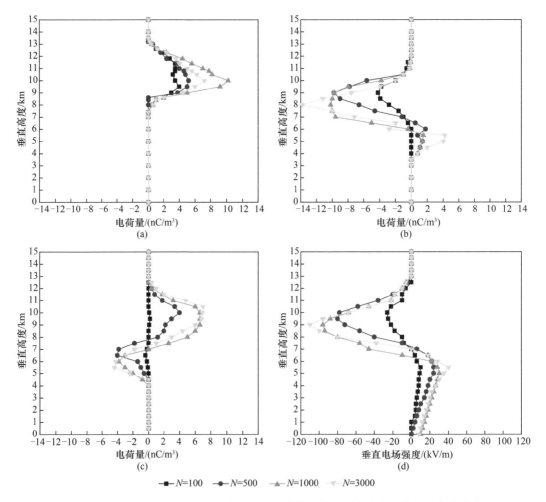

图 3.47　雷暴云发展至 34min 时四次个例下水成物粒子荷电垂直分布（电场方向向上为正）

（a）冰晶；（b）霰；（c）云滴；（d）雷暴云

雷暴云底部次正电荷堆由霰和雨滴携带电荷共同贡献,其中霰在感应起电机制作用下携带正电荷,而雨滴分布在融化层高度以下,通过水成物粒子相变获得少量的正电荷,与 Takahashi(2010)观测结果一致。此外,随气溶胶增加,霰粒子不断增加并通过感应起电机制获得正电荷,导致底部次正电荷区电荷量增加。

冰晶与霰之间的非感应起电过程主要贡献雷暴云的主正电荷堆和主负电荷堆。图 3.48 给出了不同个例下非感应起电率随时间的变化。不难发现,①四次个例中的非感应起电率随时间变化的演变特征是相似的。非感应起电过程起始于 27min,正非感应起电率分布在 7~11km,而负非感应起电率出现在 4km(0℃)到 7km(−13.8℃)范围内。冰晶在更低温区(<−13.8℃)获得正极性转移电荷,而获得负极性转移电荷的区域温度相对较高(>−13.8℃)。②当气溶胶浓度从 100cm^{-3} 增加至 1000cm^{-3},非感应起电率逐渐增大,其归因于云中冰晶与霰含量的提高,如图 3.48 所示。③在 3000 个例中,由于云水竞争作用,冰晶混合比与尺度降低,因此起电率略有降低。

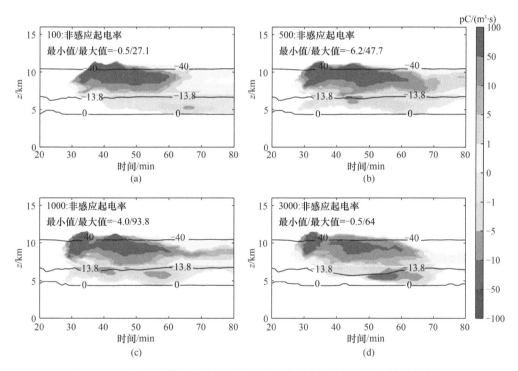

图 3.48　不同气溶胶初始浓度背景下非感应起电率空间分布(冰晶获得)
(a)100cm^{-3};(b)500cm^{-3};(c)1000cm^{-3};(d)3000cm^{-3}
图中水平横线代表等温线(0℃,−13.8℃和−40℃)

霰与云滴之间的感应起电过程对雷暴云主负电荷堆及底部次正电荷堆的形成发挥着重要作用。图 3.49 给出了感应起电率(霰粒子获得)随时间的变化。负感应起电率分布在 7~10km 范围内,而正感应起电率主要贡献底部次生正电荷堆。底部次生正电荷堆有利于负地闪及反极性云闪的生成(Qie et al.,2005;Tan et al.,2014a,2014b)。此外,从图 3.49 中不难发现,感应起电率随气溶胶浓度的增加而上升。这主要由于云中的云滴与霰含量逐渐增加。另外,3000cm^{-3} 个例中的感应起电率空间分布与 1000cm^{-3} 个例相似，主要是由于 $3000cm^{-3}$ 个例中的垂直电场强度要低于 $1000cm^{-3}$ 个例（$3000cm^{-3}$ 个例中主正电荷堆与主负电荷堆电荷量减小），引起感应起电率降低，而且更多的云滴及霰粒子也造成了感应起电过程增强。因此两种作用最终导致 $1000cm^{-3}$ 与 $3000cm^{-3}$ 个例中的感应起电率相当。

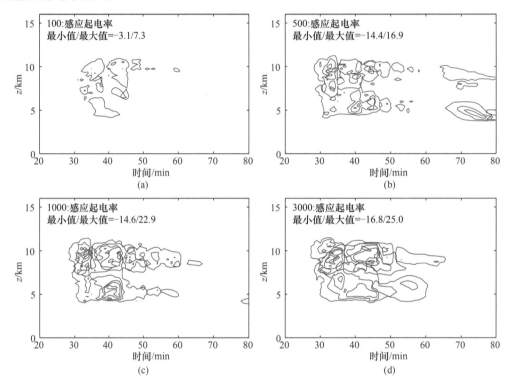

图 3.49　不同气溶胶初始浓度背景下感应起电率空间分布

（a）$100cm^{-3}$；（b）$500cm^{-3}$；（c）$1000cm^{-3}$；（d）$3000cm^{-3}$

图中红线代表正、蓝线代表负。感应起电率等值线取值分别为 $\pm 1pC/(m^3 \cdot s)$，$\pm 5pC/(m^3 \cdot s)$，$\pm 10pC/(m^3 \cdot s)$，$\pm 15pC/(m^3 \cdot s)$，$\pm 20pC/(m^3 \cdot s)$，$\pm 25pC/(m^3 \cdot s)$

　　根据前面的讨论，当气溶胶浓度增加至 $3000cm^{-3}$ 时，由于云水竞争，冰晶浓度降低导致雷暴云上部的主正电荷堆电荷量降低。那么气溶胶浓度继续增加时，云内的电活动特征如何变化？为了探讨高浓度气溶胶浓度对雷暴云电活动的影响，将气溶胶初始浓度分别设为 $50cm^{-3}$、$100cm^{-3}$、$500cm^{-3}$、$1000cm^{-3}$、$2000cm^{-3}$、$3000cm^{-3}$、$4000cm^{-3}$、$5000cm^{-3}$、$6000cm^{-3}$、$7000cm^{-3}$、$8000cm^{-3}$、$9000cm^{-3}$ 和 $10000cm^{-3}$，通过改变气溶胶初始浓度进行模拟实验。

　　模拟第 27min 时，云滴平均数浓度随着气溶胶浓度的提升而增加 [图 3.50（a）]，而平均混合比在气溶胶浓度 $50 \sim 1000cm^{-3}$ 区间范围快速增加，但是在较高气溶胶浓度个例中（$1000 \sim 10000cm^{-3}$），云滴混合比增加缓慢。这主要由于模拟个例的相对湿度条件相同，云中的水汽含量相对稳定，限制了气溶胶浓度相对较高时更多小云滴的进一步凝结增长。云水竞争可以解释气溶胶从 $1000cm^{-3}$ 增加至 $3000cm^{-3}$ 时冰晶混合比的降低，并且随着气溶胶浓度进一步增加，云中水汽含量差异很小，而冰晶的主要产生源项为冰晶核化、凝华以及冰晶对云水碰并收集（冰晶繁生项量级小），因此云中冰晶含量稳定。如图 3.50（b）所示，云中冰晶混合比与数浓度保持在一定的量级（分别约为 0.5g/kg、5.5cm^{-3}）。冰晶转化成霰是霰的启动机制，而霰对云滴的碰并收集是霰的主要产生源，因此霰的混合比随气溶胶浓度变化的趋势与云滴的相似 [图 3.50（c）]。

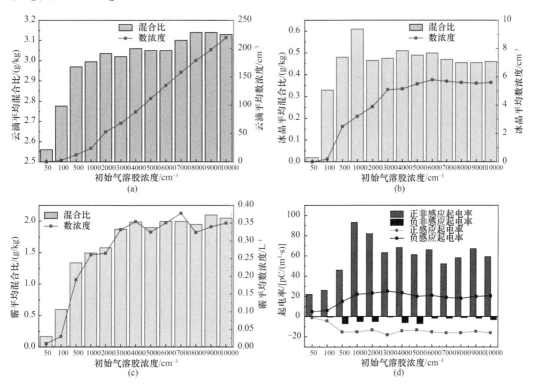

图 3.50　平均云滴、冰晶、霰含量（混合比与数浓度）与最大起电率（非感应起电率与感应起电率）
随气溶胶浓度变化分布
（a）云滴；（b）冰晶；（c）霰；（d）起电率

总之，气溶胶主要通过改变雷暴云微物理发展而影响起电过程。随着气溶胶浓度增大，雷暴云电荷结构保持为三极型。当气溶胶浓度从 50cm^{-3} 增加至 1000cm^{-3} 时，云中非感应与感应起电率迅速增长，在起电机制的作用下，雷暴云中电荷量增加明显。气溶胶浓度在 1000~3000cm^{-3} 时，由于云水竞争的作用，非感应起电率也有所降低，导致云中电荷量开始略微减小。而当气溶胶浓度大于 3000cm^{-3} 时，云中起电率相对固定，因此雷暴云中电荷堆的电荷量保持稳定。

3.4.3　气溶胶对雷暴云放电过程的影响

2D 雷暴云起放电模式具有自身的限制，无法确切地再现闪电通道三维分布，因此，下面利用三维雷暴云起放电模式分析气溶胶对雷暴云微物理发展、起电和放电过程的影响，进一步分析其与雷暴云闪电频次、闪电强度、云地闪比例以及正负地闪比例之间存在的关系。本节参照 Wang 等（2011）的方法，设置两种气溶胶背景场，分别为污染型（P 个例，初始气溶胶浓度 1090cm^{-3}）与清洁型（C 个例，初始气溶胶浓度 110cm^{-3}）。雷暴云中电荷的产生主要由非感应起电与感应起电贡献。那么气溶胶的背景差异对雷暴云的起电过程产生什么样的影响？图 3.51 给出了两种气溶胶背景下最大非感应起电率随时间的变化。非感应起电率主要作用于冰晶与霰之间，其随时间变化趋势相似，云中起电过程起始于 15min 左右，并在 25min 达到极大值，并在消散期非感应起电率减弱。此外，非感应起电分离过程主要发生在低温区（−40～−13.8℃），而在高温区非感应起电率较弱，并且存在极性反转现象。因此整体而言，冰晶通过非感应起电作用主要获得正极性转移电荷，相反霰获得负极性转移电荷。

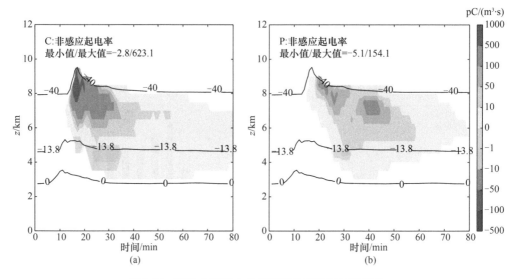

图 3.51 两次个例最大非感应起电率随时间的变化
(a) 清洁型雷暴云；(b) 污染型雷暴云
图中黑色等值线代表等温线（0℃，−13.8℃和−40℃）

非感应起电率与冰晶、霰粒子的微物理特征密切相关。对比图 3.51（a）与（b）可以发现，在 15～30min 期间，清洁云中的非感应起电率 [最大值：623.1pC/(m^3·s)] 比污染型雷暴云大 [最大值为 154.1pC/(m^3·s)]，尽管如此，在 30～60min 时间范围内，污染型雷暴云中非感应起电率明显比清洁云中大。主要有两个原因：①雷暴云发展前期（30min 之前），清洁型雷暴云中虽然冰晶含量与霰粒子数浓度相对少，但是冰晶与霰粒子的尺度均大于污染型雷暴云，因此这些大冰粒子导致了更强的非感应起电率。②在雷暴云发展中期（30～60min），污染型雷暴云中云水含量与冰晶含量大，有利于非感应起电率持续发展。

在环境电场作用下，云滴与霰之间产生感应碰撞起电过程。图 3.52 给出了两个个例中感应起电率随时间的变化。正感应起电率表示霰通过感应起电作用携带正极性转移电荷，相反云滴获得负极性转移电荷。从图 3.52 中可以发现，正负感应起电率主要分布在 2～8km 高度范围，因此感应起电率对雷暴云中部与底部电荷堆产生重大影响。此外，对比图 3.52（a）（b），可以发现污染型雷暴云中感应起电率明显高于清洁型雷暴云，这主要由于污染型雷暴云中出现更多的云滴与霰粒子所引起。与非感应起电率分布相似的是，在雷暴云发展中期污染型雷暴云中感应起电率明显高于清洁型雷暴云。

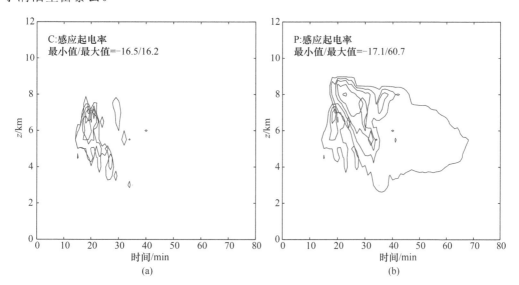

图 3.52　两个个例中最大感应起电率随时间的变化
（a）清洁型雷暴云；（b）污染型雷暴云
图中红线代表正感应起电率，蓝线为负感应起电率；
等值线分别代表：$\pm 50pC/(m^3 \cdot s)$、$\pm 20pC/(m^3 \cdot s)$、$\pm 10pC/(m^3 \cdot s)$、$\pm 5pC/(m^3 \cdot s)$、$\pm 1pC/(m^3 \cdot s)$

图 3.53 给出了不同气溶胶背景条件下雷暴中闪电频次随时间的变化。从图中可以发现：①两种类型的雷暴云中首次放电均为云闪，地闪延后发生，云闪累计总频次高于地闪频次，这与观测结果是一致的（Wiens et al.，2005；李亚珺等，2012）；②清洁型雷暴云中闪电首次发生时间为第 16min，且闪电主要发生于 16～35min 时间范围内，而在污染型雷暴云中，闪电活动相对延迟，首次发生时间为 22min，闪电主要活跃在 22～60min时间范围内。相对于清洁型雷暴云，污染型雷暴云中气溶胶浓度高，云水停留时间长，云的生命周期延长，起电过程发展相对延缓，因此不难理解闪电活动出现延迟；③污染型雷暴云中闪电总频次为 592 次，明显高于清洁型雷暴云中的 328 次，而污染型雷暴云与清洁型雷暴云中云地闪比例相当，分别为 22.6∶1 和 22.4∶1。值得注意的是，清洁型雷暴云与污染型雷暴云中正、负地闪的比例分别为 1.3∶1 和 2.6∶1。由此可见，随着气溶胶浓度的提升，促进了正地闪的发生。

闪电通道结构特征与雷暴云中电荷分布密切相关。根据闪电双向先导理论，正先导向负电荷区发展，而负先导向正电荷区延伸。那么在不同气溶胶背景条件下的闪电先导的分布特征有何差异？图 3.54 给出了两次个例的正、负先导发展步数以及闪电触发初始随高度的变化分布。需指出的是，闪电先导发展采用步进式，因此这里的先导步数相当于闪电先导传播次数。由图 3.54（a）（b）可知，负先导主要在 6～12km 垂直范围内传播，步数在 8km 高度达到最大值。在此区域，冰晶通过非感应起电机制获得正电荷形成主正电荷堆，有利于负先导在其内部发展。污染型雷暴云中闪电频次高于清洁型雷暴云，因此污染型雷暴云中负先导的发展步数明显高于清洁型雷暴云。此外，污染型雷暴云感应起电明显强于清洁型，因此在雷暴云中部及底部的电荷量要明显大于清洁型雷暴云，部分闪电发生的初始点位置变低，解释了污染型雷暴云中 4～6km 高度范围内出现部分负先导。

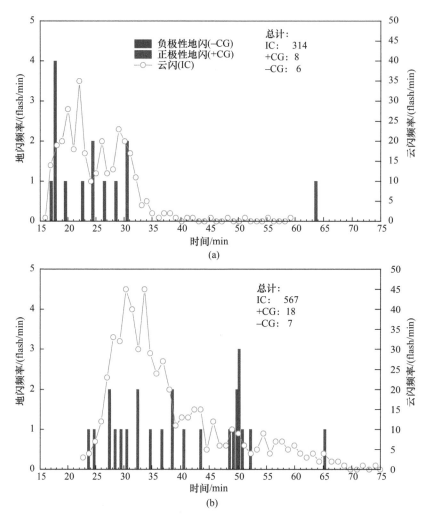

图 3.53　两次个例中闪电发生率随时间的变化
（a）清洁型雷暴云；（b）污染型雷暴云

由图 3.54（c）（d）发现，正先导主要分布在 8km 高度以下，正先导步数在 6km 高度处最多，并在 6km 高度以下，随着高度的降低，步数逐渐减小。污染型雷暴云中的感应起电率高于清洁型雷暴云，霰与云滴通过感应起电获得转移电荷，对中部的主负电荷堆和底部次正电荷堆具有明显贡献。雷暴云中部主负电荷堆越强，正先导越容易传播，因此污染型中正先导在高度低的区域传播更为频繁。

图 3.54（e）（f）统计了两次个例中闪电初始触发的高度。大部分闪电在 7km 高度处触发。污染型雷暴云中包含 140 次的闪电频次初始触发位置低于 6km，而清洁型雷暴

云中只有 4 次闪电的初始触发高度低于 6km，因此污染型的气溶胶不仅能够增加闪电频次而且还能导致雷暴云中部与底部区域出现更多的闪电。就整体而言，污染型雷暴云中更强的感应起电率，加强了雷暴云中部与底部的电荷堆电荷量，能够触发更多相对位置更低的闪电。

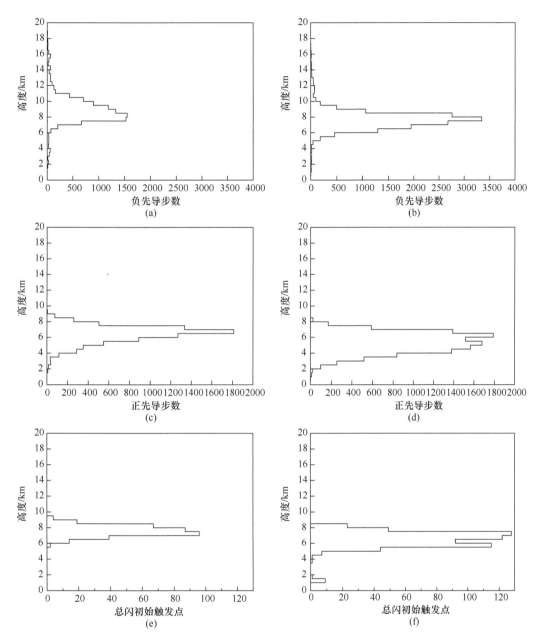

图 3.54　两次个例中正、负先导发展步数及闪电初始触发点随高度的变化
（a）（c）（e）清洁型雷暴云；（b）（d）（f）污染型雷暴云

根据上述分析可知：污染型雷暴云中正地闪增加明显。两个例在 29min 时均发生闪电，清洁型雷暴云发生云闪 [图 3.55（a）]，污染型雷暴云发生正地闪 [图 3.55（b）]。

图 3.56 给出了两次闪电放电之前的空间电荷剖面图,两次个例中的电荷结构均为偶极型(云顶屏蔽层出现少量的负电荷区),即主正电荷区下部包含一个主负电荷区。由此可见闪电均起始于正负电荷交界处,正先导在下部的负电荷区发展,而负先导在雷暴云上部的主正电荷区延伸。

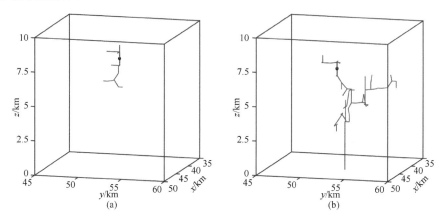

图 3.55　模拟 29min 时两个例中空间闪电通道结构图

（a）C：云闪；（b）P：正地闪

蓝线代表负先导、红色为正先导

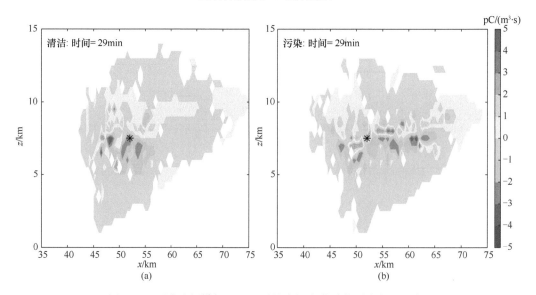

图 3.56　两次个例模拟 29min 时的空间电荷结构垂直剖面分布

（a）C：Y=52km；（b）P：Y=52km

＊代表闪电初始触发位置

　　两次个例中的空间电荷结构相似,清洁型雷暴云的正地闪发展止于空中,而污染型雷暴云的正先导却能穿过负电荷区后接地。对比空间电荷分布发现,污染型雷暴云中,主正电荷占主导地位,导致闪电的初始参考点电位为 118MV,远远大于 0MV,而清洁型雷暴云初始点参考电位为 21MV。Tan 等（2014b）认为地闪是否发生,主要由闪电起始电位和环境电位分布共同决定,其中闪电起始电位是先决条件,只有当起电电位显著高（低）于零电位，正（负）先导才可能发展到地面。因此污染型雷暴云中电荷特征有利于正地闪发生。此外，在整个雷暴发生过程中，污染型雷暴云的中部与底部的闪电发生率更高，雷暴云中部和底部电荷容易被闪电先导通道所携带的感应电荷中和（Tan et al.，2007；Tao et al.，2009），更有利于形成主正电荷堆强于其下部负电荷堆的电荷结构，从而有利于发生正地闪（Takeuti et al.，1978）。而 Takeuti 等（1978）与 Brook 等（1982）通过对日本冬季雷暴观测分析认为发生正地闪时，空间电荷结构为偶极型，并且上部的主正电荷堆超过了下部的主负电荷堆，从而主负电荷堆无法阻碍正地闪接地，而相似的结论 Coleman 等（2003）也有所报道，因此模拟基本上是合理的。

总之，气溶胶对雷暴云放电特征作用明显。相对于清洁型雷暴云，污染型雷暴云中气溶胶浓度高，云水停留时间长，云的生命周期延长，起电过程发展相对延缓，闪电活动出现延迟。污染型雷暴云中闪电频次明显高于清洁型雷暴云，而污染型雷暴云易触发更多中低层闪电，并拥有诱发正地闪的能力。

3.4.4　气溶胶对超级雷暴单体微物理和电过程的影响

在 WRF 中尺度模式 Morrison 双参数化方案中耦合了详细的气溶胶活化方案以及非感应起电参数化方案和放电参数化方案，非感应起电机制考虑冰晶与霰粒子和雪与霰粒子碰撞分离发生起电。在此基础上讨论了气溶胶对雷暴云电过程发展的影响，主要讨论不同气溶胶背景下，雷暴云微物理过程的变化以及微物理特征的变化对起电强度和电荷结构等电学特征的影响。

利用 Weisman 和 Klemp（1982）的探空曲线模拟理想超级单体个例，在此基础上，选取清洁个例（C-CASE）和污染个例（P-CASE）来研究气溶胶对雷暴起电过程的影响。假设气溶胶粒子全部为硫酸铵组成，且 100%可溶。图 3.57 给出了清洁个例和污染个例的气溶胶粒径谱分布（Weingartner et al.，1999）。

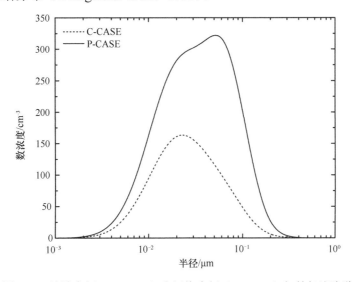

图 3.57　清洁个例（C-CASE）和污染个例（P-CASE）初始气溶胶谱

　　图 3.58 给出了 C-CASE 和 P-CASE 成熟阶段（模拟第 46min）的云滴、雨滴、冰晶、雪和霰粒子混合比和反射率空间分布。气溶胶的增加使雷暴云成熟阶段的云水含量增加。许多研究（Lynn et al.，2007；Muhlbauer and Lohmann，2008）指出增加 CCN 浓度，使云滴尺度降低，凝结增长过程增强，碰并效率降低。气溶胶增加使云滴数浓度增加，较多的小云滴粒子竞争水汽，由于碰并效率降低不易形成降水，液态水随上升气流上升至冻结层之上，形成了更多的冰晶［图 3.58（e）（f）］、雪粒子［图 3.58（g）（h）］和霰粒子［图 3.58（i）（j）］等冰相粒子。Khain（2009）指出增加 CCN 浓度，使对流云内形成更多的液态水含量及更多的潜热释放，激发对流的发展，冻结层之上形成了更多的冰相粒子。P-CASE 中，雷暴云成熟阶段形成的较多冰相粒子，融化形成了更多的水，

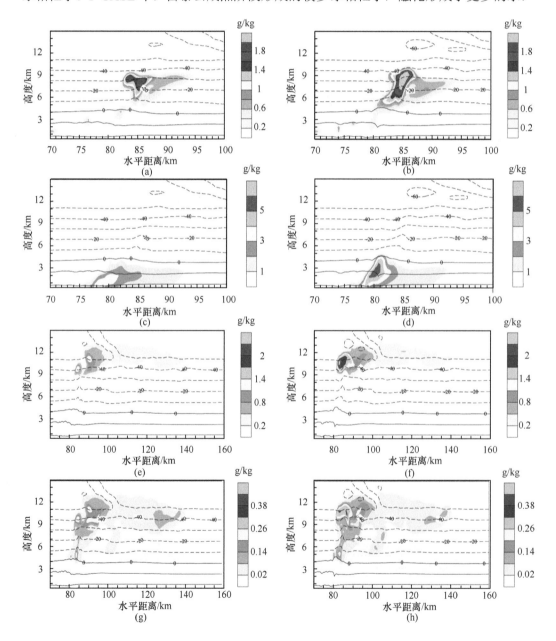

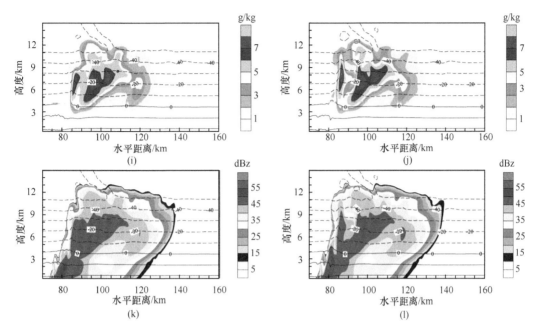

图 3.58　C-CASE 和 P-CASE 成熟阶段的云滴、雨滴、冰晶、雪粒子和霰粒子混合比和反射率空间分布
（a）C-CASE 云水含量；（b）P-CASE 云水含量；（c）C-CASE 雨水含量；（d）P-CASE 雨水含量；（e）C-CASE 冰晶含量；
（f）P-CASE 冰晶含量；（g）C-CASE 雪含量；（h）P-CASE 雪含量；（i）C-CASE 霰含量；（j）P-CASE 霰含量；（k）C-CASE
雷达反射率；（l）P-CASE 雷达反射率

成为雨水形成的主要贡献者，导致 P-CASE 中的雨水含量明显高于 C-CASE［图 3.58（c）
（d）］。而 P-CASE 中较大的雷达反射率也主要是由于成熟阶段较多的雨水含量造成的
［图 3.58（k）（l）］。

　　气溶胶增加使 P-CASE 中的云滴数浓度明显高于 C-CASE［图 3.59（a）］。由于 P-CASE
中的云滴数浓度较大但尺度较低，小云滴的碰并效率较低，抑制暖雨形成，所以雨滴数
浓度明显低于 C-CASE［图 3.59（b）］。P-CASE 中，未形成雨滴的小云滴随上升气流上
升至冻结层之上，参与冻结过程，形成了更多的冰相粒子，特别是霰粒子［图 3.59（c）
（d）（e）］。Khain 等（2008；2010）和 Wang（2005）指出，雷暴云内较高的气溶胶浓度，
使冻结层之上的液态水含量增加，产生更多的冰相粒子，闪电活动增强。P-CASE 中的
冰晶数浓度稍微高于 C-CASE，在 23min 达到极大值，随后由于霰粒子收集冰晶，冰晶
数浓度的模拟后期降低。与此同时，霰粒子也在收集雪粒子，使雪粒子数浓度在 25～
40min 降低。而霰粒子数浓度随着雷暴云的发展一直增加，这说明在雷暴云的发展中后
期冰相过程占主导地位。

　　P-CASE 中，冰粒子的融化是形成雨的主要贡献过程，抑制了云滴向雨滴的自动转
化过程。在雷暴云成熟阶段，P-CASE［图 3.58（h）］，雪粒子和霰粒子的混合比高于
C-CASE［图 3.58（g）］，较多的冰粒子融化形成了较多的雨水含量［图 3.58（c）（d）］，
使污染个例中形成了较大的雨滴。所以在雷暴云成熟阶段，污染个例中雨水含量较大，
但由于雨滴尺度大，其数浓度相对清洁个例要低。

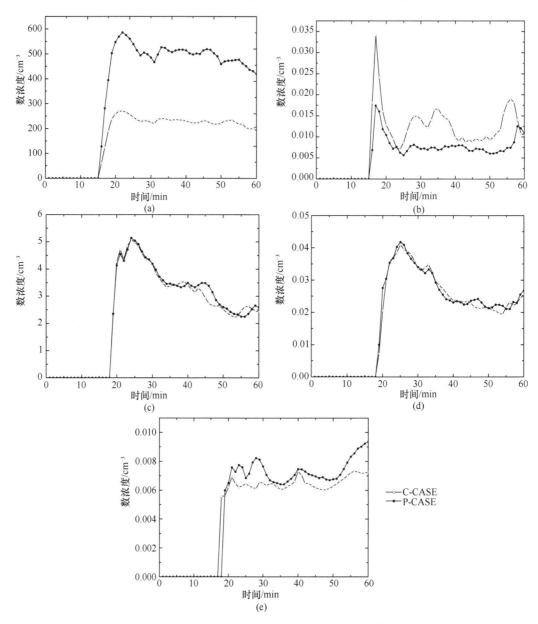

图 3.59　C-CASE 和 P-CASE 的水成物粒子平均数浓度
（a）云滴；（b）雨滴；（c）冰晶；（d）雪粒子；（e）霰粒子

表 3.7 给出了各种微物理过程的转化率。P-CASE 和 C-CASE 的云雨自动转化率分别为 4.48×10^{-7}kg/(kg·s)和 3.29×10^{-7}kg/(kg·s)。淞附增长和凝华是雪粒子增长较为重要的微物理过程。污染个例中雪粒子和霰粒子的大部分增长过程都大于清洁个例，导致污染个例中形成了更多的冰相粒子［图 3.59（d）（e）］。

表 3.8 给出了霰粒子收集冰晶和雪粒子的数浓度变化率。可以看出，污染个例中霰粒子收集了更多的冰晶和雪粒子，主要是由于污染个例中霰粒子数浓度较高［图 3.59（e）］。较大的收集率说明，在污染个例中，有更多的冰晶和雪粒子与霰粒子发生碰撞分离，即有更

多的冰粒子参与起电过程。气溶胶数浓度增加抑制雷暴云的暖雨过程，冰粒子增长率增大，形成了更多的冰相粒子，较多的冰相粒子参与碰撞分离过程，使污染个例的起电过程明显增强。

表 3.7　C-CASE 和 P-CASE 中雨滴、雪粒子和霰粒子源汇项及转化率极值

	源汇项	物理含义	C-CASE 转化率/[kg/(kg·s)]	P-CASE 转化率/[kg/(kg·s)]
雨滴	PRA	雨滴收集云滴	6.81×10^{-5}	5.31×10^{-5}
	PRC	自动转化	4.48×10^{-7}	3.29×10^{-7}
	PGMLT	霰粒子融化	3.64×10^{-5}	3.94×10^{-5}
	PSMLT	雪粒子融化	9.89×10^{-7}	6.15×10^{-7}
	PRE	蒸发	2.99×10^{-6}	3.18×10^{-6}
雪粒子	PSACWS	雪收集云滴	1.07×10^{-5}	2.05×10^{-5}
	PRDS	雪粒子凝华	5.3×10^{-6}	1.13×10^{-5}
	PRAI	冰晶自动转化为雪	1.47×10^{-6}	3.67×10^{-6}
	PRCI	雪粒子收集云冰	3.27×10^{-6}	5.37×10^{-6}
	PRACIS	雨收集云冰形成雪	1.58×10^{-8}	1.16×10^{-8}
霰粒子	PSACWG	霰收集云滴	1.19×10^{-5}	1.86×10^{-5}
	PRACG	霰收集雨滴	1.31×10^{-4}	1.55×10^{-4}
	PRDG	霰粒子凝华	4.03×10^{-6}	5.85×10^{-6}
	PSACR	雨滴收集雪形成霰	8.57×10^{-5}	5.84×10^{-5}
	PGSACW	云滴收集雪形成霰	2.16×10^{-6}	9.54×10^{-6}
	PIACR	雨滴收集冰晶形成霰	7.19×10^{-5}	5.91×10^{-5}
	MNUCCR	雨滴冻结形成霰	1.90×10^{-5}	1.33×10^{-5}

表 3.8　霰粒子收集冰晶和雪粒子的数浓度转化率极值

指标	物理含义	C-CASE/[kg/(kg·s)]	P-CASE/[kg/(kg·s)]
NPGACI	霰粒子收集冰晶	1.67×10^{5}	2.26×10^{5}
NPGACS	霰粒子收集雪	2.45×10^{3}	3.59×10^{3}

图 3.60 给出了清洁个例和污染个例不同时间（30min、43min、50min 和 57min）净电荷的垂直分布情况。C-CASE 中，电荷分离过程从 15min 开始，初始电荷结构为偶极性电荷结构（上部正电荷，下部负电荷）。在电荷分离初期，正电荷区和负电荷区分别分布在 9km 和 11km 附近。随后，正电荷与负电荷中心向下发展，分别分布在 $-50 \sim -40 ℃$ 和 $-40 \sim -20 ℃$ 温度范围内，之前许多观测研究（Dye et al.，1986；Thomas et al.，2001）也指出，大部分雷暴云电荷结构为上正、下负的电荷分布。在 C-CASE 中，电荷结构在模拟时间内始终保持着上正下负的偶极性电荷结构。这也就说明冰晶粒子和雪粒子与霰碰撞分离后，上部的冰晶和雪粒子始终携带正电荷，下落至下部的霰粒子则始终携带负电荷。在 P-CASE 中，模拟初期的电荷结构为偶极性电荷结构，而在雷暴云发展的中期至后期，在主正电荷区和主负电荷区之上出现了一个新的负电荷中心。事实上，许多观

测研究发现，在实际雷暴云内电荷结构远比偶极性和三极性电荷结构复杂得多，如反偶极性电荷结构，多层极性电荷中心交替分布的多层电荷结构等（Rust et al.，2005；Sherwood et al.，2006）。在主正电荷区之上出现的负电荷中心说明，在低温区有部分冰晶和雪粒子携带负电荷，构成了主正电荷中心上部的新负电荷区。

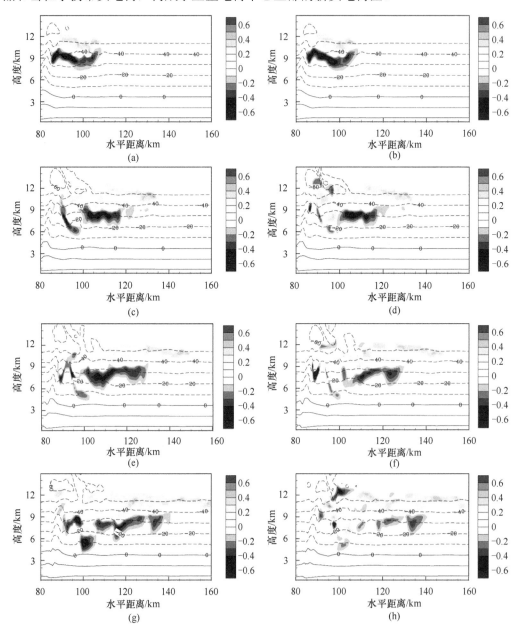

图 3.60　C-CASE 和 P-CASE 不同时间的电荷结构（电荷密度单位为 nC/m³）

（a）C-CASE 30min；（b）P-CASE 30min；（c）C-CASE 43min；（d）P-CASE 43min；（e）C-CASE 50min；（f）P-CASE 50min；（g）C-CASE 57min；（h）P-CASE 57min

图 3.61 给出了 C-CASE 和 P-CASE 正负电荷密度极值。由图可知，从电荷分离过程开始之后，P-CASE 中的正负电荷密度极大值都明显大于 C-CASE。在 37min 之后，两

个个例之间正电荷密度极值和负电荷密度极值的差异逐渐增大。污染个例电荷密度极大值较大的主要原因是，气溶胶增加使雷暴云内形成了更多的冰相粒子［图 3.59（c）（d）（e）］，冰晶与霰粒子和雪粒子与霰粒子碰撞分离发生起电过程，使污染个例起电过程增强。Sherwood 等（2006）通过研究小冰晶粒子分布和闪电活动的气候学特征指出，剧烈的闪电活动与枳云顶部的高浓度小冰晶粒子有关。在 P-CASE 中，较多的冰相粒子参与非感应起电过程，使雷暴云电活动增强，这也证明了气溶胶是雷暴云电活动增强过程的重要因素。

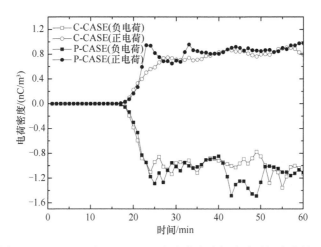

图 3.61 C-CASE 和 P-CASE 正负电荷密度极值随时间变化情况

C-CASE 中［图 3.62（a）］，在 33min 之前正电荷分布在 9～12km 之间，随着雷暴云发展，正电荷分布范围逐渐增大。50min 之前，负电荷区域随着雷暴发展逐渐增大，分布在 6～10km 之间，在后期负电荷分布范围增大至 4～10km。清洁个例的电荷结构始终为偶极性，而污染个例的电荷结构要比清洁个例复杂些。在 P-CASE 中［图 3.62（b）］，33min 之前正电荷中心分布在负电荷中心之上，随后在主正电荷中心之上出现了一个新的负电荷区，上部负电荷区分布在 12km 附近。从电荷结构分布图［图 3.60（d）（f）（h）］能够更直观地看出上部新负电荷区的出现。

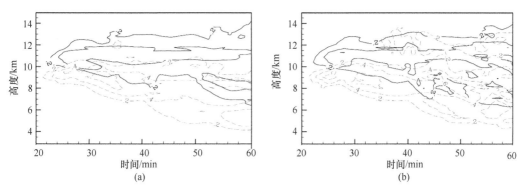

图 3.62 C-CASE 和 P-CASE 正电荷（实线）和负电荷（虚线）极值
随时间和高度的分布（电荷密度单位为 nC/m³）
（a）C-CASE；（b）P-CASE

图 3.63 为雷暴云成熟阶段（模拟第 46min），C-CASE 和 P-CASE 正负电荷密度极值的水平分布。清洁个例和污染个例的正负电荷水平结构较为相似，但污染个例的正负电荷密度极大值明显高于清洁个例，主要是由于高气溶胶浓度背景下，产生了更多的冰晶、雪粒子和霰粒子（图 3.59），利于起电过程，使电荷密度增大。气溶胶浓度增加，使电荷密度增加明显，但对雷暴云的水平电荷结构影响并不明显。

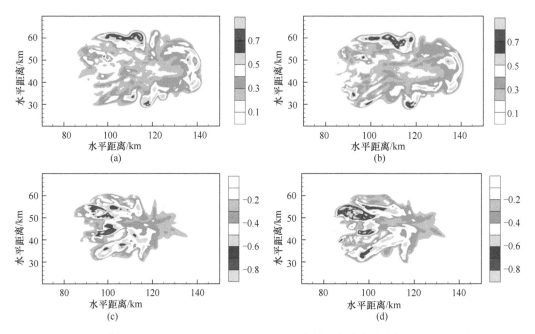

图 3.63　模拟 46min 时，C-CASE 和 P-CASE 正电荷和负电荷密度极值的水平分布
（电荷密度单位为 nC/m³）
（a）C-CASE 正电荷；（b）P-CASE 正电荷；（c）C-CASE 负电荷；（d）P-CASE 负电荷

图 3.64 给出了冰晶和霰粒子携带正负电荷密度极大值随时间和高度的变化情况。在 P-CASE 中，无论是冰晶还是霰粒子所携带的电荷密度极大值都比 C-CASE 大。在 C-CASE 中，冰晶只携带正电荷，分布在 5～13km 之间；而在 P-CASE 中，冰晶在 33min 之前携带正电荷，33min 之后，8km 之上有一部分冰晶携带负电荷。冰晶携带的正电荷和负电荷分别分布在 6～12km 和 9～13km 之间，说明污染个例中低温度区域的冰晶粒子荷电发生反转，携带负电荷。由于雪粒子的数浓度明显低于冰晶数浓度，所以雪粒子携带的电荷密度明显小于冰晶携带的电荷密度。在 C-CASE 中，雪粒子始终携带正电荷，与冰晶粒子所带电荷分布相似，电荷分离初期分布在 8～13km。P-CASE 中，33min 之前雪粒子只携带正电荷，之后 8～12km 范围内的雪粒子携带负电荷。带负电荷的雪粒子分布范围小于冰晶粒子携带的负电荷，主要是由于冰晶粒子数浓度明显高于雪粒子，且分布范围也较广。

C-CASE 和 P-CASE 中，霰粒子的荷电情况与冰晶和雪粒子相反。清洁个例中，霰粒子始终携带负电荷，在电荷分离初期分布在 8.5～12.5km 之间，随着雷暴云的发展，电荷分布范围变大，最大分布范围在 5～13km 之间。在污染个例中，33min 之前霰粒子只携带负电荷，随后一部分霰粒子荷电发生反转，在 9～13km 范围内部分霰粒子携带正电荷。

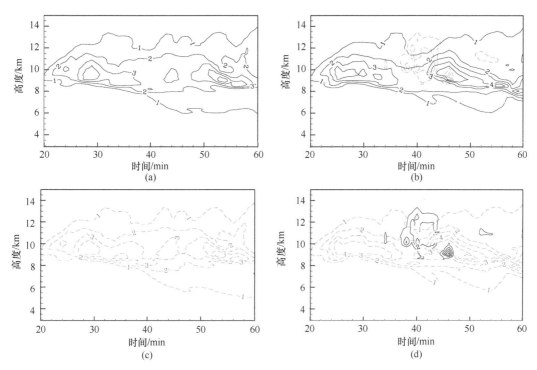

图 3.64　C-CASE 和 P-CASE 中冰晶和霰粒子所携带正（实线）负（虚线）电荷密度
极值随时间和高度的分布

（a）C-CASE 冰晶；（b）P-CASE 冰晶；（c）C-CASE 霰粒子；（d）P-CASE 霰粒子

综合分析图 3.64 可知，在 P-CASE 中，从 33min 开始 9km 之上的冰粒子荷电发生反转，形成了正电荷中心之上出现新负电荷区的电荷结构［图 3.60（d）（f）（h）］。下部主负电荷中心是由携带负电荷的霰粒子构成；主正电荷中心主要是由携带正电荷的冰晶和雪粒子构成，也包括一部分荷电发生反转而携带正电荷的霰粒子；新出现的上部负电荷区，是由低温区荷电发生反转的冰晶和雪粒子构成，即这部分冰晶和雪粒子携带负电荷。

冰粒子荷电极性主要由淞附增长率（RAR）与淞附增长率阈值（RAR_C）的差值决定（Zhao et al.，2015），RAR 大于 RAR_C 的区域，霰粒子携带正电荷，与之碰撞分离的冰晶或雪粒子携带负电荷，反之亦然。一般雷暴云中的电荷结构为上正下负的偶极性，这就说明，冰晶和霰粒子在 RAR 小于 RAR_C 的区域发生碰撞分离，携带正电荷的冰晶随着上升气流上升到云体上部，而携带负电荷的霰粒子在重力作用下，下落到云体下部。由图 3.64 可知，冰粒子在 9km 之上荷电发生反转，构成了主正电荷中心之上的负电荷区。为了分析上部负电荷区出现的原因，图 3.65 给出了 C-CASE 和 P-CASE 中 6km 之上 RAR 与 RAR_C 正差值随时间和高度的分布情况。在 C-CASE 中，正差值分布在 7.5km 以下，而主要的电荷分离区在 8km 之上（由于冰晶粒子分布在 8km 之上）［图 3.58（e）（f）］，所以发生电荷分离的冰粒子荷电没有发生反转，即冰晶和雪粒子荷正电，霰粒子荷负电。而在 P-CASE 中，在 33min 之后 8km 之上出现了明显的正差值区，这也就说明，在该区域冰粒子荷电极性发生反转，冰晶携带负电荷，霰粒子携带正电荷［图 3.64（b）（d）］。由于低温区 RAR 和 RAR_C 的正差值，该区携带负电荷的冰晶和雪粒子构成了主正电荷中心之上的负电荷区。

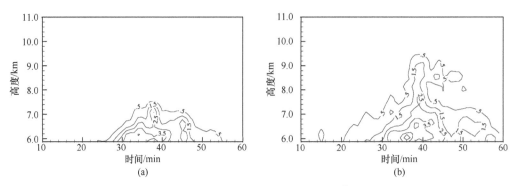

图 3.65　C-CASE 和 P-CASE 中 RAR 与 RAR$_C$ 正差值 [g/(m²·s)] 随时间和高度的分布
（a）C-CASE；（b）P-CASE

RAR$_C$ 为温度的函数，在同一温度区为常数，要分析 RAR 与 RAR$_C$ 正差值出现的原因，需要讨论 RAR 的变化情况，而 RAR 与液态水含量密切相关。由图 3.66 可知，P-CASE 中 4km 以上的液态水含量极大值明显高于 C-CASE，特别是在 33min 之后 6km 之上。许多研究指出，气溶胶增加使冻结层之上的液态水含量明显增加。在 P-CASE 中，较高的液态水含量使 8km 之上形成明显的 RAR 与 RAR$_C$ 正差值区 [图 3.65（b）]。Saunders 等（1991）实验室研究指出，低温区的高液态水含量使霰粒子携带正电荷，Baker 等（1987）指出，当液态水含量较高时，霰粒子捕获液态水发生冻结，霰粒子携带正电荷。与液态水紧密联系的 RAR 是决定冰粒子荷电的重要因子，因此气溶胶增加使冻结层之上的液态水含量增加，在低温区形成明显的 RAR 与 RAR$_C$ 正差值区，在该区域冰粒子荷电发生反转，冰晶和雪粒子携带负电荷，霰粒子携带正电荷，在主正电荷中心以上形成新的负电荷区。

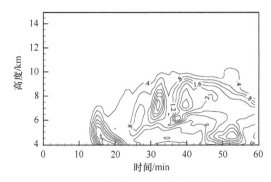

图 3.66　P-CASE 与 C-CASE 液态水含量差值随时间和高度的分布

本章通过双偏振雷达探测资料分析和数值模拟，分析了几种典型雷电灾害天气系统中不同相态水凝物，建立了适用于我国雷暴灾害天气的微物理过程参数化方案，分析了雷电灾害天气系统中水凝物粒子的分布与起电区域的时空演变特征及对应关系、云微物理过程对雷电生成的影响、不同雷电灾害天气系统中的优势起电机制，探讨了大气气溶胶如何通过改变雷暴云微物理结构来影响其起电和放电过程。总体来说，本章主要的讨论主要基于雷暴云个例，因为雷暴云的发生发展的条件及宏微观物理结构在不同个例之间相差很大，还不能得到一个具有普遍规律的结论，还需要对不同地区、不同时间及不同环流背景下的雷暴灾害性天气过程进行更多的观测分析和数值模拟。

第4章 雷暴云内电荷分布及对闪电放电特征的影响

雷暴云中微物理过程和动力过程的发展决定了云内的起电和电荷分布，并在云内形成正、负电荷交替分层分布的电荷结构，进而产生闪电。雷暴云的电荷结构在很大程度上决定了闪电的类型和放电特征。不同的雷暴系统、雷暴的不同发展阶段，甚至在雷暴系统的不同区域其电荷结构可能都会有差别（Stolzenburg et al.，1998a，1998b，1998c；张义军等，2002；郄秀书等，2005；郑栋等，2010；刘冬霞等，2013）。我国对雷暴云内电荷分布的系统认识以甘肃和青藏高原的观测研究为代表。最初主要是通过地面大气平均电场的极性和演化进行定性推断，并认识到了甘肃地区雷暴云电荷结构的特殊性，即在云底部存在较强的正电荷区（叶宗秀等，1987；刘欣生等，1987；王才伟等，1987；Qie et al.，2005b）。随后利用地面多站闪电电场变化，在点电荷模式假定下，通过非线性最小二乘法拟合，获得了闪电放电中和电荷源的空间位置，基本确定了内陆高原雷暴既可以是上负-下正的反偶极电荷结构，也可以是具有较强下部正电荷区的上正-中负-下正的特殊三极性电荷结构（邵选民和刘欣生，1987；王道洪等，1990；Qie et al.，2000，2005b，2009；张义军等，2003；Zhang et al.，2009）。2000 年以后，通过研发雷暴云内电场探空仪和穿云电场探测，获得了对甘肃和青海雷暴云电荷分布的实际认识，证实了雷暴云具有较强下部正电荷区的特殊三极性电荷结构（赵中阔等，2009；Zhao et al.，2010；Zhang et al.，2015）。除了雷暴云内电荷分布的直接观测和基于地面多站闪电电场变化观测的反演外，雷暴云数值模式的发展和应用也为高原雷暴特殊电荷结构的成因提供了重要启示（张义军等，2000；郭凤霞等，2003，2007）。

原位电场探空由于受飞行路径的限制，不能全面反映雷暴发展过程和不同区域的电荷结构。地面多站闪电电场变化拟合方法由于受地形、环境以及屏蔽电荷层的影响（Qie et al.，1994），拟合反演得到闪电中和的电荷源位置也有一定的不确定性。随着高速大容量数据采集技术的进步以及授时型高精度 GPS 技术的出现，低频（LF）和甚高频（VHF）闪电辐射源三维定位系统研发成功（张广庶等，2010），使得连续观测雷暴过程和整个雷暴区域的闪电放电通道的时空演变成为可能，由此可确定参与闪电放电的云内电荷分布（Li et al.，2012，2013）。

本章首先以青海大通地区观测结果为例，利用高时空分辨率闪电 VHF 辐射源三维定位系统对闪电放电过程的精确定位，给出闪电云内放电过程的三维发展特征，探讨对应的雷暴云内电荷结构特征及其对闪电放电特征的影响，并对初始击穿脉冲的电流波形结构和转移电荷量等参数进行建模计算和分析。另外，本章还结合淮河流域、山东、东北等多地观测结果，讨论了不同纬度和海拔地区与闪电始发有关的一类放电过程——云内双极性窄脉冲事件（NBE）与雷暴对流的垂直发展、电荷结构之间的关系，最后通过数值模拟简要探讨了模式参数化方案、雷暴云内电环境对雷暴云电荷结构的影响以及云内电荷分布对闪电放电的影响。

4.1　青海大通地区闪电 VHF 辐射源三维定位系统

工作于 VHF 频段的闪电辐射源三维定位系统能以很高的时间和空间分辨率展现闪电放电的三维时空演变过程，揭示闪电放电通道及云中电荷区分布的三维时空结构。本节简要介绍在青海大通地区布设的闪电 VHF 辐射源三维定位系统及其定位误差，并给出判定雷暴电荷结构的依据和方法。

4.1.1　闪电 VHF 辐射源三维定位系统站点布设

青海大通闪电 VHF 辐射源三维定位系统共设有 7 个观测站，以主站为中心呈辐射状圆周设有其他 6 个观测子站（图 4.1）。每个测站同步接收闪电放电产生的 VHF 电磁辐射脉冲的峰值信号，接收机的中心频率 270MHz，3dB 带宽 6MHz，采用对数放大器，信号的动态范围达 100dB。当辐射峰值超过噪声电平阈值时，以 25μs 的时间间隔（窗口）获取最大峰值信号，同时记录它的强度和时间，峰值信号的时间分辨率为 50ns（20MHz，A/D 转换器）。系统用 25μs 窗口处理一次峰值事件，每秒最高定位处理 40000 个辐射源（实际定位辐射源数目根据各测站可识别的孤立脉冲数多少而有所变化）。利用 7 个子站同步确定的峰值到达测站的绝对时间，使用到达时间差法（详见第 1 章）对闪电辐射源进行时空定位，这里采用非线性最小二乘列温伯格-马夸尔特（LM）算法进行计算。

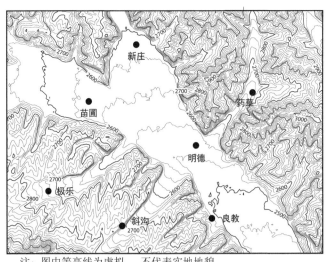

注：图中等高线为虚拟，不代表实地地貌

图 4.1　青海大通闪电三维定位系统测站分布示意图
注：图中等高线为虚拟，不代表实地地貌

4.1.2 闪电 VHF 辐射源三维定位系统的定位误差

采用自行研制的球载闪电模拟源，对青海大通地区 7 站三维闪电定位网的精度进行飞行标定实验（张广庶等，2015）。图 4.2 是定位结果，黑色点线表示地面站计算结果，灰色曲线表示 GPS 的定位结果，从图可见，二者有很好的一致性，说明观测数据和定位计算方法是合理的。

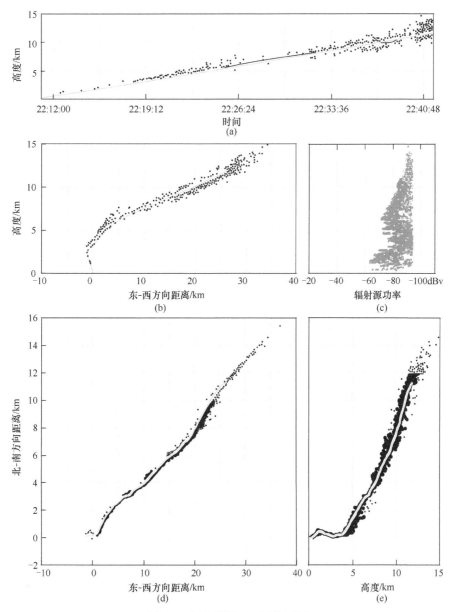

图 4.2 闪电模拟源飞行结果图

（a）辐射源高度随时间的变化；（b）东西方向上的立面投影；（c）辐射源功率随高度的变化；（d）平面投影；
（e）南北方向上的立面投影

黑色点为三维定位系统结果，灰色曲线为探空仪上 GPS 定位结果

对模拟源标定结果，利用标准差估算了网内定位误差，并检验了利用简单几何模型理论计算的定位误差结果（张广庶等，2010）。对于测站网络内的辐射源，在7km高度以下的水平定位标准偏差约为12～48m，整层标准偏差为21m；垂直定位标准偏差约为20～78m，整层标准偏差为49m，误差理论计算结果和标定的标准差结果一致。对于在网络外远处的辐射源（远闪），定位误差是径向距离（r）的函数，定位误差随距离r^2增加，径向距离误差随距离呈抛物线形状，用协方差参量作定位误差检验比用标准差更可靠，利用简单几何模型得到的理论计算误差结果和标定试验结果也很一致。通过标定试验计算了闪电VHF辐射源三维定位系统拟合优度计算公式中的测量时间误差Δt_{rms}：对闪电模拟源信号约为55ns（rms，root mean square error，均方根误差），对自然闪电信号约为60ns（rms），测时误差符合高斯分布时，闪电辐射源合理的χ^2值小于5。

4.1.3　雷暴电荷结构的判定

根据双向先导模式理论，闪电初始击穿在正、负电荷区之间的强电场区激发，随后在闪电始发位置产生双向先导，并分别向与先导极性相反的电荷区发展，到达正、负电荷区后分层近似水平发展。利用闪电VHF辐射源三维定位系统，结合快、慢天线对负地闪、正地闪、云闪以及双极性窄脉冲引发的云闪研究表明，正、负地闪由负流光传输激发，多数云闪始发于负电荷区（张广庶等，2010）。Shao和Krehbiel（1996）、Rison等（1999）利用VHF观测认为，负极性击穿比正极性击穿能产生更强的辐射，因此可定位获得更丰富的辐射源，而负极性击穿主要发生于正电荷区。因此，可以通过分析闪电放电通道传输方式及闪电辐射源时空分布，反演参与放电电荷区的雷暴电荷结构，并依据闪电在正电荷区产生的辐射源远多于负电荷区的判据推测正电荷区的位置。对于判别负电荷区的位置，主要是根据在正先导的回退路径上所产生的负先导，Mazur和Ruhnke（1993）等人把这种位于负电荷区在正先导通道上产生的回退负极性击穿称为回退流光。辐射源三维定位系统和宽带电场同步观测显示，闪电初始预击穿过程产生的脉冲簇极性与初始击穿垂直传输方向有很好的对应关系（Wu et al.，2016），而初始击穿传输方向又与雷暴电荷结构相关，因此，根据初始闪电辐射源传输方向、各层电荷区辐射源的数量，以及闪电初始击穿脉冲簇极性等可以对单个闪电发生区域的电荷极性和高度进行判断，然后再利用一段时间内连续多个闪电的辐射源分布特征，判定雷暴参与放电的电荷区极性和高度（Li et al.，2012，2013；Li Y et al.，2017）。图4.3是利用多站VHF辐射源三维定位系统观测资料得到的青海地区一次雷暴过程期间3min雷暴电荷结构的演变结果，其中红色点表示判定的正电荷区，蓝色点表示负电荷区。

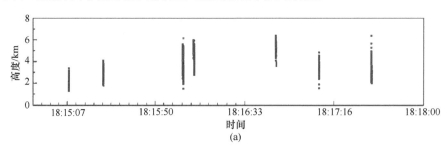

(a)

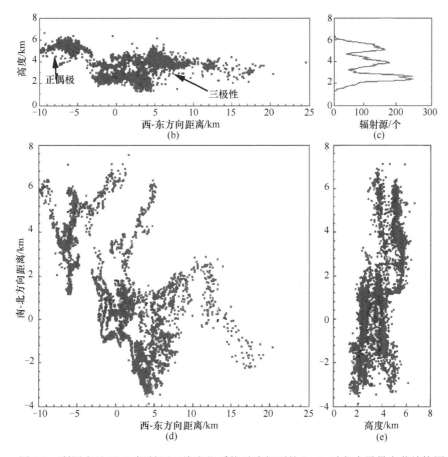

图 4.3　利用多站 VHF 辐射源三维定位系统反演得到的 3min 时段内雷暴电荷结构图
（a）闪电辐射源距地面高度随时间的变化；（b）南北方向上的立面投影；（c）辐射源发生数目随高度的分布；
（d）平面投影；（e）东西方向上的立面投影

4.2　雷暴云内电荷结构及其多样性

受下垫面及环境要素的影响，不同地区的雷暴电学特征存在一定的差异。青藏高原平均海拔在 4000m 以上，闪电活动的时空分布受高原的热力和动力过程影响。因其对流和闪电过程发生的高度高，雷暴电特征和闪电形成有其独特性。早在 20 世纪 80 年代，我国学者根据地面电场或闪电电场变化观测，发现我国内陆高原雷暴有别于低海拔地区夏季雷暴的特征，除了尺度小、移动速度快、闪电频数较低外，大部分雷暴云下部存在范围和强度都较大的正电荷区，且云内闪电多发生于中部主负电荷区与下部正电荷区之间（刘欣生等，1987；王才伟等，1987；Qie et al.，2005a，2005b）。到目前为止，对这一地区雷暴云电荷区域和位置以及云内闪电放电过程还缺少足够的认识。另外，闪电探测是被动接收闪电产生的电磁波信号，与京津冀大城市群区域相比，内陆高原地区电磁环境相对简单，闪电探测传感器受干扰小。本节以在青海大通地区雷电野外综合观测试验基地获取的大量闪电多参量同步观测结果为例，利用 4.1 节高时空分辨率闪电 VHF 辐射源三维定位系统对闪电放电过程的精确定位结果，给出闪电云内放电过程的三维发展特征，探讨由闪电辐射源所反演的雷暴云内电荷结构特征及其随雷暴演变所展现出的多样性。本节所用距离和高度均基于观测网的中心观测站（海拔 2.5km），所有高度均是距离地面高度。

4.2.1　雷暴电荷结构的演变

雷暴云电荷结构，即参与闪电放电的净电荷层的高度和极性，变化很大（Bruning et al.，2014）。最常见的是在温度为–30～–10℃左右的高度上存在负电荷，在此高度以上有净正电荷，即正常偶极性，有时在此高度以下有可能存在额外的正电荷，形成正常三极性电荷结构。如果–30～–10℃左右的高度层被正电荷所控制，则被认为是反常的电荷结构。这里将正电荷区位于负电荷区之上的配置称为正偶极性电荷结构，而上负下正的电荷结构称为反偶极性电荷结构。VHF 辐射源三维闪电定位系统可以对雷暴过程的闪电辐射源进行连续定位，利用三维闪电辐射源定位结果可获得雷暴过程电荷结构的演变过程。下面给出利用该系统得到的青海地区一次雷暴过程电荷结构的演变过程。

1. 雷暴电荷结构演变过程

图 4.4 是发生在青海大通的一次孤立雷暴过程（090806）的雷达回波演变图，图中圆圈代表 7 个观测站的位置。该雷暴 16:59 处于发展阶段，最大雷达回波强度小于 35dBZ，无闪电发生；17:05，雷达最大回波达到 40dBZ，闪电开始增多；17:20，雷达最大回波达到 53dBZ，雷暴进入旺盛阶段；17:35 左右，雷暴 1 开始消散，但在距离站网主站

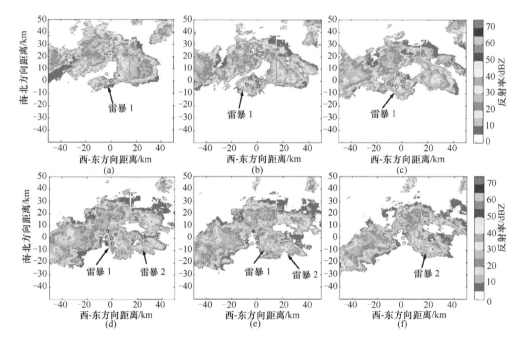

图 4.4　青海一次孤立雷暴（090806）演变过程距地面 2.5km 雷达回波图
（a）16:59；（b）17:10；（c）17:21；（d）17:38；（e）17:43；（f）17:54
回波值如图中色标所示。图中●表示 VHF 三维定位系统观测站，◎表示观测网络中心站

东南方向约 20km 处另有一雷暴（雷暴 2）正在发展；17:43，雷暴 1 向东移动过程中与雷暴 2 合并，雷暴 1 回波中心最大回波已降至 40dBZ 以下，而雷暴 2 强回波中心达到 52dBZ，随后雷暴 1 强回波中心继续减弱，而雷暴 2 强回波中心持续发展；17:54，雷暴 2 强回波中心开始消散；17:58 以后，基本无闪电发生。

　　图 4.5 是发生在此次雷暴初始发展时段内（17:08～17:20）的一次反极性云闪（简称云闪 091734）的辐射源三维定位图。此次闪电共持续 180ms，呈现明显的双层结构，分别在距地面 2～3km 高度和 4km 高度。该反极性云闪起始于距地面 4km 高度，先垂直向下发展进入 3km 高度的正电荷区，再向东水平发展，然后向北发展约 7km，通道逐渐向下倾斜。约 70ms 后，少量的辐射源出现在 4km 高度（图 4.5 椭圆所示区域），

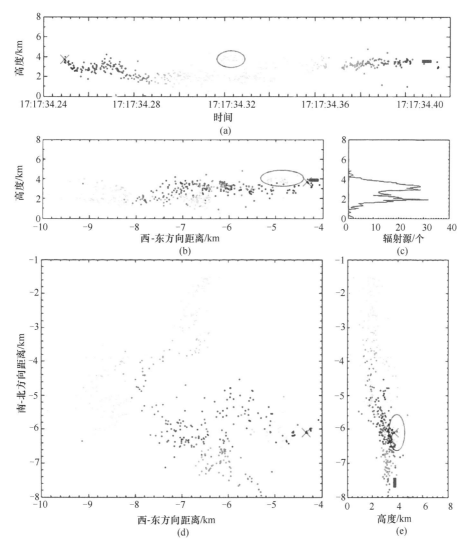

图 4.5　青海一次孤立雷暴初始阶段发生的一次反极性云闪过程的 VHF 辐射源三维定位图（Li et al., 2013）
（a）闪电辐射源距地面高度随时间的变化；（b）南北方向上的立面投影；（c）辐射源发生数目随高度的分布；
（d）平面投影；（e）东西方向上的立面投影
图中颜色从蓝到红表示 VHF 辐射源随时间的变化

且发生在闪电起始区域附近，同时，下部正电荷区辐射源继续水平传输约 40ms 后，在 2km 高度停止，此后 4km 高度辐射源增加，并在上层负电荷区水平延伸闪电通道。在初始发展阶段共观测到云闪 16 例，其中 14 例云闪的电荷层分布与 091734 相似，大多数辐射源集中在 1～3km 之间。由此可推测，雷暴发展阶段电荷结构呈现上负下正的反偶极性，负电荷区在 4km 左右，正电荷区在 1～3km 之间，水平伸展约 10km。

图 4.6 是雷暴成熟阶段（17:20～17:35）辐射源时空分布图，15min 时段内共观测到闪电 33 例，其中云闪 25 例，电荷结构全部呈现反偶极性。在此阶段，多数辐射源仍然集中在距离地面 1～3km 高度之间的正电荷区内，且在 4km 高度上不断有向下传输

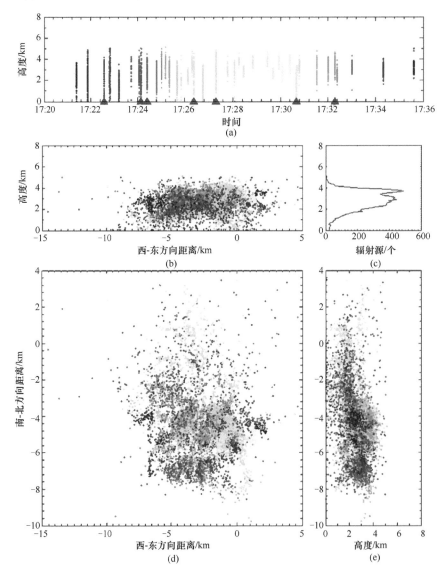

图 4.6 雷暴成熟阶段（17:20～17:35）闪电放电 VHF 辐射源三维定位图
（a）闪电辐射源距地面高度随时间的变化；（b）南北方向上的立面投影；（c）辐射源发生数目随高度的分布；
（d）平面投影；（e）东西方向上的立面投影
其他说明同图 4.5

的辐射源。此阶段内电荷结构与发展阶段一样，仍然是上负下正的反偶极结构。但与发展阶段相比，负电荷区辐射源密度增大，区域扩大。

图 4.7 是 17:28～17:58 时段辐射源时空分布，此阶段雷暴 1 进入消散阶段，最强回波强度和区域均变小，并在东移过程中与新生雷暴 2 发生合并，合并后雷暴 2 最大回波强度达到 52dBZ（图 4.4）。在雷暴 1 消散阶段，电荷结构发生明显变化，17:28～17:34 大量辐射源从距离地面 4km 高度向上发展但很少水平发展，没有形成层状结构。在 4km 高度以上，尤其在 5～6km 高度之间出现很密集辐射源，水平伸展不大，说明云上部已出现一些尺度较小的正电荷堆，形成上部正电荷区。此后，随着雷暴 1 东移并逐渐消散，上

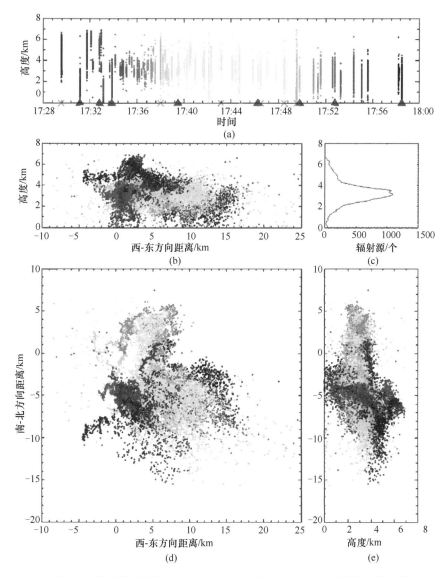

图 4.7　雷暴消散阶段（17:28～17:58）闪电放电 VHF 辐射源三维定位图

（a）闪电辐射源距地面高度随时间的变化；（b）南北方向上的立面投影；（c）辐射源发生数目随高度的分布；
（d）平面投影；（e）东西方向上的立面投影
其他说明同图 4.5

部正电荷区辐射源显著减少，随着与雷暴 2 的合并，4km 高度上出现很密集的向下传输辐射源，大量的辐射源主要集中在 3km 左右（17:35～17:50），在此阶段放电仍然主要发生在 4km 负电荷区和 3km 正电荷区之间，共统计到发生在这两个电荷区之间的云闪 33 例。在雷暴 1 消散阶段最后 8min 内，观测到辐射源主要是从 1.8km 高度向上传输的流光通道（形成云闪），以及向下传输的负先导（形成负地闪），说明 1.8km 高度附近存在负电荷堆，但水平伸展尺度不大。以上分析表明，在雷暴 1 的消散阶段，电荷结构发生显著变化，主体仍是 4km 负电荷区与 3km 正电荷区之间放电，但在消散初期，雷暴云上部（5.6km 高度）出现正电荷堆，在后期，雷暴云下部（1.8km 高度）出现负电荷区，水平伸展都不大，雷暴云整体呈现出四层电荷结构，电荷区的极性从高到低依次为正-负-正-负。

整体上，我们给出的雷暴个例在发展和成熟阶段电荷结构呈反偶极性，在消散阶段，由于不同对流单体之间的合并，雷暴电荷结构呈现出四层电荷区，最下部为负电荷区，雷暴在不同发展阶段呈现出了不同的电荷结构。

2. 雷暴云电荷结构和雷达回波

雷达回波强度变化表征了雷暴发展状态，而不同的雷暴发展阶段，雷暴电荷结构也有所变化。利用辐射源定位结果和雷达回波的叠加，可以得到雷暴发展过程中电荷结构和雷达回波的关系，如图 4.8 所示。从图 4.8（b）可看到，在雷暴的发展阶段，辐射源主要集中在 20～40dBZ 区域内。从电荷区的分布来看，负电荷区辐射源主要位于 35～50dBZ 区域内，正电荷区辐射源主要分布在 20～40dBZ 区域内。在雷暴发展旺盛阶段［图 4.8（d）］，上升气流增强，最大回波达到 55dBZ，50dBZ 回波区域高度达到 5km。在雷暴发展旺盛的初级阶段，有少量正电荷区辐射源落在 25dBZ 回波区域内，大部分辐

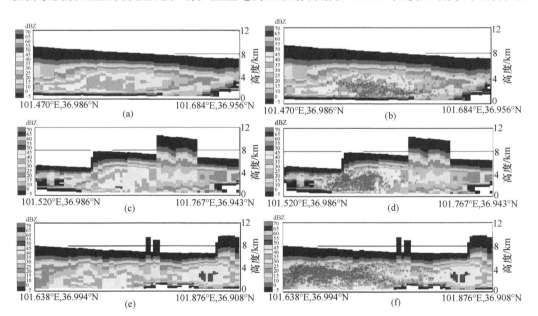

图 4.8　雷暴不同发展阶段辐射源与 RHI 雷达回波［（a）（c）（e）］叠加

（a）（b）17:05～17:10 发展阶段；（c）（d）17:27～17:32 旺盛阶段；（e）（f）17:44～17:49 消散阶段

紫色'+'代表辐射源

射源在 35～50dBZ 内。在雷暴消散阶段［图 4.8（f）］，雷暴 1 内 50dBZ 以上的强回波区基本消失，辐射源大多集中在 20～50dBZ 区域内。通过与四层电荷区对比，下层负电荷区出现在 40～50dBZ 的区域内，而中间的正电荷区与中间负电荷区基本上都发生在 25～35dBZ 区域之间，上层正电荷区辐射源主要集中在 15～25dBZ 区域。

整体上，在雷暴的发展阶段和旺盛阶段，负电荷区内的辐射源基本都集中在约 40dBZ 的区域内，而正电荷区在雷暴的发展阶段对应雷达回波较小的区域。进入雷暴的旺盛阶段，正电荷区对应区域内回波较强，达到 40dBZ 以上。

4.2.2 雷暴云电荷结构多样性变化与闪电类型

雷暴在发展过程中电荷结构会随着雷暴的发展而产生多种变化，同时闪电频数也会发生变化。下面结合一次雷暴个例来说明。这次雷暴过程包含三个单体，但在发展移动过程中，三个单体之间并未发生合并和分裂，即单体的发展基本是相互独立的。这里只关注有完整观测数据的单体 1 的发展过程。图 4.9 是此次雷暴单体 1 在发展和旺盛阶段的电荷结构分布。由图可见，其电荷分布明显呈两层结构，上层为负电荷区，闪电辐射源主要分布在 3.5～5km 之间，下层为正电荷区，闪电辐射源主要分布在 1.6～3.5km 之间，且辐射源在正电荷区较为密集。单体 1 在发展和旺盛阶段是反偶极性电荷结构，且持续时间较长。

雷暴单体 1（TC1）进入消散阶段后在其左侧有一新单体生成（NTC）［图 4.10（a）］，18:10 时二者完全合并［图 4.10（b）］，但合并后的单体回波强度在 18:15 时减弱，40dBZ 以上的强回波区逐渐消失 ［图 4.10（c）］。单体 1 进入消散阶段后，由于与新生单体逐渐合并，电荷结构发生多次变化。

18:04 时，单体 1 与新生单体发生部分合并，在合并区域产生了很多辐射源，形成新的电荷区，电荷结构开始发生变化。图 4.11 是发生在 18:04:22 时刻和 18:04:23 时刻的混合型闪电以及发生在 18:05:56 时刻的一次负地闪的三维辐射源定位图。其中混合型闪电包含两部分，即前面是负地闪（图 4.11 中的第一闪电），后面是云闪（图 4.11 中的第二闪电），前后闪电间隔约 200ms。前面的负地闪发生在 18:04:22.710 时刻，落在图 4.10（a）中 NTC 区域，该负地闪起始触发高度约 3km，垂直向上发展至 4km 高度后，转为水平发展，该负地闪的云内放电过程为正常极性放电，呈现出明显的双层结构。4km 高度以上为正电荷区（红色辐射源点），起始高度 3km 左右为负电荷区（蓝色辐射源点）。此时 NTC 位置区域呈现偶极性电荷结构。后面的云闪发生在 18:04:23.060 时刻，但落在图 4.10（a）中 TC1 区域，放电持续时间约 254ms，开始放电起始于 3km 高度，垂直向下发展进入 1.8～2.4km 高度区域，大多数辐射源聚集在 1.8～2.4km 高度，该闪电是一例反极性云闪，推测 3km 高度为负电荷区（蓝色辐射源点），1.8～2.4km 高度为正电荷区（红色辐射源点），说明此时单体 1 仍维持反偶极性电荷结构，但正、负电荷区高度有所降低。

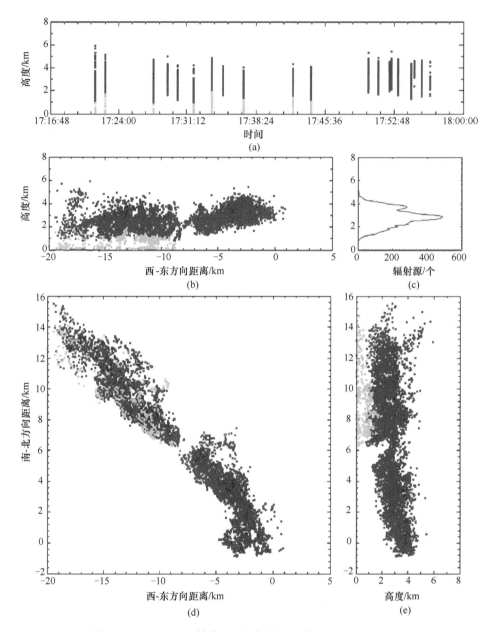

图 4.9　17:21~17:59 单体 1 闪电辐射源分布（Li et al.，2017）
（a）闪电辐射源距地面高度随时间的变化；（b）南北方向上的立面投影；（c）辐射源发生数目随高度的分布；
（d）平面投影；（e）东西方向上的立面投影
红色表示正电荷区，蓝色表示负电荷区，绿色点主要是云下部负地闪先导过程产生的辐射源，其他说明同图 4.5

　　18:05:56 时发生的负地闪落在图 4.10（b）中的 NTC 区域，其负电荷区与 NTC 区域 18:04:22.710 时发生的负地闪位置相同，而下部正电荷区辐射源主要集中在 1.5~2.5km 高度。18:04~18:10 时段内发生的多数闪电发生在上部正电荷区和中部负电荷区之间，少数发生在中部负电荷区和下部正电荷区之间，NTC 区域已变为三极性电荷结构 [图 4.11（b）]，即上部正电荷区高度为 4~5km，中部负电荷区为 3~4km，下部正电荷区

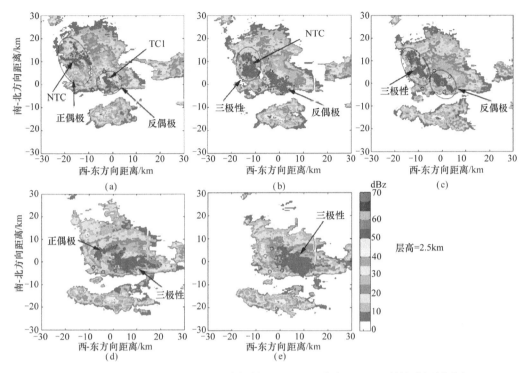

图 4.10　18:00～18:26 各时段闪电辐射源和 2.5km 高度 CAPPI 雷达回波叠加图
(a) 18:04；(b) 18:10；(c) 18:15；(d) 18:20；(e) 18:26

为 1.5～2.5km。对比图 4.10（a）和图 4.11（b）可以看出，新生单体合并后产生的新电荷区位置和形状也发生了变化，这时的电荷结构已由偶极性演变为三极性结构，电荷区辐射源密度增加。同时 TC1 区域电荷区在形状上也发生了改变，但电荷结构未变，仍为反偶极结构。合并后单体发展到 18:15 时，两个电荷区开始靠近并连接，但两个电荷区结构基本维持了原来的状态 [图 4.10（c）]。单体合并后到 18:20 时，两电荷区与原先的两电荷区结构完全不同，出现了偶极性和三极性结构的电荷分布 [图 4.10（d）]。18:26 变成了很强的三极性电荷结构分布 [图 4.10（e）]，此后单体维持三极性电荷结构直到闪电活动结束。

整个雷暴过程中由于单体1与新生单体的合并使得雷暴内电荷区重新结合和排列形成了新的电荷结构，导致雷暴电荷结构呈现出偶极性、三极性、反偶极性的多种电荷结构并存的变化，而雷暴电荷结构的变化也引起闪电频数的变化（图 4.12）。在雷暴发展和旺盛阶段只有单体 1 有闪电发生，频数相对较低，雷暴发展进入旺盛阶段闪电小幅增长，17:54 时，观测网内开始降水，闪电减少，单体 1 进入消散阶段，降水结束。随后，单体 1 闪电又开始增加，相继新生单体也开始产生闪电。发展到 18:10，新生成雷暴电荷区的闪电频数快速上升，负地闪频数急剧跃增，单体 1 中 70%为负地闪，由此推测原单体 1 此时的反偶极性结构的下部正电荷区已减弱（Qie et al.，2005a）。18:15 以后，电荷区开始合并，云闪频数激增，并在 18:26 达到最大。此时段内，几乎没有负地闪，云闪大多发生在上部正电荷区和中部负电荷区，进一步说明下部正电荷区已被减弱。

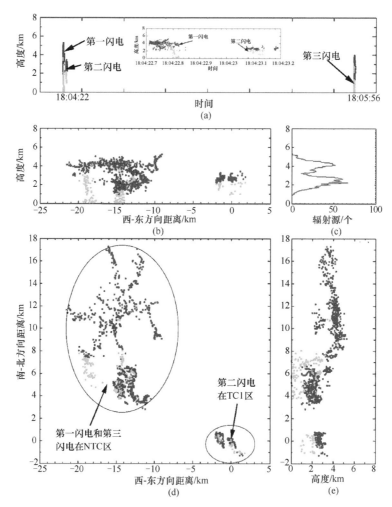

图 4.11 18:04:22、18:04:23 和 18:05:56 发生的三次闪电放电过程三维辐射源定位合成图
（a）闪电辐射源距地面高度随时间的变化；（b）南北方向上的立面投影；（c）辐射源发生数目随高度的分布；
（d）平面投影；（e）东西方向上的立面投影

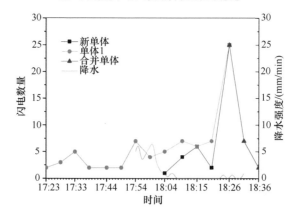

图 4.12 两个单体发展各阶段闪电频数和降水变化
图中统计闪电频数为总闪电频数

4.2.3　雷暴电荷结构与闪电 VHF 辐射源脉冲功率分布特征

早期在闪电能谱研究中，通常都只能给出一个闪电能量谱的平均值，例如一次闪电，或其某个放电阶段的时空平均值，缺少放电源的三维时空位置信息，无法跟踪闪电 VHF 辐射源功率的时空演变。闪电 VHF 辐射源功率代表了更小尺度的击穿放电强度，可精细研究闪电起始放电过程辐射功率输送及分布特征（刘妍秀等，2016），为更进一步认识闪电起电放电物理机制提供了新的信息。

1. 不同类型闪电辐射功率分布特征

上述闪电 VHF 辐射源三维定位观测结果表明，闪电放电时一般呈现双层结构，分别对应正电荷区和负电荷区。以下给出不同类型闪电呈现的正、负电荷区及放电源辐射功率分布特征。

图 4.13（a）所示的反极性云闪（151833）放电起始于 6km 高度的负电荷区，向下发展到 4km 高度的正电荷区，形成正、负电荷区初始连接通道（图中绿色点），上负下正的双层结构明显。由于在下部正电荷区产生持续的快速负流光传输，正电荷区共发生辐射源 1496 个，辐射源最大功率为 148W（52dBm），平均功率 2.6W，辐射源累积功率 3.95kW。而在负电荷区，由于正流光速度低，其辐射强度弱，负电荷区只发生了辐射源 83 个，辐射源最大功率 16.6W（42dBm），平均功率 1.1W，辐射源累积功率只有 96W。正电荷区的辐射源（红色点）密度较高，负电荷区辐射源（蓝色点）空间分布较弥散，密度相对较低，正电荷区的辐射源功率分布远大于负电荷区［图 4.13（b）］。

图 4.14（a）所示的云闪（154137）放电起始于 5km 高度的负电荷区，向上发展到 6.5km 的正电荷区，形成正、负电荷区初始连接通道（图中绿色点），上正下负的双层结构明显。正电荷区共发生辐射源 690 个，辐射源最大功率为 830W（59dBm），平均功率 16.5W，正电荷区辐射源累积功率高达 11.4kW。负电荷区共发生辐射源 124 个，辐射源

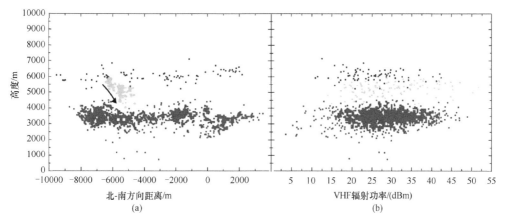

图 4.13　反极性云闪 151833 辐射源及功率分布

（a）辐射源南北方向的立面图；（b）辐射源随高度的功率分布

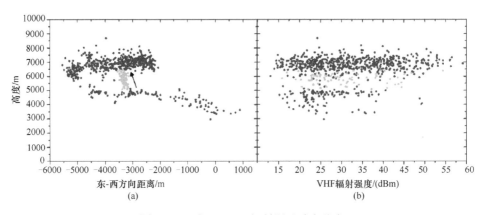

图 4.14　云闪 154137 辐射源及功率分布

（a）辐射源东西方向的立面图；（b）辐射源随高度的功率分布

最大功率 86.4W（49dBm），平均功率 3W，负电荷区辐射源累积功率只有 376W。与反极性云闪相比，云闪的正、负电荷区的辐射源功率分布相差更大 ［图 4.14（b）］。反极性云闪产生的辐射源比云闪多，但其辐射源累积功率远小于云闪。

　　双极性云闪是发生于三极性电荷结构的云内放电过程，如图 4.15（a）所示，7km 高度为上部正电荷区（红色圆点），5.5km 高度是主负电荷区（蓝色圆点），3.5km 高度是下部正电荷区（紫色圆点）。该云闪起始于负电荷区，先向上发展进入上部正电荷区，通道水平传播一段后，从负电荷区转向下部正电荷区同时发展，呈现三层结构电荷区。上部正电荷区发生辐射源 583 个，辐射源最大功率为 2.3kW（63.5dBm），平均功率 14.6W，正电荷区辐射源累积功率高达 8.5kW。中部主负电荷区共发生辐射源 61 个，辐射源最大功率 19.1W（42.8dBm），平均功率 1.5W，负电荷区辐射源累积功率只有 93.8W。下部正电荷区共发生辐射源 434 个，辐射源最大功率为 162.8W（52dBm），平均功率 2.8W，正电荷区辐射源累积功率 1.2kW。上部正电荷区辐射源平均功率（14.6W），是下部正电荷区平均功率的 5.2 倍，上部正电荷区辐射源累积功率高达 8.5kW，是下部正电荷区的 7 倍，表明这时雷暴云内下部正电荷区较弱。

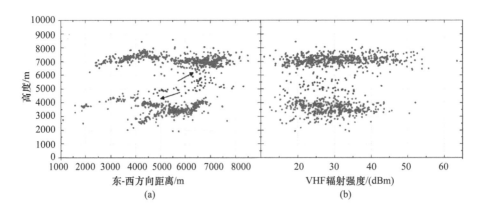

图 4.15　双极性云闪 172230 辐射源及功率分布

（a）辐射源东西方向的立面图；（b）辐射源随高度的功率分布

2. 雷暴云电荷结构与闪电 VHF 辐射功率三维时空分布

下面分别选取典型云闪、反极性云闪，根据通道辐射功率三维传输特征，分析参与放电的电荷结构。

图 4.16 是云闪（164025）辐射功率三维时空分布结构，图中闪电辐射源功率强度用不同颜色表示，即闪电辐射功率三维时空分布图中色阶按功率值的大小变化进行划分。该次闪电起始于下部负电荷区，负流光向上传输进入上部正电荷区后，从西北向东南方向水平发展，在正负电荷区形成较长的水平通道，上下电荷区辐射源重叠 [图 4.16（d）]，正电荷区面积和密度相对下部负电荷区大而厚实 [图 4.16（b）（e）]，探测到的 1203 个辐射源的功率分布范围在 13.2dBm（21mW）–55dBm（320W），远大于下部负电荷区 185 个辐射源的功率分布 11.1dBm（13mW）–46.6dBm（46W）。上部正电荷区的辐射源

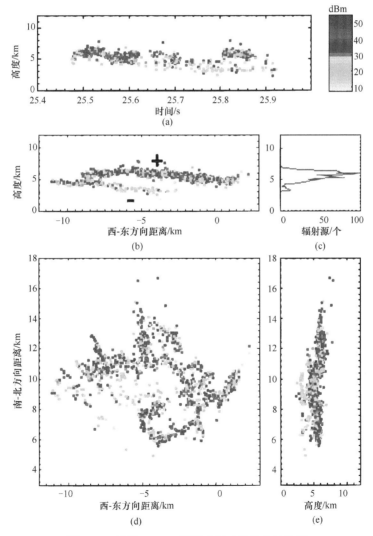

图 4.16　云闪 164025 辐射功率三维分布结构图

（a）闪电辐射源距地面高度随时间的变化；（b）南北方向上的立面投影；（c）辐射源发生数目随高度的分布；
（d）平面投影；（e）东西方向上的立面投影

累积功率达到 8.5kW, 而负电荷区的辐射源累积功率只有 370W, 正电荷区辐射源功率平均值为 7.1W, 是下部负电荷区的 3.5 倍, 最大辐射源功率出现在闪电结束期 25.807s 的正电荷区 [图 4.16 (a)]。辐射源功率三维时空分布显示, 正电荷区的闪电辐射源功率远远大于负电荷区。根据正、负击穿原理, 上部正电荷区的负极性击穿很强, 辐射源功率分布的电荷层分层结构明确, 呈现出下部负电荷区和上部正电荷区, 是较典型的偶极性电荷结构。与李亚珺等（2012）利用辐射源密度判别雷暴云电荷结构的方法判断的闪电放电所处雷暴的电荷结构基本一致。正电荷区辐射源功率远大于负电荷区的结果与 Thomas 等（2001）研究结果一致。

图 4.17 是反极性云闪（144801）辐射功率的三维时空分布结构。反极性云闪始发于上部负电荷区, 负流光向下发展进入下部正电荷区, 闪电通道变为水平从西南向东北方向发展, 持续时间约 600ms。闪电开始发展的 20ms, 功率大于 40dBm 的辐射源很多 [图 4.17 (a)], 表明闪电初始预击穿过程辐射很强。下部电荷层辐射源厚度高达 2km 之

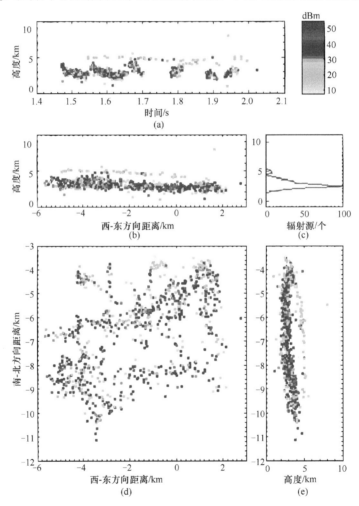

图 4.17　反极性云闪 144801 的辐射功率三维分布结构
（a）闪电辐射源距地面高度随时间的变化；（b）南北方向上的立面投影；（c）辐射源发生数目随高度的分布；
（d）平面投影；（e）东西方向上的立面投影

多，比上部电荷层厚很多［图 4.17（b）（e）］，下部正电荷区 896 个辐射源的功率分布范围为 7.9（6.1mW）～54dBm（257W），远大于上部负电荷区 52 个辐射源的功率分布范围 14.4（28mW）～43dBm（21W），正电荷区的辐射源累积功率达到 3.8kW，而负电荷区的辐射源累积功率只有 59W，正电荷区辐射源功率平均值为 4.3W，是下部负电荷区的 3.3 倍，最大的辐射源功率也出现在闪电结束期 1.95s 的正电荷区［图 4.17（a）］。辐射源功率三维时空分布显示，下部正电荷区的闪电辐射源功率远远大于上部负电荷区，是较典型的反偶极性电荷结构。这次反极性云闪与上述云闪电荷层的极性相反，但云闪上部正电荷区的功率分布大于反极性云闪下部正电荷区的功率分布。

4.3　闪电的云内初始击穿传播过程与辐射脉冲特征

闪电自起始点始发后，会在云内传播，而闪电传播的路径很大程度上受到闪电通道内诱导出的电荷和环境电场的共同影响，已有的观测和数值模拟结果均显示闪电放电过程与雷暴云内电荷分布关系密切（Akita et al.，2011；张义军等，2014），不同的雷暴云电荷结构直接导致闪电放电类型及闪电云内传播特征的差异（Coleman et al.，2003；Qie et al.，2005b；Tessendorf et al.，2007；Krehbiel et al.，2008）。闪电初始放电过程是分析闪电始发条件和形成机制的基础，闪电初始放电过程的初始放电位置所处的电荷区域和初始流光的传播路径决定了预击穿脉冲序列的形态特征（Nag and Rakov，2009）。通常通过分析闪电起始放电脉冲的电磁场波形特征来研究闪电始发过程，但单从辐射脉冲和电场变化特征来区别不同放电阶段比较困难，也无法对预击穿过程给出合理确切的解释。Wu 等（2016）依据初始流光传输方向，将闪电预击穿过程划分为两个阶段，即初始预击穿过程和后段预击穿过程，并将初始预击穿过程产生的连续脉冲定义为闪电起始脉冲簇，起始脉冲簇中的每一个脉冲均呈现典型的双极性特征。VHF 闪电辐射源三维定位系统不仅能够探测闪电初始流光通道在击穿放电过程中产生的辐射源位置，还可通过分析辐射源密度分布特征来推断雷暴云内电荷结构，为研究闪电初始击穿辐射脉冲特征、初始流光传输方式及其与雷暴电荷结构的关系提供了重要手段。

目前已经开发了许多计算模型来解释闪电的放电过程，如回击过程，梯级和直窜先导以及 M 过程（Rakov and Uman，2003），还有双极性窄脉冲事件（Narrow Bipolar Event，NBE）（Nag and Rakov，2010；Nag et al.，2010），但对闪电预击穿过程虽有一些用来拟合闪电初始放电过程产生的双极性辐射脉冲波形结构的电流模型（Watson and Marshall，2007；Pasko，2014；Karunarathne et al.，2014），但因缺少初始击穿脉冲的准确三维位置，双极性脉冲的产生机制仍无法阐明。闪电三维辐射源定位结果和宽带电场脉冲波形可为拟合闪电初始放电过程的双极性辐射脉冲波形结构提供输入参数，可以通过模拟定量计算和分析闪电初始放电辐射脉冲的物理参数特征，进一步研究闪电始发放电的物理机制。

本节首先基于高速摄像资料给出闪电初始过程的直观图像，再以高时空分辨率 VHF 闪电辐射源三维定位系统获得的闪电三维定位结果为基础，结合辐射强度和宽带电场变化同步资料，给出初始流光传输路径与其产生的起始脉冲簇脉冲极性的关系，以及初始流光传输路径与闪电发生前参与放电的雷暴电荷结构的关系。并通过建立初始预击穿过程辐射脉冲电流模型，反演初始流光通道的电流波形结构和特征参数。

4.3.1　闪电云内始发过程的光电特征

通常，将地闪先导穿出云底之前、闪电通道在云内的传输过程，称为地闪预击穿过程，这个过程持续时间通常在数十至数百毫秒。地闪初始放电过程一般指预击穿过程。预击穿过程被认为是激发或者导致向下发展的梯级先导的必要云内过程。利用高时空分辨率的高速摄像机观测闪电初始放电过程，配合同步地面电场变化资料分析闪电初始流光传输特征，可为模拟闪电预击穿过程提供理论基础。如 Stolzenburg 等（2013）利用时间同步的高速摄像资料和电场资料分析了闪电初始击穿过程的光亮度特征，发现首先亮度较暗的先导在之前先导传输的最低点位置向下发展，此过程无对应的电场脉冲或伴随很弱的电场变化，随后在先导末端更低点出现新的亮度较高的通道，对应典型的初始预击穿脉冲或双极性脉冲前半周期的波峰，之后亮度沿之前的先导通道向上或朝着起始点反向发展，最后通道亮度逐渐减弱消失。不同的雷暴云电荷结构会主导不同类型的闪电，云内长时间放电过程会中和一定数量的电荷，并在放电通道所在位置沉积一定数量的电荷，导致云内电荷分布的改变，并在一定程度上影响云内的电荷结构。

1. 地闪回击前的云内放电过程

地闪初始放电过程发生于云内两个电荷极性相反的电荷区之间，发生高度与雷暴云内电荷结构有关。青藏高原及内陆高原地区由于雷暴云底常存在范围和强度较大的正电荷区（刘欣生等，1987；Qie et al.，2005a，2005b），加之云体相对较薄，发生于云底部的一些闪电初始过程可以被光学手段所捕获，为闪电初始过程研究提供了直观的图像。

通过对地闪初始过程的光学图像和电场观测资料的分析发现，青海地区地闪回击前云内放电的起始发光区域距离地面的高度约为 1.8~2.5km。图 4.18 为青海大通地区一次负极性地闪（闪电 174549）回击及回击前云内放电过程的地面电场变化及通道相对亮度随时间的变化。该闪电距离测站约 5.6km，图中回击和梯级先导过程分别用 R 和 L 表示，先导之前有一段持续时间约 90ms 的云内放电过程。快、慢电场及通道相对亮度都有明显的变化。图 4.19 为闪电 174549 回击前云内放电过程在云底部的光学图像，相邻两幅间的时间间隔为 1ms。图 4.20 给出了与图 4.19 相对应的闪电云内放电过程引起的地面电场变化波形。从快电场变化上可以看出，地面电场为正变化，由于该闪电距离测站较远，应在反号距离之外，正极性的地面电场变化对应于负流光向下发展。闪电一般都由负流光所激发，因此可以认为放电是由中部的主负电荷区激发的负流光向下发展，到达下部的正电荷区后，负流光以多分支的形式在正电荷区发展并中和下部的正电荷。在 -54ms 时，放电通道又向上发展，造成负向的电场变化。当闪电通道附近的电荷被中和后，放电通道将持续向下发展，对应于梯级先导过程。

云内放电过程产生大量的辐射脉冲（图 4.20），当负流光从云中部的负电荷区向下部的正电荷区发展时，产生正极性脉冲，脉冲间的时间间隔约为 $86.0\pm58.6\mu s$；在正电荷区向上发展时，产生负极性脉冲，脉冲间的时间间隔约为 $63.6\pm47.4\mu s$（图 4.21）。

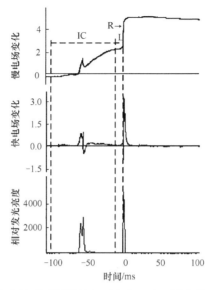

图 4.18　闪电 174549 的电场变化波形及通道的相对亮度（上：慢电场；中：快电场；下：相对亮度）

图中 IC 为云内放电过程，L 为先导过程，R 为回击

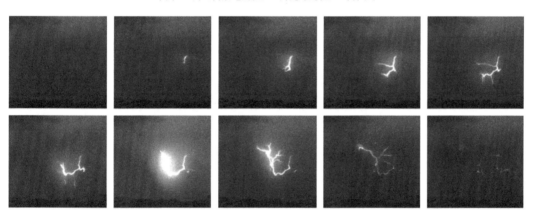

图 4.19　闪电 174549 回击前云内放电过程在云底部的光学图像（−59～−50ms），相邻两幅间的时间间隔为 1ms

　　光学图像表明初始流光在云下发展时有很大的水平分量和较多的分支，说明闪电在云内放电过程中，伴随有通道的向下发展。青海地区正、负地闪在首次回击之前几乎都存在持续时间比较长的云内过程。通过对地闪回击前云内放电过程和随后的先导-回击过程的光学图像分析发现，闪电梯级先导的部分通道形成于先导之前的云内放电过程，这也可能是造成高原地闪梯级先导发展时间较短的原因，云内放电过程是地闪先导的激发过程，为随后地闪的发生提供条件。

　　图 4.22 给出了一次地闪（152716）引起的地面电场变化波形及闪电通道的相对发光亮度。该闪电发生于放电持续时间约 700ms 处，共有四次回击，分别记为 R1、R2、R3和 R4。图 4.22（a）中横坐标轴上的短竖线为宽带干涉仪探测到的 VHF 辐射指示，可以看出回击 R1 前有持续时间约 93ms 的云内放电过程 [图 4.22（a）中 IC 段]。该过程

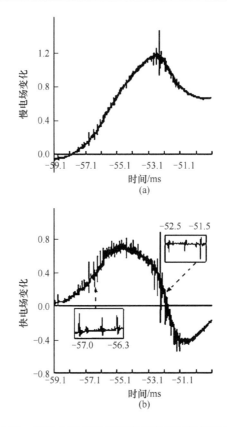

图 4.20　与图 4.19 相对应的电场变化时间扩展波形
（a）慢电场；（b）快电场

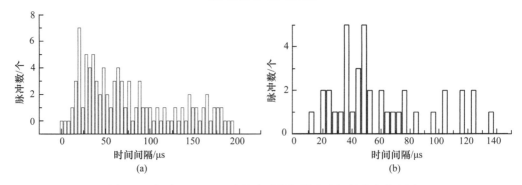

图 4.21　闪电 174549 云内放电过程辐射脉冲间隔分布直方图
（a）正极性；（b）负极性

可分为两段：Ⅰ段，无 VHF 辐射记录，持续时间 17ms；Ⅱ段，有 VHF 辐射记录，持续时间 76ms。Ⅰ段发生在雷暴云底部的正电荷区，距离地面的高度约为 1.0～1.7km；Ⅱ段具有较强的辐射，所处的电荷区距离地面的高度约为 2.8～4.5km，为负电荷区所在高度，这与以往的观测事实是一致的（Qie et al.，2005a，2005b）。如前所述，正极性击穿过程辐射较弱，且该过程发生在正电荷区，因此Ⅰ段内的击穿过程可能为正极性。

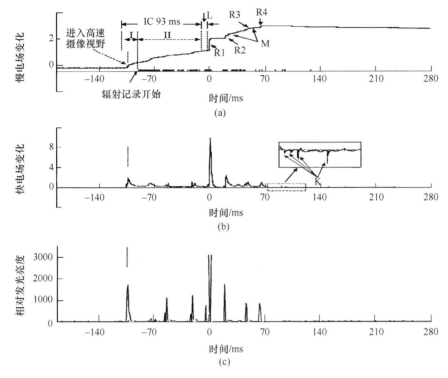

图 4.22　闪电 152716 的地面电场变化波形及闪电通道的相对发光亮度

（a）慢天线及 VHF 辐射记录段；（b）快天线；（c）闪电通道相对发光亮度

对于地闪回击前的云内放电过程的始发或云闪的始发，可能与雷暴的电荷结构有关。不同的雷暴电荷结构可能有不同的始发过程。已有研究表明，对于偶极性电荷结构的雷暴来说，预击穿过程起始于负电荷区，地闪的初始预击穿是向下发展的，速度为 10^5 m/s 量级；对于三极性电荷结构的雷暴云，其底部的正电荷区对闪电的始发或触发有很重要的作用（Qie et al.，2005b；Tan et al.，2014a）。

2. 云内放电过程对回击过程的影响

地闪在首次先导－回击前，通常具有较多的分支，其或在云底水平发展，或曲折向地面发展。图 4.23 为一次地闪在雷暴云底部的发光通道的拟合图像。从标记的范围可以看出，闪电接地通道在云内放电过程中已经形成，表明向地面输送负电荷的负地闪也可以由云闪或云闪的一个分支激发。对闪电放电过程进行分析表明，云内放电过程是地闪先导的激发过程，并为随后地闪的发生提供条件。激发闪电的流光极性可能与雷暴的电荷结构、逃逸击穿机制等有关（Behnke et al.，2005）。同时，流光的始发及持续传输还可能与空间电荷分布、大气压强（Griffiths and Phelps，1976）、荷电体等有关。

通过对 5 次雷暴过程发生的 89 次正地闪分析显示（图 4.24），70 次闪电有明显的云内放电过程；放电持续时间为 9～973ms；67.4%（60 次）具有较长时间的云内放电过程，持续时间超过 100ms，结合高速摄像观测发现，正地闪可以由云闪或云闪的一个分支引发（Kong et al.，2008，2015）。Qie 等（2000）曾观测到在内陆高原雷暴云下部有大范围正电荷区存在的情况下，负地闪回击前常有持续 120～300ms 的云内过程。这里利用高速摄像光学观测资料进一步证明了这一放电过程的存在，而且它发生于中部负电荷区和下部正电荷区之间。

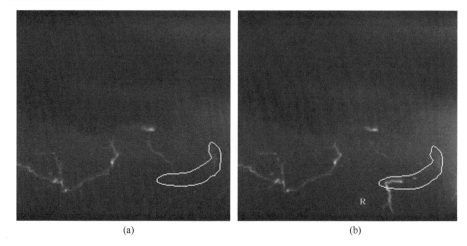

(a)   (b)

图 4.23 闪电放电过程的拟合图像

（a）云内过程；（b）包含回击通道

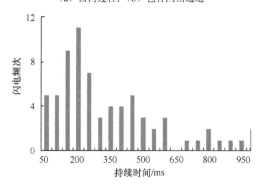

图 4.24 回击前云内放电过程持续时间每 50ms 的柱状图

4.3.2 闪电初始预击穿过程传播方向与辐射脉冲极性相关性

地闪的预击穿过程一般认为是从起始放电开始到先导开始结束，而云闪的预击穿过程没有明确的界限定义。Wu 等（2016）依据初始流光传输方向，将闪电预击穿过程划分为两个阶段，即初始预击穿过程和后段预击穿过程，并将初始预击穿过程产生的连续脉冲定义为闪电起始脉冲簇。通过对青海地区一次中尺度多单体强雷暴过程中发生的 591 个（6 站以上同步）闪电的初始时空发展方向和传输路径进行分析，发现它们在初始流光传输路径上基本类似。下面给出不同闪电类型的典型个例的初始预击穿过程与起始脉冲簇极性以及闪电发生前参与放电的雷暴电荷结构的关系。

1. 云闪初始预击穿过程和起始脉冲簇特征

反极性云闪 211405 发生在雷暴单体的消亡阶段，呈正常三级性电荷结构，图 4.25

是 VHF 辐射源三维定位图，上部正电荷区、中部主负电荷区和下部正电荷区分别位于海拔 4.0～5.7km、3.6～4.0km 和 2.5～3.6km。此云闪发生在主负电荷区和下部正电荷区之间，起始放电开始于 3.7km 高度的负电荷区，向下发展到 3.0km 高度的正电荷区时变为水平发展，并形成了向下的正负电荷区初始流光连接通道。

图 4.26 是云闪 211405 的辐射强度、电场变化和定位辐射源高度随时间的同步曲线。图 4.27 为云闪初始预击穿过程扩展图。虚线框内连续点和箭头表示初始预击穿传输路径和方向。初始预击穿过程只有一个脉冲簇，均为连续双极性脉冲，每一个脉冲的极性都为正（指双极性脉冲前半周期极性）。初始预击穿过程起始于 3.7km 高度，向下发展，当初始流光向下传输近似水平发展时，起始脉冲簇极性出现正负交替，对应脉冲簇的辐射和电场变化脉冲幅值也随之先增大后减小。对比图 4.25 和图 4.26 可知，初始击穿起始于负电荷区，流光传输向下部正电荷区发展，形成了初始流光连接通道，期间产生的

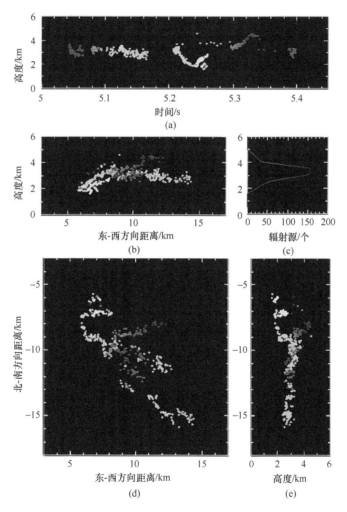

图 4.25 反极性云闪 211405 的 VHF 辐射源三维定位

（a）闪电辐射源距地面高度随时间的变化；（b）南北方向上的立面投影；（c）辐射源发生数目随高度的分布；（d）平面投影；（e）东西方向上的立面投影

其他说明同图 4.5

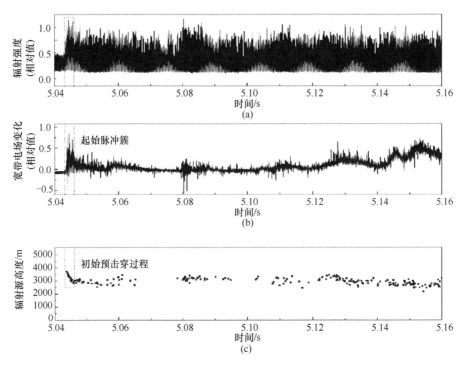

图 4.26　宽带电场起始脉冲簇为正极性脉冲的云闪（211405，虚线框为起始脉冲簇）
（a）辐射脉冲变化；（b）宽带电场变化；（c）辐射源高度变化

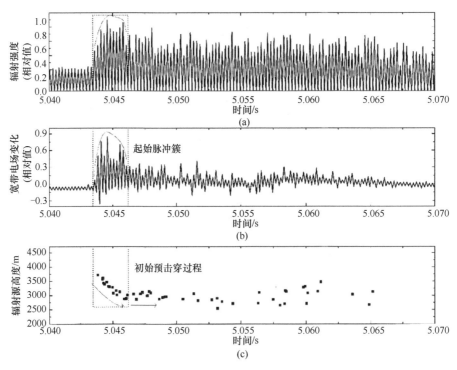

图 4.27　云闪 211405 初始预击穿过程扩展图
（a）辐射脉冲变化；（b）宽带电场变化；（c）辐射源高度变化

脉冲簇主要由正极性脉冲组成。说明脉冲簇的幅值先增大再减小，呈现出正极性波形时，起始放电过程由反偶极性结构确定。此类反极性云闪发生在雷暴发展和成熟阶段的反偶极电荷结构和消亡阶段的三极性电荷结构中（Li et al.，2013）。

图 4.28 是一次典型云闪（205725）的 VHF 辐射源三维定位，发生在雷暴单体消亡阶段，上部正电荷区、中部主负电荷区和下部正电荷区分别位于海拔 4.1～5.8km 高度、3.6～4.1km 高度和 2.6～3.6km 高度。该云闪发生在上部正电荷区与中部主负电荷区之间，放电起始于 3.9km 高度的负电荷区，向上发展到 4.5km 的正电荷区变为水平发展，形成了向上的正负电荷区初始流光连接通道。从图 4.29 和图 4.30 可见，初始预击穿过程与反极性云闪 211405 相似，但起始脉冲簇的极性均为负，初始流光起始于海拔 3.5km 高度，向上发展路径与起始脉冲簇幅值由增大到减小过程尺度有很好的对应关系。

以上分析可见，云闪起始脉冲簇呈现负极性脉冲时，放电发生在正的偶极性结构中；云闪起始脉冲簇呈现正极性脉冲时，放电发生在负的偶极性结构中。起始脉冲簇的极性确定了初始流光传输方向，起始脉冲簇的尺度维持了初始流光传播路径。统计发现此类云闪多发生在雷暴消散阶段，此时雷暴多呈现复杂的三极性或四极性电荷结构（Li et al，2013）。

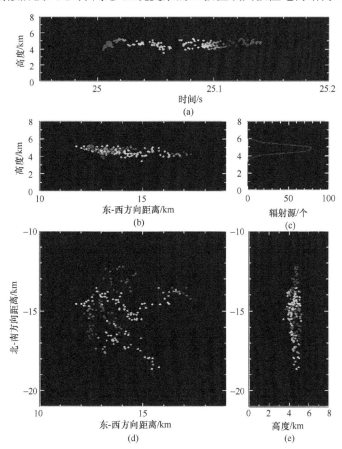

图 4.28　云闪 205725 的 VHF 辐射源三维定位

（a）闪电辐射源距地面高度随时间的变化；（b）南北方向上的立面投影；（c）辐射源发生数目随高度的分布；（d）平面投影；（e）东西方向上的立面投影

其他说明同图 4.5

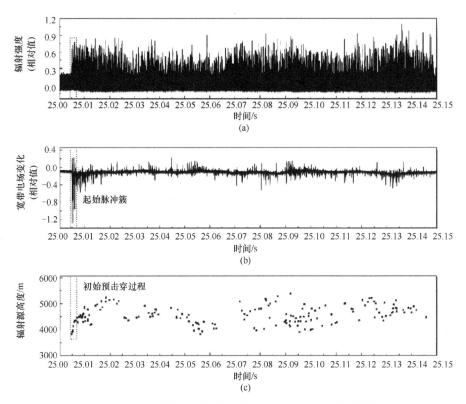

图 4.29　宽带电场起始脉冲簇为负极性脉冲的云闪（205725，虚线框为起始脉冲簇）

（a）辐射脉冲变化；（b）宽带电场变化；（c）辐射源高度变化

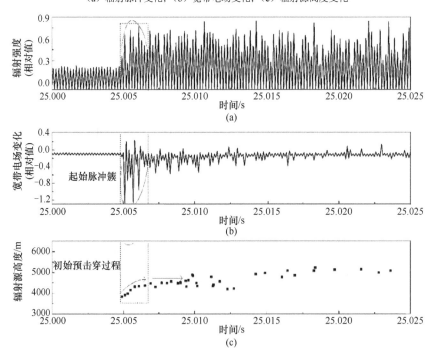

图 4.30　205725 云闪初始预击穿过程扩展图

（a）辐射脉冲变化；（b）宽带电场变化；（c）辐射源高度变化

2. 负地闪初始预击穿过程和起始脉冲簇特征

典型负地闪 201503 发生在雷暴单体的消亡阶段，此时雷暴呈正常三级性电荷结构。图 4.31 是负地闪 201503 的 VHF 辐射源三维定位图，上部正电荷区、中部主负电荷区和下部正电荷区分别位于海拔 8.1～10km、7.3～8.1km 和 5.7～7.3km 的高度。初始预击穿过程发生在负的偶极性结构中，起始于 7.5km 高度的负电荷区，向下发展到 5.8km 高度时变为水平，在下部正电荷区传输较短距离后，继续向下发展到地，形成向下先导。由图 4.32 和图 4.33 可知，负地闪起始脉冲簇均为正极性脉冲，其初始流光的传输从海拔7.4km 高度的负电荷区向下发展到正电荷区，持续时间相对较长。初始预击穿传输过程呈梯级向下发展，有三个梯级，每个梯级包含一个脉冲簇，每一个脉冲簇幅值都呈现出先增大后减小的趋势，梯级内辐射源点连续向下传输，梯级间辐射源点有间隙期。此负地闪与起始脉冲簇呈现正极性脉冲波形的云闪一样，初始预击穿过程是由反偶极性结构确定的，不同点继续向下形成了先导过程，这种负地闪多发生在反偶极性结构中。

图 4.34 是一次初始流光向上传输的负地闪 201124 的 VHF 辐射源三维定位图，发生在单体的消亡阶段，上部正电荷区、中部主负电荷区和下部正电荷区分别位于海拔 5.6～

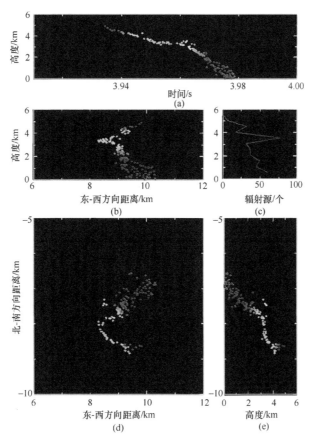

图 4.31　负地闪 201503 的 VHF 辐射源三维定位图

（a）闪电辐射源距地面高度随时间的变化；（b）南北方向上的立面投影；（c）辐射源发生数目随高度的分布；
（d）平面投影；（e）东西方向上的立面投影
其他说明同图 4.5

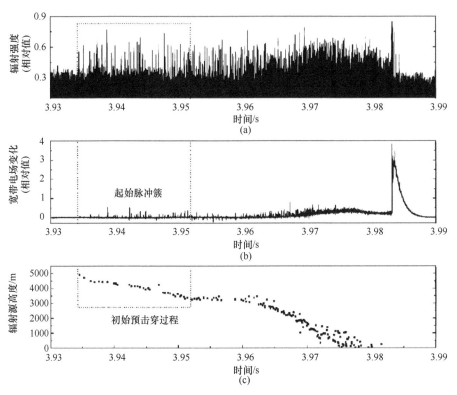

图 4.32　宽带电场起始脉冲簇为正极性脉冲的负地闪（201503，虚线框为起始脉冲簇）

（a）辐射脉冲变化；（b）宽带电场变化；（c）辐射源高度变化

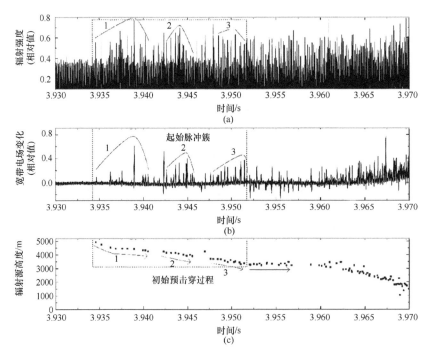

图 4.33　负地闪初始预击穿过程扩展图（201503）

（a）辐射脉冲变化；（b）宽带电场变化；（c）辐射源高度变化

7.5km、4.8～5.6km 和 3.2～4.8km 高度。初始击穿起始于 5.55km 高度的负电荷区，向上发展到 5.9km 的正电荷区，形成了向上的流光连接通道。流光传输进入 5.9km 高度时，基本变为水平发展。从图 4.35 和图 4.36 虚线框内曲线可见，负地闪 201124 初始预击穿过程有两个梯级，每个梯级对应一个脉冲簇，每一个脉冲簇幅值呈现出先增大后减小的特征，梯级内辐射源点相对连续，梯级之间无辐射源点发生。

　　负地闪 201124 与云闪 205725 的初始预击穿过程和起始脉冲簇的各自对应基本一致，起始脉冲簇呈现出负极性脉冲，放电发生在偶极性结构中。不同之处是该次闪电形成了先导过程，相比于负地闪 201503，初始流光传输是向上发展，在上部正电荷区传播了较长距离，而且，先导接地点是远离起始投影点（4～5km）的上部正电荷区向下发展的，这种负地闪相对比较少，一般只有一次回击。

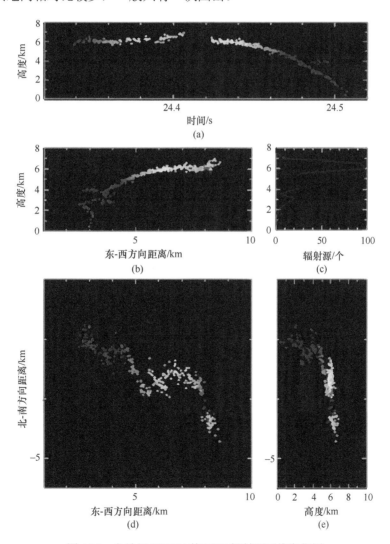

图 4.34　负地闪 201124 的 VHF 辐射源三维定位图
（a）闪电辐射源距地面高度随时间的变化；（b）南北方向上的立面投影；（c）辐射源发生数目随高度的分布；
（d）平面投影；（e）东西方向上的立面投影
其他说明同图 4.5

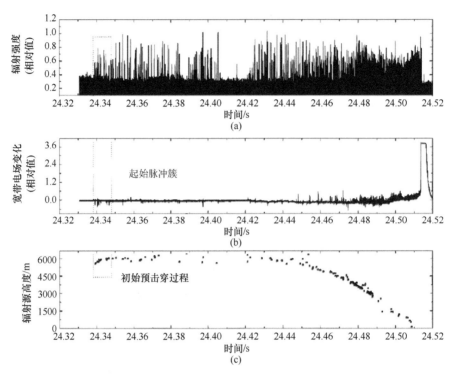

图 4.35　宽带电场起始脉冲簇为负极性脉冲的负地闪（201124）
（a）辐射脉冲变化；（b）宽带电场变化；（c）辐射源高度变化

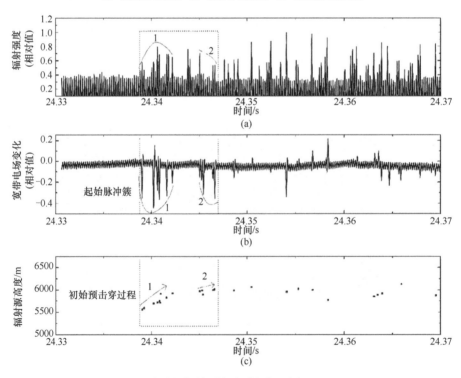

图 4.36　负地闪初始预击穿过程扩展图（201124）
（a）辐射脉冲变化；（b）宽带电场变化；（c）辐射源高度变化

图 4.37 是先产生向上的负先导进入正电荷区，形成云中通道，随后，在同一起始点引发向下的负先导产生回击的负地闪（204911）的 VHF 辐射源三维定位图。该负地闪发生在雷暴单体消亡阶段，呈正常三级性电荷结构，上部正电荷区、中部主负电荷区和下部正电荷区分别位于海拔 5.0~7.0km、4.0~5.0km 和 2.5~4.0km 高度。初始击穿起始于 4.96km 高度的负电荷区，向上发展到 7.0km 的正电荷区，在 5.0~7.0km 高度上下震荡传输远离起始点 7.03km，放电中止约 52ms 后又从原初始击穿点开始向下发展，形成负先导到达地面产生回击。从图 4.38 可见，负地闪 204911 有两次初始预击穿过程，首次过程 1 与云闪初始过程类似（图 4.39），第二次过程 2 与普通负地闪初始预击穿过程相同（图 4.40）。这两次初始预击穿过程具有同一起始点，但它们初始预击穿产生的脉冲簇极性与发展方向分别与上述介绍的云闪和负地闪一样。

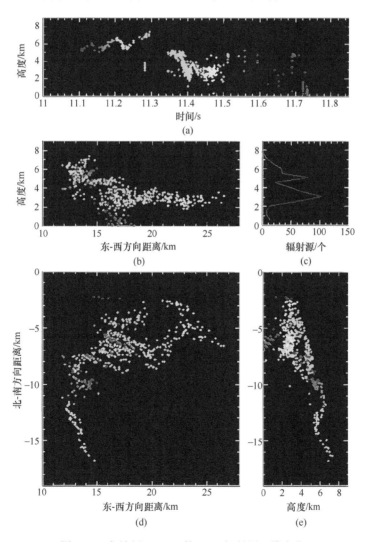

图 4.37　负地闪 204911 的 VHF 辐射源三维定位

（a）闪电辐射源距地面高度随时间的变化；（b）南北方向上的立面投影；（c）辐射源发生数目随高度的分布；

（d）平面投影；（e）东西方向上的立面投影

其他说明同图 4.5

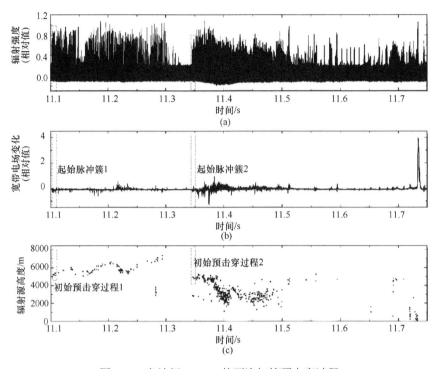

图 4.38　负地闪 204911 的两次初始预击穿过程

（a）辐射脉冲变化；（b）宽带电场变化；（c）辐射源高度变化

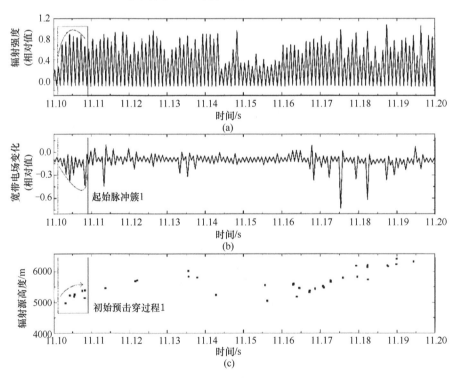

图 4.39　负地闪 204911 初始预击穿过程 1 扩展图

（a）辐射脉冲变化；（b）宽带电场变化；（c）辐射源高度变化

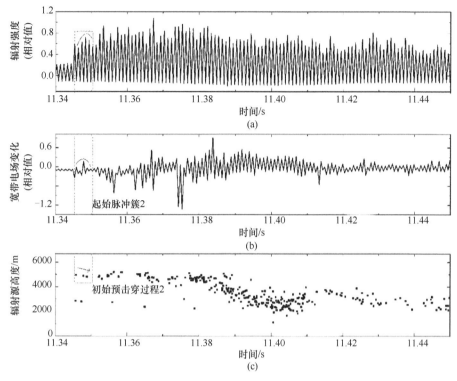

图 4.40　负地闪 204911 初始预击穿过程 2 扩展图

（a）辐射脉冲变化；（b）宽带电场变化；（c）辐射源高度变化

3. 闪电初始预击穿过程统计特征

按照初始预击穿和起始脉冲簇极性与闪电发生前参与放电的电荷结构的对应关系，统计得到闪电初始预击穿过程脉冲簇数、不同类型闪电与初始预击穿传输方向、闪电初始预击穿传输方向与起始脉冲簇极性、不同雷暴电荷结构与起始脉冲簇极性之间的关系。闪电初始预击穿过程脉冲簇数一般由最少 1 个到最多 6 个起始脉冲簇组成（图 4.41），脉冲簇数小于等于 3 的云闪和负地闪约占总数的 91.5%，脉冲簇数大于 3 的云闪和负地闪

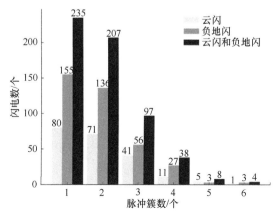

图 4.41　闪电初始预击穿过程产生的脉冲簇数

只占总数的 8.5%。脉冲簇个数越多，其传输距离也越远，且相应通道垂直发展高度也越高（表 4.1）。

表 4.1 云闪初始预击穿过程特征

脉冲簇个数	脉冲簇总通道长度（平均值）/m	脉冲簇垂直通道长度（平均值）/m
1	1435	914
2	2342	1254
3	3481	1472
4	4395	1742
5	5125	1829
6	5647	2017

统计不同类型闪电与初始预击穿传输方向，发现云闪、负地闪和正地闪的初始预击穿传输方向一般呈向上或向下发展，云闪初始向下传输的占云闪总数的约 40%，而负地闪初始向下传输的占总负地闪的 88.95%。初始向上发展的负地闪占总负地闪的 3.42%，其中只向上发展的负地闪占 1.58%，先向上后向下发展的负地闪占 1.84%，统计中没有发现初始水平发展的闪电。

对闪电初始预击穿传输方向与起始脉冲簇极性统计发现，起始脉冲簇极性与初始预击穿传输方向有很好的对应关系。闪电初始流光向上传输对应了负极性的起始脉冲簇，初始流光向下传输对应了正极性的起始脉冲簇，初始预击穿传输方向向上的占总闪的 23.3%，初始预击穿传输方向向下的占总闪的 70.7%。初始预击穿传输路径与持续发生的脉冲簇数有很好的对应关系。还发现闪电初始脉冲簇数与初始流光向上或向下传输步长有关。初始预击穿过程虽然也呈现梯级发展，但与梯级先导和直窜-梯级先导的梯级存在差异，初始预击穿过程的每个梯级对应一个起始脉冲簇，而梯级先导和直窜-梯级先导的每一个梯级对应一个脉冲。

在不同的雷暴电荷结构下，闪电初始预击穿过程产生的初始脉冲簇脉冲极性不同，起始脉冲簇极性与闪电发生前参与放电的雷暴电荷结构有很好的相关性。当起始脉冲簇为负极性时，闪电发生在偶极性结构下，占总闪的 25%；当起始脉冲簇为正极性时，闪电发生在反偶极结构和三极性电荷结构中的反偶极性结构下，占总闪的 75%。初始放电基本是起始于负电荷区，向上或向下发展，没有看到起始于正电荷区的闪电。

4.3.3 闪电初始预击穿过程辐射脉冲电流模型和计算

闪电 NBE 事件、预击穿过程和先导过程均能产生典型的双极性脉冲。理论模拟可以从一定程度上揭示双极性脉冲的物理特性和机理。利用数学模型来拟合双极性脉冲波形，可反演通道内的雷电流波形，计算峰值电流、中和的电荷量和垂直偶极矩等物理参数，进一步分析双极性脉冲的产生机制。闪电 VHF 辐射源三维定位系统的定位结果和宽带电场脉冲波形可作为传输线物理模型的输入参数，实现对初始流光通道的电流波形结构和特征参数的反演（武斌等，2017），为闪电始发过程的传输特征和物理机制的研究提供了重要手段。

1. 改进的传输线模型及其拟合算法

Uman 等（1975）利用麦克斯韦方程推导出沿垂直导体或天线传输的电流脉冲的电场变化方程，即传输线模型。图 4.42 为几何模型，假定地面为　无限大理想电导平面，高度 z 处的一垂直通道单元 dz 具有时变电流 $i(z, t)$，那么在观测点产生的电场变化表达式为

$$E(D,t) = \frac{1}{2\pi\varepsilon_0}\int_{H_1}^{H_2}\frac{2-3\sin^2\theta}{R^3}\int_0^t i(z,t-R/c)\,\mathrm{d}z\mathrm{d}t + \frac{1}{2\pi\varepsilon_0}\int_{H_1}^{H_2}\frac{2-3\sin^2\theta}{cR^2}i(z,t-R/c)\mathrm{d}z$$
$$-\frac{1}{2\pi\varepsilon_0}\int_{H_1}^{H_2}\frac{\sin^2\theta}{c^2R}\frac{\partial i(z,t-R/c)}{\partial t}\mathrm{d}z \tag{4.1}$$

式中，ε_0 为真空介电常数，又称绝对介电常数；c 为光速；θ 为图 4.42 中角度；D 为观测点距天线的水平距离；H_1 和 H_2 为放电通道的初始点和结束点；R 为从电流源到观测点的距离。模型假设电流 $i(z, t)$ 为连续方程，且为高度和时间的函数。式（4.1）中的电流积分项为静电场分量，电流项为感应场或中间场分量，电流时间变化率项为辐射场分量。模型假设通道是垂直导体，这与闪电初始预击穿过程初始流光从负电荷区始发，近似垂直地向上或向下传入正电荷区的观测结果一致（Wu et al.，2016）。

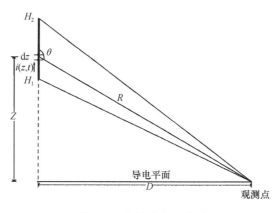

图 4.42　传输线几何模型

利用传统的传输线模型公式（4.1）可拟合恒定幅值的电流在垂直通道传输产生的电场变化，而改进的传输线模型认为电流在通道中传播时，电流随着高度的变化而变化，其中线性改进的传输线模型（modified transmission line linear model，MTLL）电流随高度线性衰减（任晓毓等，2010），指数改进的传输线模型（modified transmission line exponential model，MTLE）电流随高度指数衰减（廖义慧等，2016），Kumaraswamy 改进的传输线模型（modified transmission line Kumaraswamy model，MTLK）电流随高度呈 Kumaraswamy 分布（任晓毓等，2011）。拟合双极性脉冲波形需要求解多个未知参数。MTLL，MTLE 和 MTLK 3 种模型的未知参数（输出参数）分别为 6、7 和 8 个。为了确定三种改进传输线模型的多个未知参数，需利用计算方法搜寻拟合效果最好的一组值，而且由于三种模型未知参数较多（最少 6 个），计算量大，所以需要寻求一种收敛速度

快的算法来批量拟合脉冲波形。粒子群优化算法或鸟群觅食算法实现容易、精度高、收敛快,基于该算法针对利用改进的传输线模型多变量拟合初始预击穿过程双极性脉冲波形问题建立模型,通过确定多个参量的取值范围,在取值范围内给粒子群(200 个,一般 100～200 个可寻到最优解)中每个粒子随机赋一组值,每组值作为问题的一个潜在解,通过确定系数评估每组值的拟合效果,搜寻不同传输线模型下拟合效果最好的一组自变量。

为解决电流在通道段中传输时非恒定延迟时间或变化的闪电与观察者的距离造成的影响(Le Vine and Willett,1992),在对闪电初始预击穿脉冲进行拟合时,需对辐射场分量表达式进行修正。这里采用 Shao 等(2004)推导的地面行波电流脉冲下辐射场分量的修正因子 $2\sin\theta/[1-(v\cos\theta/c)^2]$ 对辐射场分量表达式进行修正。

2. 初始预击穿过程辐射脉冲波形物理参数特征

表 4.2 是利用 3 种模型对 4 种类型闪电初始预击穿过程的 53 个双极性脉冲(其中包含 9 个梯级先导脉冲)拟合的统计结果,3 种模型均能较好地拟合双极性脉冲。使用 MTLL 模型拟合最佳脉冲数为 12 个,MTLE 为 27 个,MTLK 为 14 个,其中 MTLE 模型确定系数(0.879)最佳,脉冲数最多。不同模型的拟合效果有所不同,这是因为 MTLK 模型更注重数学模拟,MTLL 模型通道内电流随高度的衰减是由电荷从反冲通道中被吸引出而造成,更适合计算较长时间的电磁场(Shao et al.,2004),而 MTLE 模型则更进一步考虑了反冲过程中电晕电荷的作用(Taylor,1963)。在下面的统计中优先使用 MTLE 模型。

表 4.2　53 个双极性脉冲拟合的统计结果

放电过程 (脉冲个数)	双极性脉冲波形拟合效果最好模型个数						拟合优度 平均值
	MTLL		MTLE		MTLK		
	拟合 脉冲数	拟合 优度	拟合 脉冲数	拟合 优度	拟合 脉冲数	拟合 优度	
反极性云闪初始预击穿过程(6 个)	1	0.893	3	0.899	2	0.898	0.897
云闪初始预击穿过程(23 个)	5	0.881	12	0.881	6	0.880	0.881
初始向下负地闪初始预击穿过程(7 个)	2	0.894	4	0.895	1	0.891	0.892
初始向上负地闪初始预击穿过程(8 个)	2	0.877	4	0.875	2	0.877	0.877
初始向下发展负地闪梯级先导(9 个)	2	0.856	4	0.857	3	0.855	0.854
总双极性脉冲(53 个)	12	0.879	27	0.879	14	0.878	0.879

使用 MTLE 模型对梯级先导过程产生的双极性脉冲拟合得到的参数(上升时间 t_1、下降时间 t_1-t_2、电流速度 v、峰值电流 A、中和电荷量 Q 和垂直偶极矩 P)与初始预击穿过程双极性脉冲的参数较接近(表 4.3)。对初始预击穿过程和梯级先导的梯级传输步长进行计算(每个梯级的三维传输距离),发现初始预击穿过程传输步长约为 107.21m(平均值),梯级先导为 132.15m(平均值),两个值较为接近,表明梯级先导和初始预击穿过程有相同的传输特征。

表 4.3　负地闪 0724163958 的初始预击穿和梯级先导过程的 MTLE 模型拟合结果

物理参数	初始预击穿过程	梯级先导过程
t_1 范围（平均值）/μs	0.7~0.8（0.75）	0.3~0.7（0.47）
(t_1-t_2) 范围（平均值）/μs	1.25~7.45（4.55）	1.2~4.5（2.76）
v 范围（平均值）/10^8m/s	1.18~1.3（1.24）	1.28~1.5（1.35）
A 范围（平均值）/kA	15.32~78.23（40.65）	12.10~60.49（32.99）
Q 范围（平均值）/C	0.123~0.629（0.363）	0.09~0.41（0.222）
P 范围（平均值）/(C·m)	10.19~108.39（47.91）	8.39~44.36（23.23）

利用 MTLE 模型对 4 类闪电初始预击穿过程的双极性脉冲进行拟合，得到 4 类闪电初始预击穿过程脉冲结构的物理特征（表 4.4），初始流光向上击穿进入上部正电荷区的路径上中和的总电荷量和总垂直偶极矩都远大于初始流光向下的路径上中和的总电荷量和总垂直偶极矩，而且初始流光向上的路径长度也大于初始流光向下的路径长度，这可能与正、负电荷区之间的距离有关。

表 4.4　4 类闪电初始预击穿过程 MTLE 模型拟合结果

放电过程	初始流光向上或向下进入 正电荷区路径长度/m	起始脉冲簇 中和电荷总量/C	起始脉冲簇总垂直 偶极矩/(C·m)
反极性云闪初始预击穿过程	947.55（向下）	1.944	227.436
云闪初始预击穿过程	3174.14（向上）	13.179	−4136.55
初始向下负地闪初始预击穿过程	750.47（向下）	1.491	335.342
初始向上负地闪初始预击穿过程	1389.24（向上）	2.744	−390.344

利用 3 种改进的传输线模型拟合双极性脉冲波形时，不存在某一模型对双极性脉冲波形的拟合效果绝对优于其他模型。在选用模型时，需针对脉冲结构具体分析。需要注意，一些初始预击穿过程的双极性脉冲上有时叠加高频脉冲，在拟合时可能影响效果，但目前研究认为，这些脉冲是闪电始发放电过程的必然产物（Nag and Rakov，2009）。因此，在拟合时不能忽视这些脉冲的存在。闪电放电产生的宽带电场脉冲波形在传输过程中也会受到环境因子（山体、树木等）的影响发生畸变，可能造成脉冲上升沿初期和脉冲结束期的拟合效果不理想，可选择其他观测站同步的电场脉冲波形资料进行对比和确认。

4.4　云内 NBE 与雷暴电荷结构的关系

双极性窄脉冲事件（NBE）是在雷暴云中距离地面一定高度以上发生的一种具有较强 VLF/LF 以及 VHF 辐射的放电过程，持续时间约为 10~20μs（Le Vine，1980）。NBE 往往单独出现，其放电特征不同于地闪、K-变化以及其他类型的闪电（Zhang et al.，2008；Willett et al.，1989），并且在 LF/VLF 波段，其波形幅度也远大于其他闪电过程，但与地闪回击波形幅度相当（Smith et al.，1999）。

NBE 作为一类特殊的云内放电过程，被认为可能作为云内放电的起始过程（Rison et al.，1999）。通常有两种不同极性的 NBE 放电形式，分别位于雷暴云中不同电荷区对应的高度层。NBE 的发生与雷暴云内电荷分布、雷暴形成的动力条件等有很大的关系（Jacobson and Heavner，2005；Jacobson et al.，2007；Karunarathna et al.，2015），对不同雷暴过程 NBE 放电高度进行研究，有助于揭示该放电与雷暴电荷结构之间的关系，帮助我们了解雷暴云电荷结构。NBE 的研究在揭示闪电的起始过程和指示雷暴强对流活动中也起到了非常重要的作用。早期研究表明，NBE 与雷暴强对流之间存在一定的相关性，NBE 可作为监测雷暴对流强度的一种指标。最新的研究表明，发生在云顶附近的-NBE 可能是蓝色喷流（blue jet）事件的云内起始过程（Liu et al.，2018a）。随着闪电三维定位技术的成熟，高时空分辨率的闪电三维通道定位结果不仅可以分析参与闪电放电的雷暴云内电荷结构，还能细致地揭示闪电放电的传输路径，为更好地探究 NBE 启动云内放电的过程提供了可能，同时也提供了 NBE 与普通闪电放电关系的更加精细化的结果，为研究 NBE 的产生机理进而探讨闪电的启动机制提供了可能。

作为一类比较特殊的放电类型，目前对 NBE 的研究主要集中在 NBE 的现象学特征，包括对其放电特征的描述，如 NBE 的孤立性（NBE 的发生与普通闪电的关系）、NBE 的辐射与波形特征、NBE 的发生高度、NBE 的放电通道特征等；NBE 发生的气象学特征，主要是与雷暴对流之间的关系；NBE 的放电机理研究等。以下将从这几个方面对其研究进展和取得的成果进行阐述。

4.4.1　NBE 事件及其电场波形特征

地基观测系统对 NBE 的识别依赖于其三个典型的波形特征。一是强烈的窄双极性 LF/VLF 脉冲 [图 4.43（a）]，归一化到 100km 处的电场为 10V/m 左右或更高（Smith et al.，1999；Le Vine，1980；祝宝友等，2007；Gurevich and Zybin，2004）；二是发出强烈的 HF/VHF 宽带辐射 [图 4.43（b）]，其强度比一般云闪的大一个数量级，持续时间在微秒量级，而相伴的光辐射很弱（Smith et al.，1999；Le Vine，1980；祝宝友等，

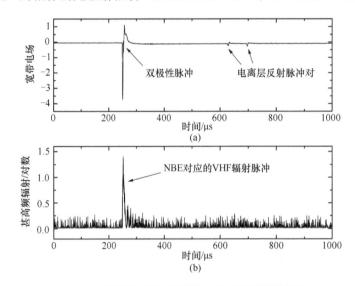

图 4.43　典型的 NBE 宽带电场及 VHF 辐射波形
（a）NBE 宽带电场；（b）VHF 辐射波形

2007）；三是相对孤立地出现，在 NBE 脉冲辐射前后几毫秒内没有其他一般闪电放电发出的辐射（Smith et al.，2004）。

双极性窄脉冲之后跟随的电离层反射脉冲对是 NBE 经过电离层反射和经过地面-电离层双层反射信号，这种信号的强度很小，对放电的强度有一定的指示作用，如有些回击波形也存在这种大波信号，但由于反射角与反射效率的关系，并不是每一个 NBE 都能够探测到这种信号。根据 NBE 发生前后 60ms 内是否存在其他宽带电场变化脉冲，将 NBE 分为闪电伴生型和孤立发生型（Wang et al.，2012）。两类 NBE 详细的波形特征参量统计见表 4.5。孤立发生的 NBE 上升沿时间及主峰宽度与闪电伴生的 NBE 差别不明显。

表 4.5 两种类型 NBE 的波形特征参量平均值对比

统计/样本数	上升沿/μs	主峰宽度/μs	E 持续时间/μs	VHF 持续时间/μs
孤立发生/32	1.5	5.1	23.2	13.0
闪电伴生/204	1.2	3.9~4.6	18.7~19.6	10.9~11.9

VLF/LF（带宽 0.3~400kHz）多站闪电定位探测站网记录到的江淮地区 8 次雷暴过程的 21257 例 NBE 放电事件，其正极性 NBE（+NBE）和负极性 NBE（–NBE）的脉冲初始峰宽度平均值分别为 8.3μs 和 7.6μs，初始峰上升时间平均值分别为 3.1μs 和 2.9μs，初始峰半宽宽度分别为 4.4μs 和 4.0μs（Lv et al.，2010）。宽带电场（带宽 267~273MHz）获得的青海大通县两次雷暴过程的 284 例 NBE 放电事件，其波形的上升沿平均值约 2.1μs，持续时间平均值约 19.7μs（Wang et al.，2014b），这些参数与平原地区获得的 NBE 参数无明显差别。但资料分析显示，在青藏高原地区 NBE 的波形中，具有反射脉冲对的只占总数的 2%，而华北平原地区这一比例可以达到 60%以上。表 4.6 总结了不同地区观测到的 NBE 的波形特征，可以看出不同地区报道的 NBE 的波形特征较为相似，双极性脉冲的持续时间一般在 30μs 左右，初始峰宽度小于 9μs，初始峰半宽小于 5μs，上升时间小于 3μs，过冲比大于 2。放电过程的现象学特征是对放电机制的反映，可以认为，不同纬度地区发生的 NBE 的产生机制应该是类似的。

表 4.6 不同研究人员观测到的 NBE 波形特征对比

文献	VLF/LF 脉冲持续时间/μs	初始峰宽/μs	初始峰半宽/μs	上升时间/μs	过冲比
Lv et al.，2010	33±14	7.6 (–) / 8.3 (+)	4.0 (–) / 4.4 (+)	2.9 (–) / 3.1 (+)	3.3
Le Vine，1980	10~20	<10			
Willett et al.，1989	20~30		2.4±1.4		
Medelius et al.，1991	13~22	4.7 (–) / 7.7 (+)	1.6 (–) / 1.83 (+)	1.54 (–) / 1.82 (+)	4.2~4.6
Smith et al.，1999	25.8±4.9		4.7±1.3	2.3±0.8	2.7
Sharma et al.，2008	13.3±6.7	5.8±2.1	2.4±1.6	2.6±1.1	2.87
Ahmad et al.，2010	30.2±12.3	6.5±3.2	2.4±1.4	2.7±1.6 (+) / 1.6±1.0 (–)	3.7
Zhu et al.，2010	16.0±1.4	4.6±0.7	2.2±0.3	2.6±0.5	2.9±0.7
Nag et al.，2010	23	5.6			5.7
Wu et al.，2011		6.1±2.4	3.1±1.2	2.2±1.2	
Liu H et al.，2012	30±18		3.9±2.4	2.5±1.7	5.7±4.2

文献	VLF/LF 脉冲持续时间/μs	初始峰宽/μs	初始峰半宽/μs	上升时间/μs	过冲比
Wang et al.，2012	20	4.0		1.5	
Wang et al.，2014b	9.6	5.4		2.1	
Lü et al.，2013a	27.2±6.6	7.8±1.5	4.6±1.0		2.1±0.6

NBE 放电的电参量，如电流矩，电荷矩变化，转移电荷量等，目前只能通过 NBE 的电磁场来近似估算。下面用一个集成元件 R-L-C 电路来近似在低频段（波长几千米或更长）分布式的传输线电路（这里 R、L、C 分别代表整个通道的电阻，电感和电容），模拟 NBE 的电流波形和参数（Liu et al.，2018b）。事实上在有初始电压差的传输线电路里，通道内电流波形将是如下两种情况之一：

$$I(t) = \frac{Q\beta^2}{\sqrt{|\alpha^2 - \beta^2|}} \exp(-\alpha t) \sin(\sqrt{|\alpha^2 - \beta^2|}t), \ \alpha < \beta \tag{4.2}$$

或

$$I(t) = \frac{Q\beta^2}{\sqrt{|\alpha^2 - \beta^2|}} \exp(-\alpha t)[\frac{\exp(\sqrt{|\alpha^2 - \beta^2|}t) - \exp(-\sqrt{|\alpha^2 - \beta^2|}t)}{2}], \ \alpha > \beta \tag{4.3}$$

式中，参数 $\alpha = R/2L$ 和 $\beta = 1/\mathrm{Sqrt}(LC)$ 与电路的参数有关，不能直接获得，但是可以通过比较该电流波形产生的传输线辐射场与观测的双极性脉冲波形来确定 α 和 β。事实上传输线电流产生的远场辐射场可以用式（4.4）表示

$$E(r,t) = \frac{1}{2\pi\varepsilon_0 c^2 r \Delta t}[M(t) - M(t - \Delta t)] \tag{4.4}$$

式中，Δt（$=l/v$）代表了电流在长度为 l 的通道内传播到顶端的时间，$M(t) = lI(t)$ 是电流矩。从式（4.2）～式（4.4）可知，有三个参数（α，β，Δt）需要确定，可以通过枚举程序确定出计算波形与观测波形最佳匹配时的参数值（图 4.44）。该模式的优点是只需要观测的远场双极性脉冲波形作为输入数据，利用计算得出的参数 α 和 β 数值计算 NBE 电流波形。

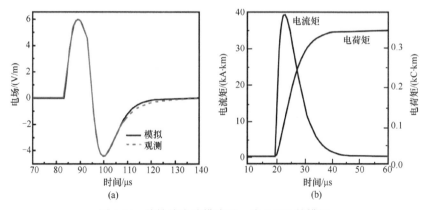

图 4.44 传输线电路模式对一次+NBE 的模拟

其中 $\alpha = 0.304/\mu s$，$\beta = 0.302/\mu s$，$\Delta t = 9.8\mu s$，电荷矩为 0.35C·km

4.4.2　NBE 的极性及其发生高度

目前已知的 NBE 以两种不同极性的形式存在，并且其发生高度也有所差异，这与雷暴气象学坏境差异引起的电荷结构分布有直接的关系。根据对 NBE 发生空间位置的共识，+NBE 基本发生在雷暴中主负电荷区与上部主正电荷区之间，而–NBE 发生在主正电荷区与更高的电荷屏蔽层之间。因此，不同地区 NBE 发生特征的不同间接地反映出不同地域雷暴特征的差异。

对发生在江淮地区两次雷暴过程中与三条 TRMM 卫星轨道对应时段内的 NBE 发生高度进行统计（图 4.45），表明+NBE 和–NBE 分别发生在不同的高度层上，–NBE 发生的高度较高，基本在 15km 以上，发生的高度范围主要集中在 14～19km，平均发生高度为 17km，数据中值为 16.3km，而+NBE 发生在 7～16km 高度，发生高度跨度范围较大，平均发生高度为 12.2km，中值为 9.9km。其中+NBE 的发生高度出现了两个峰值，分别对应 9km 和 14km，这是由于不同的对流系统中+NBE 的发生高度略有差异，这与产生这些+NBE 的对流核的发展强度有一定关系，对流降水结构的垂直发展会从一定程度上影响 NBE 的发生位置。

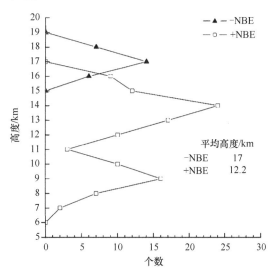

图 4.45　雷暴 0706 和 0704 在 TRMM 卫星轨道对应的三个时段内 NBE 发生高度的统计

表 4.7 和表 4.8 分别总结了不同地区观测到的 NBE 的极性及其发生高度。整体上，江淮地区雷暴中发生的 NBE 与其他中低纬度地区已有的报道较为相似，例如，NBE 在雷暴中所占的比例，不同极性 NBE 在雷暴中的发生情况，不同极性 NBE 的发生高度等都较为一致，而东北地区 NBE 表现出与中低纬度地区的略微差异，主要体现在+NBE 和–NBE 的比例，NBE 活动的强弱，以及 NBE 的发生高度等。在东北地区发生的共 31 次雷暴中记录到 493 例 NBE，占观测系统记录的全部闪电事件的 0.034%，明显少于在中低纬度地区的比例，而且全部为+NBE，尚未发现–NBE。而在江淮地区 15 天的观测

时段内，8 次雷暴过程中共记录到 21257 例 NBE，占全部可定位闪电事件的约 1.45%，其中+NBE 占全部 NBE 的 90.4%，–NBE 占 9.6%。

表 4.7 不同地区报道的 NBE 发生情况

地点	文献	时间	NBE 占全部闪电的比例/%	NBE 数	+NBE 占比/%	–NBE 占比/%
中国合肥（~31°N）	Lü et al.，2010	8storms/15d	1.45	21257	90.4	9.6
中国加格达奇（~51°N）	Lü et al.，2013b	2009~2010 年	0.034	493	100	0
美国新墨西哥州、得克萨斯州、佛罗里达州和内布拉斯加州	Smith et al.，2004	1998~2001 年	<1.7	115537	58	42
美国佛罗里达州（24°~32°N）	Jacobson and Heavner，2005	1999~2002 年	3.4	103240	77	23
美国大平原地区（33°~42°N）	Wiens et al.，2008	2005 年	<0.4	34046	77	23
美国佛罗里达州（~30°N）	Nag et al.，2010	2008 年		161	97.5	2.5
马来西亚柔佛州（1°N）	Ahmad et al.，2010	2009 年		182	59	41
中国上海（~31°N）	Zhu et al.，2010	3h		77	87	13
斯里兰卡科伦坡（6.9°N）	Sharma et al.，2011	2005 年	10	21	100	0
中国广州（~23°N）	Wu et al.，2012	19d in 2007 年		11876	66	34
中国重庆（~29°N）	Wu et al.，2012	2m in 2010 年		44335	82	18
中国横店（~38°N）	Wang et al.，2012	about 6h		236	100	0

表 4.8 不同地区 NBE 的发生高度对比

地点	文献	+NBE 高度/km	–NBE 高度/km	备注
中国合肥（~31°N）	Lü et al.，2010	12.2（7~16）	17（16~18）	H30dBZ-max>14km
中国加格达奇（~51°N）	Lü et al.，2013b	7.9（5~12）	—	H30dBZ-max<12km
美国佛罗里达州（25°~31°N）	Suszcynsky and Heavner，2003	（6~17）	—	
美国新墨西哥州、得克萨斯州、佛罗里达州和内布拉斯加州	Smith et al.，2004	13（~3~19）	18（~3~29）	
美国佛罗里达州（24°~32°N）	Jacobson and Heavner，2005	（~6~21）		
美国佛罗里达州（~30°N）	Nag et al.，2010	15（8.8~29）	—	
中国上海（~31°N）	Zhu et al.，2010	9.5（7~12）	~15（14~16）	
中国广州（~23°N）	Wu et al.，2012	12（7~16）	17.3（16~19）	H30dBZ-max>15km
中国重庆（~29°N）	Wu et al.，2012	9.9（7~16）	17.5（15~19）	
中国横店（~38°N）	Wang et al.，2012	~11（7~16）	—	HCloudTop~17km

Wiens 等（2008）报道了 2005 年 5~7 月间发生在 Great Plains 等地区的 800 多万例普通闪电事件，其中 NBE 有 34046 例，约占全部闪电事件的 0.4%，77%的 NBE 为正极性，23%的 NBE 为负极性。Smith 等（2004）对 700 多万例闪电事件研究发现，其中 NBE 有 10 万多例，占全部闪电事件的约 1.7%，+NBE 和–NBE 的比例约为 58∶42。Jacobson 和 Heavner（2005）报道了 1999~2002 年间发生在 Florida 地区的总共 103240 例 NBE，约占全部闪电事件的 3.4%，其中+NBE 和–NBE 的比例约为 77∶23。Suszcynsky 和 Heavner（2003）同样报道了这一地区的 NBE，两年记录到的+NBE 占全部 NBE 数目的约 63%。Wu 等（2012）报道了广州地区和重庆地区的 NBE，其中广州 19 天共记录到+NBE 7882 例和–NBE 3994 例，重庆两个月记录到+NBE 36442 例、–NBE 7893 例。与中低纬度地区结果相比，在持续两年的观测实验期间，东北大兴安岭地区雷暴中发生的

NBE 数量是极少的，并且所有的 NBE 均为正极性。

东北大兴安岭地区雷暴中+NBE 的发生高度略低于其他中低纬度地区+NBE 的发生高度。表 4.8 给出了不同地区观测得到的不同极性 NBE 发生高度的分布情况，可以看出，两种不同极性的 NBE 分别发生在两个不同的高度层次上，一般–NBE 的发生高度要略高于+NBE。+NBE 基本集中在 6～17km，–NBE 发生在 15～20km。而东北大兴安岭地区的+NBE 集中发生在 5～12km。Lv 等（2010）对江淮地区的统计结果表明，+NBE 基本集中在 7～16km，–NBE 在 16～18km。比较表中不同地区的 NBE，还发现东北地区+NBE 略低于上海（Zhu et al.，2010）和重庆地区（Wu et al.，2012），并且远低于发生在 Florida（Jacobson and Heavner，2005；Suszcynsky and Heavner，2003）和广州（Wu et al.，2012）较低纬度地区的+NBE。因此，有理由认为 NBE 活动与其存在的雷暴气象学环境之间存在一定的联系，而 NBE 活动特征的差异或许正是对雷暴气象学环境差异的一种反映。

4.4.3　NBE 的伴生闪电现象及其互相影响

Rison 等（1999）利用 LMA 系统进行观测研究发现，在两小时内发生的 13 例 NBE 放电事件都作为云闪的始发脉冲存在，而此前的很多观测研究表明，NBE 往往单独出现（Smith et al.，1999；Willett et al.，1989）。Jacobson 和 Havner（2005）和 Wiens 等（2008）观测认为 NBE 与常规闪电互不为前兆。随着闪电三维定位技术的成熟，高时空分辨率的闪电三维通道定位结果为更好地探究 NBE 与普通闪电放电的关系提供了可能。本节利用闪电 VHF 辐射源三维定位系统（张广庶等，2008）及宽带电场测量系统等，以青海大通一次雷暴中发生的 NBE 为例，探究 NBE 及其与闪电放电过程的相关性。

图 4.46 是一次以 NBE 为始发脉冲的云闪个例，从 VHF 辐射波形来看，在毫无前兆放电活动的情况下，波形峰值极高的 NBE 突然出现，之后立即出现了大量的 VHF 辐射脉冲，约 100ms 之后，又出现一例 NBE，幅值较前一例高，其后 VHF 辐射脉冲明显增多，宽带电场波形脉冲也是在第二次 NBE 发生后才有较多的脉冲产生。无论是 VHF 辐射波形还是宽带电场波形，两例 NBE 的波形峰值都较常规闪电波形幅值高得多。为了

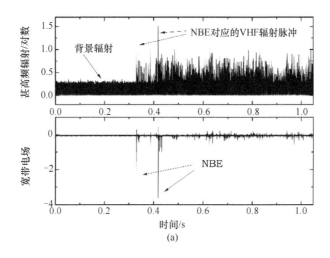

(a)

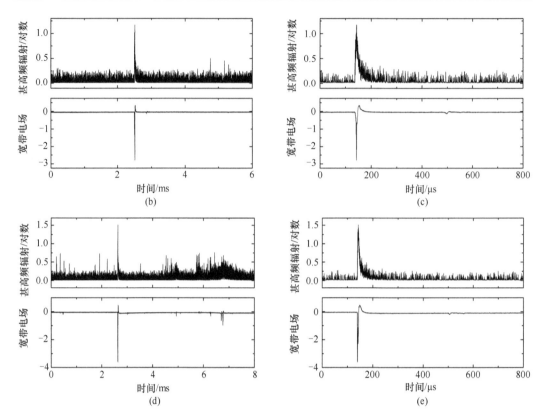

图 4.46　以 NBE 为始发脉冲的一次云闪（034112）的 VHF 辐射和宽带电场波形
（a）全景图；（b）云闪中第一例 NBE 的毫秒量级扩展图；（c）云闪中第一例 NBE 的微秒量级扩展图；
（d）云闪中第二例 NBE 的毫秒量级扩展图；（e）云闪中第二例 NBE 的微秒量级扩展图

解 NBE 与闪电确切的时空关系，图 4.47 给出了此次 NBE 放电事件的三维定位结果，可以看出，第一个 NBE 发生前没有任何辐射源出现，其发生后紧跟着出现了大量的辐射源，进而发展成为一次云闪放电过程，约 185ms 之后，在放电过程中又出现另一次 NBE 放电事件，随后辐射源密度明显增加，整个闪电放电过程由于距离观测网较远，定位的三维通道细节并不精确，但从各投影图及时间序列仍可看出 NBE 发生于闪电起始位置这一事实。第二次 NBE 的出现，可看作是这次闪电放电过程中发生的 NBE 事件。

图 4.48 是一次以 NBE 为始发脉冲的负地闪个例。由 VHF 波形来看，地闪波形的始发脉冲也是 NBE，但地闪回击距离 NBE 约 400ms 的时间间隔，NBE 峰值仍较常规闪电波形峰值高得多，但从宽带电场波形来看，NBE 的波形峰值低于地闪回击波形的幅值，但远高于一般脉冲的幅值。图 4.49 是该负地闪的三维定位图，由图可见，NBE 发生后，闪电通道上扬，但在下部也有辐射源出现，在短暂的间歇之后，大量的辐射源出现，直至发展成为下行先导进而接地。其后的辐射源向西北方向扩展，并有下行趋势，结合波形图来看并未到地。

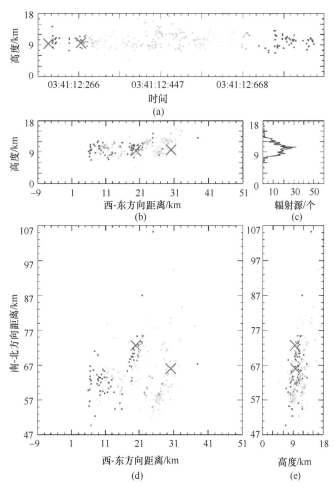

图 4.47　以 NBE 为始发辐射源的云闪（034112）的三维定位图

（a）闪电辐射源距地面高度随时间的变化；（b）南北方向上的立面投影；（c）辐射源发生数目随高度的分布；

（d）平面投影；（e）东西方向上的立面投影

颜色从蓝到红表示辐射源随时间的变化；图中红色"×"为 NBE 发生的时空位置

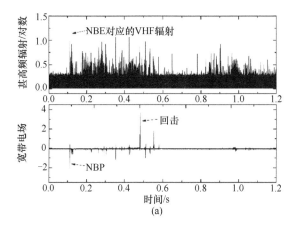

(a)

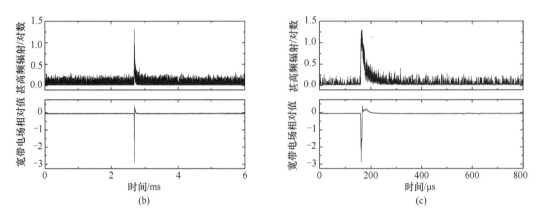

图 4.48 以 NBE 为始发脉冲的一次负地闪（025305）的 VHF 辐射和宽带电场波形

（a）全景图；（b），（c）分别是 NBE 的毫秒及微秒量级扩展图

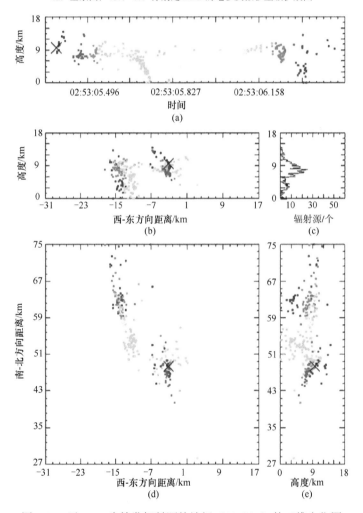

图 4.49 以 NBE 为始发辐射源的地闪（025305）的三维定位图

（a）闪电辐射源距地面高度随时间的变化；（b）南北方向上的立面投影；（c）辐射源发生数目随高度的分布；（d）平面投影；（e）东西方向上的立面投影

图中颜色从蓝到红表示辐射源随时间的变化；图中红色"×"为 NBE 发生的时空位置

图 4.50 和图 4.51 是一次闪电放电过程中间出现两例 NBE 的个例。由于数据采集卡预置时间有限，此次闪电起始部分未能记录。从辐射源三维定位图来看（图 4.51），闪电大致分三层发展，较早通道在距离地面 12km 处，随着通道的延伸，辐射源高度有所降低，下层（约 7km）亦有辐射源出现，约在 3:20:24.100 时刻出现第一个 NBE，从波形上有其前后辐射脉冲较为密集，但脉冲频数没有明显变化（图 4.50）。约 280ms 后，闪电开始向上发展，同时下层闪电放电活动停止。其后 100ms 左右，发生了第二个 NBE。无论从辐射源三维定位图还是原始波形图看，其前后的辐射源密度及脉冲频数都没有明显变化，但是在其附近，原始波形图显示脉冲较其他时段要密集。

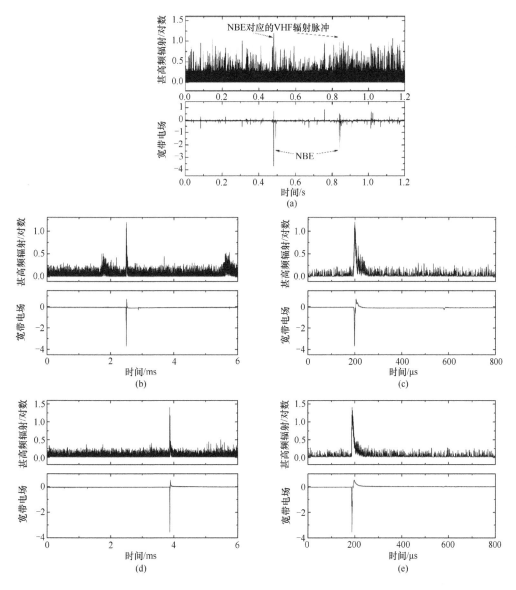

图 4.50　一次闪电放电过程（032023）中出现两例 NBE 的个例

（a）全景图；（b）云闪中第一例 NBE 的毫秒量级扩展图；（c）云闪中第一例 NBE 的微秒量级扩展图；
（d）云闪中第二例 NBE 的毫秒量级扩展图；（e）云闪中第二例 NBE 的微秒量级扩展图

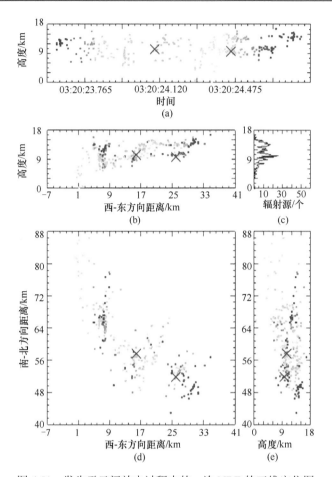

图 4.51　发生于云闪放电过程中的一次 NBE 的三维定位图

（a）闪电辐射源距地面高度随时间的变化；（b）南北方向上的立面投影；（c）辐射源发生数目随高度的分布；
（d）平面投影；（e）东西方向上的立面投影

图中颜色从蓝到红表示辐射源随时间的变化；图中红色"×"为 NBE 发生的时空位置

在 204 例与闪电关联的 NBE 波形中，有 65 例 NBE 出现在闪电的始发区域，包括云闪 60 例，负地闪 5 例，并且 NBE 发生时刻之前，在 30km 直径的区域内没有闪电辐射源出现，其中有 20 例 NBE 从波形来看处于闪电波形中间，但是定位结果显示是两次伴生的不同区域的闪电，后一个起始于 NBE 发生区域。有 32 例 NBE 发生在闪电放电过程中，分析其前后辐射源密度的变化，发现有 17 例闪电放电过程中出现 NBE 后，辐射源密度明显增加，而其他 15 例 NBE 出现前后辐射源密度没有明显变化。另有 10 例由于定位的闪电辐射源太少，不能得出 NBE 是否与常规闪电有关的结论。统计结果显示［图 4.52（a），（b）］，与闪电伴生的 NBE 发生在距离地面 7～16km 之间，对应的峰值功率在 12～781kW 之间。触发闪电的 NBE 倾向于比发生在闪电过程中的 NBE 有较大的峰值功率。

根据 Hamlin 等（2007）及 Smith 等（1999）的估算，NBE 放电长度可达千米量级，这样的一个电离通道在雷暴云中的强电场环境下，很容易在其顶端积累电荷并发生电荷释放，在其尖端强电场作用下造成进一步的电子雪崩过程，因此 NBE 引发闪电是有可

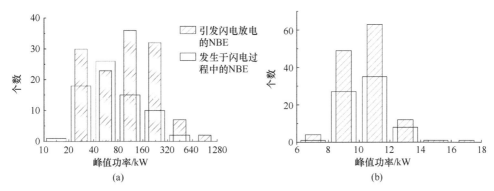

图 4.52　闪电相关的 NBE 参数统计
(a) 峰值功率；(b) NBE 距离地面高度

能的。另外，从以往的研究来看，利用 VLF/LF 频段的观测系统（Jacobson and Heavner，2005；Wiens et al.，2008）一般得出 NBE 与闪电无关的结论，而利用 VHF 频段系统（Rison et al.，1999；张广庶等，2008）得出 NBE 与闪电有关的结论。也有研究发现宽带电场波形中 NBE 发生 60ms 后才出现脉冲，而 VHF 辐射波形脉冲出现却早得多（Wang et al.，2012）。另外，由于 NBE 较常规闪电所辐射的能量强得多，有可能在远距离测量时，发生与闪电相关的 NBE，由于距离的衰减，只有较强的 NBE 辐射脉冲能够到达测站被测量，造成 NBE 独立发生的表观印象。雷暴中可能有更大比例与常规闪电有关的 NBE 存在，NBE 与闪电过程的因果关系及其机理值得进一步研究。

4.4.4　NBE 与雷暴对流活动的关系

NBE 的产生在雷暴中具有一定的选择性，在一定程度上可以指示雷暴对流活动的程度，但 NBE 的发生并不总是与闪电发生率或雷暴对流强度之间有确定的对应关系或者一定的比例关系。NBE 可能指示了某些特殊类型的雷暴或者雷暴发展中某个特别的要素，因此，需要更多的雷暴个例来探究 NBE 与雷暴对流活动的确切关系，尤其是针对不同极性 NBE 与母体雷暴对流活动之间的关系。下面利用江淮天电阵列 VLF/LF 多站定位观测系统获得的闪电资料，结合多普勒雷达、TRMM 降水雷达 PR 资料以及 NCEP/CPC Global IR 卫星云图资料，对 NBE 以及地基探测站网记录的闪电与雷暴对流系统之间的关系进行探讨。

图 4.53 给出了 0805 雷暴 16:46～20:08 时段内仰角为 1.45° 的 S 波段多普勒雷达回波平面图与常规闪电及 NBE 的叠加图。可以看出，在雷暴移动过程中，闪电活动以及 NBE 活动与雷暴核心对流区的移动保持一致，闪电活动主要出现在雷达高反射率的对流核心区域，NBE 则主要出现在雷暴对流核附近。该雷暴在研究区域共有 77 例+NBE，1 例-NBE。NBE 倾向于发生在强回波区域，主要集中在雷暴对流核心外围区域（反射率为 45dBZ）。

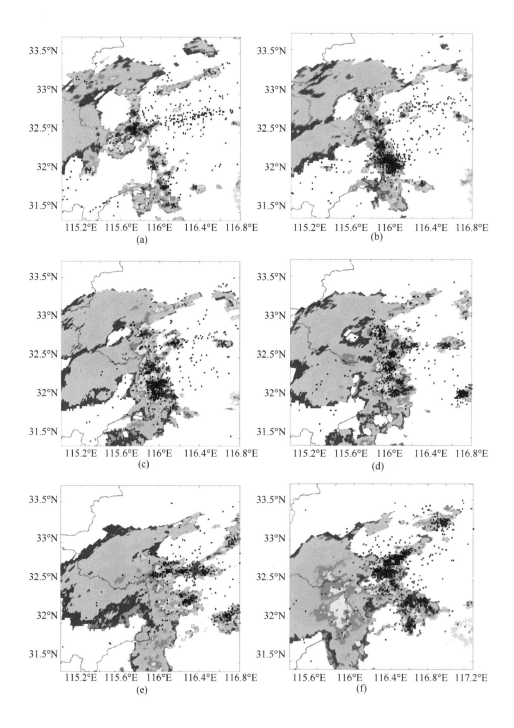

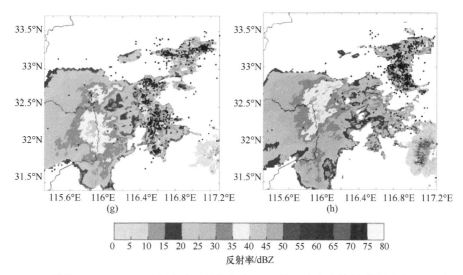

图 4.53　0805 雷暴 16:46～20:08 时段内合肥站仰角为 1.45°的 S 波段多普勒雷达回波平面图与常规闪电（黑色"."）及 NBE（黑色的"x"）的叠加图

（a）北京时间 16:46；（b）北京时间 17:16；（c）北京时间 17:41；（d）北京时间 18:02；（e）北京时间 18:32；
（f）北京时间 19:02；（g）北京时间 19:33；（h）北京时间 20:08
雷达体扫一次时长为 5min，常规闪电与 NBE 数据为雷达回波时刻前后共 5min 的数据

NBE 发生高度与雷暴的对流发展存在一定的关系，如图 4.54 给出了 0805 雷暴 18:45～18:50 时段发生的 6 例+NBE 的定位结果与 18:47 多普勒雷达 PPI 回波强度的匹配结果及沿着 AB、MN 所绘制的雷达回波垂直剖面。在这一个时段内，PPI 图上有 5 例 NBE 发生在雷暴对流核心附近，反射率大于 45dBZ，发生高度为 8～14km，平均为

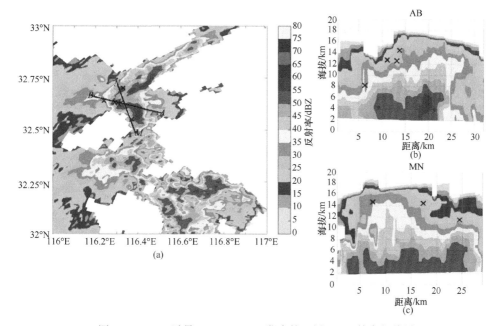

图 4.54　0805 雷暴 18:45～18:50 发生的 6 例+NBE 的定位结果

（a）与 18:47 多普勒雷达 PPI 回波强度的匹配结果；（b）PPI 图上经过 AB 线段的垂直剖面；
（c）PPI 图上经过 MN 线段的垂直剖面

12.35km，另外一例发生在 30dBZ 附近，发生高度为 8.02km。图 4.54（b）所示为 *AB* 线段回波垂直剖面图，图上显示有 3 例 NBE 发生在 25～30dBZ 之间，有 1 例高度较低发生在 35dBZ。图 4.54（c）为 *MN* 线段对应的回波垂直剖面，有 2 例 NBE 发生在雷达回波小于 30dBZ 区域，1 例发生在 35dBZ 区域。可以看出，+NBE 与 20～30dBZ 有较好的对应关系，且较强对流核心附近 30dBZ 雷达回波最大高度约为 16km。

图 4.55 给出了 TRMM 卫星轨道扫描时间世界时（UTC）2014 年 8 月 5 日 11:00 的 10.8μm 红外云顶温度（该数据时间点与雷暴 0805 最接近）与 TRMM 卫星 LIS 记录的 Flash，以及地面闪电观测网观测的闪电事件之间的关系。轨道扫描前后 15min 内共记录到 25 例+NBE。红外云顶温度直观反映了对流系统的垂直发展情况。从图 4.55 可以看出，这一时段内存在两个明显的对流区域，闪电、NBE 及 Flash 发生位置较为相似并且聚集在对流核及周边云顶温度较低（约小于 210K）的区域。除 AB 所在雷暴核的两例 NBE 外，其他 NBE 均靠近左上方对流旺盛的对流核。

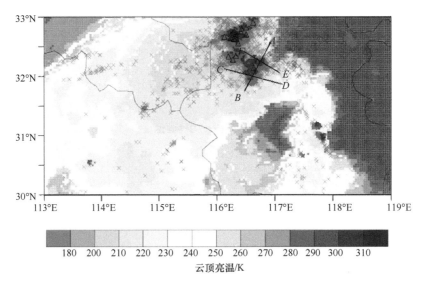

图 4.55　2014 年 8 月 5 日 11:00 UTC 卫星云图红外云顶温度与 TRMM 卫星 LIS 记录的 Flash
（红色散点），以及地面观测的闪电事件（灰色"×"）的叠加图
图中空心三角形为+NBE

图 4.56 给出了沿图 4.55 中线段 *AB*、*CD* 和 *EF* 所做的 PR 雷达回波数据垂直剖面。对比不同的对流区域，NBE 发生在相对较强的对流核中，两例 NBE 的发生高度分别为 10.8km 和 12.9km。对比出现 NBE 的两个对流核，*EF* 所在的对流核对应着较强的对流活动，对流核 35dBZ 最大高度达到 16km，*CD* 所在的对流核 35dBZ 最大高度达到 15.5km。

图 4.57 给出了发生在 2014 年 7 月 11 日的一次孤立雷暴在 15:49 时黄山站多普勒雷达回波平面图与常规闪电及 NBE 的叠加图，以及沿线段 *AB* 和 *MN* 的雷达回波垂直剖面图。该雷暴持续活动时间为 14:09～17:52，共产生 75 例+NBE，127 例−NBE。PPI 图上，NBE 主要位于雷暴核心附近回波强度大于 45dBZ 的区域。垂直剖面图显示该雷暴对流旺盛，30dBZ 最大高度可达 14.2km，回波顶部有凸起。此时产生的 NBE 均为负极性，平均发生高度为 15.7km；−NBE 发生在小于 15dBZ 的雷达回波顶部区域。

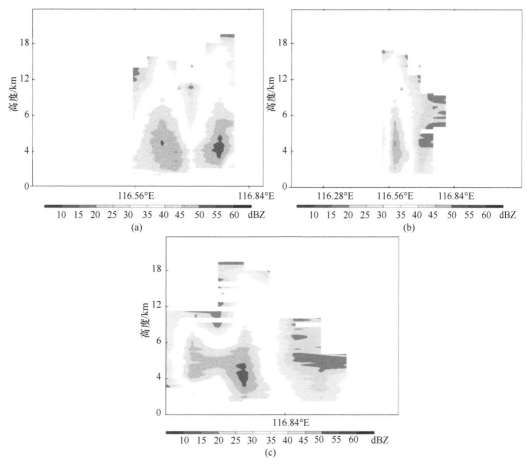

图 4.56　图 4.55 线段 *AB*、*CD*、*EF* 的雷达回波（correctZFactor）垂直剖面结构
（a）沿线段 *AB*；（b）沿线段 *CD*；（c）沿线段 *EF*

　　图 4.58 给出了 0711 雷暴 17:42～17:48 发生的 5 例–NBE 与 17:46 雷达 PPI 回波强度匹配的结果。从 NBE 的位置可看出，–NBE 主要发生在对流核区域及附近，两例 NBE 甚至在 50dBZ 的雷达回波区域中，还有一例 NBE 发生在 35dBZ 的区域。从雷达回波垂直剖面［图 4.58（b）（c）］上看，沿 *AB* 线段的垂直剖面中，3 例 NBE 发生在雷达回波顶附近，发生的平均高度为 16.26km，30dBZ 雷达回波的最大高度为 16km。

　　图 4.59 给出了在江淮地区观测到的一例持续时间较长的对流过程（0706）在 7 月 7 日 12:13UTC 时 TRMM 卫星 10.8μm 红外云顶温度，与 TRMM 卫星 LIS 记录的 Flash，以及地面闪电观测网观测的闪电事件之间的关系。此次雷暴过程共记录到各站匹配的可定位闪电事件 320542 例，其中 NBE 共计 5985 例，占全部可定位事件的 1.87%，+NBE 共计 5432 例，–NBE 共计 553 例，正、负极性比约 9∶1。此对流过程时段内，TRMM 卫星过境三次，其中两次扫描雷暴过程部分对流核的降水结构。从图 4.59 可以看出，NBE 与普通闪电以及 LIS 探测的 Flash 的空间位置相似，都发生在较低的云顶温度（约小于 210K）对流区域中，并且多数集中发生在云顶温度小于 200K（约小于 70℃）的空间区域中。NBE 与普通闪电的发生区域没有明显的差异，聚集发生在两个普通闪电相对

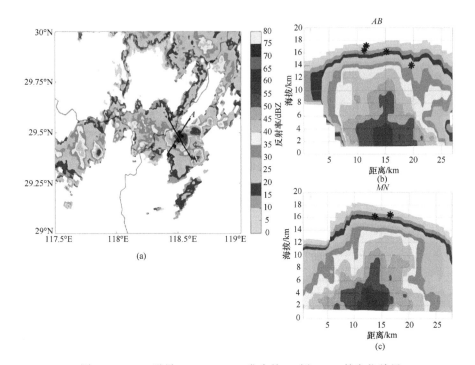

图 4.57　0711 雷暴 15:48～15:54 发生的 10 例–NBE 的定位结果

（a）与 15:49 黄山站多普勒雷达仰角为 2.24°的 PPI 回波强度的匹配结果；（b）PPI 图上经过 AB 线段的垂直剖面；
（c）PPI 图上经过 MN 线段的垂直剖面

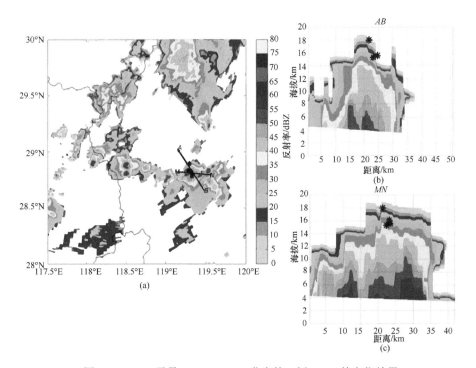

图 4.58　0711 雷暴 17:42～17:48 发生的 5 例–NBE 的定位结果

（a）与 17:46 黄山站多普勒雷达仰角为 1.36°的 PPI 回波强度的匹配结果；（b）PPI 图上经过 AB 线段的垂直剖面；
（c）PPI 图上经过 MN 线段的垂直剖面

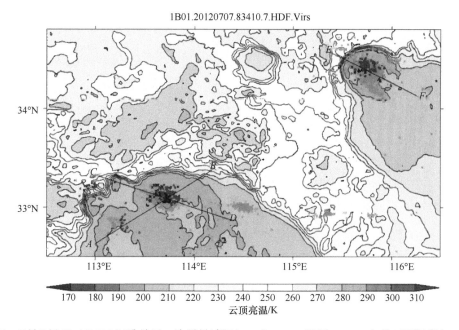

图 4.59　7 月 7 日 12∶13UTC 江淮地区一次雷暴过程（0706）TRMM 卫星 10.8μm 红外云顶温度与 TRMM 卫星 LIS 记录的 Flash（红色的圆点），以及地面闪电观测网在轨道扫描前后 15min 时段内记录的闪电事件（灰色的"×"）的叠加图

黑色"×"表示+NBE 的定位点，黑色的"▲"表示–NBE 的定位点。该时段内共记录到 71 例 NBE，其中+NBE 32 例，–NBE 39 例

集中的区域中，其中左下角区域中 NBE 较多，有 60 例，右上角区域中有 11 例，而在其他普通闪电零星发生的区域中没有 NBE 发生。图 4.60 和图 4.61 分别给出了沿图 4.59 中线段 AB 和 CD 所做的 PR 雷达回波数据垂直剖面。沿线 AB 和 CD 共有三个不同的对流区域，三个对流区域中都有 Flash 发生，但仅在右边的对流区域中有 NBE 发生，而且右边的对流区域 LIS 探测的 Flash 活动明显强于左边的对流区域，雷达回波强度和发展高度也明显强于左边的对流区，40dBZ 最大高度达到了 14km 左右，35dBZ 最大高度约 16km，30dBZ 最大高度约 17km，且红外云顶温度相对较低，约为 191K，对流核附近 PCT85 低值区明显（其中左边对流区中 PCT85 最小值小于 130K，右边对流区小于 100K），即 NBE 发生在相对较强的对流核中。从 NBE 发生高度看，基本发生在强对流核心（如 40dBZ 回波所包围的对流区域）的外围空间区域，尤其是–NBE 基本发生在 30dBZ 最大高度之上的区域中，并且与对流雨顶（约 18dBZ）对应的高度具有一致性。

　　图 4.62 给出了 0706 雷暴过程中仅有+NBE 发生时段的 TRMM 卫星 10.8μm 红外云顶温度与 TRMM 卫星 LIS 记录的 Flash，以及地面闪电观测网观测的闪电事件之间的关系。这一时段内共记录到 NBE 66 例，全部为正极性事件，半小时内整个对流区中没有–NBE 发生。从图 4.62 可直观地看出，NBE 与普通闪电以及 LIS 探测的 Flash 都发生在较低的云顶温度（约小于 210K）对流区域中，且主要集中在 200K 以下的区域，+NBE 发生在三个不同的对流区域中，其中多数发生在普通闪电发生较多的区域中。从 PR 雷达回波垂直剖面图（图 4.63）可以看出，在 NBE 发生较多的两个区域，红外云顶温度基本维持在小于 200K（约–75℃）的范围内，PCT85 在对应的两个区域附近都出现了明

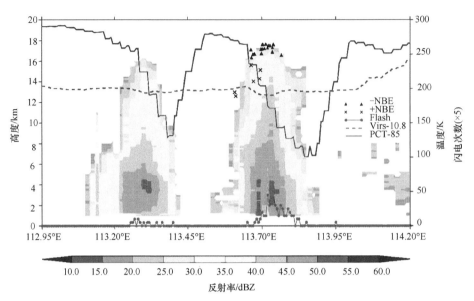

图 4.60　沿图 4.59 中线段 AB 的雷达回波（correctZFactor）垂直剖面结构

图中颜色填充表示雷达回波的强弱，黑色的"×"表示沿线附近+NBE 的位置，黑色的"▲"表示–NBE 的位置。紫色的虚线"---"
表示沿线红外云顶温度的变化，紫色的实线"—"表示沿线 PCT-85 的变化，蓝色带圆点的实线表示沿线附近 LIS 探测的 Flash
的频次分布。NBE 发生在右边相对较强的对流核中，该对流区域中–NBE 集中发生在 16.4～17.6km，平均高度为 17.2km，
+NBE 集中发生在 12.5～15.6km，平均高度为 14.2km，不同极性 NBE 具有较明显的分层

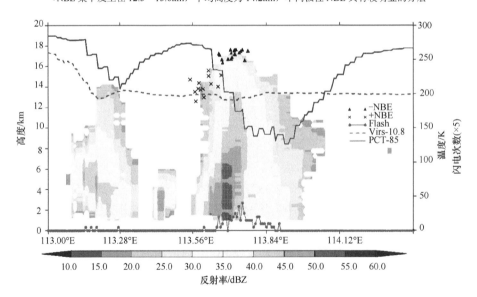

图 4.61　沿图 4.59 中线段 CD 的雷达回波（correctZFactor）垂直剖面结构

图中符号表示意义同图 4.60

显的低值区，中心亮温小于 150K，表明其附近空间区域冰相粒子含量较大。雷暴核心
对流降水区中 18dBZ（对应于对流雨顶高度）已经达到约 17km，两个明显的强对流核
心区 35dBZ 回波高度都在 10km 以上，40dBZ 回波高度约为 8km。左边区域中 30dBZ
雷达回波最大高度在 16km 以上，右边对流区域在 13km 以上。两个对流区域中+NBE
发生高度类似，而且与图 4.60 和图 4.61 中给出的不同对流核中+NBE 的发生高度没有

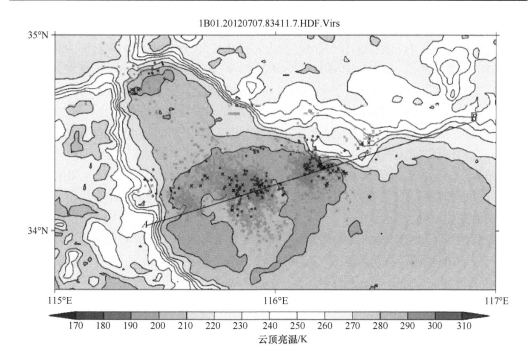

图 4.62　同图 4.59，但为 13:49UTC 图 4.59 中右上部对流区域进一步发展的结果
此时段仅有+NBE 发生，发生在三个不同的对流区域中

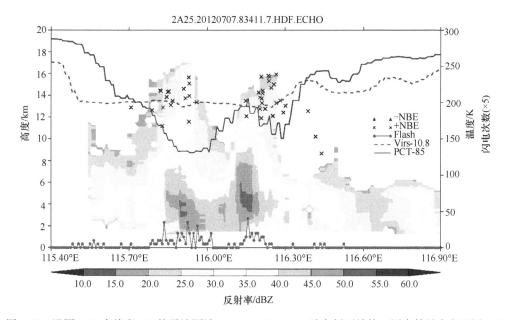

图 4.63　沿图 4.62 中线段 AB 的雷达回波（correctZFactor）垂直剖面结构，图中符号含义同图 4.60

明显差异。但整体来看，对流区域中 40dBZ 及 35dBZ 雷达回波发展高度明显小于图 4.60
和图 4.61 中给出的同时有正负两种极性发生的核心对流区高度，也说明–NBE 的发生与
对流过程的强弱有一定的关系。

　　对比不同时段内对流系统的降水特征，可以看出，仅有+NBE 发生的对流核中

40dBZ，35dBZ以及30dBZ雷达回波最大高度分别约为9～11km，11～12km和15km（例如前文示例中给出的轨道83410对应时段内对流核心）。而轨道83410对应的时段内两个–NBE较多的对流区域中，30dBZ，35dBZ以及40dBZ雷达回波最大高度分别约为17km，16km和14km，18dBZ最大高度（对流雨顶高度）更是达到了约18km的高度，红外云顶温度最低值为191K（–82℃）左右，对流活动发展极其旺盛，其中发生的–NBE基本对应于对流区域中雨顶的发展高度。两者对比（对流核雷达回波强度，红外云顶温度等）说明仅有+NBE发生的时段内（轨道83411中）各对流区域的对流活动垂直发展强度稍弱于同时有正、负NBE发生的情况（轨道83410中）。从侧面说明–NBE的发生与对流过程的强弱有一定的关系，因此，–NBE的出现或许更能从一定程度上表明强对流活动的发生发展。

吕凡超等（2013）利用东北较高纬度地区气象雷达数据，通过对比雷暴发生过程中有NBE发生的对流核与无NBE发生的对流核30dBZ雷达回波最大高度，分析了2009～2010年夏季东北较高纬度地区雷暴气象学环境特征与NBE发生特征之间的关系。通过对雷达扫描范围内的251个伴随普通闪电过程的对流核进行分析，发现仅有普通闪电发生的雷暴对流核的30dBZ回波最大高度集中在6.0km以上，而有NBE发生的雷暴对流核的30dBZ回波最大高度集中在8.0km以上，而且有NBE发生的雷暴对流核的30dBZ回波最大高度多数集中在9.0～12.0km，略高于仅有普通闪电发生的雷暴对流核中30dBZ回波最大高度（图4.64）。利用TRMM卫星数据同样对江淮地区两次雷暴过程中NBE与雷暴对流活动垂直发展之间关系的分析结果表明，有NBE发生的对流区域中，30dBZ雷达回波最大高度一般在10km以上，而且多数维持在13km以上，在有–NBE发生的对流区域中，30dBZ雷达回波最大高度更高，甚至达到17km。可以看出，两个不同纬度地区雷暴对流活动的差异比较明显，东北地区对流活动相对较弱、对流云顶发展相对较低（30dBZ雷达回波最大高度一般在10～12km），这可能是造成该地区没有观测到–NBE的原因。不同纬度地区对流发展情况的差异是形成NBE观测结果差异的主要原因。

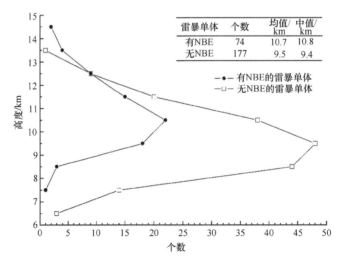

图4.64　东北地区2009～2010年夏季雷暴中有无NBE发生的对流核中30dBZ雷达回波的最大高度分布

雷暴对流过程中产生 NBE 的原因较为复杂。从 NBE 与雷暴对流活动的关系可以看出，一方面，NBE 尤其是–NBE 倾向于发生在对流旺盛的雷暴中，NBE 的发生与较强闪电活动（Smith et al.，1999；Suszcynsky and Heavner，2003），较低的对流云顶温度（Jacobson and Heavner，2005）以及 30dBZ 发展高度（Wiens et al.，2008）等对流指标表征的雷暴对流活动的发展都有一定的相关关系，NBE 的发展很大程度上与雷暴的对流强度相关，尤其是在较高高度的–NBE 的发生对强对流活动的依赖性更强。另一方面，NBE 在强雷暴中的出现具有一定的选择性，即并不是所有的强雷暴中都有 NBE 发生，而且 NBE 对雷暴中强对流核的选择性也较明显。因此，较强对流活动对于 NBE 的发生只是一个必要而非充分条件，还有其他的"未知因子"会影响 NBE 的发生，而这种"未知因子"对 NBE 的发生也是很重要的。但是从目前的分析以及之前已有的报道都很难证实这一"未知因子"的存在形式。

4.4.5　NBE 与雷暴电荷结构的关系

NBE 与雷暴云电荷结构具有密切的关系，根据对 NBE 发生空间位置的一般共识，+NBE 基本发生在雷暴中部主负电荷区与上部主正电荷区之间，而–NBE 发生在上部主正电荷区与更高的电荷屏蔽层之间。通过地基手段对 NBE 开展观测，可实现对对流雷暴云内电荷结构的大致反演。

图 4.65 给出了 2016 年 8 月 19 日发生在华北平原地区的一次典型 MCS 中 NBE 发生频次随时间的变化。该雷暴整体生命周期为 18 日 19:00 至 19 日 14:00。利用高灵敏度单站低频磁场测量系统（3dB 带宽为 18～845kHz）获取的闪电低频磁场信号共识别出 4050 例 NBE，其中包含 900 例具有明显反射对的 NBE。从图中可以看出，NBE 主要发生在 0:30～8:30 之间，每个时段都有一定量具有明显反射对的 NBE。

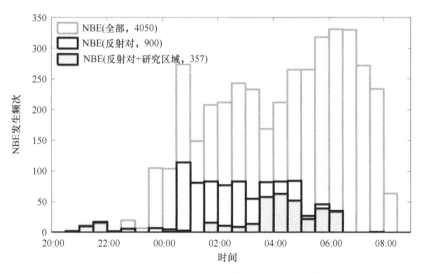

图 4.65　2016 年 8 月 18～19 日雷暴生命周期中 NBE 发生频次随时间的变化

利用 NBE 信号在地面～电离层波导之间传播产生的电离层反射脉冲对（参见图 4.43），

根据脉冲反射信号与主信号的时间差和几何关系，可计算得到 NBE 的高度和相对于观测站的距离（Smith et al.，2004；Cummer et al.，2014），结合磁定向法，利用格点查找方式，可得到 NBE 的三维位置。图 4.66 是对上述雷暴个例中 900 例具有明显反射脉冲对的 NBE 进行三维定位计算得到的 NBE 水平分布。可以看出，NBE 主要发生在区域 *A* 和 *B* 两处，其中区域 A 雷暴经过观测基地，区域 B 为普通单体雷暴，距离测站 480km 左右。区域 A 雷暴共产生 357 例具有明显反射脉冲对的 NBE，发生时间主要在 3:30～6:30（见图 4.65 中灰色填充柱），其中仅有 2 例–NBE。下面的分析主要聚焦雷暴区域 A。

雷暴区域 A 中 357 例 NBE 发生高度随时间的变化见图 4.67，其中+NBE 主要位于

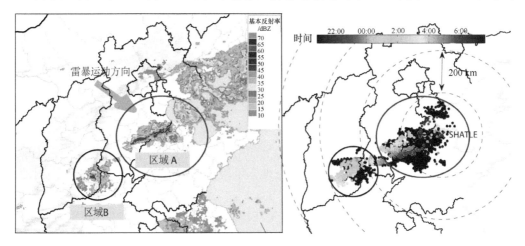

图 4.66　华北天气雷达拼图（组合反射率）与 NBE（彩色散点，颜色代表时间）、WWLLN（黑色散点）
定位结果对比

灰色箭头代表雷暴运动方向，虚线圆以位于山东沾化的人工引雷实验站（SHATLE）测站为中心，半径间隔为 200km

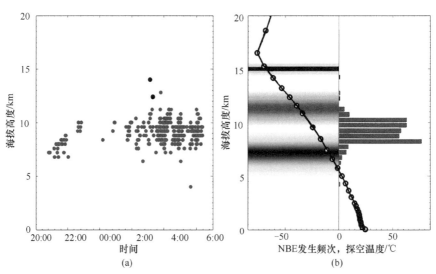

图 4.67　一次雷暴中 357 例 NBE 的定位结果

（a）NBE 发生高度随时间的分布（红色代表+NBE，黑色代表–NBE）；（b）NBE 发生高度的频次统计（右侧红色柱状图，每格 0.5km）和其反演的母体雷暴强对流区域的电荷结构，红/黑色区域分别代表正/负电荷区所处的高度；黑色曲线为山东章丘站当日 8:00 气象探空获得的垂直温度廓线

7～11.5km 之间，中心高度约 9km；仅有的两例–NBE 高度分别为 12.4km 和 14.0km。基于 NBE 与电荷层之间的关系，及 NBE 发生高度的统计结果，可以反演出雷暴强对流区的上部正电荷层和中间主负电荷层分别位于 11.5km 和 7.5km。该雷暴有–NBE 产生，但发生频次很低，说明在强对流区的上空有一个很弱的负极性屏蔽层，估算高度约为 15km，雷暴整体呈偶极性电荷结构。

4.5　雷暴云内电荷结构对闪电的影响

前面几节主要基于观测讨论了雷暴云内电荷结构及其多样性、闪电云内初始预击穿过程以及云内特殊放电事件的辐射脉冲特征及其所反映的雷暴云内电荷结构，并通过对比不同纬度和海拔地区 NBE 发生高度、极性及其与雷暴对流活动的关系，讨论了不同地区雷暴云内电荷结构的差异。雷暴云内电荷分布受动力和微物理过程的共同影响，而闪电放电特征在很大程度上又依赖于电荷结构。地面多站闪电定位系统虽能推断雷暴云内参与闪电放电的电荷分布，但难以全面获取雷暴云内电荷结构的信息，包括电荷浓度，电荷水平、垂直分布范围，电荷总量等。而数值模式不仅可以直观地展现电荷结构在云内的变化，还可通过敏感性试验探讨其形成过程和影响因素，并探讨雷暴云电荷结构对闪电行为的影响。

雷暴云内电荷结构不仅受大气环境因素，如云底高度、大气稳定度、暖云区厚度、CAPE、气溶胶浓度等的影响（Fuchs et al.，2015；张廷龙等，2009；Qie et al.，2009），还受云内液态水含量（LWC）、电场力（Willams and Lhermitte，1983；孙凌等，2018）等的影响。云内冰相粒子，如霰和冰晶之间的弹性碰撞引起的非感应起电机制被认为是雷暴云的主要起电机制（Takahash，1978），而霰粒子与冰晶碰撞时荷电的极性受环境温度、液态水含量、粒子大小、下落速度和淞附增长率（RAR）等的影响（Takahash，1978；Jayaratne et al.，1983；Pereyra et al.，2000）。另外，在强雷暴中电场力会通过影响水成物粒子的下落末速度及粒子间的碰并系数从微观上改变雷暴云的电荷结构。本书第三章给出了气溶胶对雷暴云微物理过程及云内电荷分布的影响，本节主要利用 NSSL 发展的 WRF-Elec（Fierro et al.，2013）探讨不同起电参数化方案、边界层参数化方案以及雷暴中电场力对雷暴云内电荷结构的影响，并结合云模式探讨云内电荷分布对闪电放电的影响。

4.5.1　不同非感应起电参数化方案对电荷结构的影响

WRF-Elec 模式的详细介绍见第 3.3.3 节。模式采用不同的非感应起电参数化方案模拟得到的雷暴云电荷结构差异很大。如 Mansell 等（2005）利用一个三维动力云模式对一次理想的陆地雷暴进行了模拟，模式中考虑了五种基于实验室结果提出的参数化方案，结果表明 TAK78 机制（Takahashi，1978），GZ 机制（Gardiner et al.，1985；Ziegler et al.，1991）和 S91 机制（Saunders et al.，1991）模拟出正偶极性电荷结构，而 SP98 机制（Saunders and Peck，1998）和 RR 机制（Brooks et al.，1997）模拟出反偶极性电荷结构。

WRF-Elec 模式在 NSSL 云微物理双参数化方案中加入了 4 种非感应起电参数化方案，分别为 S91，RR，SP98 和 BSP 方案。李江林等（2019）设计 4 组试验，通过不同参数化方案模拟结果的对比，选取了符合所选个例电荷结构特征的参数化方案。图 4.68 为 4 种试验方案的模拟结果。选取 Li 等（2013）青海大通地区的一次强雷暴个例，分析四种非感应起电机制下 WRF-Elec 模拟的雷暴云电荷结构的差异。模式微物理参数化方案为 NSSL 方案，边界层参数化方案为 MYJ 方案，其他物理参数化方案使用模式默认设置。模拟采用三重嵌套网格，水平分辨率分别为 18km、6km 和 2km，水平格点数 130×130，模式层顶 50hPa，模拟时间步长 15s，共模拟 12h。

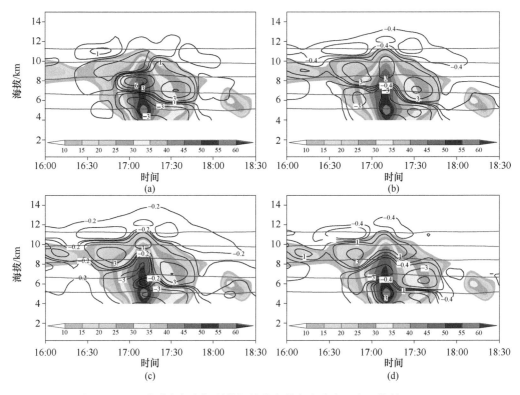

图 4.68　不同非感应起电机制模拟的总电荷密度分布（李江林等，2019）

（a）S91；（b）RR；（c）SP98；（d）BSP

阴影为雷达回波（单位：dBZ），黑色等值线为电荷密度（单位：nC/m^3），平直虚线为等温线，自下而上依次为 0℃，
−10℃，−20℃，−30℃和−40℃

使用 S91、RR 和 SP98 方案模拟的雷暴云过顶和移出时低层都是负电荷区，而 BSP 方案模拟的雷暴云过顶和移出时低层是正电荷区（图 4.68）。我国学者在研究高原雷暴时曾指出，该地区雷暴云底部大多数情况下存在着强正电荷区（刘欣生等，1987；王才伟等，1987；Qie et al.，2005a）。雷暴云在移入、过顶和移出时，四种方案模拟的雷暴云电荷结构都有所差异，在雷暴云过顶时，四种方案模拟的电荷结构最为复杂，S91 和 RR 方案模拟得到反三极性电荷结构，SP98 方案模拟得到自上而下呈"−＋−＋−"的五层电荷结构，而 BSP 案模拟得到自上而下呈"−＋−＋"的四层电荷结构。Li 等（2013）

利用 VHF 辐射源三维定位系统对此次雷暴过程的电荷结构进行研究认为，该雷暴云的发展和成熟阶段为上负、下正的反偶极性电荷结构，可见只有 BSP 方案模拟出了雷暴云底层的正电荷，且正电荷区与雷达回波较强区域相对应。对于此次高原雷暴过程，使用改进后的 BSP 方案较为合理。BSP 方案模拟的雷暴云底层容易出现正电荷堆，这与该方案本身的特征有一定的关系。温度较高的时候，淞附增长率的阈值很小，而淞附增长率的阈值与有效液态水含量有关，即当有效液态水含量很小的时候，在温度相对较高的雷暴云底层是比较容易出现霰粒子带正电荷的区域。

WRF 模式中有多种微物理方案，同一种起电参数化方案与不同的微物理方案结合也会给出不同的电荷结构。徐良韬等（2012）通过在 WRF 模式中耦合起电和放电的物理过程，发展了可以模拟云内电荷浓度分布以及区域闪电活动分布的中尺度起电放电模式 WRF-Electric，并通过分别在 Milbrandt-Yau 和 Morrison 双参数微物理方案中引入四种起电参数化方案，包括基于液态水含量（LWC）的非感应起电方案 TGZ 和 GZ 方案以及基于 RAR 的非感应起电方案 SP98 和 RR 方案，以三维理想超级单体为例，对比了不同非感应起电方案模拟的基本电荷结构的差异。结果显示，Milbrandt-Yau 方案中，TGZ 和 GZ 方案模拟得到的电荷结构差异很小，均为上正下负的偶极性电荷结构，仅在电荷浓度量值大小上略有差别。当使用 SP98 和 RR 方案时，模拟得到上负下正的反偶极性电荷结构。说明使用基于 RAR 的非感应起电参数化机制容易得到反极性的电荷结构。Morrison 方案中，使用基于 RAR 和 LWC 起电机制得到的电荷结构分布虽然有所差别，但 4 种起电机制模拟的电荷结构整体均呈现上正下负的偶极性电荷结构，其中使用基于 RAR 的起电机制得到的总电荷浓度比使用基于 LWC 方案得到的总电荷浓度小约 10 倍。

4.5.2　边界层参数化方案对电荷结构的影响

WRF-Elec 模式包含多种物理过程的参数化方案，涉及大气边界层、云微物理、辐射等过程，可以针对所研究的问题选取不同的物理过程参数化方案。大多有关雷暴云电荷结构的研究仅关注起电/放电参数化方案对模拟结果的影响。在实际使用中，由于选取的边界层参数化方案不同，可能使 WRF 模拟的边界层温湿条件存在差异，由此造成模拟的雷暴云电荷结构出现差异。设计两组试验，分别选用目前使用较多的局地（MYJ）（Janjic，1990，1994）和非局地（YSU）（Hong et al.，2006）边界层参数化方案来模拟雷暴产生的大气边界层环境场，两组试验均使用 BSP 混合非感应起电参数化方案（Mansell et al.，2010），即环境温度大于–15℃时，淞附增长率阈值曲线以 Brooks 等（1997）提出的参数化方案为准，当环境温度小于–15℃时，淞附增长率阈值曲线以 Saunders 和 Peck（1998）提出的参数化方案为准，两组试验均考虑了感应起电的影响。

模拟的不同时间段雷暴云总电荷密度的变化显示（图 4.69），在雷暴云发展成熟阶段，两组试验模拟的雷达回波中心位置的电荷结构自上而下均为正-负-正的三极性电荷结构，但是在雷暴云发展初始阶段，两组试验模拟的雷暴云电荷分布有所差异，MYJ 方案模拟的雷暴云电荷结构在雷达回波中心位置（4～12km 高度范围内）自上而下依次为正-负-正的三极性电荷结构，而 YSU 方案模拟的雷暴云电荷结构在雷达回波中心位置

（4～9km 高度范围内）为上负下正的反偶极性电荷结构。造成这种差异的原因主要与雷暴云发展初始阶段两个方案模拟的霰粒子混合比存在明显差异有关（图 4.70），其所携带电荷的极性在不同的高度也不同（图 4.71）。MYJ 方案在雷暴云初始阶段模拟出的雪粒子和霰粒子混合比较大，且在 9km 高度以上，除了没有冰粒子外，其他 5 种水凝物粒子均存在，这些水凝物粒子均携带一定的电荷，因此在 9km 高度之上出现上负下正的反偶极性电荷结构。而 YSU 方案模拟的雷暴云初始阶段各水凝物粒子混合比不仅小，而且在 9km 以上这些水凝物粒子混合比基本为零［图 4.70（b）］，因此该方案模拟的雷暴云在 9km 之上没有电荷分布，只在 4～9km 高度上出现反偶极性电荷结构。另外，两个方案模拟的低层电荷极性明显相反，主要是由于两个方案模拟的低层霰粒子电荷极性不同所致。MYJ 方案模拟的初始阶段霰粒子在低层主要携带负电荷，而 YSU 方案模拟的霰粒子在低层主要携带正电荷，造成这种差异的原因主要与两种方案模拟的有效液态水含量不同有关。

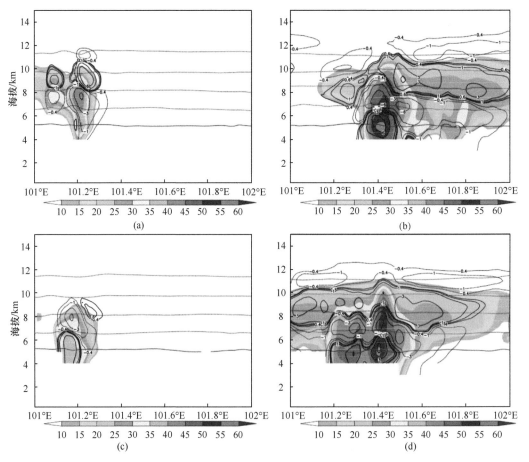

图 4.69　MYJ［（a）（b）］和 YSU［（c）（d）］方案模拟的初始阶段［（a）（c）］和成熟阶段［（b）（d）］雷暴云电荷结构

图中黑色等值线为电荷密度分布（单位：nC/m³），红色等值线自下而上依次为0℃，−10℃，−20℃，−30℃和−40℃等温线，填色区域为雷达回波（单位：dBZ）

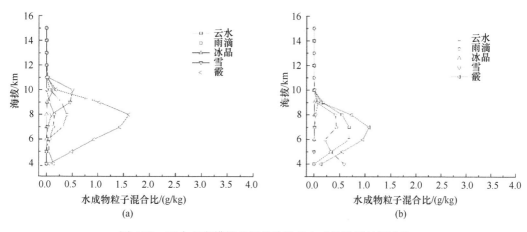

图 4.70 两个方案模拟的初始阶段各水成物粒子的混合比

(a) MYJ 方案；(b) YSU 方案

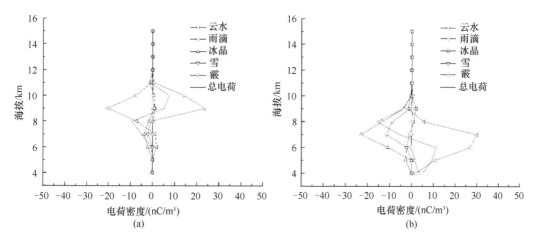

图 4.71 两个方案模拟的初始阶段各水成物粒子的电荷密度

(a) MYJ 方案；(b) YSU 方案

从宏观来看，未发生雷暴的南部地区，MYJ 方案模拟的近地面温度较 YSU 方案偏高，在雷暴发生前这种情况有利于不稳定能量的积累。从 MYJ 与 YSU 方案模拟的 2m 温度差值图上 [图 4.72（a）] 可以看出，在有雷暴发生的北部大部分区域差值是负值，说明在该区域 MYJ 方案模拟的近地面温度较 YSU 方案偏低，且 MYJ 方案模拟的雷达回波比 YSU 方案强，因此 MYJ 方案模拟的同时刻该地区的雷暴比 YSU 方案强。可以推断，在雷暴发生前，MYJ 方案模拟的该地区近地面温度高于 YSU 方案，有利于不稳定能量的积累，因此在雷暴发生时，MYJ 方案模拟的雷暴要强于 YSU 方案。从两个方案模拟的近地面 2m 空气绝对湿度差值分布 [图 4.72（b）] 可看出，MYJ 方案模拟的近地面空气绝对湿度明显大于 YSU 方案，在未发生雷暴的南部区域，MYJ 方案模拟的近地面湿度较 YSU 方案偏高，因此在雷暴发生前，该地区的高温高湿环境有利于不稳定能量的积累。

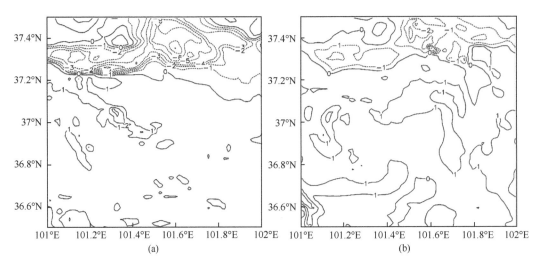

图 4.72　两个方案模拟的近地面 2m 气温差值（单位：℃）和 2m 空气绝对湿度差值（单位：g/kg），
均为 MYJ-YSU
（a）气温差值；（b）绝对湿度差值

　　MYJ 方案模拟的雷暴发生前期环境温度和湿度均大于 YSU 方案，因此，MYJ 方案模拟的初始阶段雷暴强度也大于 YSU 方案。并且 MYJ 方案可以使更多的热量和水汽参与到对流发生的初始阶段，伴随着微物理过程，更多的水汽参与了不同水成物粒子之间的相互转化过程，最终对雷暴云电荷结构产生影响。

4.5.3　雷暴云内电场力对起电和电荷结构的影响

　　早期部分学者通过量纲对比认为雷暴内的电场力与浮力加速度相比只是一个小量（Vonnegut，1963），因而推断雷暴云内的电场力对动力、微物理及起电、放电的影响可能微乎其微。随后的研究（Willams and Lhermitte，1983）表明虽然电场力本身的量级很小，但强雷暴中的电场力会通过影响各种水成物粒子的下落末速度及粒子间的碰并系数，造成云内各种水成物粒子的重新分布，有可能影响雷暴云的电荷分布。云模式中开展的研究也显示强电场可引起云内动力、微物理过程的改变，并对降雹过程产生影响（张义军等，2004；周志敏等，2011）。但目前大多数中尺度模式只考虑了微物理过程对起电的影响，没有考虑电过程对微物理过程的影响，即这些模式大多都是单向的，没有考虑反馈作用。通过在 WRF-Elec 模式中的云微物理参数化方案中增加电场力对降水粒子降落末速度的影响（孙凌等，2018），可以研究电场力对雷暴云起电和电荷结构的反馈作用。

　　采用 SP98 方案，以理想超级单体为例，模拟区域 200km×200km×20km，模式水平分辨率为 500m，垂直层为 11 层，模式层顶 20km，模拟时间步长 3s，共模拟 90min。设计两个算例：不考虑电场力（NEF）和考虑电场力（EF）。对比分析发现，电场力的作用增强了霰粒子的下落速度［图 4.73（a）黄色线］，而对雹粒子的降落起减弱作用。电场力对直径小且数浓度较低的霰、雹粒子的影响更大，且这种影响与电场强度和霰、雹粒子的电荷密度、极性以及粒子本身的直径和数浓度等有关。电场力通过对霰、雹粒子降落末速度的调整，增强了雷暴云内感应、非感应起电率，相对于非感应起电，电场力对感应起电过程的影响更大［图 4.73（b）（c）］，造成云内局部总电荷密度的变化［图 4.73（d）］，从而使电荷结构重新分布。雷暴云内电场力对闪电活动为正反馈，但这种反馈在雷暴发展旺盛阶段才出现，因此这种反馈作用可能在实际强雷暴系统整个发展过程的模拟中更明显。总体上，电场力对闪电活动的作用为正反馈，电场力对雷暴电荷结构的反馈作用不可忽略。

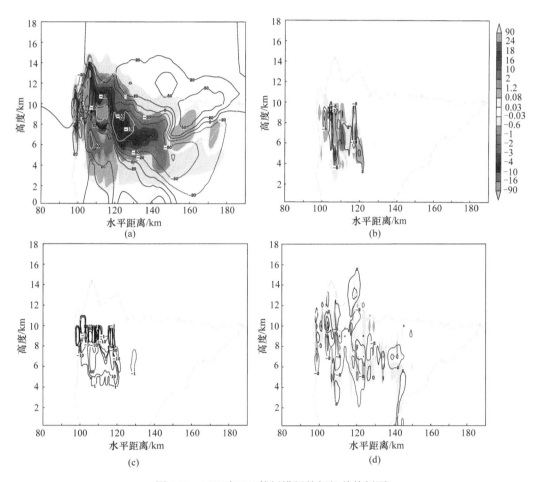

图 4.73　NEF 与 EF 算例模拟的超级单体剖面

（a）NEF 算例霰粒子电荷密度（填色，单位 nC/m³）、垂直电场（黑色，实线/虚线为正/负，单位 kV/m）与降落末速度增量（EF-NEF，黄色，0.5m/s，实线/虚线为正/负）；（b）NEF 算例感应起电率（黑色，实线/虚线为正/负，单位 nC/m³）及增量（EF-NEF，填色，单位 nC/m³）；（c）NEF 算例非感应起电率（黑色，实线/虚线为正/负，单位 nC/m³）及增量（EF-NEF，填色，单位 nC/m³）；（d）总电荷密度增量（填色，单位 nC/m³）与垂直电场强度增量（黑色，实线/虚线为正/负，单位 kV/m）

这里只考虑了电场力对降落末速度的影响，但越来越多的研究者发现电场力对粒子之间碰并效率的影响也不容忽视，如 Connolly 等（2005）通过飞机穿云观测指出冰晶聚合过程可以发生在低于−40℃温度层，Pedernera 和 Ávila（2018）通过实验室研究证实低于此温度的冰晶聚合过程是由不同电荷区之间的强电场引起的，但是目前还没有相对定量的参数化方案。有必要通过设计有针对性的云室实验，指导发展更合理的参数化方法，来完善中尺度模式中电场力对雷暴云动力、微物理反馈过程的描述。

4.5.4　雷暴云电荷分布对闪电放电的影响

闪电的始发、传播、是否击地等行为与雷暴云电荷结构息息相关，本章 4.1～4.3 节的观测给出了与各类闪电相关的电荷结构推断结果。本节利用云模式给出一些电荷分布对闪电行为影响的研究结果。

1. 雷暴云底部正电荷对闪电放电的影响

利用谭涌波等（2015）在已有云模式研究工作的基础上建立的理论三极性电荷模块，通过改变底部次正电荷区（LPC）的电荷总量以及范围，定量探讨了 LPC 对闪电行为的影响。图 4.74 为不同底部正电荷区电荷密度大小下的闪电通道结构和空间电荷分布，其

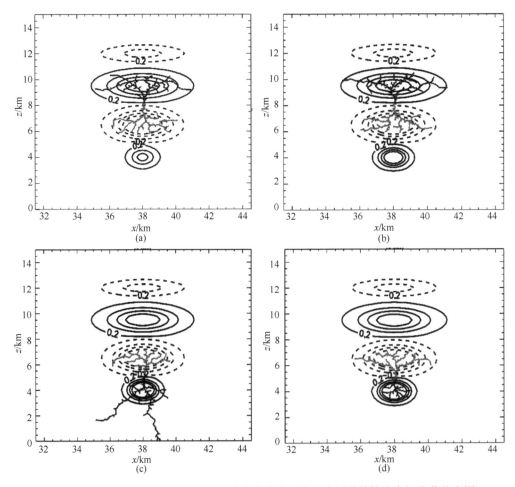

图 4.74　不同雷暴云底部正电荷区电荷密度大小下的闪电通道结构和空间电荷分布图
（a）ρ_{0LP}=1.5 nC/m³；（b）ρ_{0LP}=3.0 nC/m³；（c）ρ_{0LP}=4.0 nC/m³；（d）ρ_{0LP}=4.5 nC/m³
实线和虚线分别代表正、负电荷密度等值线，其值依次为±0.2nC/m³，±0.7nC/m³，±1.2nC/m³ 和±1.7nC/m³，黑色实心菱形代表闪电的启动点，灰色实线和黑色实线分别代表正、负先导通道

中图 4.74（a）～（d）的电荷结构配置一致，LPC 区的电荷区水平半径（r_x）均为 1.5km，底部正电荷区中心的最大电荷密度（ρ_{0LP}）取值依次是 1.5nC/m³，3.0nC/m³，4.0nC/m³ 和 4.5nC/m³。从图 4.74 不难发现，随着雷暴云底部正电荷区电荷密度的增大，闪电从正极性云闪转变为负地闪再转为反极性云闪。当底部正电荷密度较小时［图 4.74（a）（b）］，闪电起始于雷暴云上部的正、负电荷堆之间，正、负先导先从启动点垂直延伸一段距离，之后负先导向上发展通过正电荷累积区后水平延伸，正先导向下发展通过负电荷累积区后也水平延伸，并且正、负先导在高电荷密度中心的分叉数多，在低电荷密度区的分叉数少，整个云闪放电通道呈现出双层水平分支结构；当底部正电荷密度增大到一定程度后［图 4.74（c）］，闪电的启动点发生了变化，闪电起始于雷暴云下部的正、负电荷堆之间，并且发生的是负地闪，负先导向下发展通过正电荷累积区后穿过底部正电荷区接地，并且负先导在正电荷区中有多分叉，穿过电荷区后几乎呈单线发展，正先导的传播特性与云闪的相似。Mansell 等（2005）在模拟中也发现负极性的云地闪发生在底部正电荷区有足够的电荷密度时。当底部正电荷密度再增大时［图 4.74（d）］，闪电同样起始于雷暴云下部的正、负电荷堆之间，但发生的却是反极性云闪，反极性云闪的正、负先导传播特性与正常极性云闪的传播特性一致，只是启动点和极性发生了变化。以上结果表明在雷暴云底部正电荷区分布范围一定的情况下，底部正电荷区电荷密度的增大会导致不同类型闪电的发生。

表 4.9 给出了不同底部正电荷区分布范围下，ρ_{0LP} 增大对闪电类型的影响。可以看出，电荷密度对闪电类型的影响非常显著，虽然所选取的底部正电荷区分布范围存在差异，但随着底部正电荷区电荷密度的增大都出现了从正极性云闪向负地闪再向反极性云闪转变的现象。

表 4.9　不同 D_{LP} 下 ρ_{0LP} 对闪电类型的影响结果

D_{LP}/km	P_{0LP}/(nC/m³)			
	1.5	3.0	4.0	4.5
3	正极性云闪	正极性云闪	负地闪	反极性云闪
4	正极性云闪	正极性云闪	负地闪	反极性云闪
5	正极性云闪	负地闪	反极性云闪	反极性云闪
6	正极性云闪	负地闪	反极性云闪	反极性云闪

图 4.75 为不同雷暴云底部正电荷区分布范围内的闪电通道结构和空间电荷分布，图 4.75（a）～（d）中的 LPC 区的 ρ_{0LP} 取值均为 3.2nC/m³，LPC 区的 r_x 取值依次为 1.5km、2km、2.5km 和 3km。可以看出，在相同的电荷密度分布情况下，随着雷暴云底部正电荷区分布范围的增大，闪电类型和先导传播行为也会有很大变化。当 r_{LP}=1.5km 时［图 4.75（a）］，闪电起始于雷暴云上部的正、负电荷堆之间，发生的是正极性云闪；当 r_{LP} 等于 2km 和 2.5km 时［图 4.75（b）（c）］，闪电起始于雷暴云下部的正、负电荷堆之间，发生的是负地闪，并且对比图 4.75（b）（c）中负先导的传播行为，可以发现图 4.75（b）中的接地负先导基本是垂直向下发展接地的，而图 4.75（c）中的接地先导在接地前会水平传播一段距离（约 3km），然后再弯曲接地，使得地闪击地点离起始点的水平距离达

到了 4.5km；当 r_{LP}=3km 时［图 4.75（d）］，闪电起始于雷暴云下部的正、负电荷堆之间，发生的是反极性云闪，负先导虽然穿出了云区但没接地。以上结果表明雷暴云底部正电荷区的分布范围对闪电类型和先导传播行为的影响也是显著的，并且随着底部正电荷区分布范围的增大也出现了从正极性云闪向负地闪再向反极性云闪转变的现象。

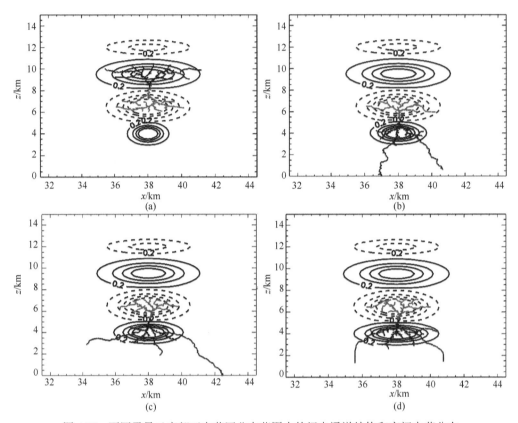

图 4.75　不同雷暴云底部正电荷区分布范围内的闪电通道结构和空间电荷分布
（a）r_{LP}=1.5km；（b）r_{LP}=2km；（c）r_{LP}=2.5km；（d）r_{LP}=3km
其他图注同图 4.74

表 4.10 为 LPC 区不同 ρ_{0LP} 取值下，底部正电荷区分布范围对闪电类型的影响。可以看出，在不同的 ρ_{0LP} 取值下底部正电荷区分布范围 D_{LP} 对闪电类型的影响存在差异，在 ρ_{0LP}=2.2nC/m^3 时，闪电皆为始发于上部正电荷与中部负电荷区之间的正极性云闪；而在 ρ_{0LP}=4.5nC/m^3 时，全为反极性云闪；只有当 ρ_{0LP} 取值在一定取值范围内时，才会在不同的底部正电荷区分布范围下出现不同类型的闪电。另外，随着底部正电荷区的增强（电荷密度 ρ_{0LP} 增大或电荷区范围 D_{LP} 变宽），闪电类型依次发生变化，其中云闪触发时底部正电荷区最弱，反极性云闪时底部正电荷区最强，而负地闪介于两者之间。

对比表 4.9 和表 4.10，不难发现，雷暴云底部正电荷对闪电类型的影响是底部正电荷区的电荷密度大小和分布范围共同作用的结果，但两者对闪电类型的影响程度不一样，其中雷暴云底部正电荷区的电荷密度大小对闪电类型的影响比分布范围要显著，闪电类型主要由底部正电荷区的电荷密度大小所决定。

表 4.10　不同 ρ_{0LP} 下 D_{LP} 对闪电类型的影响结果

$P_{0LP}/(\text{nC/m}^3)$	D_{LP}/km			
	3	4	5	6
2.2	正极性云闪	正极性云闪	正极性云闪	正极性云闪
3.2	正极性云闪	负地闪	负地闪	反极性云闪
4.0	负地闪	负地闪	反极性云闪	反极性云闪
4.5	反极性云闪	反极性云闪	反极性云闪	反极性云闪

2. 雷暴云内电荷水平分布形式对闪电放电的影响

理论模式为讨论电荷结构单一参数对闪电行为的影响提供了可能，而在设置雷暴云电荷结构模块时，除了中心电荷密度最大值以及电荷区范围之外，还有一个很重要的参量就是电荷累计区电荷的分布形式。目前大部分电荷模块均采用了较为常见的高斯分布，但实际雷暴云中电荷分布十分复杂，仅由一种理论电荷分布形式来表示雷暴云中的电荷累积区密度的分布形态可能与实际情况差别较大，因此下面探讨电荷水平分布形式对闪电类型以及先导传播特征的影响。雷暴云电荷分布采用三极电荷结构外加负的云顶屏蔽层电荷（林辉等，2018），并固定其他电荷区的所有参数，只改变所讨论电荷区的电荷分布形式，并保证主正电荷区与主负电荷区的电荷总量基本相当（绝对值差小于 0.1%），排除由于电荷总量差别太大带来的影响。

采用高斯分布和变换星形线分布两种模型，其共同点是使电荷区的电荷密度从中心点向外层以一定的速率递减，不同点是高斯分布的递减速率固定不变，而变换星形函数可以通过调整参数来改变其递减速率，具体公式如下：

$$\rho = \rho_0 \exp\left(-4\varPhi^2\right) \tag{4.5}$$

$$\rho = \rho_0\left(1-\varPhi^\lambda\right)^{1/\lambda} \tag{4.6}$$

式中，ρ_0 为控制电荷区最大电荷密度参数，反映电荷密度大小，对电荷区电荷总量起主导作用；$\varPhi$ 为控制电荷区电荷分布范围和中心位置的参数。式（4.5）表示电荷区电荷密度呈高斯分布，式（4.6）表示电荷密度呈变换星形线分布，其中 λ 是控制密度变化速率的参数，取值范围是 $0.55 \leqslant \lambda \leqslant 1.95$。

图 4.76 为上部正电荷区（P 区）不同电荷密度分布时，空间电荷分布与闪电通道结构图。其中图 4.76（a）~（f）的电荷结构配置相同并且电荷总量相当，区别在于 P 区密度分布参数 λ 依次取 0.550、0.650、0.825、1.200、1.800 和 1.900。从图 4.76 不难发现，对于空间电荷密度分布而言，当 λ 取值较小时，P 区的密度由中心到边缘递减率大，中心最大电荷密度的分布范围较小，呈现不均匀分布形式 [图 4.76（a）~（c）]。随着 λ 取值的增大，P 区的密度由中心到边缘递减率小，中心最大电荷密度分布范围变大，呈现均匀分布形式 [图 4.76（d）~（f）]。从模拟出的闪电通道结构来看，所有闪电都始发于 P 区和主负电荷区（N 区）之间，但随着 P 区密度分布参数 λ 的增大，闪电类型会从正地闪向

正极性云闪再向负地闪变化，最后又转变为正极性云闪并且负先导呈水平延展。图 4.76
（a）中，当 P 区的 λ 取值较小时，模拟出的闪电为正地闪，正、负先导在垂直方向上发展
一段距离后，负先导向上发展到 P 区并沿水平方向延伸，正先导向下发展到 N 区后沿水
平方向延伸直到 N 区外，随后两边先导继续向下发展直到右边先导接地形成正地闪。图
4.76（b）～（d）中，当 λ 的取值增大时，模拟的结果都为正极性云闪，正、负先导都是
在垂直方向发展一段距离后进入对应的电荷区并沿水平方向发展呈现出双层分支结构，主
要区别在于 λ 值越大，负先导有穿出 P 区的趋势并最终在 P 区外继续发展，而正先导则
是往 N 区密度中心处聚集。图 4.76（e）中，随着 λ 取值进一步增大，模拟出的闪电转变
为负地闪，负先导在水平延展后穿出 P 区呈现多分叉状继续发展直到右边的先导接地形
成"晴天霹雳"类的负地闪，正先导则往 N 区中心密度处聚集。图 4.76（f）中，当 λ 值
增大到比较极限的情况下，闪电类型又转变为正极性云闪，原来接地的负先导在水平延展
较长距离后不再继续发展，正先导聚集在 N 区密度中心。Fuchs 等（1998）观测指出科罗
拉多州的一些弱湍流形成的雷暴云中经常触发少量但是空间尺度大的闪电，可能与云中电
荷水平分布有关，当分布较为均匀时更有利于闪电在水平方向传播使得闪电的尺度增大。
以上分析说明电荷水平分布方式的不同对闪电放电类型和传播行为有很大的影响。

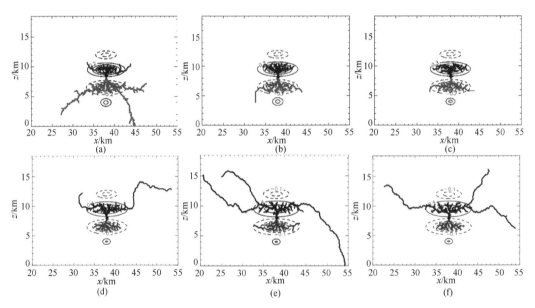

图 4.76　主正电荷区不同分布参数 λ 取值下的空间电荷分布与闪电通道结构示意图
（a）分布参数 λ 为 0.550；（b）分布参数 λ 为 0.650；（c）分布参数 λ 为 0.825；（d）分布参数 λ 为 1.200；
（e）分布参数 λ 为 1.800；（f）分布参数 λ 为 1.900

　　闪电放电过程与雷暴云中电荷的分层、密度大小，水平范围、分布形态等因素有关。
上述结果主要是通过数值模拟得到的，虽然模式能够全面提供雷暴云中的各个参数，但
由于目前对于云物理以及大气电学的很多物理过程认知不足，许多设置还是以参数化方
案的形式存在，甚至有些还是靠人为假定或设置得以实现，模拟得到的云过程以及起电、
放电行为还难以与实际雷暴云过程相匹配，因此还需要更多的探测与模式的结合，从而
提高我们在雷暴云起电方面的认知。

第5章 雷电发展传输的物理过程及其成灾机理

随着现代电子信息技术的迅速发展，雷电电磁辐射造成的损失日益增加，认识并掌握雷电的物理本质对于雷电灾害防护技术的发展至关重要。由于自然雷电的发生和发展具有时空随机性和瞬时性，对其放电电流、近距离电磁场等关键参量的直接测量相当困难。20世纪中叶以来，人们开始尝试利用一定的技术手段在自然大气中人为地控制雷电，使其在预知的时间和地点发生，即人工引发雷电或人工触发闪电（Newman et al.，1967；Fieux et al.，1978；Hubert et al.，1984）。由于在一定时空范围内可知可控，人工引发雷电（简称"人工引雷"）已成为雷电研究的重要手段（Fisher et al.，1993；Liu et al.，1994；Lalande et al.，1998；Rakov et al.，2005；Qie et al.，2007），并推动了雷电物理过程及雷电与地面物体相互作用机理的研究。

中国是国际上较早开展人工引发雷电技术探索和实验研究的少数几个国家之一，于1977年在宁夏南部山区利用改装的防雹火箭首次引雷成功（夏雨人等，1979）。之后，又在甘肃、北京、江西、上海、广东、山东等地成功实施人工引雷实验（张义军等，1997；王道洪等，2000），并先后研制了金属不锈钢和复合材料为箭体的两代引雷火箭和系统，解决了火箭安全抛伞，轨道稳定，拖线及点火等多项关键技术（郄秀书等，2010；Qie et al.，2011），在人工引雷实验中发挥着重要作用。

本章主要介绍基于山东沾化和广东从化人工引雷实验、广州高建筑物群雷电综合观测实验所得到的一些主要研究成果，包括上行正先导在不同阶段梯级传输特征及变异性，雷电接地过程中上行先导的始发和发展过程，通过不同站点的协同高速光学观测对高建筑物雷电先导过程的三维重构，以及雷电对架空输电线、防雷器件浪涌保护器（SPD）和通信天线的电磁耦合效应等。

5.1 人工引发雷电实验

5.1.1 人工引发雷电技术

人工引发雷电是在一定条件下，向已经起电的雷暴云发射某种形式的导电物质、能量以形成一定的导电介质或放电通道，例如，发射拖带金属导线的小火箭、激光束、高功率微波束、高温火焰、高压水柱等。这些探索当中，火箭引雷技术获得了成功并逐渐发展成熟，而其他技术手段多以失败告终（王道洪等，2000）。近年来，随着激光技术快速发展，其在人工引雷方面的应用仍在持续探索。在无特殊说明的情况下，人工引雷技术一般指"火箭拖带金属导线的引雷技术",即在起电云体(雷暴云)下方,利用专门设计的拖带金属导线的引雷火箭,迅速向上拉升最终诱发雷暴云对地放电。通常当拖带金属导线的引雷火箭上升到100～400m的高度时,火箭头部在雷暴云强电场作用下产生的持续流光放电(上行先导)到达雷暴云中,便可成功引发雷电,引雷火箭不需要达到雷暴云体当中。常规人工引雷实验和测量设备的布局示意图如图5.1所示。天气雷达用于判断雷暴是否有可能到达引雷测站上空,大气平均电场仪用于判断是否满足引雷火箭发射的雷暴云起电条件,其他为人工引雷的电流、电磁场、光学、高能辐射测量和三维定位系统等。

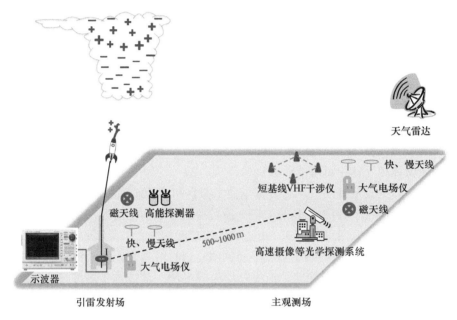

图 5.1　人工引雷实验原理和站点布局示意图

人工引发雷电的物理过程类似于高塔上发生的上行闪电,通常包括上行先导过程、初始连续电流过程(ICC)和初始连续电流脉冲(ICCP)、下行直窜(包括直窜-梯级)先导-继后回击过程、连续电流和M分量过程等。由于人工引发雷电的时间、地点预知,可以进行多探测手段的同步测量,因此开展人工引雷实验具有重要的科学意义和实际应用价值。中国科学院大气物理研究所和中国气象科学研究院分别在山东滨州沾化和广东从化建立了人工引雷实验基地,长期开展引雷实验,围绕雷电物理过程和雷击影响开展研究和测试。在国家"973"项目的支持下,利用两个基地开展实验,在上行先导的发生发展和雷电近距离电磁场特征等方面开展了深入研究,并对架空电缆和电子通信设备的雷击响应及防雷器件的防护效果等进行了测试。主要研究和测试内容概括为以下三方面。

(1)雷电物理研究:基于人工引发雷电的时空可控性,可以设置多种高时空分辨率探测设备进行同步、定量观测,包括雷电流直接测量、极近距离电磁场、高速光学、雷电辐射源定位、雷电电离性高能辐射等,研究雷电放电物理过程的特征和机制,并可检验和改进雷电的相关物理模型。

（2）雷电防护技术测试研究：人工引发雷电作为自然大气条件下的云、地间的大空间尺度放电过程，除首次回击以外，继后回击、回击间过程等与自然地闪基本一致，而与高建物上行闪电放电过程几乎完全相同。因此，利用人工引发雷电创造真实的雷击环境，开展针对雷电防护技术的相关测试研究，揭示雷击破坏机理，提出改进方案。

（3）雷电定位系统的性能评估：人工引发雷电可以获得不同物理过程特别是回击过程的发生时间、位置、峰值电流等重要参量，为雷电定位系统提供准确的标定源，从而科学、定量评估雷电定位系统的探测效率、定位精度等。

5.1.2　山东沾化人工引雷实验基地

图 5.2 为中国科学院大气物理研究所在山东省滨州市沾化区建立的人工引发雷电实验基地（英文简称 SHATLE）场地照片。实验设置了雷电通道底部电流、不同距离电磁场、高速光学和雷电辐射源精细定位等多手段同步的综合探测系统。

图 5.2　山东人工引发雷电实验场地照片

（a）实验场地；（b）发射平台 1；（c）发射平台 2

1. 火箭发射平台

山东人工引发雷电实验共设置两套火箭发射平台，两套发射平台相距约 70m，均在控制室内（与发射平台相距 80～90m）进行点火控制。

发射平台 1 为传统引雷火箭发射平台［图 5.2（b）］，围绕中间的法拉第笼一共设置 8 个发射架体。引雷钢丝直接与法拉第笼顶端的引流杆连接，引流杆与法拉第笼以绝缘方式固定，其后端连接至同轴分流器以保证电流直接测量，系统末端进行良好接地。

发射平台 2 为雷击信号塔火箭发射平台，火箭发射架设置在 30 m 高的通信测试塔旁［图 5.2（c）］，共设置 5 个发射架体。为了实现将雷电"定向"引发至测试塔，火箭钢丝不直接接地，通过 35～40 m 长的尼龙线固定到地面，从而保证在火箭上升过程中，钢丝底端与塔顶的距离约为 5～10 m。火箭拉伸钢丝上升过程中，钢丝顶端发生向上先导放电，同时钢丝底端发生向下先导放电，作为周围环境内的唯一金属高塔，信号塔将对下行先导有"吸引"作用（Liu et al.，2020），使得所引发雷电的放电通道与信号塔发生连接，从而保证引发雷电击中信号塔，为开展信号塔雷击防护测试研究提供条件。

2. 电流测量系统

对应两套发射平台分别设置了两套电流测量系统。发射平台 1 的电流测量传感器放置在法拉第笼内，包括 $0.5m\Omega$、$5m\Omega$、$10m\Omega$ 三套，前后串联在引流杆与接地系统的放电通路中。发射平台 2 的电流测量传感器安装于塔顶，以避免电流波在塔体来回反射对测量造成影响，同时采用同轴分流器和 Pearson 线圈进行电流测量。电流的直接测量设备同轴分流器阻值为 $10m\Omega$，带宽 0～3.2MHz，串联在塔顶引流杆与塔体之间；电流的感应测量设备 Pearson 线圈带宽为 0.9Hz～1.5MHz。所有电流信号均通过具有高压隔离功能的 ISOBE5600 光学系统传输至控制室内，由高速数字示波器进行记录，采样率 20MHz，记录长度 2s。发射平台 1 的电流探测量程为 200A、2kA 和 40kA，兼顾不同大小电流信号的高分辨率记录。发射平台 2 的电流探测量程为 2kA 和 40kA。

3. 引雷点主要探测设备

除电流直接探测设备以外，引雷场地内还设置了其他重要的探测设备，包括与发射平台 1 距离为 30m 和 60m 的近距离电场变化测量仪（快、慢天线），并设置小增益、常规增益，以实现对引发雷电不同过程不同强度信号的探测，特别保证对上行先导起始阶段弱信号的记录。距离发射架 30 m 处，还设置了闪烁晶体 NaI 高能辐射传感器，用于测量雷电高能辐射信号（李小强等，2018，2019），这些高能辐射信号一般与雷电先导发展有关。低频磁场变化测量系统放置在控制室的屋顶，距离发射平台 2 为 78m，设置南-北、东-西、垂直三个通道，实现对人工引发雷电辐射磁场的三维信号探测。场地内，还设置了一套短基线雷电 VHF 辐射源二维图示干涉仪（Sun et al.，2013，2014），6 天线以正六边形设置，实现对整个雷电过程辐射信号的连续探测和定位图示，在 1km 探测距离上定位精度可达 10m 量级。此外，为了在近距离条件下获得细节清晰的连接过程图像，在控制室内放置了一台 Phantom M310 高速相机，对准 30m 通信信号塔的塔尖区域进行拍摄，空间分辨率为 512×512 时的拍摄速度为 11500f/s。引雷点设置的所有探测设备获取的信号均在控制室进行记录。

4. 主观测点探测设备

在距离引雷点 970 m 处的主观测点，设置了快、慢天线电场变化测量仪各两套，低频磁场变化测量系统、4 天线设置的短基线雷电 VHF 干涉仪等各 1 套。在二层观测室内，设置了 Phantom V1612、V710 和 M310 等多台高速摄像机，以不同视野大小和拍摄速度，对雷电的整体发展形态和上行先导始发过程和连接过程等进行探测。此外，针对雷电先导发展和连接过程的光学探测设备还包括超高速雷电光学探测系统（LOTUS），通过将光纤阵列设置在相机的像平面上，接收雷电通道的发光信号并感应光强变化，传输至高速光电转换模块，其数字信号利用两个 8 通道高速大容量示波器分别以 100MS/s 和 10MS/s 采样率进行记录，从而得到雷电通道在不同高度上的亚微秒时间分辨率光强变化信息（Pu et al.，2019）。此外，还以主观测点为中心站，建设了雷电低频电场变化探测和三维定位系统（Ma et al.，2021），覆盖范围约 100km，可以对包括云闪和地闪在内的全闪放电脉冲进行定位，实现对人工引雷放电全过程的高分辨率三维定位和图示。

5.1.3　广东从化人工引雷实验基地

图 5.3 给出了中国气象科学研究院在广东省广州市从化区建立的人工引发雷电实验基地（英文简称 GCOELD）设备布局示意图及场地照片。人工引雷实验场占地约 60 亩，可控范围约 1km²。在发射场地建设了发射控制室、发电机房、自动气象站、通信塔、高压输电实验线路、低压供电实验线路、风力发电机实验模型、电流直接测量系统、电磁场近距离测量系统等实验设施。人工引雷实验场安装 6 套火箭发射架，火箭末端携带铜丝与引流杆相连，引雷杆下部与雷电流测量设备相连并良好接地。雷电流测量传感器采用阻值为 1mΩ 的同轴分流器，量程为 100kA，带宽 200MHz。实验场内设置有大气电场仪、快天线（时间常数 2ms，带宽 1kHz～2MHz）、慢天线（时间常数 6s，带宽 10Hz～3MHz）以及宽带磁环天线（100Hz～5MHz），这些设备为人工引雷作业条件的判断提供依据并对人工引雷放电过程的电磁辐射信号进行探测采集。

图 5.3　广东人工引发雷电实验设备布局示意图和场地照片

在距离发射场约 600m 和 1.9km 的位置建设了两个人工引雷光学观测点，并架设有雷电声、光、电、磁以及高速摄像综合观测设备，形成了雷电物理过程精细化综合观测和雷电防护新技术测试野外实验应用平台。基于短基线到达时差法发展了雷电宽带辐射源连续定位技术，建设了雷电宽带辐射源连续定位阵列，其时间分辨率可达亚微秒，解决了云内放电通道精细化描绘的难题；自行研发的全视野雷电通道成像仪是一款专业雷电监测设备，可对四周360°全视野范围进行成像，并基于快速的数字图像技术分析算法，实时检测雷电事件并记录雷电通道的图像；实验基地可以开展通信基站、10kV 架空配电线路、石化 DCS 仪表和风力发电机等在真实雷电电磁环境下的防护测试实验，在输电线路耦合、地电位抬升及 SPD 防护测试等方面获取了高质量的观测资料。

在从化气象局雷电观测站，建有雷电实验室及观测室 4 间（约 600m²）、专家楼 2 幢（约 700m²），为雷电探测设备的研发、测试和雷电多参量同步观测提供了良好的条件。在观测室及露台观测平台，建设了针对自然雷电的电场、磁场、光辐射同步观测系统，并联合高速摄像、雷电低频电场探测阵列，实现了对先导、回击、初始击穿等放电过程的同步观测；同时，基于连续干涉仪、电场变化、高速摄像及全闪三维的综合观测，可开展云闪及地闪的始发击穿物理过程研究，获得雷电始发阶段的发展传输特征和辐射规律等。此外，实验基地还以从化气象局雷电观测站为中心站，建设了覆盖范围为百公里的雷电低频电场探测阵列，实现了对雷暴中的全闪放电事件的三维定位，对人工引雷放电过程具备较好的辐射源定位能力。

5.2 人工引雷的近距离低频磁场及通道电流反演

关于自然雷电的磁场测量，最早由 Krider 和 Noggle（1975）采用环形天线后接积分电路的方法来实现，最初应用于人工引雷实验中的磁场测量设备也在此基础上发展而来（Rakov et al.，1998）。由于环形天线构成的磁场传感器灵敏度较低，在人工引雷实验中主要针对回击、M 分量以及初始连续电流等较强放电过程开展测量（Rakov et al.，1998；Schoene et al.，2003；Jerauld et al.，2004；Yang et al.，2008，2010）。为了提高磁场天线的探测能力，Lu 等（2014）通过将金属导线线圈密绕在相对磁导率较高的软磁材料磁棒上，制成了灵敏度非常高的磁场传感器，并采用两根正交磁棒的设计，用于接收来自不同方向的磁场信号，磁场传感器与外部放大电路组成磁场天线，其 3dB 带宽设置于低频段，增益大小则可以根据观测对象的不同进行调整。该套系统于 2013 年起应用于山东人工引雷实验中，结果表明其能够很好地解析较弱放电过程产生的磁场信号，因此除了在山东人工引雷实验基地开展持续观测外，自 2015 年夏季开始在广东野外雷电综合观测实验基地中也架设了该系统，目前已经积累了大量人工引雷低频磁场的观测数据，并在此基础上对人工引雷不同观测距离上的磁场进行了深入分析，针对近距离磁场在通道电流反演中的应用进行了探讨。

在 SHATLE 实验中一共设置有两个观测点，分别为距离引流杆 78m 的近距离观测点和距离引流杆 970m 的远距离观测点，高灵敏度磁场天线在这两个观测点展开同步观测。本节内容主要针对 2014 年和 2015 年 SHATLE 实验的观测结果进行分析，其中 2014 年一共成功引发雷电 9 次，远距离观测点的磁场采集系统记录到了全部个例，而近距离观测点的磁场数据与通道底部电流使用同一个采集卡进行采集，9 次人工引雷实验中有

4 次数据未记录到。2015 年 SHATLE 一共成功引发雷电 7 次，其中包括两次引发正极性雷电的个例，这在之前的 SHATLE 实验中是没有过的，与 2014 年实验相类似，远距离磁场测量系统获取了较为完整的数据，而近距离测量中记录到了其中 5 次个例。需要说明的是，2015 年的 SHATLE 实验针对 78m 近距离观测点的磁场测量系统进行了改进，改进后的四通道磁场天线由东–西、南–北（两根不同增益的磁场传感器）、垂直三个不同方向的四根磁场传感器组成，用于接收人工引发雷电辐射的三维磁场，由于在实验中南–北方向为接收磁场信号最大的方向，而大增益传感器获得的数据信噪比最高，因此如无特殊说明，下文中的用到的四通道磁场数据均为南–北方向大增益通道测量结果。表 5.1 给出了 2014 年 SHATLE 实验中两个观测点记录到的磁场数据和同步通道底部电流数据的具体情况。

表 5.1　2014 年 SHATLE 实验磁场数据和同步通道底部电流数据情况

雷电序号	日期	世界时	雷电极性	通道底部电流	78m 磁场	970m 磁场
SH2014#01	8 月 13 日	4:10:32	负	√	√	√
SH2014#02		4:13:28	负	√	√	√
SH2014#03	8 月 18 日	4:17:18	负	√	√	√
SH2014#04		4:20:41	负	×	×	√
SH2014#05		16:01:16	负	×	×	√
SH2014#06		16:11:06	负	√	√	√
SH2014#07	8 月 23 日	16:25:18	负	×	×	√
SH2014#08		16:26:20	负	×	×	√
SH2014#09		16:29:52	负	√	√	√

5.2.1　不同观测距离处初始阶段磁场信号总体特征

图 5.4 给出了 SHATLE 实验中测到的一次负极性（SH2014#09）人工引雷通道底部电流和两个距离上的磁场同步观测结果，需要说明的是，这里定义与负极性人工引雷（上行正先导）对应的电流脉冲产生的磁场为负极性，反之，与正极性人工引雷（上行负先导）对应的电流脉冲产生的磁场为正极性。从图 5.4（a）中可以发现，在负极性人工引雷实验刚刚开始的阶段，通道底部电流测量结果记录到了与上行正先导对应的电流脉冲，将这些脉冲称作"初始电流脉冲"，不过由于电流测量的噪声水平较高，测量结果并不能很好地解析这些较弱的电流脉冲，之后电流信号趋于平静并缓慢增加直至产生初始连续电流。

同步的近、远距离磁场信号在整体上与电流信号对应，在最初阶段均记录到了与正先导电流脉冲相互对应的磁场脉冲，将这部分脉冲称之为"初始磁场脉冲"；紧接着磁场测量中也会出现一段相对平静期，在此阶段的磁场信号呈现出强度为噪声水平的扰动，而通过对同步的高速摄像观测资料分析发现，大多数人工引雷实验在此阶段的光学视野中通常没有明显的光学现象，仅在个别实验中（如 SH2014#9）观测到了先导头部的亮光，这表明在相对平静期上行先导仍在不断发展，不过由于放电强度不足以及先导

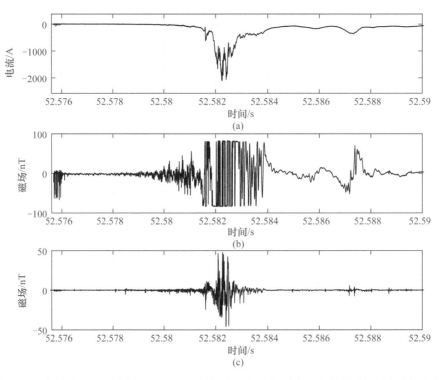

图 5.4　负极性人工引雷个例 SH2014#09 通道底部电流和两个距离上的磁场同步观测结果
（a）通道底部电流；（b）78m 处近距离磁场；（c）970m 处远距离磁场

通道的衰减，使得其放电特征并不能够很好地体现；相对平静期的持续时间为毫秒量级，随着时间推移磁场天线上记录到的扰动信号越来越强烈，之后在 78m 近距离观测点测到的磁场信号开始变得杂乱，而在 970m 处远距离观测点测到的磁场信号则表现出非常密集的脉冲簇，将这些磁场脉冲簇称之为"爆发式磁场脉冲"。

5.2.2　人工引雷初始电流脉冲及其电磁辐射效应

图 5.5 给出了图 5.4 中初始过程最开始阶段信号放大后的同步观测结果，从图中可以发现，78m 近距离磁场测量非常清楚地解析了这些放电过程，只要通道底部电流测量中能够识别出来的初始电流脉冲都可以找到与之对应的初始磁场脉冲，同时由于磁场测量的背景噪声比电流背景噪声要小很多，在初始电流脉冲结束的阶段磁场信号中仍然记录到一些幅值较小的脉冲信号，因此近距离磁场信号比电流信号更加适合分析上行正先导的传播特性，这些脉冲信号幅值较小，相邻脉冲之间没有明显的间隔。由于磁场信号随距离的衰减，970m 磁场测量结果与通道底部电流的测量结果类似，仅观测到幅值较大的一些脉冲。

利用 2014 年 SHATLE 实验中近距离磁场测量系统测到的 5 次实验数据，对初始磁场脉冲进行研究发现，这些脉冲从形态学上可以分成两类（Lu et al., 2016），第一类脉冲幅值较强，脉冲与脉冲之间的间隔明显，将其称为"脉冲型脉冲"，第二类脉冲则幅值较弱，相邻脉冲没有明显间隔，以类似"波纹"的形态存在，将其称为"波纹型

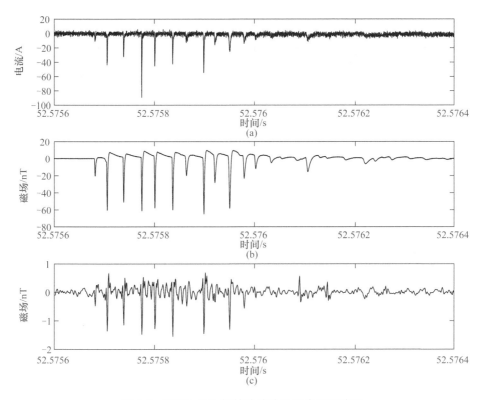

图 5.5　SH2014#09 初始脉冲阶段同步观测结果

（a）通道底部电流；（b）78m 处近距离磁场；（c）970m 处远距离磁场

脉冲"。由于磁场测量具有高灵敏度的特点，因此在初始脉冲的测量中磁场信号能够记录到一些通道底部电流测量结果看不到微弱变化，通过对通道底部电流积分发现，在"脉冲型脉冲"和"波纹型脉冲"阶段，通道底部电流向下传输的电荷呈现比较稳定的趋势，说明与"波纹型脉冲"对应的电流信号湮没在了背景信号里。樊艳峰等（2017）对两类脉冲的波形特征进行了统计分析，发现两类脉冲的平均峰值和平均半峰宽度存在较大的差异，而平均脉冲间隔在统计结果中基本保持一致。

　　在对自然雷电回击产生的电磁辐射研究中，通常采用传输线（TL）模式，将回击通道等效成具有一定高度的无衰减的传输线，通道底部输入电流脉冲并以某个假定速度从通道底部向上传输，同时向外激发电磁场。由于初始磁场脉冲产生在引雷导线的尖端，此时导线头部并没有先导通道形成，考虑到引雷钢丝的导电性较高，因此可以将引雷导线等效成无衰减的传输线，利用与回击电磁辐射中类似的 TL 模式对初始磁场脉冲进行研究，两种模式的区别主要在于回击模式中回击电流沿着回击通道向上发展，而模式中初始脉冲电流沿着火箭拖引导线向下传输。假设地面电导率无穷大，相应的电磁辐射传输示意图如图 5.6 所示，其中 h 为产生被模拟磁场脉冲对应的上行正先导时火箭发展高度，c 为电磁辐射速度即光速，v 为初始脉冲电流向下发展速度，l 为近距离观测点处磁场采集系统与引流杆的水平距离，$\mathrm{d}h$ 为电流脉冲所处的某一位置，z' 为电流脉冲距离通道顶端的长度，$R(z')$ 为电流脉冲与磁场天线的距离，$\alpha(z')$ 为电流脉冲与磁场天线的夹角。由于磁场采集系统安装的离地高度很小，近似认为距地高度为 0，因此镜像电流产生的磁场效果与原通道一致，模式计算结果为原通道产生磁场的两倍。根据相应的计算公式（Thottappillil and Rakov，2001，2007）可以得到磁场采集系统处的磁场值为

$$B(t) = \frac{1}{2\pi\varepsilon_0 c^2} \int_0^H \frac{\sin\alpha(z')}{R^2(z')} i\left(z', t - \frac{R(z')}{c}\right) + \frac{\sin\alpha(z')}{cR(z')} \frac{\partial i(z', t - R(z')/c)}{\partial t} dz' \qquad (5.1)$$

式中，i 为向下发展的正先导电流脉冲；$\sin\alpha(z') = \dfrac{l}{R(z')}$；$R(z') = \sqrt{(h-z')^2 + l^2}$。式中的第一项为磁场的感应场项，同通道上的电流相关；第二项为磁场的辐射场项，与通道电流的时间导数相关。值得注意的是，由于对电流脉冲是从通道顶端向地面积分直至整个通道，所以式中 H 的值等于火箭发展高度 h。

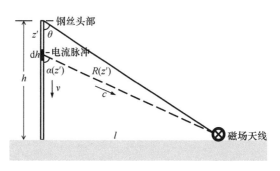

图 5.6   初始磁场脉冲电磁辐射传输示意图

在 2014 年的实验中，磁天线电路板中包含一个低通滤波器用于调制整套系统的工作带宽，不过该低通滤波器对实际测量信号有一定的影响，因此在 2015 年近距离观测点所用的四通道磁场测量系统中去掉了电路板中的低通滤波器。以 2015 年测到的无滤波影响的磁场信号作为研究对象，Fan 等（2018）选取个例 SH2015#03 中未饱和的第 6 个脉冲进行了模拟：首先利用 Heidler 电流模型（Heidler，1985）作为模拟初始脉冲电流的函数，模拟一个接近真实测量结果的初始脉冲电流波形，然后对模式中的其他参数进行估算，其中 h 可以通过同步的高速摄像资料获得，磁场天线距引流杆距离 l 为固定值 78m，脉冲电流向下发展速度 v 可以通过同步的电流和磁场信号观测结果估算得到。

人工引雷实验中近距离磁场测量系统记录到的波纹型脉冲与脉冲型脉冲虽然波形差异较大，但是其脉冲间隔以及脉冲出现的频次一致，而且两个阶段中对应的通道底部电流传输电荷量相当，从而可以推断这两类脉冲具有相同的产生机制。与脉冲型脉冲相比，波纹型脉冲约在首个脉冲型脉冲之后的 0.4ms 左右才开始出现（Lu et al.，2016），而 Jiang 等（2013）在对 SHATLE 实验中初始阶段上行正先导的研究中发现，正先导的发展速度整体上随着通道高度的增加而增大，瞬时速度分布在 $2.0\times10^4 \sim 1.8\times10^5$m/s，基于上述观测事实，可以粗略估算当脉冲型脉冲产生时钢丝头部以上的先导通道至少为 8m。

雷电通道具有高阻抗的特点，其值与通道温度以及直径等参数有关，许多学者将其等效成是由电阻 R 和电感 L 串联，然后与电容 C 并联的有耗传输线。Rakov（1998）研究了自然雷电中不同类型雷电通道的等效参数，包括直窜先导之前的雷电通道、直窜先导通道以及回击通道，由于直窜先导是沿着首次回击之前的梯级先导通道向下发展，所

以直窜先导之前的雷电通道的等效电参数最接近梯级先导通道的结果，因此波纹型脉冲产生时钢丝头部的先导通道可以借用其估算参数，即 R=18kΩ/m，L=2.3μH/m，C=7 pF/m。在由电阻 R 和电感 L 串联，然后与电容 C 并联组成的有耗传输线中，分析其电路构成可以等效成两个低通滤波器，即一阶 R-C 低通滤波器和一阶 L-C 低通滤波器，两个低通滤波器的截止频率分别为 $f_{c1}=1/2\pi RC$ 和 $f_{c2}=1/2\pi\sqrt{LC}$，等效电路总的滤波效果取决于截止频率更低的低通滤波器（即 RC 低通滤波器，截止频率为 19.7kHz）。选择图 5.7 中用于模拟磁场的电流脉冲作为研究对象，并将其通过上述等效电路构成的滤波器，Fan 等（2018）发现，原始的与脉冲型脉冲对应的电流脉冲在经过等效电路构成的滤波器后其波形发生了明显变化，说明在磁场测量中出现"波纹型脉冲"是由受到高阻抗先导通道影响的电流脉冲激发产生。

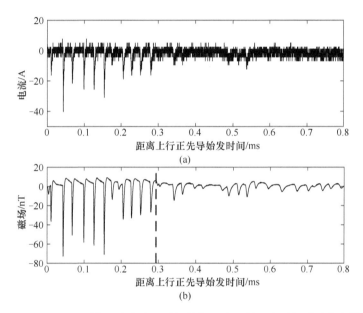

图 5.7　SH2015#04 测到的同步电流和磁场数据，选取第 6 个磁场脉冲作为模拟对象
（a）电流；（b）磁场

5.2.3　爆发式磁场脉冲辐射机制

在 2013 年 8 月 2 日山东人工引雷实验中，首次在初始连续电流阶段利用高灵敏度磁场天线观测到爆发式磁场脉冲，这些脉冲出现在初始磁场脉冲之后的 15ms 左右，持续了约 20ms，两个磁场通道中识别的脉冲个数超过 600 个（Lu et al.，2014）。通过选取信号强度至少为噪声水平 5 倍的磁场脉冲进行分析发现，脉冲之间的间隔大约为 30μs，与初始磁场脉冲的脉冲间隔类似，单个爆发式磁场脉冲的时间尺度典型值为 3～8μs。Cooray 和 Lundquist（1982）和 Kong 等（2008）的观测表明自然雷电中的正先导梯级间隔约为 20μs，脉冲尺度和脉冲间隔的相似性表明爆发式磁场脉冲与正先导的梯级传输相关。

为了证明人工引雷实验中磁场天线观测到的爆发式磁场脉冲具有普遍性，从 2014 年开始一直在 SHATLE 远距离观测点开展有针对性的磁场观测，其中 2014 年获得的 9 次人工引雷实验数据均记录到了这类磁场脉冲。为了比较准确获取这些脉冲的脉冲间隔统计结果，从 9 次引雷数据中选择信号最强的磁场通道数据（除 8 月 23 日 UTC16:01:16 外均为东-西方向磁场通道），并分别从中截取信号较强的部分进行统计分析，结果如表 5.2 所示。如图 5.8 所示进一步绘制了 9 次数据中识别出的 955 个脉冲的时间间隔分布，可以发现结果与初始磁场脉冲非常一致，从这些观测事实可以推断爆发式磁场脉冲与正先导的梯级过程相关。

表 5.2　2014 年 SHATLE 9 次实验中测到的爆发式磁场脉冲特征统计

雷电序号	初始脉冲出现时火箭发展高度/m	与首个初始脉冲间隔时间/ms	持续时间/ms	截取时间/ms	识别脉冲数	脉冲平均间隔时间/ms
SH2014#01	260	1.6	3.2	1.7	83	20.3
SH2014#02	140	4.0	5.7	2.9	165	16.7
SH2014#03	245	6.5	4.8	3.4	129	26.8
SH2014#04	120	2.3	7.8	4.1	165	24.8
SH2014#05	—	3.2	2.2	1.6	100	16.3
SH2014#06	360	13.4	2.9	1.6	48	33.6
SH2014#07	—	15.3	4.7	2.4	57	41.4
SH2014#08	—	5.0	7.8	4.4	153	28.9
SH2014#09	152	3.7	1.9	1.2	55	21.4

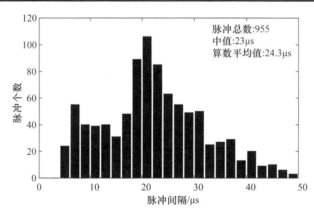

图 5.8　2014 年 SHATLE 9 次实验中测到的爆发式磁场脉冲时间间隔统计结果

在 2014 年 8 月 23 日的雷暴天气过程中 SHATLE 实验一共成功触发了五次雷电（SH2014#05～09），其中在有同步高速摄像资料的三次个例中（SH2014#06、#08 和#09）雷电通道均表现出不同程度的下折发展过程，图 5.9 给出了个例 SH2014#08 上行先导发展的详细信息，其中图 5.9（a）高速摄像拍摄的上行正先导传播轨迹，图 5.9（b）标出了火箭牵引钢丝升空的轨迹及先导传播过程的几个关键位置：A 点是钢丝头部开始出现电晕流光的位置，对应上行正先导的始发；B 点是上先导头部开始持续发光的位置，对应上行正先导开始进入初始连续电流阶段；C 点是光学图像上正先导头部开始下折的位置，D 点是光学图像上正先导头部再次上行发展的位置；E 点是正先导头部离开高速视野的位置。考虑到通道底部电流和光学相对亮度的相关性，图 5.9（c）中将相对亮度曲线等效为通道底部电流曲线，可以发现爆发式磁场脉冲阶段对应的亮度曲线持续上升，即对应初始连续电流不断增大的过程。

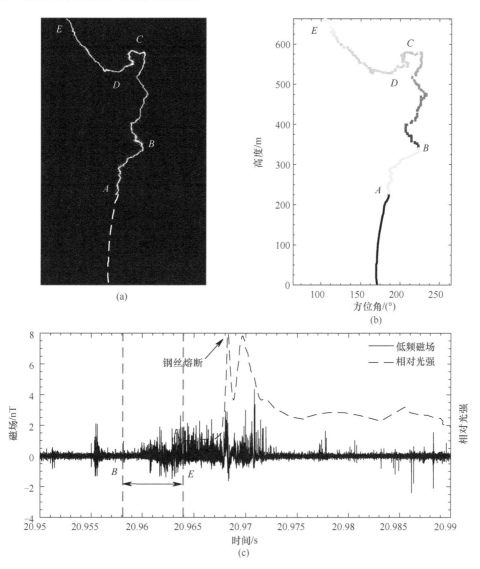

图 5.9　SH2014#08 个例的高速摄像拍摄的上行正先导传播轨迹；正先导传播过程示意图以及磁场数据与相对光强叠加的结果（郑天雪等，2018）

（a）上行正先导传播轨迹；（b）正先导传播示意图；（c）磁场数据与相对光强叠加的结果

对应图 5.9（b）中从 B 点到 E 点时间段内的光学图像，对同步的远距离磁场测量结果进行详细分析，如图 5.10 所示，图中彩色曲线代表正先导头部高度随时间的变化情况。磁场测量从 B 点开始记录到了爆发式磁场脉冲开始，这些脉冲信号最开始呈负极性，不过从先导通道开始发生转折的 C 点起，爆发式磁场脉冲的极性也发生了反转，全部呈现出正极性，当通道继续向上发展时（即 *D* 点之后），爆发式磁场脉冲也恢复到了最初的负极性。根据安培定则可知，激发磁场的电流方向决定了磁场的环绕方向，所以对于某个固定测量点而言，如果电流的方向发生改变则其接收到的磁场极性也必然发生改变。假设爆发式磁场脉冲来源于电流脉冲向下传输时激发产生，根据传输线模式的理论，观测点处接收到的磁场信号是整个通道辐射源的积分，更确切地说，由于通道较高的部分辐射源距离观测点更远，对总磁场的贡献较小，因此测量到的磁场信号主要是通道下部的辐射源的贡献，而在此次个例的观测中通道发展方向的反转出现在较高的位置，通道下部分的电流传输方向始终是一致的，因此观测到的爆发式磁场脉冲不可能是由电流脉冲沿着先导通道以及钢丝向下传输时产生的，而是直接来自于先导头部尺度较小的脉冲放电。

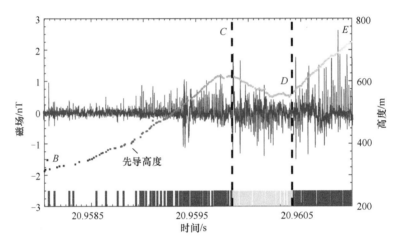

图 5.10　正先导初始连续电流过程中磁场-光学资料联合分析结果（郑天雪等，2018）
彩色曲线代表正先导头部高度随时间的变化情况，蓝色和红色短线分别表示磁场脉冲的极性（负极性脉冲用蓝色短线表示，正极性脉冲用红色短线表示）

　　从上文的分析中可知爆发式磁脉冲簇与初始磁场脉冲的辐射来源存在很大的区别，其是由先导通道的头部击穿放电产生，并通过空气直接传播至磁场采集系统，因此有必要对产生爆发式磁场脉冲簇的电流幅值进行估算。选用 2014 年 SHATLE 实验中爆发式磁场脉冲数据质量较好的一次个例（SH2014#09）作为研究对象，并选取了这次个例中爆发式磁场脉冲簇识别度较高的一段数据（对应时间段为 52.58～52.5809s 的 900μs 数据）进行分析，如图 5.11 所示，根据脉冲幅值至少为噪声水平 5 倍的识别原则，在这段数据中识别出来 43 个爆发式磁场脉冲，而通过将这 43 个爆发式磁场脉冲波形叠加取平均则可以得到一个爆发式磁场脉冲的平均波形。

　　图 5.12 给出了对应图 5.11 时间窗口的高速摄像观测结果，其中 5.12(a)为 52.579988 s 时刻对应的高速摄像图像，图 5.12（b）为 52.580885 s 时刻对应的高速摄像图像，在这期间上行正先导通道的发展情况如图 5.12（c）所示，根据高速摄像标定结果可知在这期间先导通道大约发展了 170m，由于同步磁场测量结果中识别出了 43 个爆发式磁场脉冲，因此上行正先导的梯级长度约为 4m，正先导的平均二维速度约为 $1.9×10^5$m/s，考

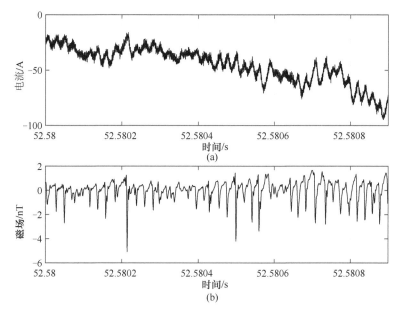

图 5.11　SH2014#09 个例中截取的爆发式磁场脉冲簇识别度较高的数据同步观测结果
（a）通道底部电流测量结果；（b）爆发式磁场脉冲观测结果

虑到此时正先导的发展高度平均约为 570m，所以正先导的梯级长度与平均二维速度的
估算值都是合理的。

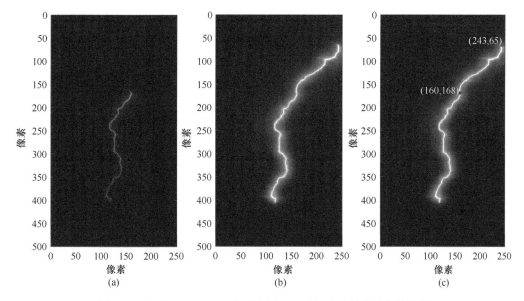

图 5.12　个例 SH2014#09 中对应图 5.11 时间窗口的高速摄像资料
（a）对应时刻 52.579988s；（b）对应时刻 52.580885s；（c）为时间窗口内上行正先导通道的发展情况

　　爆发式磁脉冲簇是由先导通道的头部击穿放电产生，并通过空气直接传播至观测点
被磁场采集系统记录到，因此建立了如图 5.13 所示的辐射传输模型，其中 c 为电磁波在
空气中的传播速度，h 取该段时间内正先导发展的平均高度 570m，l 为远距离观测点距
离引雷点的水平距离 970m，由于线电流平均长度 dh（4m）与其距离观测点的直线距离

（约为 1.1km）相比很小，所以可以忽略电流脉冲在其中的传输效应，等效之后原先用于计算磁场的式（5.1）中的电流推迟势 $i(z', t - R(z')/c)$ 只需考虑电磁波在空气中的传播效应，即简化为 $i(0, t - R(z')/c)$，计算公式也演变成一个定积分，积分区间为先导通道的下端点和上端点，此时观测点处磁场的计算公式为

$$B(t) = \frac{1}{2\pi\varepsilon_0 c^2} \int_{h_1}^{h_2} \left(\frac{\sin\alpha(z')}{R^2(z')} i(0, t - \frac{R(z')}{c}) + \frac{\sin\alpha(z')}{cR(z')} \frac{\partial i(0, t - R(z')/c)}{\partial t} \right) dz' \quad (5.2)$$

式中，h_1 和 h_2 分别为先导通道的下端点和上端点，由于线电流元中心高度为 570m，而线电流元的长度为 4m，所以在计算中 h_1 和 h_2 分别取 568m 和 572m，$\sin\alpha(z') = l/R(z')$，$R(z') = \sqrt{z'^2 + l^2}$。

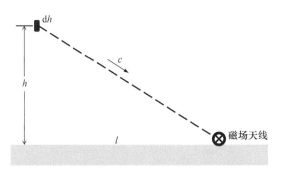

图 5.13 用于模拟爆发式磁场脉冲的具有一定长度线电流元的电磁辐射模型

利用如图 5.14 所示的平均磁场波形来反推产生爆发式磁场脉冲的电流脉冲波形。进而估算电流脉冲幅值。考虑到磁场分量由感应场和辐射场组成，并分别与电流和电流的时间变化率有关，所以磁场波形宽度与相应的电流波形宽度是一致的。基于这样一种理论，利用 Heidler 函数构建一个波形宽度固定的电流脉冲，并将电流脉冲幅值、上升沿时间和下降沿时间设定在较宽的一个范围之内，通过最小二乘法来反复代入模式进行计算，寻找模拟磁场波形与平均磁场波形最为接近的电流脉冲参数，最终得到如图 5.14 所示的模拟结果，其对应的电流脉冲波形也在图中给出（图中仍然保留平均磁场波形的

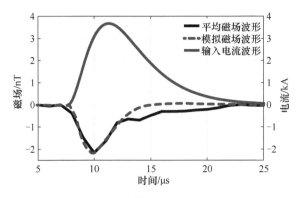

图 5.14 平均磁场脉冲模拟结果及对应的电流元波形

横坐标，模拟磁场波形和电流元波形做相应平移），可以发现估算得到的电流元峰值在千安培量级，表明产生爆发式磁场脉冲的先导头部放电是非常强的。

5.2.4　利用近距离磁场测量反演人工引雷中的连续电流过程

人工引雷实验中所用磁传感器频响曲线的 3dB 带宽为 6～340kHz，即认为对频率分布在这个区间的信号进行等值放大，而在低于 6kHz 的频率上磁传感器的增益随着频率的增加而增加（这主要取决于磁线圈的本征属性），此时的磁场天线相当于是 dB/dt 传感器，通过对一次个例中初始连续电流（ICC）信号的频谱分析可以发现（如图 5.15 所示），初始连续电流信号能量主要集中在 6kHz 以下，正好处于所用磁场天线的 3dB 带宽以下的频段，所以此时被磁场天线采集到的主要是 dB/dt 的信号。根据这一观测事实，尝试利用 2014 年 SHATLE 实验中 78m 处近距离观测点测到的 5 次磁场数据反演人工引雷中初始连续电流时变波形。反演方法的基本思路为：首先对测到的 dB/dt 信号进行数值积分从而得到磁场信号，进而建立磁场信号与初始连续电流信号之间的关系，如果初始连续电流阶段的磁场信号主要由感应场构成的话，根据静磁学中的 Biot-Savart 定律可知，磁场和电流之间应该满足线性关系，即利用测到的磁场信号积分可以反演雷电通道电流。

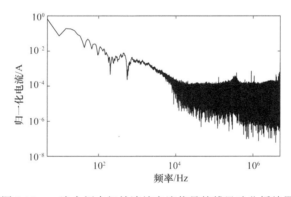

图 5.15　一次个例中初始连续电流信号的傅里叶分析结果

首先对初始连续电流期间的磁场分量构成进行定量分析，Qie 等（2014）对从 2005～2011 年 SHATLE 实验中测到的 23 个初始连续电流脉冲（ICCP）进行了统计分析，发现其峰值几何平均值为 90A，波形半峰宽度几何平均值为 712μs，基于上述统计结果利用 Heidler 函数构造一个符合统计平均的 ICCP 电流波形作为模式输入电流元。考虑到电流在钢丝上的传播速度在 10^8m/s 数量级，且磁场天线与引流杆的水平距离仅为 78m，所以电磁场传播延迟远小于初始连续电流的时间尺度，因此可以对上述电磁辐射模型进行一些假设，即认为在任意时刻通道上的电流都是相同的，电荷源位于雷暴云内通道的顶部。在这样的条件设定下，模拟了不同通道高度情况下磁场及其分量的关系（通道高度选择了从 100～500m 的区间，覆盖了光学观测结果的范围），模式中构造的 ICCP 电流元波形以及相应的磁场计算结果如图 5.16 所示，结果表明在 ICCP 电流尺度下，在所选取的通道范围内，不论通道高度如何，电流辐射产生的磁场其感应场分量始终占主导地位，辐射场分量即使放大至 100 倍也非常小，所以其对总场的贡献可以忽略不计，由于磁场的辐射场分量与电流元随时间的变化率相关，因此可以推断时间尺度更长的 ICC 同样符合这个结论。在电流信号沿着传输线向下传播时，总磁场大小等于通道中所有电流元产生磁场的积分，由于电磁波在传输过程中随距离衰减，因此观测点处的磁场主要来自距离其较近的辐射源的贡献，较远的辐射源则贡献较小。从计算结果可以发现，当通道高度大于 200m 时，增加通道长度对 78m 处磁场的影响已经很小，而当通道高度大于 400m 时，磁场已基本不随通道高度增加而变化，表明电流流经通道距地 400m 以下部分时产生的感应场分量是总磁场最主要的来源。

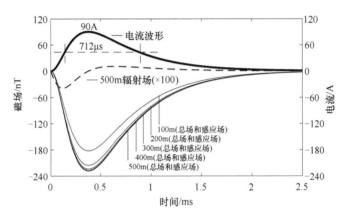

图 5.16　ICCP 电流波形及其在 78m 水平距离处辐射产生的磁场（选取了五个不同高度的雷电通道）

　　由于初始连续电流阶段磁场信号频率主要集中在 6kHz 以下，此时实验中所用的低频磁场天线相当于 dB/dt 传感器，通过对测量信号的时间积分可以得到磁场。需要注意的是，磁场天线在数据采集过程中会不可避免地引入测量白噪声（记为 B_n），由于初始连续电流阶段磁场的辐射场分量可以忽略不计，因此低频磁场天线测到的信号是由感应场分量和白噪声组成，考虑到白噪声具有随机性，因此对其时间积分结果趋于 0，即有：

$$\int_{t'=t_0}^{t} \frac{\mathrm{d}B_n}{\mathrm{d}t'} \mathrm{d}t' \approx 0 \tag{5.3}$$

而感应场分量满足静磁学中的 Biot-Savart 定律：

$$B_i(t) = \int_{t'=t_0}^{t} \frac{\mathrm{d}B_i}{\mathrm{d}t'} \mathrm{d}t' = \alpha \cdot h(t) \cdot I(t) \tag{5.4}$$

式中，$h(t)$ 为随时间变化的雷电通道高度，已经证明当通道高度大于 400m 时，磁场已基本不随通道高度的增加而变化，而通过表 5.2 可以发现，2014 年 SHATLE 实验中测到的 5 次个例在初始连续电流形成时其通道高度均大于 400m，因此式（5.4）中的 $h(t)$ 可以当作常数处理，α 为待定比例系数，如果定义反演系数 $\beta = \dfrac{1}{\alpha \cdot h(t)}$，则式（5.4）可改写为

$$I(t) = \beta \int_{t'=t_0}^{t} \frac{\mathrm{d}B_i}{\mathrm{d}t'} \mathrm{d}t' \tag{5.5}$$

式中，反演系数 β 的取值仅同磁传感器到雷电通道底部的距离有关，当此距离固定时反演系数的值也是确定的。根据式（5.5）可知，初始连续电流的反演能够通过对磁场天线测量到的磁场进行时间积分的方法实现。

在 2014 年 SHATLE 实验 78m 近距离观测点测到的 5 次初始连续电流信号中，仅 2014 年 8 月 18 日 4:17:18（SH2014#03）的个例未出现饱和，因此这里主要利用式（5.5）的积分方法针对这次个例进行反演，初始连续电流的通道底部实测电流和数值积分反演电流的对比结果如图 5.17 所示，为了能够较好地将两个波形区别开，将实测电流向下平移了 50A（下同），从图中可以发现，反演电流波形体现了实测电流波形的绝大多数特征，包括 ICV（初始过程中伴随钢丝熔断产生的电流震荡）过程和一些强度较弱的 ICCP 等，并且由于观测结果上叠加的白噪声在积分中相互抵消，使得反演得到的电流波形更加平滑，对弱电流的解析程度也更强。

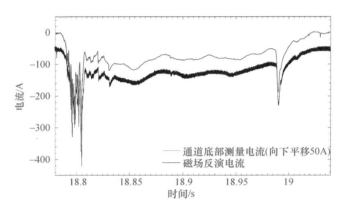

图 5.17　针对个例 SH2014#03 初始连续电流的实测电流和数值积分反演电流的对比结果

在 2014 年观测实验中，采用的磁场天线具有较高的增益，因此对于一些强度较高的低频雷电信号，水平方向的磁场测量会出现不同程度的饱和，这对电流反演结果会造成明显的影响，而磁场在垂直方向分量较小，因此垂直磁场通道测量均未饱和。图 5.18 为 8 月 23 日 16:11:06（SH2014#06）人工引雷初始连续电流的 78m 处水平方向磁场 [图 5.18（a）]、垂直方向磁场 [图 5.18（b）] 和电流测量及反演结果 [图 5.18（c）]，其中水平方向磁场在标注位置存在饱和，饱和信号放大结果如图 5.18（a）中插图所示，而垂直方向磁场由于信号较小并未出现饱和，但是其测量信噪比相对较低。利用水平方向磁场反演电流结果如图 5.18（c）中虚线所示，尽管在饱和时间段对近距离磁场的数值积分无法获得电流波形，但其他时间段的反演结果与实测结果能够很好地吻合，信号饱和仅使反演结果出现一定程度的波形平移。针对信号饱和造成的电流反演不完整问题，利用水平方向和垂直方向磁场测量之间的对应关系，通过将垂直测量获得的未饱和数据乘以特定系数替换水平测得的饱和数据，重构饱和补偿后的水平通道磁场信号，进而利用该重构信号对初始连续电流进行反演，结果如图 5.18（c）中间波形，可以看出反演结果与实测结果基本重合，表明了该饱和补偿方法的可靠性。

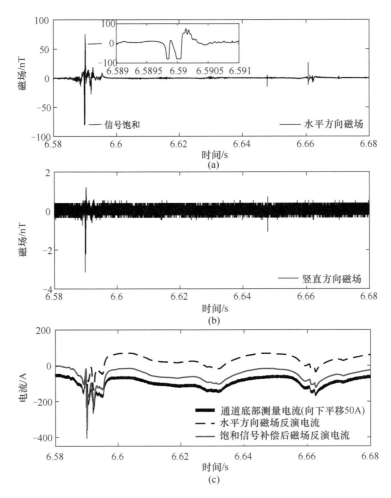

图 5.18 个例 SH2014#06 同步测量结果

（a）78m 处水平方向磁场；（b）78m 处垂直方向磁场；（c）通过数值积分获得的初始连续电流波形及其同通道底部测量结果对比

5.3 基于人工引雷和高塔闪电的先导发展传输特征

雷电先导的发展是雷电物理的一个基本问题。Berger 和 Vogelsanger（1966）利用条纹相机对地闪先导的观测，获得了正先导连续发展而负先导以梯级形式发展的认识。该结果也在实验室长间隙火花放电中得到证实（Gorin et al.，1976；Gallimberti et al.，2002；Peterson et al.，2008）。雷电正负先导发展特征的不对称性被认为是由先导头部自由电子和正离子的迁移率不同所导致的（Williams，2006）。受强电场的作用，正先导头部区域的电晕区持续增温，冷流光连续性的转化为热电离先导；而负先导的电晕流光-先导的转化过程发生在负先导头部之外，称为 space stem/leader（空间茎/先导），其通过电流加热转化为双向发展的空间先导，负极性端向前发展，而正极性端后向发展与负先导通道的头部连接，完成一次梯级过程，并产生脉冲电流和电磁辐射。由于实验室长间隙火花与自然雷电在发生环境、放电尺度和强度等方面差别很大，因此不能简单地将实验室气体放电理论应用到雷电物理中,而高塔闪电和人工引发闪电发生位置固定,为开展多手段综合观测提供了良好的条件。

5.3.1　上行正先导梯级发展传输的光学证据

近年来随着光电技术的快速发展,商业化的高速摄像系统在雷电观测和研究中的应用越来越广泛。2014 年 6 月 17 日 17:03:02 发生于中国科学院大气物理研究所 325m 气象铁塔的一例上行闪电被 910m 外的 V711 高速相机以 150kf/s 的帧速所捕捉到。该上行闪电始发于塔顶向上发展的上行正先导过程,将云中负极性电荷释放至大地(属上行负地闪)。上行闪电的初始连续电流过程持续 295.07ms,之后产生 5 次继后回击过程,整个上行闪电持续时间为 484ms。在初始 250ms 发展过程中,上行正先导未出现分叉。图 5.19 展示了上行正先导的梯级发展特征。如图 5.19(b)所示,上行正先导头部首先出现明显的电晕区,然后在头部出现突然的跳跃伴随增亮的电晕区[图 5.19(c)],接着亮度波沿着已建立的通道向后传播。之后正先导头部逐渐暗淡,如图 5.19(d)~(i)所示,并且正先导头部在这个过程中并不发展。在先导头部停止发展连续 7 帧之后,再次出现增亮[图 5.19(j)],重新建立了头部的电晕区,下一帧[图 5.19(k)]先导头部超过了红色基准线,然后重复之前的过程。图 5.19(c)~(k)时间间隔为 55.28μs,为一次正先导的梯级间隔时间,对应的二维发展速度为 $0.7\times10^5\text{m/s}$,而瞬间跳跃[图 5.19(b)~(c)以及图(j)~(k)]的二维发展速度大于 $5.7\times10^5\text{m/s}$。在整个正先导梯级过程中,未发现类似于负先导梯级过程中头部前方明显的空间茎,而仅有先导头部增亮的电晕区。

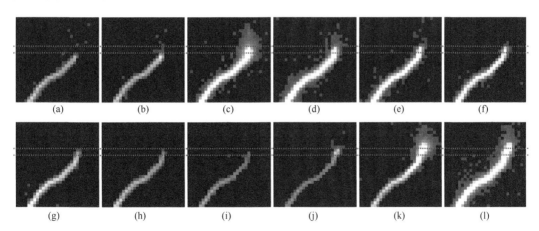

图 5.19　高速摄像拍摄到的上行正先导发展图像,连续两帧的时间间隔为 6.67μs,两条虚线为参考高度线

(a) –13.34μs;(b) –6.67μs;(c) 0μs;(d) 6.67μs;(e) 13.34μs;(f) 20.01μs;(g) 26.68μs;(h) 33.35μs;(i) 40.02μs;(j) 46.69μs;(k) 53.36μs;(l) 60.03μs

在上行正先导的间歇式发展过程中,主要的增亮首先发生在先导头部,然后在完成梯级跳跃后亮度波沿着已建立通道向后部传播,所以先导头部亮度呈现的规则脉冲式变化可以表现出上行正先导的发展情况。对整个初始连续电流过程中正先导的 45 个明显

梯级过程进行统计，梯级间隔算术平均值为 61.7±15.4μs，平均二维梯级步长为 4.9±1.8m，平均二维速度为 8.1±3.0×10⁴m/s，而对于瞬时跳跃过程，时间间隔低于图像的时间分辨率6.67μs，瞬时二维平均速度至少约为 7.3×10⁵m/s，该值比正先导平均二维发展速度高一个量级。

高速光学所捕捉到的上行正先导的梯级发展可能由于先导头部需要累积足够的电荷（或者在强的局地电场下达到足够的电荷密度），以实现先导头部的电晕-先导转化，该电荷积累过程出现的间歇性停顿，与负先导的梯级过程形成空间茎或空间先导可能并不相同。根据以上光学特征可以将上行正先导的间歇性停滞和重建分为三个阶段：电荷累积阶段 [图 5.20（a）～（b）]，先导跳跃向前阶段 [图 5.20（b）～（c）]，先导停滞并黯淡阶段 [图 5.20（c）～（d）]。在电荷累积阶段，由于先导头部强电场，电子雪崩和电荷累积连续不断发生，如图 5.20b 所示。随着越来越多的电子雪崩发展在通道头部，雪崩过程产生的强电场激发出高能光子，并产生二级电子雪崩，增强的先导头部电场最终使得正先导完成向前的梯级跳跃，图 5.20（e）为先导头部电场示意图，主要考虑了空间电荷产生的电场扰动。由于强电离向前发展的先导也产生了回退式的电流沿着已建立通道向后部发展，如图 5.20（c）所示，先导向前的跳跃过程伴随的大量电子雪崩，极大扩大了电晕区范围，电晕区等效半径过大，相应的局地电场减小，如图 5.20（e）的 c 点所示，这使得二级电子雪崩减弱并无法自持，阻碍了正先导的连续性发展，从而出现停顿并逐渐黯淡的阶段。

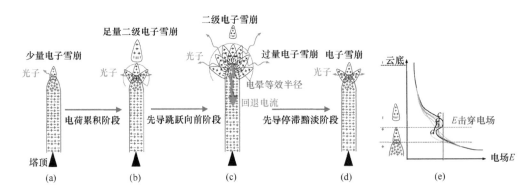

图 5.20　上行正先导梯级发展概念示意图（Wang et al.，2016）

（a）（b）电荷累积阶段；（b）（c）先导跳跃向前阶段；（c）（d）先导停滞并黯淡阶段；（e）先导头部电场径向分布

5.3.2　上行负先导初始梯级和分叉特征

一般来说，由于云层对光学观测的遮挡，对负极性先导的研究都集中在先导出云以后甚至是接地之前等后期发展的过程。对于负先导在初始阶段的形成与发展尚未有代表性的研究结论。2015 年山东人工引雷实验中，罕见地引发了两次正极性雷电（分别命名为 SH2015#01，SH2015#03），综合性的探测手段将这两次上行闪电完整记录下来。由于人工引发正闪，起始于从引雷导线顶端向上发展的上行负先导过程，这为研究负先导的初始特征提供了重要的观测依据。

图 5.21 给出了雷电 SH2015#01 最初 1500μs 内通道底部电流和光学强度的波形。可以看到，LOTUS 测到的高分辨率光强结果与电流波形非常一致，二者都体现了明显的初始脉冲。表 5.3 给出了两次人工引发雷电初始的单脉冲平均电流参数特征。在这两次雷电中，均发现上行负先导后期的脉冲性特征变弱，波形逐渐趋于无规则。

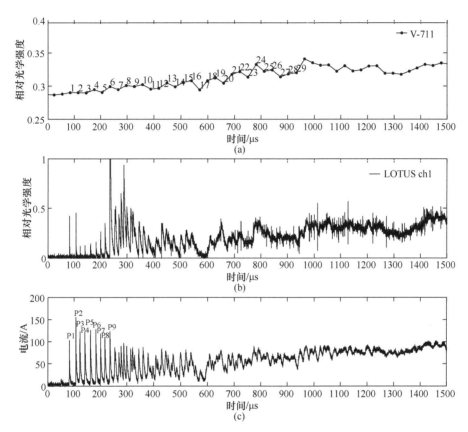

图 5.21　人工引发雷电 SH2015#01 上行负先导初始发展阶段 1500μs 的通道底部电流和同步的相对光学强度

（a）由高速摄像 V-711 估算得到的相对光强，高速摄像的时间分辨率为 30.29μs/f，数字标记代表帧的编号；（b）LOTUS 超高速光学探测系统获得的相对光强曲线，针对高度约 375m 处的通道段；（c）通道底部电流，初始的九个脉冲标记为 P1～P9

表 5.3　人工引发雷电中上行负先导和上行正先导脉冲特征对比

指标	SH2015#01 上行负先导脉冲几何平均值	SH2015#03 上行负导脉冲几何平均值	Jiang 等（2013）上行正先导脉冲几何平均值	Biagi 等（2011）上行正先导脉冲算术平均值
电流脉冲间隔/μs	19.1	27.0	19.9	21.2
半峰值宽度/μs	1.8	2.4	0.99	—
$t_{10\%-90\%}$/μs	0.6	2.0	0.49	—
峰值电流/A	122.3	58.4	45	59
电流脉冲电荷量/μC	465.9	300.4	54.8	64
梯级长度/m	6.3（4.9～8）	—	—	（0.4～2.2）
单个梯级单位长度电荷量/(μC/m)	73.5（53.6～93.4）	—	—	51
二维速度/(10^5m/s)	2.1（0～4.46）	—	1.0（0.2～1.8）	（0.55～2.1）

高时空分辨率的高速摄像拍摄到了雷电 SH2015#01 的光学发展图像,连续两帧间的时间间隔为 30.29μs,曝光时间为 10μs,空间分辨率为 1.35m,图像清楚显示了上行负先导始发阶段的梯级和分叉过程。图 5.22 展示了电流和光强在初始脉冲时间段的放大波形。把初始 9 个单脉冲命名为 P1 到 P9。由于高速摄像的帧时间间隔大于脉冲间隔,因此在一帧画面内很可能存在不止一次梯级过程。通过比对电流和光学特征,可以识别出 2 个能够对应到高速摄像单帧画面的脉冲。即在第 1 帧和第 2 帧之间,对应脉冲 P2 的一个梯级。梯级的长度估算为 8m,脉冲 P2 的电荷量通过电流积分得到 420.9μC。由于测到的电流并没有系统的震荡,所以可以将一次脉冲归因于先导的一次梯级。因此,第一个计算到的梯级过程的单位长度电荷量为 53.6μC/m。第二个梯级发生在第 3 帧和第 4 帧之间,即脉冲 P5。类似的,得到梯级的长度为 4.9m,电荷量为 457.5μC,电荷密度为 93.4μC/m。根据 Biagi 等(2011)和 Jiang 等(2013)对人工引发雷电中上行正先导梯级过程的观测,正先导梯级电荷量分别为 64μC 和 54.8μC。由此可见,上行负先导的梯级过程输送的电荷量接近于上行正先导梯级电荷量的 10 倍。

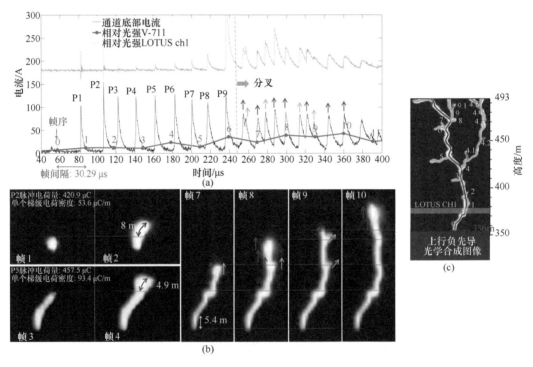

图 5.22　电流和光强在初始脉冲时间段放大波形及图像

(a)雷电 SH2015#01 初始上行负先导阶段通道底部电流和高速相机及 LOTUS 相对光强的同步波形;(b)对应帧序号 1~4 以及 7~10 的高速摄像图片(帧间间隔 30.29μs),体现上行负先导的梯级与分叉特征;(c)上行负先导合成叠加图像,始发于 356m 高度,不同先导通道分支由各序号标记 LOTUS 光学探测对应高度为 375m 附近

在初始阶段,电流脉冲的波形很大程度上由上行负先导的发展特征所决定。图 5.22 中,电流脉冲的幅值与时间间隔从 P9 之后都迅速减小。与此同时,光学图像上先导开始分叉。一个可能的电流脉冲与先导梯级空间发展之间的对应关系在图中由各色箭头所

示。每个箭头代表一个梯级，颜色用以区分不同梯级。在每帧高速图像上，箭头的数量与电流脉冲对应，不过出现的先后次序可能与实际不同。基于目前的波形和光学对应关系，发现电流脉冲的幅值和时间间隔的减小与先导分叉过程密切相关。除了通道内底部连续电流的影响，电流和电磁场后续阶段的无规则变化也可能是由于通道的不断分叉所致。

根据光学图像，估算了先导的二维发展速度，发现主先导的发展速度不断震荡变化，范围从 $0 \sim 4.46 \times 10^5 \mathrm{m/s}$，平均速度为 $2.10 \times 10^5 \mathrm{m/s}$。与此同时，各个分叉通道的速度变化范围从 $0 \sim 6.08 \times 10^5 \mathrm{m/s}$，随着高度的增大，新生的分叉先导速度略有增大，部分时刻主先导或者分叉先导速度很小甚至停滞，但相邻的分叉先导或者主先导则会快速发展。所以，主先导的发展受到相邻分叉先导的制约影响，反之亦然。这个结果一般在处于发展后期的负先导传输过程中并不明显。通道发生分叉后继续以梯级方式发展，导致相应的电流脉冲变得更为密集，时间间隔明显减小。相邻分支通道之间的相互影响，是主先导通道在上升过程中速度发生剧烈变化的原因。这些梯级与分叉行为及其相互影响可能是负先导初始阶段普遍的特征，甚至适用于云内初始的雷电负先导，因为此时先导往往比较微弱不稳定。很显然，在初始阶段分叉造成的主先导通道发展的剧烈变化将对整个先导的发展形式产生影响。

5.3.3　人工引发雷电已电离通道中的双向先导发展传输特征

高灵敏度的高速光学探测手段为揭示和研究人工引雷中的物理过程和机制提供了直接光学证据。通过对高速光学摄像资料的详细甄别，在山东人工引雷实验中发现两例直窜先导已电离通道内始发的双向先导，这也是国际上首次在人工引雷实验中观测到已电离通道内始发的双向先导。下面选择 2015 年 8 月 14 日 23:47:37 的一次引发雷电 SH2015#05 进行介绍，其他双向先导发展具有相似性。

这次人工引发雷电包含两次负极性直窜先导-继后回击过程，两次回击电流峰值分别为–9.23kA 和–5.87kA，整个雷电过程的持续时间约为 475ms。双向先导的发展出现在第二次中止的直窜先导之后。图 5.23 给出了 SH2015#05 中与双向先导有关的高速摄像，图像的时间分辨率为 30.3μs，为更清晰地显示通道发展特征，对图像做了反色处理。第 1 帧图像中，整个通道尽管亮度很低但依然可见，说明通道可能存在电流，没有完全电流截止（current cutoff）。在第 2 帧中，负极性直窜先导进入相机视野，向下传播直到第 8 帧。局部放大图中显示，先导头部到达位置 a，随后在下一帧减弱消亡。第 10～17 帧，直窜先导在通道内都不可见，似乎“熄灭”了。该过程持续了 240μs 后，在第 18 帧，位于实际约 339m 高度处通道内又有新的击穿发生，图中以“x”标记，而高于“x”的部分通道也变亮。这些变亮的部分仅仅延长了大概 16m 再次熄灭，第 19～22 帧都不再明显。与此同时，减弱的先导通道从第 19 帧开始又有新的负先导继续向下发展。最初，这种向下发展的先导很弱，通道仅发生了很小程度的变亮。但在第 23 帧之后，高速摄像中对应先导通道处亮度值都达到了饱和，说明正负先导开始双向发展，下行的负先导端最终接地并引发了回击过程。

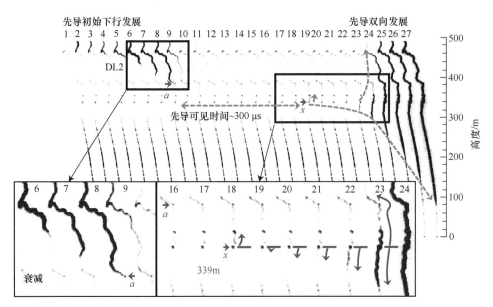

图 5.23　SH2015#05 第二次继后回击-直窜先导过程中始发双向先导的高速摄像图像所有 27 帧连续图像

图中标记为 "a" 的位置表示双向先导起始之前下行直窜先导在该处暂停，位于距地面 390m 高度；标记为 "x" 的位置表示双向先导起始位置，位于距地面 339m 高度

这次雷电的直窜先导及其后双向先导的二维发展速度可以大致分为三个阶段，一开始是直窜先导的向下传播，随后是一段无可见先导传播的平静期，最后是双向先导的传播。在第一阶段，直窜先导先向下加速，然后突然从第 7 帧开始减速并于第 8 帧先导头部发展至 a 点处后暂停继续向下发展，该过程平均速度 $4.0 \times 10^5 \text{m/s}$。根据图 5.23，双向先导从第 18 帧开始，但是此时尚未形成连续的先导发展，所以直到后续形成连续发展后才有估算的速度值。负先导速度先减小，在接近地面时迅速增大，速度范围在 $0.2 \sim 2.5 \times 10^6 \text{m/s}$，第 $22 \sim 24$ 帧（前 60μs）的平均速度是 $1.0 \times 10^6 \text{m/s}$，而第 $19 \sim 27$ 帧之间共 240μs 内的平均速度是 $1.5 \times 10^6 \text{m/s}$。相对应的，正先导分支在第 $22 \sim 24$ 帧内的平均速度是 $2.2 \times 10^6 \text{m/s}$，变化范围从 $0.6 \sim 3.7 \times 10^6 \text{m/s}$ 且持续增大。

图 5.24 给出了 SH2015#05 两次回击的快电场波形。首次回击前的直窜先导在快电场上一开始有陡降。而对于出现双向发展的第二次回击前的快电场，一开始直窜先导引起的电场下降比较缓慢，然后双向先导开始后电场更加平坦甚至增大。从图 5.24（c）中可见，在回击之前的快电场上存在一些小的正极性脉冲（相应脉冲在这两次雷电中不发生双向先导的回击之前并不明显），推测为直窜先导转化为直窜-梯级先导后形成的梯级过程小脉冲，对应于双向先导的下行负先导分支过程。

一般来说，在传统的双向反冲先导（bidirectional recoil leader）中，正先导通道发展消亡后，在正先导头部形成的沿着原先已电离的通道传播的反冲负先导以及继续向前电离发展的正先导构成了双向反冲先导。而在上述结果中，则是在消亡的负先导通道内形成反冲正先导，而头部负先导继续向前传播，构成了与传统双向反冲先导极性相反的情形，如图 5.25 示意图所示。因此，可以认为这是一种新的双向反冲先导，从而扩充对双向反冲先导的认识范畴，即双向反冲先导既可以由母体正先导诱发，也可以由母体负先导产生。

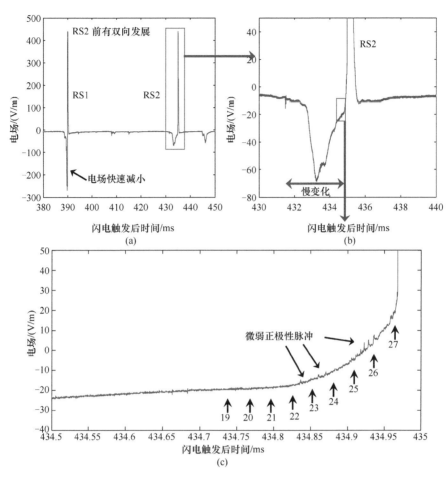

图 5.24　SH2015#05 在 970m 处的地面快电场变化

（a）所有的两次回击；（b）含有双向先导的第二次先导-回击过程波形放大图；（c）双向先导对应时间段电场波形放大图

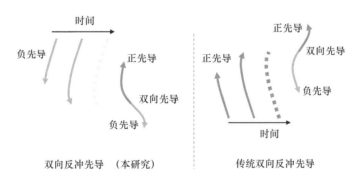

图 5.25　两类双向先导概念示意图：本研究中的双向先导和传统的双向反冲先导，二者的反冲先导极
性相反

　　根据上述研究，可将观测到的双向先导用概念图示重新表达，即将双向先导的发展分为三个阶段，如图 5.26 所示。第一阶段，直窜先导从云内向下传播，逐渐熄灭。第二阶段，在熄灭的直窜先导前方通道内重新发展出沿通道向上反冲的正先导和沿通道继续向前传播的负先导，即双向先导。第三阶段，下传的负先导接地并引发回击过程。通过

和一般下行直窜先导对比，可以明显看到二者的区别。在此过程中，双向先导快电场的变化也与一般直窜先导有所不同，包含一段比较平坦的电场变化，这是由于下行负直窜先导的减速衰减导致。

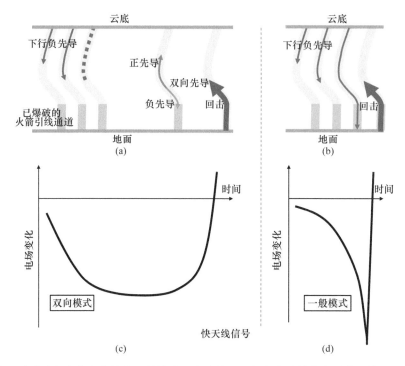

图 5.26　人工引雷过程中直窜先导中止并始发双向先导和一般直窜先导的光学发展情况及电场变化示意图对比

(a) 双向先导光学发展情况；(b) 一般直窜先导光学发展情况；(c) 双向先导电场变化示意图；(d) 一般直窜先导电场变化示意图

已电离通道内发展出双向先导曾被多次报道（Mazur et al., 2013；Jiang et al., 2014）。Mazur 等（2013）发现双向先导可以始发于上行先导分支的残余通道内，并将其命名为双向反冲先导。本研究的两次个例，双向先导始发于一个向地发展的衰亡的负极性直窜先导通道，始发位置处于先导的头部下方。尽管下行直窜先导此时已中止发展，但云内的放电过程可能并未停止而继续对较低位置处的先导通道造成影响使其不稳定。

一般讨论双向反冲先导时，需要考虑在反冲先导形成之前的已电离先导通道是否已经发生电流截止（Heckman and Williams，1989；Mazur and Ruhnke，1993）。在本研究中，基于通道底部电流观测，并未发现明显的超过电流传感器最小可分辨值 9.3A 的电流。尽管从高速摄像来看，先导通道并没有完全"熄灭"，甚至是在回击之间也依然能看到先导通道的微弱轮廓，但由于光强和电流的相互关系尚未被完全确定，很难界定是否确实存在电流。另外，亦可能先导通道和地面之间发生断路，导致通道底部无法测量到悬空的先导通道内部电流。根据对雷电通道微弱放电电流的探测，Ngin 等（2014）指出，传统认为的电流截止阶段依然有几毫安量级的电流存在。电流截止可能发生在先导通道的某些位置而并非全部的先导通道。

5.4　高建筑物雷电连接过程的先导特征及其模拟

地闪的连接过程一直都是雷电物理和防护研究中重点关注的一个过程，但由于地闪的瞬时性以及发生时间和空间位置的随机性，很难对击中地面或低矮物体的自然地闪放电过程开展近距离、高时空分辨率的综合观测。尽管人工引发雷电技术能够近距离综合观测雷电放电过程和直接测量通道电流，且方便重复实施的长空气间隙放电试验可以对先导过程进行细致地观测和研究，但两者都难以模拟常见的自然地闪（90%以上为下行负极性地闪）首次回击之前长距离下行先导的发展及其接地过程。迄今为止，对下行先导诱发的上行先导的起始和发展过程物理机制，通道内电流变化特征及其与通道发展的关系，以及下行先导和上行先导之间的相互作用等的认识还不是十分清楚，并且依然缺乏系统的观测数据。

5.4.1　广州高建筑物雷电研究平台

相对于平坦区域，高建筑物（包括高塔、大厦、摩天大楼、高压线塔、通信塔、风力发电机等）不仅会吸引下行地闪而更容易被击中，还会激发上行闪电，这为开展有针对性的观测试验并获取较全面的雷电观测数据提供了更多的机会。从 1930 年代开始，世界上许多国家的科研人员相继开展了高建筑物雷电观测和研究，如美国的 Empire State Building，南非的 CSIR Research Mast，加拿大的 Toronto CN Tower，德国的 Peissenberg Tower，瑞士的 Säntis Tower，奥地利的 Gaisberg Tower，巴西的 Morro do Cachimbo 试验塔和高 634m 的日本东京 SKYTREE 等都开展了雷电观测试验，由此大大提升了对雷电的科学认识（Golde, 1978；Rakov and Uman, 2003），在建立雷电防护标准方面也发挥了重要作用。此外，针对高压输电塔、通信塔以及风力发电风车等也开展了不少雷电观测研究。

中国气象科学研究院雷电研究团队于 2009 年建立了广州高建筑物雷电观测站（TOLOG），持续开展了高建筑物雷电观测试验、资料分析以及数值模拟工作，取得了大量研究成果。目前 TOLOG 包含两个观测站，主观测站架设于广东省气象局一栋大楼顶部，高度约为 100m。图 5.27 为主观测站视野范围内主要高建筑物的分布情况。主观测站的观测设备主要包括光学、电磁场以及雷声等探测设备，具体有雷电连接过程光学观测系统（LAPOS）、高精度 GPS 时钟、数字化高速摄像机、快慢电场变化仪、正交宽带磁场天线和麦克风雷声探测阵列等。数字化高速摄像机拥有较高的时间分辨率和空间分辨率，可在二维尺度上对视野范围内自然雷电的连接过程进行有效观测。在主观测站使用了 3 台 Photron 速摄像机，其中一台型号为 SA3，另外两台型号为 SA5。SA3 高速摄像机（HC-3）的时间分辨率设为 1kf/s。两台 SA5 高速摄像机（HC-1 和 HC-2）设为 10kf/s 和 50kf/s。另外在主观测站还架设了一台普通摄像机（Video-1），用于连续拍摄视野范围内的图像，时间分辨率为 25f/s。

图 5.27　主观测站视野范围内主要高建筑物的分布情况

其中 A 为广州塔，B 为东塔，C 为广州金融中心，D 为广晟大厦，E 为珠江城大厦，F 为利通广场，G 为越秀金融大厦，H 为富力盈凯广场

为开展自然雷电的双站光学观测，2011 年在暨南大学一栋高约 70m 的楼顶部架设了副观测站，图 5.28 为两个观测站与高建筑物的分布情况。在副观测站放置了两台普通摄像机（Video-2 和 Video-3）来获取视野范围内雷电通道的二维光学资料。为叙述方便，本节描述的 TOLOG 观测的雷电个例采用"FYY#sn"的编号，其中"YY"表示年份的最后两位数字，"sn"表示在"YY"年按时间排序号。

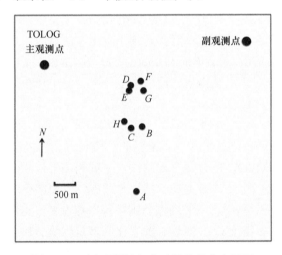

图 5.28　两个观测站与高建筑物的分布情况

5.4.2　高建筑物引发雷电的下行先导特征

在广州高建筑物雷电观测试验中，获得了一次近距离的下行地闪（编号 F2012#13）的高速光学观测数据。该个例距离主观测站仅 350m，展现了较为精细的下行负先导梯级发展特征。

图 5.29 是雷电个例 F2012#13 的下行负极性梯级先导的电磁场波形变化记录,上部和中部是快、慢电场波形变化,下部是磁场波形变化。由于探测设备距离雷击点很近以及其较小的量程,大部分的波形饱和了,但是仍能够发现很多明显的波形特征。特别是可以从磁场波形变化中看到九个明显的波峰(标注为 $P_1 \sim P_9$)。认为这九个波形变化是由先导上通道的梯级发展过程导致的,在时间上要比对应的电场波形变化的波峰提前 $0.1 \sim 0.8 \mu s$。表 5.4 是这九个明显波峰的时间间隔,在 $13.9 \sim 23.9 \mu s$ 之间,平均值为 $17.4 \mu s$。Qie 等(2002)给出了 45 个负极性地闪中先导的梯级时间间隔的统计结果,梯级时间间隔的范围在 $2 \sim 31 \mu s$,平均值为 $15.8 \mu s$。Qie 和 Kong(2007)利用时间分辨率为 1ms 的高速摄像机和宽带电场探测系统观测了一次有四个接地点的负极性梯级先导过程。由先导梯级过程导致的电场变化呈现簇状特征,每一个簇中包含有 $3 \sim 4$ 个波峰,簇与簇之间的平均时间间隔为 $7.7 \mu s$。他们的观测结果说明,与一个接地点的雷电相比,当有多个先导分叉共同向地面发展时会导致电场波形中梯级时间间隔的缩短。

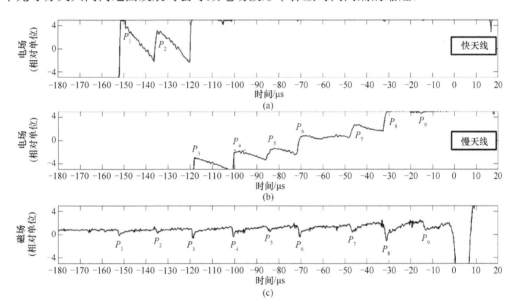

图 5.29　下行梯级先导的电场波形变化 [(a) 和 (b)] 和磁场波形变化 (c) 记录的时间范围是 $200 \mu s$,零时刻对应回击的起始时刻

$P_1 \sim P_9$ 是 9 个明显梯级波形变化

表 5.4　九个明显波形变化的时间间隔

时间间隔[a]	$\Delta T_{1 \sim 2}$	$\Delta T_{2 \sim 3}$	$\Delta T_{3 \sim 4}$	$\Delta T_{4 \sim 5}$	$\Delta T_{5 \sim 6}$	$\Delta T_{6 \sim 7}$	$\Delta T_{7 \sim 8}$	$\Delta T_{8 \sim 9}$
	17.6	16.1	18.3	15.9	13.9	23.9	15.3	18.2

a: 时间间隔 $\Delta T_{i \sim j} = T_j - T_i$, T 指明显的梯级脉冲出现时间

由于接地点距离观测设备很近,只有两步梯级过程被快天线完整地记录下来。图 5.30 是这两步梯级过程的快电场变化和磁场的微分波形变化。磁场的微分波形先是由磁场波形对时间求微分,然后在利用小波滤波消除噪声后得到的。在两个明显的电场和磁场微分波形变化之间都可以观察到许多小的波峰。

　　图 5.31 是经过小波滤波处理的（主要滤掉了高频成分）包含全部九个明显梯级波形变化的磁场微分波形，时间尺度为 180μs。在九个明显的梯级波形之间，一共可以找出 52 个较小的波峰（正如图 5.30 中垂直箭头所指）。图 5.32 是在 $P_1 \sim P_9$ 之间 52 个较小的波峰的时间间隔的柱状图。较小波峰之间的时间间隔的范围在 0.9～5.5μs 之间，平均值为 2.2μs，标准差为 0.82μs。这些小的波形变化可能是由多个先导分叉中多个空间茎与各自的先导头部相连导致的。

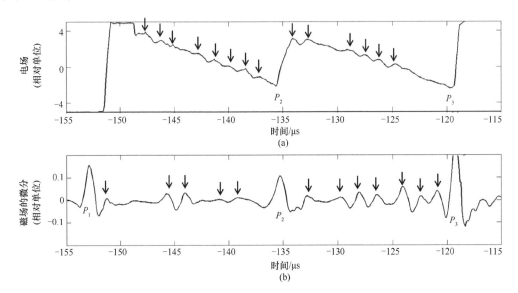

图 5.30　雷电 F 2012#13 梯级过程的电场和磁场变化波形
（a）快电场波形变化；（b）磁场变化微分波形（经过小波滤波）
图中的 P_1、P_2 和 P_3 与图 5.29 中的 $P_1 \sim P_3$ 对应。箭头表示梯级过程之间小波峰

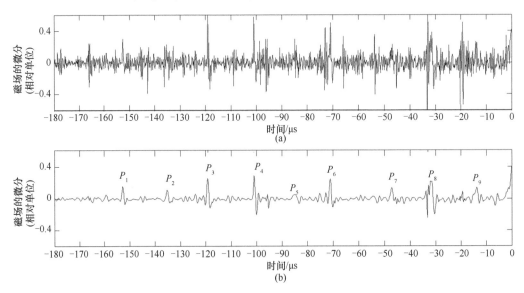

图 5.31　雷电 F 2012#13 先导阶段的磁场变化波形
（a）由磁场波形经过对时间微分得到的磁场微分波形；（b）将该磁场波形经过小波滤波得到的波形
$P_1 \sim P_9$ 表示九个明显的波形变化

雷电 F2012#13 的高速摄像资料为进一步了解梯级先导发展的细节特征提供了可能。图 5.33 是高速摄像 HC-1（10kf/s）拍摄到的雷电 F2012#13 的下行梯级先导图像 [图 5.33（a）（b）] 及其回击通道图像 [图 5.33（c）]。图 5.33（a）（b）是连续的两帧梯级先导发展图像，而在图 a 之前的图像中并没有出现任何先导通道，所以没有展示。图 5.33（c）是回击发生后的第 7 张图像，从该图中可以看出，回击点的位置不在高速摄像 HC-1 的视野范围内。在视野范围更大的高速摄像机 HC-3（1kf/s）的图像中可以看到，接地点在右侧高度为 110m 的大楼楼顶。

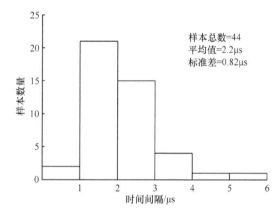

图 5.32　在 $P_1 \sim P_9$ 之间较小的波峰的时间间隔的柱状图

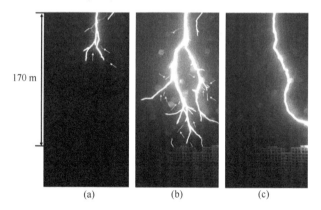

图 5.33　高速摄像机（HC-1）拍摄到负极性雷电 F2012#13 下行梯级先导以及回击通道图像
（a）–120μs；（b）–20μs；（c）780μs

零时刻为回击的开始时刻。图 5.33（a）和图 5.33（b）是连续的两帧图像，它们分别记录了在回击发生前 120μs 和 20μs 的先导发展情况。图 5.33（c）表示的是回击发生后 780μs 的回击通道图像。在高速摄像 HC-1 的视野范围内，雷电通道垂直的发展尺度约为 170m。箭头表示的是部分明亮的发光空间段（空间茎）。

在雷电 F2012#13 的高速摄像 HC-1 和 HC-2 的光学资料中，在先导通道头部下面或者通道的侧面一共观测到了 23 个发亮的空间段。这些发光的空间段被推测是空间茎。在 TOLOG 观测到的光学资料中，空间茎的长度范围在 1～13m 之间，平均距离长度为 5m，其与先导通道之间的距离在 1～8m 之间，平均距离为 4m。

梯级形成过程的时间尺度大约为 1μs 或更小。所以，理论上来说，用时间分辨率低于 10^6f/s 的高速摄像机去捕捉先导的梯级精细过程是不可能的。但是，利用时间分辨率相对较低的高速摄像机去捕捉先导不同发展阶段的梯级过程却是可能的。事实上，目前一些关于空间茎的研究结果就是基于曝光时间 20μs 甚至以上的光学资料得到的（Biagi et al.，2009；Petersen and Beasley，2013；Tran et al.，2014）。虽然在曝光较长的情况下，若干个梯级过程可能会发生在一帧的曝光时间内，但是曝光时间结束前最后发展的一个（有时两个）空间茎在与先导通道连接前可以被拍摄下来。时间分辨率较低的局限性只不过会导致很难去区分空间茎和空间先导。另外，先导通常会有多个分叉同时发展，这也加大了捕捉到空间茎的概率。分析曝光时间为 100μs 和 20μs 的高速摄像资料得到的空间茎的长度以及它们到先导通道的距离是符合前人的研究结论的。

在图 5.33 中，观测到的发光空间段的特征与实验室长间隙放电中的空间茎十分相似，前人已经对这种相似性进行了讨论（Hill et al.，2011；Petersen and Beasley，2013）。值得注意的是，在图像中虽然有一些发光空间段位于先导通道的侧部，但实际上它们可能原本产生于先导的头部，这也许是由于曝光时间较长，先导通道继续向前发展导致的。

图 5.34 是雷电 F2012#13 的下行梯级先导在回击发生前 20μs 高速摄像图像的反相增强图像，在该图像中可以看到多个发光空间茎，黑色的圆圈是由窗户上的雨滴造成的。方框 A 和 B 中各有一个较长的发光空间段。位于 A 的下半部分的空间段长度约为 10m，它似乎是由两个部分组成的，两端亮度较强而中间是亮度较弱的区域。这个空间段的上部到先导（分叉）头部的距离约为 3m。位于 A 中上半部分的另外两个空间茎也表现出相同的特征，这与实验室长间隙放电中观测到的情形是类似的。

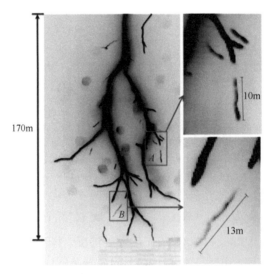

图 5.34　图 5.33（b）中下行梯级先导的反相增强图像

Ortega 等（1994）在长间隙放电试验中发现，如果空间茎想要发展成为空间先导，必须在其前端有另一个空间茎存在。方框 B 中的空间段的长度约为 13m，其中间的亮度要比两端更亮。基于这个空间段的亮度特性，推测它由三个部分组成：中部的空间茎、上部向先导通道传播的正极性流光和下部向相反方向传播的负极性流光。正极性流光区域到先导（分叉）头部的距离约为 4m。

图 5.35 是高速摄像机 HC-2（50kf/s）拍摄的雷电 F2012#13 下行梯级先导通道图像。图像（a）～（g）为回击前 140～20μs 的连续几帧图像，图 5.35h 为回击后 600μs 的回击通道图像。梯级先导的二维传播速度估测为 $4.1×10^5～14.6×10^5$ m/s，这与前人观测结果相符。

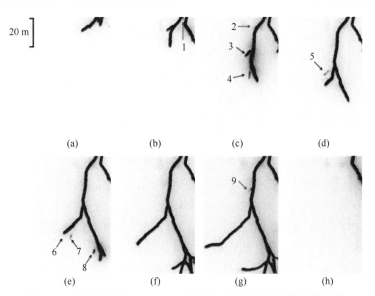

图 5.35　高速摄像机（HC-2）拍摄的下行负极性先导通道图像

图像（a）～（g）为回击前−140～−20μs 的连续几帧图像，图像（h）为回击后 600μs 回击通道图像

（a）−140μs；（b）−120μs；（c）−100μs；（d）−80μs；（e）−60μs；（f）−40μs；（g）−20μs；（h）600μs

箭头 3～8 表示 6 个明亮的空间段，箭头 1，2 和 9 表示 3 个亮度较弱的结构（流光）

图 5.36 是图 5.35（d）（e）的增强图像，从中可以看到两个有趣的特征：①两个空间段并排的发展（箭头所示），②微弱发光的丝状结构从梯级先导通道的头部向外发展（方框所示）。Petersen 和 Beasley（2013）以及 Gamerota 等（2014）也观测到了上面提到的第二种特征。Petersen 和 Beasley 在他们的试验中观测到微弱发光的丝状结构的长度在 10～20m 之间，而在图 5.36 中，该结构的长度在 5～7m 之间。Ortega 等（1994）在

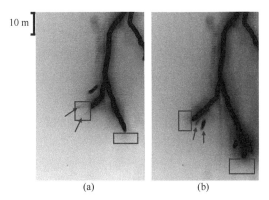

图 5.36　图 5.35（d）（e）的增强图像

箭头表示的是在先导通道头部或侧部形成的发光空间茎；方框所表示的是先导头部微弱发光的负极性流光区域

（a）−100μs；（b）−80μs

两极距离 16.7m 的实验室长间隙放电试验中观测到空间段呈直线发展或并排发展。这些空间段在先导的头部产生并发展，长度一般在 1.4~2.2m 之间，与先导通道相连后能够将通道的长度延伸 1~5m。Biagi 等（2010）在人工引雷试验中观测到了一对在一条直线上发展的长度为 1~4m 的空间段。综上，国内外的研究都表明雷电先导的梯级过程与实验室长间隙放电实验中先导通道的梯级过程是十分类似的。

Hill 等（2011）基于曝光时间为 3.3μs 高速摄像资料，描述了先导梯级的形成过程。他们认为先导的梯级过程有五个阶段：阶段一，负极性梯级先导通道经过上一步的梯级过程其亮度已经变暗；阶段二，在先导通道头部下方几米的地方形成了一个空间茎；阶段三，空间茎开始与先导通道通过低亮度的流光相连接；阶段四，空间茎与先导通道充分地连接，原来低亮度的流光区域和空间茎都发出明亮的光；阶段五，光亮向通道上部传播几十米，也点亮了原来的先导通道，其亮度已经与先导头部的亮度相当。

在图 5.35 中，编号为 4 的空间茎处于先导梯级形成过程的第三阶段，它在下一帧图像中与主先导通道相连接。但是，它并未与先导头部相连接，而是与先导侧部相连。空间茎 5~8 处于第二阶段，它们在下一帧图像中消失了。空间茎 3 处于第四阶段，它在下一帧图像中也消失了，然而图 5.35（g）中，在相同的位置上又出现了一个微弱放光的流光（箭头 9）。编号为 1 和 2 的低亮度的发光结构（流光）也有可能是由在相同位置上的空间茎发展而来的，类似于编号为 3 的空间茎的情况。当然它们也有可能只是图 5.35（a）中空间茎逐渐变暗形成的。

图 5.35 中全部六个发光空间段都位于先导通道头部的侧部，最有可能性的解释是：在最开始，先导头部有两个或者更多个空间茎同时发展。这在负极性梯级先导梯级形成过程中是比较常见的情形。然后，其中一个空间茎经过了上面叙述的先导梯级形成过程的五个阶段，并与先导通道连接，最终使通道向下延伸，而那些没有连接的空间茎就处于了相对较后或侧面的位置上。

基于上述观测结果和 Hill 等（2011）的相关研究，Qi 等（2016）推测了负极性自然雷电先导梯级形成过程并给出了三种空间茎发展的可能情形。图 5.37（a）描绘的就是负极性自然雷电先导梯级形成过程，该过程由五个阶段组成（I~V）：阶段 I，负极性先导通道的在完成上一步的梯级过程后亮度变弱；阶段 II，在距离先导头部几米远的地方有多个空间茎同时发展；阶段 III，一个或两个空间茎通过低亮度的结构与先导通道相连；阶段 IV，在阶段三中与先导通道相连的空间茎以及它们中间较暗的部分变得十分明亮，而其他的空间茎或者继续存在或者消失不见；阶段 V，光波逐渐向通道上部传播，使得部分通道的亮度与先导头部的亮度相当。在这一阶段中，一些空间茎可能还存在于新形成的先导通道的侧面。图 5.37（b）是图 5.37（a）中圈出的空间茎存在的三种可能发展情形（忽略已经存在的先导通道）：①情形 A，空间茎/空间先导没有能够与先导通道进行连接并最终消失不见；②情形 B，空间茎/空间先导与已经存在的先导通道通过低亮度的区域相连（侧部），然后这个空间茎可能消失不见并在几十微秒后在相同位置上形成低亮度的流光；③情形 C，空间茎/空间先导与已经存在的先导通道相连，光亮向通道上部传播几十米，也点亮了原来的先导通道，其亮度已经与先导头部的亮度相当。目前，关于为何在空间茎消失几十微秒后在同一位置上出现低亮度的流光这一现象还并不清

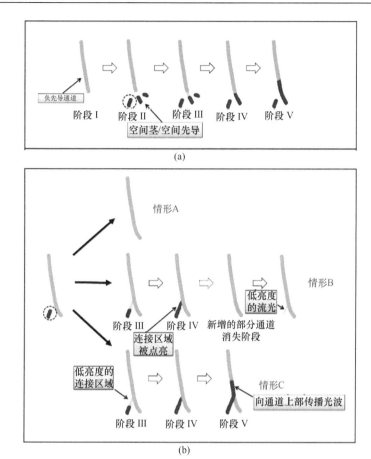

图 5.37　负先导梯级发展的示意图

（a）先导梯级发展的五个阶段；（b）先导梯级发展中三种可能的空间茎发展情形：情形 A，空间茎没有与先导通道成功连接；情形 B，空间茎与先导通道连接，但是可能消失并在几十微秒后出现微弱发光的流光；情形 C，空间茎与先导通道连接并向通道上部传播明亮的光波（Qi et al.，2016）

楚。需要指出的是，梯级形成过程的时间尺度大约在微秒量级，所以基于 Qi 等（2016）所使用的高速摄像资料（曝光时间为 20μs）以及 Hill 等（2011）给出的高速摄像图像（曝光时间为 3.33μs）所得出的先导梯级形成过程在一定程度上有一些推测的成分，但是在情形 B 中新添加的"newly-added segment decayed"和"low-luminosity streamer"阶段是可以确定的，因为这两个阶段相距了 80μs，远大于高速摄像机的曝光时间（20μs）。

　　Biagi 等（2009）观测引发雷电时拍摄到了明显含有空间茎的光学图像，时间分辨率为 50kf/s。Biagi 等（2010）不仅观测到了雷电先导头部空间茎的存在，还发现在距离空间茎若干米的地方，另一个空间茎的存在，这一现象在实验室长间隙放电实验中是普遍存在的。Biagi 等（2014）利用时间分辨率 108kf/s 的高速摄像机在一次人工引雷实验中观测到了 8 个明亮发光的空间段，它们的长度在 1~6m 之间，距离主先导头部的距离在 3~8m 之间，接地的下行先导的二维速度为 $2.1×10^5$m/s。Gamerota 等（2014）利用时间分辨率为 648kf/s 的高速摄像机拍摄到了双向发展的空间茎，该空间茎向上延伸的速度为 $8.4×10^5$m/s，向下发展的速度为 $4.8×10^5$m/s。Tran 等（2014）观测到了两个同时发展的空间茎，它们的梯级长度分别为 14m 和 15m，最大的先导二维速度为 9×10^5 m/s。表 5.5 是目前国内外利用高速摄像对空间茎的观测结果。

表 5.5　国内外空间茎/先导的高速摄像观测结果统计

作者文献	空间茎		先导			备注		
	个例数	长度/m	速度/(10^5m/s)	梯级长度/m	梯级时间间隔/μs	观测距离/km	帧率/(kf/s)	雷电类型
Biagi et al.，2009	1	2	12.5~25	—	—	0.44	5.4, 50	传统人工引雷
Biagi et al.，2010	—	1~4	27~34	11	—	0.44	240	传统人工引雷
Hill et al.，2011	16	3.9（平均值）	4.4~6.2	5.2	16.4	1.0	300	自然雷电
Petersen and Beasley，2013	—	1~5	5.6（1D）	—	—	0.77	10	自然雷电
Biagi et al.，2014	8	1~6	2.1（平均值）	5~8	13	0.44	108	空中引发雷电
Tran et al.，2014	2	—	6.5（近地面）	14, 15	—	6.2, 6.0	2.5	自然雷电
Gamerota et al.，2014	—	—	—	—	—	0.3	648	传统人工引雷
Qi et al.，2016	23	1~13	4.1~14.6	—	13.9~23.9	0.35	10, 50	自然雷电

5.4.3　高建筑物引发雷电的三维通道重构

雷电光学观测受多种因素所限，长期以来大多为利用单个观测点针对雷电二维图像进行观测，虽然在认识雷电先导起始和发展特征、分叉特征、通道亮度变化特征等方面发挥了重要的作用，但二维的观测无法获取雷电通道的三维空间分布，难以获得雷电先导发展的三维特征。相关研究人员在雷电光学三维观测方面也做了一些尝试，例如，Hubert 和 Mouget 于 1978 年在法国用磁带录像机观测了 13 次引发雷电的回击过程，Idone 等（1984）在美国用条纹相机观测了 56 次引发雷电的回击过程，计算得到雷电通道的三维回击速度在 4.5×10^7~17×10^7 m/s 之间；Markus（2008）研发出一种从多个角度拍摄雷电过程来重建放电通道的系统；Liu 等（2011）提出了一种利用两个不同角度的摄像机来拍摄雷电通道，进而图形化重建三维通道的方法。

目前国际上公认的雷电通道三维重建方法为"最短公垂线法"，又称"四角法"。Thyer（1962）提出了通常用于双经纬仪的四角法，以便对气球的位置进行最佳估计，并讨论了其位置误差的可能程度。所描述的方法在气球接近或超过基线时不会失效。在本节的研究中，将使用"最小仰角差法"（MEADAI）来寻找匹配的角度组合，重建雷电三位通道。Gao 等（2014）首先提出利用这种方法来重建雷电三维通道，主要分为 5个步骤，包括：①获取雷电图像，读取雷电通道；②校准相机的拍摄角度和初始化通道坐标；③匹配仰角和方位角；④重建三维雷电通道；⑤将重建结果投影到相机的成像平面上，检验重建结果。

利用上述重建方法，对 F2012#15 进行重建来检验重建结果，该次雷电的接地点为广州国际金融中心。图 5.38（a）是主观测站的摄像设备拍摄到的图像，从图中不仅能看到这次雷电回击的主通道，还能看到下行先导的一些分叉和起始于广州塔的上行未连接先导；图 5.38（b）和图 5.38（c）是副观测站的摄像设备拍摄到的图像，图 5.38（b）

虽然由于回击导致图像上像素的亮度大范围饱和，部分通道无法从图像中分辨，但能够看到下行先导的部分分叉和起始于广州塔的上行未连接先导，图 5.38（c）清晰地显示了该过程的雷电回击主通道。利用初始化后的两组仰角和方位角坐标序列，通过最小仰角差法，重建出 F2012#15 三维雷电通道。最后的重建结果包含 F2012#15 发展过程中同时存在的 3 条雷电通道：回击主通道、下行先导分叉和上行未连接先导，完整的三维重建通道如图 5.39 所示。

图 5.38　主、副观测站拍摄到的 F2012#15 图像

（a）主观测站拍摄到的 F2012#15 图像；（b）副观测站拍摄到的 F2012#15 图像（含回击过程）；（c）副观测站拍摄到的 F2012#15 图像（回击之后）

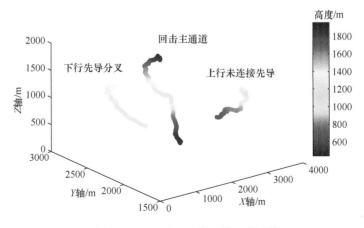

图 5.39　F2012#15 重建后的三维通道

　　把重建后的雷电三维通道分别投影到主观测站和副观测站相机平面上，与图 5.38（a）～（c）作比较，结果如图 5.40 所示。可以看到回击主通道得到了完整重建，图 5.38（a）和图 5.38（c）中下行先导分叉和上行未连接先导的部分通道得到了重建，这是由于副观测站拍摄的图像中一些像素亮度饱和、导致部分通道无法分辨造成的。对于重建的三维通道，其二维投影与从两个观测站点获得的二维图像上提取的雷电通道基本重合，说明三维重建结果是可靠的。

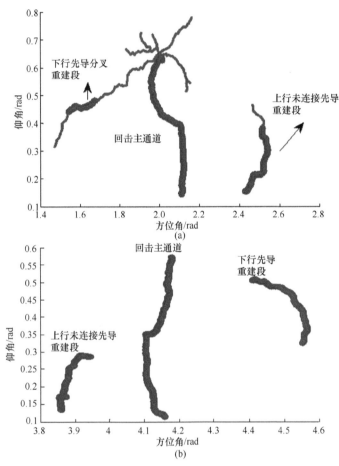

图 5.40　F2012#15 雷电通道重建前后在主观测站和副观测站相机平面上的投影对比图

（a）主观测站；（b）副观测站

红色代表原始雷电通道，蓝色代表重建后雷电通道

5.5　多接地点雷电发展特征

　　地闪通道通常通过同一个接地点向大地释放电荷，而有些雷电在放电过程会形成两个及以上的接地点，即多接地点雷电。光学观测发现雷电多接地点的产生与先导的分叉存在一定联系，但雷电多接地点的产生原因仍未完全明确。本节将基于高速摄像光学观测和 VHF 辐射源定位结果，结合地面电场变化同步观测资料，对自然地闪多接地点特征进行分析和研究，揭示多接地点雷电的形成机制。

5.5.1　多接地点雷电的光学发展特征

图 5.41 给出了发生于山东滨州一次多接地自然雷电的高速光学图像。可以看出，回击过程前从云向地面发展的梯级先导在近地面形成多个分支，左侧的先导通道首先接地引发回击，从随后过曝的图像可以分辨出右侧的先导通道也连接到地。值得注意的是，对于这次的左侧接地通道在接地之前，存在上行的连接先导，通道长度达 340m。而随后接地的右侧先导通道，没有观测到与之对应的上行连接先导，并且该先导的通道形态在左侧通道接地后并没有明显变化。从先导-回击电场变化上发现两次接地过程的时间间隔仅为 10μs（Jiang et al.，2015），远小于高速光学观测的时间分辨率 100μs。

图 5.41　山东一次自然多接地雷电连续几帧的高速光学图像

（a）–0.1ms；（b）0ms；（c）0.1ms；（d）0.2ms；（e）1.5ms

图 5.42 给出了山东观测到的 4 次自然多接地雷电的光学图像。这种多接地雷电实际上是两个或多个接地通道共用上部通道，两个或多接地点是由同一主先导通道的不同先导分支先后接地而形成的，可以认为是一次回击过程具有多接地点，可称为具有多接地现象的回击过程（multiple termination strokes：MTSs）。Thottappillil 等（1992）曾分析了 7 次具有多接地现象的回击过程，发现不同接地点间距的几何平均值为 1.7km。Ballarotti 等（2005）分析 6 个具有两个接地点的回击过程，发现双接地的最短时间间隔为 31μs。Qie 和 Kong（2007）发现一次先导-回击可以具有 4 个接地点，估算的接地点之间的二维距离为 184~450m，接地的时间间隔为 4~10μs。Kong 等（2009）发现 59 次自然负闪 9 次

回击具有双接地点回击，接地点间距在 0.2～1.9km，相应的时间间隔为 4～486μs。

图 5.42　山东 4 次自然多接地雷电的高速光学图像

　　通常回击发生后，如果下行先导分支通道与主接地通道电连接良好，它们几乎不能继续发展，因为回击将主通道电荷中和，未能接地的先导分支缺乏电荷供给不能维持高电势，被回击重新点亮后会迅速熄灭。Stolzenburg 等（2013）观测到少见的明显断裂的先导分支通道在回击后很快梯级发展，典型的停顿间隔 10～20μs（Hill et al.，2011），考虑到回击速度在 10^8m/s 量程，停顿间隔明显过长。在低电导率的流光放电区域，新的梯级以空间预先导或空间茎形式在已有先导通道头部前方发展（Gorin et al.，1976；Petersen et al.，2008）。由于流光电流加热通道，空间茎最终发展成空间先导，随后与已有先导通道连接完成梯级过程（Biagi et al.，2010；Hill et al.，2011）。空间茎（或随后的空间先导）与已有先导通道之间的电离程度弱，使其不受回击波的影响。对于图 5.41 雷电的右侧接地通道，尽管没有观测到相应的上行正先导，其可能原因是正先导通道未发展到足够高度，亮度太弱，难以被光学相机探测到。右侧下行先导通道能够成功接地可能与先导头部流光区域的发展有关，并且其头部接近地面，因此产生的自持发展的双向空间先导最终连接到下行先导和上行正先导，产生第二次接地过程。

　　根据光学和电场变化资料，Jiang 等（2015）给出了多接地点回击的形成机制：①在主通道接地瞬间，若未接地分叉通道已发展至靠近地面且头部前方的空间茎或空间先导已经形成，则由于其与先导头部之间呈弱电离非导通状态，将不受主通道回击的影响而继续发展，直至完成整个梯级跳跃过程而可能导致接地。②在主通道接地瞬间，若未接地分叉通道与主通道之间的连接状态较差甚至截断，该分叉得以在主通道发生回击后继续向下传输，并最终接地。

5.5.2　基于雷电 VHF 定位的多接地点雷电形成机制

高速摄像仅能给出其视野范围内未被云层遮挡的雷电通道的发展，而具有高精确定位能力的雷电 VHF/UHF 定位系统则可以同时给出云内和云外的雷电通道的发展，有助于揭示多接地点雷电的形成机制。图 5.43 给出了利用 VHF/UHF 干涉仪对一次多回击负地闪放电通道的高时间分辨率精细定位结果，此次地闪包含四次先导-回击过程，前两

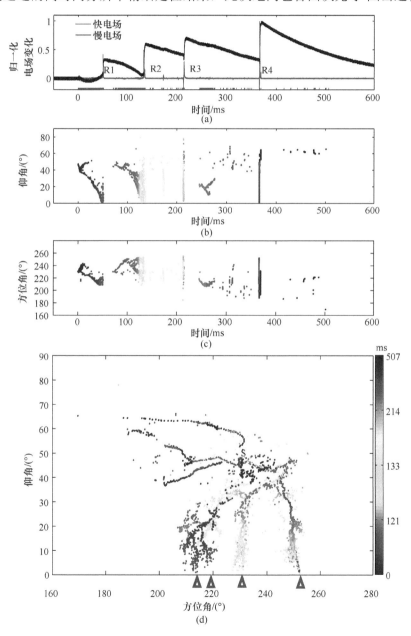

图 5.43　一次多接地负地闪放电过程（Sun et al.，2016）

（a）快、慢电场变化；（b）辐射源仰角；（c）方位角随时间的变化；（d）方位角-仰角的辐射源二维定位结果

次先导沿两个不同的接地通道发展，且均产生两个接地点，类似前面 5.5.1 节讨论的多接地现象的回击过程；后两次回击过程沿第二次回击过程的一侧接地通道连接到地。

从雷电产生的地面电场变化和 VHF 辐射源定位结果判断，这次雷电的预击穿过程持续时间约为 10ms，如图 5.44 所示，放电从起始位置开始逐渐向地面发展，随后分裂为弯曲向上发展的通道 P1 及向地面发展的通道 P2。上行通道 P1 发展一段时间截止后，下行通道 P2 则继续向地面方向发展并最终转化为梯级先导，随后先导通道分裂为三个分支同时向下发展，并随着接近地面，通道辐射源发展变得离散，且辐射源不仅出现在先导头部，在较长的通道范围内都有可探测到的辐射，这表明梯级先导在向地面发展的过程中，有很多细小分支共同发展。从辐射源定位结果分析中发现，先导通道 L1b、L1c 最终先后到达地面，引发首次回击过程，估算两个接地点之间最小距离约为 300~400m，推断两点的实际距离将大于此值。从相应首次回击的快慢电场变化波形上观测到两次明显接地过程的快速正向变化波形，时间间隔为 1.5ms。与第一次接地主通道不同的是，第二次接地前的先导波形中并没有明显的梯级先导脉冲波形。第一次接地产生的回击电场强度为第二次接地回击强度的 4.4 左右，第一次接地的 10%~90% 上升时间及过零时间分别是第二次接地过程的 2.7 倍和 42.4 倍。由于两次接地的时间间隔较长，推断第二次接地的先导分支与第一次的接地主分支存在分离截断，由于缺乏足够的电荷供应，第二次接地的回击强度明显弱于第一次接地过程。

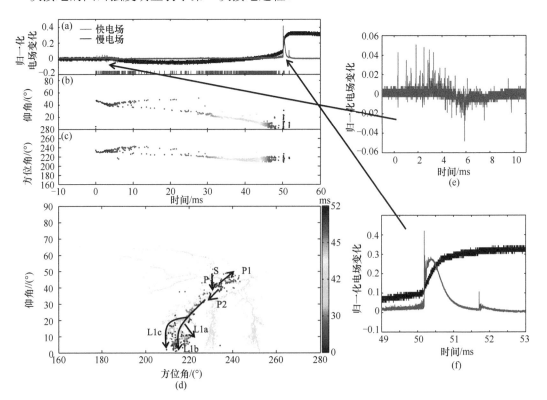

图 5.44　多接地负地闪第一次先导回击过程

（a）快、慢电场变化；（b）辐射源仰角；（c）方位角随时间的变化；（d）方位角-仰角的辐射源二维定位结果；
（e）预击穿电场变化；（f）回击电场变化展开图

第二次先导过程起始于起始放电区域 S，并沿着预击穿通道 P1 弯曲向地面方向发展，随后分裂为三个通道同时向地面方向发展，其中，通道 L2a 连接到地触发回击过程 R2，图 5.45。回击发生后，L2a 通道内探测到自下向上发展的正极性击穿现象，同时 L2b 及 L2c 通道仍探测到活跃的向下发展的先导击穿放电。在首次接地后约 2.7ms，通道 L2a 触发回击过程，同时探测到回击产生的上行正极性击穿放电。第一次接地产生的回击电场强度，10%～90%上升时间及过零时间分别是第二次接地过程的 2.9 倍，2.0 倍和 5.6 倍。与第一次先导-回击过程相似的是，第二次接地的先导通道与主通道之间也存在截断现象。

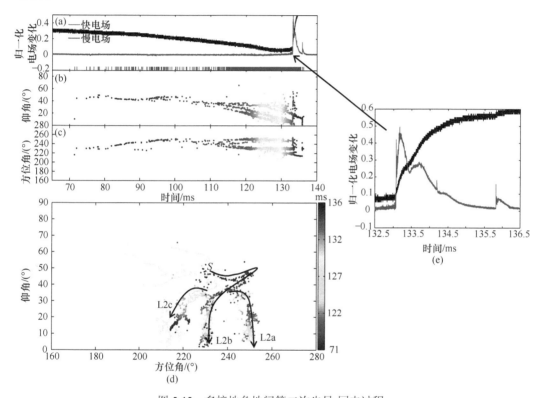

图 5.45 多接地负地闪第二次先导-回击过程

（a）快、慢电场变化；（b）辐射源仰角；（c）方位角随时间的变化；（d）方位角-仰角的辐射源二维定位结果；
（e）回击电场变化展开图

第三、第四次先导过程均沿相同通道连接到地面，分别引发回击过程。第三次先导过程总持续时间约 1.3 ms，从辐射源定位结果看，先导开始于起始放电区域 S，并沿着第二次先导-回击通道 L2a 向地面发展到达仰角约 14°的位置（图 5.45），速度约为 $1.3×10^7$m/s，此阶段并未在原先导通道 L2b 中探测到辐射源。随后约 1.0ms 时间内，慢电场波形没有明显变化，快电场波形先是正向增加，0.5ms 后也基本不变，波形上也持续叠加有微秒量级的双极性不规则脉冲，并在后期逐步转变为规则的正极性脉冲直到回击发生（Sun et al.，2016），对应辐射源定位结果变得较为离散，在第二次先导过程的三个先导分支内部都探测到明显的辐射源下行发展，并在较高仰角位置处探测到向起始放电区域发展的击穿放电，最终沿 L2a 分支通道以 $2.1×10^6$m/s 的速度向下发展并引发回击过程 R3。

第四次先导-回击过程发生于第三次回击后约 151ms，持续时间约 0.65ms。辐射源定位结果显示，先导起始于比放电起始位置 S 更远的位置处，向方位角增大的方向发展，在经过 S 位置处发生一次回旋后继续向前发展，先导初期通道表现为倾斜向下发展，并且具有较大的水平尺度。随后，先导沿着第三次先导-回击过程的接地通道（图 5.45 中 L2a）继续向下发展，直到回击发生，该阶段先导发展平均速度约为 2.0×10^7m/s。

可以看出，四次先导-回击过程产生两个不同的接地主通道，并且分别由预击穿过程的两个不同分支产生。前两次先导-回击过程的放电主通道的分支通道发展到地产生多接地点，同一先导-回击过程中连续两次回击间隔分别是 1.5ms 和 2.7ms，且第一次回击电场幅值约是第二次回击的 3～4 倍。

综上，负地闪多接地有两种方式：一是类似 5.5.1 节高速摄像观测到的由同一先导的不同分支引发的多接地回击（MTSs），二是由不同先导引发异接地点回击（multiple termination flash，MTF），其示意图如图 5.46 所示。二者形成原因存在差异，前者主要出现在梯级先导发展过程中，形成原因主要受地面环境及先导发展特征影响，地面若存在多个自然尖端，其电晕放电造成空间电场分布不均匀，当先导向下发展时，容易产生

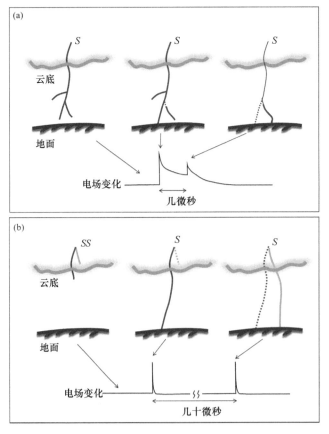

图 5.46　多接地回击和异接地点回击示意图
（a）多接地回击；（b）异接地点回击

多个分支通道，也可能始发多个上行先导。当上行先导与其中一路下行分支发生连接后，通道内将存在向上传播的回击电势波，其他先导分支如果存在 5.5.1 节所述情况时便会形成多接地现象。

后者主要受云内已有通道特性及周围电场影响。在本节个例中，新的先导通道从云内已有的通道发展而来，这可能与回击后已有通道内沉积电荷、电势分布的改变以及导电性的差异有关。对于这种形式的多接地雷电，由于通道分支发生在云层内部，较难通过光学或电场资料来正确辨别，需要通过 VLF 或 VHF 辐射源定位来确定。

5.6　雷电电磁辐射场及其传播特征

由于地表面不规则地形地貌和复杂建筑物（群）等的影响，近地面大气静电场比较复杂，也很难观测到真实值，因为测量设备的介入再次影响了静电场分布。针对不同地区的复杂环境，如何剔除大气电场的测量结果（如大气电场仪数据），理论仿真的方法显得尤为重要。

5.6.1　规则建筑物周围雷电电磁场分布

雷电具有放电电压高、电流幅值大、放电时间短等特点，可能造成极大的灾害，威胁人类的生命财产安全。近年来国家已颁布实施了多项防雷方面的法律法规及相关行业标准，各地也相继出台了更适合本地区的标准、规范。同时，各地也已展开对雷电的监测、预警及防护工作。目前雷电监测定位系统主要利用雷电放电时产生的电磁辐射来遥测其放电参数。如一些探测雷电的仪器（如快、慢电场变化测量仪等）主要是通过接收雷电产生的电磁场来探测雷电，其安装环境会对周围电磁场产生一定的影响，从而影响到雷电定位的精度，以及反演出的雷电流参数。如果可以了解建筑物对雷电电磁场产生了怎样的影响，就可以对测量值进行必要的修订，有利于提高雷电定位的精度。同时，测量到的云闪及地闪位置、时间、极性和雷电流幅值等数据也是防雷工程设计的重要参数。在雷电防护中，一般也需要知道比较精确的电磁场分布。

为了讨论地面建筑物对地闪回击电磁辐射环境的影响，建立如图 5.47 所示的模型。图中雷电通道垂直于地面，通道高度 H 为 7.5km，地面以下土壤层的厚度 h 为 100m，σ_1 为 0.001S/m，ε_1 为 10，μ_1 为 1。在雷电通道附近有一宽为 50m 的建筑物，该建筑物的高度 h_b 分别为 20m、50m、100m。在建筑物附近设置了三个观测点，观测点 1 位于建筑物靠近雷击点侧 50m 处，观测点 2 位于建筑物顶部正中，观测点 3 位于建筑物远离雷击点一侧 50m 处。当建筑物与雷击点的地面距离 d 分别为 150m、250m、500m 时，计算三个观测点处的电场与水平磁场的大小，并分别与建筑物高度 $h_b=0m$ 时的值相比较，可以得出建筑物对其附近地闪回击电磁辐射环境影响的大小。

计算时选取的离散网格空间步长 $\Delta r=\Delta z=1m$，时间步长 $\Delta t=1/(2c)\approx1.667ns$，满足 Courant 稳定性条件。边界条件采用一阶 Mur 边界。回击电磁场计算采用的是 MTLL 模型。在这种模型中，假定地面处为电流的注入源，电流向上传播，回击以一定的速度 v

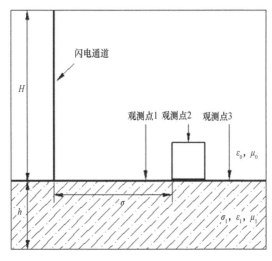

图 5.47　雷电通道与建筑物示意图

沿雷电通道向上传输，在传输过程中电流按线性规律衰减，回击前沿以上的电流为零。通道底部电流选取 Berger 和 Vogelsanger（1966）观测得到的首次回击和继后回击两种典型参数（Rachidi et al.，2001）。

图 5.48 为首次回击条件下 E_z 在三个观测点处的波形，这时选取的雷电通道与建筑物距离 d 为 250m。其中，图 5.48（a）为不存在建筑物时（即建筑物高度 h_b 为 0m）三个观测点处的 E_z，图 5.48（b）为建筑物高度 h_b=50m 时，三个观测点处的 E_z。可以看出，没有建筑物存在时，观测点 1、2、3 处的 E_z 幅值逐渐减小。而加入 50m 高的建筑物之后，位于建筑物顶部的观测点 2 处 E_z 的幅值显著增大，远大于了观测点 1 处的值。另外，1 处与 3 处的幅值也明显减小。

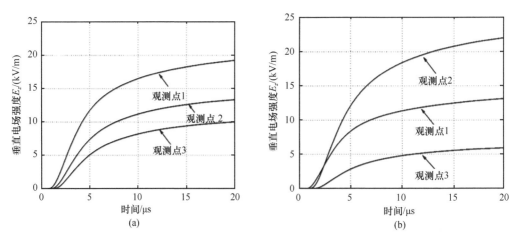

图 5.48　首次回击，d=250m 时三个观测点处的 E_z
（a）不存在建筑物时；（b）建筑物高度 h_b=50m

图 5.49 为继后回击条件下 E_z 在三个观测点处的波形，与首次回击相同，此时选取的雷电通道与建筑物距离 d 也为 250m。其中，图 5.49（a）和图 5.49（b）分别为不存

在建筑物时（即建筑物高度 h_b=0m）三个观测点处的 E_z，以及建筑物高度 h_b=50m 时，三个观测点处的 E_z。由图中可以看出，与首次回击的情况相同，观测点 2 处 E_z 的幅值显著增大，1 点处与 3 点处的幅值明显减小。在图 5.49（b）中，三个观测点处 E_z 波形的波头都出现了一些波动，这是由于继后回击中的高频成分更多，更容易受到建筑物的影响导致反射和衰减。

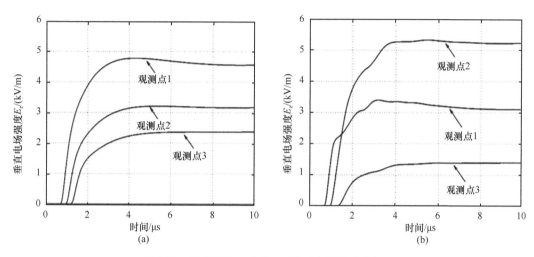

图 5.49　继后回击，d=250m 时三个观测点处的 E_z
（a）不存在建筑物时；（b）建筑物高度 h_b=50m

以上给出了不存在建筑物时的地面垂直电场，以及物与雷电通道的水平距离 d 为 250m，建筑物高度 h_b 为 50m 时，三个观测点处垂直场的对比图，并且分别计算了首次回击和继后回击的情况。表 5.6 中给出的是继后回击时，雷电通道与建筑物的水平距离 d 分别为 150m、250m、500m，建筑物高度 h_b 分别为 20m、50m、100m 的情况下，三个观测点处的垂直电场与地面垂直电场（当建筑物不存在时，三个观测点处的地面垂直电场）的比值。

表 5.6　三个观测点处的垂直电场 E_z 与地面电场的比值（继后回击）

观测点	与雷电通道的水平距离 d/m	建筑物高度 h_b/m		
		20	50	100
观测点 1 （建筑物靠近雷电通道一侧）	150	0.91	0.76	0.64
	250	0.89	0.71	0.56
	500	0.87	0.66	0.46
观测点 2 （位于建筑物顶部中间位置）	150	1.32	1.61	1.86
	250	1.34	1.65	2.04
	500	1.35	1.70	2.11
观测点 3 （建筑物远离雷电通道一侧）	150	0.84	0.59	0.32
	250	0.85	0.60	0.35
	500	0.88	0.61	0.37

通过分析，可以得出以下结论：

（1）观测点 2 处的 E_z 随建筑物高度的增加而明显增大，说明建筑物顶部的地闪回击电场垂直分量受到建筑物自身高度的影响较大；

（2）观测点 1 和 3 处的 E_z 受到建筑物的影响，均有不同程度的衰减，且点 3 处的值小于点 1 处，说明建筑物对其后侧（远离雷电通道一侧）的 E_z 衰减更为明显，要大于对建筑物前侧（靠近雷电通道一侧）的影响；

（3）在建筑物与雷电通道水平距离 d 为 500m 以内时，随着 d 的增加，观测点 1 和 2 处受影响的程度有所增加，观测点 3 处的 E_z 受影响程度随之减小。这主要是由于随着距离的增加，电磁场中辐射场所占比例逐渐增多，遇到建筑物时更多的高频成分被反射，所以在点 1 处 E_z 受影响更加明显。

由上面分析可知，建筑物顶部的垂直电场相较于地面电场显著增大，而且随着建筑物高度的增加而增大。如果建筑物的顶部装有快、慢电场变化测量仪等仪器，其测量到的垂直电场值会有不同程度的增加。为了对这一误差进行修正，设建筑物顶部中心点处（观测点 2 处）的垂直电场与地面电场（建筑物高度为 0 时该点的垂直电场）的比值为 M，M 与建筑物高度 h_b 的关系满足以下关系：

$$M = -3.536 \times 10^{-5} h_b{}^2 + 0.0135 h_b + 1.0589 \tag{5.6}$$

此关系式只是针对这一特定宽度的建筑物，并未考虑宽度变化的情况。实际上，经过计算可知，建筑物的宽度对其顶部垂直电场也是有较大影响的，宽度越宽，垂直电场的增量越小。

当雷电定位仪等雷电监测仪器需要安装在建筑物周围地面上时，就必须要考虑与建筑物的距离对 E_r 的影响。经计算发现，当观测点 3 与建筑物的距离为 50m 时，建筑物对地表垂直电场幅值的影响很大，其值减小至不存在建筑物时的 59%，到 200m 时这一比值上升到 93%。可见，随着距离的增加，建筑物对地表处垂直电场的影响效果显著减小。

与以上相同，在分析建筑物对水平电场的影响时，首先对比分析了雷电通道与建筑物距离为 d=250m 的情况，如图 5.50 和图 5.51 所示。其中，图 5.50（a）和图 5.51（a）

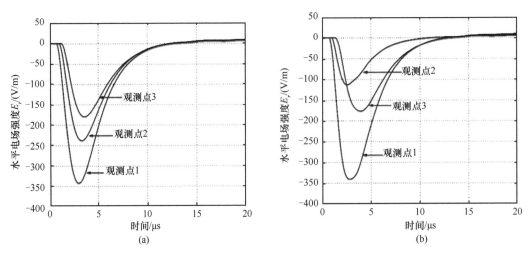

图 5.50　首次回击，d=250m 时三个观测点处的 E_r
（a）不存在建筑物时；（b）建筑物高度 h_b=50m

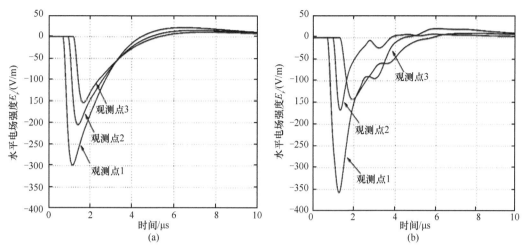

图 5.51　继后回击，$d=250m$ 时三个观测点处的 E_r

（a）不存在建筑物时；（b）建筑物高度 $h_b=50m$

分别为首次回击和继后回击情况下不存在建筑物时（建筑物高度 $h_b=0m$）三个观测点处水平电场 E_r 的波形。图 5.50（b）和图 5.51（b）分别为建筑物高度 $h_b=50m$ 时，首次回击和继后回击中三个观测点处 E_r 的波形。当地面电导率有限时，地表处的水平电场呈现负极性、单极性的特点。首次回击时，观测点 2 处的 E_r 值变化最大，有建筑物存在时 E_r 的幅值仅有原来的 49%。继后回击时，观测点 2 处 E_r 的幅值为原来的 83%，其半峰值时间明显减小，由于继后回击的高频成分更多，建筑物造成的反射更加明显，所以波尾出现波动。同样，观测点 1 和观测点 3 处 E_r 的波尾也出现波动，这都是由建筑物的影响产生的。同时，观测点 1 处的幅值变为不存在建筑物时的 1.2 倍。

表 5.7 给出了继后回击时，雷电通道与建筑物的水平距离 d 分别为 150m、250m、500m，建筑物高度 h_b 分别为 20m、50m、100m 的情况下，三个观测点处的水平电场与地面水平电场（当建筑物不存在时，三个观测点处的地面水平电场）的比值。通过分析，可以得出：观测点 2 处的 E_r 随建筑物高度的增加而逐渐减小，建筑物顶部的地闪回击电场水平分量受到建筑物自身高度的影响较大；观测点 1 处的 E_r 受到建筑物的影响而增加，观测点 3 处的 E_r 有所减小，说明建筑物对 E_r 具有较为明显的反射作用，且建筑物高度越高，反射越明显。

表 5.7　三个观测点处的水平电场 E_r 与地面电场的比值（继后回击）

观测点	与雷电通道的水平距离 d/m	建筑物高度 h_b/m		
		20	50	100
观测点 1	150	1.06	1.16	1.22
	250	1.07	1.20	1.33
	500	1.08	1.22	1.4
观测点 2	150	0.85	0.74	0.54
	250	0.88	0.82	0.69
	500	0.89	0.86	0.80
观测点 3	150	0.97	0.88	0.68
	250	0.98	0.93	0.77
	500	0.99	0.96	0.85

分析建筑物对水平磁场的影响时，同样选取雷电通道与建筑物距离 d=250m。其中，图 5.52（a）和图 5.53（a）分别为首次回击和继后回击情况下不存在建筑物时（即建筑物高度 h_b=0m）三个观测点处水平磁场 H 的波形。图 5.52（b）和图 5.53（b）分别为建筑物高度 h_b=50m 时，首次回击和继后回击中三个观测点处 H 的波形。由图可以看出，首次回击时，建筑物对三个观测点处的磁场几乎没有影响。继后回击时波头出现了较为明显的波动，且观测点 1 处的磁场幅值稍有变大，增加约为 10%。总体来说，建筑物对其附近的水平磁场影响不大。

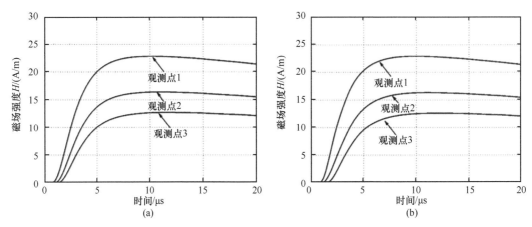

图 5.52　首次回击，d=250m 时三个观测点处的 H
（a）不存在建筑物时；（b）建筑物高度 h_b=50m

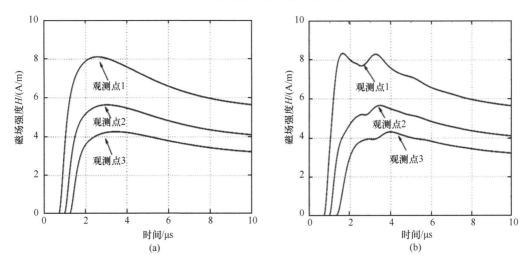

图 5.53　继后回击，d=250m 时三个观测点处的 H
（a）不存在建筑物时；（b）建筑物高度 h_b=50m

Bermudez 等（2005）通过同时测量顶部及地平面的雷电回击电场值的方法，得出屋顶上的电场值比地面处增大了 1.5 倍。Bonyadi-ram 等（2001）在频域下用矩量法计算，得到建筑物的高度分别为 20m、40m 和 60m，其电场增大的比值分别为 3.5、5.3 和 6.2。在计算中，将建筑物看作金属立方体，地面看作平坦的良导体。Bermudez 等（2005）在加拿大多伦多利用 533m 高的 CN 塔开展实验，当雷电击中 CN 塔时，他们分别测量了距塔 2km 和 17km 处的两幢四层高的楼房顶部的垂直电场与水平磁场的值，发现实测的垂直电场和水平磁场均比计算得到的值大了 1.4 倍。

采用柱坐标下的时域有限差分算法（FDTD）方法，计算有限电导率下的地闪回击电磁场，分别从首次回击和继后回击两方面研究讨论建筑物对地闪回击电磁辐射环境的影响，结果表明：

（1）建筑物对地闪回击电场影响较大，对磁场的影响不大，建筑物高度为 50m，距雷电通道距离为 250m 时，磁场幅值改变量在 10%以内；

（2）通过对比观测点处的垂直电场与地面垂直电场，发现建筑物高度 h_b 为 20m、50m、100m 的时候，屋顶处的垂直电场增量分别约为地面处的 1.3 倍、1.7 倍和 2 倍，建筑物顶部 E_z 受自身高度影响较大；

（3）建筑物高度 h_b 分别为 20m、50m 和 100m 时，屋顶处水平电场分别约为地面处的 9/10、8/10 和 7/10，建筑物顶部 E_r 受自身高度影响较大，随高度的增加而减小；

（4）建筑物对远离雷电通道一侧的垂直电场影响大于靠近通道的一侧，说明建筑物对 E_z 的衰减作用大于其反射作用。

5.6.2　分形粗糙陆地对雷电电磁传播影响的数值模拟

由于地面电导率是有限的，当雷电电磁场沿地表传播时，高频分量快速衰减，引起时域电磁场脉冲峰值额外减小、波形上升时间额外增大，从而对到达时间差法雷电定位、雷电流强度反演等产生影响。因此，20 世纪 80 年代初期，为了研究雷电电磁频谱，通常利用海面传播路径进行测量，因为海水的电导率较大（4S/m），高频电磁场衰减相对较小。Weidman 等（1981）和 Willett 等（1990）观测表明，当观测点距离海岸线几十～几百米范围时，海洋雷暴地闪回击产生的电磁波谱中，1MHz 以上的高频分量按照频率平方的倒数迅速衰减，超过 20MHz，几乎观测不到。Zhang 等（2009；2012）模拟研究了粗糙海面对雷电电磁场传输的影响，指出当频率高于 10MHz 时，粗糙海面引起的衰减是不容忽视的。

和粗糙海面相比，陆地的电导率更小、地形地表的不规则起伏更加明显。尽管有许多人对雷电电磁场沿地表的传播进行了研究，但都是将地表假定为光滑地表，这与实际情况是明显不符的。不同地区地形地貌千差万别，既不是纯周期的又不是完全随机的，采用周期函数和随机函数的数学模型，如正弦函数和 Gauss 随机分布函数均不能反映粗糙面的真实情况。从统计意义上讲，在一定的标度之间，一般的地形地貌都存在自相似性或仿射性，它具有分形的特点。分形几何的引入为自然粗糙结构提供了新工具，因为分形具有自相似性，可兼顾大范围有序和小范围无序的特点，因此可用来描述确定的或随机的结构。利用分形理论对粗糙面进行模拟，它可集周期函数和随机函数于一体。随着二维粗糙面程度的加大，分维数从 2 向 3 增大。

为了深入讨论复杂地形地表对雷电电磁场传播的影响，采用分形模拟的粗糙地表，利用 Barrick 表面阻抗理论和 Wait 近似算法（1974），分析研究粗糙地表对地闪回击电磁场传播的影响。当地面电导率有限时，距雷电通道水平距离 d 处垂直电场和水平磁场分别为（Cooray and Ming，1994）：

$$E_{v,\sigma}(0,d,t) = \int_0^t E_{v,\infty}(0,d,t-\tau)w(0,d,\tau)\mathrm{d}\tau \qquad (5.7)$$

$$H_{\phi,\sigma}(0,d,t) = \int_0^t H_{\phi,\infty}(0,d,t-\tau)w(0,d,\tau)\mathrm{d}\tau \qquad (5.8)$$

式中，$E_{v,\sigma}(0,d,t)$ 和 $H_{\phi,\sigma}(0,d,t)$ 分别为有限电导率地表的垂直电场和水平磁场，$E_{v,\infty}(0,d,t)$ 和 $H_{\phi,\infty}(0,d,t)$ 为理想地表的垂直电场和水平磁场。$w(0,d,\tau)$ 为场衰减函数 $W(0,d,j\omega)$ 的时域表达式，Z 为归一化表面阻抗。Wait（1998）提出的衰减函数的表达式为

$$W(0,d,j\omega) = 1 - j\sqrt{\pi p}\exp(-p)\mathrm{erfc}(j\sqrt{p}) \qquad (5.9)$$

$$p = -\frac{j\omega d}{2c}\Delta_{\mathrm{eff}}^2 \qquad (5.10)$$

$$\Delta_{\mathrm{eff}} = \sqrt{\frac{\varepsilon_0}{\mu_0}}Z \qquad (5.11)$$

式中，Δ_{eff} 为粗糙地表等效表面阻抗；ω 为角频率；c 为光速；$j = \sqrt{-1}$；erfc 为误差函数；p 为自定义的一个等效表面阻抗合成变量。因此，由式（5.6）～式（5.11）看出，分析粗糙地表雷电电磁场传播的关键是其等效表面阻抗 Δ_{eff} 的计算。

按照 Barrick（1971）等效表面阻抗理论，粗糙地表等效表面阻抗 Δ_{eff} 可表示为（Ming and Cooray，1994）

$$\Delta_{\mathrm{eff}} = \Delta + \Delta' \qquad (5.12)$$

$$\Delta = \frac{k_0}{k}\left(1 - \frac{k_0^2}{k^2}\right)^{1/2} \qquad (5.13)$$

$$k = k_0(\varepsilon_r - j60\sigma\lambda_0)^{1/2} \qquad (5.14)$$

$$k_0 = \omega(\mu_0\varepsilon_0)^{1/2} \qquad (5.15)$$

式中，Δ 为光滑地表的等效表面阻抗；σ 为电导率；$\varepsilon = \varepsilon_0\varepsilon_r$ 为介电常数；ω 为角频率；ε_0 和 μ_0 分别为自由空间的介电常数和磁导率；Δ' 为粗糙地表引起的表面阻抗的额外增量。

$$\Delta' = \frac{1}{4}\int_{-\infty}^{+\infty}\mathrm{d}\gamma\int_{-\infty}^{+\infty}G(\gamma,\eta)V(\gamma,\eta)\mathrm{d}\eta \qquad (5.16)$$

$$G(\gamma,\eta) = \frac{\gamma^2 + b\cdot\Delta\cdot(\gamma^2 + \eta^2 - \omega\gamma/c)}{b + \Delta\cdot(b^2+1)} + \frac{\Delta\cdot(\gamma^2 - \eta^2)}{2} + \Delta\cdot\omega\cdot\gamma/c \qquad (5.17)$$

$$b = \frac{c}{\omega}\left[\left(\frac{\omega}{c}\right)^2 - \left(\gamma^2 + \frac{\omega}{c}\right)^2 - \gamma^2\right]^{1/2} \qquad (5.18)$$

式中，$V(\gamma,\eta)$ 为粗糙地表的高度谱密度函数。如果已知 $V(\gamma,\eta)$，根据式（5.13）～式（5.18）可以计算粗糙地表的归一化等效表面阻抗 Δ_{eff}。因此，下面首先介绍粗糙地表的高度谱密度函数 $V(\gamma,\eta)$。

为了计算分形粗糙地表的有效表面阻抗 Δ_{eff}，首先要解决平均高度谱密度 $V(\gamma, \eta)$。采用 Monte Carlo 方法模拟了二维分形（fbm）粗糙地表，其高度谱密度为（Falconer，1990）

$$V(\gamma, \eta) = V_0(\gamma^2 + \eta^2)^{-a/2} \tag{5.19}$$

式中，$V_0 = H^2/2\pi L$；$a = 8 - 2D$；D 为分形维数；L 为相关长度；H 为粗糙高度平方根；γ 和 η 分别为 x 和 y 方向的波数（或空间频数）。图 5.54 给出了利用 Monte Carlo 方法模拟的二维粗糙地表，D=2.3，L=150m，H 为 5m 和 30m。

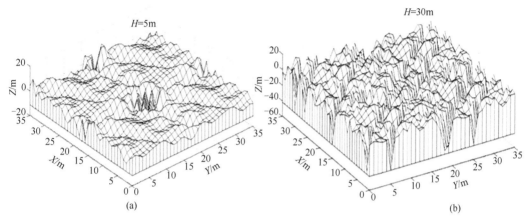

图 5.54 利用 Monte Carlo 方法模拟的二维粗糙地表

（a）5m；（b）30m

为了分析不同程度的粗糙地表对其表面阻抗和衰减函数的影响，图 5.55 分别给出了表面阻抗 Δ_{eff} 和衰减函数 $W(0, d, j\omega)$ 的频域图，其中衰减函数的幅值用 dB 来表示。图中实线表示地面电导率 σ=0.1S/m，相对电容率 ε_r=10，虚线表示地面电导率 σ=0.001S/m，相对电容率 ε_r=10。曲线 1 表示光滑地表，曲线 2 和 3 表示粗糙均方高 H 分别为 5m 和 30m 的粗糙地表。可以看出，当地表粗糙度在 5m 以内时，其等效阻抗以及衰减因子和光滑地表几乎相同，但当粗糙度超过 30m 时，粗糙地表引起的额外衰减非常明显。

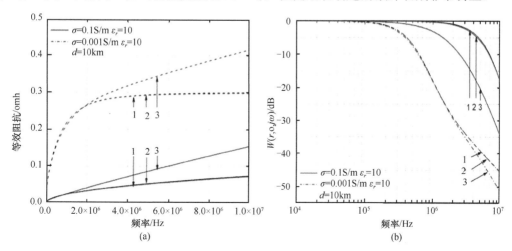

图 5.55 粗糙地表面的（a）等效阻抗和（b）衰减函数

图 5.56 进一步给出了相关长度 L 对衰减因子的影响，从结果看出，当相关长度 L 超出几十米以后，相关长度的影响可忽略。因此，在实际应用中，可主要关注粗糙高度平方根对雷电电磁波传播的影响。

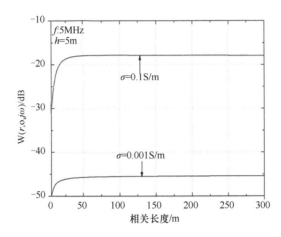

图 5.56　相关长度因子对衰减因子的影响

假定地闪回击通道笔直且垂直于地面，回击电流从通道底部始发，沿通道以速度 $v=1.9\times10^8$m/s 向上传播。电流波形随高度的衰减满足 MTLL 回击模型，假设回击通道为 8km。回击电流包含击穿电流和电晕电流两部分，击穿电流和电晕电流都采用 Heidler（1985）指数表达式计算，其表达式见式（5.19），具体参数如表 5.8 所示（Rachidi et al.，2001）。

$$i(0,t)=\frac{I_{01}}{\eta_1}\frac{(t/\tau_{11})^{n_1}}{[(t/\tau_{11})^{n_1}+1]}\mathrm{e}^{-t/\tau_{12}}+\frac{I_{02}}{\eta_2}\frac{(t/\tau_{21})^{n_2}}{[(t/\tau_{21})^{n_2}+1]}\mathrm{e}^{-t/\tau_{22}} \qquad（5.20）$$

式中，$\eta_1=\exp(-\dfrac{\tau_{11}}{\tau_{12}}\cdot(n_1\dfrac{\tau_{12}}{\tau_{11}})^{1/n_1})$，$\eta_2=\exp(-\dfrac{\tau_{21}}{\tau_{22}}\cdot(n_2\dfrac{\tau_{22}}{\tau_{21}})^{1/n_2})$

表 5.8　首次回击和继后回击各参数的取值

参数	I_{01}/kA	τ_{11}/μs	τ_{21}/μs	I_{02}/kA	τ_{12}/μs	τ_{22}/μs
首次回击	28	1.8	95	—	—	—
继后回击	10.7	0.25	2.5	6.5	2	230

图 5.57 给出了粗糙地表对首次回击和继后回击产生的地面垂直电场的影响（电导率 $\sigma=0.1$S/m，相对电容率 $\varepsilon_r=10$）。可以看出，粗糙地表对继后回击电磁场的影响明显比首次回击大，首次回击波形上升沿时间略有影响，但峰值大小几乎不受影响。这是因为首次回击包含有更多的低频分量，频率越低，波长越长，粗糙地表的影响越小。对继后回击而言，由于高频分量的衰减，随着粗糙度和传播距离的增加，峰值明显减小，辐射场波形上升沿时间增大，即峰值到达时间滞后。如图 5.57（d）所示，继后回击电磁场传播 100km，均方高为 30m 的粗糙地表引起波形上升沿时间额外增大约 1.5μs，电场峰值额外减小 12%左右，随着地面电导率的减小，影响越大，这可能是直接影响雷电定位系统

探测精度的原因之一。目前，雷电定位系统就是利用探测到的地雷电磁场波形参量来进行地闪定位和放电电流强度的反演，回击电磁场波形上升沿时间的额外增大（峰值到达时间的滞后）引起到达时间差法定位系统的误差，而电场峰值的额外减小引起雷电流强度反演的误差。比如，在均方高为 30m 的粗糙地表情况下，雷电电磁场传播 100km，由于粗糙地表引起的电磁场额外衰减了约 12%，根据公式：$E_p = \left[v/(2\pi\varepsilon_0 c^2 d) \right] I_p$（Cooray，2000），反演的雷电流强度比实际结果也偏小 12%。

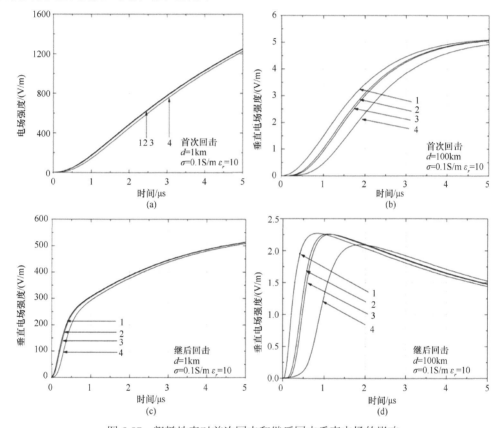

图 5.57 粗糙地表对首次回击和继后回击垂直电场的影响

（a）1km 处首次回击时域波形；（b）100km 处首次回击时域波形；（c）1km 处继后回击时域波形；（d）100km 处继后回击时域波形

曲线 1 对应于电导率无限大的光滑地表（理想地表），曲线 2 对应于有限电导率的光滑地表，曲线 3 和 4 对应于不同程度的粗糙地表（相关长度 L=150m，粗糙均方高分别为 5m 和 30m）

另外，随着地面电导率的增大，粗糙度引起的额外衰减量增加。如电导率 σ=0.1S/m 时，雷电电磁场沿均方高为 30m 的粗糙地表传播 100km，场峰值衰减 12%，而当电导率 σ=0.001S/m 时，场峰值额外衰减 8%。值得注意的是，雷暴天气往往下雨，土壤湿度增大，相应的土壤电导率增大，更应该考虑雷电定位系统测站周围的复杂地形对雷电定位系统探测精度和效率的影响。

不过，在距雷电通道 1km 范围，无论是首次回击还是继后回击，粗糙地表的影响都很小。因为在 1km 范围的近距离，地闪回击电磁场主要以低频的静电场为主，如图 5.58 所示。

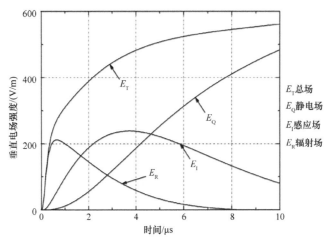

图 5.58　距雷电通道 1km 处的电场结构

为了进一步分析地表粗糙度对不同频段电磁波分量的影响, 图 5.59 给出了粗糙地表对首次和继后回击频域垂直电场传播的影响。选取的回击电磁波频率范围为几赫兹至十兆赫兹, 计算的频率幅值采用 dB 表示方法（对幅值取自然对数后再乘以 20）, 单位为

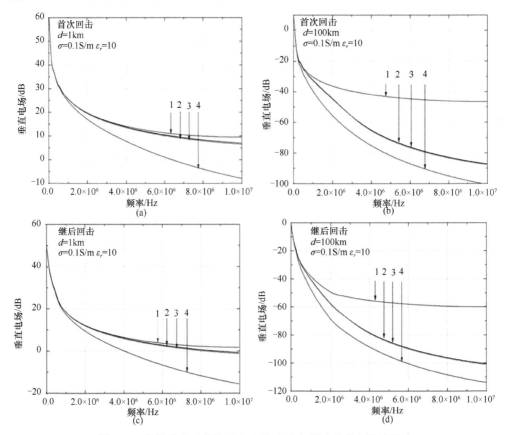

图 5.59　粗糙地表对首次回击和继后回击频域垂直电场的影响

（a）1km 处首次回击频域分析；（b）100km 处首次回击频域分析；（c）1km 继后回击频域分析；（d）100km 处继后回击频域分析

V/(m·Hz)。可以看出，随着粗糙度的增加，约 2MHz 以上电磁波的衰减明显增大，在同样地表粗糙度情况下，当地面电导率减小时，高频衰减更加明显。

图 5.60 给出了粗糙地表对地闪回击水平磁场的影响。曲线 1 对应于电导率无限大的光滑地表（理想地表），曲线 2 对应于有限电导率的光滑地表（电导率 $\sigma=0.1$S/m，相对电容率 $\varepsilon_r=10$），曲线 3 和 4 对应于不同程度的粗糙地表（均方高分别为 5m 和 30m、相关长度 $L=150$m）。可以看出，粗糙地表对水平磁场和垂直电场的影响是类似的。1km 以内的近距离，感应磁场占优势，粗糙地表对场峰值的影响可忽略；但随着距离的增大，由于高频分量的衰减，时域磁场波形的上升时间增大，峰值额外减小。因此，无论是利用测量的垂直电场进行雷电放电参数的反演，还是利用水平磁场进行反演，复杂地表的影响都不可忽视。

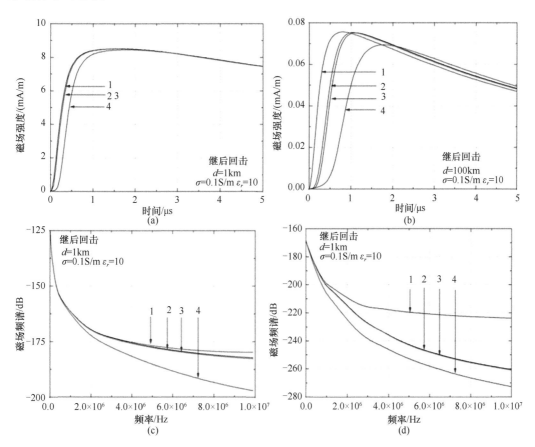

图 5.60　粗糙地表对继后回击时域和频域水平磁场的影响
（a）1km 处时域波形；（b）100km 处时域波形；（c）1km 处频域分析；（d）100km 处频域分析

模拟结果表明，粗糙地表对地闪首次回击垂直电场的影响较小，但对继后回击存在明显的影响。随着粗糙度的增加，继后回击垂直电场峰值的衰减程度明显增加，且时域脉冲波形上升沿时间增大。如对继后回击而言，电磁场传播 100km，均方高为 30m 的粗糙地表（电导率 $\sigma=0.1$S/m）引起波形上升沿时间额外增大约 1.5μs，电场峰值额外减小约 12%，随着地面电导率的减小，影响越大。回击电磁场波形上升沿时间的额外增大

（峰值到达时间的滞后）引起时间差定位技术的误差，而电场峰值的额外减小引起雷电流强度反演的误差。因此，在实际工作中，应该考虑复杂地形地表对雷电定位系统探测精度和探测效率的影响。

研究结果可为地基雷电探测的场地误差分析等方面的工作提供了一种近似估算方法，但这种算法的实验检验存在很大的难度，将来有望利用三维 FDTD 进行检验。

5.6.3　基于 FDTD 分形粗糙陆地对雷电电磁传播的影响

自然界中的许多粗糙表面，如海表面、植被、森林和山地覆盖的陆地等具有非线性的几何结构，且都在一定的尺度范围内存在统计意义上的自相似性，这些性质促使众多学者将分形理论应用在粗糙面的电磁散射等研究中。这里利用二维归一化带限 Weirstrass 分形函数（Falconer，1990）模拟二维分形粗糙面，函数形式如下：

$$f(x,y) = \sqrt{2}\delta[1-b^{(2D-6)}]^{1/2}/\{M[b^{(2D-6)N_1} - b^{(2D-6)(N_2+1)}]\}^{1/2}$$
$$\times \sum_{n=N_1}^{N_2} b^{(D-3)n} \sum_{m=1}^{M} \{\sin\{Kb^n[x\cos(2\pi m/M) + y\sin(2\pi m/M)]\} + \phi_{nm}\} \quad (5.21)$$

式中，δ 为高度起伏均方根；b 为空间基频（$b>1$）；D 为分维数（$2<D<3$）；K 为空间波数；ϕ_{nm} 为 $[-\pi, \pi]$ 上均匀分布的随机相位，该函数具有零均值。$f(x,y)$ 的无标度区间一般取 $\left[2\pi/\left(Kb^{N_1}\right), 2\pi/\left(Kb^{N_2}\right)\right]$。$N = N_2 = N_1 + 1$（代表谐波次数），随着 N 的增加，越来越多的频率加到该函数上。图 5.61 为利用公式（5.12）得到的二维分形粗糙面，其中 $N_1=0$，$N_2=6$，$M=7$，$b=1.6$，$D=2.3$，$\delta=2$，$K=100$。

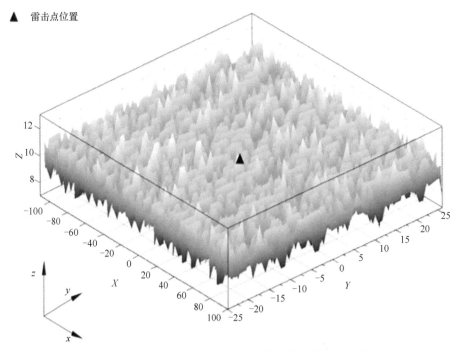

图 5.61　二维分形粗糙面，图中三角符号代表雷击点的位置

雷电通道采用垂直相控阵电流源阵列（Baba and Rakov，2003）来模拟。每个电流源间隔 1m，如图 5.62 所示。雷电通道由 450 个垂直电流源构成，回击电流从通道底部始发，沿通道向上传播，到达相应电流源高度时，电流源依次逐个开启。设电流源位于 E_z 节点 (i_s, j_s) 处，雷电通道如图所示被加在 Yee 元胞的 E_z 分量。计算电场的迭代方程为

$$E_z^{n+1}\left(i_s, j_s, k\right) = E_z^{n}\left(i_s, j_s, k\right) + \frac{\Delta t}{\varepsilon}[\nabla \times H\left(i_s, j_s, k\right)]_z^{n+1/2} + \frac{\Delta t}{\varepsilon \Delta x \Delta y} I^{n+1/2} \quad (5.22)$$

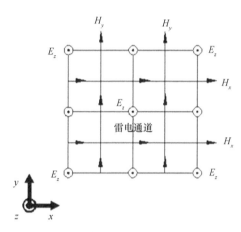

图 5.62　雷电通道采用垂直相控阵电流源阵列来模拟

三维 FDTD 模型如图 5.63 所示，模拟空间范围是 211m×51m×501m，空间步长为 $\Delta x \times \Delta y \times \Delta z = 1m \times 1m \times 1m$，时间步长为 1.66ns，采用完美匹配（PML）吸收边界，吸收边界厚度为 15 层。雷电通道采用（Baba and Rakov，2003）等提出的间隔 1m 的 450 个垂直电流源。假设回击电流波形随高度的衰减满足 MTLL 回击模型，衰减时回击通道 H=7.5km，回击电流速度 v=1.9×10^{8}m/s。

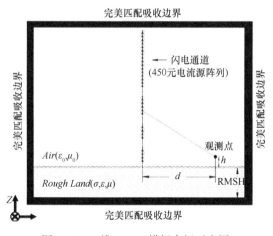

图 5.63　三维 FDTD 模拟空间示意图

下面将利用三维 FDTD 方法对雷电辐射电磁场沿二维分形粗糙地表的传播特征进行分析。图 5.64 为高度起伏均方根（RMSH）对雷电水平场的影响示意图，其中 [（a）

和（b）]继后回击和 [（c）和（d）] 首次回击，从图中可以看出，地表的高低起伏对雷电水平电场的衰减不容忽视，尤其在回击开始的几个微秒范围内，水平电场的幅值会出现明显的衰减；当地表起伏均方根高度为 5m 时，水平电场的幅值可衰减为原来的一半。当地表起伏均方根高度为 2m 时，地面起伏对水平场的影响较小。其中继后回击比首次回击衰减得更加明显，这是由于继后回击电流相对于首次回击电流的高频成分较多，而这些高频成分对复杂地表的特征更加敏感。

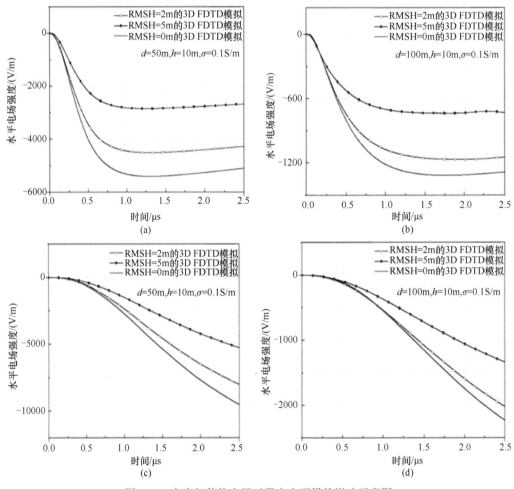

图 5.64 高度起伏均方根对雷电水平场的影响示意图
（a）（b）继后回击；（c）（d）首次回击

图 5.65 进一步分析了地面电导率对雷电水平场的影响。地面电导率越小，雷电辐射水平场受地面粗糙度的影响越明显。该结果与光滑地表时，地面电导率对雷电水平场的影响一致。图 5.66 分析了不同回击模式对雷电水平场的影响，可见当回击模式改变时，地面粗糙度对雷电辐射水平场的影响基本不变。

总之，从上述模拟结果看出，地表的高低起伏对雷电水平电场的衰减不容忽视，尤其在回击开始的几个微秒范围内，水平电场的幅值会出现明显的衰减；当地表起伏均方根高度为 5m 时，水平电场的幅值可衰减为原来的一半。当地表起伏均方根高度为 2m

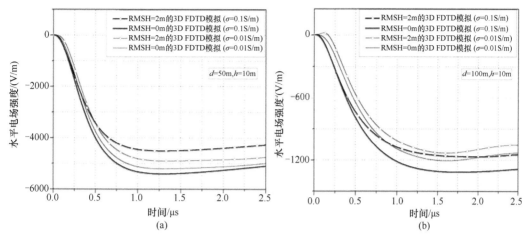

图 5.65　地面电导率对雷电水平场的影响示意图

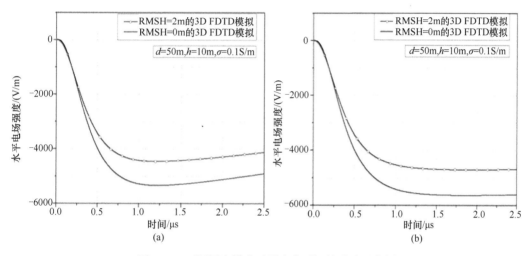

图 5.66　不同回击模式对雷电水平场的影响示意图
（a）TL 模式；（b）MTLE 模式

时，地面起伏对水平场的影响较小。地面电导率越小，雷电辐射水平场受地面粗糙度的影响越明显。该结果与光滑地表时，地面电导率对雷电水平场的影响一致。

5.7　雷电对架空电缆和电子通信设备的影响

　　直接雷击或者邻近雷击不仅会在电力输电线上诱发高电压和大电流造成直接雷击故障，也有可能沿着电力输电线路传到很远的地方，影响设备的正常运行，甚至造成设备损坏，因此输电线路过电压与电子设备的雷电防护研究一直是电力系统一个非常重要的内容。雷击不但会造成输电线路故障，也引发电子或微电子设备失效或损坏。目前比较常用的防护技术是浪涌保护器（SPD）。

　　由于雷电发生的时空随机性，给输电线路与电子设备的过电压特征及防护应用的研究带来很大困难，不断发展完善的人工引雷技术为这一研究提供了一种较为有效的手段。广东从化人工引雷实验基地（GCOELD）架设有 220V 农村架空配电线路，据此开展了雷电引起的架空线路感应过电压（过电流）实验测量，以及近距离触发雷电对电子设备及 SPD 的影响研究。本节简要阐述输电线路感应耦合产生的过电压及其对 SPD 的冲击效应（相当于对后端电子设备的冲击），并对雷击通信铁塔时的通信天线电磁耦合效应进行仿真研究。

5.7.1　人工引雷试验场架空配电线路布置和测试设备

广州野外雷电试验基地选址在偏僻光联村附近，试验场有一民用 220V 架空配电线路给临时用电设备供电（图 5.3）。试验场电源线路由火线和零线两相组成，通过木杆支撑，距光联村变压器 1200m。图 5.67 是试验场架空线位置和线路分布图，可以看出架空输电线路为 S 形，路径不规则。架空线离地面高度约 3m，部分地方地面起伏较大。变压器型号为 S11-M-50/10，容量为 50kVA 的 S11 系列 10kV/0.4kV 全密封配电变压器。架空线路末端在引雷试验场，给试验场上的农舍（如入户端）供电，农舍中的电器主要为纯电阻的白炽灯。防护试验感应过电压的观测和低压电涌保护器的测试位置都在架空线路的末端，即图 5.67 中的入户端。引雷点离架空线最近距离约 30m，线路的实景图如图 5.68 所示。

图 5.67　试验场架空配电线路位置结构示意图

图 5.68　试验场架空线路实景图

如 5.1 节所述，引发雷电电流测量采用同轴分流器，光电转换采用 HBM（hottinger baldwin messtechnik）记录系统，采样率 10MS/s，采样长度 2.0s，分大小两个量程同步测量，大量程为±50kA，小量程为±2kA，测量系统如图 5.69，详见郑栋等（2013）。感应过电流的测量采用 Pearson 线圈，过电压测量经过分压器分压，衰减器衰减，将电压降至采集和记录系统允许的范围内，信号同样经过光纤传输全控制室内的采集软件或者示波记录仪上记录。衰减器衰减比为 100:1，分压器视测量电压大小选择不同的分压比，采集系统采样率 5MS/s，采样长度 0.8s。图 5.70 所示，架空配电线路过电压测试大多在入户端。

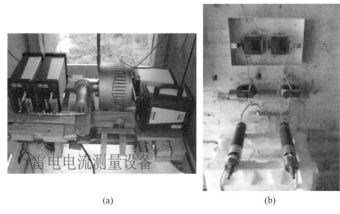

(a)　　　　　　　　　　　　　　(b)

图 5.69　主要测量设备实景照片

（a）触发闪电测量布置；（b）架空线路耦合过电压冲击 SPD 测量布置

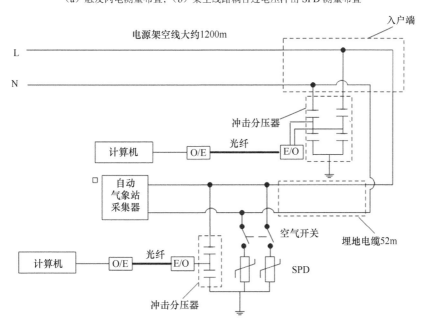

图 5.70　试验中架空线路感应过电压（过电流）测量系统示意图

5.7.2　雷电引起的架空输电线路过电压波形特征

2013 年夏季在架空配电线路末端（图 5.70 中入户端）共记录了 12 次自然雷电的感

应过电压波形，其中 7 次为正极性感应过电压，5 次为负极性感应过电压。正极性过电压共有 19 次回击，而负极性过电压共有 16 次回击。

图 5.71 是近距离自然雷电首次和继后回击引起 L 线感应过电压的典型例子。由图可见，正、负极性感应过电压除了极性相反，其波形特征极其相似；正极性首次回击（7次）引起的感应过电压峰值平均为 1.94kV，对应继后回击（12 次）平均值为 0.92kV；负极性首次回击（5 次）引起的感应过电压峰值平均为–3.52kV，对应继后回击（14 次）平均值为–0.81kV。典型首次回击和继后回击感应过电压波形特征参数列于表 5.9。可以发现，首次回击感应过电压持续时间比继后回击要长，这与自然雷电首次回击电场变化特征有关，其他特征较为类似，两者感应过电压的波头时间都比波尾时间小很多，前者是后者的 1/3～1/2。另外，感应过电压上升过程中会出现初始峰值，之后达到峰值，正、负极性首次回击和继后回击都有该特征。

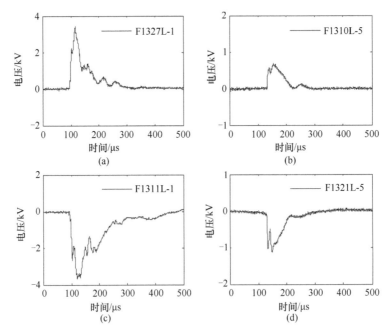

图 5.71　自然雷电首次回击和继后回击引起的典型正、负极性感应过电压波形
（a）F2013#27 首次回击；（b）F2013#10 第 5 次回击；（c）F2013#11 首次回击；（d）F2013#21 第 5 次回击

表 5.9　自然雷电首次回击和继后回击引起的 L 线典型感应过电压波形特征参数表

过程	持续时间/μs	半峰宽度/μs	10%～90%上升沿时间/μs	最大陡度/(kV/μs)	波头时间/μs	波尾时间/μs
首次回击	200.6	36.9	14.4	0.6	18	42.2
继后回击	86.0	52.2	16.7	0.4	20.8	55.7

根据电场快变化记录和雷电定位资料匹配，上述引起架空线路过电压的雷电，有定位结果的雷电有 9 次，如图 5.72 所示。雷电定位系统记录了大部分雷电的位置，雷电定位系统对这些雷电的探测效率为 9/12，对回击的探测效率为 21/35。

不考虑雷电定位的精度，F2012#54 首次回击电流最强，达到–69.8kA，其感应电压在同等距离雷电中也是最大，雷电 F2013#26 由于其距离架空线最近，虽电流较小，但

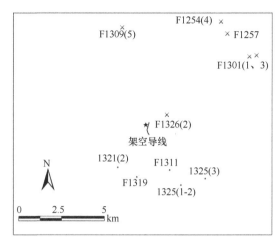

图 5.72　引起架空配电线路感应过电压的自然雷电落雷位置

其感应电压值较大，是正极性过电压中最大的。有趣的是，所有正极性过电压对应的雷电都在架空线的北边，而负极性过电压的雷电都落在架空线的南边，如图 5.72 所示。由图可见，南边负极性过电压对应的雷电距离架空线比较近，所以其感应的过电压相对也比较大。这次雷暴过程中雷电接地的位置是造成感应过电压极性不同的主要原因，雷暴由北向南移动，当雷暴在北边时，长约 1.2km 的架空线路测量的感应过电压是正极性的，而当雷暴移向南边时，雷电在架空线路上耦合的感应过电压则为负极性。

　　图 5.73 是近距离引发雷电回击引起架空配电线路感应过电压波形图，由图可见，过电压波形呈双极性，负极性过电压为主，之前出现短暂正极性峰值，然后迅速下降，紧接着出现负峰值，正负峰值之间间隔平均只有几微秒。负极性感应过电压出现两种不同的波形，如图所示，当回击电流较小的 $R1$（R 指回击）和 $R7$，电压峰值较小，变化波形没有明显的振荡，文中称为慢回升类型；而另一类回击引起的感应过电压波形，在主负峰值电压之后会出现一个或几个快速振荡的变化过程，与 Rubinstein 等（1994）提到的振荡型感应电压类似，称为振荡型。表 5.10 给出了慢回升类型回击引起负极性感应电压特征参数，两次回击引起的负极性感应电压分别为 3.0kV 和 2.57kV。Horii（1982）曾利用人工引雷进行低压配电系统的防雷试验，发现 10kA 的回击电流可以在距离人工引发雷电约 70m 的输电线上感应出 25～30kV 的电压。Barker 等（1996）利用人工引发雷电对有关配电系统及电子设备进行防雷测试研究，发现负极性引发雷电在两条架空配电线路上感应正极性过电压波形，63 次回击产生的感应过电压峰值在 8～100kV 之间。

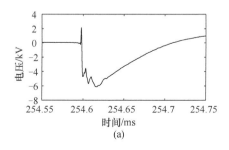

(a)

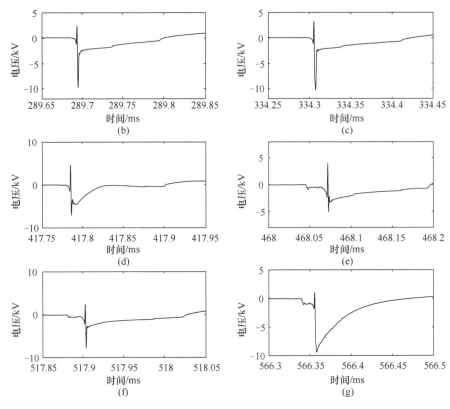

图 5.73　近距离引发雷电回击引起架空配电线路感应过电压波形

（a）RS1；（b）RS2；（c）RS3；（d）RS4；（e）RS5；（f）RS6；（g）RS7

表 5.10　慢回升类型回击引起负极性感应电压特征参数

参数回击	负峰值电压/kV	波形持续时间/μs	半峰值宽度/μs	10%～90%上升时间/μs	10%～90%陡度/(kV/μs)	波头/波尾时间/μs	平均电压/V
$R1$	−6.1	110.2	54.4	7.6	−0.6	9.5/55.7	−3009.4
$R7$	−9.4	114.8	24.4	1.2	−5.4	1.5/23.9	−2574.5

5.7.3　近距离引发雷电对电子设备及 SPD 的影响

如前述 5.7.2 节中的试验布置，在试验场原有的架空线路的末端农房处安装 SPD，观测近距离引发雷电产生时，线路上的浪涌对 SPD 的冲击，计算 SPD 泄放的能量情况，试验布置如图 5.74 所示。

图 5.75 是 2014 年 6 月 20 日 15 时 05 分 06 秒触发成功的雷电（记为 T2014#04）的电流波形图，雷电包含有 11 次回击，前 3 次和后 3 次回击电流相对较大，而回击 4～8 电流峰值也比较小，其间隔也较短。11 次回击电流幅值 7.4～25.8kA，算术平均值（AM值）为 16.0kA。11 次回击电量平均 1.4C，10%～90%上升时间平均 0.44μs，对应陡度平均 34.8kA/μs。引发雷电 11 次回击其他特征参数详见表 5.11，表中电量和单位电阻能量的计算为回击开始后 1ms 范围内的值。

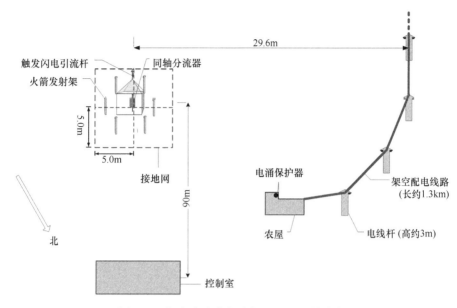

图 5.74 架空线路感应过电压对 SPD 的冲击

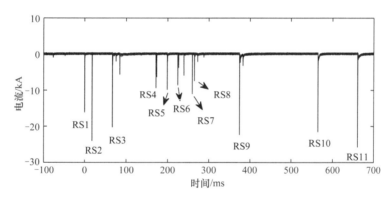

图 5.75 引发雷电 T2014#04 电流波形图

表 5.11 T2014#04 电流特征参数

回击	峰值电流/kA	半峰宽度/μs	10%~90%上升时间/μs	对应陡度/(kA/μs)	电量/C	单位能量/(kJ/Ω)
RS1	16.1	27.8	0.49	26.4	1.26	5.78
RS2	24.2	42.6	0.52	31.6	1.64	19.86
RS3	20.2	23.7	0.24	52.8	2.69	11.54
RS4	9.3	12.8	0.66	10.8	0.35	1.12
RS5	9.8	20.9	0.49	15.9	0.80	2.37
RS6	8.5	11.9	0.50	13.3	0.29	0.86
RS7	10.9	17.3	0.49	16.0	0.35	1.51
RS8	7.4	10.0	0.58	9.9	0.21	0.51
RS9	22.3	15.3	0.29	60.9	1.66	7.78
RS10	21.5	9.2	0.33	52.5	4.49	8.93
RS11	25.8	27.7	0.22	93.0	1.55	14.50
AM	16.0	19.9	0.44	34.8	1.4	6.8

当引发雷电成功时，因雷电电磁脉冲的作用，近距离架空配电线路上会产生强大的感应过电压，感应过电压冲击到 SPD 时，当其两端的过电压超过 SPD 氧化锌压敏电压时，SPD 便会对地泄放电流和能量，SPD 两端的电压也会钳制在保护水平之内。图 5.76 是 T2014#04 触发成功时 SPD 两端测量到的过电压波形和 11 次回击对应的放大图，由

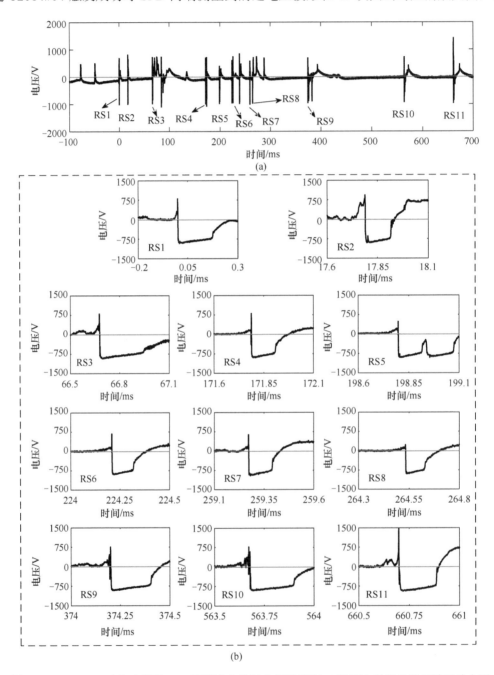

图 5.76   T2014#04 在架空线路 SPD 两端产生的过电压波形和 11 次回击对应的残压波形放大图
（直线为零线，曲线为 SPD 两端过电压）
（a）过电压波形；（b）11 次回击对应残压波形放大图

图可见，过电压波形呈双极性，正负极性基本都钳制在 1kV 以内。由过电压放大波形图可见，双极性过电压以负极性残压为主，在残压之前有明显的初始正极性脉冲，这也与前面过电压波形测量波形相吻合，11 次回击过程对应初始正极性过电压脉冲峰值 234.8~1463.5V，平均值 757.3V。

SPD 两端过电压由架空线路感应过电压和地电位的差所决定，由于 SPD 接地离引发雷电通道距离约 40m，回击发生时残压主要取决于感应过电压，地电位的影响可以忽略。由图 5.76 回击过电压波形放大图可见，初始正极性脉冲结束后，有一个非常明显的反向突变，持续时间约为 1~2μs，之后是负极性残压，突变过程可能对应上下行先导连接过程。由图可见，负极性残压变化较为平缓，呈现缓慢衰减的趋势，当 SPD 两端过电压低于 SPD 动作电压，残压消失，这时也出现较明显的突变。11 次回击引起的负极性残压峰值，持续时间等特征列于表 5.12。由表可知，11 次回击残压峰值-968.6~-906.1V，平均-923.4V，峰值波动较小。残压持续时间范围 95.2~269.0μs，平均 157.3μs。残压的峰值波动较小，主要是由其本身的非线性特点所决定的，因此，每次回击引起线路上的浪涌，其流经 SPD 的能量大小主要取决于残压的持续时间以及接地线电流的大小。

表 5.12　T2014#04 回击对应 SPD 两端过电压特征参数

回击	引发雷电电流/kA	初始正极性峰值/V	负极性残压峰值/V	残压持续时间/μs	持续时间内的平均残压/V
RS1	16.1	797.6	-919.2	172.6	-816.0
RS2	24.2	932.4	-909.4	123.4	-822.6
RS3	20.2	798.2	-932.2	269.0	-805.0
RS4	9.3	804.8	-906.1	119.6	-813.6
RS5	9.8	484.3	-910.2	117.6	-815.8
RS6	8.5	675.3	-906.8	109.4	-817.6
RS7	10.9	632.9	-968.6	117.4	-854.3
RS8	7.4	234.8	-909.7	95.2	-816.7
RS9	22.3	741.4	-930.4	202.2	-824.2
RS10	21.5	765.1	-916.6	220.2	-818.5
RS11	25.8	1463.5	-948.6	184.0	-836.7
AM	16.0	757.3	-923.4	157.3	-821.9

图 5.77 是 T2014#04 流经 SPD 接地线上的电流和 11 次回击放大波形图。由图 5.77 可见，回击引起 SPD 接地线电流峰值都小于 1.0kA，电流峰值范围为-961.0~-198.3A，AM 值为-506.0A。流经 SPD 接地线电流 10%~90% 的上升时间范围为 10.1~23.8μs，AM 值为 16.8μs；半峰宽度为 44.1~94.2μs，AM 值为 67.1μs。上面分析可以看出，SPD 接地线电流大于实验室 8/20μs 和 10/350μs 的波头时间；半峰时间平均值为 67.1μs，大于 8/20μs 的波尾时间，远小于 10/350μs 的波尾时间。SPD 接地线上电流其他参数详见表 5.12。对比表 5.11 和表 5.12 电流参数发现，流经 SPD 接地线电流 10%~90% 上升时间比引发雷电对应的时间长很多，前者约是后者的 40 倍，而半峰宽度略长，前者约是后者的 3.4 倍，说明流经 SPD 接地线电流（浪涌）的变化更为缓慢。

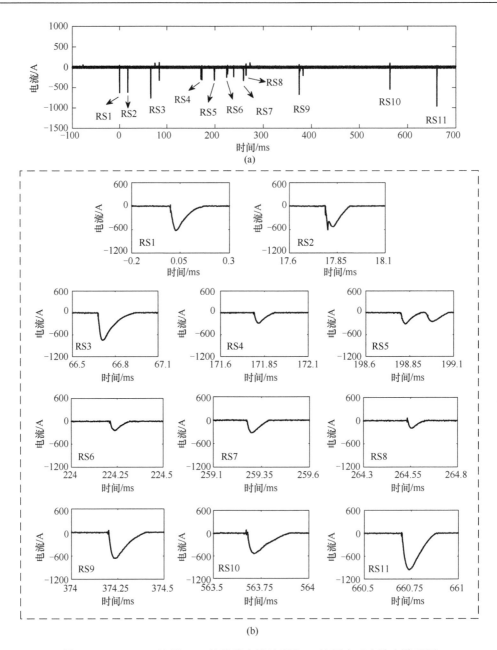

图 5.77 T2014#04 流经 SPD 接地线电流波形和 11 次回击对应放大波形图

（a）接地线电流波形；（b）11 次回击放大波形

这里将 SPD 残压和流经 SPD 电流的乘积在残压持续时间内的积分定义为流经 SPD 的能量，或称为浪涌能量。计算 T2014#04 的 11 次回击对应的浪涌能量范围 7.6～77.8J，AM 值 34.6J，最小值为 RS8，最大值为 RS11，总能量为 381J。由前面分析可知，近距离雷电回击发生时，架空线上产生的浪涌流经 SPD 时，SPD 两端的残压峰值差别很小，但其流经 SPD 接地线上的电流有明显的区别，同时，回击残压持续时间也有较大的差别，共同决定了回击过程浪涌的能量。

表 5.13 是 SPD 接地线电流参数与引发雷电电流特征参数相关系数表，由表 5.13 可见，T2014#04 的 11 次回击流经 SPD 接地线电流峰值与引发雷电电流峰值和 10%～90% 电流平均陡度有较好的相关性，相关系数 R^2 分别为 0.85 和 0.83，与引发雷电电流其他特征参数的相关性相对较小。值得关注的是，引发雷电 10%～90%电流平均陡度对于流经 SPD 接地线电流来说是个非常重要的因子，除前面讨论的电流幅值外，流经 SPD 电流的半峰宽度、电量和流经 SPD 的能量都与之有较好的相关性，相关系数分别达 0.83、0.90 和 0.91。说明雷击线路附近时，当回击电流 10%～90%平均陡度较大时，架空导线因耦合产生的浪涌流经 SPD 入地的电流幅值、半峰宽度、电量和单位电阻能量都比较大，反之则比较小，由此可见，在架空线路防感应浪涌侵入工程应用领域是个比较关键的因子。

表 5.13　SPD 接地线电流参数与引发雷电电流特征参数相关系数（R^2）

参数	峰值电流/kA	半峰宽度/μs	10%～90%上升时间/μs	对应陡度/(kA·μs)	电量/C	单位能量/(kJ·Ω)
峰值电流/A	0.85	0.31	0.67	0.83	0.31	0.65
半峰宽度/μs	0.75	0.02	0.82	0.83	0.68	0.41
10%～90%上升时间/μs	0.11	0.02	0.58	0.45	0.13	0.01
对应陡度/(A·μs)	0.75	0.66	0.15	0.31	0.19	0.92
电量/C	0.79	0.12	0.83	0.90	0.44	0.51
能量/J	0.78	0.12	0.83	0.91	0.42	0.50

注：横向：引发雷电电流，纵向：流经 SPD 接地线电流。

雷电对金属氧化物压敏电阻产生的电应力可以分为两大类：过载和闪络。过载是由于器件所吸收的能量超过其容量引起的。把金属氧化物压敏电阻的残压当作常数，则电荷就决定了输入压敏电阻的能量。IEC 标准规定金属氧化物 SPD 能量过载的最低要求是 50C（按压敏电压为 600V 计算，能量为 30kJ）根据实测接地线电流可知，11 次回击产生浪涌电量总和不足 1C（总能量不足 500J），远小于标准的要求。闪络和爆裂是由于电流冲击的幅度压敏电阻容量所引起的，主要考虑冲击电流的峰值及其持续时间，电流幅值标准规定 100kA，时间上单次冲击一般要求小于 2ms，实测接地线电流幅值不足 1kA，时间同样也远小于标准的要求。从上面的对比可知，雷击线路附近仅由感应产生的高电压，是很难让 SPD 产生过载和闪络导致其损坏的。

多回击雷电直击于线路对于 SPD 来说危害性是比较大的，因为在极短的时间内 SPD 连续遭受很大电流的冲击，自然 SPD 很容易损坏，也充分得到了高压脉冲实验的证实。但雷击线路附近感应过电压与雷直击于线路是有很大区别的，雷电电磁脉冲与导线耦合后，浪涌电流的波形是发生了很大的变化的，其峰值和能量都大大减弱，即使多回击的雷电也并不容易损坏 SPD 的，T2014#04 近距离引发雷电的试验很好地说明了这一点。

观测还发现，近距离引发雷电发生时，较大电流的 M 分量引起的架空线路浪涌能量也同样会使 SPD 动作，分析发现，如果 M 分量的电流幅值与回击电流相同的情况下，其耦合线路产生的感应过电压冲击 SPD 的能量会更大。同样，近距离雷电 M 分量产生的架空线路感应耦合产生的浪涌能量还是有限的，不足以使保护后端电子设备的 SPD 损坏，更何况 M 分量的幅值普遍是比较小的。但是近距离引发雷电发生时，由于地电位抬升作用，加上回击和回击后长连续电流、M 分量等综合过程其能量还是比较大的，对于电子设备和 SPD 等有较大危害。

5.7.4 雷击通信铁塔时的通信天线电磁耦合效应

雷击电磁脉冲是伴随雷电放电发生的强电磁场辐射，它频率范围宽、能量大、灾害范围广，对无线电设备、输电线路和通信电缆等造成严重危害。而在诸多无线电设备中，天线是不可或缺的重要组成部分，所以研究天线对雷电电磁脉冲的耦合效应是十分必要的。本节将构建雷击通信铁塔和工作于 900MHz 通信频率的偶极子天线仿真计算模型。针对铁塔高度、天线高度、天线与铁塔的距离以及天线极化状态等因素，讨论 900MHz基站通信天线在闪电通道附近的耦合特性。

将大地视为理想导体，闪电回击通道等效为单极天线，假定回击电流从通道底部激励，回击看作回击电流沿该通道向上传播的过程，即闪电回击电磁模型（Moini et al.，2012）。基于电磁模型，应用闪电通道-通信铁塔模型进行仿真（Liu et al.，2018），如图 5.78 所示，将 30m 高的基站铁塔等效为一个垂直细导体圆柱，闪电击中铁塔顶端形成闪电回击通道。其中闪电回击通道为有耗垂直线天线，通道的单位长度阻抗为 0.07Ω/m，电流源设置于塔顶，连接闪电回击通道和铁塔。

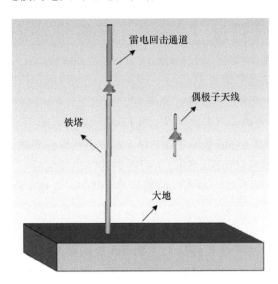

图 5.78　闪电通道-通信铁塔仿真模型

回击波形采用双指数函数模型，如式（5.23）所示：

$$i = I_0 \left(e^{-\alpha t} - e^{-\beta t} \right) \tag{5.23}$$

这里重点关注回击的高频特性，因此回击波形采用 0.13/4μs 波形，$\alpha = 187191\,\text{s}^{-1}$，$\beta = 19005100\,\text{s}^{-1}$（Chen et al.，2010）。考虑自然闪电回击峰值几何平均值约为 30kA

（Rakov and Uman，2003），本节中参数 I_0 设置为 30kA。

在中国通信频段中，GSM900 的频率范围为：上行 885～915MHz，下行 930～960MHz。天线的回波损耗特性通常用 S_{11} 参数描述。S_{11} 表示端口 2（输出端口）匹配时，端口 1（输入端口）的反射系数，是端口 1 反射信号与输入信号的比值。为了分析 900MHz 的通信基站大线在雷电通道附近的耦合特性，所建立的 900MHz 偶极子大线模型的 S_{11} 特性如图 5.79 所示，在 900MHz 附近其 S_{11} 均在–15dB 以下，且在 887MHz 达到–39.25dB，–13dB 以下的带宽为 66MHz。

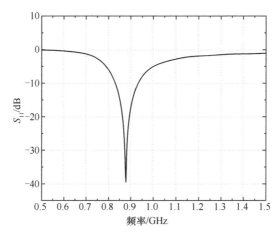

图 5.79　900MHz 偶极子天线的 S_{11} 特性曲线

天线极化特性是指天线在最大辐射方向上电场矢量的方向随时间变化的规律，按电场矢量的末端随时间变化所描绘的图形可分为线极化、圆极化和椭圆极化。本节中所讨论的天线为偶极子天线［图 5.80（a）］，其极化特性为线极化，当其垂直于地面时，最大辐射方向上的电场矢量方向与地面垂直，此时天线呈垂直极化状态［图 5.80（b）］。反之，当天线与地面平行时，天线是水平极化［图 5.80（c）］。而在信号传输过程中，只有接收天线的极化方式与信号的电场极化方式匹配时才能使得接收到的信号最强。

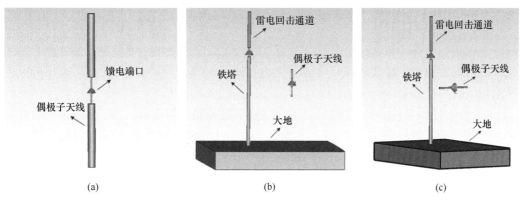

图 5.80　铁塔和通信天线布置示意图
（a）900MHz 偶极子天线；（b）垂直极化；（c）水平极化

　　本节建立的模型依然如图5.78所示，塔高30m，天线距离塔1m，距离地面25m。天线分别取垂直极化和水平极化两种情况，其对应后端口处［端口位置如图 5.80（a）所示］的感应电压时域波形如图5.81所示。

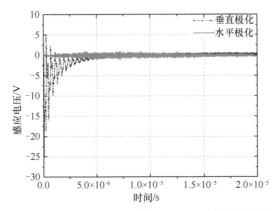

图 5.81　25m 高偶极子天线垂直极化和水平极化时的感应电压

　　由图5.81可见，偶极子天线水平极化时的感应电压非常小，其后端信号基本可视作噪声，而垂直极化的感应电压则比水平极化情况大。这是由于当闪电击中铁塔时，闪电通道基本垂直于地面，当偶极子天线垂直于地面，场的极化与天线的极化特性刚好匹配，于是天线可以很好地接收闪电通道及铁塔附近的电磁信号。反之，当天线平行于地面，即水平极化时，由于极化失配，闪电电磁信号几乎无法通过天线耦合到达天线后端。因此，通信天线垂直极化部分的耦合效应，将构成对后端设备威胁的重要原因。

　　由上文可知，偶极子天线处于垂直极化状态时，与闪电通道附近的电磁场极化特性匹配，而水平极化时则失配。对于这类安装在通信铁塔上，同时又极可能处于闪电通道附近的天线而言，其工作极化方式对于后端设备的保护、抗干扰等都非常重要。为了得到不同极化状态时天线的耦合效应，把天线设置在离塔 1m 远，高 20m、25m 和 29m 处（塔高 30m），天线垂直极化时偏转角为 0rad，水平极化时偏转角为 $\frac{\pi}{2}$rad，天线沿顺时针方向偏转（如图5.82所示），选择偏转角分别为 0rad、$\frac{\pi}{12}$ rad、$\frac{\pi}{6}$ rad、$\frac{\pi}{3}$ rad、$\frac{5\pi}{12}$ rad 和 $\frac{\pi}{2}$ rad 六种情况进行仿真计算。对位于三个观察点的天线后端感应电压峰值进行曲线拟合，则天线的后端感应电压峰值随偏转角的变化趋势如图5.83所示。可见，天线后端感应电压峰值与偏转角呈近似线性关系。

　　进一步讨论天线在不同高度时对雷电电磁辐射的耦合效应。在30m铁塔顶端附近设置 4 个观察点，距离铁塔 1m，离地面分别为 30m、29m、28m 和 27m。再沿塔设置离地面分别为 25m、20m、15m、10m 和 5m 的 5 个观察点。

　　当垂直极化的对称振子天线位于上述观察点处时，其天线后端的感应电压随天线高度的降低而变小。当天线处于塔顶即距离地面30m处时，感应电压最大，其峰值可达到167.8V。在天线距离地面30～25m时，天线后端感应电压随着高度的降低迅速减小，电压峰值由 167.8V 迅速减小到21.3V。而在天线距离地面20～5m时，天线感应电压的波

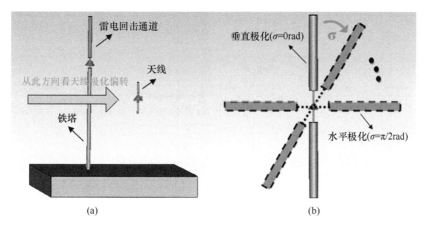

图 5.82　不同极化状态天线与铁塔仿真模型

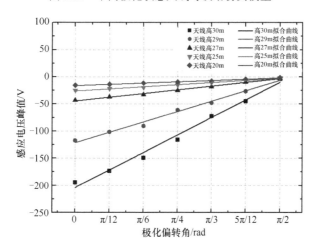

图 5.83　距地不同高度天线后端感应电压峰值随偏转角的变化趋势

形几乎没有明显区别（Liu K et al.，2018）。

　　将上述 9 个观察点的天线后端感应电压峰值变化用最小二乘法进行拟合，如图 5.84（a）所示。同时对拟合曲线求导，获得天线感应电压峰值相对于天线对地高度的变化率，如图 5.84（b）所示。由此可见，在铁塔顶端以下 5m 范围内，天线后端感应电压峰值变化明显，其峰值变化率由–121.2 变至–7.1，而在此范围外，天线后端感应电压峰值在–15.6～–12.9V 范围内变化，仅为铁塔顶端的 8.1%左右，峰值大小的变化微小，其峰值变化率也随着天线远离塔顶而逐渐趋近于 0。由此可见，当闪电袭击铁塔避雷针时，在30m 铁塔顶端以下 5m 范围内，是较为危险的区域。

　　同上，分别建立不同高度的铁塔模型，研究 GSM 通信频段偶极子天线在不同高度和距离铁塔不同距离时的电磁耦合特性，结果表明：

　　（1）天线水平极化时其后端感应电压小，基本可视作噪声，而垂直极化时的感应电压可超过 100V，足以对后端弱电设备、接口等造成破坏；天线后端感应电压峰值随着极化偏转角的变大而线性变小。

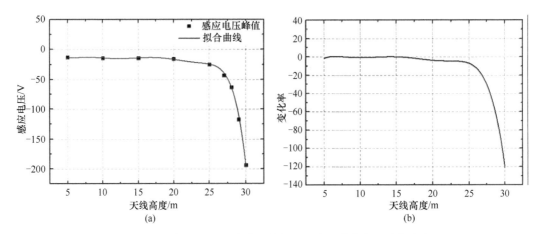

图 5.84 塔高 30m 不同高度垂直极化天线的感应电压峰值分布

（a）电压峰值；（b）电压峰值变化率

（2）天线距离基站铁塔顶部越远，后端感应电压越小。对高度小于 30m 的常见铁塔顶端以下 5m 范围内，天线感应电压随天线靠近塔顶而快速增大，而在 5m 范围之外，其后端感应电压均小幅度变小直至基本不变。因此，当闪电袭击铁塔避雷针时，铁塔顶端以下 5m 均为天线后端设备致灾/致损的危险区域。

（3）在常见高度的铁塔顶端以下 5m 范围内，天线距离铁塔水平距离越近，天线后端的电压随天线高度的峰值变化率会越大。对于安装在铁塔顶端以下 5m 范围以外的天线，其与塔的水平距离对其后端的感应电压并无太大影响。

第6章　雷电观测资料同化及监测预警方法

数值预报模式已经成为现代天气预报的核心工具，模式的进步依赖于动力框架的优化、物理过程的发展以及初值精确性的提高。随着动力框架和物理过程描述日臻完善，如何充分、有效地利用各种常规和非常规观测资料来改善模式初始场质量已成为进一步提高数值预报水平的关键问题（丑纪范，2007）。数值天气预报是一个初值问题（Kalnay，2003），而初值问题目前主要通过资料同化技术得以改进。在现有模式动力框架下，资料同化技术通过一定的数学物理方程约束吸收各种观测资料，给出尽可能真实的大气状态，为模式提供更加准确的初始场。

降水和闪电都是雷暴云的重要天气现象，它们反映了雷暴云不同的发展特征。闪电活动对深对流系统有很好的指示作用。闪电与云的动力学、微物理过程之间密切相关，这就意味着一方面可以通过闪电资料对雷暴云发生和发展进行监测，而另一方面则可以通过合适的资料同化方法对闪电资料进行同化，利用闪电所反映出的中小尺度对流或云物理信息，提高数值模式对雷暴预报能力。

我国新一代地球静止轨道定量遥感气象卫星风云四号 A 星上搭载的高速闪电成像仪，可对中国及其周边区域的闪电活动进行连续实时监测（Cao et al.，2014）。而地基闪电探测技术也已取得长足的进步，随着闪电探测技术的不断发展，可以对各类闪电放电事件进行探测和定位，获得闪电活动信息。闪电探测具有探测范围广、受地形影响小、可连续监测等优点。目前地基低频闪电定位网络已基本覆盖了我国大部分地区，可实现地闪活动的实时监测，为闪电数据的拓展使用奠定了基础。

闪电探测能力的提高，促进了雷电临近预警技术的进步。雷电活动对人员和财产安全具有重大威胁，在中国，据不完全统计，每年大约有 400 人死于雷击事故（Zhang W et al.，2011）。对闪电活动进行准确及时的预报对航空航天、能源电力、户外旅游等领域都有着重要的实际意义。对于未来 1~2h 的雷电临近预警，一般是利用雷达、卫星以及闪电定位等资料基于多种雷暴追踪算法进行外推，该方法在 1~2h 内具有较高准确率，但是在 2h 以后的预报中技巧会迅速下降，所以 2h 以后的闪电活动预报一般基于数值模式开展。

闪电资料在强对流天气系统的监测、预警、预报中具有非常大的应用潜力，然而，闪电资料同化研究在国内尚处于起步阶段，而基于数值模式的闪电短时预报目前也在探索阶段。本章内容将详细介绍通过"973"项目所开展的闪电资料同化及闪电短时预报方面的探索，希望可以对未来的发展提供有益的借鉴。

本章首先介绍雷暴闪电活动与云微物理参量、雷达回波的关系，从网格尺度构建了闪电频数与雷达反射率因子垂直廓线、冰相粒子之间的关系。在闪电活动与雷暴参量量化关系研究基础上，系统地开展了闪电资料的同化方法研究，利用多种同化技术（云分析、物理初始化、Nudging、3DVAR、4DVAR）和不同的观测算子实现了闪电资料（地闪或全闪）在 WRF 模式或云模式中的同化，并开展数值试验，研究表明同化闪电资料可显著提高模式对雷暴发展及降水的预报水平。最后对雷电临近预警系统开发及利用中尺度起电放电模式开展闪电活动短时预报的相关研究进行介绍。

6.1 雷电与云内冰相粒子和雷达回波的关系

大量的观测和模拟研究表明，雷暴的起电与雷电的发生发展和混合相区域的动力和微物理过程紧密相关（Petersen et al.，2005；Gauthier et al.，2006；Zheng et al.，2010）。在强上升气流的作用下，云内的冰相粒子（如冰晶和软雹等）在过冷水环境中的碰撞分离会使二者分别携带不同极性的电荷（即非感应起电机制，Takahashi，1978；Saunders et al.，2006），而不同大小水成物粒子形成了云中不同的电荷层，云中电场不断增强，最后产生雷电。在大气电学研究领域，雷电与云动力、微物理参量之间的参数化关系一直是一个重要的研究内容，对雷电的预警预报、深对流系统在天气和气候中的应用、雷电资料同化等均有着非常重要的价值。

由于云内的上升气流速度和水成物粒子的直接观测非常困难，因此通常使用遥感手段（如雷达、微波辐射计等）来获取。多个参量被用于构建雷电与云动力、微物理参量之间的关系，如雷达回波顶高（Williams，1985；Ushio et al.，2001）、混合相区域内的最大上升气流速度及体积（Deierling and Petersen，2008）、冰相粒子体积（Deierling et al.，2008；Finney et al.，2014）、不同高度的雷达回波（30dBZ、35dBZ、40dBZ）面积和体积（Liu C et al.，2012）等。已有研究绝大部分关注雷暴或单体尺度上的关系，对格点尺度，特别是比较小的格点尺度（如 10km）上的研究较少，下面利用热带降水测量任务卫星（TRMM）和地基雷达资料来研究格点尺度上雷电与云内的冰相粒子和雷达反射率之间的关系，以期为雷电资料同化和雷电预报提供基础。

6.1.1 资料与方法

1. TRMM 卫星的雷电与雷达回波、冰相粒子资料

在雷电频数和冰相粒子含量之间的定量关系研究中，使用了 TRMM 卫星的闪电成像仪（LIS）的 flash 产品、降水雷达（PR）2A25 产品和微波成像仪（TMI）2A12 产品，后两者用于获得冰相粒子含量廓线，PR 和 TMI 产品为第 7 版。

LIS 可以探测 35°S～35°N 范围内所发生的总闪电活动（包括云闪和地闪），在地球上的视野为 600km×600km，空间分辨率为 3～6km，其定位误差约 4～12km，对一个孤立的雷暴或者雷暴系统中的闪电观测约 90s，探测效率 88%（Boccippio et al.，2002）。LIS 对云闪的定位误差为 4km，地闪的误差大些，达到 12km（Ushio et al.，2002）。研究使用的是 LIS 轨道产品的 flash 参量。

　　PR 是全球第一部空基降水雷达，首次实现了卫星对降水系统的三维结构观测，可提供全球陆地和海洋准确的降水率定量信息，其资料已在大量研究中被使用（傅云飞等，2003；袁铁和郄秀书，2010a；Cecil et al.，2005）。PR 的工作频率是 13.8GHz，扫描宽度为 215km，水平分辨率为 4.3km（2001 年 8 月升轨后为 5km），垂直分辨率为 250m（星下点），探测范围自地表垂直向上到 20km 高度。研究使用了 PR 的 2A25 产品的三维雷达回波来计算总冰相粒子含量。

　　在 TRMM 卫星第 7 版本算法中，TMI 的 2A12 产品使用了 2008 年更新的戈达德廓线算法（Goddard PROFiling algorithm，GPROF2008）（Kummerow et al.，2001）由 TMI探测的微波亮温反演得到的洋面和陆面的水凝物（霰、雪、冰、雨水、云水）垂直廓线。第 6 版本的 GPROF2004 算法中使用的是由云分辨模式生成的云-辐射数据，而GPROF2008 算法则联合使用了雷达、微波辐射计和云分辨模式来构建云-辐射数据，从而使得反演的水成物粒子廓线更接近实际。2A12 产品中的水成物粒子在垂直方向分为28 层（从地表到 18km 高度），水平分辨率约 5km。

2. ERA-Interim 资料

　　ERA-Interim 资料为欧洲中心中期天气预报中心（ECMWF）发布的全球再分析资料，使用了 12h 的循环同化预报系统，每天生成四个时次（02/08/14/20 UTC+8）的全球三维分析场。其中 8:00 和 20:00 时为分析场，其余时刻为基于分析场的预报结果。由于需要分析闪电与冰相粒子含量之间的关系，因此，将温度范围限定在–40～–10℃。使用ERA-Interim 格点资料（1.5°×1.5°）中的温度数据来获得 TRMM 卫星观测时刻的温度层结信息。

3. 地基闪电与雷达资料

　　利用北京 BLNET 闪电资料与北京南郊观象台的新一代多普勒天气雷达（CINRAD-SA）资料分析闪电与雷达回波之间的关系。原始雷达基数据资料通过 Cressman 方案插值到笛卡儿坐标系下的三维格点（水平和垂直分辨率均为 1km）。综合考虑 BLNET 的探测范围和测量误差、雷达的最大波束扫描高度，选择了雷达站以北，南北 70km（30～100km，中心坐标为雷达），东西 220km（–100～120km）的矩形区域为研究区域，对 2017 年北京地区的 4 次雷暴过程进行了研究。

6.1.2　基于 TRMM 卫星的闪电与云内冰相粒子的关系

　　考虑到 LIS 的空间分辨率和定位误差，这里选择 10km 格点尺度来分析闪电频数和冰相粒子含量之间的关系，并且温度范围限定在–40～–10℃（在此区间水成物粒子基本为冰相）。研究中选择 1998～2011 年东亚陆地地区闪电频数最高的 585 个轨道片段和海洋地区 624 个轨道片段来分别作为陆地和海洋的样本。

　　虽然 TMI 的 2A12 产品中有水成物粒子（霰、雪、云冰、雨水、云水）的垂直廓线，但是对比分析表明（图 6.1），利用 Carey 和 Rutledge（2000）的方法由雷达反射率计算的总冰相粒子与闪电的一致性比 TMI 的 2A12 的反演结果更好。同时 PR 的空间分辨率也要比 TMI 的更高，所以这里首先选择该方法由 PR 2A25 产品来计算总冰相粒子含量，其公式如下：

$$M = 1000\pi\rho_i N_0^{3/7}\left(\frac{5.28\times10^{-18}}{720}Z\right)^{4/7} \tag{6.1}$$

式中，Z 为雷达反射率因子，$\mathrm{mm^6/m^3}$；$N_0=4\times10^6/\mathrm{m^4}$；$\rho_i=917\mathrm{kg/m^3}$；$M$ 为冰相降水含量，$\mathrm{g/m^3}$。该方法常被用来分析全球、区域和单体闪电与冰相降水含量之间的关系（Pertesen et al.，2005；Gauthier et al.，2006）。

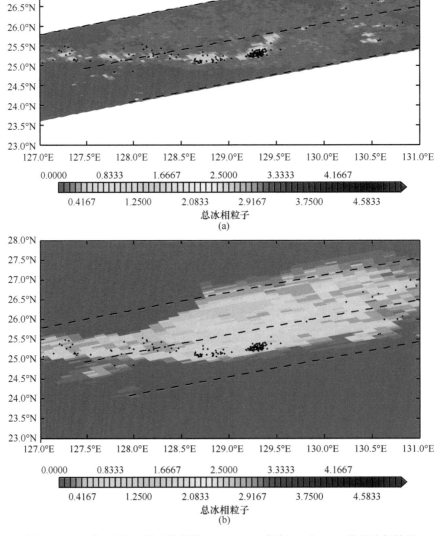

图 6.1　1998 年 2 月 19 日（轨道号 1325）7km 高度 PR 和 TMI 的总冰相粒子
（a）PR；（b）TMI

分析表明，在 10km 格点尺度上，虽然不同温度层上的总冰相粒子密度与闪电频数结果有些离散，但均表现出较好的相关性（见表 6.1），两者基本呈线性关系，可以用下面的公式来描述：

$$M = A + B \times F_R \qquad F_R \leqslant 60$$
$$M = A + B \times 60 \qquad F_R > 60$$
(6.2)

式中，M 为总冰相降水含量，g/m^3；F_R 为闪电频数，flash/min；A 与 B 为系数。从表 6.1 和图 6.2 中可看到，系数 A 和 B 在陆地和海洋上变化较小，表明闪电频数与总冰相粒子密度的关系在陆地和海洋上变化较小。Petersen 等（2005）利用 1998～2000 年 TRMM 卫星闪电和雷达观测统计了全球范围内的柱积分冰水路径含量（−10℃层至 PR 雷达回波顶高）与闪电密度在 0.5°×0.5°格点（～50km）尺度上的关系，结果表明二者的关系在陆地、海洋和沿海地区变化很小，也可以用线性关系来表示，认为闪电可反映云内的冰水含量。同时，公式 6.2 中的系数 A 与 B 随高度（温度）的变化可以用二次多项式较好地拟合。

表 6.1　冰相粒子与闪电频数的经验公式（6.2）中系数 A 与 B 随温度的变化

	温度/℃	A	B	相关系数
陆地	−10	0.317	0.079	0.459
	−20	0.181	0.052	0.465
	−30	0.114	0.037	0.426
	−40	0.079	0.025	0.363
海洋	−10	0.256	0.064	0.393
	−20	0.133	0.038	0.428
	−30	0.083	0.027	0.448
	−40	0.060	0.022	0.447

注：温度信息来自于 ECMWF 的 1.5°×1.5°再分析格点资料

由 Carey 和 Rutledge（2000）的方法得到的是总冰相粒子的含量，并不能获得不同种类冰相粒子的含量。另一方面，虽然 TMI 2A12 产品中的各冰相粒子的总含量与闪电的空间对应关系不如由 Carey 和 Rutledge（2000）方法计算的结果好，但是其相对比例的大量统计结果可以认为具有一定的代表性。这里进一步使用 2A12 中各冰相粒子比例的统计结果将前面计算的总冰相粒子转化成不同的冰相粒子含量（−40～−10℃）。图 6.3 为利用 TMI 2A12 产品统计得到的对东亚的陆地和海洋地区五种水成物粒子（霰、雪、冰、雨水、云水）在不同温度层结上的百分比，可以看到，在−10℃以上雨水和云水的所占比例非常低，基本可以忽略。这样，就建立了 10km 格点尺度上在不同温度层（−40～−10℃）的云冰、雪和霰粒子密度与闪电频数之间的经验关系。基于得到的闪电与冰相粒子关系的闪电资料同化试验结果表明，同化闪电后 6h 累计降水的强度、中心位置和范围有明显的改进，同时近地面 10m 的风场和高空 6km 垂直运动等也得到了调整，表明基于此关系的闪电资料同化方法是有效和可行的。

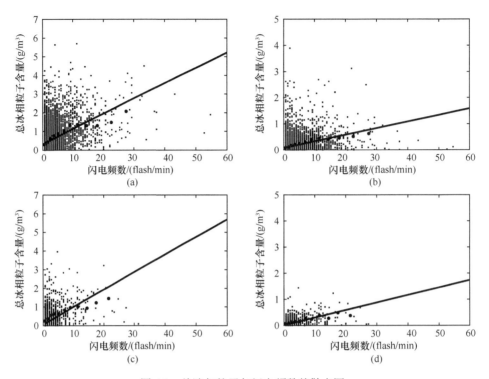

图 6.2　总冰相粒子与闪电频数的散点图

（a）陆地，−10℃；（b）陆地，−40℃；（c）海洋，−10℃；（d）海洋，−40℃
圆点为不同区间闪电频数的冰相粒子平均值，黑色直线为拟合线

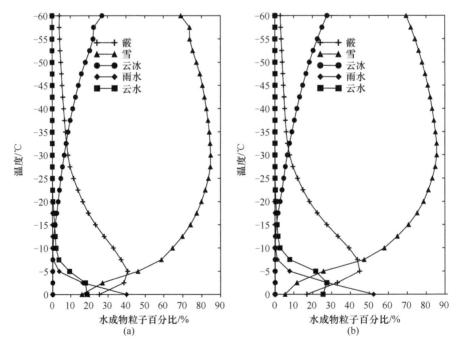

图 6.3　陆地和海洋 TMI 五种水成物粒子百分比随温度的变化

（a）陆地；（b）海洋

6.1.3 地基观测的闪电与雷达回波之间的关系

虽然 TRMM 卫星可以对全球热带亚热带地区降水系统进行探测，但是由于是极轨卫星，对单个雷暴的观测时间有限，无法跟踪雷暴生命史的演变过程，这里利用 2017 年 7 月和 8 月北京地区发生的四次雷暴过程进一步研究闪电与雷达回波之间的关系。这四次雷暴分别发生在 2017 年 7 月 7 日（简称"20170707"），8 月 8 日（简称"20170808"），8 月 11 日（简称"20170811"）和 8 月 12 日（简称"20170812"），其中前三个雷暴发生在傍晚至午夜，最后一个发生在上午。四次雷暴过程均为多单体雷暴，其中 20170707 飑线特征非常明显，另外三个开始阶段为多单体，发展到后期也具有飑线的特征。研究表明，超过某一阈值的雷达反射率的面积和体积能够反映对流核心的尺寸和数量方面的信息，与闪电之间存在较强的相关（Larsen and Stansbury，1974；Liu C et al.，2012；吴学珂等，2013）。图 6.4 给出了这四次雷暴过程中不同高度、不同阈值雷达回波面积与闪电频数之间的相关系数分布，其中超过 0.5 的相关系数均通过了水平为 0.001 的显著性检验。可以看到，在 6～12km 高度区间，20～40dBZ 回波面积与闪电频数的有较好的相关，强相关区域从 6km 的 35～40dBZ 向 12km 的 20dBZ 延伸，大部分区域可达 0.55，其中 7km 的 30dBZ 和 9km 的 25dBZ 与闪电频数的相关系数达 0.65 以上。北京地区 7 月和 8 月的零度层高度通常在 5km 附近，6～12km 高度区间对应的温度范围约是–5～–40℃区间，这一区间正是非感应起电机制的混合相区域，表明这一区间的雷达回波对雷暴的起电区域有很好的指示意义。

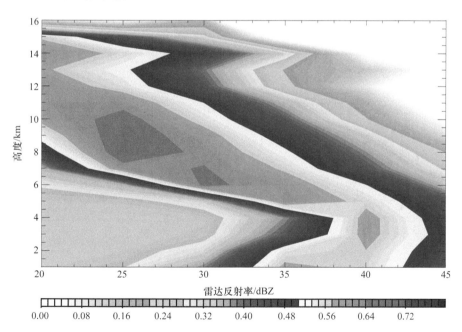

图 6.4 2017 年北京地区四次雷暴过程雷达回波面积与闪电频数之间的相关系数分布
超过 0.5 的相关系数均通过了水平为 0.001 的显著性检验

图 6.5 和图 6.6 进一步给出了这四次雷暴过程的闪电活动与雷达回波面积和体积之间的时间演变，这里 25dBZ 回波面积选取 9km 高度值，30dBZ、35dBZ 和 40dBZ 的面积均取 7km 高度，25～40dBZ 回波体积均取 7～11km。这四次雷暴过程都是多单体，地闪比例都很低，仅占总闪电的 6%～7%。从图中可以看到，选择的这些回波面积和体积参量均能够很好地表征各个雷暴过程闪电活动（总闪电和地闪）的演变特征。相关分析结果也表明，对于单个雷暴，回波的面积和体积参量与总闪电频数（地闪）的相关系数绝大部分都在 0.8（0.7）以上，并都通过了水平为 0.001 的显著性检验，其中在回波面积参量中，9km 高度的 25dBZ 回波面积通常与总闪电和地闪的相关性最好，各体积参量之间与闪电的相关性差异不明显。但是对四个雷暴总体，20dBZ、30dBZ、35dBZ 和 40dBZ 回波面积参量与总闪电（地闪）频数的相关系数分别是 0.68、0.64、0.56 和 0.42（0.59、0.56、0.46 和 0.31），四个体积参量与总闪电（地闪）频数的相关系数分别是 0.68、0.65、0.57 和 0.48（0.66、0.61、0.52 和 0.43），这里的相关系数都通过了水平为 0.001 的显著性检验，其中 25dBZ 和 30dBZ 的面积和体积参量与闪电的相关性明显好于 35dBZ 和 40dBZ 参量。在四个雷暴过程中，25～40dBZ 回波高度与闪电频数之间的关系明显差于回波的面积和体积参量（图略），相关系数在 0.4～0.7 之间。

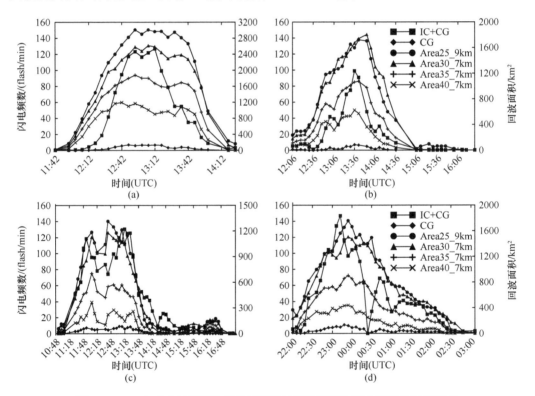

图 6.5 2017 年北京地区四次雷暴过程雷达回波面积与闪电频数的时间演变

（a）20170707；（b）20170808；（c）20170811；（d）20170812

Area25_9km 表示 9km 高度 25dBZ 以上的回波面积，Area30_7km、Area35_7km 和 Area40_7km 分别表示 7km 高度 30dBZ、35dBZ 和 40dBZ 以上的回波面积

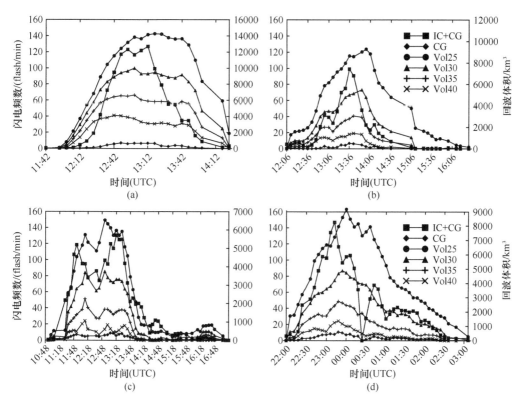

图 6.6　2017 年北京地区四次雷暴过程雷达回波体积与闪电频数的时间演变

（a）20170707；（b）20170808；（c）20170811；（d）20170812

Vol25、Vol30、Vol35 和 Vol40 分别表示 7～11km 高度 20dBZ、30dBZ、35dBZ 和 40dBZ 以上的回波体积

前面的分析发现，虽然单个雷暴中的雷达回波面积和体积参量与闪电频数之间的相关很好，但是四个雷暴总体的相关系数明显降低。这里选择相关系数较高的 25dBZ 和 30dBZ 的面积和体积参量与闪电频数进一步分析相关系数的变化原因。图 6.7 为四次雷暴过程 25dBZ 和 30dBZ 的回波面积和体积与闪电频数的散点图，可以看到，对单个雷暴而言，25dBZ 和 30dBZ 的回波面积和体积参量与闪电频数基本分布在一条直线附近，但是四个雷暴总体上出现了一定的离散，从而导致了总体相关系数的降低。虽然有些离散，但整体上 25dBZ 和 30dBZ 的回波面积和体积参量与闪电频数之间仍存在较密切的关系，相关达 0.6 以上，意味着利用 25dBZ 和 30dBZ 的回波面积和体积能较好地表征雷暴的闪电活动规律。这里选择的四个雷暴位于同一地区、同一类型（都是多单体，具有飑线特征），并且是同一季节，但雷达回波与闪电的关系仍然存在一定的差异，单位回波的面积和体积产生闪电的效率不同，其原因可能与各个雷暴内部的动力、微物理差异有关。

雷达反射率垂直廓线能在一定程度上反映水成物粒子随高度的分布（特别是混合相区域内的变化），但通常是在单体尺度（Yuan and Qie，2008；袁铁和郄秀书，2010b）给出。图 6.8 给出了 27km、9km 和 3km 格点尺度上不同闪电频数的雷达反射率垂直廓线及相关系数。随着格点尺度的减小，雷达反射率与格点上闪电频数之间的相关系数逐渐减小，并且在零度层以上混合相区域内相关系数最高，这也与非感应起电机制相一致。在 27（9）km 格点尺度上，6～11（5～10）km 高度上雷达反射率因子与闪电频

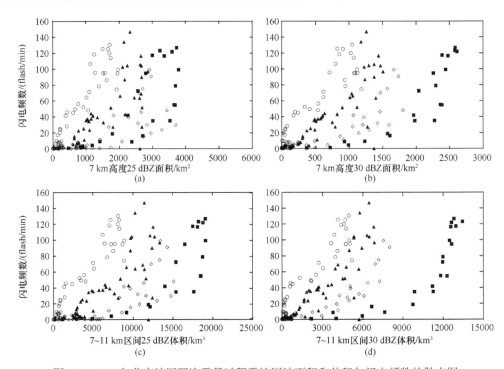

图 6.7　2017 年北京地区四次雷暴过程雷达回波面积和体积与闪电频数的散点图

（a）7km 高度 25dBZ 回波面积；（b）7km 高度 30dBZ 面积；（c）7～11km 高度 25dBZ 回波体积；（d）7～11km 高度 30dBZ
回波体积

图中的正方形、菱形、圆形和三角形符号分别为 20170707 雷暴、20170808 雷暴、20170811 雷暴和 20170812 雷暴

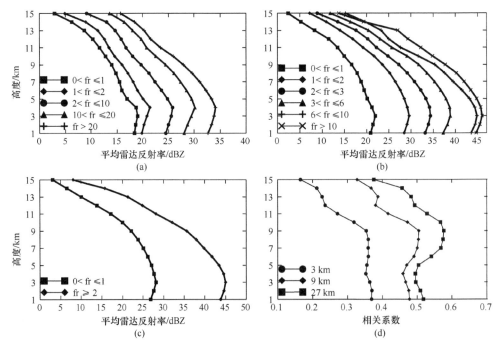

图 6.8　不同格点尺度不同闪电频数（fr，单位：flash/min）的雷达回波廓线与相关系数垂直分布

（a）27km；（b）9km；（c）3km；（d）相关系数（均通过了水平为 0.001 的显著性检验）

数的相关系数在 0.52（0.47）以上，而在 3km 格点尺度上，虽然总体上相关系数最小，但 5～9km 高度仍然是零度层上相关系数最大的区域。另外，虽然这里的样本数有限，但仍然可以看到，格点尺度上不同的闪电频数对应着不同的雷达反射率廓线，尽管二者之间并不是简单的线性关系。研究格点尺度上闪电与雷达反射率之间的关系不仅有助于闪电资料同化的应用工作，而且对闪电的预警预报也有重要的意义。当然，这里仅仅是四次雷暴过程的结果，未来还需要更多的个例（如不同类型、不同季节）进一步检验。

6.2　WRF-GSI 云分析同化多普勒雷达及闪电资料的试验研究

闪电资料同化的主要难点是需找寻一恰当的观测算子，建立观测闪电频数与模式变量的关系。在美国，Benjamin 等（2006）在业务 RUC（rapid update cycle）同化系统 GSI 的云分析部分根据简单的线性关系及垂直廓线假定，将闪电资料转换成三维代理回波强度，然后利用组合回波强度（观测的雷达回波强度加雷达观测稀疏区域闪电资料转换成的代理回波强度）来对云内微物理量和水汽进行调整，并计算温度倾向，用它取代在模式 DDFI（diabatic digital filter initialization）向前积分过程中由模式微物理过程及对流参数化方案产生的温度倾向，同时在没有雷达组合回波的地方抑制积云对流参数化方案。这种闪电资料同化方式也被用在 RR（rapid refresh）系统内，结果表明在北美大部分临海、没有雷达覆盖的区域，闪电资料成为对流活动最主要的观测源，同化闪电资料对加勒比海和阿拉斯加等地区的预报起着非常重要的作用（Hu et al.，2008，2009）。

因为闪电频次不是模式变量，RUC/RR 目前业务中，闪电资料首先被转换为代理雷达回波，进而得以同化，具有很好的可行性，所以运用同化雷达回波强度（云内粒子含量或降水率）的方法用来同化闪电资料具有一定可行性。DTC（developmental testbed center）官网发布的 GSI（3.1 版本）系统及 WRF-ARW3.4.1 不具备同化雷达/闪电代理回波功能，基于此，本节建立了能够同化雷达及闪电代理回波的 GSI 及 WRF-ARW3.4.1 系统，进而将同化地闪资料和多普勒雷达资料进行比较，检验同化系统的效果（Yang Y et al.，2015）。

6.2.1　GSI 中云分析系统及 WRF-ARW 数字滤波初始化

在 GSI 雷达增强云分析系统中，三维网格中的云量和降水类型根据 GOES-NESDIS（Goestationary-美国国家环境卫星数据信息中心）中卫星云顶产品、地面气象观测、闪电数据和雷达资料进行设定。随后，云及水成物粒子场信息在有云覆盖的区域进行更新。与此同时，由雷达/闪电代理回波计算出基于温度倾向的三维潜热场。如果云顶高度高于 300hPa，则此区域被定为对流区域，否则为对流抑制区域。以上步骤中得到的三维潜热场、更新的比湿场、云微物理水成物粒子场（如云水混合比、冰水混合比、雨水混合比、雪水混合比和雹霰混合比）、2D 对流抑制区域信息被代入 WRF 的数字滤波初始化中。此初始化过程中，五种云微物理水成物粒子在数字滤波最后直接赋入初始场；比湿、风场和气压由数字滤波加入；而三维潜热场信息则在数字滤波向前积分的过程中逐步加入。详细步骤见图 6.9 所示流程图。

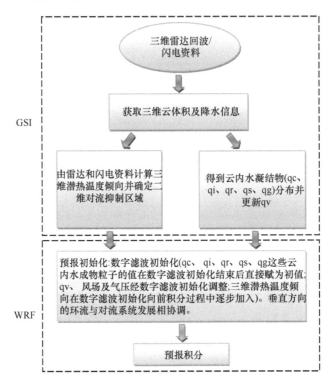

图 6.9　雷达增强 WRF（weather research and forecasting）-GSI（grid-point statistics interpolation）系统流程图

1. 三维云体积分数的确定

云分析过程中大多数的反演计算和调整主要作用于云覆盖区域。在 GSI 系统中，云覆盖信息主要由一个三维云体积分数（VCF，volumetric cloud fraction）确定。GSI 云分析系统利用 WRF 预报的背景场信息，加上地面气象观测数据（天气状况、云状、云幕高度及能见度）、NESDIS 提供的 GOES 单点云顶高度产品（气压、温度和云量）、三维代理雷达回波和闪电资料来生成三维云体积分数、云类型和降水类型等信息。

在雷达/闪电代理回波计算过程中，如果以上分析过程表明此区域云不存在，则该点的云底高度近似等于 LCL。否则，云底设为云体积分数大于 0.2 的最低层。在云底之上，如果格点雷达回波大于一定的阈值（2000m 以下大于 15dBZ；2000m 以上大于 10dBZ），则 VCF 设为 1。雷达/闪电代理回波可以很好地提供地面和卫星观测所缺失的对流层中层信息，同时也可给出云覆盖的具体位置。

2. 温度倾向和对流抑制区域的确定

当构建了 3DVCF 场之后，即可以根据云覆盖区域的格点雷达/闪电代理回波强度计算出温度倾向 T_{ten}，计算公式如下：

$$T_{ten} = (\frac{1000}{p})^{R_d/c_{pd}} \frac{(L_v + L_f)Q_s}{n \cdot c_{pd}} \tag{6.3}$$

$$Q_s = 1.5 \times \frac{10^{z/17.8}}{264083} \tag{6.4}$$

式中，R_d 为干空气比气体常数；c_{pd} 为干空气定压比热；L_v 为 0℃水的汽化潜热；L_f 为 0℃冰的融化潜热；n 为数字滤波向前积分步数；z 为格点雷达/闪电代理回波强度。温度倾向最上层的阈值为 0.4℃。在数字滤波向前积分过程中，由代理回波强度计算出的温度倾向取代由积云参数化方案和微物理参数化方案计算出的温度倾向。

当某一区域垂直雷达回波覆盖厚度高于 300hPa，且温度倾向廓线最大值大于 0.0002K/s 时，这一区域则被定义为对流区域。否则，该区域则为对流抑制区域。对流抑制区域中，对流参数化中的 CAPE 厚度可被设为一个近似于 0 的值，即可在数字滤波向前积分的过程中有效地抑制对流。当某一区域垂直雷达回波覆盖厚度缺省时，则对该区域不分类。

3. 云内液态水及冰的算法

云内饱和水汽压（e_{sw}）及冰水水汽压（e_{si}）的算法如下：

$$e_{sw} = 6.1121 \times \exp\left(\frac{17.67 \times (T - 273.15)}{T - 29.65}\right) \tag{6.5}$$

$$e_{si} = 6.1121 \times \exp\left(22.514 - \frac{6150}{T}\right) \tag{6.6}$$

$$q_v = \varepsilon \frac{e_s}{p - e_s} \tag{6.7}$$

$$q_{vs} = \text{weight} \times q_{vw} + (1 - \text{weight}) \times q_{vi} \tag{6.8}$$

式中，weight 表示权重：

$$\text{weight} = \begin{cases} 1 & T > 263.15 \\ \dfrac{T - 233.15}{263.15 - 233.15} & 233.15 \leqslant T \leqslant 263.15 \\ 0 & T < 233.15 \end{cases} \tag{6.9}$$

式中，e_s 根据环境温度，利用式（6.5）e_{sw} 或式（6.6）e_{si} 计算得到，ε 为水汽分子量与干空气的比值。云内液态水含量 q_{clc} 为水汽混合比 q_{vs} 的 5%，且最小值不低于 0.0001g/kg。云水及云冰的计算运用如下公式：

$$q_c = \text{weight} \times q_{clc} \tag{6.10}$$

$$q_i = (1 - \text{weight}) \times q_{clc} \tag{6.11}$$

4. 雨、雪及雹的调整

雷达/闪电代理回波反演水成物粒子之前，首先利用格点雷达/闪电代理回波（GREF）和湿球温度（T_w）对降水类型进行分类。在 GSI 系统中，降水类型主要分为六类：当 GREF<0dBZ 时，"无雨"；当 $T_w \geqslant 1.3$℃ 时，"雨"；当 0℃≤T_w≤1.3℃ 时，降水类型与最近的模式格点保持相同；当 $T_w < 0$ ℃ 时，降水类型为"雪""冻雨"或"雨夹雪"，具体类型参考最近格点的降水类型；当 GREF>50dBZ 时，降水类型升级至"冰雹"。降水类型一旦被确定，当格点回波值大于10dBZ时，雨、雪及雹的三维混合比场结构即可用Thompson，Ferrier或Kessler等方法反演。

5. WRF模式中的数字滤波初始化

GSI系统利用雷达反射率及闪电资料计算得到三维潜热场，该三维潜热场经过平均后在数字滤波向前积分过程中不断被读入，用以替换模式中由特定参数化方案所计算得到的潜热，此替换步骤可增强模式中对流区域潜热场与其他动力及热力过程的协调性。因而，在没有回波的区域（雷达/闪电代理回波均未覆盖），对流可得到有效的抑制。在官方版本的WRF数字滤波过程中，所有的变量（包括风场、温度、气压和湿度场）都被用在数字滤波的向前和向后积分中。所以，在修改后的框架中，除了水汽混合比之外的水成物粒子（云内液态水/冰、雨、雪、雹）在向前（用于全物理和混合/耗散项）或者向后（用于绝热和可逆项积分中）积分的最后都被赋为初始值。

6.2.2　数据及试验设计

2009年6月5日，从午后至半夜，苏皖大部区域出现了闪电、强风、冰雹和暴雨天气。此次强对流天气过程造成了严重的经济损失及人员伤亡，据民政部门统计，482万民众受灾，25人死亡，3人失踪，215人受伤；农作物总受灾面积达205.4km²。其影响范围主要为安徽大部、江苏西部和江西九江流域。14:00，对流系统主要位于江苏中部区域。随后几小时，回波高值区域不断扩大，强对流系统逐步扩展至安徽，并横扫安徽大部。在此个例研究中，同化安徽省地闪资料将与同化安徽S波段多普勒雷达资料进行比较研究，探究闪电资料同化与雷达资料同化的效果。

安徽合肥S波段多普勒雷达（117.716°E，31.883°N）。波长为10cm，半功率波束宽度为1°。体扫主要数据为雷达反射率、雷达径向风和谱宽，分0.5°～19.5°几个仰角依次进行。仰角角度的数量和时间分辨率依赖于所选择的雷达工作模式。雷达反射率沿雷达波束方向距离库长为1km，径向风数据间隔则为250m。每次体扫时间大约为5min。地闪资料来源于安徽省闪电定位网。此定位网由11个观测子站组成，分别位于阜阳、滁州、六安、安庆、黄山、宣城、蚌埠、淮北、铜陵、亳州和合肥，主要可探测地闪频数并可分辨回击的极性。

由安徽省闪电定位网获取的地闪资料经GSI中经验关系可得到三维代理雷达回波。首先，闪电定位网资料被插值至RUC网格上（13.545087km）；然后，根据GSI中提供的由RUC网格中2D地闪频数，将其转换为网格中最大回波；最后，根据转换最大回波的强度和季节，用最大回波强度乘以季节廓线（GSI中共提供了冬季和夏季两套季节廓线）上的因子，即可得到每层回波的强度。上述每个同化时刻的地闪资料为闪电定位网所测得的40min内（向后30min，向前10min）地闪频数的累积量。经统计，14:00～17:00，由此方法所转换的三维代理雷达回波与观测雷达回波的相关系数为0.847，均方根误差为6.062。图6.10（a）为13:30～14:10观测闪电频数。色调越暖，代表闪电频数越高。图中，苏皖中部地区、苏南及上海崇明岛地区闪电明显较多。图6.10（b）为14:00闪电资料转换成的代理最大回波水平分布图。与图 6.10（a）相比，闪电的高频区与转换回波的高值区位置基本对应，形状也较为一致。图 6.10（c）为实际观测的雷达最大回波水平分布图，闪电转换的回波形态与观测回波基本一致，高回波区（大于 30dBZ）能较好地反演出来，虽然某些区域仍有一定的高估和低估现象，但总体来看，闪电资料转换成的代理回波具有良好的适用性。

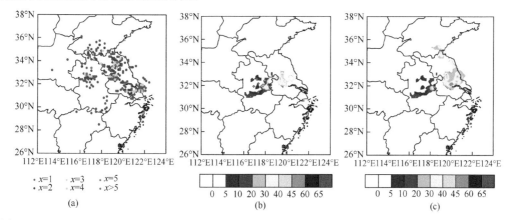

图 6.10　13:30～14:10 累计观测闪电频数、14:00 闪电转换代理回波及观测雷达回波（单位：dBZ）水平分布图（Yang Y et al.，2015）

（a）13:30～14:10 累积观测闪电频数水平分布；（b）14:00 闪电转换代理最大回波水平分布；（c）14:00 观测雷达最大回波水平分布

为检验雷达增强 WRF-GSI 系统，分别进行了三组试验：CNTL、同化多普勒雷达资料（命名为 Exp.radar）和闪电定位网资料（命名为 Exp.lghtn）。三组试验均在同一网格中进行，此网格以合肥为中心，水平格距为 13.545087km。水平方向 101×101 格点，垂直方向分为 50 层。模式层顶气压为 10hPa，模式积分步长为 60s。试验所选取的主要物理参数化方案有：Lin 微物理方案（Lin et al.，1983），RRTM 长波辐射方案（Mlawer et al.，1997），Goddard 短波辐射方案（Chou and Suarez，1999），Monin-Obukhov（Janjić）方案（Janjić，2002；Mellor and Yamada，1982），RUC 陆面参数化方案（Smirnova et al.，1997），Mellor-Yamada-Janjić TKE 方案（Mellor and Yamada，1982；Janjić，2002）和 Grell3D 集合积云对流参数化方案（Grell，1993；Grell and Dévényi，2002）。试验采用 NCEP（National Centers for Environmental Prediction）FNL（Final）资料作为 WRF 的初边界条件。考虑到模式的"spin-up"，FNL 资料从 2009 年 6 月 5 日 8:00 起报，6h 预报场作为两组同化试验的背景场。试验 CTRL 从 8:00 起报，不同化任何资料，用来考察同化试验的结果，试验 Exp.lghtn 从 14:00 至 17:00，每小时同化一次地闪资料。试验 Exp.radar 则在相同的时间点，同化合肥 S 波段多普勒雷达反射率资料。同化试验中，雷达/闪电代理回波的同化主要在 GSI 系统的云分析部分进行。

6.2.3　分析与结果讨论

1. 同化结果

为探讨闪电资料同化在 MCS 数值预报中的效果，本节着重分析试验 Exp.lghtn 的结果。图 6.11 为各组试验在 14:00 同化时刻分析的最大回波平面图。与图 6.11（c）观测最大回波相比，CTRL 试验中未能准确预报出相关回波，而 Exp.lghtn 和 Exp.radar 两组同化试验则可分析出与观测基本一致的回波。同化雷达或闪电资料后，云微物理量场得到很好的调整，使得预报回波迅速向观测场逼近。但两组同化试验中，Exp.radar 的分析最大回波值比观测稍大，而 Exp.lghtn 的分析最大回波较 Exp.radar 稍弱，更接近观测，反映了同化闪电资料更具优势。

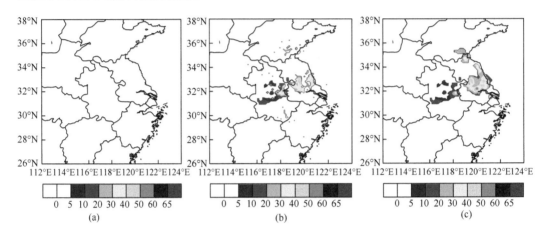

图 6.11　14:00 CTRL、Exp.lghtn 和 Exp.radar 试验分析回波水平分布图（单位：dBZ）（Yang Y et al., 2015）

（a）CTRL；（b）Exp.lghtn；（c）Exp.radar

对 Exp.lghtn 和 Exp.radar 的水平和垂直增量场进行分析，从其水平增量场来看，两组同化试验的增量场分布均与各自的观测结构类似，但增量的大小及覆盖区域有所不同（Yang et al.，2015）。试验 Exp.lghtn 中，扰动位势温度的水平最大增量为 2.4K，主要位于闪电代理回波值大于 30dBZ 的区域；水汽混合比的水平最大增量为 2.5g/kg；雨水混合比和雪水混合比的水平增量面积很小，最大值分别为 1.5g/kg 和 1.8g/kg；冰水混合比和云水混合比的增量也很小，分别为 0.02g/kg 和 0.08g/kg，可见在雷达增强 GSI 系统中，同化闪电资料对冰水和云水混合比的调整很小。但试验 Exp.radar 中，各变量的水平增量均有所增强且增量面积均有所扩大。其中，扰动位势温度的水平最大增量为 3.6K；水汽、雨水、雪水、冰水和云水的混合比水平最大增量分别为：3.0g/kg、3.5g/kg、4.2g/kg、0.03g/kg 和 0.08g/kg。

在闪电代理回波和观测雷达回波剖面图中，试验 Exp.lghtn 中回波高值区均集中于较低的垂直层，高度大致低于 6.6km，闪电代理回波最高值为 44dBZ；扰动位势温度垂直最大增量为 4.2K，高度大致为 3km。试验 Exp.lghtn 中水汽混合比和雨水混合比的垂直最大增量分别为 8.4g/kg 和 1.3g/kg；雪水混合比和冰水混合比的垂直最大增量均位于 0℃等温线之上，分别为 1.8g/kg 和 0.055g/kg；云水混合比的垂直最大增量为 0.096g/kg。试验 Exp.radar 中，观测回波值及垂直分布范围均大于试验 Exp.lghtn 中的闪电代理回波；扰动位势温度垂直最大增量为 4.2K，水汽、雨水、雪水、冰水和云水混合比的垂直最大增量分别为 8.4g/kg、1.5g/kg、3.0g/kg、0.06g/kg 和 0.096g/kg。从数值上看，这些增量与试验 Exp.lghtn 差别不大，但试验 Exp.radar 中垂直增量分布面积要大于 Exp.lghtn，且增量影响的垂直高度更高。

总体来说，各变量的水平增量和垂直增量均分布合理，与观测的结构较为一致，这说明雷达增强 GSI 系统能够有效地同化雷达、闪电资料。其次，试验 Exp.radar 对各变量的调整均强于试验 Exp.lghtn，特别是对于扰动位势温度和水汽混合比的调整。两组同化试验对于各变量调整强度的不同，也造成了后续预报的差异，这将在下面的分析中具体阐述。

2. 预报结果

循环同化能够同化更多时刻的观测资料，那么循环同化闪电资料是否能够进一步提高强对流的预报？本节进一步设置如下 4 个闪电资料同化试验，分别为：da_1、da_2、da_3 和 da_4。da_1 只同化 14:00 的闪电资料；da_2 同化 14:00、15:00 的闪电资料；da_3 同化 14:00、15:00 和 16:00 闪电资料；da_4 同化 14:00、15:00、16:00 和 17:00 四个时刻的闪电资料。

图 6.12 给出了循环同化试验和试验 CTRL 预报最大回波的定量分析结果。分析采用了 ETS（Equitable Threat Scores）评分（Gandin and Murphy，1992），共分 10dBZ、15dBZ、20dBZ、25dBZ、30dBZ 和 35dBZ 六个阈值进行分析。ETS 评分公式如下：

$$ETS = \frac{(a-(a+b)\times(a+c)/(a+b+c+d))}{(a+c+b-(a+b)\times(a+c)/(a+b+c+d))} \tag{6.12}$$

式中，a、b、c、d 所代表的事件如表 6.2 所示。

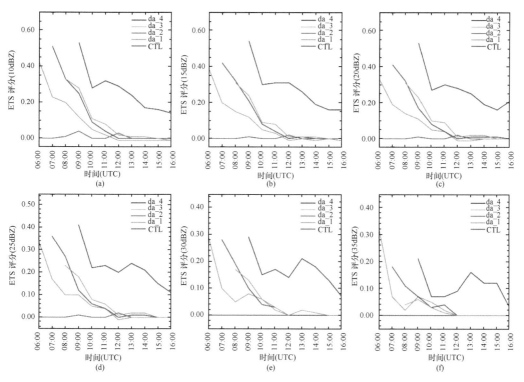

图 6.12 不同循环同化次数预报最大回波 ETS 评分（Yang Y et al.，2015）
（a）10dBZ；（b）15dBZ；（c）20dBZ；（d）25dBZ；（e）30dBZ；（f）35dBZ

表 6.2　评分事件细分表

观测	预报	
	Yes	No
Yes	*a*	*b*
No	*c*	*d*

图 6.13 中，试验 CTRL 的 ETS 评分在低阈值均小于 0.10，在高阈值区近乎为 0，可见试验 CTRL 试验预报最大回波效果较差。当同化闪电资料之后，循环同化试验的评分明显提高，10dBZ 阈值处评分最高可达 0.51；35dBZ 阈值处仍可达 0.32。进一步比较不同循环同化次数的效果，可看出多次同化闪电资料的优势非常明显。随着循环次数的增多，ETS 评分可逐步提高。17:00 试验 da_4 各阈值评分结果分别为：0.53、0.54、0.53、0.41、0.29 和 0.21，且整体最大回波预报改进的时效性维持最好，可达 7h 以上。总体来说，在低阈值和高阈值区，da_4 的 ETS 评分结果均为最优。

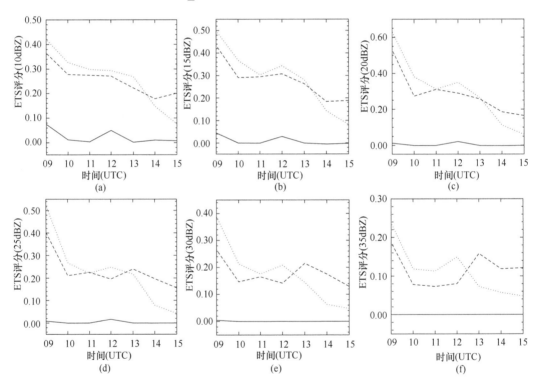

图 6.13　Exp.CTRL，Exp.lghtn 和 Exp.radar 三组试验预报最大回波 ETS 评分（Yang Y et al.，2015）
（a）10dBZ；（b）15dBZ；（c）20dBZ；（d）25dBZ；（e）30dBZ；（f）35dBZ

从同化试验的预报最大回波来看，试验 CTRL 中，高值回波区域几乎没有预报出来，整体回波值近乎 0。经过 4 次循环同化地闪资料后，试验 Exp.lghtn 中预报最大回波迅速接近于观测值，且回波形态也与观测十分相近。初始 2h 中，试验 Exp.lghtn 和 Exp.radar 在一些区域对回波值有一定的高估，但 Exp.lghtn 试验的高估略低于 Exp.radar 试验。随后几小时中，高估的预报最大回波区域逐步被修正，但空间分布较观测值稍有偏离。整体来看，同化地闪和雷达资料后，预报最大回波都能得到很好的改善且维持达 6h 以上，这均得益于雷达增强 WRF-GSI 系统中对于多个变量有效协调的调整。

预报最大回波的 ETS 评分结果显示，CTRL 试验的 ETS 评分在低阈值区域很低，在高阈值区域几乎为 0。在分别循环同化地闪和雷达资料后，试验 Exp.lghtn 和 Exp.radar 的 ETS 评分结果在各个阈值均有显著提高，且这一改善可维持 6h 以上。在低阈值区（10dBZ、15dBZ 和 20dBZ），预报前 4h 内，Exp.radar 的 ETS 评分结果优于 Exp.lghtn，但在后 2h，评分落后于 Exp.lghtn。在高阈值区（25dBZ、30dBZ 和 35dBZ），预报前 3h，Exp.radar 的 ETS 评分优于 Exp.lghtn。后 3h 落后于 Exp.lghtn。因此，不论从高阈值还是低阈值来看，Exp.radar 的 ETS 评分结果随着预报时长增加，在 3h 后下降较快。而循环同化地闪资料的 Exp.lghtn 则评分较为稳定，在整个预报时长内均能发挥较高水平。总的来说，Exp.lghtn 的 ETS 较 Exp.radar 更为稳定，回波衰减较 Exp.radar 更慢且与观测落区更相符。通常来说，预报最大回波低阈值区域 ETS 评分提高可对弱降水区有效修正，而高阈值区 ETS 评分提高则可对强对流系统的强降水预报提供参考，同化闪电资料较同化雷达资料更稳定，对改进强对流系统的降水预报更为有效。

为更好地分析对降水预报的改进效果，Yang 等（2015b）给出了各组试验降水预报与观测降水的对比图。从台站观测降水来看，17:00～20:00 强降雨主要位于安徽省北部和浙江省北部。试验 CTRL 中，强降雨带基本未预报出来。同化地闪和雷达资料后，试验 Exp.lghtn 和 Exp.radar 中强降水区域得以很好的改善，仅在落区上稍有偏离，强度上亦有些高估。21:00～23:00，强降水带移至安徽南部以及浙江中部地区。CTRL 试验中安徽大部几乎没有预报降水，在安徽中部及东部区域有部分预报的弱降水；浙江的预报降水较台站观测偏南。Exp.lghtn 和 Exp.radar 预报强降水主要位于安徽南部、浙江中部及北部，落区与观测基本保持一致，但降水强度的高估仍较为突出。17:00～23:00，6h 累积强降水带主要位于安徽北部、东部及南部部分地区和浙江北部及中部地区。CTRL 试验几乎未预报出任何强降水，而 Exp.lghtn 和 Exp.radar 中强降水位置与观测基本保持一致，但空间上有些区域稍有偏离且降水强度高估明显。其次，在前 3h 累计降水中，Exp.radar 试验预报降水高估明显高于 Exp.lghtn，这可能是由于同化雷达资料时，对于相关变量的调整过大，造成了循环同化后前 3h 预报回波偏强及预报降水强度高估明显。

图 6.14 为降水预报的定量分析。此分析采用了 TS 评分，分别对 CTRL，Exp.lghtn 和 Exp.radar 三组试验与台站观测降水进行对比。共设 1mm 和 10mm 两个阈值，分别代表弱降水及强降水。TS 评分计算方法如下：

$$TS = \frac{a}{a+b+c} \qquad (6.13)$$

式中，a、b、c 所代表的事件见表 6.2。在 1mm 阈值处，CTRL 试验在不同时间间隔中 TS 评分均小于 0.40。Exp.lghtn 和 Exp.radar 的 TS 评分均大幅度提高，接近于 0.70，两组试验差别不大。然而，在 10mm 阈值处，CTRL 试验 TS 评分几乎为 0，对强降水的预报命中率极低；Exp.lghtn 试验的 TS 评分在各降水时段均明显优于 Exp.radar。Exp.radar 可能对相关变量过度调整导致前 3h 降水明显高估，后 3h 对强降水预报技巧减弱，TS 评分与 Exp.lghtn 评分差距拉大。

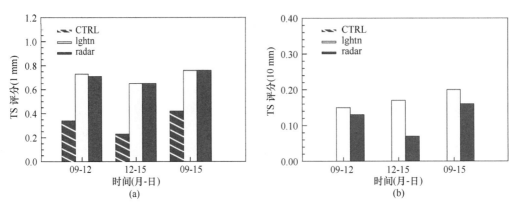

图 6.14　Exp.CTRL，Exp.lghtn 和 Exp.radar 三组试验预报降水 TS 评分（Yang et al.，2015b）

（a）1mm；（b）10mm

总体来说，试验 Exp.lghtn 在降水低阈值和高阈值区对降水预报的评分技巧较高，因此，雷达增强 WRF-GSI 系统同化地闪定位网资料可大幅提高对 3h 和 6h 降水的预报。基于以上分析，在同化雷达反射率时适当减小扰动位势温度和水汽混合比的增量可进一步提高后续几小时回波及降水的预报结果。

闪电是强对流天气良好的指示器。闪电定位网资料可提供闪电的多种信息，诸如：时间、位置、频数、极性及放电强度，而这些均与对流云内电荷结构息息相关。与常规地基雷达资料相比，闪电定位网资料不受地形影响且具有较高的时空分辨率。因而，闪电定位网资料在强对流天气预报及研究中可发挥重要作用，作为雷达资料的良好补充，可运用于精细化天气预报的初始化过程中。本章节中，在雷达增强 GSI 系统中，地闪定位网资料首先基于 GSI 系统中闪电频数与雷达回波的经验关系转换为三维代理雷达回波；而后，运用 GSI 中云分析对水成物粒子、湿度等相关变量进行调整；与此同时，雷达回波/闪电代理雷达回波用来构造三维温度倾向场。最后，在模式的三维格点上由雷达回波计算出温度倾向，并在预报积分过程中逐步替代 WRF-ARW（3.4.1 版本）向前全物理数字滤波初始化中由显式微物理方案及积云参数化方案积分所得的三维温度。

本节中，选取一次强对流过程，设计了 CTRL、同化雷达资料和闪电定位网资料的同化试验，探讨了同化闪电对强对流系统预报的改进效果，结论如下：

（1）经转换的闪电代理回波与实际观测的多普勒雷达回波相关性较高，相关系数为 0.847、均方根误差为 6.602，说明将地闪资料转换为代理三维雷达回波具有很好的可行性，可用于后续的闪电资料同化中。

（2）循环同化雷达及闪电资料后，预报最大回波与观测较为接近，明显优于 CTRL，且回波整体的维持性良好，可达 6h 以上。雷达增强 GSI 系统对相关变量的调整合理，动力协调性较优。

（3）与同化雷达资料相比，同化闪电定位网资料，可进一步提高 3h 和 6h 降水预报，但降水预报落区稍有偏离且强中心强度有所高估。

（4）同化闪电定位网资料与同化雷达资料相比，同化闪电改进更优。闪电转换的代理雷达回波与实际雷达回波相比范围及强度稍弱，因而对于各变量进行调整时，对应的增量稍小。这可有效减小常规雷达同化后对降雨和回波的严重高估。因而，在实际雷达同化应用过程中，可考虑稍微减小扰动位势温度和水汽混合比的增量，从而更利于后续改进效果的维持及强度的准确估计。

基于以上结论，雷达增强 WRF-GSI 系统同化闪电定位网资料在模式对中小尺度对流系统的精细化预报方面有良好的应用前景。但同化后对前几小时强降水中心落区的偏离及强度的高估问题，仍需要在今后的研究工作中加以探究解决。

6.3　物理初始化同化地闪资料试验

物理初始化方法最早由 Krishmanurti 等（1991）提出。它是一种基于雷达回波和降水之间的半经验性关系，根据一定的物理规律来调整模式中的垂直速度、比湿及云水含量。物理初始化方法能够有效缩短模式初始场的 spin-up 时间，进而改善后续的降水预报。Treadon（1996）在 NMC GDAS（National Meteorological Center Global Data Assimilation System）采用物理初始化方法同化 GPI（Goes Precipitation Index）降水率。物理初始化方法对 GDAS 分析场及后续预报可以起到很好的改进作用，在 NMC 区域 Eta 模式同化系统中有较大的应用潜力。Haase（2000）基于雷达反演的降水资料同化，通过物理初始化方法将雷达反演的降水资料同化入模式中，调整模式中的垂直风廓线、比湿及云水含量；通过潜热 Nudging 方法调整温度及比湿，结果表明：两种方法均可以很好地重现对流单体的结构，改进流场结构、降水的落区和强度模拟。

6.2 节中的 WRF-GSI 能够根据经验关系将地闪数据转换成为三维代理雷达回波，而物理初始化方法则是基于雷达回波和降水率之间的半经验性关系调整模式中的变量，因而基于 WRF-GSI 的经验关系，物理初始化方案对地闪资料的同化具有可行性，那么物理初始化方案是否能够有效同化地闪资料呢？本节采用与上节相同的个例，探究运用物理初始化方案对闪电资料进行同化。首先，利用 GSI 系统中经验关系将闪电资料转换为三维代理雷达回波；然后，运用物理初始化方案同化转换得到的三维代理雷达回波，从而实现对闪电资料的同化，并运用 WRF3.5.1 系统对同化后的分析场进行后续的积分预报，以检验运用物理初始化方案同化闪电资料的可行性及优缺点（Wang et al.，2014a）。

6.3.1　物理初始化方法介绍

鉴于闪电资料的特殊性，本节采用的物理初始化方法在 Krishnamurti 等（1991）的方法基础上做了少许修改，具体如下：

首先，在垂直方向对闪电资料转换的三维代理雷达回波进行筛选，得到垂直方向的最大回波反射率 Z_e（单位：mm^6/m^3），随后通过 Z-R 关系 [式（6.14）] 得到降水率 RR'_{obs}（单位：mm/h），降水率按照式（6.15）进一步转换为降水通量 RR_{obs} [单位：$kg/(m^2 \cdot s)$]：

$$RR'_{obs} = (\frac{Z_e}{300})^{\frac{1}{1.4}} \tag{6.14}$$

$$RR_{obs} = RR'_{obs}/3600 \tag{6.15}$$

在上述基础上，假设闪电转换的三维代理雷达回波顶高为云顶高度 z_{ct}，而云底高

度 z_{cb} 近似用 LCL 替代，则可得到：

$$z_{cb} \approx LCL = 121 \times (T_2 - TD_2) \tag{6.16}$$

式中，T_2 和 TD_2 分别为 2m 高度处的温度及露点温度。基于式（6.17），云内的垂直速度可按照式（6.18）计算得到：

$$w_k = (\rho^*_{v,k})^{-1} \left\{ \rho^*_{v,k+1} w_{k+1} - (z_{k+1} - z_k) \frac{RR(z_{cb})}{z_{ct} - z_{cb}} \left[1 - \frac{\pi}{2}(1 + \frac{1}{c}) \sin(\frac{\pi}{2} \frac{z_{k+1/2} - z_{cb}}{z_{ct} - z_{cb}}) \right] \right\} \tag{6.17}$$

式中，$c = \frac{RR}{\rho^*_v w}|_{z=z_{cb}} \in [0,1]$ 为一可调参数，表征云底处饱和水汽转换为雨的效率，本个例中设为 0.4；$\rho^*_{v,k}$ 为第 k 层的饱和水汽密度；$RR(z_{cb})$ 为云底处的降水通量。假设降水通量从云底至云顶线性递减，云底以下的蒸发忽略不计，因而 $RR(z_{cb})$ 则等于式（6.15）中计算所得的 RR_{obs}。同时，假设垂直速度从云底至地面逐步减小至 0。基于式（6.14）~式（6.17），云内各层的垂直速度即可用闪电转换的三维代理雷达回波计算得出。

下面对比湿和云水含量逐一进行调整。假设云内的水汽接近饱和，因而当 $RR'_{obs} \geq 0.1$ 且 $Z_e \geq 1000$（相当于最大回波值等于 30dBZ）时，比湿设为饱和值；当 $Z_e < 1000$ 时，比湿设为饱和值的 90%。云底以下的比湿与云底处饱和比湿相等，云顶以上的相对湿度最高阈值为 80%，这样可避免云上部分的过饱和。云顶以上及云底以下的云水含量均设为 0。在云内高于 253.16K 的过冷却水中，云水含量受冷凝和不饱和空气及雨滴的夹卷作用逐步减小，具体计算如下：

$$q_c(z) = [-0.145 \ln(z - z_{cb}) + 1.239] \int \rho_{air}(z') \frac{c_p}{L}(\Gamma_d - \Gamma_s) dz' \tag{6.18}$$

式中，ρ_{air} 为空气密度；c_p 为定压比热；L 为汽化潜热；Γ_d 和 Γ_s 分别为干绝热和湿绝热温度递减率。当 $RR'_{obs} < 0.1$ 时，垂直速度与背景场保持一致，云水含量为 0，比湿为饱和值的 80%。基于式（6.14）~式（6.18），云下、云中和云上部分的垂直速度、比湿及云水含量的调整见表 6.3。

表 6.3 物理初始化对云下、云中、云上部分垂直速度、比湿及云水含量调整列表

高度	$RR'_{obs} \geq 0.1mm/h$		$RR'_{obs} < 0.1mm/h$
	$Z_e \geq 1000mm^6/m^3$	$Z_e < 1000mm^6/m^3$	
$z > z_{ct}$	$W_{pi} = 0$ $rh_{max} = 80\%$ $q_c = 0$	$W_{pi} = 0$ $rh_{max} = 80\%$ $q_c = 0$	$W_{pi} = W_b$ $rh_{max} = 80\%$ $q_c = 0$
$z_{cb} \leq z \leq z_{ct}$	$W_{pi} = Eq(3)$ $q_v = q_v^*$ $q_c = Eq(4)$	$W_{pi} = Eq(3)$ $q_v = 90\% q_v^*$ $q_c = Eq(4)$	$W_{pi} = W_b$ $rh_{max} = 80\%$ $q_c = 0$
$z < z_{cb}$	$W_{pi} = W(z_{cb}) \dfrac{z - z_{surf}}{z_{cb} - z_{surf}}$ $q_v = q_v^*(z_{cb})$ $q_c = 0$	$W_{pi} = W(z_{cb}) \dfrac{z - z_{surf}}{z_{cb} - z_{surf}}$ $q_v = q_v^*(z_{cb})$ $q_c = 0$	$W_{pi} = W_b$ $rh_{max} = 80\%$ $q_c = 0$

注：z_{surf} 为地形高度；rh 为相对湿度

6.3.2 数据及试验设计

试验中采用 NCEP1.0°×1.0°FNL 资料 WRF（3.5.1 版本）提供初边界条件，同化数据为地闪频数和 S 波段多普勒雷达资料。模拟范围（26°～35°N、112°～124°E）。水平分辨率为 13.545087km，水平格点数为 101×101。垂直方向分为不等距的 50 层，模式层顶气压为 10hPa，模式积分步长为 60s。采用的主要参数化方案有：Lin 微物理方案（Lin et al.，1983），RRTM 长波辐射方案（Mlawer et al.，1997），Goddard 短波辐射方案（Chou and Suarez，1999），RUC 陆面方案（Smirnova et al.，1997），Grell3D 集合积云参数化方案（Grell，1993；Grell and Dévényi，2002），Mellor-Yamada-Janjić TKE 方案（Mellor and Yamada，1982；Janjić，2002）和 Monin-Obukhov（Janjić）方案（Mellor and Yamada，1982；Janjić，2002）。

图 6.15（a）为 16:30～17:10 观测闪电频数，闪电高频数主要位于安徽省中部、江苏省中部及南部。分布区域与雷达高值回波正好对应。经闪电资料转换的代理回波与实际雷达回波图相比，形态基本一致，且整体回波值十分接近。进一步对 14:00～17:00 的闪电资料定量计算，转换的三维代理雷达回波与观测雷达回波的相关系数也较高，为 0.847，均方根误差为 6.062。说明由地闪资料转换的代理雷达回波具有较高的可信度。

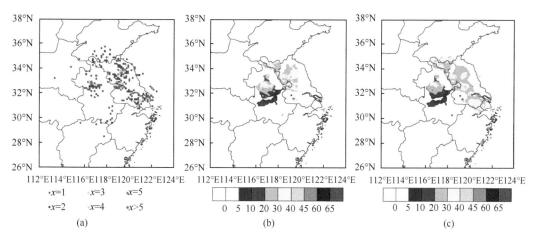

图 6.15 16:30～17:10 累计观测闪电频数、闪电转换代理回波和 17:00 观测雷达回波（单位：dBZ）水平分布图（Wang et al.，2014a）

（a）16:30～17:10 累积观测闪电频数；（b）闪电资料转换代理回波；（c）实际雷达回波

色调越暖，代表闪电频数越高

为考察物理初始化方法对地闪资料的同化效果，本节共设计如下五组试验：

试验 CTRL：直接由 FNL 资料自 2009 年 6 月 5 日 2:00 开始起报，积分 12h 后用 14:00 的预报场作为背景场往后预报，不同化任何资料；

试验 Exp.da_1：以试验 CTRL 中 14:00 预报场作为背景场，同化 14:00 地闪资料后，进行预报；

试验 Exp.da_2：以试验 Exp.da_1 中 15:00 预报场作为背景场，同化 15:00 地闪资料后，进行预报；

试验 Exp.da_3：以试验 Exp.da_2 中 16:00 预报场作为背景场，同化 16:00 地闪资料后，进行预报；

试验 Exp.da_4：以试验 Exp.da_3 中 17:00 预报场作为背景场，同化 17:00 地闪资料后，进行预报，与试验 CTRL 相比，相当于循环同化了 14:00、15:00、16:00 和 17:00 四个时次的地闪资料。

6.3.3　结　果　分　析

图 6.16 为 17:00 试验 Exp.da_4 同化后，垂直速度、比湿及云水含量的水平增量分布图。与图 6.15（b）中由地闪资料转换的代理雷达回波相比，垂直速度增量最大的区域与雷达回波高值区有着较好的对应，最大垂直速度增量可达 0.8m/s。比湿的水平增量形态也与代理回波有着较好的对应，增量大值区与雷达回波高于 30dBZ 的区域相对应，最大水平增量为 3g/kg。代理雷达回波覆盖区域的云水含量按照式（6.19）进行调整，由于云内凝结及夹卷作用，云水含量的增量大都为正值，最大增量为 1.63g/kg。图 6.17 为沿 34.39°N 纬线关于比湿及云水含量的垂直剖面图，红线为 0℃等温线。物理初始化主要针对云内垂直速度、比湿及云水含量进行调整。从比湿及云水含量的垂直增量剖面来看，调整较为合理。比湿的最大垂直增量为 5.5g/kg，云水含量的最大垂直增量为 1.6g/kg。比湿垂直增量最高可延伸至 13.3km，这是因为此个例中对流较为深厚，从而导致对流云发展高度较高。而云水含量在垂直方向的影响则没有这么高，原因是物理初始化方法调整的仅为云内过冷却区域的云水含量，云内较高层基本为冰晶，故其影响高度较比湿垂直增量的影响高度低。总的来说，无论从水平增量还是从垂直增量来看，物理初始化方法同化地闪转换的代理雷达回波后，能够对各变量进行合理的调整，从而更接近于观测，这表明了物理初始化方法的可行性。

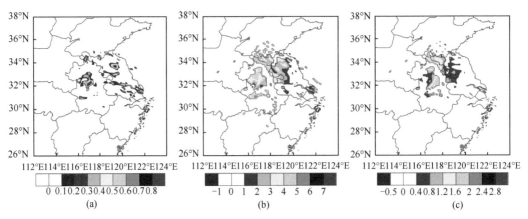

图 6.16　17:00 试验 Exp.da_4 垂直速度（单位：m/s）、比湿及云水含量（单位：g/kg）的水平增量分布图（模式第 14 层，约为 3.0km）（Wang et al.，2014a）

（a）垂直速度；（b）比湿；（c）云水含量

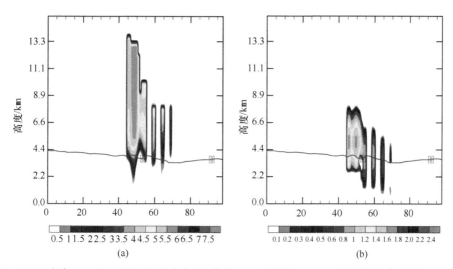

图 6.17　17:00 试验 Exp.da_4 比湿及云水含量（单位：g/kg）的沿 34.39°N 垂直增量分布图（Wang et al.，

2014a）

（a）比湿；（b）云水含量

图中红线表征 0℃等温线

为定量衡量物理初始化对闪电的同化效果，下面采用 ETS 评分［具体见式（6.13）］，对上述试验结果进行分析。评分中共设置 10dBZ、15dBZ、20dBZ、25dBZ、30dBZ、35dBZ 六个阈值，结果如图 6.18 所示。CTRL 的 ETS 评分在低阈值区域较低，高阈值区基本

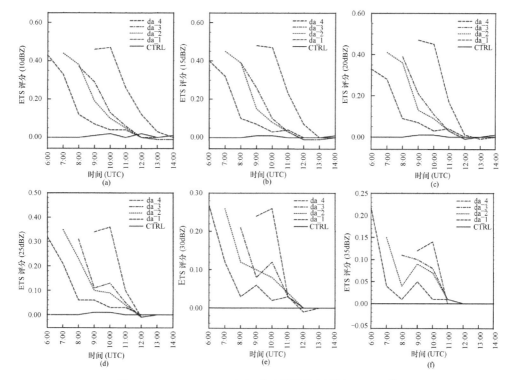

图 6.18　14:00～22:00 各组试验预报最大回波 ETS 评分

（a）10dBZ；（b）15dBZ；（c）20dBZ；（d）25dBZ；（e）30dBZ；（f）35dBZ

为 0。当 14:00 同化一次闪电资料后，ETS 评分迅速升高，10dBZ 阈值处评分为 0.43，35dBZ 阈值处评分为 0.22。随着循环同化次数的增多，ETS 评分逐步提高。四次循环同化闪电资料后，10dBZ、15dBZ、20dBZ 阈值处的 ETS 评分接近 0.50dBZ、25dBZ 处为 0.37dBZ、30dBZ 和 35dBZ 阈值处评分分别为 0.26 和 0.14。虽然增加循环同化的次数对回波预报的改善显著，但仍存在一定的问题，从 ETS 评分图中可以看出，同化时刻的改善最为明显，后续改善维持时间不是很长，大致为 3h 左右。

为了进一步考察物理初始化方法同化闪电资料的效果，Wang 等（2014a）研究了各试验的预报降水分布，从 17:00～23:00 整个 6h 累计降水观测来看，CTRL 试验中，对强降水都未预报出来。而试验 Exp.da_4 中，预报的强雨带位置基本与观测保持一致，特别是浙江省的强雨带，强度与位置均与观测吻合。

针对以上试验的降水预报，下面采用 TS 评分［具体见式（6.13）］分 1mm 和 10mm 两个阈值进行定量评估，分别对应小雨和暴雨。图 6.19 为评分结果，在 1mm 阈值处，试验 CTRL 在不同时间段内的 TS 评分均小于 0.30。而同化试验 Exp.da_4 评分提高明显，17:00～20:00 评分为 0.60。随后的 3h，试验 Exp.da_4 较 CTRL 评分提升变缓，17:00～23:00 整个 6h 时段的评分为 0.53。在 10mm 阈值处，CTRL 评分近乎为 0。同化闪电资料后，Exp.da_4 试验评分提高显著，特别是在前 3h 和整体 6h 时段。后 3h 预报回波的衰减，导致预报降水改善减小。总的来说，前 3h 同化闪电资料后，无论在 1mm 阈值还是 10mm 阈值处，降水的预报均得到了显著提升，这说明物理初始化方法同化闪电资料对于前期降水预报的改善较大，因而运用物理初始化方案可很好地改进 3h 降水预报的准确度。

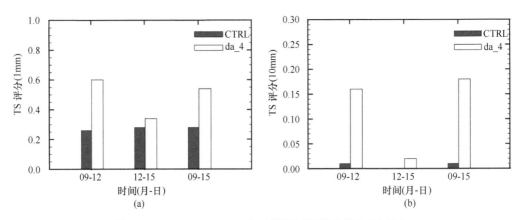

图 6.19   Exp.CTRL，Exp.da_4 两组试验预报降水 TS 评分
（a）1mm；（b）10mm

上述五组试验结果表明，物理初始化方法能够有效地同化闪电资料，进而改进强对流的预报，但维持时间较短，大致为 3h。因此，在运用此方法对闪电资料进行同化时，可将同化时间间隔设为 3h，以获得更加稳定的、优化的同化效果。为检验 3h 时间窗的实际效果，在此设计一组新的试验（Exp.Cycle_da），该试验在 14:00、17:00 和 20:00 三个时刻循环同化闪电资料。图 6.20 给出了该试验预报最大回波的 ETS 评分结果。可以看出，将同化时间间隔设为 3h，预报结果的改善更为稳定。10dBZ 和 25dBZ 处，ETS 评

分基本大于 0.20，峰值为 0.50。三次循环同化后，整体改进大致可维持 4h。在 30dBZ 及 35dBZ 高阈值处，ETS 评分大致在 0.10～0.20 之间波动，同化时刻的峰值可达到 0.36（30dBZ）、0.29（35dBZ），改善的时效大致为 3h。从不同阈值的评分来看，低阈值处的 ETS 评分值更高，维持的时间更长，可达 4h 以上。

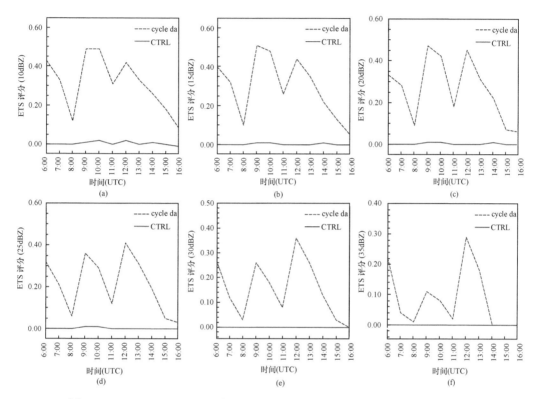

图 6.20　6:00～16:00 UTC 试验 CTRL 和 Exp.Cycle_da 预报最大回波 ETS 评分
（a）10dBZ；（b）15dBZ；（c）20dBZ；（d）25dBZ；（e）30dBZ；（f）35dBZ

物理初始化方法是一种雷达回波与降水之间的半经验关系，通过一定物理分析过程来调整模式中的垂直速度、比湿和云水含量。GSI 系统中提供了由地闪资料转换为三维代理雷达回波的有效方法。因而两者结合，即可运用物理初始化方法同化地闪资料。为了探讨物理初始化方法对闪电资料的同化效果，本节共设计了 5 组试对其进行考察，结论如下：

（1）物理初始化方法能够有效地根据闪电转换的代理雷达回波调整模式中的垂直速度、比湿及云水含量，使得同化后的预报回波迅速向观测场逼近。

（2）与 CTRL 相比，物理初始化方法同化闪电资料，对预报场的改进十分明显，且随着循环同化次数的增加，改进效果逐步提升。

（3）物理初始化方法循环同化闪电资料对强对流系统预报的改进大致可维持 3h。这可能是由于物理初始化方案仅调整了模式中的垂直速度、比湿及云水含量，导致与模式中其他物理量之间的协调性变差，使得 3h 后回波的大幅度衰减。而若将同化时间间隔设为 3h，每隔 3h 运用物理初始化方法同化地闪资料，可得到更加稳定优化的同化效果，维持时效可达 3h，这可对强对流系统的后续发展、移动、3h 降水的预报提供更好的参考。

本节中，物理初始化方法只针对一个个例进行了地闪同化试验。如何进一步发展闪电资料同化方法，物理初始化同化闪电资料更新模式变量时如何与模式中其他变量保持更好的动力协调性，需进行深入的探究。

6.4　综合调整水物质含量的总闪资料 Nudging 同化方法

闪电伴随雷暴云发生，根据闪电活动情况可大致判断雷暴云的强度和影响区域。根据目前普遍接受的雷暴云非感应起电机制，在一定垂直速度支撑下，雷暴云内的冰晶和软雹等冰相粒子通过相互碰撞反弹产生电荷分离，电荷分离过程受到云内温度和液态水含量的影响（Takahashi，1978；Saunders et al.，1991）。因此，起电、放电过程受到云内复杂的动力和微物理过程的控制，换言之，产生闪电的雷暴云内动力和微物理过程应满足一定的条件，这为闪电资料同化提供了物理依据。闪电资料同化研究中采用的模式分辨率逐渐提升至"云分辨"尺度（<3km），闪电资料也逐渐从地闪资料扩展到全闪资料（云闪加地闪），利用 Nudging 方案、变分方案或者物理过程初始化方案将中尺度信息引入模式。

用 Nudging 的方案来同化闪电资料，在模式内易于实现，节约计算资源。Fierro 等（2012）利用闪电定位资料指示对流活动的空间位置，在观测到闪电但是模式未能模拟出深对流的格点上，根据闪电频数和软雹含量增加混合相态层（−20～0℃）的水汽，激发对流产生（将该方案简称 F12）。Qie 等（2014）从非感应起电机制出发，认为冰相粒子浓度（冰晶，雪晶和软雹）对云内电过程有重要影响，据此，建立了闪电频数同冰相粒子浓度的经验公式，根据闪电资料调整混合相态层内冰相粒子的浓度，使模拟更接近实际情况（将该方案简称 Q14）。

上述 F12 和 Q14 两种闪电资料同化方案选用单类物理量（分别是水汽和冰相粒子）进行直接调整，而水汽和冰相粒子分别是水物质的气相状态和固相状态，在向液态水（如雨水，云水等）转化的过程中，分别释放和吸收热量，对云内的动力和微物理过程影响不同，这必然带来不同的同化效果。另外，选取单类物理量进行调整，可能造成顾此失彼的问题。例如，F12 方案中在混合相态层增加水汽，造成对流层低层相对偏干，上升气流起源高度较高，水汽凝结成雨水的速率较慢，不利于产生深厚湿对流。Q14 方案内由于外部引入冰相粒子，若缺乏较强的上升气流支撑，冰相粒子在零度层下吸热融化，强下沉气流往往使得地表冷池强度偏强范围偏大，对流系统快速移向下游衰减，同化正面效果很快消失。

Li 等（2016）比较了闪电区域和非闪电区域内冰相粒子含量的差别，指出闪电区域内软雹含量比非闪电区域更高，而冰晶粒子含量则无明显差异，这说明在雷暴云起电过程中软雹的作用更为重要。鉴于此，陈志雄等（2017）提出了一种综合应用 F12 方案和 Q14 方案的闪电同化方案（简称 C17），根据闪电定位资料和模式自身动热力状况，增加低层大气内的水汽混合比和混合相态层内的软雹混合比。利用 WRF 模式对北京一次具有完整全闪观测资料的飑线过程进行模拟试验，比较 F12，Q14 和 C17 三种闪电资料同化方法的模拟能力，分析不同方法的物理过程差异，探索闪电定位数据在临近预报中的应用。

6.4.1 同化方案介绍

同化方案中需要充分考虑模式的动力和热力状况，避免因调整模式物理量不恰当而造成模式不平衡。总体理查德森数 R 表征由浮力产生的有效能量和由风切变产生的有效能量之比，Weisman 和 Klemp（1982）通过观测和数值模拟发现 R 与对流系统的结构和演变有密切关系。R 值较小时，雷暴入流和出流较为平衡，雷暴强度大，寿命长，有利于形成超级单体。R 值较大时，雷暴出流更明显，雷暴寿命较短，但在适宜环境下可触发新对流产生而形成多单体雷暴。选取总体理查德森数来衡量模式的动热力状况，通过 900hPa 和 700hPa 两个高度层来计算 R 值：

$$R = \frac{g\Delta\theta_v\Delta z}{\overline{\theta_v}\left[\left(\Delta u\right)^2 + \left(\Delta v\right)^2\right]} \tag{6.19}$$

式中，g 为重力加速度；$\Delta\theta_v$、Δz、Δu（Δv）为 700hPa 和 900hPa 上虚位温、高度、水平风速的差值；$\overline{\theta_v}$ 为两层的平均虚位温。

F12 方案中，根据闪电频数和模式预报的软雹含量调整混合相态层内（−20～0℃）水汽混合比，Q14 方案中则是根据闪电频数调整混合相态层内的冰相粒子含量（冰晶，雪晶和软雹）。与 F12 方案和 Q14 方案不同的是，C17 方案将调整水汽混合比的高度层降低（900～700hPa），且仅调整混合相态层内的软雹混合比。参照 F12 和 Q14，构建新的经验公式：

$$Q_v = aQ_{sat} + 0.2Q_{sat}\tanh\left(0.05X\right)\left[1 - \tanh\left(cQ_{g\_model}^{\alpha}\right)\right]$$
$$Q_g = b + 0.002\tanh(0.05X)\left[1 - \tanh\left(cQ_{g\_model}^{\alpha}\right)\right] \tag{6.20}$$

式中，Q_v、Q_g 和 Q_{sat}、Q_{g_model} 分别为选定层次内 Nudging 前、后对应格点水汽和软雹混合比；a 和 b 分别为低层大气相对湿度和混合相态层内软雹混合比的阈值；c 用来调整模式软雹混合比 Q_{g_model} 对 Q_v 和 Q_g 的影响；X 为格点 10min 内闪电频数；α 取值为 2.2。根据不同动热力状况设计了三组同化系数 a、b、c（取值见表 6.4），来调整闪电格点上低层大气水汽混合比和混合相态层内软雹浓度。由于 C17 方案中将水汽调整层次降低到低层大气，当软雹混合比不存在时，即 Q_{g_model} 等于零，此时水汽调整量主要受选定阈值和闪电活动强弱的影响。

表 6.4 C17 方案内不同 R 值下 a、b、c 的取值

R	a	b	c
<20	0.79	0.003	0.03
20～40	0.75	0.002	0.1
>40	0.68	0.0015	0.25

通过修改 WRF 的内微物理参数化方案，在同化时段内每一个积分时步，判断模式

网格点此前 10min 内是否存在闪电活动信息，若存在闪电活动，则通过式 6.20 计算格点的 R，并由此确定系数 a、b、c 的值，随后判断格点上待调整微物理量是否小于由 R 值确定的阈值，若小于阈值，则按照式（6.20）计算调整量。

图 6.21 给出了 F12，Q14 和 C17 三种闪电资料同化方案中直接调整的微物理量随闪电频数的变化曲线。其物理含义是当格点上存在闪电但模式未能模拟出对流时，将微物理量调整到阈值以上，且调整量随闪电频数增大而迅速增大，如果闪电频数大于一定值时，调整量趋于稳定，避免因调整过多造成模式不稳定。

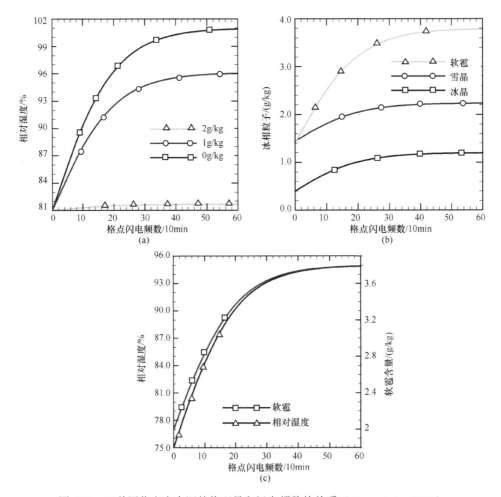

图 6.21　三种同化方案中调整物理量和闪电频数的关系（Chen et al.，2019）

（a）F12 方案中混合相态层内相对湿度在不同模式预报软雹混合比下随闪电频数的变化；（b）Q14 方案中混合相态层内软雹、雪晶和冰晶混合比随闪电频数的变化；（c）C17 方案 R 值在 20 和 40 之间，模式预报软雹混合比为 0g/kg 情况下 900～700hPa 高度层内相对湿度和混合相态层内软雹混合比随闪电频数的变化

6.4.2　闪电数据来源和处理

闪电数据来自 BLNET 的全闪定位资料。由于 BLNET 定位结果为闪电辐射脉冲源，此处按照 1.1.4 节中聚类归闪的第一种方法进行了归闪处理。根据闪电定位结果（闪电

发生时间、经度、纬度），将其投影到模式格点坐标并计算格点在积分时刻前 10min 内的闪电数。

6.4.3　对北京 20150727 飑线过程的模拟对比

本节选取北京 20150727 飑线过程进行模拟对比研究，这次过程的整个生命史超过 6h，局地最大降水量达 127mm，对这次天气过程的详细描述见第 2 章。16:00 起 BLNET 开始探测到闪电活动，17:00 后闪电频数开始明显上升，在 19:30～21:30 时段闪电内非常活跃，期间对流活动基本上集中在北京境内。

1. 模式配置及试验说明

采用 WRF3.7.1 版本，以 GFS（global forecast system）预报资料作为模式初始场，其时间间隔为 3h，空间分辨率为 0.5°×0.5°。模拟中采用两层嵌套方案，模拟区域中心（39.8°N，116°E）外层水平分辨率为 6km、格点数为 550×550，内层水平分辨率为 2km，格点数为 310×310，模式层顶为 50hPa，内外垂直层数均为 40，参数化方案选择见表 6.5，试验说明见表 6.6。

表 6.5　WRF 模式参数化方案选项

模式选项	外层网格 D01	内层网格 D02
区域大小	分辨率 6km，550×550	分辨率 2km，310×310
时间积分步长	30s	10s
积云对流参数化方案	无	无
微物理方案	WDM6	WDM6
边界层方案	BouLac	BouLac
短波辐射方案	Dudhia	Dudhia
长波辐射方案	RRTM	RRTM
陆面过程参数化方案	Unified Noah LSM	Unified Noah LSM

表 6.6　试验说明

试验名称	同化层次	同化物理量
CTL	无	无
F12	−20～0℃	水汽混合比
Q14	−20～0℃	雪晶、冰晶、软雹混合比
C17	900～700hPa 和−20～0℃	水汽和软雹混合比

模拟时段从 2015 年 7 月 27 日 14 时开始到 7 月 28 日 2 时结束。根据此次飑线过程闪电频数的演变特征（参见图 2.16），三组同化试验在经过 4h 模式 spin-up 后，将 18:00～21:00 时段内的闪电资料按照 F12、Q14 和 C17 三种方案同化进入模式，关注不同方案中雷达回波结构和地面冷池状况的差异，以及同化结束后雷暴云的不同演变特征。

2. 同化试验效果对比

图 6.22 给出了 20150727 飑线过程在 20:24 的雷达组合反射率及模拟结果。此时飑

线整体处在北京东南边境上，呈现东北-西南走向。CTRL 中北京境内强回波范围较小，雷暴云较为孤立，没有形成线状强回波。而三个闪电资料同化试验中北京境内的强回波面积扩大，云体合并在北京东南边境上形成东北-西南走向的线状强回波，同实际观测较为一致，但不同闪电资料同化试验强回波范围有所差异，其中 Q14 和 C17 这两个调整冰相粒子含量的同化试验中强回波范围最大，F12 中强回波面积较小，但在雷暴云移动方向前模拟出大范围弱回波。实际观测中在线状强回波前方、北京以东方向维持着一个强单体，CTRL 模拟出该单体，中心强度为 35dBZ，小于实际观测；而在三个闪电资料同化试验中，这个处在飑线前方的单体强度和范围均大于 CTRL 模拟效果，更加接近实际观测。

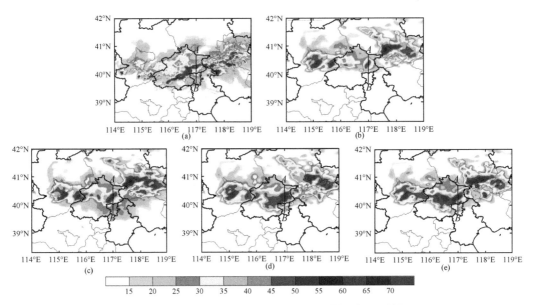

图 6.22　20150727 飑线 20:24 雷达组合反射率及模拟结果（单位：dBZ）
（a）实际观测；（b）CTRL；（c）F12 方案；（d）Q14 方案；（e）C17 方案
AB 为剖线

图 6.23 给出了沿图 6.22 线段 AB 所示的雷达反射率剖面，飑线前方由于低层暖湿入流形成的悬垂回波现象，飑线前方有单体新生。CTRL 试验雷暴云直立，结构较为对称，回波中心悬在空中，强回波尚未接地，表明没有明显降水。由于其对称结构，下沉气流直接削弱上升气流强度，雷暴云寿命较短。而闪电资料同化试验中北京中部雷暴云中上升气流自低层进入云体，云体向前倾斜，在雷暴云移动方向前部形成悬垂回波，新单体在前部产生，下沉气流在云中后部流入，且由于降水而加强，下沉气流触地后向四周辐散，小部分和前方低层入流汇合进入上升气流区，加强云体发展，延长雷暴云寿命。对比同化试验发现，Q14 和 C17 试验中由于引入冰相粒子，在其下落融化的过程中加强下沉气流，在其触地后同低层入流相汇合，加强了云前部的上升气流，并且在前方不断触发新单体。F12 则没有体现出明显的单体新生特征，但在云体前方形成大范围弱回波。从回波高度上看，F12 和 Q14 回波中心在-20℃以下，相对较低，不利于形成深厚湿对流，C17 试验回波中心在-20℃以上，云层厚度增加。

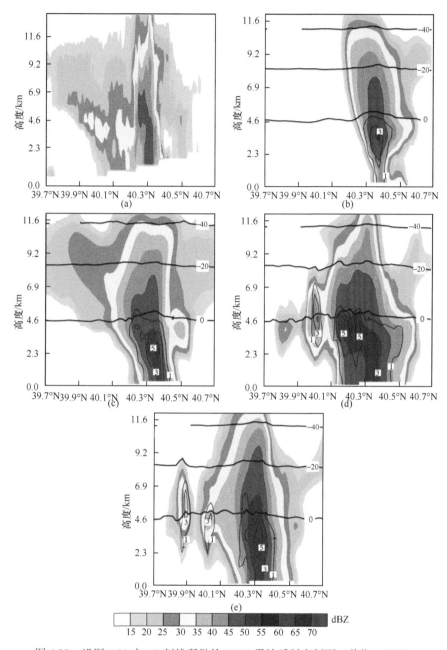

图 6.23　沿图 6.22 中 AB 剖线所做的 20:24 雷达反射率剖面（单位：dBZ）

（a）实际观测；（b）CTRL；（c）F12 方案；（d）Q14 方案；（e）C17 方案

黑色线代表等温线，蓝色线代表雨水混合比

　　图 6.24 给出 21:00 同化结束时地面位温分布。实际观测中雷暴云冷池已经移至北京南部边界，冷池中心位温小于 295K，冷池范围几乎覆盖北京，而 CTRL 试验北京境内地面位温较高，北京中部存在小范围冷区，冷区中心位温为 298K。闪电资料同化试验中地表冷池强度增大，冷池范围扩张，更加接近实际观测。对比不同同化试验结果，F12 中北京东南部的冷池明显优于 CTRL，但冷池分布整体偏北。Q14 试验中地表冷池范围

和强度均最大，冷池中心处在北京东南部，中心位温在 296K，同 F12 相比，冷池整体向南扩展，但北京南部的冷池强度和范围小于实际观测。C17 中冷池总体处在 40°N 附近，对比 CTRL、F12 以及 Q14 试验，C17 中北京南部冷区范围最大，冷池强度、面积和落区最为接近实际。

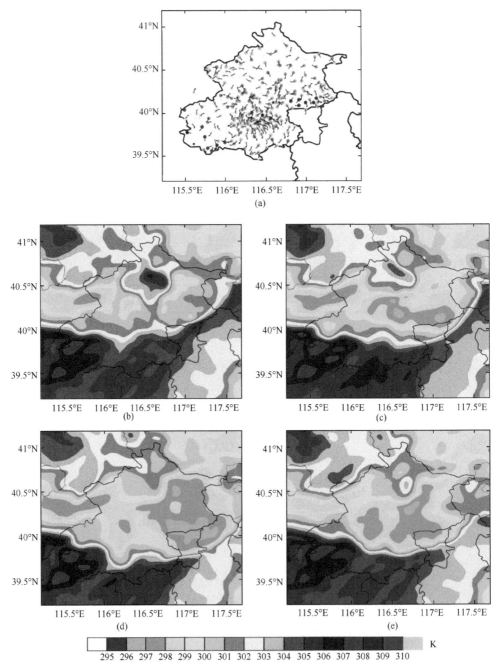

图 6.24　2015 年 7 月 27 日 21:00 地面风场（单位：m/s）及位温场（单位：K）
（a）为北京地面自动站观测资料；（b）CTRL；（c）F12 方案；（d）Q14 方案；（e）C17 方案

　　结合图 6.25 雷达回波可以看出，21:00 同化结束时，对流系统处在北京南部边界附近，线状回波逐渐断裂成东西两段，东段回波不断向下游移动，强度不断减弱，回波逐渐变得松散，转为层状云回波，而西段回波则维持在北京南部边界，稳定少动，在其西端不断产生新的单体并同母体合并。对比实际观测，同化结束时 CTRL 内回波主体已移出北京，北京东部维持一小块强回波，随后向东南方向移动，强度不断减弱。F12 同化试验中北京东部单体的强度和回波范围大于 CTRL，但其位置明显偏东，在向东南方向移动过程中逐渐同主体回波合并。21:00 时 Q14 和 C17 中北京东部的单体回波面积较大，Q14 单体位置偏东，强回波面积迅速减少。C17 中北京东部的强回波向西延伸，北京南部边界附近回波强度大于 45dBZ，和实际观测较为接近，分裂出的西段回波维持在北京南部，移动较少，在其西端有单体新生补充，和实际观测更加接近。

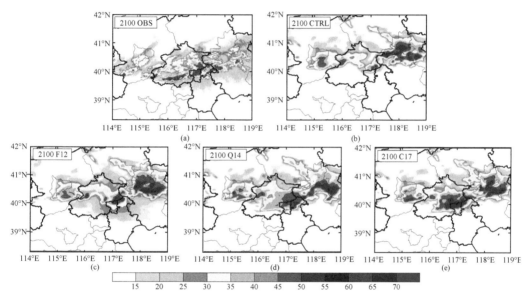

图 6.25　20150727 飑线 21:00 雷达组合反射率（单位：dBZ）
（a）实际观测；（b）CTRL；（c）F12 方案；（d）Q14 方案；（e）C17 方案

　　闪电资料同化改进了模式模拟的雷暴对流，同化实验内北京境内对流活动增强，地面冷池更加接近实际观测，在同化结束后对飑线过程的预报效果有明显的正面影响，但需要进一步研究调整物理量的阈值大小、调整层次和时间选取以及同化时长对消除虚假回波的影响，探索如何将闪电资料和雷达资料同化结合，以优化模式的模拟效果。

6.5　基于三维变分的总闪电资料同化方法

6.5.1　三维变分同化方法介绍

　　三维变分同化就是根据背景场信息、观测信息和各自的误差特征，将同化分析问题归结为所定义的一个反映分析场与模式预报结果之间及分析场与实际观测值之间距离的目标泛函的极小化问题，并采用恰当的最优化算法直接求解，使该目标函数达到极小

值，从而获得分析时刻大气真实状态的最优估计（Kalnay，2003），其目标函数为

$$
\begin{aligned}
J(\boldsymbol{x}) &= J_b + J_o \\
&= \frac{1}{2}(\boldsymbol{x} - \boldsymbol{x}_b)^{\mathrm{T}} \boldsymbol{B}^{-1}(\boldsymbol{x} - \boldsymbol{x}_b) + \frac{1}{2}\left[H(\boldsymbol{x}) - \boldsymbol{y}^o\right]^{\mathrm{T}} \boldsymbol{R}^{-1}\left[H(\boldsymbol{x}) - \boldsymbol{y}^o\right]
\end{aligned}
\tag{6.21}
$$

式中，$\boldsymbol{x}$ 和 $\boldsymbol{x}_b$ 分别为分析场变量和背景场变量；$\boldsymbol{y}^o$ 表示观测量；$\boldsymbol{B}$ 为背景误差协方差矩阵；H 为观测算子（完成必要的插值并将模式变量转换为观测空间变量）；$\boldsymbol{R}$ 为观测误差协方差矩阵；上标 T 表示转置矩阵。

背景场与大气真实状态之间的差值称为背景误差，由于大气的真实状态不可知，不能得到真实的背景误差，但可以在一定合理假设的基础上利用大量的模式统计方法对背景误差协方差进行估计（龚建东等，2006）。背景误差协方差在同化过程中起着关键作用，它决定着背景场和观测场之间的相对重要性（Descombes et al.，2015），当背景误差协方差被高估时，分析就会靠向观测，而缺少背景场信息；当背景误差协方差被低估时，分析中就会缺少观测信息。虽然 WRFDA 同化系统中包含了由 NCEP 统计得到的全球适用的背景误差协方差（CV3），但已有研究显示这个背景误差协方差过高估计了观测场的传播尺度（Ha and Lee，2012），不宜直接用于中小尺度天气过程中。对实际的模拟区域进行针对性统计得到的背景误差协方差能显著提高同化性能（王曼等，2011；Barker et al.，2012）。因此，本节中将模式在同一时刻的 12h 预报和 24h 预报偏差作为样本（共 62 个样本），通过 NMC 方法（Parrish and Derber，1992）统计得到背景误差协方差（CV5）。

6.5.2　反演算子介绍

水汽是产生对流所必需的条件之一，它与对流活动的发生直接相关。Fierro 等（2012）建立了闪电频数与水汽及霰混合比之间的关系式，已经过不同个例及多次雷暴过程的批量试验检验（Fierro et al.，2014，2015；Lynn，2017），证明该关系式可靠且稳定。因此，本节选用该关系式作为闪电同化的反演算子。该关系式为

$$
Q_{\mathrm{v}} = AQ_{\mathrm{sat}} + BQ_{\mathrm{sat}} \tan h(CX)\left[1 - \tan h\left(DQ_{\mathrm{g}}^{\alpha}\right)\right]
\tag{6.22}
$$

式中，X 为闪电频数；Q_{sat} 为饱和水汽混合比（g/kg）；Q_{v} 为调整后得到的水汽混合比（g/kg）；Q_{g} 为霰混合比（g/kg）；A，B，C，D，α 为常数，$B=0.2$、$C=0.02$、$D=0.25$、$\alpha=2.2$。常数 A 用来设置关系式（6.22）适用的相对湿度阈值条件，只有当模式网格柱上的相对湿度小于 A 且霰混合比 Q_{g} 小于 3g/kg 时才对该网格柱上 $-20 \sim 0$℃温度层之间的水汽进行调整。

Fierro 等（2012）直接在每个积分时步内对 WSM6 微物理方案中的 Q_{v} 进行调整。本节根据式（6.23）对式（6.22）进行转换得到相对湿度：

$$
\mathrm{RH} = Q_{\mathrm{v}} / Q_{\mathrm{sat}}
\tag{6.23}
$$

$$
\mathrm{RH} = A + B \tan h(CX)[1 - \tan h(DQ_{\mathrm{g}}^{\alpha})]
\tag{6.24}
$$

即不直接对水汽进行调整，而是对相对湿度进行调整。因为相对湿度是一种常规探空观测量，能在大多数同化系统中进行同化，更容易实现业务化。

该关系的合理性在于通过两个参数 RH 和 Q_g 同时来表征对流，只有当某网格上 RH<A 且 Q_g<3g/kg 时才认为该网格没有对流，于是按式（6.24）对该模式网格柱–20～0℃温度层区间内的相对湿度进行调整，同时调整的幅度又反比于 Q_g。关系式（6.24）中，参数 A 起主要作用，直接决定着相对湿度调整幅度及所需调整网格的数量。而 RH 对其余参数的变化不太敏感。通过不同 A 值的敏感性试验（A=81%、85%、90%、95%）得出，对本节个例，当 A 取 85%时，同化效果较好，因此本节采用 A=85%、B=0.2、C=0.02、D=0.25、α=2.2。

当 A=0.85 时，得到在几种不同的霰混合比浓度下调整后的相对湿度值如图 6.26 所示。通过设置 RH 的上限为 100%，可以避免水汽调整幅度过大引起过饱和（如图 6.26 中的黑色实线）。可以看到，RH 调整的幅度随闪电频数的增多而增大，随 Q_g 含量的增大而减小。

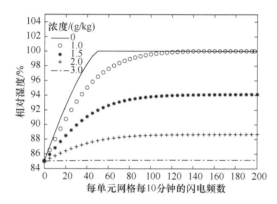

图 6.26　根据关系式（6.24）得出的每 10min 闪电频数在不同霰混合比浓度（见图例）条件下与相对湿度的关系曲线

其基本原理是用闪电表征对流，在有闪电发生的位置上，如果不满足对流条件（相对湿度小于 85%且霰混合比浓度低于 3g/kg），则增加混合相态区（–20～0℃）的水汽含量，增加的水汽通过凝结和冻结过程，使模式潜热释放增大，从而导致空气上升运动加速，并最终导致在有闪电发生的区域产生对流。之所以选择–20～0℃温度层区间，是因为这一温度范围是冰水共存的混合相态区，也是霰粒子的主要分布区，易通过非感应起电机制产生闪电，所以闪电在此区域与对流的对应关系更密切。本节通过闪电资料调整模式相对湿度，将调整后的相对湿度同模式背景温度和背景气压一起输出为新的探空观测资料，然后利用 WRFDA-3DVAR 系统对其进行连续循环同化，具体实现过程如下。

首先将 SAFIR3000 探测到的闪电辐射点以网格尺度 3km 在平面上进行网格划分，然后以同化时刻为中心统计其前后 5min（共 10min）内各网格内的闪电。如果某网格内有闪电发生，且该网格柱上–20～0℃温度层内的相对湿度低于 85%，霰混合比浓度小于 3g/kg，则利用连续平滑关系式（6.25）将该网格柱–20～0℃混合相态区内的相对湿度进行调整。具体同化过程如图 6.27 所示。

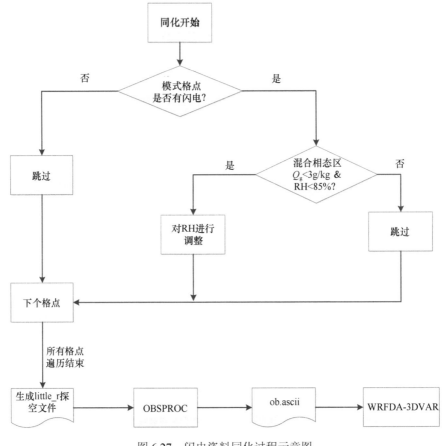

图 6.27　闪电资料同化过程示意图

6.5.3　个 例 介 绍

本节选取 2007 年 7 月 10 日华北地区的一次飑线天气过程，此次过程持续时间超过 6h，期间伴随有频繁的闪电活动。该过程始发于北京市西北部，之后向东南方向发展，途径北京、天津、河北地区，并最终在渤海湾消散。据气象部门记录，2007 年 7 月 10 日 21～23 时，北京市顺义地区发生降雹，张镇、杨镇等 5 镇 76 村遭受冰雹袭击。降雹过程起始于 22:00，整个过程持续了大约 30min，冰雹最大直径达 6cm。当日，天津市蓟县也遭受到冰雹的袭击，降雹起始于 22:18，持续约 12min。

6.5.4　试 验 方 案

1. 试验设计

试验采用完全可压缩欧拉非静力中尺度 WRF-ARW　V3.5.1 模式，同化系统为 WRF-3DVAR　V3.5.1。采用两重网格双向嵌套方案，内、外层区域的水平格距分别为 3km 和 9km，水平格点数分别为 181×181，160×160（图 6.28），内外层区域垂直层数均为 43 层，模式层顶气压设为 50hPa，同 Zhang D 等（2011）一致。

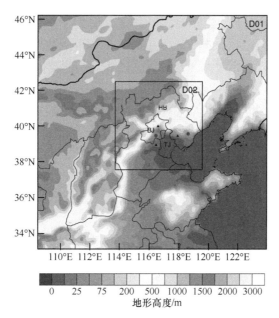

图 6.28　双层嵌套（外层：D01；内层：D02）的模拟区域

阴影表示地形高度，圆点表示本章中所用雷达站点位置，三角形表示 SAFIR3000 三维闪电定位系统子站，BJ、HB、TJ 分别代表北京、河北和天津

微物理过程方案采用 WSM6 方案；长波和短波辐射方案分别采用 RRTM 方案和 Dudhia 方案，每 9min 调用一次；近地层方案采用 Monin-Obukhov 方案；边界层方案采用 YSU 方案；外层区域采用 Kain-Fritsch 对流参数化方案，每 5min 调用一次，内层区域关闭对流参数化方案。内、外层区域积分步长分别为 10s 和 30s。初始场和侧边界场采用 6h 一次 1°×1°的 NCEP FNL 资料，经由 WRF 前处理系统（WPS）处理生成。本节分析所用数据均来自内层区域。

为检验 WRF-3DVAR 同化闪电资料的效果，本节共进行 5 组数值模拟试验，分别为 CTRL，LDA_single、LDA_30min、LDA_60min、LDA_90min（见表 6.7），五组试验中外层模拟从 7 月 10 日 8:00 开始，内层区域从 14:00 开始，仅对内层区域进行同化。

表 6.7　试验设计

试验名称	试验描述
CTRL	不同化任何观测资料
LDA_single	仅在 21:00 同化 1 次闪电资料
LDA_30min	21:00～21:30 时段，以10min 为间隔连续循环同化 4 次闪电资料
LDA_60min	21:00～22:00 时段，以10min 为间隔连续循环同化 7 次闪电资料
LDA_90min	21:00～22:30 时段，以10min 为间隔连续循环同化 10 次闪电资料

2. 闪电频数获取

闪电发生位置与对流活动有很好的对应关系，那么多长时段内的闪电频数能表征对流活动的发展呢？本节分别选取 6min、10min 和 20min 间隔内的闪电进行对比分析。结果显示 6min 和 10min 内的闪电都能较好地表征对流发展过程，而 20min 间隔内发生的闪电所表征的对流活动范围比实际稍微偏大（特别是对于一些发展移动速度很快的对流过程）。为保证一定的闪电数，本节选择 10min 的闪电频数来表征对流活动的发展。如图 6.29 所示，雷达回波（强对流区）与其前后 5min（共 10min）内的闪电在位置上有很好的对应，能反映对流活动的发展和演变过程。闪电主要发生在强对流区，而在层状云区很少，与之前的研究结果一致（Carey et al.，2005；Liu et al.，2011，2013；吴学珂等，2013）。

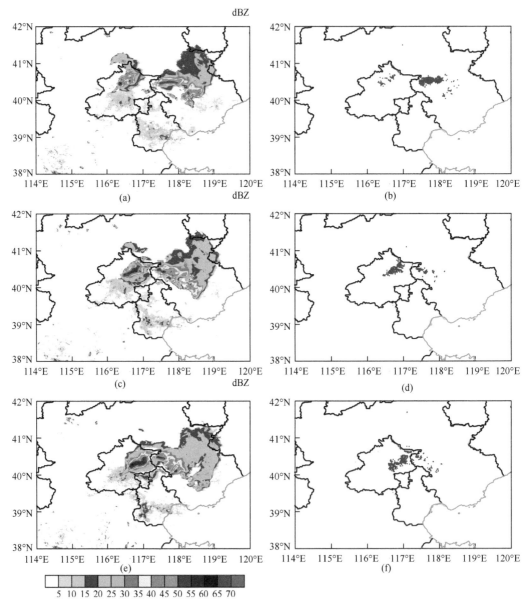

图 6.29 雷达组合反射率和其前后 5min（共 10min）内的闪电分布：第 1～3 行对应的时间分别为 21:00、21:30、22:00

(a) 21:00；(b) 20:55～21:05；(c) 21:30；(d) 21:25～21:35；(e) 22:00；(f) 21:55～22:05

　　图 6.30 为 2007 年 7 月 10 日 19:00 至 11 日 6:00 期间 SAFIR3000 闪电定位网探测到的每 10min 闪电频数分布的柱状图。可以看出闪电活动比较频繁，闪电频数峰值高达每 5000flash/10min。在 21:00～21:30 时段闪电频数迅速下降，对照雷达组合发射率图和其对应的前后 5min（共 10min）内的闪电分布图（图略），可以发现从 21:00 开始位于河北中东部地区的对流天气过程很快减弱并消散，伴随其发生的闪电频数急剧减少，从而导致图 6.30 中 21:00～21:30 期间每 10min 的闪电频数逐渐降低，但与此同时从北京西北部发展过来的雷暴过程中伴随的闪电频数逐渐变多，从图 6.31 中也可以发现 21:30 之后闪电频数又逐渐增加。

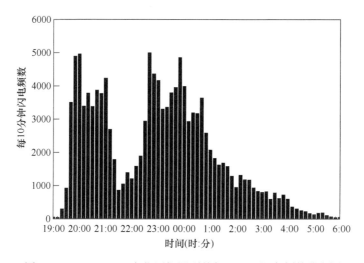

图 6.30　SAFIR3000 定位网探测到的每 10min 闪电频数分布图

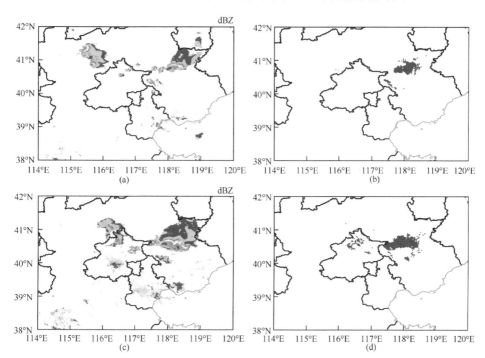

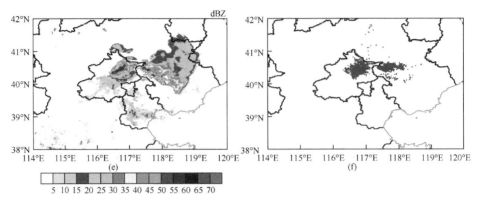

图 6.31 雷达组合反射率和其对应的逐小时闪电分布

(a) 19:30；(b) 19:00～20:00；(c) 20:30；(d) 20:00～21:00；(e) 21:30；(f) 21:00～22:00

尽管从图 6.30 中可以看出在 19:00～21:00 期间就有比较频繁的闪电发生，但从逐小时闪电分布平面图 6.31 中可以看到 19:00～20:00 以及 20:00～21:00 期间的闪电分布主要对应的是河北中东部地区的一次对流天气过程，而该对流过程在 21:00 之后就逐渐消亡了。本节关注的飑线过程在 19:00 左右在河北西北部生成，此后逐渐向东南方向发展，在 20:30 左右进入北京境内，但此时对流发展较弱，伴随的闪电数很少，至 21:00 之后该对流活动逐渐变强，伴随的闪电发生数目也逐渐增多。因此从 21:00 开始对该个例的闪电资料进行同化。

6.5.5　结　果　分　析

1. 同化时长对分析场的影响

为了解闪电资料需同化多长时间才能对初始场及预报场的改进效果最佳，选择不同的循环同化次数（1、4、7、10）进行了 4 组同化试验：LDA_single，LDA_30min，LDA_60min 和 LDA_90min（试验说明见表 6.7），并将同化得到的分析场组合反射率与观测和控制试验的组合反射率进行对比分析。由于同化闪电资料后对雷达反射率的影响只有在积分一段时间后才可显现，图 6.32 所示为四组同化试验结束后 6min 所对应的观测、控制试验、同化试验的组合反射率及各组同化试验所用到的闪电资料。

从图 6.32 可以看出，对于试验 LDA_single，21:06 时刻的组合反射率同 CTRL 试验相比，几乎没有改变，说明仅通过闪电资料的单次同化，对初始场无明显改进效果。21:36 时刻 CTRL 试验组合反射率的位置、形态与观测相比相差很大，没有模拟出对流核心区，而同化试验 LDA_30min 的组合反射率较 CTRL 有较大改进，位置和形态更接近于观测，但模拟的回波范围比观测小，回波位置同观测相比略偏南，回波强度也比观测低。22:06 的 CTRL 试验组合反射率没有模拟出该时刻的回波主体部分，仅模拟出唐山和天津交界处的一小部分回波，而同化试验 LDA_60min 组合反射率的位置、形态同观测比较一致，较 CTRL 试验有明显改进，还模拟出了强回波区外围的层状云降水区。不过 LDA_60min 组合反射率的强度较 CTRL 稍弱，层状云区范围同观测相比略偏小。22:36 的 CTRL

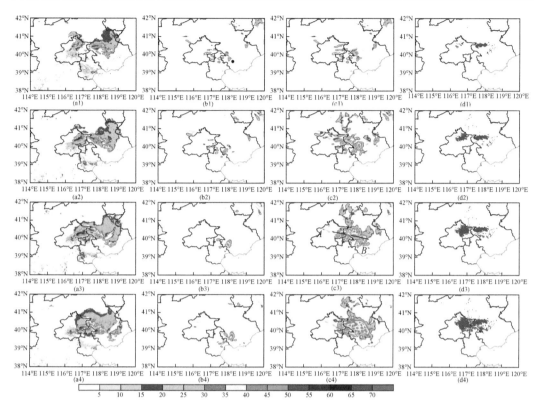

图 6.32　四组同化试验结束 6min 后（从上到下依次对应 21:06，21:36，22:06，22:36）所对应的观测、
控制试验、同化试验的组合反射率及各同化试验所用到的闪电资料

（a1）OBS_21:06；（a2）OBS_21:36；（a3）OBS_22:06；（a4）OBS_22:36；（b1）CTRL_21:06；（b2）CTRL_21:36；（b3）
CTRL_22:06；（b4）CTRL_22:36；（c1）LDA_single 21:06；（c2）LDA_30min 21:36；（c3）LDA_60min 22:06；（c4）LDA_90min
22:36；（d1）Flashes 20:55～21:05；（d2）Flashes 20:55～21:35；（d3）Flashes 20:55～22:05；（d4）Flashes 20:55～22:35
图（c3）中 AB 表示图 6.35 中的剖面位置

试验的组合反射率同观测相比，范围明显偏小，位置偏南，而同化试验 LDA_90min 的
分析场组合反射率较 CTRL 试验有明显改善，回波主体位置、形态同观测比较一致，但
强回波主体的范围同观测相比略大，而对层状云区的模拟范围仍然偏小，值得注意的是
本次试验中的回波主体强度仍然稍弱于观测，同 LDA_60min 相比并没有因为同化时长
的增加而增强。

　　从图 6.32 可以看出，LDA30min、LDA_60min 和 LDA_90min 三组试验分析场的强
组合反射率（>35dBZ）与同化时段内的闪电分布基本一致，说明通过三维变分方法对
闪电资料进行多次连续循环同化能在有闪电发生的区域使对流发生，同控制试验相比，
三组同化试验对初始场均有明显的改善效果。此外，22:36 的 CTRL 试验中偏南的对流
单体在分析场中往北调整，说明经过多次闪电资料连续循环同化之后，通过三维变分方
法的全局最优调整和背景误差协方差矩阵的空间传播作用，可以在一定程度上调整对流
的位置。随着同化时长的增加，同化试验强回波区的范围会逐步增大，但是三组试验的
回波强度同观测相比均偏弱，并没有因为同化时长的增加而增强。此外，以上三组试验
中同化闪电资料后对于强回波区外围延伸出的层云降水区的模拟相比 CTRL 试验虽然

有很大改进，但和观测相比范围均偏小。对层云降水区模拟范围偏小主要与闪电发生特征有关，因为闪电发生位置一般对应于对流云中的较强回波区（Liu et al.，2013），在层云区闪电很少。此外研究使用的微物理方案是单参数而非双参数，且模式分辨率是对流允许尺度（convective-allowing）而非对流解析尺度（convective-resolving），也在一定程度上造成对层云区模拟范围偏小（Bryan et al.，2012）。通过对比分析四组同化试验对初始场的改进效果，此次个例闪电资料的同化时长为 60min。

2. 增量分析

图 6.33（a）～（d）分别为试验 LDA_single、LDA_30min、LDA_60min 和 LDA_90min 分析场中第 20 层（约−4.4℃）水汽混合比分析增量（分析场与背景场之差）在 D02 区的水平分布。可以看出水汽混合比的增量在 4 个同化时刻均为正值。LDA_single 水汽混合比的增量最为明显，最大值达 2.4g/kg，随着同化时长增加，分析增量呈减小趋势，LDA_60min 分析增量最大值为 0.6g/kg，约为 LDA_single 增量的 1/4，LDA_90min 分析增量最大值为 0.4g/kg，约为 LDA_single 增量的 1/6。说明随着同化时长的增加，闪电资料对模式背景场的影响越来越小。这正是为何随着闪电资料同化时长的增加，分析场并没有表现出更进一步的明显改进效果的原因。

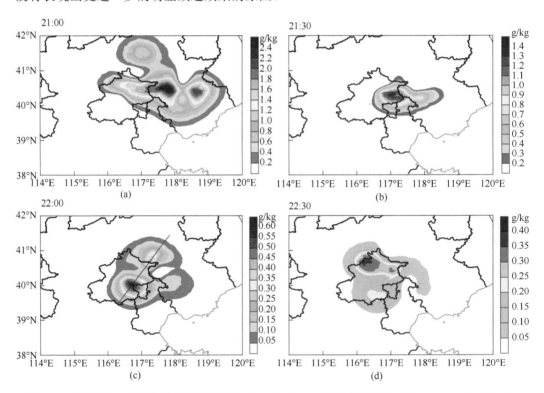

图 6.33　模式第 20 层水汽混合比分析增量（g/kg）在 D02 区的水平分布（Zhang R et al.，2017）

(a) LDA_single；(b) LDA_30min；(c) LDA_60min；(d) LDA_90min

图 6.34 所示为 22:00 时刻沿图 6.33（c）中黑线所示剖面上水汽混合比分析增量的垂直分布，其中实线和虚线分别代表 0℃和−20℃等温线，从中可以看出水汽混合比的增

量在垂直方向上也均为正值，且主要分布在 0℃和–20℃温度范围，也即本同化方法调节水汽的高度范围。还可以看出在这一区间的上下约 1km 范围内均有水汽增量，这是三维变分方法的全局最优调整和背景误差协方差矩阵的空间传播作用的结果。

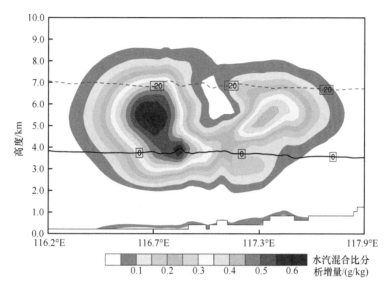

图 6.34　沿图 6.33（c）黑线所示剖面内水汽混合比分析增量的垂直分布（Zhang et al.，2017）
实线和虚线分别表示 0℃和–20℃等温线

为认识 LDA_60min 试验的分析场对微物理场、热力场及动力场的影响，对分析场和 CTRL 试验在 22:00 时刻相应变量作差并分析其在垂直方向的分布特征。图 6.35 为 22:00 时刻分析场与 CTRL 相关变量的差值沿图 6.32 中黑线所示剖面内的垂直分布，可以看出闪电资料经连续 7 次循环同化后，对霰混合比的影响最明显，相对 CTRL 试验的增幅最大可达 4g/kg，而对云冰的影响最小，最大增幅仅为 0.18g/kg。各水凝物分布在垂直方向有较大差异，水汽增量主要分布在–20～0℃等温线之间，雨水集中分布在 0℃以下区域，霰主要分布在 3～9km 区间，云水主要分布在 4～6km，雪分布在 6～9km 区间。虚位温差值在–20～0℃区间内基本为正，最大增幅达 4K，垂直速度差值在 0℃以上大部分为正值，6～9km 高度范围内的增幅最明显，最大值超过 4.5m/s。从图 6.35 中可以看出，通过闪电资料调整相对湿度并对调整后的相对湿度进行同化的物理机制为：通过在闪电指示有对流的模式网格柱上的–20～0℃区间内增加相对湿度，促进水汽的凝结和冻结过程，从而使模式虚位温增大，进而增大模式潜热释放，导致空气上升运动加速，最终使对流生成并发展。

3. 预报效果评估

为检验在循环同化时段（21:00～22:00）内对降水预报的改进效果，将 LDA_60min 试验前 6 个同化时刻（21:00、21:10、21:20、21:30、21:40、21:50）得到的分析场作为模式初始场向前积分得到 10min 预报累计降水并将其累加得到 21:00～22:00 时段的 1h 累计降水，和同一时段内的 CTRL 和观测累计降水进行对比分析（图 6.36）。从观测可以看出此时段降水呈东西向带状分布，在北京东北部和河北东部各存在一个降水中心。

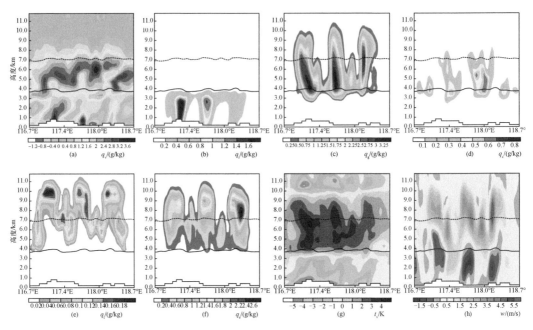

图 6.35　22:00 时分析场与 CTRL 的相关变量差值沿图 6.32 中黑线所示剖面内的垂直分布
（Zhang R et al.，2017）

（a）水汽混合比；（b）雨水混合比；（c）霰混合比；（d）云水混合比；（e）云冰混合比；（f）雪混合比；（g）虚位温；
（h）垂直速度

实线和虚线分别表示 0℃和–20℃等温线

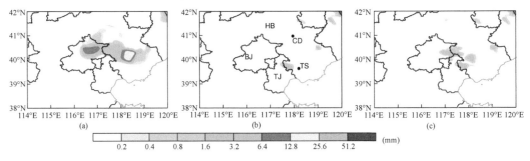

图 6.36　21:00～22:00 时段 1h 累计降水（Zhang R et al.，2017）

（a）观测；（b）CTRL；（c）同化试验

（b）中的 BJ、TJ、HB、TS、CD 分别代表北京、天津、河北、唐山和承德

CTRL 仅在河北与天津交界处有小部分降水区域，与观测相比位置偏南，没有预报出观测中的两个降水中心。而同化试验得到的 1h 累计降水同 CTRL 相比落区范围明显增大，与观测相比更加接近，模拟出了观测中的两个降水中心，相对 CTRL 试验有很大改进。不过和观测相比，降水强度和落区范围均偏小。总的来说，循环同化试验在同化期间对降水预报有较明显的改进效果。

　　为对同化闪电资料后的预报效果进行分析，将 CTRL 和 LDA_60min 同化试验预报的雷达组合反射率及 3h 累计降水同观测结果进行对比分析。图 6.37 为 22:30、23:30 和 00:30 三个时刻观测、CTRL 和 LDA_60min 的组合反射率。从图中可见，22:30 时观测回波较强，主要分布在北京和天津交界一带，呈带状分布，23:30 时回波往东南方向移动，强度有所减弱，并分裂为南北两部分，其中北部的回波由两个单体构成，00:30 时回波进一步往东南方向移动，北部的两块回波单体合并，回波面积和强度均有所增加，而南部的回波分裂为三个小单体，强度基本不变。此后回波进一步往东南方向移动进入渤海湾，强度逐渐减弱，开始消散（图略）。CTRL 在三个时刻均仅预报出零散的回波，同观测相差很远。同化试验在 22:30 的预报组合反射率同 CTRL 比有显著改善效果，虽然回波强度略低于观测，但形态和位置同观测基本吻合。23:30 时回波往东南方向移动，并分裂为南北两部分，其中北部回波由两个单体构成，不过北部回波的强度大于南部。00:30 时北部的回波单体逐渐合并，而南部回波分裂为三块小单体，北部的回波强度仍然强于观测。总的来说，经过 7 次闪电资料连续循环同化后预报得到的回波同 CTRL 相比形态、位置、强度均有显著改进，发展趋势也同观测一致，但是随着预报时效的变长，LDA_60min 预报组合反射率的改善效果逐渐减弱。

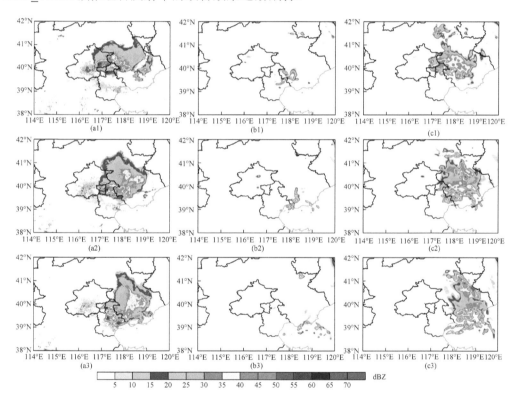

图 6.37　第 1，2，3 行分别为 22:30，23:30 和 00:30 的组合反射率；第 1，2，3 列分别为观测，CTRL
和 LDA 试验（Zhang R et al., 2017）

（a1）OBS_22:30；（a2）OBS_23:30；（a3）OBS_00:30；（b1）CTRL_22:30；（b2）CTRL_23:30；（b3）CTRL_00:30；
（c1）LDA_22:30；（c2）LDA_23:30；（c3）LDA_00:30

图 6.38 为观测、CTRL 和 LDA_60min 同化试验预报得到的 22:00 至翌日 01:00 时段的 3h 累计降水分布。从图中可以看出观测降水主要分布在北京东部、天津北部及河北唐山境内，强降水主要位于北京东部和天津北部地区，最大降水量达 30mm。CTRL 仅预报出唐山南部和天津接壤区域的降水，同观测相比降水落区范围明显偏小，强度也小于观测。经 7 次循环同化闪电资料后，降水落区预报准确性显著提高，与观测较为接近。

但强降水中心出现在河北承德东部，与观测强降水中心不一致，对北京东部和天津北部的降水预报强度偏弱，对北京东部地区的降水预报落区范围略偏小。

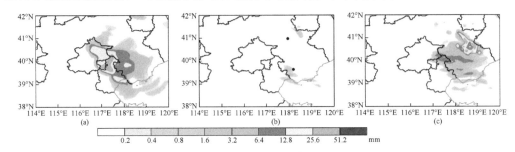

图 6.38　22:00 至翌日 01:00 时段的 3h 累计降水（Zhang R et al.，2017）

(a) 观测；(b) CTRL；(c) 同化试验

为客观定量分析预报效果，采用 TS 评分和预报偏差（Bias）评分对降水预报结果进行评估。本节采用降水站点检验方法，通过双线性插值，将模式网格点降水预报结果插值到与观测站点相同的地理位置上，形成一个与观测场对应的站点预报场，并与观测降水进行站点对站点的检验。对于组合反射率因子，采用均方根误差 RMSE 和空间相关系数 SC 进行评估（每 6min 一次）。由于雷达观测组合反射率的分辨率高于模式分辨率，本节将观测雷达组合反射率用反距离权重插值法计算生成与模式格点对应的组合反射率因子，并与模式预报的组合反射率进行格点对格点的检验。具体计算方法如下：

根据给定的一组降水阈值，采用的二分型列联表如表 6.8 所示。Hits 为预报时段内预报和观测降水量都达到给定阈值的站点数，即预报正确的站数，False alarms 为预报达到阈值而观测未达到阈值的站数，即空报站数，Misses 观测达到阈值而预报未达到阈值的站数，即漏报站数，Correct rejections 为预报和观测均未达到阈值的站数。

表 6.8　给定降水阈值的预报与观测二分型列联表

预报	观测	
	是	否
是	Hits	False alarms
否	Misses	Correct rejections

TS 评分、Bias 评分、均方根误差 RMSE 和空间相关系数 SC 计算公式如下：

$$TS=Hits/(Hits+Misses+False\ alarms) \tag{6.25}$$

$$Bias=(Hits+False\ alarms)/(Hits+Misses) \tag{6.26}$$

$$RMSE=\sqrt{\frac{1}{N}\sum_{i=1}^{N}(F_i-O_i)^2} \tag{6.27}$$

$$SC=\frac{\sum_{i=1}^{N}(F_i-\overline{F_i})(O_i-\overline{O_i})}{\sqrt{\sum_{i=1}^{N}(F_i-\overline{F_i})^2+\sum_{i=1}^{N}(O_i-\overline{O_i})^2}} \tag{6.28}$$

式中，N 为总格点数；F_i 和 O_i 为预报和观测的组合反射率因子，$\overline{F_i}$ 和 $\overline{O_i}$ 表示对应变量的平均值。

图 6.39 为 22:00 至翌日 1:00 时段 3h 累计降水的 TS 评分和 Bias 评分。由式 6.27 可见，预报偏差 Bias 评分是针对某一阈值预报发生降水的测站数与实际发生降水的测站数之比，反映的是模式对降水预报范围大小的预报性能。当 Bias 等于 1，表示模式预报降水范围同观测范围完全一致，当 Bias 大于 1，表示模式预报降水范围偏大，当 Bias 小于 1，则说明模式预报降水范围偏小。从图 6.39 可以看出 CTRL 试验在降水阈值超过 1mm 时 TS 评分和 Bias 评分均为 0，当降水阈值小于 1mm 时 Bias 评分和 ETS 评分很低（小于 0.12），基本没有预报技巧。而同化试验的预报降水有明显改进效果，当降水阈值为 0.1mm 时，TS 评分最高，为 0.74，随着降水阈值的增大 TS 评分逐渐减小，当降水阈值大于 10mm 时，TS 评分不足 0.1，说明同化闪电资料后模式对小雨的预报效果较好，随着降水阈值的提高，预报性能逐渐降低，超过 10mm 时基本无预报技巧。从 Bias 图中可以看出，当降水阈值不超过 2mm 时，Bias 评分大于 0.8，对降水范围的预报比较合理，当降水阈值大于 4mm 时，Bias 评分不足 0.5，说明对降水预报范围偏小。结合图 6.37 可看出，降水预报范围偏小主要是由于对层状云降雨区预报范围偏小造成的。总的来说，同化闪电资料后模式预报的 3h 累计降水相对 CTRL 试验有显著提高，对小雨的预报效果比较合理可信，随降水阈值提高，降水预报效果逐渐变差，对超过 10mm 的降水预报范围明显偏小，改进效果不大。

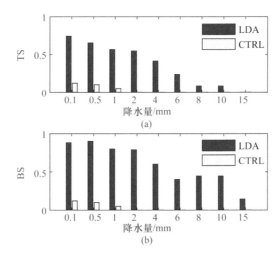

图 6.39　同化试验（黑色）和 CTRL（灰色）的 22:00 至翌日 1:00 时段 3h 累计降水预报评分
（a）TS 评分；（b）Bias 评分

图 6.40 为 22:00 至翌日 1:00 的组合反射率因子均方根误差 RMSE 和空间相关系数 SC 随预报时效的变化。CTRL 试验的组合反射率因子 RMSE 一直大于 10dBZ，其 SC 则在 0 值附近摆动，说明 CTRL 试验预报的组合反射率因子与观测值空间相关性很差甚至为负相关。同化闪电资料后预报的组合反射率因子 RMSE 在起报后的前 30min（22:00～22:30）由 8.8dBZ 减小到 7.8dBZ，此后 42min（22:30～23:12）RMSE 维持在 8dBZ 左右，

23:12 后开始逐渐增大，到 00:48 时，达到 11dBZ，接近 CTRL 试验的 RMSE，此后进一步增大，到 1:00 时达到 11.4dBZ，高于 CTRL 试验。同化闪电资料后预报的组合反射率因子同观测组合反射率因子的相关系数 SC 在起报后的前半小时（22:00～22:30）由 0.52 增加到 0.65，此后 42min（22:30～23:12）基本保持不变，23:12 以后开始下降，到 1:00 时降到 0.28。可以看出，同化闪电资料后模式的组合反射率预报效果在起报后 30min（22:30）达到最佳状态，这是因为经过闪电资料的连续 7 次循环同化后得到的分析场和模式的动力场、微物理场不是很一致，需要一定的时间完成模式内部的动力和微物理场的协调。之后 42min 预报效果较稳定，具有较高的可信度。23:12 开始同化试验相对 CTRL 预报的正效果逐渐减弱，这主要是由于随着模式积分时间的增长，同化闪电资料带来的正效果逐渐被不断积累的模式误差所抵消，1:00 时预报组合反射率因子和观测值的空间相关系数 SC 仅为 0.28，均方根误差 RMSE 高达 11.4dBZ，此时预报场与观测场没有显著的空间相关性。综合以上定性和定量分析结果可看出，对于此次个例，同化闪电资料后的预报时效约为 3h。

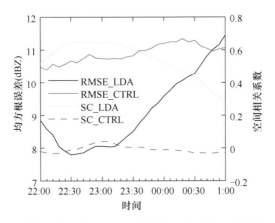

图 6.40　22:00 至翌日 1:00 时段同化试验和 CTRL 预报的组合反射率因子均方根误差 RMSE 和空间相关系数 SC 随预报时效的变化（每 6min 计算一次）（Zhang R et al.，2017）

6.6　基于四维变分的总闪资料同化方法

6.6.1　基于四维变分的雷暴资料同化方法介绍

利用雷暴中的总闪资料信息修正降水预报，主要分为两步，首先，将雷暴中的闪电信息转化为可以同化物理量，随即进入模式同化。本节利用最大垂直速度为突破口。闪电频数与最大垂直运动有很大关系（Qie et al.，1993），可以根据格点上总闪数来计算格点最大垂直速度（Price and Rind，1992）：

$$f = 5 \times 10^{-7} w_{\max}^k \qquad (6.29)$$

得到最大垂直速度以后，问题转化为如何将最大垂直速度同化进入数值模式。如果仅仅同化闪电格点上的最大速度，将不能在很大程度上改进整体的模式预报结果。Cotton 等

（1972）的研究结果表明，深对流的垂直运动可以表现为最大速度和高度二项函数式关系。依照此关系可将垂直最大速度扩展到闪电格点的垂直层上，得到新的垂直速度廓线，最后将这一廓线同化进入模式。具体同化方法为：根据闪电获得垂直速度廓线，建立与模式原有该格点的代价函数，利用四维变分方法解该函数。

但是，理论上得到的垂直速度廓线是否能够合理地应用于现有的云尺度模式是一个很大的问题。已有研究表明，不正确、不适合的垂直速度廓线可能带来负面效果，并且实际观测得到的垂直速度廓线与模式仍然有匹配问题。为了取得更加准确的同化结果，需要得到更加合适的垂直速度廓线。但是，现有的观测手段和结果不能支持得到更加广泛意义下的垂直速度廓线，而通过精细化的再分析资料，可以得到模拟意义上的较为准确的垂直速度廓线。所以利用 VDRAS（云尺度再分析模式）在北京及其周边地区通过同化雷达资料运行了 2013 年一个汛期的时间长度，利用其最优分析场结果，得到了统计意义上的垂直速度廓线分布。由于不同强度的对流云的垂直速度廓线存在区别，设定对流云中最大反射率因子大于 40dBZ（Chen et al.，2012）为强雷暴云；30～40dBZ（Carbone et al.，2008）为强对流云，18～30dBZ（Wilson et al.，2010）为对流积云。分别统计三种云的垂直速度廓线，然后利用随高度变化的多项式对三种廓线进行拟合。假定得到的垂直速度廓线是正确的，将模拟得到垂直速度廓线的六阶函数进行归一化处理，在每层乘以同化闪电频数计算得来的最大速度，就将闪电发生点的最大垂直速度扩展为整个格点上层上，然后在原有代价函数中加入闪电代价函数项（6.30），具体表现为公式（6.31）：

$$J_0 = \cdots + J_{\mathrm{Lg}} \tag{6.30}$$

$$J_{\mathrm{Lg1}} = \sum \eta (w - w^{\mathrm{obs}})^2 \tag{6.31}$$

式中，J_0 为代价项（观测与模式变量的差）；J_{Lg} 为闪电观测与模式变量的差；w 为模式反演的垂直运动；w^{obs} 为闪电观测反演的垂直运动。

随后利用四维变分解代价函数，即可实现模式的闪电资料同化。下面分别同化基于传统强对流云、基于对流积云、基于传统强对流云、基于强对流云和基于雷暴云廓线的闪电资料进行比较。

6.6.2　闪电资料的处理

由于同化闪电资料的目的在于将对流运动加入模式垂直运动以维持对流发展，为了避免在没有对流云的区域探测到闪电活动，使晴空大气产生虚假的孤立单体从而影响同化效果，采用简单的质量控制方案，即闪电资料出现的时间前后，在三个雷达体扫之内（前后 18min），如果该格点上最大反射率因子低于 18dBZ（设定为对流积云），则不同化该点的闪电资料，反之，则同化该点的闪电资料。

6.6.3　同化闪电资料后的最优分析场结果

为了体现同化闪电资料在四维变分模式中对最优分析场的作用，首先设计了一个同化闪电资料的流程（图 6.41），在模式启动时（冷启动），第一循环不同化闪电资料，仅同化两组雷达资料（R1，R2 时）模式启动。而在第一个热启动时，同化两组闪电资料（LG1和 LG2）和两组雷达资料（R3，R4），该时次同化结束时，输出最优分析场结果。这样做的目的在于尽量减少冷启动时的振荡时间所带来的同化效果不明确，而只进行一次四维变分过程同化闪电资料，是为了更好说明一次循环内闪电资料对最优分析场的修改作用（过多的循环会使不同时刻的闪电信息累积在分析场中），而且尽量减少过多雷达资料的干扰。

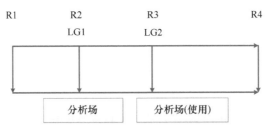

图 6.41　VDRAS 输出最优分析场的流程图

其中 R 表示雷达资料；LG 表示闪电资料；数字代表第几组资料

　　为比较不同的垂直速度廓线，选择 2015 年 7 月 17 日北京地区的一次雷暴个例并设计了 5 组试验：①CTRL 试验，仅同化雷达资料；②Cotton 廓线试验，同化 2 组闪电资料，但是垂直上升运动廓线为 Cotton 廓线；③积云方案，与 Cotton 廓线试验相近，但是垂直上升运动廓线为对流积云廓线；④对流方案，同化垂直上升运动廓线为强对流云廓线；⑤雷暴方案，但是垂直上升运动廓线为雷暴云廓线。模式整体区域设定为水平区域 540km×540km，其中格点水平分辨率 3km，最高层 12km，其中水平间隔 500m，采用暖云参数化方案。最终最优分析场资料输出时间为 22:41（雷达观测如图 6.42 所示），实际同化 22:29 至 22:41 中的雷达和闪电资料，其中闪电资料选定红色叉号内的资料，一共有 26 个格点发生了闪电活动，其中最大频数是 5（图 6.43）。

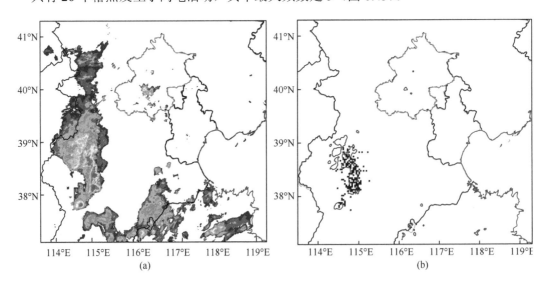

图 6.42　雷达和闪电观测图

（a）最优分析场输出时雷达观测图（色块为观测值，dBZ）；（b）闪电发生的位置（黑点）和 40dBZ 的雷达等值线（红线）

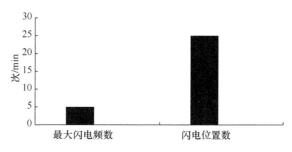

图 6.43　最大闪电频数和同化闪电总位置图

同化闪电资料后最优分析场反射率因子的 BIAS 和 RMSE 评分如图 6.44 所示。增加闪电信息后，除利用 Cotton 廓线会使分析场评分下降外，其他对分析场略有改进。说明利用合适的方法增加闪电资料后，不会造成模式预报的偏差，相反在一定程度上会造成结果的优化。

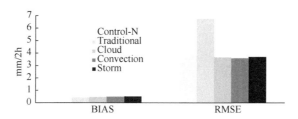

图 6.44　不同方案模拟结果的偏差（BIAS）和均方根误差（RMSE）

Control-N，Traditional，Cloud，Convection 和 Storm 分别为基于 CTRL、传统、积云、对流和雷暴廓线

图 6.45 显示了最优分析场 CTRL 和同化不同廓线方案闪电资料的最底层（250m）的雨水混合比，整体上看，与 CTRL 相比，同化闪电资料以后，整体的回波结构变化不大，但是从单个对流的结构上看，个例单体的回波核更强，原有的弱回波也同样加强，由于增加了降水的强度，因此雷暴主体的出流对比 CTRL 有所增强，这也导致了在雷暴主体前辐合的增强。

图 6.46 是沿图 6.45 中红线剖面得到的扰动温度和垂直速度。与 CTRL 相比，最大的区别出现在偏南位置。在 CTRL 上，偏南位置表现为弱冷池结构，在此处的上方有弱上升气流存在。当同化了闪电资料后，此处明显增加了上升运动，正速度最大核心位于 3～7km，中心上升速度轴超过 5km，而随着上升运动增加，足够的水汽被带到较高区域，造成更多的潜热释放，图中显示出了明显的热泡，这种条件更加有利于对流运动的增强，因此在热泡处同时产生明显的上升运动。而在同化结果中，与传统对流云廓线相比，统计廓线均增加了较多的垂直速度，而这些统计廓线相比，相差不大。

图 6.47 是对应图 6.46 的雨水混合比的剖面图。不难看出，随着加入闪电资料造成动力、热力的改变，导致降水也发生了明显变化。在 CTRL 中，强降水中心（2g/kg）在 4km 以下，特别是南端降水中心接地，没有强单体的形态，表现为弱降水回波。而通过同化闪电资料，由于垂直运动的增强，使主要降水区域从地面发展到 4～9km，降水结构由底层降水接地转变为强降水中心发展到 6km 以上（对应着图 6.46 上升速度的中心），强度也有了明显增加，整体降水更加集中在强上升气流区域。而随着垂直速度从

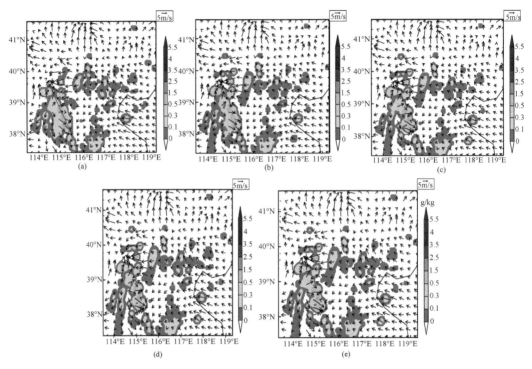

图 6.45　最优分析场 CTRL 和同化不同廓线闪电资料的最底层（250m）雨水混合比

（a）CTRL；（b）传统廓线；（c）积云廓线；（d）对流廓线；（e）雷暴廓线

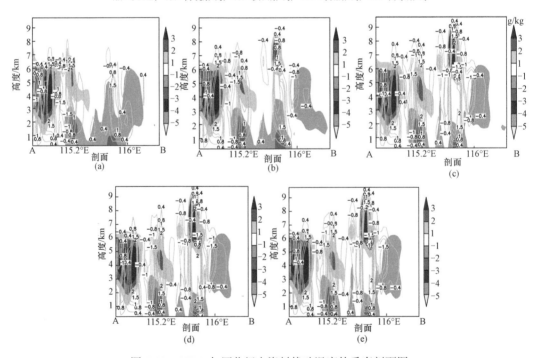

图 6.46　CTRL 与同化闪电资料扰动温度的垂直剖面图

（a）CTRL；（b）传统廓线；（c）积云廓线；（d）对流廓线；（e）雷暴廓线

图中黄色廓线为垂直速度

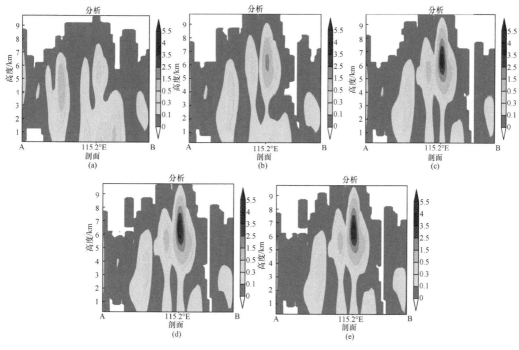

图 6.47　对应图 6.46 雨水混合比的垂直剖面图

（a）CTRL；（b）传统廓线；（c）积云廓线；（d）对流廓线；（e）雷暴廓线

传统云廓线转变为对流廓线，强降水中心的强度明显增加。而基于积云、强对流和雷暴廓线的闪电资料同化，三者变化不大。这说明同化闪电资料后，对分析场降水的作用在于强上升气流带来了明显的水汽和潜热释放，激发对流活动将原有分析场上的弱单体变成了强单体。

6.6.4　预报模式的设定和模拟个例天气背景介绍

　　本次个例主要是由短波槽所引起的降水。2015 年 7 月 17 日起，在北京西北部上空 850hPa 有明显的槽活动，地面则为较为明显的辐合场。在天气系统中低层的配合下，西南水汽向北京及其周边地区输送，使北京地区位于不稳定的条件下。受此影响，在河北地区产生了强降水天气，随后向北京地区移动。图 6.48 为雷达观测图，在 22:05（北京时，UTC+8）时，雷达回波移入反演区域，形成了较为明显的强雷暴，中心回波强度在 45dBZ 左右，随着时间的推移，逐步向北京地区推进，并且开始形成钩状回波，雷暴走向为由东南向西北方向，进入北京地区后逐渐削弱。此次强雷暴过程带来了局地强降水、冰雹和大风天气。此次降水从 22:30 后至 2:00（18 日）为其快速增长阶段，由于增长和移动迅速，是本次预报的难点。因而，模拟重点将放在这个时间段。

　　实际快速更新模式运行为 18min 的四维变分同化，其中包含一个 6min 的短期预报，同化三组雷达资料和闪电资料。从 22:11 起，将上一组的预报场信息作为下一个循环的背景场和启动场。经过 5 组循环，在 23:41 时，输出 2h 的预报。选择 23:41 作为模式输出的原因在于，此时雷暴进入快速增长期。CTRL 与本流程的区别在于，CTRL 仅同化雷达资料，其他与流程图一致。

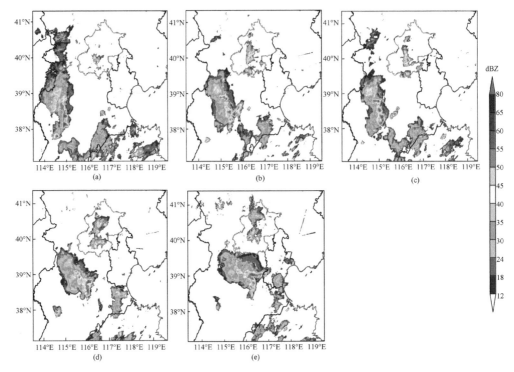

图 6.48　3km 雷达反射率因子随时间演变图

（a）14:05（UTC）；（b）15:41（UTC）；（c）15:05（UTC）；（d）16:41（UTC）；（e）17:41（UTC）

6.6.5　试验的预报结果

图 6.49 是为 2h 降水累计图。对比两图可见，从实际观测图（融合雷达回波和自动站）中可见主要降水集中在北京地区的南部，CTRL 的主要降水受南部虚假回波的影响，主要集中在北京地区的南部，实际降水位置则是弱降水。当同化了基于传统对流云廓线闪电资料后，在实际降水位置有所改进，出现了一定的降水中心，但是较为零散。而当三组同化了基于积云、对流和雷暴的垂直上升运动的闪电资料后，发现能够清晰地再现北京西南部强对流单体所带来的降水过程，而且对反演区域南部的虚假回波也有一定的抑制作用，此外三者均在北京城区能够捕捉到降水分布。当然也带来了一定的降水过于集中的问题。

图 6.50 是 2h 累计降水的 ETS 评分和 RMSE 评分。将降水分为 2mm、4mm、6mm、8mm 和 10mm（1h 累计），2mm、6mm、10mm、14mm 和 16mm（2h 累计）分阈值讨论。在 ETS 评分上，加入闪电资料以后，特别是基于积云、对流和雷暴廓线的闪电资料以后，在中雨（1 小时 4mm 以上和 2 小时 6mm 以上）效果明显好于 CTRL，特别是在大雨（1 小时 6mm 以上或 2 小时 10mm 以上），是 CTRL 的 2 倍以上。尤其是积云廓线的结果大多数占优。而在 RMSE 上同样，基于积云廓线的闪电同化除了在小雨（2mm）的情况空报略大于 CTRL 外，均取得了最好的评分。这说明增加闪电资料后能够明显改进 2h 左右的降水预报。

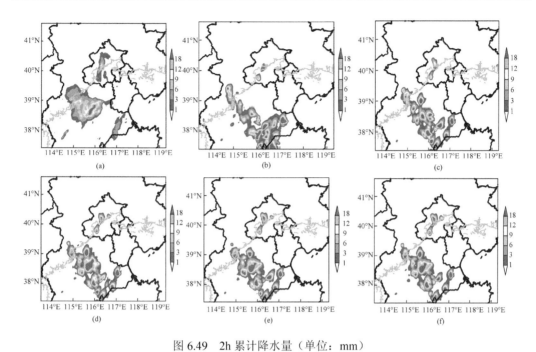

图 6.49 2h 累计降水量（单位：mm）

（a）实际观测（雷达融合自动站）；（b）CTRL；（c）传统对流云廓线；（d）积云廓线；（e）对流廓线；（f）雷暴廓线

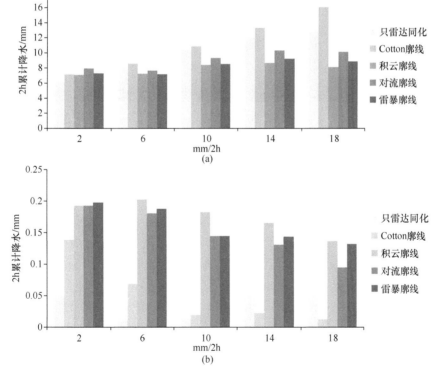

图 6.50 CTRL 和同化闪电资料后 2h 累计降水分阈值的 RMSE 和 ETS 评分

（a）RMSE；（b）ETS

6.7   雷电临近预警系统建立及应用

近几十年来，随着对雷暴云和雷电的探测技术和手段不断进步，促进了雷电的预警技术研究和雷电预报预警的业务化进程。20 世纪 70～80 年代，美国发生过多次雷击航天发射器事故，损失惨重。随后，美国肯尼迪空间中心（Kennedy Space Center，KSC）、美国空军、联邦航空管理局、美国航空航天局、兰利研究中心和新墨西哥理工大学等单位联合进行研究，经过 10 多年的努力，率先建立起来闪电监测网和 KSC 雷电预警系统，在太空发射、空军飞行的天气保障中发挥了重要作用。目前美国 NOAA 风暴预报中心（Storm Prediction Center）每天提供未来 3 天全国雷电预报产品。中国气象科学研究院为了做好 2008 年奥运会期间雷电活动的预警和预报，2006 年开始研发预报时效为 0～2h 的雷电临近预警技术，在奥运会的气象保障服务中发挥了积极作用。在"雷暴 973"项目的支持下，于 2014～2018 年继续对预警系统进行发展，形成了较为完善的雷电临近预警系统（CAMS_LNWS）。

雷电预警预报技术主要是利用气象雷达、气象卫星、闪电定位仪和大气电场仪等多种探测资料与常规气象探测资料相结合，分析预报和警告未来时刻雷电天气活动，按照预报时效可以分为雷电潜势预报技术、短时预报技术和临近预警技术。临近预警是指根据雷电活动规律或观测到的可能性前兆，预测 0～2h 内可能发生雷电活动的区域以及时间，主要利用上述观测资料对雷电活动潜在区域进行连续监测和跟踪，判断雷电活动的强度变化和移动路径，采用外推算法预报未来 0～2h 雷电活动的区域和发生、发展、演变消亡的概率。

6.7.1   雷电临近预警系统整体框架

目前国内外专门针对雷电活动的临近预警系统较少，大部分是采用多种气象探测资料对整个雷暴发生发展进行预警，预警的产品包含雷暴强度等级、降水、冰雹，部分系统也将雷电作为系统产品的一部分。中国气象科学研究院研发的国内首个融合多种雷暴探测资料的专业化雷电临近预警系统（CAMS_LNWS），主要是综合利用天气形势、数值模式、卫星、雷达、闪电、电场仪等数据，基于闪电活动与环流形势、大气层结特征、对流云结构特征等的相关关系研究结果，得到闪电活动临近预警诊断指标，实现对未来 0～2h 的闪电活动发生概率情况的预警。整体框架如图 6.51 所示。总体上来说，CAMS_LNWS 首先利用天气形势预报产品、探空资料和雷暴云起电、放电模式，在大的空间尺度上给出整个区域在 0～12h 或 0～24h 内发生雷电活动的可能性（雷电活动潜势预报），然后逐步引入时空分辨率越来越细的准实时和实时观测数据（卫星、雷达、闪电监测系统和地面电场仪等的资料，雷电临近预警使用资料见表 6.9），对有可能发生或已经发生闪电的区域进行预测、识别、跟踪和外推，给出雷电临近预警结果（Meng et al.，2019）。

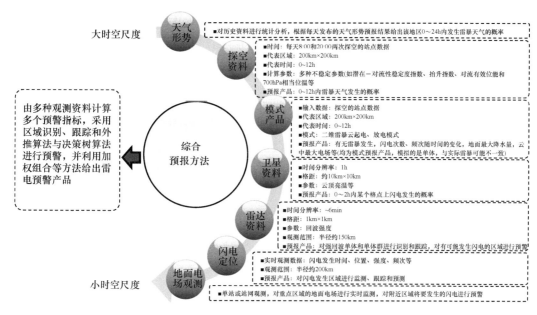

图 6.51　雷电临近预警系统的整体框架

表 6.9　雷电临近预警使用资料

资料种类	参量描述	备注
闪电定位监测资料	时间分辨率：实时 空间分辨率：1km×1km 主要参数：闪电频次	闪电定位监测资料是参与雷电临近预警的关键资料
雷达资料	时间分辨率：6min 空间分辨率：1km×1km 主要参数：雷达回波强度及其变化率阈值、雷达回波顶高等	雷达原始资料需经过格点化处理成按等经纬网格排列，雷达资料是参与雷电临近预警的关键资料
大气电场仪	时间分辨率：实时 空间分辨率：1km×1km 主要参数：电场强度及其变化率阈值	可根据资料获取环境来确定是否参与雷电临近预警
卫星资料	时间分辨率：≤1h 空间分辨率：1km×1km 主要参数：辐射亮度温度（TBB）阈值及 TBB 递减率阈值	可根据资料获取环境来确定是否参与雷电临近预警
高空探测资料	时间分辨率：12h 空间分辨率：200km×200km 主要参数：0℃层高度、–15℃层高度 以及通过探空资料计算得到状态过程气块抬升高度、中层平均相对湿度、潜在性稳定度指数、对流性稳定度指数、潜在-对流性稳定度指数、CAPE、CIN、抬升指数、700hPa 相当位温、大气稳定度指数（K 指数）等	资料数据格式按 Micaps 第二类数据格式要求，可根据资料获取环境来确定是否参与雷电临近预警
数值模式资料	该模式是基于云数值模式的框架、考虑感应和非感应起电参数化方案并集成双向随机放电模式建立的 2D 雷暴云起电、放电模式，由探空资料提供的初始条件来模拟是否会发生雷电活动	可根据资料获取环境来确定是否参与雷电临近预警

在 CAMS_LNWS 中，每种资料的应用都采用了独立的模块（如图 6.52 所示，共 7 个单一资料应用模块和 1 个综合预报模块），这样既容易实现不同模块之间的相互调用以及综合预报模块对子模块预报结果的调用，也便于以后对预警方法的不断改进。对于不同的资料应用模块，采用了不同的基础算法，其中区域识别、跟踪和外推算法（area identification，tracking and extrapolating arithmetic，AITEA）被用于闪电、雷达和卫星资料应用模块以及综合预报模块，把已经发生闪电的区域和有可能发生闪电的区域识别出来，并利用多个时次的观测资料对这些区域进行跟踪和外推，预测有可能发生闪电的区域。在探空资料应用模块中利用决策树算法（decision tree method，DTM）进行分类训练，遴选各种预警指标，如将探空资料计算得到的 CAPE、对流性稳定度指数和潜在性稳定度指数作为预报白天雷电活动的条件属性，决策算法给出了预报结果：雷电活动等级（4 种可能取值：无、弱、中、强）和雷暴天气发生概率（所有符合该路径的个例中有雷电发生的个例所占的百分比）。

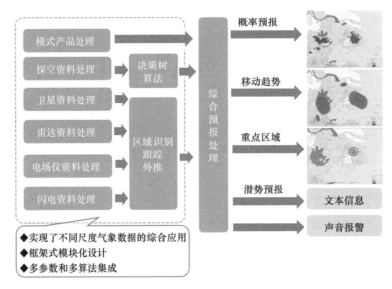

图 6.52　雷电临近预警系统中的模块化设计

6.7.2　雷电临近预警系统流程

在 CAMS_LNWS 中，用户可以对预警区域范围、格点分辨率、参与预警的资料及其相对权重、每种资料预处理的有效时段、预警结果的时间长度和时段步长等参数进行设置，CAMS_LNWS 将根据用户的设置首先对相应的资料按设定的预警格点分辨率进行预处理，然后逐个利用单一资料进行雷电预警，最后再进行综合预警。具体流程图如图 6.53 所示。

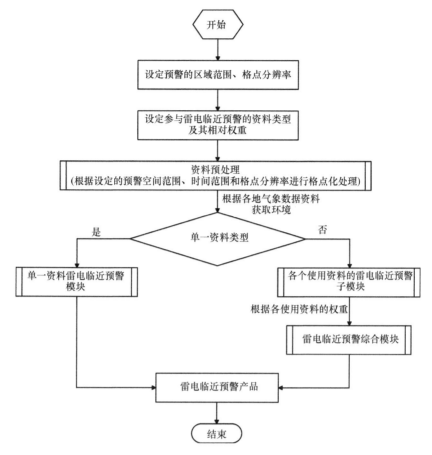

图 6.53　雷电临近预警方法流程图

6.7.3　雷电临近预警系统产品

　　CAMS_LNWS 临近预警产品时效为 0～2h，产品主要包括 0～2h 内雷电活动的发生概率、雷电活动区域的移动趋势等，并能以多种形式表现雷电临近预警结果，如图 6.54所示。包括两种面向公众的气象服务产品：雷电活动发生概率预报产品［图 6.54（a）］，即指定分辨率格点上在每个预警时段内发生雷电的概率，概率变化范围 0～100%，用不同色标表示不同的概率范围；雷电活动区域的移动趋势预报产品［图 6.54（b）］，给出了有可能发生或已经发生闪电的区域位置（用标注序号的椭圆来描述）、移动方向和速度（用箭头的方向和长度来描述）。另外，为满足一些重要工程、重大社会活动等对雷电预警服务的专项气象服务的需求，CAMS_LNWS 还提供了重点区域雷电发生概率预报产品［图 6.54（c）］，用户可以设置重点区域的个数、位置和大小，CAMS_LNWS 根据雷电活动发生概率预报结果给出各重点区域内发生雷电活动的概率，并采用标记来提醒用户注意。
　　CAMS_LNWS 具有模块化设计的特点，集成应用多种观测资料和多种参数，利用区域识别、跟踪和外推算法与决策树算法，考虑闪电活动与云和降水关系的综合研究成果，并具有丰富的人机交互功能。CAMS_LNWS 预警方法填补了国内在综合应用地面

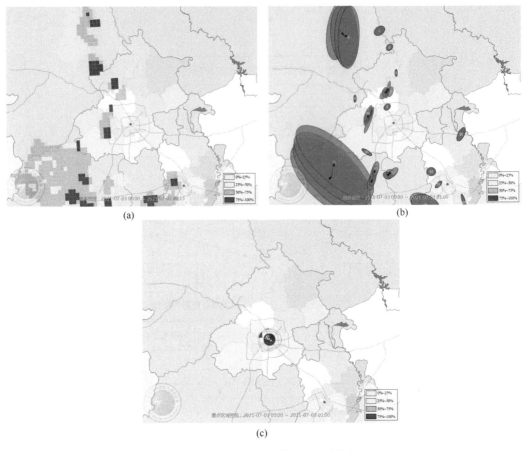

图 6.54　雷电临近预警产品示例图

（a）雷电活动发生概率临近预警产品示例；（b）雷电活动区域的移动趋势临近预警产品示例；（c）重点区域雷电活动发生
概率临近预警产品示例

电场仪、闪电定位仪、雷达、卫星和探空等观测资料以及天气形势预报产品和雷暴云起电、放电模式进行雷电临近预警的空白，为我国雷电监测和 0～2h 临近预警预报的业务化提供了一个基础平台。

6.7.4　中尺度雷电预警预报系统的建立

外推是 CAMS_LNWS 中一个重要的预测手段，随着预测时间的增加，其准确性会迅速降低。为了弥补仅靠外推算法时效短的缺陷，并考虑到短时以及短期预报的业务需求，将雷电临近预警技术和数值预报技术融合是延长临近预报时效至 2h 以上的根本途径，也是预报技术重要的发展方向。

目前针对雷电临近预警技术和数值预报技术融合方法相关研究较少，相应的中尺度雷电预警预报系统的研发也尚属空白，如何结合雷电活动发生和雷电活动预报的特点，建设具有实时、稳定运行的中尺度雷电预报系统平台是雷电预报技术发展的需要。这里研发的中尺度雷电预警预报系统首先利用中尺度起电放电模式预报雷电活动的落区和闪电活动的频次强度，利用统计法将预报结果与实测闪电资料分析，获取模式预报的落区和强度的偏差情况，并将位置和强度误差进行修正；在雷电临近预警技术和数值预报技术融合方法上，将临近预警的结果和经校正后的模式预报结果根据设定的权重因子进行融合，随着预报时效的延长，数值模式预报结果的权重逐渐增大。

（1）落区校正。将模式预报结果与实测闪电的落区采用邻域法，基于特征方法等空间预报检验方法，获取位置误差信息，将闪电预报落区整体位移偏差修正。

（2）强度校正。将模式预报的闪电密度，频次强度预报结果与实测闪电频次通过过滤式法来获得强度误差，并利用逼近法来调整的相应误差。不同雷暴活动个例，不同预报时效，其强度调整情况不同，以保证不同个例强度调整有效。

（3）融合权重调整。融合权重调整的关键是如何得出一组最优的权重系数，即融合权重分配，以充分兼顾外推和数值模式各自在预报时效和准确性方面的优势，融合前期取临近预报的"长"补数值预报的"短"，融合后期则是取数值预报的"长"补临近预报的"短"，达到在 0～6h 内取得较好的预报效果。临近预报和数值模式预报的输出预报值的相对权重随着时间的改变需要调整，利用临近预警和数值模式预报的概率预报评分结果设计动态的权重计算模型，在较短的预报时间内，临近预报取最大权重，但是随着预报时效的延长，临近预报误差增大，在预报时段较长时给数值预报结果一个较大的权重以延长预报的时效和准确性，最后利用权重法综合获取 0～6h 内最优的预报效果。

中尺度雷电预警预报系统的设计思路是利用雷暴云起电、放电模式与中尺度区域预报模式相耦合建立 2～6h 雷电预报方法，并将预报结果与原有 CAMS_LNWS 的临近预警结果融合，从而形成精细化更高，预报时效更长的中尺度雷电预警预报一体化系统。中尺度雷电预警预报系统框架如图 6.55。

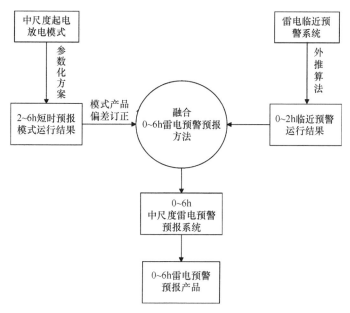

图 6.55　中尺度雷电预警预报系统框架

6.8 中尺度起电放电模式的建立与短时闪电预报方法

利用数值模式进行短时闪电活动预报可分为两类,一类基于模式预报的动力和微物理场,利用各种与闪电发生密切相关的参数来预测闪电发生的可能,这种方式可以称为闪电的诊断参数化方法,建立的是预报闪电活动的代用指标(McCaul et al.,2009;Wang et al.,2010;黄蕾等,2015)。

另一类基于数值模式的闪电预报方法则是将各种水成物粒子电荷浓度的预报方程直接引入数值模式,然后利用预报的雷暴云电荷结构计算云内场强,并基于闪电的物理过程进行闪电参数化,这种方法可以称为闪电活动的物理参数化方法,或闪电活动的直接预报方法。由于闪电活动的直接预报更符合闪电产生的物理过程,所以随着模式对于云内物理过程描绘得更加准确,直接预报的方法在闪电活动预报中更具潜力。

耦合有起电和放电物理过程的中尺度模式可以称为中尺度起电放电模式,利用这类数值模式可以对实际雷暴中的闪电活动进行模拟(黄丽萍等,2008;Barthe et al.,2010;Liu et al.,2014)。Wang 等(2010)在 GRAPES 模式中引入起放电物理过程,较早开展区域的闪电活动直接预报试验,徐良韬等(2012)基于 WRF 模式建立中尺度起电放电模式 WRF-Electric,并使用总体闪电参数化方案开展了闪电活动预报尝试,Fierro 等(2013)在 WRF 中引入更为细致的闪电放电参数化方案并在不同天气类型风暴系统中开展闪电活动预报研究,Wang H 等(2017)利用中尺度起电放电模式的相关研究还指出,同化闪电资料可以有效地改进模式的闪电活动预报效果。Li 等(2016)利用耦合有起放电物理过程的 RAMS 模式也曾开展区域闪电活动的预报试验。

目前基于中尺度起电放电模式的闪电活动预报多是个例性的数值试验,这在闪电预报方法的探索上很有裨益,但很难对起放电模式的区域闪电活动预报效果进行客观评价,因此从 2015 年起建立基于中尺度起电放电模式 WRF-Electric 的预报平台,进行每日 4 次的闪电活动预报,然后利用闪电观测资料对 2015～2017 年连续三年的汛期雷暴过程进行了基本的检验,客观评估现有中尺度数值模式对闪电活动预报的能力,为利用数值模式开展闪电活动的短时预报提供改进依据。

6.8.1 模式及设置

1. 模式描述

模式使用中尺度起电放电模式 WRF-Electric(徐良韬等,2012;Xu et al.,2014),该模式是在 WRF-ARW 模式(Skamarock et al.,2008)基础上引入不同水成物粒子电荷浓度的预报方程,同时在微物理过程中耦合不同的非感应和感应起电机制及放电参数化方案。目前在 Milbrandt 和 Morrison 两个微物理方案中都完成了耦合,耦合有四种不同的非感应起电机制,包括基于液态水含量(LWC)的 GZ 方案(Gardiner et al.,1985;Ziegler et al.,1991)和 TGZ 方案(Tan et al.,2014)以及基于霰粒子结凇率(RAR)的 RR(Saunders et al.,1991;Brooks et al.,1997)和 SP98 方案(Saunders and Peck,1998)。

闪电参数化方案使用整体放电参数化方案,每次放电过程在单柱模式中进行计算。闪电发生位置只在地面格点上进行记录,如果空间中有格点场强阈值超过随高度变化的击穿阈值,则认为闪电起始,对垂直方向上对满足削减条件的格点进行电荷泻放,同时在对应的地面格点上记录一次闪电事件。在一个时步内,进行多次放电的循环,直到没有格点满足放电条件。在模式微物理运算中,首先进行起电的计算,然后计算电荷浓度的转移及沉降,之后计算云内电场,最后进行放电的计算,并进入下一个时步的运算。目前的WRF-Electric 基于 WRFV-3.4.1 版本(徐良韬等,2018),基本的架构图如图 6.56 所示。

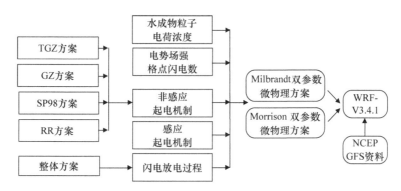

图 6.56　中尺度起电放电模式 WRF-Electric 的构成

2. 连续预报试验基本设置

在完成 WRF-Electric 模式构建基础上,进行自动化运行平台的搭建(流程如图 6.57 所示)。预报平台提供 4km 分辨率下 1 天 4 次的未来 24h 预报,预报结果为逐小时累积区域闪电活动数目。自动运行平台从 2015 年 6 月 1 日起开始稳定正常运行,目前已积累了 4 年的预报数据资料,预报效果的初步检验工作将在此基础上开展。

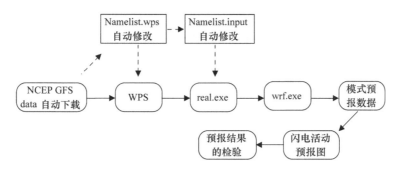

图 6.57　WRF 模式业务平台自动运行流程图

模式的初始场和边界条件使用 NCEP GFS 资料,空间分辨率 1°×1°,时间间隔 3h。模式使用两层双向嵌套网格,网格点设置为 160×160,208×208,由于模式将开展准业务化的测试运行,因此未使用过高的分辨率,而是使用了准业务预报中设定的分辨率。目前模式两层网格的分辨率分别是 12km 和 4km。预报区域中心点(116.2°E,40.0°N)两层网格均为静态网格。图 6.58 给出了两层网格的区域位置及地形条件。垂直方向上,使用了模式默认的 28 层非均匀网格,模式层顶高 50hPa。

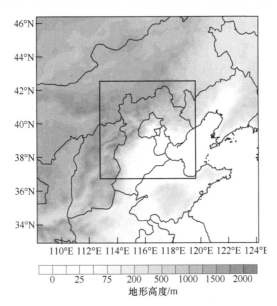

图 6.58 两层嵌套模拟区域的位置及地形分布

模拟的物理参数化方案包含耦合有电过程的 Milbrandt 双参方案（Milbrandt and Yau，2015a，2015b），RRTM（Rapid Radiative Transfer Model）长波辐射方案（Mlawer et al.，1997），Dudhia 短波辐射方案（Dudhia，1989），Kain-Fritsh 积云方案（Kain，2004）以及 YSU 边界层方案（Hong et al.，2006）。非感应起电机制使用 TGZ 方案。在内层 4km 网格关闭了积云方案。内外层网格每次积分时间均为 24h，预报结果按逐小时输出，具体模拟参数设置如表 6.10 所示。

表 6.10 模拟参数设置

参数	Domain 1	Domain 2
格点数（x，y）	160×160	208×208
格距/km	12	4
时间步长/s	45	15
积分时间/h	24	24
边界层方案	YSU	YSU
微物理方案	Milbrandt 双参	Milbrandt 双参
非感应起电方案	TGZ	TGZ
积云方案	Kain–Fritsch	No
侧边界条件		Nested
长波辐射方案	RRTM	RRTM
短波辐射方案	Dudhia	Dudhia

6.8.2 资料及方法

1. 观测资料

利用中国气象局 ADTD 全国地闪观测资料进行检验。一般认为，ADTD 对地闪探测效率可达 90%，能同时给出地闪的位置、极性、强度等信息，150km 范围内的定位精度 500m（Yao et al.，2013；Xia et al.，2015），事实上对于该套系统的定位精度和探测效率并没有系统性的研究。

预报试验在 4km 网格分辨率下进行，为了与预报结果对比，将观测的地闪定位资料在 4km 的网格上进行格点化的处理，统计每 4km×4km 网格中的闪电数目作为与预报结果对比的观测值。

2. 简单的扩散算法

由于地闪资料的局限性，希望可以设计一套简单的扩散算法，对地闪资料进行拟合处理，扩散后的闪电区域能够更好地表征实际的总闪区域。

虽然少数的雷暴只有云闪或只有地闪发生，但多数雷暴是既有云闪又有地闪的。地闪和云闪的发生是紧密联系的，当云内电荷浓度积累到一定的程度，闪电会始发，始发后的闪电发展为云闪还是地闪，一方面决定于云内的电荷结构，另一方面也有一定的随机性。在雷暴中地闪占总闪数量的比例大约为 10%～20%，从闪电发生的区域来看，总闪的发生区域要比地闪更大。

在雷暴尺度上（几小时累积），当统计的某格点中有地闪发生时，假定在该格点周围的格点有云闪发生［图 6.59（a）］，这些格点作为初猜的闪电扩散格点。当某格点被初猜两次及以上，则判定该格点为最终的闪电扩散格点［图 6.59（b）］。

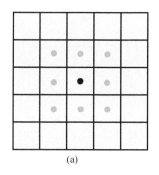
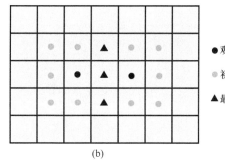

● 观测地闪格点

● 初猜云闪格点

▲ 最终估测云闪格点

(a)　　　　　　　　　　(b)

图 6.59　扩散算法示意

（a）观测地闪及初猜云闪格点；（b）最终估测云闪格点

3. 预报检验方法

当检验高分辨率数值预报模式预报结果时，传统的点对点技巧评分检验方法会面临"两难"困境（Ebert，2009）。因此对预报结果的检验采用基于邻域法的 ETS 评分方法。检验基于格点化的闪电观测资料及模式预报的闪电密度。

传统的 ETS 评分在 6.2 节中已经进行了介绍。在这里定义漏报率（miss rate，MR）及虚警率（false alarm ratio，FAR）：

$$MR = \frac{misses}{hits+misses} \tag{6.32}$$

$$FAR = \frac{false\ alarms}{hits+false\ alarms} \tag{6.33}$$

式中，hits 指正确预报的事件，misses 指漏报的事件，false alarms 指虚警的事件。为了计算基于邻域的 ETS 评分，命中的标准放宽到特定半径下的邻近格点。将闪电密度 1flash/16km² 设定为统计格点闪电预报命中与否的阈值，分别计算其在 0km、5km、10km、20km、30km、40km、60km 和 90km 邻域半径下的 ETS 评分。当邻域半径为 0 时，基于邻域的 ETS 评分则变为传统的 ETS 评分。

6.8.3　预报结果定性分析

数值模式运行往往需要几小时的调整适应时间（spin up），对于不同的区域和设置，模式在不同预报时效又会表现不同的预报水平，因此有必要对模式起报后的 0~6h、6~12h、12~18h 和 18~24h 的闪电活动预报能力进行分析。

图 6.60 给出了华北地区 2015 年 5 月 17 日（OBS1，T1~T4），6 月 10 日（OBS2，T5~T8）和 7 月 15 日（OBS3，T9~T12）三次雷暴过程的观测和模式预报闪电活动。试验对比观测时段分别为 5 月 17 日 6~12h，6 月 10 日 6~12h 和 7 月 15 日 18~24h。对比观测和模拟结果来看，观测的闪电活动区范围更大，在闪电活动的主分布区外，还有较多零散分布的闪电，而模拟的闪电活动相对集中，只能表现闪电活动强度的高值区。从闪电活动的区域分布来看，三次个例都预报出了观测闪电活动的主要区域位置（T2、T6、T11），但对于观测到的零散闪电活动不能有很好的预报。在这样的情形下，模式预报对于闪电活动较弱的区域容易形成漏报。

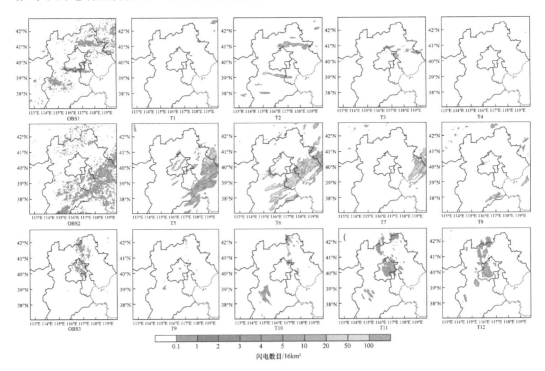

图 6.60　三个个例的观测和不同起报时效的预报结果

第 1 列为观测闪电活动，第 2~5 列分别为模式第 0~6h、6~12h、12~18h 和 18~24h 的预报结果

5 月 17 日个例：OBS1，T1~T4；6 月 10 日个例：OBS2，T5~T8；7 月 15 日个例：OBS3，T9~T12

数值模式对于相同的预报时段在起始预报时间上具有较高的敏感性，对比图 6.60 中的观测闪电活动时段，不同预报时效的预报结果表现了非常大的差异。0517 和 0610 个例的第 6～12h 预报的闪电活动分布区（T2、T6）同观测较为一致，特别是 T2 的预报结果给出了与观测相同的三条闪电活动带。0715 个例中第 12～18h 预报的闪电活动分布区同观测最为接近（T11），0715 个例第 6～12h 的预报结果没有预报出基本的闪电活动区域（T10），预报效果要差于第 18～24h 的预报结果（T12）。综合分析来看，模式在第 6～18h 的预报结果最具参考价值，但在不同个例中，模式在其他预报时段可能具有更好的预报效果。

图 6.60 是闪电密度的对比，即每 4km×4km 网格中的闪电数目，从闪电预报量值上看，预报的闪电数目明显偏高，特别是在发生范围较大且闪电活动较强的个例来说（如 6:10），预报闪电活动数目偏高的问题更为严重（T6）。观测的网格闪电活动数目都在 10flash/16km^2 以下，预报结果达到 100flash/16km^2。这种差别部分缘于观测资料利用的是地闪，且探测效率只有 90%左右，而预报结果未区分闪电类型，为总闪，在华北区域地闪约占总闪比例的 20%（Wu et al.，2016）。考虑地闪在总闪中的占比后，预报的闪电密度仍然偏高。模式放电方案中通过阈值控制的方式按比例削减电荷量，可能会造成单次闪电中和电荷量的失真，目前的放电方案很可能存在单次闪电中和电荷量过小的问题，从而造成预报的闪电密度偏高。在放电方案中应当更多地借鉴闪电放电的观测结果，使模拟的单次闪电中和电荷量维持在合理范围。

模式能够对观测到的主要闪电活动分布区域有较好的预报，但在闪电密度的定量预报上仍有较大改进空间，模式中现有闪电放电参数化方案还需针对性的改进，使之能够预报出雷暴弱起电区的闪电活动，同时又能有效降低雷暴强起电区预报的闪电活动密度。

6.8.4　预报结果定量检验

为定量评估数值模式在闪电预报方面的预报能力和特性，利用基于邻域的 ETS 方法对模式（2015 年 6 月至 2017 年 9 月）5～9 月的预报结果进行了检验。分别计算了模式 6～12h（PRE12），12～18h（PRE18）和 18～24h（PRE24）预报时段的 ETS，MR 及 FAR 在不同邻域半径下的表现。检验资料使用原始地闪资料及基于地闪拓展后的闪电资料（CG_fitted）。

随邻域半径从 0km 增长至 30km，ETS 评分迅速提高，而 MR 及 FAR 迅速降低（图 6.61）。当邻域半径超过 30km 后，这种变化会变平缓。对于不同的预报时段，模式表现出不同的预报能力。对几乎所有的邻域半径，PRE12 的 ETS 评分都是最高的，而 PRE24 的评分是最低的。PRE12 对应的 MR 及 FAR 也最低。通过对比不同时段的预报评分可看出，模式在 6～12h 具有最好的预报效果。

PRE12 在 20km 邻域半径下的 ETS 评分为 0.34，对应半径下的 MR 及 FAR 分别为 0.38 和 0.55。预报结果表现出的最大问题是过高的漏报率。预报检验中使用了 1flash/16km^2 的阈值，高的 MR 意味着预报的闪电活动区域要小于观测的闪电活动区。同时对比了利用原始地闪资料（PRE12_original）和拟合资料（PRE12）的检验结果，拟合资料的漏报

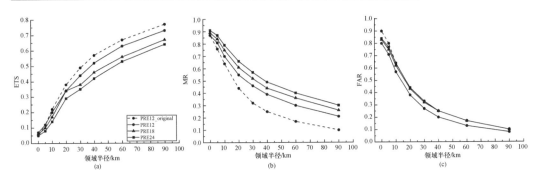

图 6.61　不同预报时段的 ETS、MR 及 FAR 值（PRE12：6~12h，PRE18：12~18h，PRE24：18~24h）

(a) ETS；(b) MR；(c) FAR

实线代表使用拟合资料的检验结果，虚线代表使用原始地闪资料的评估检验结果

情况要更加严重。高的漏报率很可能是由于放电参数化方案中起始阈值设定过高导致的。模式使用了垂直 28 层，水平 4km 的网格距，这对于闪电放电模拟来讲是相对低的空间分辨率，雷暴云中的强电场区会由于网格距过大而被平滑，使得模式不能够反映雷暴弱起电区的放电活动。因此应当根据模式分辨率的改变，合理降低闪电起始的阈值，以扩大模式预报闪电活动的范围，从而降低模式对闪电的漏报率。

对华北地区，不同月份主要天气系统存在差异，雷暴天气的对流特征也会不同，进而直接影响闪电活动的可预报性，为探讨模式在不同月份的表现，研究利用基于邻域的 ETS 方法对预报结果进行了分月份的检验。检验结果表明（图略），相比于其他预报时段，PRE12 在任意月份都有最好的预报效果。图 6.62 给出的 PRE12 在不同月份的 ETS 评分。6~8 月，PRE12 的 ETS 评分要明显高于 5 月和 9 月。也就是说模式在 6~8 月有最好的预报效果。6~8 月是中国华北地区的主汛期，5 月和 9 月的雷暴活动相对偏弱。对于相对偏弱的雷暴，模式更加容易形成漏报，这可能是导致 5 月和 9 月预报技巧偏低的原因。

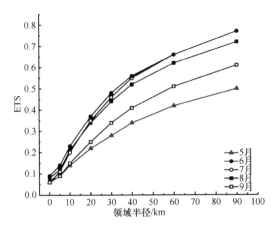

图 6.62　模式 6~12h 预报时段在不同月份的 ETS 评分

通过建立的闪电活动预报检验方法，对预报试验结果进行分类别的评估检验，客观评估现有中尺度数值模式对闪电活动预报的能力，同时通过检验发现模式中存在的主要问题，为利用数值模式开展闪电活动的短时预报提供改进依据。

现有的中尺度起电放电模式具有一定的短时闪电活动预报能力，能够较好地预报闪电活动发生的主要区域。从华北主汛期（6～8 月）的定量检验结果来看，数值模式在第 6～12h 的预报效果最好。模式预报的闪电活动范围明显偏小且相对集中，对于零散发生的闪电活动容易形成漏报，因此在放电参数方案中，应当合理降低闪电起始的阈值，让雷暴弱起电区中也可以有闪电发生，以获得史大的闪电预报范围。在闪电活动数目的定量预报上，相比于观测，模式预报的闪电活动数目存在明显偏大的问题，在放电方案中应采取增加单次闪电的放电量等方法，以降低在雷暴强起电区中预报的网格闪电数目。如何在中尺度模式中合理进行闪电参数化仍是一个尚未解决且极具挑战的问题（Qie，2012；Qie and Zhang，2019）。

对于闪电这种发生位置随机性强的天气现象，预报上的确存在难度，另外由于是长期的预报试验检验结果，虽然在有的雷暴过程中能取得较好的评分，但整体的预报评分仍处于较低水平。闪电预报的另一个问题是参数化方案中闪电类型（云闪，地闪）的区分，利用中尺度模式进行区域的闪电活动预报，很难使用精细通道闪电方案来判别闪电的类型，因此需要相对巧妙的方法在整体闪电参数化方案中区分闪电类型。Tan 等（2014）曾指出闪电起始位置电势会影响闪电类型，这为整体放电参数化方案中闪电类型的区分提供了一种思路。当然，设计可以区分闪电类型的放电方案还需要全闪观测资料的支持以进行验证。

参 考 文 献

毕永恒, 刘锦丽, 段树, 等. 2012. X 波段双线偏振气象雷达反射率的衰减订正. 大气科学, 36: 495-506

陈明轩, 王迎春. 2012. 低层垂直风切变和冷池相互作用影响华北地区一次飑线过程发展维持的数值模拟. 气象学报, 70(3): 371-386

陈明轩, 王迎春, 肖现, 等. 2012. 基于雷达资料 4 维变分同化和三维云模式对一次超级单体风暴发展维持热动力机制的模拟分析. 大气科学, 36(5): 929-944

陈明轩, 肖现, 高峰, 等. 2016. 基于雷达四维变分分析系统的强对流高分辨率模拟个例分析和批量检验. 气象学报, 74(3): 421-441

陈志雄, 郄秀书, 田野, 等. 2017. 云分辨尺度下一种综合调整水物质含量的闪电资料同化方法. 气象学报, 75(3): 442-459

丑纪范. 2007. 数值天气预报的创新之路-从初值问题到反问题. 气象学报, 65(5): 674-683

丁一汇, 李鸿洲, 章名立, 等. 1982. 我国飑线发生条件的研究. 大气科学, 6(1): 18-27

杜牧云, 刘黎平, 胡志群, 等. 2012a. 双线偏振雷达差分传播相移的质量控制. 应用气象学报, 23: 710-720

杜牧云, 刘黎平, 胡志群, 等. 2012b. 双线偏振雷达差分传播相移的小波滤波初探. 暴雨灾害, 31: 248-254

樊艳峰, 陆高鹏, 蒋如斌, 等. 2017. 利用低频磁场天线遥感测量人工引雷中的初始连续电流. 大气科学, 41(5): 1027-1036

范雯杰, 俞小鼎. 2015. 中国龙卷的时空分布特征. 气象, 41(7): 793-805

冯桂力, 边道相, 刘洪鹏, 等. 2001. 冰雹云形成发展与闪电演变特征分析. 气象, 27(3): 33-45

冯桂力, 郄秀书, 袁铁, 等. 2007. 雹暴的闪电活动特征与降水结构研究. 中国科学(D 辑), 37(1): 123-132

傅云飞, 宇如聪, 徐幼平, 等. 2003. TRMM 测雨雷达和微波成像仪对两个中尺度特大暴雨降水结构的观测分析研究. 气象学报, 61(4): 421-431

龚建东, 魏丽, 陶士伟, 等. 2006. 全球资料同化中误差协方差三维结构的准确估计与应用Ⅰ: 观测空间协方差的准确估计. 气象学报, 64(6): 669-683

顾震潮. 1980. 云雾降水物理基础. 北京: 科学出版社

郭凤霞, 吴鑫, 梁梦雪, 等. 2015. 闪电和固、液态降水关系差异的数值模拟. 大气科学, 39(6): 1204-1214

郭凤霞, 张义军, 郄秀书, 等. 2003. 雷暴云不同空间电荷结构数值模拟研究. 高原气象, 22(3): 268-274

郭凤霞, 张义军, 言穆弘. 2007. 青藏高原那曲地区雷暴云电荷结构特征数值模拟研究. 大气科学, 31(1): 28-36

郭凤霞, 张义军, 言穆弘. 2010. 雷暴云首次放电前两种非感应起电参数化方案的比较. 大气科学, 34(2): 361-373

何宇翔, 吕达仁, 肖辉, 等. 2009. X 波段双线极化雷达反射率的衰减订正. 大气科学, 33: 1027-1037

黄蕾, 周筠珺, 谷娟, 等. 2015. 雷暴中雷电活动与 WRF 模式微物理和动力模拟量的对比研究. 大气科学, 39(6): 1095-1111

黄丽萍, 陈德辉, 管兆勇, 等. 2008. 基于高分辨率中尺度气象模式的实际雷暴过程的数值模拟试验. 大气科学, 32(6): 1341-1351

孔凡铀, 黄美元, 徐华英. 1990. 对流云中冰相过程的三维数值模拟 I. 模式建立及冷云参数化. 大气科

学, 14(4): 441-453

黎勋, 郄秀书, 刘昆, 等. 2017. 基于高时间分辨率快电场变化资料的北京地区地闪回击统计特征. 气候与环境研究, 22(2): 231-241

李江林, 余晔, 李万莉, 等. 2019. 不同非感应起电及感应起电参数化方案对青海东部一次雷暴云电荷结构影响的数值模拟研究. 地球物理学报, 62(7): 2366-2381

李小强, 蒋如斌, 李鹏, 等. 2019. 人工引雷高能辐射观测及数据分析研究, 原子能科学技术, 53(2): 373-378

李小强, 蒋如斌, 王尊刚, 等. 2018. 人工引发雷电 X 射线爆发观测系统设计, 核电子学与探测技术, 38(4): 452-458

李亚珺, 张广庶, 文军, 等. 2012. 沿海地区一次多单体雷暴电荷结构时空演变. 地球物理学报, 55(10): 3203-3212

廖义慧, 吕伟涛, 齐奇, 等. 2016. 基于闪电先导随机模式对不同连接形态的模拟. 应用气象学报, 27(3): 361-369

林辉, 谭涌波, 马宇翔, 等. 2018. 雷暴云内电荷水平分布形式对闪电放电的影响. 应用气象学报, 29(3): 374-384

刘冬霞, 郄秀书, 王志超, 等. 2013. 飑线系统中的闪电辐射源分布特征及云内电荷结构讨论. 物理学报, 62(21): 219201-219201

刘欣生, 郭昌明, 王才伟, 等. 1987. 闪电引起的地面电场变化特征及雷暴云下部的正电荷层. 气象学报, 45: 500-504

刘欣生, 郭昌明, 肖庆复, 等. 1990. 人工引发雷电试验及其特征的初步分析, 高原气象, 9: 64-73

刘妍秀, 张广庶, 王彦辉, 等. 2016. 闪电 VHF 辐射源功率观测及雷暴电荷结构的初步分析. 高原气象, 35(6): 1662-1670

吕凡超, 祝宝友, 马明, 等. 2013. 东北地区两次雷暴中 NBE 的活动特征观测. 中国科学(D 辑). 43: 848-861

郄秀书, 余晔. 2001. 中国内陆高原地闪特征的统计分析. 高原气象. 20(4): 395-401

郄秀书, 郭昌明, 刘欣生. 1990. 北京与兰州地区的地闪特征. 高原气象, 9(4): 388-394

郄秀书, 杨静, 蒋如斌, 等. 2010. 新型人工引雷专用火箭及其首次引雷实验结果. 大气科学, 34(5): 937-946

郄秀书, 袁善锋, 陈志雄, 等. 2020. 北京地区雷电灾害天气系统的动力-微物理-电过程观测研究. 中国科学(D 辑). 51(1) 46-62

郄秀书, 张其林, 袁铁, 等. 2013. 雷电物理学. 北京: 科学出版社

郄秀书, 张义军, 张其林. 2005. 闪电放电特征和雷暴电荷结构研究. 气象学报, 63(5): 646-658

任晓毓, 张义军, 吕伟涛, 等. 2010. 雷击建筑物的先导连接过程模拟. 应用气象学报, 21(4): 450-457

任晓毓, 张义军, 吕伟涛, 等. 2011. 闪电先导随机模式的建立与应用. 应用气象学报, 22(2): 194-202

邵选民, 刘欣生. 1987. 云中闪电及云下部正电荷的初步分. 高原气象, 6: 317-325

孙安平, 言穆弘, 张义军, 等. 2002a. 三维强风暴动力-电耦合数值模拟研究: 模式及其电过程参数化方案. 气象学报, 60(6): 722-731

孙安平, 言穆弘, 张义军, 等. 2002b. 三维强风暴动力-电耦合数值模拟研究: 电结构形成机制. 气象学报, 60(6): 732-739

孙继松, 何娜, 郭锐, 等. 2013. 多单体雷暴的形变与列车效应传播机制. 大气科学, 37(1): 137-148

孙凌, 郄秀书, Mansell E R, 等. 2018. 雷暴云内电场力对起电和电荷结构的反馈作用. 物理学报, 67(16): 378-389

孙萌宇, 郄秀书, 刘冬霞, 等. 2020. 北京地区闪电活动与气溶胶浓度的关系研究. 地球物理学报, 63(5): 1766-1774

谭涌波, 梁忠武, 师正, 等. 2015. 空间电荷分布特征对云闪传播行为的影响. 高原气象, 34(5):

1502-1510

王才伟, 陈茜, 刘欣生, 等. 1987. 雷雨云下部正电荷中心产生的电场. 高原气象, 6(1): 65-74

王晨曦, 郑栋, 张义军, 等. 2014. 一次雹暴过程的闪电活动特征及其与雹暴结构的关系. 热带气象学报, 30(6): 1127-1136

王道洪, 刘欣生, 王才伟. 1990. 甘肃中川地区雷暴地闪特征的初步分析. 高原气象, 9(6): 405-410

王道洪, 郄秀书, 郭昌明. 2000. 雷电与人工引雷. 上海: 上海交通大学出版社

王东方, 郄秀书, 袁善锋, 等. 2020. 北京地区的闪电时空分布特征及不同强度雷暴的贡献. 大气科学, 44(2): 1-14

王国荣, 王令. 2013. 北京地区夏季强降水时空分布特征. 暴雨灾害, 32(3): 276-279

王华, 孙继松. 2008. 下垫面物理过程在一次北京地区强冰雹天气中的作用. 气象, 34(3): 16-21

王曼, 李华宏, 段旭, 等. 2011. WRF 模式三维变分中背景误差协方差估计. 应用气象学报, 22(4): 482-492

王宇, 郄秀书, 王东方, 等. 2015. 北京闪电综合探测网(BLNET): 网络构成与初步定位结果. 大气科学, 39(3): 571-582

王志超, 杨静, 陆高鹏, 等. 2015. 华北地区一次中尺度对流系统上方的 Sprite 放电现象及其对应的雷达回波和闪电特征. 大气科学, 39(4): 839-848

武斌, 张广庶, 文军, 等. 2017. 闪电初始预击穿过程辐射脉冲特征及电流模型. 应用气象学报, 28(5): 555-567

吴学珂, 袁铁, 刘冬霞, 等. 2013. 山东半岛一次强飑线过程地闪与雷达回波关系的研究. 高原气象, 32(2): 530-540

武智君, 郄秀书, 王东方, 等. 2016a. 北京地区负地闪回击转移的电荷量. 气候与环境研究, 21(3): 247-257

武智君, 郄秀书, 王东方. 2016b. 基于多站电场变化同步测量的负地闪回去中和电荷源特征. 高原气象, 35(4): 1123-1134

夏雨人, 肖庆复, 吕永振. 1979. 人工触发闪电的试验研究. 大气科学, 3(1): 94-97

肖辉, 吴玉霞, 胡朝霞, 等. 2002. 旬邑地区冰雹云的早期识别及数值模拟. 高原气象, 21(2): 159-166

徐良韬, 陈双, 姚雯, 等. 2018. 利用起放电模式开展闪电活动的直接预报试验. 应用气象学报, 29(5): 534-545

徐良韬, 张义军, 王飞, 等. 2012. 雷暴起电和放电物理过程在 WRF 模式中的耦合及初步检验. 大气科学, 36(05): 1041-1052

徐燕, 孙竹玲, 周筠珺, 等. 2018. 一次具有对流合并现象的强飑线系统的闪电活动特征及其与动力场的关系. 大气科学, 42(6): 1393-1406

许维伟, 李在光, 祝宝友, 等. 2015. 基于不间断闪电波形采集的一次皖北雷暴负地闪特征观测. 高原气象, 34(3): 850-862

杨军, 陈宝君, 银燕. 2011. 云和降水物理学. 北京: 气象出版社

叶宗秀, 邵选民, 刘欣生. 1987. 雷暴云的电场及电荷分布模式. 高原气象, 6(3): 234-243

袁敏, 段炼, 平凡, 等. 2017. 基于 CloudSat 识别飞机积冰环境中的过冷水滴. 气象, 43(2): 206-212

袁铁, 郄秀书. 2010a. 中国东部及邻近海域暖季降水系统的闪电、雷达反射率和微波特征. 气象学报, 68(5): 652-665

袁铁, 郄秀书. 2010b. 基于 TRMM 卫星对一次华南飑线的闪电活动及其与降水结构的关系研究. 大气科学, 34(1): 58-70

张广庶, 李亚珺, 王彦辉, 等. 2015. 闪电 VHF 辐射源三维定位网络测量精度的实验研究. 中国科学(D辑). 10: 1537-1552

张广庶, 王彦辉, 郄秀书, 等. 2010. 基于时差法三维定位系统对闪电放电过程的观测研究. 中国科学(D 辑), 40(4): 523-534

张广庶, 赵玉祥, 郄秀书, 等. 2008. 利用无线电窄带干涉仪定位系统对地闪全过程的观测与研究. 中国科学(D 辑), 38(9): 1167-1180

张培昌, 杜秉玉, 戴铁丕. 2001. 雷达气象学. 北京: 气象出版社

张廷龙, 郄秀书, 言穆弘, 等. 2009. 中国内陆高原不同海拔地区雷暴电学特征成因的初步分析. 高原气象, 28(5): 1006-1017

张阳, 张义军, 孟青, 等. 2010. 北京地区正地闪时间分布及波形特征. 应用气象学报, 21(4): 442-449

张义军, 董万胜, 赵阳, 等. 2003. 青藏高原雷暴电荷结构和闪电云内过程的辐射特征研究. 中国科学(D 辑), 33(12): 101-l07

张义军, Krehbie P, 刘欣生. 2002. 雷暴中的反极性放电和电荷结构. 科学通报, 47(15): 1192-1195

张义军, 刘欣生, 肖庆复. 1997. 中国南北方雷暴及人工触发闪电电特征对比分析, 高原气象, 16(2): 113-121.

张义军, 吕伟涛, 张阳, 等. 2013. 广州地区地闪放电过程的观测及其特征分析. 高电压技术, 39(2): 383-392

张义军, 孙安平, 言穆弘, 等. 2004. 雷暴电活动对冰雹增长影响的数值模拟研究. 地球物理学报, 47(1): 25-32

张义军, 徐良韬, 郑栋, 等. 2014. 强风暴中反极性电荷结构研究进展. 应用气象学报, 25(5): 513-526

张义军, 言穆弘, 孙安平, 等. 2009. 雷暴电学. 北京: 气象出版社

张义军, 言穆弘, 张翠华, 等. 2000. 不同地区雷暴电荷结构的模式计算. 气象学报, 58(5): 617-627

赵阳, 张义军, 董万胜, 等. 2004. 青藏高原那曲地区雷电特征初步分析. 地球物理学报, 47(3): 405-410

赵中阔, 郄秀书, 张廷龙, 等. 2009. 一次单体雷暴云的穿云电场探测及云内电荷结构. 科学通报, 54(22): 3532-3536

郑栋, 张义军, 孟青, 等. 2010. 一次雹暴的闪电特征和电荷结构演变研究. 气象学报, 68(2): 248-263

郑天雪, 陆高鹏, 谭涌波, 等. 2018. 人工引雷上行正先导传播过程中爆发式磁场脉冲极性反转现象的观测与分析. 大气科学, 42(1): 124-133

周筠珺, 郄秀书, 谢屹然, 等. 2004. 青藏高原腹地的雷电物理特征. 中国电机工程学报, 24(9): 198-203

周筠珺, 赵鹏国, 达选芳, 等. 2016. 云和降水物理学. 北京: 气象出版社

周志敏, 郭学良, 崔春光, 等. 2011.强风暴电过程对霰粒子含量和谱分布影响的数值模拟研究. 气象学报, 69(05): 830-846

祝宝友, 陶善昌, 刘亦风. 2002. 合肥地区地闪特征. 高原气象, 21(3): 296-302

祝宝友, 陶善昌, 谭涌波. 2007. 伴随超强 VHF 辐射的闪电双极性窄脉冲初步观测. 气象学报, 65(1): 124-130

Ahmad N, Fernando M, Baharudin Z, et al. 2010. Characteristics of narrow bipolar pulses observed in Malaysia. J Atmos Sol Terr Phys, 72(5-6): 534-540

Akita M, Yoshida S, Nakamura Y, et al. 2011. Effects of charge distribution in thunderstorms on lightning propagation paths in Darwin, Australia. J Atmos Sci, 68(4): 719-726

Albrecht B. 1989. Aerosols, cloud microphysics, and fractional cloudiness. Science, 245: 1227-1230

Baba Y, Rakov V. 2003. On the transmission line model for lightning return stroke representation. Geophys Res Lett, 30(24): 2294

Baker B, Baker M, Jayaratne E, et al. 1987. The influence of diffusional growth rates on the charge transfer accompanying rebounding collisions between ice crystals and soft hailstones. Q J R Meteorol Soc, 113: 1193-1215

Ballarotti M, Saba M, Pinto O. 2005. High-speed camera observations of negative ground flashes on a millisecond-scale, Geophys Res Lett, 32: L23802

Barker D, Huang X, Liu Z, et al. 2012. The weather research and forecasting model's community variational/ensemble data assimilation system: WRFDA. Bull Amer Meteor Soc, 93: 831-843

Barker P, Short T, Eybert-Berard A, et al. 1996. Induced voltage measurements on an experimental distribution line during nearby rocket triggered lightning flashes. IEEE Transactions on Power Delivery, 11: 980-995

Barnolas M, Atencia A, Llasat M. 2008. Characterization of a Mediterranean flash flood event using rain gauges, radar, GIS and lightning data. Adv Geosci, 17: 35-41

Barrick D, Headrick J, Bogle R, et al. 1974. Sea backscatter at HF: Interpretation and utilization of the echo. Proceedings of the IEEE, 62(6): 673-680

Barthe C, Deierling W, Barth M. 2010. Estimation of total lightning from various storm parameters: A cloud-resolving model study. J Geophys Res, 115: D24202

Behnke S, Thomas R, Krehbiel P, et al. 2005. Initial leader velocities during intracloud lightning: Possible evidence for a runaway breakdown effect. J Geophys Res, 10: D10207

Benjamin S G, Weygandt S S, Koch S E, et al. 2006. Assimilation of lightning data into RUC model convection forecasting. Second Conference on Meteorological Applications of Lightning Data, Tucson, AZ, 4.3

Berger K, Vogelsanger E. 1966. Photographische Blitzuntersuchungen der Jahre 1955–1965 auf dem Monte San Salvatore. Bull Schweiz Elektrotech Ver, 57: 599-620

Bermudez J, Rachidi F, Rubinstein M, et al. 2005. Far-field-current relationship based on the TL model for lightning return strokes to elevated strike objects. IEEE TEMC, 47(1): 146-159

Biagi C, Jordan D, Uman M, et al. 2009. High speed video observations of rocket- and-wire initiated lightning. Geophys Res Lett, 36: L15801

Biagi C, Uman M, Hill J, et al. 2010. Observations of stepping mechanisms in a rocket-and-wire triggered lightning flash. J Geophys Res Atmos, 115: D23215

Biagi, C, Uman M, Hill J, et al. 2011. Observations of the initial, upward-propagating, positive leader steps in a rocket-and-wire triggered lightning discharge. Geophys Res Lett, 38: L24809

Biagi C, Uman M, Hill J, et al. 2014. Negative leader step mechanisms observed in altitude triggered lightning. J Geophys Res Atmos, 119: 8160-8168

Boccippio D, Koshak W, Blakeslee R. 2002. Performance assessment of the Optical Transient Detector and Lightning Imaging Sensor. Part I: Predicted diurnal variability. J Atmos Oceanic Technol, 19: 1318-1332

Bonyadi-Ram S, Moini R, Sadeghi S, et al. 2001. The effects of tall buildings on the measurement of electromagnetic fields due to lightning return strokes. 2001 IEEE EMC International Symposium, Montreal, Canada 2001

Bringi V, Keenan T, Chandrasekar V. 2001. Correcting C-band radar reflectivity and differential reflectivity data for rain attenuation: A self-consistent method with constraints. IEEE Trans Geosci Remote Sens, 39: 1906-1915.

Brook M, Nakano M, Krehbiel P, et al. 1982. The electrical structure of the Hokuriku winter thunderstorm. J Geophys Res, 87: 1207-1215

Brooks H, Doswell C, Kay M. 2003. Climatological estimates of local daily tornado probability for the United States. Wea Forecasting, 18: 626-640

Brooks I, Saunders C. 1994. An experimental investigation of the inductive mechanism of thunderstorm electrification. J Geophys Res, 99: 10627-10632

Brooks I, Saunders C, Mitzeva R, et al. 1997. The effect on thunderstorm charging of the rate of rime accretion by graupel. Atmos Res, 43: 277-295

Bruning E, Macgorman D. 2013. Theory and observations of controls on lightning flash size spectra. J Atmos Sci, 70(12): 4012-4029

Bruning E, Weiss S, Calhoun K. et al. 2014. Continuous variability in thunderstorm primary electrification and an evaluation of inverted-polarity terminology. Atmos Res, 135: 274-284

Bryan G, Morrison H. 2012. Sensitivity of a simulated squall line to horizontal resolution and parameterization of microphysics. Mon Wea Rev, 140: 202-225

Calhoun K, Macgorman D, Ziegler C, et al. 2013. Evolution of lightning activity and storm charge relative to dual-doppler analysis of a high-precipitation supercell storm. Mon Wea Rev, 141(7): 2199-2223

Calhoun K, Mansell E, MacGorman D. 2014. Numerical simulations of lightning and storm charge of the

29-30 May 2004 Geary, Oklahoma, supercell thunderstorm using EnKF mobile radar data assimilation. Mon Weather Rev, 142: 3977-3997

Cao D, Huang F, Qie X. 2014. Development and evaluation of detection algorithm for FY 4 geostationary lightning imager (GLI) measurement. XV International Conference on Atmospheric Electricity, Norman, Oklahoma, USA

Carbone R, Tuttle J. 2008. Rainfall occurrence in the U.S. warm season: The diurnal cycle. J Clim, 21(16): 4132-4146

Carey L, Murphy M, McCormick T, et al. 2005. Lightning location relative to storm structure in a leading-line, trailing-stratiform mesoscale convective system J Geophys Res, 110: D03105

Carey L, Rutledge S. 2000. The relationship between precipitation and lightning in tropical island convection: a C-band polarimetric radar study. Mon Wea Rev, 128: 2687-2710

Carey L, Buffalo K. 2007. Environmental control of cloud-to-ground lightning polarity in severe storms. Mon Wea Rev, 135(4): 1327-1353

Carlson T, Benjamin S, Forbes G, et al. 1983. Elevated mixed layers in the regional severe storm environment: Conceptual model and case studies. Mon Weather Rev, 111: 1453-1474

Cecil D, Goodman S, Boccippio D, et al. 2005. Three years of TRMM precipitation features. Part I: Radar, radiometric, and lightning characteristics. Mon Weather Rev, 133: 543-566

Chan Y, Ho K. 1994. A simple and efficient estimator for hyperbolic location. Signal Process. IEEE Trans, 42(8): 1905-1915

Chandrasekar V, Keranen R, Lim S, et al. 2013. Recent advances in classification of observations from dual polarization weather radars. Atmos Res, 119(20): 97-111

Chang W, Vivekananda J, Wang T C C. 2014. Estimation of X-band polarimetric radar attenuation and measurement uncertainty using a variational method. J Appl Meteor Clim, 53: 1099-1119

Chen F, Dudhia J. 2001. Coupling an advanced and surface-hydrology model with the Penn State-NCAR MM5 modeling system. Part I: model description and implementation. Mon Wea Rev, 129: 569-585

Chen J, Lamb D. 1994a. The theoretical basis for the parameterization of ice crystal habits: Growth by vapor deposition. J Atmos Sci, 51(9): 1206-1222

Chen J, Lamb D. 1994b. Simulation of cloud microphysical and chemical processes using a multicomponent framework. Part I: Description of the microphysical model. J Atmos Sci, 51(18): 2613-2630

Chen J, Tsai I. 2016. Triple-moment model parameterization for the adaptive growth habit of pristine ice crystals. J Atmos Sci, 73: 2105-2122

Chen J, Zhou B, Zhao F, et al. 2010. Finite-difference time-domain analysis of the electromagnetic environment in a reinforced concrete structure when struck by lightning. IEEE TEMC, 52(4): 914-920

Chen M, Wang Y, Gao F, et al. 2012. Diurnal variations in convective storm activity over contiguous North China during the warm season based on radar mosaic climatology. J Geophys Res, 117: 2156-2202

Chen M, Wang Y, Gao F, et al. 2014. Diurnal evolution and distribution of warm-season convective storms in different prevailing wind regimes over contiguous North China. J Geophys Res Atmos, 119: 2742-2763

Chen Z, Qie X, Liu D, et al. 2019. Lightning data assimilation with comprehensively nudging water contents at cloud-resolving scale using WRF model. Atmos Res, 221: 72-87

Chen Z, Qie X, Yair Y, et al. 2020. Electrical evolution of a rapidly developing MCS during its vigorous vertical growth phase. Atmos Res, 246: 105201

Chou M, Suarez M. 1999. A solar radiation parameterization for atmospheric studies. NASA Tech. Memo, 104606, 15: 1-42

Coleman L, Marshall T, Stolzenburg M. 2003. Effects of charge and electrostatic potential on lightning propagation. J Geophys Res, 109: 1-12

Connolly P, Saunders C, Gallagher M, et al. 2005. Aircraft observations of the influence of electric fields on the aggregation of ice crystals. Quart. J Roy Meteor Soc, 131: 1695

Cooray V, Jayaratne K. 1994. Characteristics of lightning flashes observed in Sri Lanka in the tropics. J Geophys Res Atmos, 99(D10): 21051-21056

Cooray V, Fernando M, Gomes C, et al. 2004. The Fine Structure of Positive Return Stroke Radiation Fields.

IEEE TEMC, 46(1): 87-95

Cooray V, Fernando M, Sörensenb T, et al. 2000. Propagation of lightning generated transient electromagnetic fields over finitely conducting ground. J Atmos Solar-Terr Phys, 62(7): 583-600

Cooray V, Lundquist S. 1982. On the characteristics of some radiation fields from lightning and their possible origin in positive ground flashes. J Geophys Res: Oceans, 87(C13): 11203-11214

Cotton W. 1972. Numerical simulation of precipitation development on supercooled cumuli, Part I. Mon Wea Rev, 100: 757-763

Cui X, Wang Y, Yu H. 2015. Microphysical differences with rainfall intensity in severe tropical storm Bilis. Atmos Sci Lett, 16: 27-31

Cummer S, Briggs M, Dwyer J, et al. 2014. The source altitude, electric current, and intrinsic brightness of terrestrial gamma ray flashes. Geophys Res Lett, 41(23): 8586-8593

Cummins, K, Murphy M, Bardo E, et al. 1998. A combined TOAA/MDF technology upgrade of the U.S. National Lightning Detection Network. J Geophys Res, 103: 9035-9044

Davis M. 1964. Two charged spherical conductors in a uniform electric field: Forces and field strength. Q J Mech Appl Math, 17(4): 499-511

Deierling W, Petersen W. 2008. Total lightning activity as an indicator of updraft characteristics. J Geophys Res, 113: D16210

Deierling W, Petersen W, Latham J, et al. 2008. The relationship between lightning activity and ice fluxes in thunderstorms. J Geophys Res, 113: D15210

Descombes G, Auligné T, Vandenberghe F. et al. 2015. Generalized background error covariance matrix model (GEN_BE v2.0). Geoscientific Model Development, 8: 669-696

Dolan B, Rutledge S. 2009. A theory-based hydrometeor identification algorithm for X-band polarimetric radars. J Atmos Oceanic Technol, 26(10): 2071-2088

Dudhia J. 1989. Numerical study of convection observed during the winter monsoon experiment using a mesoscale two-dimensional model. J Atmos Sci, 46: 3077-3107

Dye J, Jones J, Winn W, et al. 1986. Early electrification and precipitation development in a small isolated Montana thunderstorm. J Geophys Res, 91: 1231-1247

Ebert E. 2009. Neighborhood verification: A strategy for rewarding close forecasts. Wea Forecasting, 24: 1498-1510

Evans J. 1996. Straightforward Statistics for the Behavioral Sciences. Brooks/Cole Pub Co, Pacific Grove

Falconer K. 1990. Fractal Geometry—Mathematical Foundations and Applications. John Wiley and Sons Ltd, Chichester, 288

Fan Y, Lu G, Jiang R, et al. 2018. Characteristics of electromagnetic signals during the initial stage of negative rocket-triggered lightning. J Geophys Res Atmos, 123: 11625-11636

Feng L, Xiao H, Wen G, et al. 2016. Rain Attenuation Correction of Reflectivity for X-Band Dual-Polarization Radar. Atmosphere, 7(12): 164

Fierro A, Clark A, Mansell E, et al. 2015. Impact of storm-scale lightning data assimilation on WRF-ARW precipitation forecasts during the 2013 warm season over the contiguous United States. Mon Wea Rev, 143: 757-777

Fierro A, Gao J, Ziegler C, et al. 2014. Evaluation of a cloud-scale lightning data assimilation technique and a 3DVAR method for the analysis and short-term forecast of the 29 June 2012 derecho event. Mon Wea Rev, 142: 183-202

Fierro A, Gilmore M, Mansell E, et al. 2006. Electrification and lightning in an idealized boundary-crossing supercell simulation of 2 June 1995. Mon Weather Rev, 134: 3149-3172

Fierro A, Mansell E, MacGorman D, et al. 2013. The implementation of an explicit charging and discharge lightning scheme within the WRF-ARW model: Benchmark simulations with a continental squall line and tropical cyclone. Mon Weather Rev, 141: 2390-2415

Fierro A, Mansell E, Ziegler C, et al. 2012. Application of a lightning data assimilation technique in the WRF-ARW model at cloud-resolving scales for the Tornado Outbreak of 24 May 2011. Mon Wea Rev, 140: 2609-2627

Fieux R, Gray C, Hutzler B, et al. 1978. Research on artificially triggered lightning in France. IEEE Trans. Power Appar Sysy, 97: 725-733

Finney D, Doherty R, Wild O, et al. 2014. Using cloud ice flux to parametrise large-scale lightning. Atmos. Chem Phys, 14: 12665-12682

Fisher R, Schnetzer G, Thottappillil R, et al. 1993. Parameters of triggered lightning flashes in Flerida and Alabama. J Geophys Res, 98. 22887-22902

Fleenor S, Biagi C, Cummins K, et al. 2009. Characteristics of cloud-to-ground lightning in warm-season thunderstorms in the Central Great Plains. Atmos Res, 91(2-4): 333-352

Fuchs B, Rutledge S, Bruning E, et al. 2015. Environmental controls on storm intensity and charge structure in multiple regions of the continental United States. J Geophys Res, 120(13): 6575-6596

Fuchs F, Landers E, Schmid R, et al. 1998. Lightning current and magnetic field parameters caused by lightning strikes to tall structures relating to interference of electronic systems. IEEE TEMC, 40: 444-451

Fujita T. 1971. Proposed characterization of tornadoes and hurricanes by area and intensity. Satellite and Mesometeorology Research Project (SMRP) Research, 91, University of Chicago

Gallimberti I, Bacchiega G, Bondiou-Clergerie A, et al. 2002. Fundamental processes in long air gap discharges. C R Physique, 3: 1335-1359

Gamerota W, Idone V, Uman M, et al. 2014. Dart-stepped-leader step formation in triggered lightning. Geophys Res Lett, 41: 2204-2211

Gandin L, Murphy A. 1992. Equitable skill scores for categorical forecasts. Monthly Weather Review, 120: 361-370

Gao Y, Lu W, Ma Y, et al. 2014. Three-dimensional propagation characteristics of the upward connecting leaders in six negative tall-object flashes in Guangzhou Atmos Res, 149: 193-203

Gardiner B, Lamb D, Pitter R, et al. 1985. Measurements of initial potential gradient and particle charges in a Montana summer thunderstorm. J Geophys Res: Atoms, 90: 6079-6086

Gatlin P, Goodman S. 2010. A total lightning trending algorithm to identify severe thunderstorms. J Atmos Oceanic Technol, 27(27): 3-22

Gauthier M, Petersen W, Carey L, et al. 2006. Relationship between cloud-to-ground lightning and precipitation ice mass: A radar study over Houston. Geophys Res Lett, 33: L20803

Gauthier M, Petersen W, Carey L. 2010. Cell mergers and their impact on cloud-to-ground lightning over the Houston area. Atmos Res, 96(4): 626-632

Gilmore M, Wicker L. 2002. Influence of local environment on 2 June 1995 supercell cloud-to-ground lightning, radar characteristics, and severe weather on 2 June 1995. Mon Weather Rev, 130: 2349-2372

Golde R. 1978. Lightning and tall structures. Proceedings of the Institution of Electrical Engineers, 125(4): 347-351

Gonçalves F, Martins R, Albrecht C, et al. 2012. Effect of bacterial ice nuclei on the frequency and intensity of lightning activity inferred by the BRAMS model. Atmos Chem Phys, 12: 5677-5689

Gorin B, Levitov V, Shkilev A. 1976. Some principles of leader discharge of air gaps with a strong non-uniform field. IEE Conf Publ: in Gas Discharges, 143: 274-278

Grell G. 1993. Prognostic evaluation of assumptions used by cumulus parameterizations. Monthly Weather Review, 121: 764-787

Grell G, Dévényi D. 2002. A generalized approach to parameterizing convection combining ensemble and data assimilation techniques. Geophysical Research Letters, 29: 1693

Griffiths R, Phelps C. 1976. The effects of air pressure and water vapour content on the propagation of positive corona streamers, and their implication to lightning initiation. Qart J R Met Soc, 102(4): 419-426

Guo F, Lu G, Wu X, et al. 2016. Occurrence conditions of positive cloud-to-ground flashes in severe thunderstorms. Sci China Earth Sci, 59(7): 1401-1413

Gurevich A, Zybin K. 2004. High energy cosmic ray particles and the most powerful discharges in thunderstorm atmosphere. Physics Letters A, 329(4-5): 341-347

Ha J, Lee D. 2012. Effect of length scale tuning of background error in WRF-3DVAR system on assimilation of high-resolution surface data for heavy rainfall simulation. Adv Atmos Sci, 29(6): 1142-1158

Haase G, Crewell S, Simmer C. et al. 2000. Assimilation of radar data in mesoscale models: Physical initialization and latent heat nudging. Physics and Chemistry of the Earth, Part B: Hydrology, Oceans and Atmosphere, 25: 1237-1242

Hamlin T, Light T, Shao X. et al. 2007. Estimating lightning channel characteristics of positive narrow bipolar events using intrachannel current reflection signatures. J Geophys Res, 112: D14108

Harrington J, Sulia K, Morrison H. 2013a. A method for adaptive habit prediction in bulk microphysical models. Part I: Theoretical development. J Atmos Sci, 70: 349-364

Harrington J, Sulia K, Morrison H. 2013b. A method for adaptive habit prediction in bulk microphysical models. Part II: Parcel model corroboration. J Atmos Sci, 70: 365-376

Hashino T, Tripoli G. 2008. The spectral ice habit prediction system (SHIPS). Part II: Simulation of nucleation and depositional growth of polycrystals. J Atmos Sci, 65(10): 3071-3094

He H, Zhang F. 2010. Diurnal variations of warm-season precipitation over Northern China. Mon Weather Rev, 138(4): 1017-1025

Heckman S, Williams E. 1989. Corona envelopes and lightning currents. J Geophys Res, 94(D11): 13287-13294

Heidler F. 1985. Traveling current source model for LEMP calculation. Proceedings of the 6th International Zurich Symposium Technical Exhibition. Zurich: Electromagn. Compat: 157-162

Heidler F, Hopf C. 1998. Measurement results of the electric fields in cloud-to-ground lightning in nearby Munich, Germany. IEEE TEMC, 40(4): 436-443

Hill J, Uman M, Jordan D. 2011. High-speed video observations of a lightning stepped leader. J Geophys Res, 116: D16117

Hong S, Noh Y, Dudhia J. 2006. A new vertical diffusion package with an explicit treatment of entrainment processes. Mon Wea Rev, 134: 2318-2341

Horii K. 1982. Experiment ofartificial lightning triggered with rocket. Mem Faculty Eng, Nagoya Univ Japan, 34: 77-112

Hu M. 2009. Assimilation of lightning data using cloud analysis within the Rapid Refresh. in Proceedings of the 4th Conference on the Meteorological Applications of Lightning Data, 29, American Meteorology Society, Phoenix, Ariz, USA, January 2009

Hu M, Weygandt S, Benjamin S, et al. 2008. Ongoing development and testing of generalized cloud analysis package within GSI for initializing rapid refresh. in Proceedings of the 13th Conference on Aviation, Range and Aerospace Meteorology, American Meteorology Society, New Orleans, Lo, USA

Hu Z, Liu L. 2014. Applications of wavelet analysis in differential propagation phase shift data denoising. Adv Atmos Sci, 31: 824-834

Hubbert J, Bringi V. 1995. An iterative filtering technique for the analysis of copolar differential phase and dual-frequency radar measurements. J Atmos Ocean Technol, 12: 643-648

Hubert P, Mouget G. 1981. Return stroke velocity measurements in two triggered lightning flashes. J Geophys Res, 86(C620): 5253-5261

Hubert P, Laroche P, Eybert-Berart A, et al. 1984. Triggered lightning in New Mexico. J Geophys Res, 89(D2): 2511-2521.

Idone V, Orville R, Hubert P. et al. 1984. Correlated Observations of Three Triggered Lightning Flashes. J Geophys Res, 89(D1): 1385-1394

Iordanidou V, Koutroulis A, Tsanis I K. 2016. Investigating the relationship of lightning activity and rainfall: a case study for Crete Island. Atmos Res, 172-173: 16-27

Jacobson A, Heavner M. 2005. Comparison of narrow bipolar events with ordinary lightning as proxies for severe convection. Mon Wea Rev, 133(5): 1144-1154

Jacobson A, William B, Christopher J. 2007. Comparison of narrow bipolar events with ordinary lightning as proxies for the microwave-radiometry ice-scattering signature. Mon Wea Rew, 135(4): 1354-1363

Janjić Z I. 2002. Nonsingular implementation of the Mellor-Yamada level 2.5 scheme in the NCEP Meso model. NCEP office note, 437: 61

Janjic Z. 1990. The step-mountain coordinate: Physical package. Mon Wea Rev, 118: 1429-1443

Janjic Z. 1994. The step-mountain eta coordinate model: Further developments of the convection, viscous sublayer, and turbulence closure schemes. Mon Wea Rev, 122: 927-945

Jayaratne E, Saunders C, Hallett J. 1983. Laboratory studies of the charging of soft hail during ice crystal interactions. Q J R Meteorol Soc, 109: 609-630

Jiang R, Qie X, Wang Z, et al. 2015. Characteristics of lightning leader propagation and ground attachment. J Geophys Res Atmos, 120: 11988-12002

Jiang R, Qie X, Wu Z, et al. 2014. Characteristics of upward lightning from a 325-m-tall meteorology tower. Atmos Res, 149: 111-119

Jiang R, Qie X, Yang J, et al. 2013. Characteristics of M-component in rocket-triggered lightning and a discussion on its mechanism. Radio Science, 48: 597-606

Kain J. 2004. The Kain-Fritsch convective parameterization: An update. J Appl Meteor, 43: 170-181

Kalnay E. 2003. Atmospheric Modeling, Data Assimilation and Predictability. Cambridge: Cambridge University Press

Kar S, Liou Y, Ha K. 2009. Aerosol effects on the enhancement of cloud-to-ground lightning over major urban areas of South Korea. Atmos Res, 92: 80-87

Karunarathna N, Marshall T, Stolzenburg M, et al. 2015. Narrow bipolar pulse locations compared to thunderstorm radar echo structure. J Geophys Res Atmos, 120(22): 11690-11706

Karunarathne S, Marshall T, Stolzenburg M, et al. 2014. Modeling initial breakdown pulses of CG lightning flashes. J Geophys Res Atmos, 119(14): 9003-9019

Kaufman Y, Koren I. 2006. Smoke and pollution aerosol effect on cloud cover. Science, 313: 655-658

Kelly D, Schaefer T, McNulty R, et al. 1978. An augmented tornado climatology. Mon Weather Rev, 106: 1172-1183

Khain A. 2009. Notes on state-of-the-art investigations of aerosol effects on precipitation: A critical review. Environ Res Lett, 4: 015004

Khain A, Cohen N, Lynn B, et al. 2008. Possible aerosol effects on lightning activity and structure of hurricanes. J Atmos Sci, 65: 3652-3667

Khain A, Pokrovsky A, Pinsky M, et al. 2004. Simulation of effects of atmospheric aerosols on deep turbulent convective clouds using a spectral microphysics mixed-phase cumulus cloud model. Part I: Model description and possible applications. J Atmos Sci, 61: 2963-2982

Khain A, Rosenfeld D, Pokrovsky A. 2001. Simulating convective clouds with sustained supercooled liquid water down to $-37.5℃$ using a spectral microphysics model. Geophys Res Lett, 28: 3887-3890

Kim D, Maki M, Lee D. 2010. Retrieval of three-dimensional raindrop size distribution using X-band polarimetric radar data. J Atmos Oceanic Technol, 27(8): 1265-1285

Kong X, Qie X, Zhao Y. 2008. Characteristics of downward leader in a positive cloud-to-ground lightning flash observed by high-speed video camera and electric field changes. Geophy Res Lett, 35(5): L05816

Kong X, Qie X, Zhao Y, et al. 2009. Characteristics of negative lightning flashes presenting multiple-ground terminations on a millisecond-scale. Atmos Res, 91(2-4): 381-386

Kong X, Zhao Y, Zhang T, et al. 2015. Optical and electrical characteristics of in-cloud discharge activity and downward leaders in positive cloud-to-ground lightning flashes. Atmos Res, 160: 28-38

Kordi B, Moini R, Janischewskyj W, et al. 2003. Application of the antenna theory model to a tall tower struck by lightning. J Geophys Res, 108(D17): 4542

Koutroulis A, Grillakis M, Tsanis I, et al. 2012. Lightning activity, rainfall and flash flooding-occasional or interrelated events? A case study in the island of Crete. Nat Hazards Earth Syst Sci, 12: 881-891

Krehbiel P, Riousset J, Pasko V, et al. 2008. Upward electrical discharges from thunderstorms. Nature Geoscienc, 1(4): 233-237

Krider E, Noggle R. 1975. Broadband antenna systems for lightning magnetic fields. J Appl Meteorol, 14: 252-258

Krider E, Noggle R, Pifer A, et al. 1980. Lightning direction finding systems for forest fire detection. Bull

Amer Meteor Soc, 61(61): 980-986

Krishnamurti T, Xue J, Bedi H, et al. 1991. Physical initialization for numerical weather prediction over the tropics. Tellus B, 43: 53-81

Kuhlman K, Ziegler C, Mansell E, et al. 2006. Numerically simulated electrification and lightning of the 29 June 2000 STEPS supercell storm. Mon Weather Rev, 134: 2734-275

Kumjian M, Ganson S, Ryzhkov A. 2012. Freezing of raindrops in deep convective updrafts: A microphysical and polarimetric model. J Atmos Sci, 69(12): 3471-3490

Kummerow C, Hong Y, Olson W, et al. 2001. The evolution of the Goddard Profiling Algorithm (GPROF) for rainfall estimation from passive microwave sensors. Journal of Applied Meteorology, 40(11): 1801-1820

Lalande P, Bondiou-Clergerie A, Laroche P, et al. 1998. Leader properties determined with triggered lightning techniques. J Geophys Res, 103: 14109-14115

Lang T, Rutledge S. 2008. Kinematic, microphysical, and electrical aspects of an asymmetric bow-echo mesoscale convective system observed during STEPS 2000. J Geophys Res, 113: D08213

Lang T, Rutledge S, Wiens K. 2004. Origins of positive cloud-to-ground lightning flashes in the stratiform region of a mesoscale convective system. Geophys Res Lett, 31: L10105

Larsen H, Stansbury E. 1974. Association of lightning flashes with precipitation cores extending to height 7 km. J Atmos Terr Phys, 36: 1547-1553

Le Vine D. 1980. Sources of the strongest RF radiation from lightning. J Geophys Res, 85(C7): 4091-4095

Le Vine D, Willett J. 1992. Comment on the transmission-line model for computing radiation from lightning. J Geophys Res, 97(D2): 2601-2610

Li H, Cui X, Zhang D. 2017a. On the initiation of an isolated heavy-rain-producing storm near the central urban area of Beijing Metropolitan Region. Mon Wea Rev, 145: 181-197

Li H, Cui X, Zhang D. 2017b. Sensitivity of the initiation of an isolated thunderstorm over the Beijing Metropolitan Region to urbanization, terrain morphology and cold outflows. Q J R Meteor Soc, 143: 3153-3164

Li W, Qie X, Fu S, et al. 2016. Simulation of Quasi-Linear Mesoscale Convective Systems in Northern China: Lightning Activities and Storm Structure. Adv Atmos Sci, 33(1): 85-100

Li Y, Zhang G, Wang Y, et al. 2017. Observation and analysis of electrical structure change and diversity in thunderstorms on the Qinghai-Tibet Plateau. Atmos Res, 194: 130-141

Li Y, Zhang G, Wen J, et al. 2012. Spatial and temporal evolution of multi cell thunderstorm charge structure in coastal area. Chines. J Geophys, 55(10): 3203-3212

Li Y, Zhang G, Wen J, et al. 2013. Electrical structure of a Qinghai-Tibet Plateau thunderstorm based on three-dimensional lightning mapping. Atmos Res, 134: 137-149

Liang X, Miao S, Li J, et al. 2018. SURF understanding and predicting urban convection and haze. Bull. Amer. Meteor Soc, 99(7): 1391-1414

Libbrecht K. 2005. The physics of snow crystals. Reports on Progress in Physics, 68 (4): 855-895

Lin Y, Farley R, Orville H. 1983. Bulk parameterization of the snowfield in a cloud model. Journal of Applied Meteorology, 22: 1065-1092

Lin Y, Uman M, Tiller J, et al. 1979. Characterization of lightning return stroke electric and magnetic fields from simultaneous two-station measurements. J Geophys Res Oceans, 84(C10): 6307-6314

Liu C, Cecil D, Zipser E, et al. 2012. Relationships between lightning flash rates and radar reflectivity vertical structures in thunderstorms over the tropics and subtropics. J Geophys Res, 117: D06212

Liu D, Qie X, Pan L, et al. 2013. Some characteristics of lightning activity and radiation source distribution in a squall line over north China. Atmos Res, 132-133: 423-433

Liu D, Qie X, Peng L, et al. 2014. Charge structure of a summer thunderstorm in North China: Simulation using a Regional Atmospheric Model System. Adv Atmos Sci, 31: 1022-1034

Liu D, Qie X, Xiong Y, et al. 2011. Evolution of the total lightning activity in a leading-line and trailing stratiform mesoscale convective system over Beijing. Adv Atmos Sci, 28(4): 866-878

Liu F, Zhu B, Lu G. 2018a. Observations of blue discharges associated with negative narrow bipolar events in active deep convection. Geophys Res Lett, 45: 2842-2851

Liu F, Zhu B, Ma M, et al. 2018b. A simple current waveform model for narrow bipolar pulses. 34th international Conference on Lightning Protection, 2-7 September 2018, Rzeszow, Poland

Liu H, Dong W, Wu T, et al. 2012. Observation of compact intracloud discharges using VHF broadband interferometers. J Geophys Res, 117: D01203

Liu K, Li S, Qie X, et al. 2018. Analysis and investigation on lightning electromagnetic coupling effects of dipole antenna for wireless base station. IEEE TEMC, 60(6). 1842-1849

Liu M, Jiang R, Li Z, et al. 2020. Circuitous attachment process in altitude-triggered lightning striking a 30-m-high tower. Atmos Res, 244: 105049

Liu X, Wang C, Zhang Y, et al. 1994. Experiment of artificially triggered lightning in China, J Geophys Res, 99: 10727-10731

Lu G, Jiang R, Qie X, et al. 2014. Burst of intracloud current pulses during the initial continuous current in a rocket-triggered lightning flash. Geophys Res Lett, 41(24): 9174-9181

Lu G, Zhang H, Jiang R, et al. 2016. Characterization of initial current pulses in negative rocket-triggered lightning with sensitive magnetic sensor. Radio Sci, 51: 1432-1444

Lü F, Zhu B, Ma M, et al. 2013a. Observations of narrow bipolar events during two thunderstorms in Northeast China. Science China: Earth Science, 56: 1459-1470

Lü F, Zhu B, Zhou H, et al. 2013b. Observations of compact intracloud lightning discharges in the northernmost region (51N) of China. J Geophys Res Atmos, 118: 4458-4465

Lü F, Zhu, B, Ma D, et al. 2010. A case study of the temporal context of narrow bipolar events with ordinary lightning. Asia-Pacific Symp. Electromagn. Compat, APEMC 2010, 1235-1238, 5475812

Lynn B. 2017. The usefulness and economic value of total lightning forecasts made with a dynamic lightning scheme coupled with lightning data assimilation. Wea Forecasting, 32: 645-663

Lynn B, Yair Y. 2010. Prediction of lightning flash density with the WRF model. Adv Geosci, 23: 11-16

Lynn B, Khain A, Rosenfeld D, et al. 2007. Effects of aerosols on precipitation from orographic clouds. J Geophys Res, 112: D10225

Lyons W, Nelson T, Williams E, et al. 1998. Enhanced positive cloud-to-ground lightning in thunderstorms ingesting smoke from fires. Science, 282: 77-80

Ma Z, Jiang R, Qie X, et al. 2021. A low frequency 3D lightning mapping network in north China. Atmos Res, 249: 105314

MacGorman D, Burgess D, Mazur V, et al. 1989. Lightning rates relative to tornadic storm evolution on 22 May 1981. J Atmos Sci, 46: 221-250

MacGorman D, Rust W, Krehbiel P, et al. 2005. The electrical structure of two supercell storms during STEPS. Mon Weather Rev, 133: 2583-2607

MacGorman D, Rust W, Schuur T, et al. 2008. TELEX the thunderstorm electrification and lightning experiment. Bull. Amer Meteor Soc, 89(7): 997-1013

MacGorman D, Straka J, Ziegler C. 2001. A lightning parameterization for numerical cloud models. J Appl Meteorol, 40: 459-478

Mackerras D, Darveniza M, Orville R E, et al. 1998. Global lightning: Total, cloud and ground flash estimates. J Geophys Res, 103(D16): 19791-19809

Mansell E, Ziegler C. 2013. Aerosol Effects on Simulated Storm Electrification and Precipitation in a Two-Moment Bulk Microphysics Model. J Atmos Sci, 70: 2032-2050

Mansell E, Macgorman D, Ziegler C, et al. 2005. Charge structure and lightning sensitivity in a simulated multicell thunderstorm. J Geophys Res, 110(12): 1545-1555

Mansell E, Ziegler C, Bruning E. 2010. Simulated electrification of a small thunderstorm with two-moment bulk microphysics. J Atmos Sci, 67: 171-194

Markowski P, Richardson Y. 2011. Mesoscale Meteorology in Midlatitudes. Barcelona: John Wiley and Sons: 430

Markus H. 2008. 3D reconstruction and geographical referencing of lightning discharges. Master Dissertation. Graz: Graz University of Technology: 1-120

Marshall T, McCarthy M, Rust W. 1995a. Electric field magnitudes and lightning initiation in thunderstorms.

J Geophys Res Atmos, 100(D4): 7097-7103

Marshall T, Rust W, Stolzenburg M. 1995b. Electrical structure and updraft speeds in thunderstorms over the southern Great Plains. J Geophys Res Atmos, 100(D1): 1001-1015

Marshall T, Rust W, Stolzenburg M. 1991. Electric field soundings through thunderstorms serial soundings of electric field through a mesoscale convective system. J Geophys Res, 96(D12): 22297-22306

Master M, Uman M, Beasley W, et al. 1984. Lightning Induced Voltages on Power Lines: Experiment. IEEE Transactions on Power Apparatus and Systems, 103(9): 2519-2529

Mather G, Treddenick D, Parsons R. 1976. An observed relationship between the height of the 45dBZ contours in storm profiles and surface hail reports, J Appl Meteorol, 15(12): 1336

Mazur V, Ruhnke L. 1993. Common physical processes in natural and artificially triggered lightning. J Geophys Res, 98: 12913-12930

Mazur, V, Ruhnke L, Warner T, et al. 2013. Recoil leader formation and development. J Electrostat, 71(4): 763-768

McCaul E, Goordman S, LaCasse K, et al. 2009. Forecasting lightning threat using cloud-resolving model simulations. Weather Forecast, 24: 709-729

Medelius P, Thomson E, Pierce J. 1991. E and DE/DT waveshapes for narrow bipolar pulses in intracloud lightning. Pro. of the 1991 International Aerospace and Ground Conference on Lightning and Static Electricity, 12-1 to12-10, Cocoa Beach, Fla

Mellor G, Yamada T. 1982. Development of a turbulence closure model for geophysical fluid problems. Review of Geophysics. 20: 851-875

Meng Q, Yao W, Xu L. 2019. Development of lightning nowcasting and warning technique and its application. Adv Meteor, 12: 1-9

Meyers M, Walko R, Harrington J, et al. 1997. New RAMS cloud microphysics parameterization. Part II: The two-moment scheme. Atmos Res, 45(1): 3-39

Miao S, Chen F, Li Q, et al. 2011. Impacts of urban processes and urbanization on summer precipitation: A case study of heavy rainfall in Beijing on 1 August 2006. J Appl Meteorol Climatol, 50(4): 806-825

Michaelides S, Savvidou K, Nicolaides K. 2010. Relationships between lightning and rainfall intensities during rainy events in Cyprus. Adv Geosci, 23: 87-92

Milbrandt J, Yau M. 2005a. A multimoment bulk microphysics parameterization. Part I: Analysis of the role of the spectral shape parameter. J Atmos Sci, 62: 3051-3064

Milbrandt J, Yau M. 2005b. A multimoment bulk microphysics parameterization. Part II: A proposed three-moment closure and scheme description. J Atmos Sci, 62: 3065-3081

Miller T, Young K. 1979. A numerical simulation of ice crystal growth from the vapor phase. J Atmos Sci, 36: 458-469

Ming Y, Cooray V.1994. Propagation effects caused by a rough ocean surface on the electromagnetic fields generated by lightning return strokes. Radio Sci, 29: 73-85

Mitchell D, Arnott W. 1994. A model predicting the evolution of ice particle size spectra and radiative properties of cirrus clouds. Part II: Dependence of absorption and extinction on ice crystal morphology. J Atmos Sci, 51: 817-832

Mitchell D, Zhang R, Pitter R. 1990. Mass-dimensional relationships for ice particles and the influence of riming on snowfall rates. J App Meteor, 29(2): 153-163

Mlawer E, Taubman S, Brown P, et al. 1997. Radiative transfer for inhomogeneous atmosphere: RRTM, a validated correlated-k model for the long-wave. J Geophys Res Atmos, 102(D14): 16663-16682

Moini R, Sadeghi S. 2012. Antenna models of lightning return-stroke: an integral approach based on the method of moments. Lightning Electromagnetics, V Cooray, Ed London: IET: 315-388

Moller A, Doswell C, Przybylinski R. 1990. High-precipitation supercells: A conceptual model and documentation. Preprints, 16th Conf. on Severe Local Storms, Kananaskis Park, Alberta, Canada Amer Meteorol Soc: 52-57

Morrison H, Grabowski W. 2010. An improved representation of rimed snow and conversion to graupel in a multicomponent bin microphysics scheme. J Atmos Sci, 67(5): 1337-1360

Morrison H, Thompson G, Tatarskii V. 2009. Impact of cloud microphysics on the development of trailing stratiform precipitation in a simulated squall line: comparison of one- and two-moment schemes. Mon Wea Rev, 137: 991-1007

Mueller E. 1984. Calculation procedure for differential propagation phase shift. Preprints 22nd Radar Meteorology Conf, Zurich, AMS, 397-399

Muhlbauer A, Lohmann U. 2008. Sensitivity studies of the role of aerosols in warm-phase orographic precipitation in different dynamical flow regimes. J Atmos Sci, 65: 2522-2542

Murray N, Orville R, Huffines G. 2000. Effect of pollution from Central American fires on cloud-to-ground lightning in May 1998. Geophys Res Lett, 27: 2249-2252

Nag A, Rakov V. 2009. Electric field pulse trains occurring prior to the first stroke in negative cloud-to-ground lightning. IEEE TEMC, 51(1): 147-150

Nag A, Rakov V. 2010. Compact intracloud lightning discharges: 1. Mechanism of electromagnetic radiation and modeling. J Geophys Res, 115: D20102

Nag A, Rakov V, Schulz W. et al. 2008. First versus subsequent return-stroke current and field peaks in negative cloud-to-ground lightning discharges, J Geophys Res, 113: D19112

Nag A, Rakov V, Tsalikis D, et al. 2010. On phenomenology of compact intracloud lightning discharges. J Geophys Res, 115: D14115

Newman M, Stahmann J, Robbe J, et al. 1967. Triggered lightning strokes at very close range. J Geophys Res, 72: 4761-4764

Ngin T, Uman M, Hill J, et al. 2014. Does the lightning current go to zero between ground strokes? Is there a current "cutoff"? Geophys Res Lett, 41: 3266-3273

Ortega P, Domens A, Gilbert B, et al. 1994. Performance of a 16.7m air rod-plane gap under a negative switching impulse. J Phys D Appl Phys, 27: 2379-2387

Orville R. 1994. Cloud-to-ground lightning flash characteristics in the contiguous United States: 1989-1991. J Geophys Res, 99: 10833-10841

Orville R, Huffines G, Nielsen-Gammon J, et al. 2001. Enhancement of cloud-to-ground lightning over Houston, Texas. J Geophys Res Lett, 28(13): 2597-2600

Park H, Ryzhkov A, Zrnić D, et al. 2009. The hydrometeor classification algorithm for the polarimetric WSR-88D: Description and application to an MCS. Wea Forecasting, 24(3): 730-748

Park S, Bringi V, Chandrasekar V, et al. 2005. Correction of radar reflectivity and differential reflectivity for rain attenuation at X band. Part Ⅰ: Theoretical and empirical basis. J Atmos Ocean Technol, 22: 1621-1632

Park S, Kim J, Ko J, et al. 2015. Identification of range overlaid echoes using polarimetric radar measurements based on a fuzzy logic approach. J Atmos Ocean Technol, 33: 61-80

Parker M, Knievel J. 2005. Do meteorologists suppress thunderstorms? Radar-derived statistics and the behavior of moist convection, Bull. Am Meteorol Soc, 86(3): 341-358

Parrish D, Derber J. 1992. The National Meteorological Center's statistical spectral interpolation analysis system. Monthly Weather Review, 109: 1747-1763

Pasko V. 2014. Electrostatic modeling of intracloud stepped leader electric fields and mechanisms of terrestrial gamma ray flashes. Geophysical Research Letters, 41(1): 179-185

Pedernera D, Ávila E. 2018. Frozen-droplets aggregation at temperature below 40℃. J Geophys Res Atmos, 123: 1244-1252

Pereyra R, Avila E, Castellano N. et al. 2000. A laboratory study of graupel charging. J Geophys Res, 105(D16): 20803-20812

Petersen D, Beasley W. 2013. High-speed video observations of a natural negative stepped leader and subsequent dart-stepped-leader. J Geophys Res Atmos, 118: 12, 110-112, 119

Petersen D, Bailey M, Beasley W, et al. 2008. A brief review of the problem of lightning initiation and a hypothesis of initial lightning leader formation. J Geophys Res, 113: D17205

Petersen W, Rutledge S. 1998. On the relationship between cloud-to-ground lightning and convective rainfall.

J Geophys Res, 103: 14025-14040

Petersen W, Christian H, Rutledge S. 2005. TRMM observations of the global relationship between ice water content and lightning. Geophys Res Lett, 32: L14819

Petersen W, Rutledge S, Orville R. 1996. Cloud-to-ground lightning observations from TOGA COARE: Selected results and lightning location algorithms. Mon Wea Rev, 124(4): 602-620

Piepgrass M, Krider E, Moore C. 1982. Lightning and surface rainfall during Florida thunderstorms. J Geophys Res, 87(C13): 11193-11201

Pineda N, Rigo T, Bech J. et al. 2007. Lightning and precipitation relationship in summer thunderstorms: Case studies in the North Western Mediterranean region. Atmos Res, 85: 159-170

Price C, Rind D. 1992. A simple lightning parameterization for calculating global lightning distribution, J Geophys Res, 97: 9919-9933

Pruppacher H, Klett J. 1997. Microphysics of Clouds and Precipitation. 18, Kluwer Acad, Dordrecht, Netherlands

Pu Y, Jiang R, Qie X, et al. 2017. Upward negative leaders in positive triggered lightning: Stepping and branching in the initial stage. Geophys Res Lett, 44, 7029-7035

Pu Y, Qie X, Jiang R, et al. 2019. Broadband characteristics of chaotic pulse trains associated with sequential dart leaders in a rocket‐triggered lightning flash. J Geophys Res Atmos, 124: 4074-4085

Qi Q, Lu W, Ma Y, et al. 2016. High-speed video observations of the fine structure of a natural negative stepped leader at close distance. Atmos Res, 178-179: 260-267

Qie X. 2012. Progresses in the atmospheric electricity researches in China during 2006-2010. Adv Atmos Sci, 29: 993-1005

Qie X, Kong X. 2007. Progression features of a stepped leader process with four grounded leader branches. Geophys Res Lett, 34: L06809

Qie X, Zhang Y. 2019. A review of atmospheric electricity research in China from 2011 to 2018. Adv Atmos Sci, 36: 994-1014

Qie X, Guo C, Yan M, et al. 1993. Lightning data and study of thunderstorm nowcasting. ACTA Meteorologica Sinica, 7(2): 244-256

Qie X, Jiang R, Wang C, et al. 2011. Simultaneously measured current, luminosity, and electric field pulses in a rocket-triggered lightning flash. J Geophys Res, 116: D10102

Qie X, Jiang R, Yang J. 2014. Characteristics of current pulses in rocket-triggered lightning. Atmos Res, 135-136: 322-329

Qie X, Kong X, Zhang G, et al. 2005a. The possible charge structure of thunderstorm and lightning discharges in northeastern verge of Qinghai-Tibetan Plateau. Atmos Res, 76: 231-246

Qie X, Soula S, Chauzy S. 1994. Influence of ion attachement on vertical distribution of electric field and charge density under thunderstorm. Annales Geophysicae, 12: 1218-1228

Qie X, Wang Z, Wang D, et al. 2013. Characteristics of positive cloud-to-ground lightning in DaHinggan Ling forest region at relatively high latitude, northeastern China. J Geophys Res Atmos, 118: 13393-13404

Qie X, Yu Y, Liu X, et al. 2000. Charge analysis on lightning discharges to the ground in Chinese inland plateau (close to Tibet). Annales Geophysicae, 18: 1340-1348

Qie X, Yu Y, Wang D, et al. 2002. Characteristics of Cloud-to-Ground Lightning in Chinese Inland Plateau. J Meteor Soc Japan, 80: 745-754

Qie X, Zhang Q, Zhou Y, et al. 2007. Artificially triggered lightning and its characteristic discharge parameters in two severe thunderstorms. Sci China Ser D-Earth Sci, 50(8): 1241-1250

Qie X, Zhang T, Chen C, et al. 2005b. The lower positive charge center and its effect on lightning discharges on the Tibetan-Plateau. Geophys Res Lett, 32: L05814

Qie X, Zhang T, Zhang G, et al. 2009. Electrical characteristics of thunderstorms in different plateau regions of China. Atmos Res, 91: 2-4

Rachidi F, Janischewskyj W, Hussein A M, et al. 2001. Current and electromagnetic field associated with lightning-return strokes to tall towers. IEEE Trans. Electromagn. Compat, 43(3): 356-367

Rakov V, Uman M. 1990. Some properties of negative cloud-to-ground lightning flashes versus stroke order. J

Geophys Res Atmos, 95(D5): 5447-5453

Rakov V, Uman M. 2003. Lightning Physics and Effects. Cambridge: Cambridge University Press: 6-9

Rakov V, Uman M, Rambo K. 2005. A review of ten years of triggered-lightning experiments at Camp Blanding. Florida. Atmos Res, 76: 503-517

Rakov V, Uman M, Rambo K, et al. 1998. New insights into lightning processes gained from triggered-lightning experiments in Florida and Alabama. J Geophys Res, 103(D12). 14117-14130

Reap R, MacGorman D. 1989. Cloud-to-ground lightning: Climatological characteristics and relationships to model fields, radar observations, and severe local storms. Mon Weather Rev, 117: 518-535

Rison W, Thomas R, Krehbiel P, et al. 1999. A GPS-based three-dimensional lightning mapping system: initial observations in central New Mexico. Geophys Res Lett, 26: 3573-3576

Rosenfeld D. 2000. Suppression of rain and snow by urban and industrial air pollution. Science, 287: 1793-1796

Rosenfeld D, Lohmann U, Raga G. 2008. Flood or drought: how do aerosols affect precipitation, Science, 321: 1309-1313

Rosenfeld D, Woodley W, Krauss T, et al. 2006. Aircraft microphysical documentation from cloud base to anvils of hailstorm feeder clouds in Argentina. J Appl Meteor Climatol, 45(9): 1261-1281

Rubinstein M, Uman M, Medelius P, et al. 1994. Measurements of the voltage induced on an overhead power line 20 m from triggered lightning. IEEE TEMC, 36(2): 134-140

Rudlosky S, Fuelberg H. 2010. Pre-and postupgrade distributions of NLDN Reported cloud-to-ground lightning characteristics in the Contiguous United States. Mon Wea Rev, 138(138): 3623-3633

Rust W, MacGorman D, Bruning E, et al. 2005. Inverted-polarity electrical structures in thunderstorms in the Severe Thunderstorm Electrification and Precipitation Study (STEPS). Atmos Res, 76: 247-271

Ryan B, Wishart E, Shaw D. 1976. The growth rates and densities of ice crystals between $-3^{\circ}\mathrm{C}$ and $-21^{\circ}\mathrm{C}$. J Atmos Sci, 33: 842-850

Saba M, Ballarotti M, Pinto O. 2006. Negative cloud-to-ground lightning properties from high-speed video observations. J Geophys Res, 111: D03101

Saba M, Campos L, Krider E, et al. 2009. High-speed video observations of positive ground flashes produced by intracloud lightning. Geophys Res Lett, 36: L12811

Saba M, Schulz W, Warner T, et al. 2010. High-speed video observations of positive lightning flashes to ground. J Geophys Res Atmos, 115(D24): 9-12

Saunders C, Peck S. 1998. Laboratory studies of the influence of the rime accretion rate on charge transfer during crystal/graupel collisions. J Geophys Res, 103: 13949-13956

Saunders C, Bax-Norman H, Emersic C, et al. 2006. Laboratory studies of the effect of cloud conditions on graupel/crystal charge transfer in thunderstorm electrification. Quart. J Roy Meteor Soc, 132: 2653-2673

Saunders C, Keith W, Mitzeva R. 1991. The effect of liquid water on thunderstorm charging. J Geophys Res, 96(D6): 11007-11017

Schoene J, Uman M, Rakov V, et al. 2003. Statistical characteristics of the electric and magnetic fields and their time derivatives 15 m and 30 m from triggered lightning. J Geophys Res, 108(D6): 4192

Schultz C, Petersen W, Carey L. 2009. Preliminary development and evaluation of lightning jump algorithms for the real-time detection of severe weather. J Appl Meteorol Climatol, 48: 2543-2563

Schumann C, Saba M, Silva R, et al. 2013. Electric fields changes produced by positives cloud-to-ground lightning flashes. J Atmos Sol-Terr Phy, 92: 37-42

Shao X, Krehbiel P. 1996. The spatial and temporal development of intracloud lightning. J Geophys Res, 101(D21): 26641-26668

Shao X, Jacobson A, Fitzgerald T. 2004. Radio frequency radiation beam pattern of lightning return strokes: a revisit to theoretical analysis. J Geophys Res Atmos, 109(D19): 2083-2089

Sharma S, Cooray V, Fernando M. 2011. Unique lightning activities pertinent to tropical and temperate thunderstorms. J Atmos Sol Terr Phys, 73(4): 483-487

Sharma S, Fernando M, Cooray V. 2008. Narrow positive bipolar radiation from lightning observed in Sri Lanka. J Atmos Sol Terr Phys, 70(10): 1251-1260

Sheridan L, Harrington J, Lamb D, et al. 2009. Influence of ice crystal aspect ratio on the evolution of ice size spectra during vapor depositional growth. J Atmos Sci, 66(12): 3732-3743

Sherwood S, Phillips V, Wettlaufer J. 2006. Small ice crystals and the climatology of lightning. Geophys Res Lett, 33: L05804

Shi Z, Tan Y, Tang H. et al. 2015. Aerosol effect on the land-ocean contrast in thunderstorm electrification and lightning frequency. Atmos Res, 164-165: 131-141

Shuang X, Zheng D, Wang Y, Hu P. 2016. Characteristics of the two active stages of lightning activity in two hailstorms. J Meteor Res, 30(2): 265-281

Siegert S, Bellprat O, Ménégoz M, et al. 2017. Detecting improvements in forecast correlation skill: statistical testing and power analysis. Mon Wea Rev, 145: 437-450

Skamarock W, Klemp J, Dudhia J, et al. 2008. A description of the Advanced Research WRF version 3, Colorado, Publications Office of NCAR

Smirnova T, Brown J, Benjamin S. 1997. Performance of different soil model configurations in simulating ground surface temperature and surface fluxes. Monthly Weather Review, 125(8): 1870-1884

Smith D, Heavner M, Jacobson A, et al. 2004. A method for determining intracloud lightning and ionospheric heights from VLF/LF electric field records. Radio Sci, 39: RS1010

Smith D, Shao X, Holden D, et al. 1999. A distinct class of isolated intracloud lightning discharges and their associated radio emissions. J Geophys Res, 104(D4): 4189-4212

Smolarkiewicz P. 2006. Multidimensional positive definite advection transport algorithm: an overview. Int J Numer Meth Fluids, 50: 1123-1144

Smolarkiewicz P, Grabowski W. 1990. The multidimensional positive definite advection transport algorithm: nonoscillatory option. J Comput Phys, 86: 355-375

Snyder J, Bluestein H, Zhang G, et al. 2010. Attenuation correction and Hydrometeor classification of high-resolution, X-band, Dual-polarized mobile radar measurements in severe convective storms. J Atmos Oceanic Technol, 27(12): 1979-2001

Soula S, Chauzy S. 2000. Some aspects of the correlation between lightning and rain activities in thunderstorms. Atmos Res, 56: 355-373

Srivastava A, Tian Y, Qie X, et al. 2017. Performance assessment of Beijing Lightning Network (BLNET) and comparison with other lightning location networks across Beijing. Atmos Res, 197: 76-83

Steiger S, Orville R. 2003. Cloud-to-ground lightning enhancement over southern Louisiana. Geophys Res Lett, 30(19): 1975

Stolzenburg M, Marshall T. 1994. Testing models of thunderstorm charge distributions with Coulomb's law. J Geophys Res Atmos, 99(D12): 25921-25932

Stolzenburg M, Marshall T, Karunarathne S. et al. 2013. Luminosity of initial breakdown in lightning. J Geophys Res, 118(7): 2918-2937

Stolzenburg M, Rust W, Marshall T. 1998a. Electrical structure in thunderstorm convective regions: 1. Mesoscale convective systems. J Geophys Res, 103: 14059-14078

Stolzenburg M, Rust W, Marshall T. 1998b. Electrical structure in thunderstorm convective regions: 2. Isolated storms. J Geophys Res, 103: 14079-14096

Stolzenburg M, Rust W, Marshall T. 1998c. Electrical structure in thunderstorm convective regions: 3. Synthesis. J Geophys Res, 103: 14097-14108

Sulia K, Harrington J. 2011. Ice aspect ratio influences on mixed-phase clouds: Impacts on phase partitioning in parcel models. J Geophys Res Atmos, 116: D21309

Sun J, Ariya A, Leighton H, et al. 2012. Modeling study of ice formation in warm-based precipitating shallow cumulus clouds. J Atmos Sci, 69: 3315-3335

Sun J, Crook N. 1997. Dynamical and microphysical retrieval from Doppler radar observations using a cloud model and its adjoint: I. model development and simulated data experiments. J Atmos Sci, 4: 1642-1661

Sun J, Crook N. 1998. Dynamical and microphysical retrieval from Doppler radar observations using a cloud model and its adjoint: II. Retrieval experiments of an observed Florida convective torm. J Atmos Sci, 55: 835-852

Sun J, Crook N. 2001. Real-time low-level wind and temperature analysis using single WSR-88D data. Wea Forecasting, 16: 117-132

Sun J, Chen M, Wang Y. 2010. A frequent-updating analysis system based on radar, surface, and mesoscale model data for the Beijing 2008 Forecast Demonstration Project. Wea Forecasting, 25: 1715-1735

Sun Z, Qie X, Jiang R, et al. 2014. Characteristics of a rocket-triggered lightning flash with large stroke number and the associated leader propagation. J Geophys Res Atmos, 119(23): 13388-13399

Sun Z, Qie X, Liu M, et al. 2013. Lightning VHF radiation location system based on short-baseline TDOA technique—Validation in rocket-triggered lightning. Atmos Res, 129-130: 58-66

Sun Z, Qie X, Liu M, et al. 2016. Characteristics of a negative lightning with multiple-ground terminations observed by a VHF lightning location system. J Geophys Res Atmos, 121: 413-426

Suszcynsky D, Heavner M. 2003. Narrow bipolar events as indicators of convective strength. Geophys Res Lett, 30(17): 1879

Takahashi T. 1978. Riming electrification as a charge generation mechanism in thunderstorms. J Atmos Sci, 35: 1536-1548

Takahashi T. 2010. The videosonde system and its use in the study of East Asian monsoon rain. Bull. Amer Meteorol Soc, 91: 1231-1246

Takahashi T, Fukuta N. 1988. Supercooled cloud tunnel studies on the growth of snow crystals between –4 ℃ and –20°. J Meteorol Soc Jpn, 66(6): 841-855

Takahashi T, Endoh T, Wakahama G, et al. 1991. Vapor diffusional growth of free-falling snow crystals between –3 and –23℃. J Meteorol Soc Jpn, 69: 15-30

Takeuti T, Nakano M, Brook M, et al. 1978. The anomalous winter thunderstorms of the Hokuriku coast. J Geophys Res, 83: 2385-2394

Tan Y, Liang Z, Shi Z, et al. 2014a. Numerical simulation of the effect of lower positive charge region in thunderstorms on different types of lightning. Sci China- Earth Sci, 57: 2125-2134

Tan Y, Ma X, Xiang C, et al. 2017a. A numerical study of the effects of aerosol on electrification and lightning discharges. Chinese J Geophys (in Chinese), 60(8): 3041-3050

Tan Y, Shi Z, Chen Z, et al. 2017b. A numerical study of aerosol effects on electrification of thunderstorms. J Atmos Sol-Terr Phy, 154: 236-247

Tan Y, Tao S, Liang Z, et al. 2014b. Numerical study on relationship between lightning types and distribution of space charge and electric potential. J Geophys Res, 119: 1003-1014

Tan Y, Tao S, Zhu B, et al. 2007. A simulation of the effects of intra-cloud lightning discharges on the charges and electrostatic potential distributions in a thundercloud. Chin J Geophys, 50: 916-930

Tao S, Tan Y, Zhu B, et al. 2009. Fine-resolution simulation of cloud-to-ground lightning and thundercloud charge transfer. Atmos Res, 91: 360-370.

Taylor W. 1963. Radiation field characteristics of lightning discharges in the band 1 kc/s to 100 kc/s. Journal of Research of the National Bureau of Standards, Section D: Radio Propagation, 67D(5): 539-550

Tessendorf S, Wiens K, Rutledge S. 2007. Radar and lightning observations of the 3 June 2000 electrically inverted storm from STEPS. Mon Wea Rev, 135(11): 3665-3681

Thomas R, Krehbiel P, Rison W, et al. 2001. Observations of VHF source powers radiated by lightning. Geophys Res Lett, 28: 143-146

Thomas R, Krehbiel P, Rison W, et al. 2004. Accuracy of the Lightning Mapping Array. J Geophys Res, 109: D14207

Thompson G, Field P, Rasmussen R, et al. 2008. Explicit forecasts of winter precipitation using an improved bulk microphysics scheme. Part II: Implementation of a new snow parameterization. Monthly Wea Rev, 136(12): 5095-5115

Thottappilli R, Rakov V. 2001. On different approaches to calculating lightning electric fields. J Geophys Res, 106(D13): 14191-14205

Thottappilli R, Rakov V. 2007. Review of Three equivalent approaches for computing electromagnetic fields from an extending lightning discharge. J Geophys Res, 1: 90-110

Thottappillil R, Rakov V, Uman M. 1990. K and M changes in close lightning ground flashes in Florida. J

Geophys Res, 95(D11): 18631-18640

Thottappillil R, Rakov V, Uman M, et al. 1992. Lightning subsequent-stroke electric field peak greater than the first stroke peak and multiple ground terminations. J Geophys Res Atmos, 97(D7): 7503-7509

Thyer N. 1962. Double theodolite pibal evaluation by computer. J App Met, 1: 66-68

Tiller J, Uman M, Lin Y, et al. 1976. Electric field statistics for close lightning return strokes near Gainesville, Florida. J Geophys Res, 81(24): 4430-4434

Tran M, Rakov V, Mallick S. 2014. A negative cloud-to-ground flash showing a number of new and rarely observed features. Geophys Res Lett, 41: 6523-6529

Treadon R. 1996. Physical initialization in the NMC global data assimilation system. Meteorology and Atmospheric Physics, 60: 57-86

Twomey S. 1974. Pollution and the planetary albedo. Atmos Environ, 8: 1251-1256

Uman M, Mclain D. 1970. Lightning return stroke current from magnetic and radiation field measurements. J Geophys Res, 75(27): 5143-5147

Uman M, McLain D, Krider E. 1975. The electromagnetic radiation from a finite antenna. Am J Phys, 43: 33-38

Ushio T, Heckman S, Boccippio D, et al. 2001. A survey of thunderstorm flash rates compared to cloud top height using TRMM satellite data. J Geophys Res, 106(20): 24089-24095

Ushio T, Heckman S, Driscoll K, et al. 2002. Cross-sensor comparison of the Lightning Imaging Sensor (LIS). Int J Remote Sensing, 23(13): 2703-2712

Vivekanandan J, Zrnic D, Ellis S, et al. 1999. Cloud microphysics retrieval using S-band dual-polarization radar measurements. Bull Amer Meteor Soc, 80(3): 381-388

Vonnegut B. 1963. Some facts and speculations concerning the origin and role of thunderstorm electricity. Meteorol Monogr, 5(27): 224-241

Wait J R. 1998. The ancient and modern history of EM ground-wave propagation. Antennas Propag Mag, 40(5): 7-24

Wang C. 2005. A modeling study of the response of tropical deep convection to the increase of cloud condensation nuclei concentration: 1. Dynamics and microphysics. J Geophys Res, 110(D21211)

Wang C, Zheng D, Zhang Y, et al. 2017. Relationship between lightning activity and vertical airflow characteristics in thunderstorms. Atmos Res, 191: 12-19

Wang D, Takagi N. 2012. Characteristics of winter lightning that occurred on a windmill and its lightning protection tower in Japan. IEEJ Transactions on Power and Energy, 132(6): 568-572

Wang F, Zhang Y, Dong W. 2010. A lightning activity forecast scheme developed for summer thunderstorms in South China. J Meteor Res, 24: 631-640

Wang H, Liu Y, Cheng W, et al. 2017. Improving lightning and precipitation prediction of severe convection using lightning data assimilation with NCAR WRF-RTFDDA. J Geophys Res, 122: 12296-12316

Wang Y, Qie X, Wang D, et al. 2016. Beijing Lightning Network (BLNET) and the observation on preliminary breakdown processes. Atmos Res, 171: 121-132

Wang Y, Wan Q, Meng W, et al. 2011. Long-term impacts of aerosols on precipitation and lightning over the Pearl River Delta megacity area in China. Atmos Chem Phys, 11: 12421-12436

Wang Y, Yang Y, Wang C. 2014a. Improving forecasting of strong convection by assimilating cloud-to-ground lightning data using the physical initialization method. Atmos Res, 150: 31-41

Wang Y, Zhang G, Li Y, et al. 2014b. Characteristic of compact intracloud discharges on Qinghai-Tibet plateau and northern part of China. XV International Conference on Atmospheric Electricity, 15-20 June 2014, Norman, Oklahoma, U.S.A

Wang Y, Zhang G, Qie X, et al. 2012. Characteristics of compact intra-cloud discharges observed in a severe thunderstorm in northern part of China. J Atmos Sol Terr Phys, 84085: 7-14

Watson S, Marshall T. 2007. Current propagation model for a narrow bipolar pulse. Geophys Res Lett, 34: L04816

Weidman C, Krider E, Uman M. 1981. Lightning amplitude spectra in the interval from 100 kHz to 20 MHz. Geophys Res Lett, 8: 931-934

Weingartner E, Nyeki S, Baltensperger U. 1999. Seasonal and diurnal variation of aerosol size distributions

(10< D <750 nm) at a high-alpine site (Jungfraujoch 3580 m asl). J Geophys Res, 104: 26809-26820

Weisman M, Klemp J. 1982. The dependence of numerically simulated convective storms on vertical wind shear and buoyancy. Mon Wea Rev, 110(6): 504-520

Westcott N. 1995. Summertime cloud-to-ground lightning activity around major Midwestern urban areas. J Appl Meteorol, 34: 1633-1642

Wiens K, Hamlin T, Harlin J, et al. 2008. Relationships among narrow bipolar events, "total" lightning, and radar-inferred convective strength in Great Plains thunderstorms. J Geophys Res, 113: D05201

Wiens K, Rutledge S, Tessendorf S. 2005. The 29 June 2000 supercell observed during STEPS. Part II: lightning and charge structure. J Atmos Sci, 62(12): 4151-4177

Wilks D. 2006. Statistical Methods in the Atmospheric Sciences, 2nd ed. San Diego: Academic Press

Williams E. 1985. Large-scale charge separation in thunderclouds. J Geophys Res, 90(D4): 6013-6025

Williams E. 2001. The electrification of severe storms. In: Doswell III, C A. AMS Monograph on Severe Local Storms, Chapter 13: 527-561

Williams E. 2006. Problems in lightning physics—The role of polarity asymmetry. Plasma Sources Science and Technology, 15(2): S91

Williams E, Stanfill S. 2002. The physical origin of the land-ocean contrast in lightning activity. C R Phys, 3: 1277-1292

Willams E, Lhermitte R. 1983. Radar tests of the precipitation hypothesis for thunderstorm electrification. J Geophys Res, 88(C15): 10984-10992

Williams E, Boldi B, Matlin A, et al. 1999. The behavior of total lightning activity in severe Florida thunderstorms. Atmos Res, 51(3): 245-265

Williams E, Rutledge S, Geotis S, et al. 1992. A radar and electrical study of tropical 'hot towers'. J Atmos Sci, 49: 1386-1395

Willett J, Bailey J, Krider E. 1989. A class of unusual lightning electric field waveforms with very strong high-frequency radiation. J Geophys Res, 94(D13): 16255-16267

Willett J, Bailey J, Leteinturier C, et al. 1990. Lightning electromagnetic radiation field spectra in the interval from 0.2 to 20 MHz. J Geophys Res, 95: (D12): 20367-20387

Wilson J, Feng Y, Chen M, et al. 2010. Nowcasting challenges during the Beijing Olympics: Successes, failures, and implications for future nowcasting systems, Wea. Forecasting, 25(6): 1691-1714

Woods C, Stoelinga M, Locatelli J. 2007. The IMPROVE-1 Storm of 1-2 February 2001. Part III: Sensitivity of a mesoscale model simulation to the representation of snow particle types and testing of a bulk microphysical scheme with snow habit prediction. J Atmos Sci, 64(11): 3927-3948

Wu B, Zhang G, Wen J, et al. 2016. Correlation analysis between initial preliminary breakdown process, the characteristic of radiation pulse, and the charge structure on the Qinghai-Tibetan Plateau. J Geophys Res Atmos, 121: 12434-12459

Wu F, Cui X, Zhang D L. 2018. A lightning-based nowcast-warning approach for short-duration rainfall events: Development and testing over Beijing during the warm seasons of 2006-2007. Atmospheric Research, 205: 2-17

Wu F, Cui X, Zhang D, et al. 2017. The relationship of lightning activity and short-duration rainfall events during warm seasons over the Beijing metropolitan region. Atmos Res, 195: 31-43

Wu T, Dong W, Zhang Y, et al. 2011. Comparison of positive and negative compact intracloud discharges. J Geophys Res, 116: D03111

Wu T, Dong W, Zhang Y, et al. 2012. Discharge height of lightning narrow bipolar events. J Geophys Res, 117: D05119

Xia R, Zhang D, Wang B. 2015. A 6-yr cloud-to-ground lightning climatology and its relationship to rainfall over Central and Eastern China. J Appl Meteor Climatol, 54: 2443-2460

Xia R, Zhang D, Zhang C, et al. 2018. Synoptic control of convective rainfall rates and Cloud to ground lightning frequencies in warm-season mesoscale convective systems over North China. Mon Wea Rev, 146(3): 813-831

Xiao X, Sun J, Chen M, et al. 2017. The characteristics of weakly forced mountain-to-plain precipitation systems based on radar observations and high-resolution reanalysis. J Geophys Res Atmos, 122(6): 3193-3213

Xiao X, Sun J, Chen M, et al. 2019. Comparison of Environmental and Mesoscale Characteristics of Two Types of Mountain‐to‐Plain Precipitation Systems in the Beijing Region, China. J Geophys Res, 124: 6856-6872

Xu L, Zhang Y, Wang F, et al. 2014. Simulation of the electrification of a tropical cyclone using the WRF-ARW model: An idealized case. J Meteor Res, 28: 453-468

Yan M, Guo C, Qie X, et al. 1992. Observation and model analyses of positive cloud-to-ground lightning in mesoscale convective systems. ACTA Meteorologica Sinica, 6(5): 501-510

Yang J, Liu N, Sato M, et al. 2018a. Characteristics of thunderstorm structure and lightning activity causing negative and positive sprites. J Geophys Res Atmos, 123: 8190-8207

Yang J, Qie X, Zhang G, et al. 2008b. Magnetic field measuring system and current retrieval in artificially triggering lightning experiment. Radio Sci, 43: RS2011

Yang J, Sato M, Liu N, et al. 2018c. A gigantic jet observed over an mesoscale convective system in midlatitude region. J Geophys Res Atmos, 123: 977-996

Yang J, Qie X, Zhang G, et al. 2010. Characteristics of channel base currents and close magnetic fields in triggered flashes in SHATLE. J Geophys Res, 115: D23102

Yang P, Ren G, Hou W, et al. 2013. Spatial and diurnal characteristics of summer rainfall over Beijing Municipality based on a high-density AWS dataset. Int J Climatol, 33: 2769-2780

Yang X, Fei J, Huang X, et al. 2015a. Characteristics of mesoscale convective systems over China and its vicinity using geostationary satellite FY2. J Climate, 28: 4890-4907

Yang X, Sun J, Li W. 2015b. An analysis of cloud-to-ground lightning in China during 2010-2013. Wea Forecasting, 30: 1537-1550

Yang Y, Wang Y, Zhu K. 2015. Assimilation of Chinese doppler radar and lightning data using WRF-GSI: A case study of mesoscale convective system. Advances in Meteorology, 2015: 763919

Yao W, Zhang Y, Meng Q, et al. 2013. A comparison of the characteristics of total and cloud-to-ground lightning activities in hailstorms. Acta Meteor Sinica, 27(2): 282-293

Yao Y, Yu X, Zhang Y, et al. 2015. Climate analysis of tornadoes in China. Meteorol Res, 29: 359-369

Yu M, Miao S, Li Q. 2017. Synoptic analysis and urban signatures of a heavy rainfall on 7 August 2015 in Beijing. J Geophys Res Atmos, 122: 65-78

Yuan S, Jiang R, Qie X, et al. 2017. Characteristics of upward lightning on the Beijing 325 meteorology tower and corresponding thunderstorm conditions. J Geophys Res Atmos, 122: 12093-12105

Yuan S, Jiang R, Qie X, et al. 2019. Development of side bidirectional leader and its effect on channel branching of the progressing positive leader of lightning. Geophys Res Lett, 46: 1746-1753

Yuan S, Qie X, Jiang R, et al. 2020. Origin of an uncommon multiple-stroke positive cloud-to-ground lightning flflash with different terminations. J Geophys Res Atmos, 125: e2019JD032098

Yuan T, Qie X. 2008. Study on lightning activity and precipitation characteristics before and after the onset of the South China Sea summer monsoon. J Geophys Res, 113: D14101

Yuan T, Remer L, Pickering K, et al. 2011. Observational evidence of aerosol enhancement of lightning activity and convective invigoration. Geophys Res Lett, 38: L04701

Zhang D. 2020. Rapid urbanization and more extreme rainfall events. Sci Bull, 65(7): 516-518

Zhang D, Gao K. 1989. Numerical simulation of an intense squall line during 10-11 June 1985 PRE-STORM. Part II: Rear inflow, surface pressure perturbations and stratiform precipitation. Mon Wea Rev, 117: 2067-2094

Zhang D, Gao K, Parsons D. 1989. Numerical simulation of an intense squall line during 10-11 June 1985 PRE-STORM. Part I: Model verification. Mon Wea Rev, 117: 960-994

Zhang D, Tian L, Yang M. 2011. Genesis of typhoon Nari (2001) from a mesoscale convective system. J Geophys Res, 116: D23104

Zhang G, Zhao Y, Qie X, et al. 2008. Observation and study on the whole process of cloud-to-ground lightning using narrowband radio interferometer. Sci China Earth Sci, 51(5): 694-708

Zhang Q, Yang J, Jing X, et al. 2012. Propagation effect of a fractal rough ground boundary on the lightning-radiated vertical electric field. Atmos Res, 104: 202-208

Zhang R, Zhang Y, Xu L, et al. 2017. Assimilation of total lightning data using the three-dimensional variational method at convection-allowing resolution. J Meteor Res, 31(4): 731-746

Zhang T, Qie X, Yuan T, et al. 2009. Charge source of cloud-to-ground lightning and charge structure of a typical thunderstorm in the Chinese Inland Plateau. Atmos Res, 92(4): 475-480

Zhang T, Zhao Z, Zhao Y. 2015. Electrical soundings in the decay stage of a thunderstorm in the Pingliang region. Atmos Res, 164: 188-193

Zhang W, Meng Q, Ma M, et al. 2011. Lightning casualties and damages in China from 1997 to 2009. Nat Hazards, 57: 465-476

Zhang Y, Krehbiel P, Hamlin T, et al. 2001. Electrical charge structure and cloud-to-ground lightning in thunderstorms during STEPS. Amer Geophys Union, 82(Suppl)

Zhang Y, Meng Q, Lu W, et al. 2006: Charge structures and cloud-to-ground lightning discharges characteristics in two supercell thunderstorms. Chinese Sci Bull, 51: 198-212

Zhang Z, Zheng D, Zhang Y, et al. 2017. Spatial-temporal characteristics of lightning flash size in a supercell storm. Atmos Res, 197: 201-210

Zhao P, Yin Y, Xiao H. 2015. The effects of aerosol on development of thunderstorm electrification: A numerical study. Atmos Res, 153: 376-391

Zhao Z, Qie X, Zhang T, et al. 2010. Electric field soundings and the charge structure within an isolated thunderstorm. Chinese Sci Bull, 55: 872-876

Zheng D, Macgorman D. 2016. Characteristics of flash initiations in a supercell cluster with tornadoes. Atmos Res, 167: 249-264

Zheng D, Meng Q, Zhang Y, et al. 2010. Correlation between total lightning activity and precipitation particle characteristics observed from 34 thunderstorms. Acta Meteor Sinica, 24(6): 776-788

Zheng D, Zhang Y, Meng Q, et al. 2009. Total lightning characteristics and electric structure evolution in a hailstorm. Acta Meteor Sin, 23: 233-249

Zheng D, Zhang Y, Meng Q, et al. 2010. Lightning activity and electrical structure in a thunderstorm that continued for more than 24h. Atmos Res, 97(1-2): 241-256

Zheng D, Zhang Y, Meng Q, et al. 2016. Climatological comparison of small-and large-current cloud-to-ground lightning flashes over Southern China. J climate, 29: 2831-2848

Zhu B, Ma M, Xu W, et al. 2015. Some properties of negative cloud-to-ground flashes from observations of a local thunderstorm based on accurate-stroke-count studies. J Atmos Sol-Terr Phy, 136: 1657-1660

Zhu B, Zhou H, Ma M, et al. 2010. Observations of narrow bipolar events in East China. J. Atmos. Sol Terr Phys, 72: 271-278

Zhu S, Guo X, Lu G, et al. 2015. Ice crystal habits and growth processes in stratiform clouds with embedded convection examined through aircraft observation in northern China. J Atmos Sci, 72(5): 2011-2032

Zhu Y, Rakov V, Mallick S, et al. 2015. Characterization of negative cloud-to-ground lightning in Florida. J Atmos Sol-Terr Phy, 136(SI): 8-15

Ziegler C, MacGorman D, Dye J, et al. 1991. A model evaluation of non-inductive graupel-ice charging in the early electrification of a mountain thunderstorm. J Geophys Res, 96(D7): 12833-12855

Zrnić D, Ryzhkov A, Strka J, et al. 2001. Testing a procedure for automatic classification of hydrometeor types. J Atmos Oceanic Technol, 18(6): 892-913